特定化学物質・四アルキル鉛等

作業主任者テキスト

中央労働災害防止協会

序

化学物質は，産業界のみならず，私たちの日常生活のさまざまな場面において，広く使われている不可欠なものですが，その取扱いが不適切である場合には労働者の健康に重大な影響を与えます。

このため，化学物質のうち，特に，がん，皮膚炎，神経障害などを発生させるおそれがある化学物質については健康障害予防のため特定化学物質障害予防規則（特化則）が，また，重大な健康障害を引き起こすおそれがある四アルキル鉛については中毒予防のため四アルキル鉛中毒予防規則が，それぞれ制定されています。

労働安全衛生法令は，これらの対象物質を製造し，または取り扱う作業については，「特定化学物質及び四アルキル鉛等作業主任者技能講習」（一部の作業については「有機溶剤作業主任者技能講習」）を修了した人から，特定化学物質作業主任者または四アルキル鉛等作業主任者を選任しなければならないことを規定しています。

本書は，この資格を取得するための「特定化学物質及び四アルキル鉛等作業主任者技能講習」の学科講習用テキストとして取りまとめたものです。本書の作成に当たっては，当協会内に『特定化学物質・四アルキル鉛等作業主任者テキスト』編集委員会を設置し（平成 21（2009）年），各委員に旧版テキストとの整合性にも十分に配慮しつつ執筆していただいた原稿を編集委員会において検討を重ねました。ご協力いただきました編集委員の方々には改めて感謝申し上げるところです。

令和 4（2022）年 5 月に労働安全衛生規則等の改正が行われ，化学物質管理はこれまでの物質ごとに定められたばく露防止措置を守る法令順守型から，リスクアセスメント結果をもとに事業者が管理方法を決定する自律的な管理へと手法を変えることが求められることになりました。それを踏まえ，このたびの改訂では，令和 5（2023）年 2 月 28 日までに公布された法令等の改正にあわせアップデートいたしました。

本書により，対象物質を製造し，または取り扱う作業に関する適切な知識を身につけ，作業方法の決定・関係労働者の指揮，局所排気装置等の点検，保護具の使用状況の監視といった作業主任者の職務を遂行する上で役立てていただくことを期待いたします。

本書が多くの関係者に活用され，特定化学物質による健康障害または四アルキル鉛中毒の予防に寄与することができれば幸いです。

令和 5（2023）年 4 月

中央労働災害防止協会

『特定化学物質・四アルキル鉛等作業主任者テキスト』
編集委員会

（敬称略・50音順）

（編集委員）

今川　輝男　　中央労働災害防止協会　近畿安全衛生サービスセンター

加部　　勇　　株式会社クボタ 筑波工場産業医

後藤　博俊　　一般社団法人日本労働安全衛生コンサルタント会 顧問（座長）

田中　　茂　　十文字学園女子大学 名誉教授

前田　啓一　　前田労働衛生コンサルタント事務所

（執筆担当）

第１編，第３編……前田　啓一

第２編……加部　　勇

第４編……今川　輝男
田中　　茂

第５編……後藤　博俊

学科講習科目について

特定化学物質作業主任者および四アルキル鉛等作業主任者は技能講習を修了した者のうちから選任されることが定められている。学科講習科目は以下のとおり。

特定化学物質及び四アルキル鉛等作業主任者技能講習科目

講習科目	範　囲	講習時間	本書対応箇所および頁
健康障害及びその予防措置に関する知識	特定化学物質による健康障害及び四アルキル鉛中毒の病理，症状，予防方法及び応急措置	4時間	第2編（35頁）
作業環境の改善方法に関する知識	特定化学物質及び四アルキル鉛の性質　特定化学物質の製造又は取扱い及び四アルキル鉛等業務に係る器具その他の設備の管理　作業環境の評価及び改善の方法	4時間	第3編（143頁）
保護具に関する知識	特定化学物質の製造又は取扱い及び四アルキル鉛等業務に係る保護具の種類，性能，使用方法及び管理	2時間	第4編（219頁）
関係法令	労働安全衛生法，労働安全衛生法施行令及び労働安全衛生規則中の関係条項　特定化学物質障害予防規則　四アルキル鉛中毒予防規則	2時間	第5編（281頁）

（平成6年6月30日労働省告示第65号「化学物質関係作業主任者技能講習規程」より）

目　次

第５編　関係法令……281

参考資料

第1編
特定化学物質・四アルキル鉛等作業主任者の職務と責任

各章のポイント

【第１章】作業主任者の職務と労働衛生の３管理

□　特定化学物質・四アルキル鉛等作業主任者の職務と，その職務を遂行する上でポイントとなる労働衛生の３管理（「作業環境管理」・「作業管理」・「健康管理」）について学ぶ。

□　技能講習を修了して作業主任者に選任された際に，その責任の重さを自覚し，学習した内容を活用して指導をすることの重要性について学ぶ。

【第２章】作業主任者として求められる役割

□　特定化学物質（四アルキル鉛等）作業主任者の職務は，作業環境管理，作業管理を推進し，作業中に特定化学物質（四アルキル鉛等）を労働者の身体に吸入，接触させない正しい作業方法を定めて守らせることである。

□　特定化学物質（四アルキル鉛等）作業主任者は，特化則（四アルキル則）と関係する法令，告示，通達についての理解が必要である。

□　労働衛生の３管理を的確に進めるためにはリスクアセスメントとその結果に基づくリスク低減措置を講じることが必須である。

【第３章】化学物質の自律的な管理

□　化学物質規制体系の見直しについて知り，事業者が選任する「化学物質管理者」，「保護具着用管理責任者」など必要な人材について理解する。

第１章　作業主任者の職務と労働衛生の３管理

1　作業主任者の職務

図1-1 はライン・スタッフ型の安全衛生管理組織の例である。企業における業務の指示命令は，通常，経営トップの責任の下に，その意志が部長，課長，係長などラインの職制を通じて第一線の作業者まで伝達され，職制の指揮監督の下で実行されることとなる。安全衛生管理もそれと同じく経営トップの責任で業務ラインの職制を通じて実行されることが望ましい。しかし特に危険有害な作業では，一般的な職制の指揮監督に加えてさらにきめ細かい指導が必要であり，その目的でラインの最前線で作業者に密着して指揮監督を行うのが作業主任者である。

職場における危険または有害な作業のうち，労働災害を防止するために特に管理を必要とするものについては，事業者は作業主任者を選任し，その者に労働者の指揮その他必要な事項を行わせなければならないことが労働安全衛生法（以下，「安衛法」という。）に定められている（第14条，第5編284頁参照）。特定化学物質・四アルキル鉛等を製造し，または取り扱う業務はこれに該当し，特定化学物質及び四アルキル鉛等作業主任者技能講習を修了した者のうちから特定化学物質作業主任者または四アルキル鉛等作業主任者を選任することとなる。また1·2–ジクロロプロ

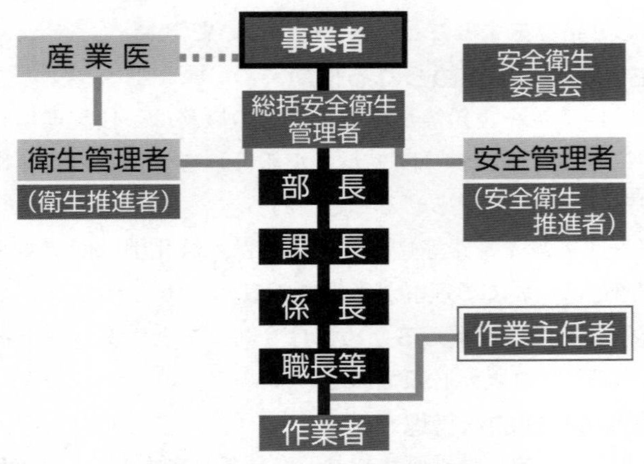

図1-1　安全衛生管理組織図
（沼野雄志監修『望ましい安全衛生管理体制とは（PRC版）』より引用）

パンを含有する洗浄剤を用いる洗浄または払拭の業務（1･2-ジクロロプロパン洗浄・払拭業務），および溶剤に第2類物質のエチルベンゼンを含有する塗料を用いる塗装業務（エチルベンゼン塗装業務），クロロホルム等10種類の第2類物質を製造しまたは取り扱うクロロホルム等有機溶剤業務などの特別有機溶剤業務に係る作業については，有機溶剤作業主任者技能講習を修了した者のうちから特定化学物質作業主任者を選任しなければならない。

さらにこれらの作業主任者を選任したら，事業者は作業主任者の氏名とその職務を作業場の見やすい箇所に掲示するなど周知させなければならない。

特定化学物質作業主任者の職務は，次の4つの事項である（特定化学物質障害予防規則（以下，「特化則」という。）第28条，第5編387頁参照）。

① 作業に従事する労働者の身体が特定化学物質によって汚染され，またはこれらを吸入しないように，作業の方法を決定し，労働者を指揮すること。

② 安全な作業環境状態を維持するための大切な設備である局所排気装置，プッシュプル型換気装置，除じん装置，排ガス処理装置，排液処理装置その他労働者が健康障害を受けることを予防するための装置を1月を超えない期間ごとに点検すること。

金属アーク溶接等の作業主任者においては，全体換気装置その他労働者が健康障害を受けることを予防するための装置を1月を超えない期間ごとに点検すること。

③ 特定化学物質が作業者の身体に侵入するのを防ぐための保護具を作業者が正しく使用しているか，その使用状況を監視すること。

④ タンクの内部において特別有機溶剤業務に労働者が従事するときは，規定されたばく露防止対策が講じられていることを確認すること。

また，四アルキル鉛等作業主任者の職務は，次の5つの事項である（四アルキル鉛中毒予防規則（以下，「四アルキル則」という。）第15条，第5編482頁参照）。

① 作業に従事する労働者が四アルキル鉛により汚染され，またはその蒸気を吸入しないように，作業の方法を決定し，労働者を指揮すること。

② タンク内業務で安全な作業環境状態を維持するための大切な設備である換気装置を，その日の作業を開始する前に点検すること。

③ 四アルキル鉛が作業者の身体に侵入するのを防ぐための保護具を作業者が正しく使用しているか，その使用状況を監視すること。

④ 四アルキル鉛または加鉛ガソリンの製造に用いる機械や装置が故障により機

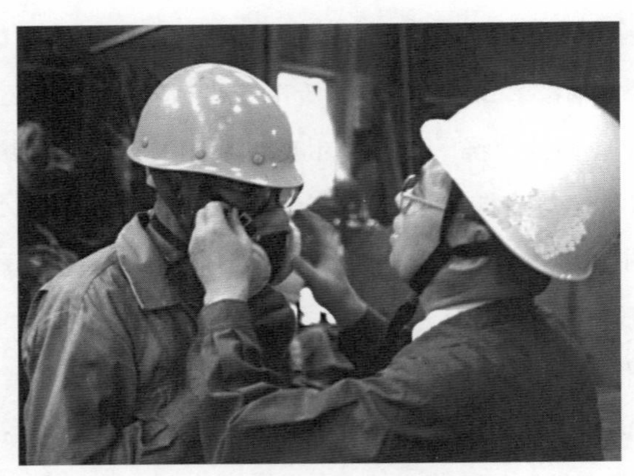

写真 1-1　呼吸用保護具の使用を指導する作業主任者

能を失った場合，作業中に換気装置等が故障により機能を失った場合，四アルキル鉛が漏れたりこぼれた場合等作業場所が四アルキル鉛またはその蒸気により著しく汚染され，そのために労働者が四アルキル鉛中毒にかかるおそれのある場合，作業者が異常な症状を訴えた場合，または異常な症状を発見した場合には，直ちに作業を中止し，作業場所から退避させること。

⑤　労働者の身体または衣類が四アルキル鉛によって汚染されていることを発見したときは，直ちに過マンガン酸カリウム溶液により，または洗浄用灯油および石けん等により汚染を除去させること。

作業主任者がこれらの職務を遂行するに当たっては，作業を指揮する立場にあることから，これらの物質による健康障害を予防するために「作業環境管理」，「作業管理」，「健康管理」といういわゆる労働衛生の３管理と，作業者に対する教育を確実に実行することが重要である。第一線で労働者を指揮する作業主任者の責任はきわめて重いといえよう。

特定化学物質及び四アルキル鉛等作業主任者技能講習では，「特定化学物質及び四アルキル鉛等による健康障害及びその予防措置に関する知識」，「作業環境の改善方法に関する知識」，「労働衛生保護具に関する知識」，「関係法令」について講義を受けることになっている。

2　労働衛生の３管理

特定化学物質および四アルキル鉛業務に従事する労働者の健康障害を予防するためには，これらの物質が呼吸器または皮膚，粘膜を通して体内に吸収されないようにすることが重要である。呼吸器を通して吸収されるこれらの物質を減らすには，作業に伴って発散する量を抑えるか，換気等の方法で空気中の濃度を低く抑えることが重要であり，これが「作業環境管理」である。

また，皮膚，粘膜を通して吸収される量を減らすには，これらの物質を人体に接触させない正しい作業方法を定めて守らせることと，必要な場合には有効な保護具を使用させることが重要であるが，これが「作業管理」である。

作業環境管理，作業管理に必要な知識は第３編，第４編で学ぶことになっている。

さらに，「健康管理」は法令で定められた作業主任者の職務として直接には明示されていないが，特定化学物質または四アルキル鉛による健康障害，特に急性中毒事故を防ぐためには，第２編で学ぶこれらの物質の有害性，健康障害の起こり方，急性中毒の初期症状，急性中毒が発生した場合の応急処置の方法などについて作業主任者自身が十分理解し，作業者に教え，指導することが重要である。また，特に特定化学物質のうち何十年も経ってからがん等の重篤な遅発性障害を起こす物質の場合，短期間で健康に影響が現れないために危険が軽視されることがないよう，作業者に遅発性障害の危険を教え，指導することが重要である。

技能講習を修了して作業主任者に選任されたならば，その責任の重さを自覚し，学習した内容を十分活用して指導を行い，作業主任者としての職務を的確に遂行していかなければならない。

3　特定化学物質・四アルキル鉛等の種類と業務

特定化学物質または四アルキル鉛等作業主任者が職務として取り扱う対象の特定化学物質の種類や健康障害予防措置，四アルキル鉛等業務に係わる措置の内容については，それぞれの規則に定めがあり，その内容については第５編で学ぶことになるが，作業主任者はそれらの物質の危険有害性や業務上の留意点を十分に理解する必要がある。

第２章　作業主任者として求められる役割

1　作業環境管理，作業管理と作業主任者

日常的に行われている特定化学物質作業の現場では，作業者が特定化学物質の危険有害性を十分認識していなかったり，あるいは仕事に慣れすぎて危険有害性の認識が薄れてしまったために，不注意な行動をして発じんさせたり，液体をこぼしたり，蒸発させたりして作業環境を汚染し，その結果有害物質を皮膚に付着させたり，粉じんや蒸気を吸入し，それが後に健康障害に発展するといった災害事例がしばしばみられる。作業主任者は，この技能講習で学んだことを十分理解し，作業者がこのようないわゆる不安全行動をしないように常に適切な指揮監督を行わなければならない。

特化則では，第28条第1号（第5編387頁参照）に特定化学物質作業主任者の職務として「作業に従事する労働者が特定化学物質により汚染され，又はこれらを吸入しないように，作業の方法を決定し，労働者を指揮すること」と規定している。すなわち特定化学物質作業主任者が第一に行わなければならない職務は，作業環境管理，作業管理を推進し，作業中に特定化学物質を労働者の身体に吸入，接触させない正しい作業方法を定めて守らせることである。

作業主任者が日常の作業において指揮監督する内容としては第3編，第4編で説明する注意事項を守らせることはもとより，具体的には以下の例があげられる。

① 特定化学物質を含む原材料等は当日の作業に必要な量だけ持ち込むようにさせること。

② 特定化学物質の入っている容器は，必ずその都度蓋を閉めさせること。これは引火性の特定化学物質の場合に火災防止のためにも重要である。

③ 特定化学物質の入っていた空き容器は，密閉して定められた集積場所に置かせること。

④ 粉末状の特定化学物質を取り扱う際に，発じんしない作業方法を守らせること。

⑤ 液体の特定化学物質をこぼさないこと。万一こぼれた場合の処置についても手順を定め，その手順に従って処置できるよう訓練しておくこと。

⑥　予期せぬ化学反応等による危険を防止するために，作業手順を定め，教育し，守らせること。

⑦　作業量，作業速度，温度，圧力を必要以上に上げさせないこと。特に温度，圧力の異常な上昇は反応の逸走による爆発の危険を招くので注意を要する。

⑧　特定化学物質の吸入を避けるため，できるだけ発散源の風上で作業を行わせること。

⑨　手作業の場合には，発散箇所に顔を近づけて特定化学物質の粉じんやガス・蒸気を吸入しないよう，作業者の作業姿勢を確認すること。

⑩　換気装置，局所排気装置は，作業開始前にスイッチを入れ，作業終了後もしばらくの間運転を続けさせること。

⑪　特定化学物質を手で直接取り扱う作業の場合には，その物質に合った化学防護手袋（保護手袋）を使用させること。

⑫　呼吸用保護具を使用させる際には，作業を始める前に必ずシールチェック（密着性の確認）をして漏れ込みがないことを確認させること（陰圧法によるシールチェックについては第4編234頁参照）。

また，特化則第28条第2号では「局所排気装置，プッシュプル型換気装置，除じん装置，排ガス処理装置，排液処理装置その他労働者が健康障害を受けることを予防するための装置を1月を超えない期間ごとに点検すること」を作業主任者の職務の1つと定めている。作業主任者は第3編で学ぶこれらの装置の原理，構造，点検の方法を理解し，定期的な点検を行ってこれらの装置が常に所期の性能を発揮するように維持しなければならない（第3編177頁参照）。

写真1-2　局所排気装置を点検する作業主任者

2　急性中毒事故の防止と作業主任者

特定化学物質による健康障害には，比較的低い濃度にくり返しばく露された場合に，数カ月ないし数年経ってから現れる肝機能障害をはじめとする慢性の障害，ばく露後十数年から数十年経過してから現れるがんのような遅発性障害と，比較的高い濃度にばく露された場合に短時間で現れるめまい，頭痛，意識喪失などの神経症状やシアン化合物，硫化水素等による化学窒息などの急性中毒がある。特に急性中毒については早い段階で適切な措置をしないと生命に関わる危険が大きい。

急性中毒事故が発生した現場を調べると，作業主任者が選任されていなかったり，選任されていても職務を十分に遂行していなかったという事例が多い。

急性中毒事故は，閉め切った室内やタンク内など通気不十分な場所での化学物質の取扱い作業や，予期せぬ化学反応によるガスの発生，ガスが滞留しているタンク等への立入りなどでしばしば発生している。事故を防ぐために重要なことは，通気不十分な場所での作業中はできるだけ換気を行って高濃度のガスを滞留させないこと，頻繁にガス検知を行うかガス検知警報機を使用して危険なガスの発生を監視すること，危険な化学反応についての知識を持ち予期せぬ化学反応によるガスの発生を防ぐこと，タンク内等への立入りに先立ってガス検知を行い，危険なガスが検知された場合には必ず内部を十分換気してから立ち入ること等である。換気については第3編で学ぶ。

次に重要なことは環境濃度を十分安全に保てない場合には有効な呼吸用保護具を使用して作業することである。取り扱う特定化学物質の種類，予想される濃度に対して有効な呼吸用保護具の選定，呼吸用保護具の効果を維持するために必要なメンテナンスの方法，正しい使用方法などについて第4編で学ぶ。呼吸用保護具をはじめ「保護具の使用状況を監視すること」は作業主任者の重要な職務の1つである（特化則第28条第3号，第5編387頁参照）。

また，急性中毒事故が発生したときは，早い段階で異常に気付いて適切な措置を取っていれば，重大な結果に至らなかったと思われる事例が少なくない。作業主任者は胸骨圧迫，心肺蘇生，AED（自動体外式除細動器）使用の方法等の救急措置についても知識を持っておくことが望まれる。

健康管理は規則で定められた作業主任者の職務ではないが，少なくとも自分が指揮する作業場で使用されている特定化学物質について，第2編で学ぶ有害性，健康障害の起こり方，急性中毒の初期症状，急性障害が発生した場合の応急処置の方法などについて十分理解し，作業者に教え，指導することが重要である。

以上のように，作業主任者として求められる役割を主として特定化学物質作業主任者について述べたが，四アルキル鉛等作業主任者についても同様である。

3　労働衛生関係法令と作業主任者

国会が制定した「法律」と，法律の委任を受けて内閣が制定した「政令」および専門の行政機関（省）が制定した「省令」などの「命令」をあわせて一般に「法令」と呼ぶ。

労働安全衛生に関する代表的な法律が「安衛法」であり，「特化則」，「四アルキル則」は，安衛法の委任に基づいて厚生労働省が制定した「厚生労働省令」であり，これらの物質による健康障害を防止するために事業者が講じなければならないいろいろな措置を定めている。また，厳密には法令ではないが法令とともにさらに詳細な技術的基準などを定める「告示」，法令，告示の内容を解釈する「通達」も，一般には法令の一部を構成するものと考えられている。したがって，法令の規定を理解するためには，法律，政令，省令だけでなく，関係する告示，通達もあわせて総合的に理解することが必要である（第５編参照）。

特定化学物質作業主任者が適切に職務を遂行するためには特化則と関係する法令，告示および通達（例えば作業環境測定基準や防毒・防じんマスクの選定，使用等に関する通達等）についての理解，四アルキル鉛等作業主任者が適切に職務を遂行するためには四アルキル則と関係する法令，告示，通達についての理解が必要である。

なお，現行の特化則の適用を受ける特定化学物質は，第１類物質，第２類物質および第３類物質の合計 75 種類の物質およびその含有物（製剤その他の物）と定められている（労働安全衛生法施行令（以下，「安衛令」という。）別表第３，第５編313 頁参照）が，産業界では現実に他にも多くの化学物質が使われており，今後さらに多くの物質が使われることが予想される。これらの物質は規則が適用されないからといって危険または有害でないということではない。これらの物質についても企業は自主的な安全衛生管理を行わなければならないし，将来規則が改正されて適用を受けることもある。

したがって，作業主任者が「関係法令」を理解するにあたってはその目的と主旨を十分把握し，業務に必要な条文の意味をよく理解するとともに，今後社会情勢や技術の進歩等に対応するために行われる法令改正の動きにも注意をはらい，作業者の指導に活用することが重要である。

労働安全衛生規則（以下，「安衛則」という。）の改正により，金属をアーク溶接する作業，アークを用いて金属を溶断し，またはガウジングする作業その他の溶接ヒュームを製造し，または取り扱う作業（金属アーク溶接等作業）については，作業主任者の選任に「金属アーク溶接等作業主任者」が追加されている。さらに特化則等の改正により，金属アーク溶接等作業については，金属アーク溶接等作業主任者限定技能講習を修了した者のうちから，金属アーク溶接等作業主任者を選任することができるよう，当該作業主任者の職務が新たに規定される見込みである。

4　リスクアセスメント

（1）　化学物質取扱いにあたっての検討事項

化学物質による災害発生事例をみると，化学プラントなど設備の設計段階における不備，バルブ，コック等の誤操作，日常点検の欠陥，保全におけるミス等の要因が考えられる。

特定化学物質作業主任者は，作業者が特定化学物質にばく露されないよう，作業者を直接指揮することが第一の職務であることから，上記要因が発生しないように最大の努力を払わなければならない。このため，常に事業場内の安全衛生部門および生産を開始するまでの諸準備に関わった各部門との連携を密にし，災害防止のための手段の内容が適切か，不足している点はないか等をよく検討し，チェックしておくことが必要である。また，特定化学設備等が新設もしくは改造されたり，新しい原材料の導入など新しい作業が開始される場合，新たな危険有害性がもたらされるおそれがある。これらの潜在的危険有害性を質的，量的にあらかじめ把握するため，計画段階から運転段階およびメンテナンス段階までの各段階においてあらゆる段階から事前にチェックを行うことが必要である。生産活動の中で災害発生を予防するには，次の４つの種類に大別して検討する。

①　原材料の危険有害性

②　機械設備などの物的危険

③　作業方法，場所等の危険

④　作業者の行動による危険

表 1-1　一般的な作業の種類と検討を要する事項の例

作業の種類	検討を要する事項
①原料，副原料の購入	購入先および品質，安全データシート（SDS）
②受け入れ	受け入れ（荷おろし）の方法，漏えい時の処置方法
③保管場所への運搬	運搬の手段と方法，漏えい時の処置方法
④保管場所への受け入れ	受け入れ（荷おろし）の方法，漏えい時の処置方法
⑤原料等の保管	変質（固結，汚染等），表示，関係者以外の立入禁止
⑥払い出し	払い出し先の限定
⑦使用場所への運搬	運搬の手段と方法，漏えい時の処置方法
⑧使用場所での保管	保管の場所，変質（固結，汚染等）
⑨容器からの取り出し，解袋 ⑩調合，小分け ⑪反応槽への装入 ⑫反応，処理	ばく露抑制対策（シール部の漏えい防止） 局所排気装置，プッシュプル型換気装置 保護具 作業基準（サンプリング，フィルタ交換，液面測定など）
⑬製品の保管	保管の場所，変質（固結，汚染等），表示，関係者以外の立入禁止，漏えい時の処置方法
⑭廃棄物の取り出し	⑨～⑫および漏えい時の処置方法
⑮廃棄物の運搬	適切な容器，運搬方法，漏えい時の処置方法
⑯廃棄物の処理	適切な処分方法，漏えい時の処置方法，表示，廃棄の記録
⑰装置，機器の取扱い等	取扱い作業のリスクアセスメント （液抜き，開放，溶接，塗装，サンドブラスト，保温，化学洗浄，触媒の取扱いなど）
⑱金属のアーク溶接，溶断，ガウジング	全体換気装置による換気，溶接ヒュームの濃度測定結果に基づく風量調節や局所排気等の措置，呼吸用保護具の使用およびシールチェックの実施

チェックに当たっては，それぞれの事業場にあわせて作業しやすく，また安全性を幅広く検討するために，各部門のメンバーからなるチームを編成する。その際，作業主任者はできるだけ初期の段階からこれらに参画し，**表 1-1** の事項についての検討結果に留意するとともに，リスクアセスメントについての基本的な背景を理解することが望ましい。

(2)　リスクアセスメント

労働衛生の3管理を的確に進めるためにはリスクアセスメントとその結果に基づくリスク低減措置によって作業場に存在する危険有害因子を取り除くことが必須である。

リスクアセスメントとは，危険性・有害性の特定，リスクの見積り，優先度の設定，リスク低減措置の決定の一連の手順をいい，事業者は，その結果に基づいて適切なリスク低減措置を講じることができる。

リスクアセスメントは事業場のトップから作業者まで全員参加で行われるべきであるが，特に現場の作業実態をよく知る作業主任者の積極的な関与が望まれる。

化学物質のリスクアセスメントについては，「化学物質等による危険性又は有害性等の調査等に関する指針」（511頁参照）に，取り扱うすべての化学物質と作業について，物質の危険有害性とばく露の程度の組合わせで表されるリスクの大きさを見積もり，その結果に基づき低減措置の優先度を決め，優先度に対応した低減措置を実施することが示されている。

リスクアセスメントでは，ばく露測定または作業環境測定等の結果から推定される作業者のばく露濃度のデータがある場合には，それを日本産業衛生学会が勧告する許容濃度，米国産業衛生専門家会議（ACGIH）が勧告するTLVs（Threshold Limit Values）等のばく露限界と比較することにより定量的なリスクの見積りができる（**図1-2**）。そのようなデータがない場合は安全データシート（SDS）に記載されているGHS（The Globally Harmonized System of Classification and Labelling of Chemicals：化学品の分類及び表示に関する世界調和システム）の分類・区分（有害性ランク）と物質の物性，形状，温度（揮発性・飛散性ランク）および1回または1日あたりの使用量（取扱量ランク）によって推定した労働者のばく露量の組合わせで定性的なリスクの見積りを行う（参考資料19を参照）。このGHSは，化学品の危険有害性を世界的に統一された一定の基準に従って分類し，絵表示等を用いてわかりやすく表示しようとするもので，2003年7月に国連勧告として採択された。

化学物質のうち，安全データシート（SDS）交付義務対象である通知対象物すべてについて新規に採用する際や作業手順を変更する際にリスクアセスメントを実施することが義務付けられている。なお，通知対象物は今後も順次追加されていくことが予想される。

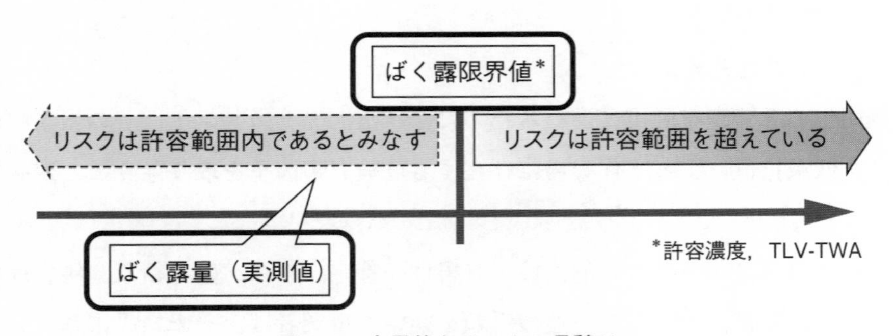

図1-2　定量的なリスクの見積り
（出典：厚生労働省パンフレット）

厚生労働省は，化学物質についての特別の専門的知識がなくても定性的なリスクアセスメントが実施できる「厚生労働省版コントロール・バンディング」（**図 1-3**）や，比較的少量の化学物質を取り扱う事業者に向けた「CREATE-SIMPLE（クリエイト・シンプル）」（**図 1-4**）などを準備している。これらのリスクアセスメントの支援ツールは，下記のウェブサイトから無料で利用できる。

厚生労働省「職場のあんぜんサイト（化学物質のリスクアセスメント実施支援）」
https://anzeninfo.mhlw.go.jp/user/anzen/kag/ankgc07.htm

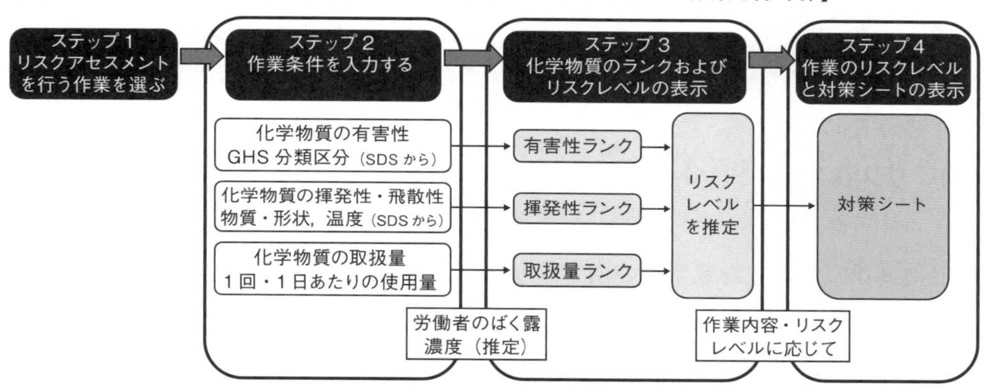

図 1-3　厚生労働省版コントロール・バンディング
（出典：厚生労働省「職場のあんぜんサイト」https://anzeninfo.mhlw.go.jp/user/anzen/kag/ankgc07_1.htm）

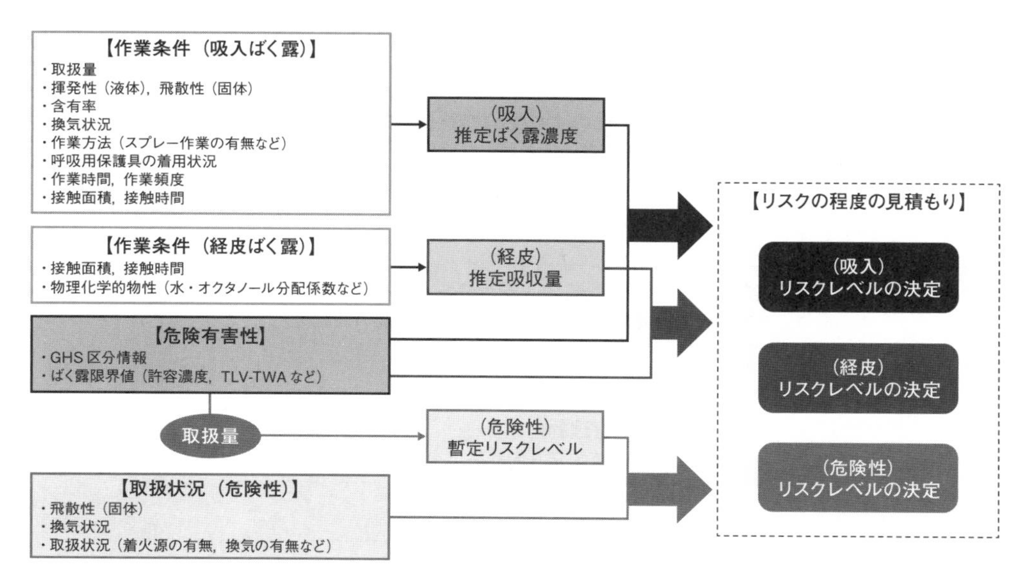

図 1-4　CREATE-SIMPLE（クリエイト・シンプル）の流れ
（出典：厚生労働省「職場のあんぜんサイト」https://anzeninfo.mhlw.go.jp/user/anzen/kag/ankgc07_3.htm）

(3) リスク低減措置の検討および実施

リスクの見積りによるリスク低減の優先度が決定すると，その優先度に従ってリスク低減措置の検討を行う。

法令に定められた事項がある場合にはそれを必ず実施するとともに**図1-5**に掲げる優先順位でリスク低減措置の内容を検討の上，実施する。

なお，リスク低減措置の検討に当たっては，**図1-5**の③や④の措置に安易に頼るのではなく，①および②の本質安全化の措置をまず検討し，③，④は①および②の補完措置と考える。また，③および④のみによる措置は，①および②の措置を講じることが困難でやむを得ない場合の措置となる。

死亡，後遺障害，重篤な疾病をもたらすおそれのあるリスクに対しては，適切なリスク低減措置を講じるまでに時間を要する場合は，暫定的な措置を直ちに講じるよう努めるべきである。

(4) リスクアセスメント結果等の労働者への周知等

リスクアセスメントの結果は，労働者に周知することが求められている。対象の化学物質等の名称，対象業務の内容，リスクアセスメントの結果（特定した危険性または有害性，見積もったリスク），実施するリスク低減措置の内容について，作業場の見やすい場所に常時掲示するなどの方法で労働者に周知する。また，業務が

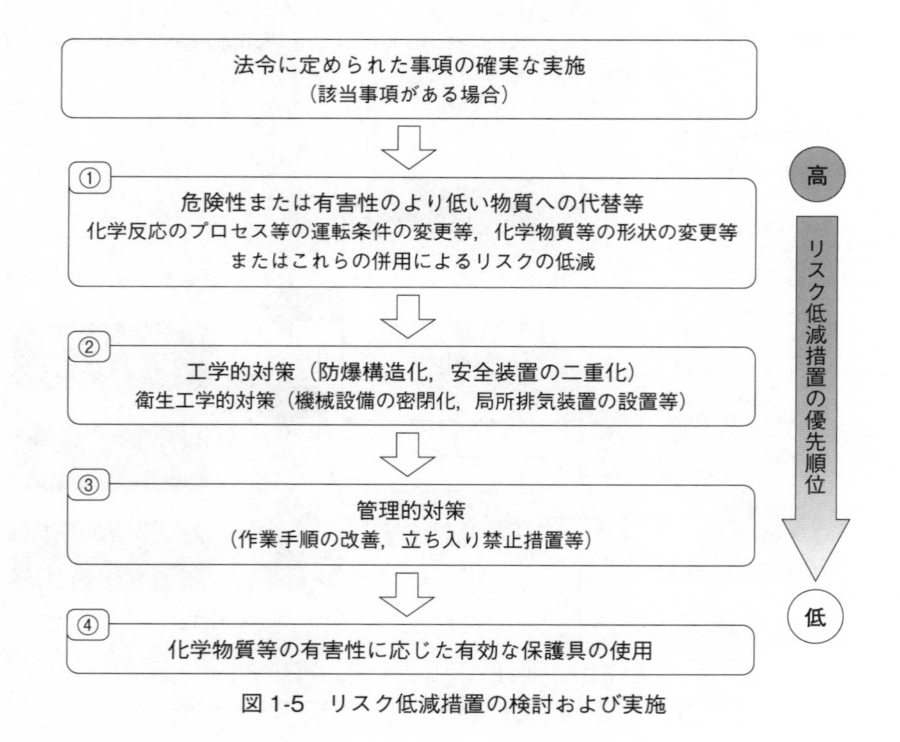

図1-5　リスク低減措置の検討および実施

継続し労働者への周知を行っている間はこれらの記録を保存しなければならない。

(5)　リスクアセスメント対象物にばく露される濃度の低減措置

リスクアセスメント対象物（リスクアセスメント実施の義務対象物質）のうち，一定程度のばく露に抑えることにより，労働者に健康障害を生ずるおそれがない物質として厚生労働大臣が定める物質（「濃度基準値設定物質」という。）については，労働者がばく露される程度を厚生労働大臣が定める濃度基準（「濃度基準値」という。）以下としなければならないとされる。なお，この安衛法政省令の改正は令和4（2022）年5月31日に公布され，令和6（2024）年4月1日に施行される。

参考文献
1）沼野雄志『化学の基礎から学ぶ やさしい化学物質のリスクアセスメント』中央労働災害防止協会，2019年
2）『テキスト化学物質リスクアセスメント』中央労働災害防止協会，2016年

5　安全データシート（SDS）

産業現場では数万種類の化学物質が使用されており，毎年数百種類以上の新規化学物質が使用され，毒性情報が不十分なために生じる中毒事例もみられる。「化学品の分類および表示に関する世界調和システム」（GHS）の国連勧告を踏まえて，SDSには化学物質の名称，物性（絵表示等を含む。），特性，人体への影響，事故発生時の応急措置，事故対策，予防措置，関連法令などが記されている（**表1-2，図1-6**）。

安衛法では，労働者がいつでもSDSを見ることができるようにしておくことを義務付けている。ただし，毒性情報が不十分な物質も多く，SDSを過信してはならない。

また，SDSの通知事項である「人体に及ぼす作用」を，定期的に確認し，変更があるときは更新しなければならない。

表 1-2　SDS への主な記載内容

1	**化学品および会社情報**	• 化学品の名称 • 供給者の会社名称，住所，電話番号 • 緊急時連絡電話番号
2	**危険有害性の要約**	• GHS 分類および GHS ラベル要素（絵表示等） • その他の危険有害性
3	**組成，成分情報**	• 化学物質・混合物の区分 • 化学名，一般名，別名 • 各成分の化学名または一般名と濃度または濃度範囲
4	**応急措置**	• 吸入，皮膚への付着や眼に入った，飲み込んだ場合の取るべき応急措置 • 最も重要な急性および遅発性の症状 • 応急措置をする者の保護に必要な注意事項
5	**火災時の措置**	• 適切な消火剤，使ってはならない消火剤 • 火災時の特有の危険有害性 • 消火活動において順守すべき予防措置
6	**漏出時の措置**	• 人体に対する注意事項，保護具，緊急時措置 • 環境に対する注意事項 • 封じ込めおよび浄化方法と機材
7	**取扱いおよび保管上の注意**	• 安全な取扱いのための技術的対策 • 安全な保管条件（容器，包装材料を含む）
8	**ばく露防止および保護措置**	• ばく露限界値，生物学的指標などの許容濃度 • ばく露を軽減するための設備対策 • 適切な保護具の推奨
9	**物理的および化学的性質**	• 物理状態，色，臭い，融点／凝固点，引火点，自然発火点，蒸気圧，密度など
10	**安定性および反応性**	• 危険有害反応の可能性 • 避けるべき条件（衝撃，静電放電，振動など） • 混触危険物質 • 有害な分解生成物
11	**有害性情報**	• 急性毒性 • 皮膚腐食性，呼吸器感作性，変異原性，発がん性など • 誤えん有害性
12	**環境影響情報**	• 生態毒性，残留性・分解性，生体蓄積性など • オゾン層への有害性
13	**廃棄上の注意**	• 安全かつ環境上望ましい廃棄またはリサイクルに関する情報など
14	**輸送上の注意**	• 国連番号，国連輸送名など • 輸送または輸送手段に関連する特別の安全対策
15	**適用法令**	• 該当国内法令の名称，規制に関する情報
16	**その他の情報**	• 安全上重要であるが 1 ～ 15 に直接関連しない情報

（JIS Z 7253：2019 をもとに作成）

爆発物（不安定爆発物，等級1.1～1.4）
自己反応性化学品（タイプA，B）
有機過酸化物（タイプA，B）

可燃性ガス（区分1），自然発火性ガス
エアゾール（区分1，区分2），
引火性液体（区分1～3），
可燃性固体，自己反応性化学品（タイプB～F）
自然発火性液体・固体，自己発熱性化学品
水反応可燃性化学品，有機過酸化物（タイプB～F）
鈍性化爆発物

酸化性ガス
酸化性液体・固体

高圧ガス

金属腐食性化学品，皮膚腐食性
眼に対する重篤な損傷性

急性毒性
（区分1～3）

急性毒性（区分4），皮膚刺激性（区分2）
眼刺激性（区分2A），皮膚感作性
特定標的臓器毒性（単回ばく露）（区分3）
オゾン層への有害性

呼吸器感作性，生殖細胞変異原性
発がん性，生殖毒性（区分1，区分2）
特定標的臓器毒性（単回ばく露）（区分1，区分2）
特定標的臓器毒性（反復ばく露）（区分1，区分2）
誤えん有害性

水生環境有害性
[短期（急性）区分1，長期（慢性）区分1，
長期（慢性）区分2]

図1-6　化学品の分類および表示に関する世界調和システム（GHS）の危険有害性を表す絵表示
（出典：JIS Z 7253：2019）

第３章　化学物質の自律的な管理

1　新たな化学物質規制の概要

令和4（2022）年2月24日，令和4年5月31日の安衛法政省令の改正により，自律的な管理を基軸とした新たな化学物質の管理（**図 1-7** 参照）が導入された。

化学物質の管理については，今までの法令順守による個別の規制管理から自律的な管理を基軸とする規制へ移行するため，化学物質規制体系の見直し，特定の化学物質の危険性・有害性が確認されたすべての物質に対して，国が定める管理基準の達成が求められ，達成のための手段は限定しない方式に大きく転換されることになる。

化学物質の自律的な管理として，次の内容が規定され推進される。

①　化学物質の自律的な管理のための実施体制の確立

・事業場内の化学物質管理体制の整備，化学物質管理の専門人材の確保・育成

②　化学物質の危険性・有害性に関する情報の伝達の強化

■ **措置義務対象の大幅拡大。国が定めた管理基準を達成する手段は、有害性情報に基づくリスクアセスメントにより事業者が自ら選択可能**

■ **特化則等の対象物質は引き続き同規則を適用。一定の要件を満たした企業は、特化則等の対象物質にも自律的な管理を容認**

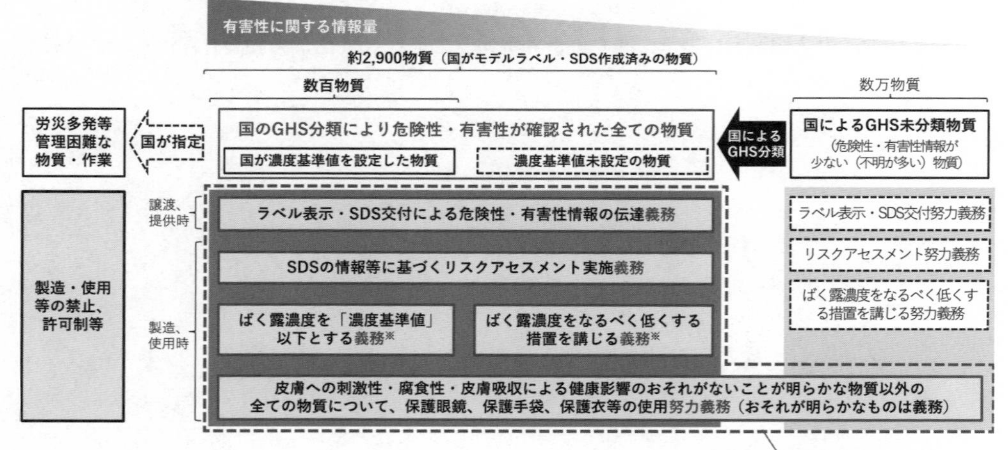

※ばく露濃度を下げる手段は、以下の優先順位の考え方に基づいて事業者が自ら選択
①有害性の低い物質への変更、②密閉化・換気装置設置等、③作業手順の改善等、④有効な呼吸用保護具の使用

図 1-7　自律的な管理における化学物質管理の体系（資料：厚生労働省）

・SDSの記載項目の追加と見直し
・SDSの定期的な更新の義務化
・化学物質の移し替え時等の危険性・有害性に関する情報の表示の義務化

③　特化則等に基づく措置の柔軟化および強化
・特化則等に基づく健康診断のリスクに応じた実施頻度の見直し
・有機溶剤，特定化学物質（特別管理物質を除く），鉛，四アルキル鉛に関する特殊健康診断の実施頻度の緩和
・作業環境測定結果が第３管理区分である事業場に対する措置の強化

④　がん等の遅発性の疾病の把握強化とデータの長期保存
・がん等の遅発性疾病の把握の強化
・事業場において，複数の労働者が同種のがんに罹(り)患し外部機関の医師が必要と認めた場合または事業場の産業医が同様の事実を把握し必要と認めた場合の所轄労働局への報告の義務化
・健診結果等の長期保存が必要なデータの保存

⑤　化学物質管理の水準が一定以上の事業場の個別規制の適用除外
・一定の要件を満たした事業場は，特別規則の個別規制を除外，自律的な管理（リスクアセスメントに基づく管理）を容認

2　化学物質管理者の選任による化学物質の管理

リスクアセスメント対象物を製造，取扱い，または譲渡提供をする事業場（業種・規模要件なし）ごとに化学物質の管理に関わる業務を適切に実施できる能力を有する「化学物質管理者」を選任して，化学物質の管理に係る技術的事項を管理しなければならない。

選任要件としては，化学物質の管理に関わる業務を適切に実施できる能力を有する者とされる（**表 1-3**）。

表 1-3　化学物質管理者の事業場別の選任要件

事業場の種別	化学物質管理者の選任要件
リスクアセスメント対象物の製造事業場	専門的講習（厚生労働大臣告示で示す科目）の修了者
リスクアセスメント対象物の製造事業場以外の事業場	資格要件なし（専門的講習等の受講を推奨）

化学物質管理者の職務としては，次の事項を管理する。

① ラベル・SDS等の確認，化学物質に関わるリスクアセスメントの実施管理

② リスクアセスメント結果に基づく，ばく露防止措置の選択，実施の管理

③ 化学物質の自律的な管理に関わる各種記録の作成・保存，化学物質の自律的な管理に関わる労働者への周知，教育

④ ラベル・SDSの作成（リスクアセスメント対象物の製造事業場の場合）

⑤ リスクアセスメント対象物による労働災害が発生した場合の対応

3　保護具着用管理責任者の選任による保護具の管理

リスクアセスメントに基づく措置として，作業者に保護具を使用させる事業場において，化学物質の管理に関わる保護具を適切に管理できる能力を有する「保護具着用管理責任者」を選任して，有効な保護具の選択，労働者の使用状況の管理その他保護具の管理に関わる業務をさせなければならないとされる。

選任要件としては，保護具に関する知識および経験を有すると認められる者とされているが，保護具の管理に関する教育を受講することが望ましい。

保護具着用管理責任者の職務としては，次の事項を管理する。

① 保護具の適正な選択に関すること

② 労働者の保護具の適正な使用に関すること

③ 保護具の保守管理に関すること

化学物質管理者および保護具着用管理責任者は選任事由の発生から14日以内に選任しなければならない。また職務をなし得る権限を与え，氏名を見やすい箇所に掲示するなどにより，関係者に周知することが必要となる。

なお，化学物質管理者および保護具着用管理責任者の選任において，特定化学物質等作業主任者が併任（兼務）する場合は，その職務が異なるので役割に十分留意することが必要である。ただし，作業環境測定結果が第3管理区分による措置での保護具着用管理責任者は作業主任者との併任（兼務）はできない。

4　化学物質管理専門家による助言

労働災害の発生またはそのおそれのある事業場について，労働基準監督署長が，その事業場で化学物質の管理が適切に行われていない疑いがあると判断した場合

は，事業場の事業者に対し，改善を指示することができる。

改善の指示を受けた事業者は，「化学物質管理専門家」（外部が望ましい）から，リスクアセスメントの結果に基づき講じた措置の有効性の確認と望ましい改善措置に関する助言を受けた上で，改善計画を作成し，労働基準監督署長に報告し，必要な改善措置を実施しなければならないとされる。

また，特化則，有機溶剤中毒予防規則（以下，「有機則」という。），鉛中毒予防規則（以下，「鉛則」という。），粉じん障害防止規則（以下，「粉じん則」という。）に基づく作業環境測定の結果，第３管理区分に区分された場合にも，外部の化学物質管理専門家から意見を聴くこととされる。

なお，管理水準が良好な事業場の特別規則の適用除外のためには事業場に化学物質管理専門家の配置等が必要とされる。

化学物質管理専門家の資格要件は，事業場における化学物質の管理について必要な知識および技能を有する者として厚生労働大臣が定める労働衛生コンサルタント，衛生工学衛生管理者免許，作業環境測定士等の資格と経験を有する者，または同等以上の能力を有すると認められる者とされる。

5　作業環境管理専門家による助言

作業環境測定の評価結果が第３管理区分にされた場所について，作業環境の改善を図るため，事業者は作業環境の改善の可否および改善が可能な場合の改善措置については，事業場に属さない作業環境管理専門家の意見を聴かなければならないとされる。

作業環境管理専門家の資格要件は，化学物質管理専門家または同等以上の能力を有すると認められる者とされている。

なお，この安衛法政省令の改正は令和４（2022）年５月31日に公布され，令和５（2023）年４月１日または令和６（2024）年４月１日に施行される（307頁参照）。

第2編
特定化学物質および四アルキル鉛による健康障害およびその予防措置

各章のポイント

【第１章】概説

□　特定化学物質等による災害（急性または慢性中毒，薬傷，火災等）について，発生原因と有効な防止対策を災害事例から学ぶ。

□　特定化学物質による障害の起こり方は，①皮膚または粘膜の接触部位で直接障害を起こすもの，②皮膚，呼吸器または消化器から体内に吸収されて一定量が特定の器官（標的臓器）に蓄積されて障害を起こすものの２つに区分される。

□　健康診断は，健康管理上重要な意味を持ち，作業者の健康状態を調べ，適切な事後措置を行うために不可欠なものである。

□　特定化学物質等を取り扱う作業場では思わぬ事故から作業者がばく露し，急性の障害を起こす可能性がある。そのため，現場関係者は応急措置の方法を知っておく必要がある。

【第２章】各論

□　特化則等の適用を受ける①第１類物質，②第２類物質，③第３類物質，④四アルキル鉛等の性質・有害性・応急措置などについて学ぶ。

第１章　概　　説

1　特定化学物質業務と労働衛生管理

特定化学物質等による健康障害の発生の経路と，防止対策を示したものが**図 2-1**である。作業に伴って発散した特定化学物質等は，ガス，蒸気，粉じんとなって環境空気中に拡散し，それらに接触した労働者の体内に侵入する。有害物が体内に吸収される経路としては，呼吸器，皮膚，消化器があるが，このうち呼吸器を通って吸収されるものが最も多い。

労働者の体内に吸収される有害物の量は，作業中に労働者が接する有害物の量に比例すると考えられ，これを有害物に対するばく露量という。ばく露量は，労働時間が長いほど，環境空気中の有害物濃度が高いほど大きくなる。呼吸により体内に侵入した有害物は，体内で代謝されて，しだいに体外へ排出されるが，吸収量が多くて排泄量を上回った場合には排泄しきれずに体内に蓄積し，蓄積量がある許容限度（生物学的限界値）を超えると健康に好ましくない影響が現れる。したがって，職業性の健康障害は有害物に対するばく露量が大きいほど発生しやすく，健康障害を防止するには有害物に対するばく露をなくすか，できるだけ少なくすることが必要で，この原則は有害物の種類を問わず変わらない。

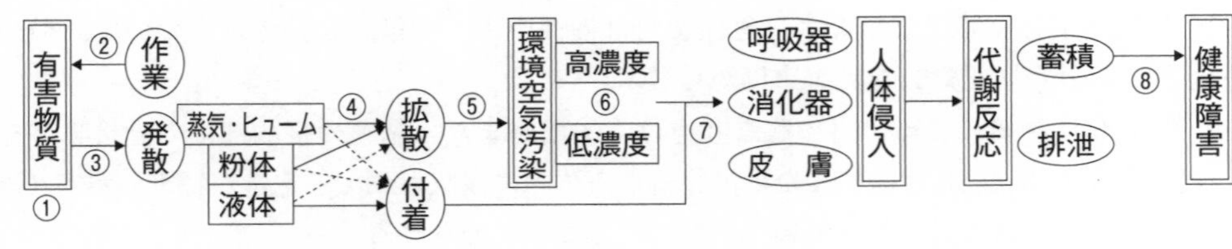

① 特定化学物質の使用中止，有害性の少ない物質への転換
② 生産工程，作業方法の改良による発散防止
③ 設備の密閉化，自動化，遠隔操作，有害工程の隔離
（①〜③：生産技術的対応）
④ 局所排気装置，プッシュプル型換気装置による拡散防止
⑤ 希釈換気による気中濃度の低減
⑥ 作業環境測定による環境管理状態の監視
（④〜⑥：環境改善技術）
（①〜⑥：工学的対策（作業環境管理））
⑦ 時間制限等作業形態の改善，保護具の使用による人体侵入の抑制　個別管理対策（作業管理）
⑧ 特殊健康診断による異常の早期発見と事後措置，適正配置の確保　医学的対策（健康管理）

図 2-1　特定化学物質による健康障害の発生経路と防止対策
（沼野雄志『労働衛生工学 21』（1982）p41　一部改変）

ほとんどすべての労働者が通常の勤務状態（1日8時間，1週40時間）で働き続けても，それが原因となって著しい健康障害を起こさないと考えられるばく露量は，ばく露限界と呼ばれ，許容濃度（日本産業衛生学会），TLV（米国産業衛生専門家会議（ACGIH））などがある。ばく露限界は，1日8時間の労働中の時間加重平均濃度（TWA）で表され，工学的対策によって環境を管理する目安とされる。また，短時間で発現する刺激，中枢神経抑制等の生体影響を起こす化学物質には，15分以下の短時間，断続的にでもばく露されてはならない限界（STEL），あるいは，いかなる場合でも超えてはならない限界（C）が示され，経皮吸収や皮膚障害のおそれのある化学物質は「皮」（日本産業衛生学会），「Skin」（ACGIH）の記述で示されている。作業環境測定の結果を評価するための基準として，管理濃度を用いる。ただし，許容濃度や管理濃度は，あくまで管理する目安であり，安全な濃度と危険な濃度の境界線とか，ここまでは許される濃度と誤解してはいけない。

さらに，リスクアセスメント対象物のうち，厚生労働大臣が定める濃度の基準（濃度基準値）が定められた物質を製造し，または取り扱う業務を行う屋内作業場においては，労働者のばく露の程度が濃度基準値を上回らないことを事業者に義務付けられている（安衛則第577条の2第2項）。

特定化学物質等による健康障害を防止するには，まず生産技術的な対応によって特定化学物質等に触れないで済むようにし，次に環境改善の技術によって，環境空気中の特定化学物質等の濃度を低く保つことが大切である（作業環境管理）。保護具の使用は臨時の作業等で環境対策を十分に行えない場合のみならず，ばく露の可能性がある場合にも有効な対策であるが，環境改善の努力を怠ったまま保護具の使用に頼るべきではない（作業管理）。

図2-1につけた番号とそれに対応する対策は，特定化学物質等の発散から健康障害にいたる連鎖を途中で断ち切って健康障害を防止する方法を示すものである。これらの方法のうち①はそれだけで大きな効果が期待できるが，②〜⑤は，第3編第2章1（151頁）で述べるように，複数の方法を組み合わせて実施する方が少ないコストで高い効果を得られることが多い。

工学的対策による環境管理が十分に行われていれば，ばく露量を少なく抑えることができるので健康障害の危険性は少ないと考えられるが，有害物質に対する感受性には個人差があり，工学的対策だけでは絶対安全とはいえない。そのために，特定化学物質等に対して特に過敏な労働者を誤って健康障害の危険のある業務に就かせないための雇入れ時または配置転換時の特殊健康診断（特殊健診）や，異常の早期発見のために定期的に実施される特殊健診のような医学的な対策も欠かすことができない（健康管理）。

上記の作業環境管理，作業管理，健康管理をあわせて労働衛生３管理といい，産業現場で特定化学物質等取扱い作業のような有害業務の健康障害を予防するためには，有効な管理方法である。

2　特定化学物質障害の災害事例，原因と防止対策

特定化学物質や四アルキル鉛による災害について，急性または慢性中毒，薬傷，火災等の中から主な事例を紹介したのでその発生原因を把握し，有効な防止対策について理解する必要がある。また，特定化学物質による災害発生はこれらの事例に限定されるものではないことに留意する必要がある。

(1)【事例１】アクリルアミドを全身に浴びて大量吸入により死亡

ア　災害の概要

①　業　種　　　化学製品製造業

②　被　害　　　死亡１名，休業１名

③　発生状況

アクリルアミド水溶液を製造する事業場（アクリルアミド工場）では，災害発生前日に元請事業場Ａに対して翌日すぐに精製塔内の点検作業を行うように依頼した。事業場Ａは一次下請Ｂに同作業を依頼し，Ｂは作業の一部を二次下請Ｃに行わせることとした。実際には事業場Ｂの労働者１人がＣの労働者４人に指揮命令を行い作業に当たることとなった。

当該工場においては，アクリロニトリル水溶液（濃度99.5％）と純水とを反応させてアクリルアミド水溶液（濃度50％）を製造している。

$CH_2CHCN + H_2O \rightarrow CH_2CHCONH_2$

５人の労働者は現場で，マンホールを開ける際に内容物の吹き出しに注意すること等簡単なミーティングを行った後作業に取りかかった。労働者の服装は作業着，ヘルメット，革手袋であった。

手順としては最初に上段と中段のマンホールから開始することとし，まず塔の上方へ登り上段マンホールを開放したが，何も吹き出してこなかった。次に中段マンホールのボルトを外し，いったん蓋を開けたところ，中からゲル状のアクリルアミ

ド重合物が出てきたため，中段マンホールを再び閉じボルトを1本だけ締めた。次に下段マンホールを開放することとし，被災者D，Eの2人で地上に置いた階段状の作業台に乗り作業に取り掛かった。

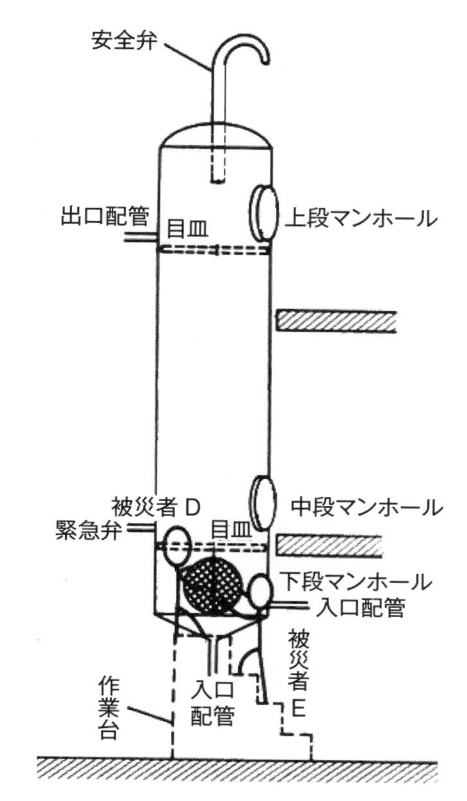

16本あるボルトのうち1本を残しすべて外して，残り1本を少し緩めた。指揮監督者がマンホールの隙間（すき）から内部をのぞいたところ，アクリルアミド重合物の白い固体がマンホールをふさぐような状態になっているのが見えたが，その固体が飛び出してこないものと判断し，被災者Dに対しボルトを外してマンホールを開けるよう指示した。Dがボルトを外しマンホールを開けると同時に，マンホールからアクリルアミド水溶液および重合物が一挙に噴出し，噴出物を全身に浴びた被災者DはEとともに作業台から地上に転落した。被災者Dはすぐ病院に運ばれたが，翌日，アクリルアミドおよびアクリロニトリルの大量吸入による多臓器不全により死亡した。また，被災者Eは転落した際頭部を打ち，脳挫傷等の負傷により1カ月の入院を要した。

イ　原　因

① 精製塔下部が重合により詰まり，アクリルアミド水溶液がその内部に残留しているおそれがあったにもかかわらず，塔内における当該物質の濃度・温度・圧力等の測定・調査等を行い当該物質が確実に排出されたことを確認することなく，精製塔の点検・清掃等の作業を開始したこと。

② 作業開始前に発注者，元請および下請が，作業の危険性，作業手順，安全な施工方法等についての打ち合わせを行う個別会議を開催することになっていたが，この会議を開催せずに着工許可が出され作業が行われたこと。

③ 作業に従事する労働者に耐透過性の化学防護服（保護服），呼吸用保護具等を使用させなかったこと。

④ 事業場Bには特定化学物質作業主任者が選任されていなかったこと。

ウ　対　策

① 特定化学物質等を取り扱う設備の点検・清掃作業等を行う場合は，当該設備の内部から特定化学物質等を確実に排出し，内部に残留していないことを確認してから作業を開始すること。

② 危険性の高い作業においては，作業開始前に発注者と受注者との間で十分情報交換を行い，必要に応じて作業方法に関しても調整を行うこと。

③ 塔内に残留している特定化学物質等が噴出することのないようマンホールの開放作業については，長いボルトを使用して徐々にマンホールを開放する等の噴出防止措置を講じること。

④ 特定化学物質作業主任者を選任し，作業の指揮監督に当たらせること。

⑤ 作業に従事する労働者には，耐透過性の化学防護服，呼吸用保護具等を使用させること。

エ　災害の特徴，その他

化学設備に係る災害は，当該設備の保全的作業，トラブル対処作業等のいわゆる非定常作業において多数発生しており，非定常作業における災害の発生率は，定常作業に比較して，相当程度高い状況にある。非定常作業については日常的に反復・継続して行われることが少なく，かつ，十分な時間的余裕がなく行われる場合が多いため，設備および管理面の事前の検討が十分行われないこと，労働者が習熟する機会が少ないこと，また，作業が複数の部門や複数の事業者にわたること等により災害につながる場合が多いと考えられる。

(2)【事例2】硫酸製造工程の熱交換器補修作業における二酸化硫黄（亜硫酸ガス）および水銀中毒

ア　災害の概要

① 業　種　　製造業

② 被　害　　死亡3名，休業24名

③ 発生状況

本災害は，亜鉛鉱（酸化亜鉛）の精錬の過程で生じる二酸化硫黄（亜硫酸ガス）から硫酸を製造する工程の熱交換器の補修作業において発生した。

熱交換器の鋼管（チューブ）をガスバーナーで溶断，交換するものである。熱交換器は外側は二酸化硫黄，内側は三酸化硫黄（無水硫酸ガス）が流れ，チューブの内外で熱交換をしている。今回の補修工事に先立ち，空運転をし二酸化硫黄を排気した後，二酸化硫黄および三酸化硫黄のそれぞれの配管部のフランジに遮へい板を入れ溶断作業を行ったものである。

パイプの溶断作業開始後5日目頃から体の不調を訴える者が出ていたが，そのまま作業を続け，開始後1週間目の作業終了後には，労働者のうち1名が感冒（肺炎）様の症状を呈して入院した。翌日以降同様の症状を示す労働者が続出し，次々に入院したため，翌々日には作業を中止した。その後残りの作業者を受診させたところ，二酸化硫黄中毒と診断され入院し，うち3名の労働者が死亡した。

作業は直結式小型防毒マスク（亜硫酸ガス用吸収缶）を着用して行われており，災害後の調査により吸収缶の破過が認められた。

その後の調査で二酸化硫黄中毒のみならず水銀中毒による腎機能障害も発生していたことがわかった。

イ　原　因

① 硫酸製造工程では，硫酸鉄塩類が配管内部に付着することが知られており，硫酸鉄塩類が溶断により加熱分解され亜硫酸ガスが発生したこと。

② 直結式小型防毒マスク（亜硫酸ガス用吸収缶）が破過していたこと。

③ 水銀化合物がスラッジに含有されており，溶断の際に水銀蒸気が発生したと考えられること。

④ 溶断の際に水銀蒸気を吸入したり，スラッジ中の水銀化合物が皮膚に付着し，水銀の皮膚吸収があったと考えられること。

⑤　体の不調を訴えていた者が出ていたのに，十分な原因調査をせず作業を続行したこと。

ウ　対　策

①　あらかじめ設備内の付着物の分析を行うこと等により，労働者がばく露するおそれのあるすべての有害物（直接取り扱うものおよび加熱等により発生するもの）について，特定化学物質作業主任者はその有害性の把握に努め，作業開始前に労働衛生教育を行うこと。

②　特定化学物質作業主任者は，発生するおそれのある有害物の種類，濃度および作業時間等を考慮し，適切な保護具を使用させること。特に，直結式小型防毒マスクは，使用範囲がガスまたは蒸気の濃度 0.1% 以下であり，高濃度の場合は不適切である。したがって呼吸用保護具については，送気マスクを使用させること。

③　有害物による中毒が疑われる症状を有する者が発見された場合には，特定化学物質作業主任者は直ちに作業を中止させるとともに，作業に従事した者すべてに適切な健康診断を受診させること。

エ　災害の特徴，その他

設備の解体・改修に伴って有害物が発生し，それが原因で災害が発生することが多い。このような作業の場合には，設備の所有者である発注者が必要な情報を受注者に伝えることが重要である。

(3)【事例３】アンモニア水タンクの弁の閉止作業中，ボールバルブが破断，脱落し，アンモニアを全身にばく露して死亡

ア　災害の概要

①　業　種　　パルプ・紙製造業

②　被　害　　死亡１名，不休業２名

③　発生状況

アンモニア水タンクの液面計管台付き弁の閉止作業をするにあたり，ボールバルブが固着していたため，潤滑油をステム（弁棒）になじませ，しばらくたった後，1名が液面計本体を手で支え，1名がモンキーレンチをパイプに差し込んだもの（約 89 cm）でステムを回した直後，ボールバルブの蓋部分が破断，脱落し，アンモニア水（濃度約 25%）が噴き出し，２名が被液，１名は防液堤内で意識を失い倒れ，5日後に死亡した。また，同じ作業を行っていた１名は防液堤外に脱出し軽傷，救

助にあたった1名も軽傷を負った。ボールバルブの点検はこれまで外観の目視によるもののみであったが，調査の結果，内部が腐食していたことが判明した。

イ　原　因

① 適切な呼吸用保護具および化学防護服･化学防護手袋が未着用であったこと。

② 作業標準書・マニュアルが不備であったこと。

③ 装置・設備の点検が不備であったこと。

④ 管理体制が不備であったこと。

⑤ 作業主任者・管理責任者等の作業者への指示不備，かつ，指示内容の検討が不足していたこと。

⑥ 機器・設備の破損，応力腐食割れがあったこと。

ウ　対　策

① ボールバルブのステムの動きが悪いときは無理に開けず，必要な災害防止対策を講じたうえで作業を行うこと。

② ボールバルブの操作をするときは，目視，過去の点検結果および使用年数等によりボールバルブの状態を確認し,作業方法を決めたうえで作業を行うこと。

③ アンモニア水が飛散するおそれのある作業を行う際は，不浸透性の化学防護服および呼吸用保護具等を着用すること。

④ 作業前に作業方法および使用する化学物質から想定されるリスクの検討を行い，必要に応じ作業方法の変更および保護具の着用等の適切なリスク低減対策

を講じること。また，検討を行った結果については，作業者に周知徹底を図ること。

⑤　取扱説明書および過去の使用状況からボールバルブの交換基準を定め，強度が低下する前に交換を行える仕組みを構築すること。

⑥　ボールバルブの点検方法について，外観の目視による点検に加え，長期に使用しているものは必要に応じて内部の目視，厚み測定，非破壊検査等により点検を行うこと。

エ　災害の特徴，その他

ボンベ交換や配管工事などを行うときに，噴出した化学物質にばく露する事故がしばしば認められる。

また，硫化水素やシアン化水素のような強烈な窒息性ガスが噴出すると，瞬時に意識喪失などの重大災害となるので，安全な作業標準を作成し順守しなければならない。

(4)【事例4】原薬製造作業中に急性シアン中毒

ア　災害の概要

①　業　種　　　医薬品製造業

②　被　害　　　休業1名

③　発生状況

被災者は，原薬に含まれる不純物の除去作業および乾燥作業を行った。作業は，

原薬（約150 kg）にアセトニトリルを加えて，不純物をアセトニトリルに溶かし，その後遠心ろ過装置によるろ過作業を行い，アセトニトリルを取り除くことによって不純物を取り除く。次に，遠心ろ過後のウェットケーキ状の原薬を，ひしゃくで汲み出し，ファイバードラムで乾燥室に運び，乾燥用皿に移して手で均一な厚さにならした後，乾燥機に入れるというものである。この作業を防毒マスク，手袋を着用して約2時間行った。当該作業には途中まで上司が立ち会っていた。

被災者は，作業終了後帰宅してから嘔吐を繰り返すなど体調不良となり，翌日救急搬送され入院し，急性シアン中毒と診断された。

イ　原　因

① 作業場および乾燥室に有効な換気設備が設置されておらず，アセトニトリルが滞留していたこと。

② 防毒マスクの吸収缶の交換時期が明確に定められておらず，個人の感覚に任せていたため，適切な交換がなされなかったこと。

③ 皮膚からの吸収を防ぐための保護具（化学防護手袋，化学防護服，保護めがね）が着用されていなかったこと。

④ 取扱い物質の危険有害性に関してリスクアセスメントを実施していなかったこと。

ウ　対　策

① 作業場および乾燥室に適切な局所排気装置を設置すること。

② 防毒マスクの吸収缶の交換時期を作業ごとに決め，作業標準に盛り込むこと。

③ 保護めがねや面体つき防毒マスクの着用を徹底させること。

④ アセトニトリルに対する耐透過性の化学防護手袋を使用すること。

⑤ 化学物質を取り扱う作業についてリスクアセスメントを実施すること。

⑥ アセトニトリルは特定化学物質ではないが，特定化学物質作業主任者は，アクリロニトリルと同様に，上記①～③の作業指示，指揮をすることが望ましい。

エ　災害の特徴，その他

ニトリル化合物はシアン化合物であり，ばく露すると急性シアン中毒を引きおこす。特定化学物質に指定されていなくても，ニトリル化合物を取り扱う事業者は，アクリロニトリル等のシアン化合物と同様に取り扱う必要がある。

(5)【事例５】めっき槽を硝酸で洗浄作業中，二酸化窒素中毒となり休業災害

ア　災害の概要

①　業　種　　　めっき業

②　被　害　　　休業１名

③　発生状況

工場内の無電解ニッケルめっきラインのめっき槽洗浄工程において，めっき槽の洗浄に使用した硝酸を硝酸貯蔵槽に移送するため，バルブを開けようとしたところ，誤って，ニッケルめっき液の入っためっき予備槽に送るバルブを開けたため，めっき予備槽およびめっき廃液地下ピット内に硝酸が流れ込み，大量の二酸化窒素が発生して，作業を行っていた作業者１名が二酸化窒素中毒になった。被災者は，入院加療後に回復し，翌日退院した。

イ　原　因

①　めっき予備槽および廃液地下ピットに硝酸が投入できる構造であったこと。

②　各槽およびピットに投入されている物質が明示されておらず，作業者がバルブ操作する際に確認できない状態であったこと。

③　通常と異なり，めっき廃液作業とラインオペレータ作業を同時に１人で行わなければならなかったこと。

④　手順を変更したにもかかわらず，作業手順書の変更は行われておらず，関係

労働者に対する手順書を使用した教育も行われていなかったこと。

⑤　当該作業にかかる化学物質のリスクアセスメントは行われておらず，リスクの低減対策等の検討および実施が不十分であったこと。

⑥　適切な呼吸用保護具および化学防護服・化学防護手袋は未着用であったこと。

ウ　対　策

①　めっき予備槽および廃液地下ピットに硝酸を投入できない構造等にすること。

②　各槽およびピットに投入されている化学物質の明示を行い，作業者が当該掲示等を確認した上でバルブ操作を行うよう，関係労働者に徹底すること。

③　通常と異なる状態で作業を終える際は，各直間の引継ぎ方法の改善を図ること。

④　作業手順を変更した際は，作業手順書の改訂を行い，関係作業者に周知を図ること。

⑤　リスクアセスメントを行うよう努めること。また，必要な対策を講じること。

⑥　適切な呼吸用保護具（酸性ガス用防毒マスクおよび送気マスク等）や化学防護服・化学防護手袋を着用させること。

エ　災害の特徴，その他

塩酸，硝酸，硫酸などの強酸は，他の化学物質や温度に反応して，それぞれ塩化水素，二酸化窒素，二酸化硫黄（亜硫酸ガス）等が発生することがある。そのリスクを考慮して，換気を行い，適切な労働衛生保護具を着用しなければならない。

(6)　【事例6】クロム酸塩製造工程における肺がん

ア　災害の概要

①　業　種　　非鉄金属製造業

②　被　害　　死亡1名

③　発生状況

被災者は，入社以来15年間，原料の調合，焙焼などのクロム酸塩製造作業に従事していた。

その後，配置転換となり，定年退職するまでの20年間はクロム酸塩製造作業には従事しなかったが，4週間のうち2週間はクロム酸塩製造作業が行われる場所の近くで，ほぼ1日中電気機器の補修作業に従事し，残る2週間も，1日当たり約1時間同様の場所で工場内巡視などの作業に従事していた。

被災者が定年退職した直後に，この事業場でクロム酸塩製造作業が行われている場所の作業環境気中のクロム酸 CrO_3 の濃度を測定した結果では，平均濃度が

0.265 mg/m^{3}となっており，管理濃度0.05 mg/m^{3}を上回っていた。

被災者は定年退職した4年後に，事業場が実施する健康診断を受けたところ，胸部エックス線撮影により肺がんの初発症状を疑わせる異常陰影が認められ，その後，病院で行われた気管支鏡下の病理検査で肺がんと診断された。なお，この被災者はその3年後に肺がんにより死亡した。

イ　原　因

クロム酸塩製造作業およびその後のクロム酸塩製造工程における電気機器の補修作業において，クロム酸塩粉じんを吸入したこと。

ウ　対　策

① クロム酸塩の粉じんが発散する屋内作業場では，クロム酸塩の粉じんの発散源を密閉する設備，局所排気装置またはプッシュプル型換気装置を設けること。

② 必要に応じて呼吸用保護具等の保護具を着用させること。

③ 作業に従事している期間のみではなく，配置転換後も引き続き特殊健康診断を実施し，その事後措置を徹底すること。

④ クロム酸塩による健康障害の予防について，作業者に対して必要な教育を実施すること。

⑤ 特定化学物質作業主任者を選任し，この者に作業を直接指揮させること。

エ　災害の特徴，その他

クロム酸塩および重クロム酸塩は発がん性を有することから，特化則において特別管理物質として規定されている。このような発がん性物質にばく露した場合には，一定の潜伏期間を経てがんが発生することがある。ばく露直後にがんが生じるものではないので，管理監督者や当該作業者全員が正しい知識を持ち，ばく露対策を徹底する必要がある。

(7)【事例7】医療用器具等の滅菌処理中のガス中毒により休業災害

ア　災害の概要

① 業　種　　医療保健業

② 被　害　　休業5名

③ 発生状況

本災害は，クリニックにおける医療用器具等の滅菌処理中に発生した。

被災者は，エチレンオキシドを使用する滅菌器を用いて医療用器具等の滅菌処理を行っていたところ，滅菌器からエチレンオキシドが漏れ，クリニック準備室内で診察開始前の準備をしていた作業者が目の痛み等を訴え，3名が嘔吐し，ガス中毒となった。

イ　原　因

① エチレンオキシドガス滅菌器のガス電磁弁が故障し，ガスボンベから高圧のエチレンオキシドがエチレンオキシドガス滅菌器へ供給されたことによって，ドアおよびガス電磁弁からエチレンオキシドが外部へ漏れたこと。

② 滅菌器を購入後，定期点検を実施しなかったため，災害発生時には滅菌器の耐用年数を超えていたこと。

③ 特定化学物質作業主任者を選任し，エチレンオキシドを用いた滅菌作業について，作業標準の決定や，作業者への指導を行っていなかったこと。

④ 適切な換気装置が稼働していなかったこと。

⑤ 適切な呼吸用保護具が使用されていなかったこと。

ウ　対　策

① 滅菌器の定期点検を行い，必要な箇所について補修すること。

② 特定化学物質作業主任者を選任し，エチレンオキシドを用いた滅菌作業について作業標準を決定し，作業者への指導，設備の点検等を実施させること。

③ 適切な換気装置（局所排気装置など）を設置し，稼働させること。

④ 適切な呼吸用保護具（エチレンオキシド用防毒マスクなど）を使用させること。

エ　災害の特徴，その他

病院やクリニックなどの医療機関では，エチレンオキシドやホルムアルデヒド（ホ

ルマリン）などの特定化学物質が使用されているのにかかわらず，作業主任者の選任，作業環境測定が実施されていないことが多い。医療機関の管理責任者は，その必要性を認識し，適切に管理しなければならない。

(8)【事例8】グローブボックス内でトリメチルインジウムの回収作業中，メタンガスの発生によりグローブボックスが大破し負傷

ア　災害の概要

①　業　種　　　無機・有機化学工業製品製造業

②　被　害　　　休業1名

③　発生状況

工場内で有機金属化合物であるトリメチルインジウム（以下，「TMI」という。）をグローブボックスで回収する作業を行っていた。回収作業は，TMI残存容器に残っているTMIを加温，昇華させ，回収容器に配管を通して移す作業であったが，他の作業で使用した際の水が回収容器に残っていたため，TMIと水が反応し，急激にメタンガスが発生，圧力上昇により容器の蓋が外れ，さらにグローブボックスが大破，火災が発生した。この際，グローブボックスを構成するアクリル板が破損し，アクリル板の破片により被災した。グローブボックスは前回点検で異常なしであった。なお，TMI回収作業に係るリスクアセスメントは行われていたが，今回の残存容器に水が混入したケースは想定されていなかった。

イ　原　因

① リスクアセスメントが不十分であったこと。

② 作業標準書・マニュアルに回収容器に残留する水を確認し，処理する内容がなかったこと。

③ 水とTMIが激しく反応する危険性について安全衛生教育が行われていなかったこと。

④ TMIなどの有機金属化合物を取り扱う回収容器とグローブボックスが防爆構造でなかったこと。また，回収容器に水が残留していたことを確認しなかったこと。

⑤ 他の作業者が回収容器を使用したことの関係者間の連携・連絡体制が不備であったこと。

⑥ 作業者の危険有害性認識が不足していたため，作業手順・指示等の不履行があったこと。

ウ　対　策

① TMI残存容器について，使用履歴．用途等の管理を徹底すること。

② TMIなどの有機金属化合物を取り扱う設備・装置は，防爆構造とすること。

③ TMI残存容器を取り扱う従業員に対し，安全衛生教育を実施し，TMIの危険性の認識等を向上させること。

④ TMI残存容器を取り扱う際の作業標準を再度周知し，作業標準の順守を徹底すること。

エ　災害の特徴，その他

発光ダイオード（LED）やレーザーダイオード（LD）の製造工程の原料として使用されるⅡ‐Ⅵ族・Ⅲ‐Ⅴ属半導体の材料となるTMI，トリメチルガリウム（TMG），トリメチルアルミニウム（TMA）などの有機金属化合物は，水や空気に対して不安定で自然発火性がある。水と激しく反応し，メタンなどの炭化水素，金属の水素化物などを発生し，火災・爆発の原因となる。

特定化学物質作業主任者も含めた作業者全員が，化学物質の中毒のみならず化学反応を含めた火災・爆発の可能性を認識して作業にあたらなければならない。

○引用

【事例1】【事例2】【事例3】【事例4】【事例5】【事例7】【事例8】職場のあんぜんサイト「労働災害事例」，厚生労働省
【事例6】『特定化学物質作業主任者の実務』（第2版）平成20年，中央労働災害防止協会

3 症　状

障害が起これば何らかの症状が出現するが，これには自覚症状と他覚所見がある。前者は患者自身が自覚するものであって，痛い，頭が重い，吐き気がするといったものであり，後者は医師または第三者が見てわかるものであって，たとえば，赤血球が減っている，エックス線写真の像に異常な陰影が見える，血圧が低いなどである。

これらは障害の種類によって千差万別で，同じ症状を示す他の病気との鑑別などその診断には専門的な知識が必要であり，最終的な診断は，医師に委ねる。

(1)　局所腐食および局所刺激

塩素，弗化水素，硫酸ジメチル等が皮膚に付着すると皮膚が痛み，赤くなり，水疱（水ぶくれ），潰瘍などがみられる。目に入ると涙が出たり，結膜炎，角膜炎を起こし，ひどいときには失明する。また，それらのガス，蒸気，粉じん等を吸い込むと，くしゃみ，咳が起こり，ひどいときには肺炎や肺水腫を起こして死亡することがある。

(2)　窒　息

窒息とは呼吸が阻害されること，また，そのために引き起こされる状態あるいは障害をいうのであって，その死が窒息死である。

われわれは呼吸によって空気を吸入し，肺から酸素を吸収し，血液の循環によって末端細胞が必要とする酸素を送り届けている。したがってその過程に異常があれば窒息が起こる。

空気中に二酸化炭素，メタンなどが増加するとそれだけ酸素の量が減り，窒息が起こる（酸素欠乏症）。呼吸困難，意識喪失，けいれんを伴い，ときには死亡する。

塩素，アンモニア，二酸化硫黄などを吸入すると気管の粘膜を刺激し，分泌物が出て気管を閉塞する（閉塞性窒息）。症状は前と同じである。

また，一酸化炭素を吸入すると，赤血球中のヘモグロビンと結合し，ヘモグロビンと酸素との結合を阻害し組織に酸素を供給しなくするので窒息を起こす。硫化水素，シアン化水素などは組織細胞の酵素に作用して窒息を起こす（組織性窒息（化学窒息））。

そして，これらの物質が空気中に多量に存在すればするほど，症状は早期に，かつ，強く現れる。

- 閉塞性窒息…塩素，弗化水素，硫酸ジメチル，アンモニア，塩化水素，硝酸，二酸化硫黄，ホスゲン，硫酸
- 組織性窒息（化学窒息）…シアン化カリウム，シアン化水素，シアン化ナトリウム，アクリロニトリル，オルト-フタロジニトリル，硫化水素，一酸化炭素

（3）　麻　酔

塩化ビニル，ベンゼンなどの脂溶性の有機化合物のガス，蒸気を吸収すると麻酔作用が起こり意識消失，失神に至ることもある。

（4）　感作性（アレルギー）

外的異物に対する生体の防御機構としての免疫反応のうち，健康に不利な免疫反応を感作といい，感作を引き起こす物質を感作性（アレルギー）物質という。

感作性物質によって，気管支喘息と感作性皮膚炎が起きる。トリレンジイソシアネート（TDI）やホルムアルデヒドなどは喘息を引き起こす。ある種の染料やエポキシ樹脂の材料，クロム，ニッケル，コバルトなどの金属で感作性皮膚炎が生じる。

感作反応には，①感作されるか否かについて個体差が大きい，②感作された場合，低濃度のばく露で発症する，という特徴がある。

また，感作性物質は同時に刺激性を有する場合が多く，感作性皮膚炎に一次性刺激皮膚炎が混在したり，喘息に刺激による気道反応が混在する，職場以外でのばく露による感作の成立や症状発現もあるなど，診断や予防対策は簡単ではない。日頃から取り扱っている物質の感作性および作業者のアレルギー既往歴について把握しておく必要がある。

（5）　発がん性

クロム化合物，砒素化合物などの粉じんを長期間吸入することにより，気管支や肺のがんなどを起こすことがある。頑固な咳，たん，体重減少などがみられる。

ジクロルベンジジン，オルト-トルイジンなどの染料の原料は，膀胱などの尿路系の炎症，膀胱がんなどを起こす。自覚症状として排尿痛，血尿などがみられる。また，塩化ビニルによる肝臓がんがみられる。特化則では発がん性物質は特別管理物質に指定されている。

発がん物質のうちベンジジン，ベーターナフチルアミンなどは製造・使用が禁止されている。

一般に発がん性物質にばく露してから発がんに至るまでには長い期間を要する。喫煙は多くのがんを増加させるため，発がん性物質を取り扱う作業場を禁煙とする

とともに，作業主任者は労働者に禁煙の指導を徹底すべきである。

- 呼吸器系がん…ビス（クロロメチル）エーテル，ベンゾトリクロリド，クロム化合物，砒素化合物，ニッケル化合物，コールタール，クロロメチルメチルエーテル，溶接ヒューム等
- 尿路系がん…ベンジジン，4‒アミノジフェニル，4‒ニトロジフェニル，ベータ‒ナフチルアミン，ジクロルベンジジン，アルファ‒ナフチルアミン，オルトトリジン，ジアニシジン，3･3′‒ジクロロ‒4･4′‒ジアミノジフェニルメタン（MOCA），オーラミン，マゼンタ（疑），パラ－ジメチルアミノアゾベンゼン（疑），オルト‒トルイジン等
- 皮膚がん…コールタール，砒素化合物等
- その他…ベンゼン（白血病），塩化ビニル（肝がん），1･2‒ジクロロプロパン（胆管がん）等

個体のさまざまな性質を決定するプログラムを保存している遺伝子に作用し，その形質発現を変化させる物質を変異原性物質という。強度の変異原性が認められた化学物質が毎年公表されている。変異原性と発がん性は，必ずしも一致するわけではないが，変異原性物質は発がん性物質に準じた管理が必要である。

(6)　肝臓の障害

水銀，砒(ひ)素およびそれらの化合物，塩化ビニル，塩素化ビフェニル（PCB），フェノール，硫酸ジメチルなどは肝臓の障害を起こし，血清肝機能酵素（AST（GOT），ALT（GPT），γGT（γ‒GTP）など）が上昇し，黄疸などがみられることがある。肝臓ははじめは肥大するが，後には萎縮し，ときには脂肪肝，肝硬変を起こして死亡することがある。

(7)　腎臓の障害

カドミウム，水銀およびそれらの化合物は，腎臓を障害し，むくみ，蛋白尿，血尿等がみられる。

(8)　造血系の障害

砒素およびその化合物，ベンゼンなどは骨髄を侵したり，溶血をするため，赤血球，白血球，血小板などが減少し，貧血を起こす。パラ－ニトロクロロベンゼン，3･3′‒ジクロロ‒4･4′‒ジアミノジフェニルメタン（MOCA）はメトヘモグロビン血症を起こす。動悸，立ちくらみなどがみられる。

(9)　神経の障害

水銀，アルキル水銀化合物，四アルキル鉛，マンガン，溶接ヒューム，オルト－

フタロジニトリル，臭化メチル，沃化メチル，アクリルアミドなど多くの有害物は神経系を障害する。一酸化炭素，硫化水素，シアン化合物などで窒息を起こすと中枢神経などを障害する。頭痛，頭重，手の震え，歩行のよろけ，発音困難，書字困

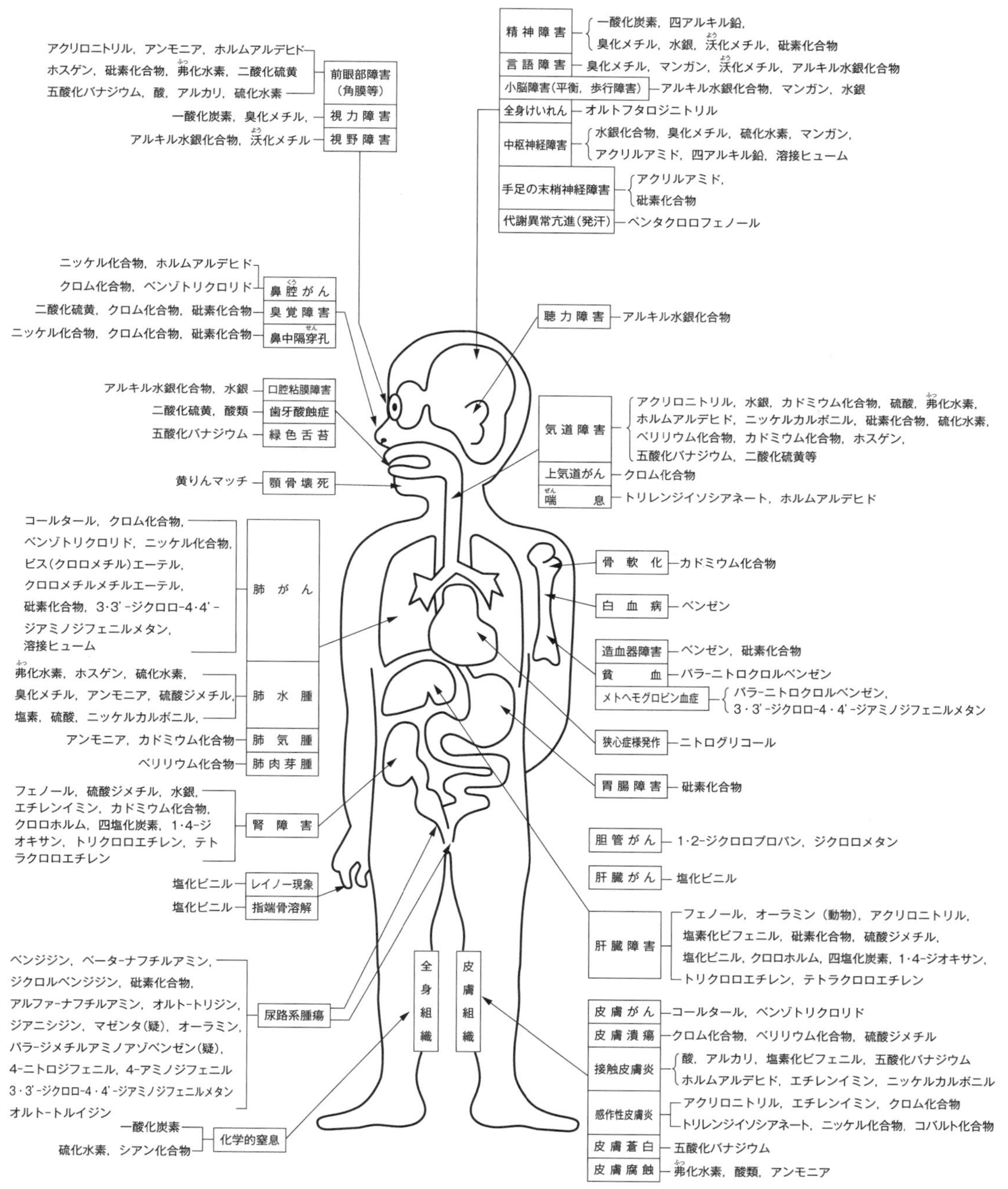

図2-2　特定化学物質・四アルキル鉛等による諸症状または障害
（「特定化学物質作業主任者の実務」（中央労働災害防止協会）より一部改変）

難，てんかん様発作，筋肉麻ひ，意識障害などがみられる。

(10)　骨の障害

黄りんが顎骨を侵すことは昔から知られており，また，塩化ビニルによる指端骨溶解症が報告されている。これらの障害は骨のエックス線写真で異常がみられる。カドミウムでは骨軟化症がみられる。

(11)　歯の変化

カドミウムでは門歯または犬歯に黄色環ができることがあり，塩素，弗化水素，塩酸，硝酸，硫酸，二酸化硫黄などが歯に接触すると歯が侵される（歯牙酸蝕症）。

(12)　眼の症状

アクリロニトリル，アンモニア，ホルムアルデヒド，ホスゲン，砒素化合物，硫化水素などは前眼部（角膜・結膜など）の障害を引き起こす。一酸化炭素，臭化メチル，沃化メチル，アルキル水銀化合物などは視力障害，視野障害などがみられる。

4　特定化学物質・四アルキル鉛等による健康障害

(1)　特定化学物質・四アルキル鉛等による障害の起こり方

特定化学物質による障害の起こり方には，次の2つの形に区分される。

① 皮膚または粘膜（眼，呼吸器，消化器）の接触部位で直接障害を起こすもの

前述したように，塩素，弗化水素などが皮膚に付着すると皮膚が痛み，赤くなり，水疱，潰瘍などがみられる。眼に接触すると角膜炎，結膜炎，時には失明する。呼吸器に接触すると気管支炎，肺炎，肺水腫を引き起こす。

② 皮膚，呼吸器および消化器から体内に吸収されて一定量が蓄積され，特定の器官（標的臓器）に蓄積され障害を起こすもの

特定化学物質の大部分がこれに属する。

硫化水素，シアン化合物などは，細胞が酸素を利用する酵素を阻害して化学窒息を起こすが，その場で症状が現れるので，原因把握を誤ることは比較的少ない。

アルキル水銀化合物，マンガン，四アルキル鉛等は中枢神経が障害され，手足が震えたり，麻ひしたりする。ベンジジン，クロム化合物，砒素化合物，ベンゾトリクロリドなどは，ばく露から数年経過してからがんが生じることがある。このように体内に蓄積されて，長期にわたってじわじわと障害を起こしてくるものは，一般にその原因をつきとめることが難しく，しばしば対策が後手

にまわることがある。

(2)　吸収，体内蓄積，排泄

ア　呼吸器，皮膚および消化器からの吸収

①　呼吸器

人は通常1分間に4～7Lの空気を呼吸している。空気中の酸素を体内に取り入れ，体内にできた二酸化炭素を吐き出している。激しい肉体労働をすればするほど，多量の酸素を必要とし，毎分50Lに達することもある。

吸い込んだ空気は，鼻腔→咽頭→喉頭→気管→気管支→細気管支を通って肺胞という袋状の部分に達し，その周囲を囲むように走っている毛細血管の中に酸素やガス状の有害物質等が吸収される。一般に粉じん等の粒子状物質の場合，5 μm以上の粒子は渦上に流れる気流によって気道粘膜に付着し，速やかに繊毛の運動により取り除かれるため，肺胞に到達するのは2～3 μm以下の微細な粒子である（**図2-3**）。

肺胞の大きさは，径0.1～0.3 mmで片肺ごとに約3億個あり，その表面積は70 m^2の大きさになる。つまり，吸収された空気中の特定化学物質は，肺の中で広い面積で血液と接触することになる。また，激しい労働の際には呼吸量が増えるので，それだけ空気中の特定化学物質の吸収が多くなる。

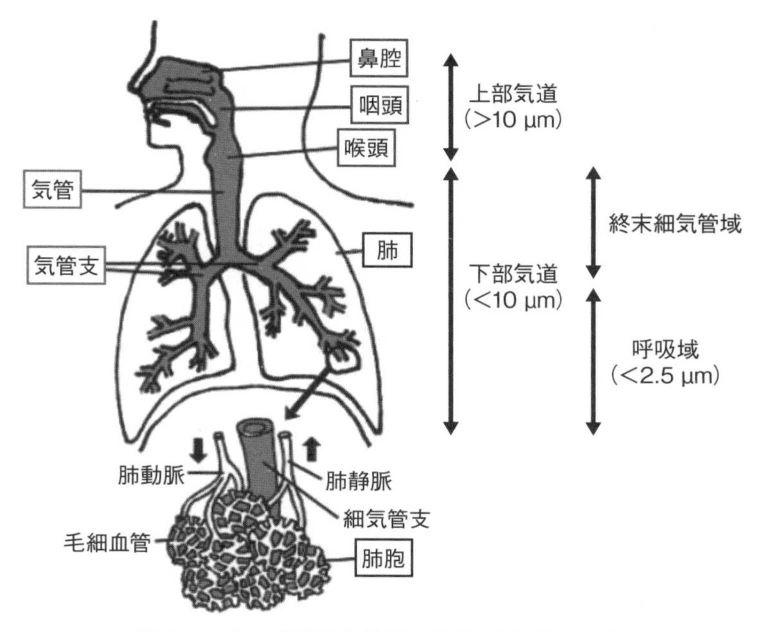

図2-3　人の呼吸器と粒子の沈着領域（概念図）
（環境省HP）

② 皮 膚

皮膚は身体の表面全体を覆っており約 1.6 m^2 の広さである。外側を表皮といい，厚さ 0.1 ～ 0.3 mm で表面は角質層で覆われている。そこには毛嚢，汗腺，皮脂腺が開口している。表皮の下には厚さ 0.3 ～ 2.4 mm の真皮があり，毛細血管が網状に走っている（**図 2-4**）。

化学物質に対しては，皮膚表面の皮脂膜および角質層が保護膜となるが，脂溶性の化学物質に対する抵抗性は弱い。また皮膚の外層は水分を失うと亀裂を生じ，化学物質は透過しやすくなる。

皮膚からの吸収は，角質層での浸透性が大きく影響し，一部は毛嚢および皮脂腺からの吸収もある。水や油に溶解しやすい有害物ほど一般に毒性が大きいといえる。

夏季など高温下では汗をかき化学物質が付着しやすく，毛嚢の開口部が開いているから，毒物の侵入は容易になる。また，皮膚にすり傷があったり，皮膚病（湿疹など）があれば，それだけ吸収を促すので注意すべきである。

日本産業衛生学会において，皮膚と接触することにより経皮的に吸収される量が全身への健康影響または吸収量からみて無視できない程度に達することがあると考えられると勧告がなされている物質，または ACGIH において，皮膚吸収があると勧告がなされている物質がある。ジクロルベンジジンやオルト-トルイジンなどの芳香族アミン類，シアン化水素やアクリロニトリル

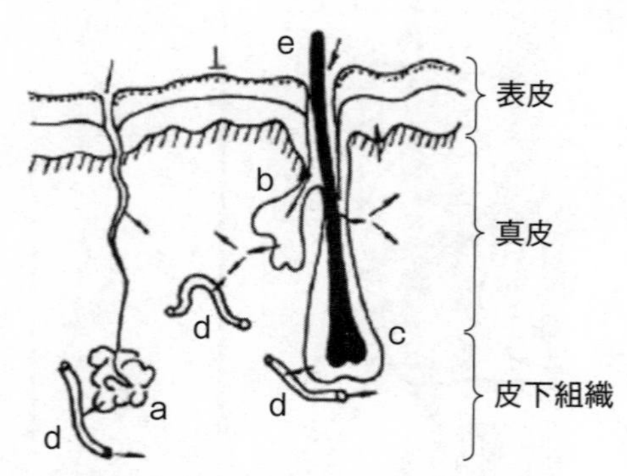

（注）↓：吸収経路
⊥：多くの有害物に対して不浸透性である
a：汗腺と導管
b：皮脂腺
c：毛嚢
d：毛細血管
e：毛

図 2-4　皮膚（模型）

などのシアン化合物，アルキル水銀や四アルキル鉛などの有機金属，クロロホルムや四塩化炭素などの特別有機溶剤，アクリルアミドや硫酸ジメチルなどのその他の有機化合物などである。

③　消化器

飲み込まれた化学物質は，食物の栄養分とともに胃腸から血液の中に入り，いったん肝臓にいき，そこで解毒されるが，肝機能が低下している場合や，肝臓の解毒能力を超えるほどの大量の有害物が吸収される場合には，有害物は血液の中へ流れ込む。

飲食に伴う有害化学物質の摂取は，基本的には手指等を介して有害化学物質により飲食物が汚染されることによるものであるが，飲料の空容器に移し替えた液状化学物質等を労働者が飲料と誤認して飲み，急性薬物中毒となる災害が発生している。有害化学物質を取り扱う事業場においては，その取扱い作業におけるばく露防止対策はもとより，事業場内での飲食に伴う有害化学物質の摂取の防止も重要であり，このためには，飲食を行う場所と作業場所との分離，並びに飲食物と有害化学物質の保管場所の分離，および有害化学物質に係る注意喚起のための表示が基本である（「液状薬剤の誤飲による災害防止について」（平成16年1月23日基安化発第0123001号）を参照）。

イ　体内蓄積

吸収された有害物は，体内で一様に同じ濃度で蓄積しているわけではなくて，有害物の種類によって蓄積される場所が違う。たとえば，カドミウムは50%が腎臓に，15%が肝臓に，20%が全身の筋肉に存在し，各臓器中カドミウムの生物学的半減期は，ヒトでは10～30年と非常に長く，各臓器中のカドミウム濃度は年齢の増加とともに高くなることが知られている。アルキル水銀の大部分は脂肪組織や脂肪の多い脳などに蓄積される。

これらは，体内で化学変化を受けた後，次第に体外へ排泄される。この場合に，毎日吸収される量と排泄される量のバランスが問題となる。もし，毒物が24時間中に完全に排泄されないとすれば，翌日には第2日目に吸収した毒物と前日の残留物との和が身体に作用することになる。

毎日，体重1kg当たり10mgの毒物が体内に吸収されると仮定して，それが24時間中に何パーセント体内に残るかを計算してみると，25%残留する場合と90%残留する場合とでは2週間後には蓄積量に大きな差が生じる。

ウ　排　泄

体内の毒物は呼気，汗，尿，糞便等とともに排泄され，血液中の毒物の量は次第に減ってくる。排泄の速度ははじめのうちは速いが，蓄積量が減るに従って排泄が緩やかになってくる。

5　健康管理

健康管理は健康診断や健康測定，医師による面接などによって，労働者の心身の健康状態を調べ，その結果に基づいて，運動や栄養など日常の生活指導，あるいは就業上の措置を講じることである。健康管理の中で健康診断は重要な意味をもち，労働者の健康状態を調べ，適切な事後措置を行うために不可欠なものである。健康診断には，雇入れ時の健康診断，定期健康診断および有害な業務についての特殊健康診断などがある。

(1)　健康診断および事後措置

特定化学物質等取扱い作業者の健康障害予防のために，雇入れまたは当該業務への配置替え時および定期的な健康診断が義務付けられている（特化則第39条，四アルキル則第22条)。有害物質によって現れる症状も異なるので，健康診断項目は取扱い物質によって異なる。

例えば，クロム酸では，肺，鼻粘膜，皮膚等についての検査が行われる。これは，ヒュームあるいは粉じんとしてクロム酸を吸入すると，鼻中隔穿孔や肺水腫などを起こし，長期にわたりばく露を受けると肺がんになる場合もあり，さらにクロム酸への接触は，皮膚潰瘍を起こし，アレルギーも引き起こすからである。また，溶接ヒュームは，じん肺健診も実施する。

特殊健康診断結果で特定化学物質等による所見がみられた場合，事業者は，産業医や衛生管理者と協議しながら職場の改善を図らなければならないが，事業者が行う職場の改善策に作業主任者も協力しなければならない。

特定化学物質・四アルキル鉛等の特殊健康診断結果の保存期間は，通常5年間であるが，ジクロルベンジジンやクロム酸などの発がん物質（特別管理物質）の場合は，30年間保存する義務がある。

安衛法に基づく特化則（昭和47年労働省令第39号）が制定されてから50年以上が経過し，その間，医学的知見の進歩，化学物質の使用状況の変化，労働災害の発生状況など，化学物質による健康障害に関する事情が変化している。専門家による検討会を踏まえ，令和2（2020）年7月1日から特殊健康診断の以下のような健診項目の見直しが大幅に行われた。

① ベンジジン等の尿路系腫瘍を発生させる特定化学物質（11物質）の健診項目について，最新の知見を踏まえて設定されたオルト-トルイジンの健診項目と整合させたこと。

② トリクロロエチレン等の特別有機溶剤（9物質）について，発がんリスクや物質の特性に応じた健診項目に見直されたこと。

③ 四アルキル鉛の健診項目等を鉛の健診項目等と整合させるとともに，カドミウムについて最新の知見を踏まえた健診項目に見直したこと。

④ 以上の改正に加え，最新の知見等を踏まえ，効果的・効率的な特殊健康診断を実施するための健診項目の整備を行ったこと。具体的には，すべての化学物質について，一次健康診断の項目に「作業条件の簡易な調査」（**表2-1**），二次健康診断の項目に「作業条件の調査」が設定された。職業ばく露による肝機能障害リスクの報告がない化学物質では，「尿中ウロビリノーゲン検査」等の肝

表2-1　作業条件の簡易な調査における問診票（例）

最近6カ月の間の，あなたの職場や作業での化学物質ばく露に関する以下の質問にお答え下さい。

1）該当する化学物質について，通常の作業での平均的な使用頻度をお答え下さい。
（　　　　　　　　時間／日）
（　　　　　　　　日／週）

2）作業工程や取扱量等に変更がありましたか？
・作業工程の変更　⇒　有り　・　無し　・　わからない
・取扱量・作業頻度　⇒　増えた　・　減った　・　変わらない　・　わからない

3）局所排気装置を作業時に使用していますか？
・常に使用している
・時々使用している
・使用していない
・設置されていない

4）保護具を使用していますか？
・常に使用している　⇒　保護具の種類（　　　　　　　　）
・時々使用している　⇒　保護具の種類（　　　　　　　　）
・使用していない

5）事故や修理等で，当該化学物質に大量にばく露したことがありましたか？
・あった
・なかった
・わからない

表2-2　特殊健康診断の実施頻度

要　件	実施頻度
以下のいずれも満たす場合（区分1） ①　当該労働者が作業する単位作業場所における直近3回の作業環境測定結果が第1管理区分に区分されたこと。（※四アルキル鉛を除く。） ②　直近3回の健康診断において，当該労働者に新たな異常所見がないこと。 ③　直近の健康診断実施日から，ばく露の程度に大きな影響を与えるような作業内容の変更がないこと。	次回は1年以内に1回（実施頻度の緩和の判断は，前回の健康診断実施日以降に，左記の要件に該当する旨の情報が揃ったタイミングで行う。）
上記以外（区分2）	次回は6月以内に1回

※上記要件を満たすかどうかの判断は，事業場単位ではなく，事業者が労働者ごとに行うこととする。この際，労働衛生に係る知識または経験のある医師等の専門家の助言を踏まえて判断することが望ましい。

※同一の作業場で作業内容が同じで，同程度のばく露があると考えられる労働者が複数いる場合には，その集団の全員が上記要件を満たしている場合に実施頻度を1年以内ごとに1回に見直すことが望ましい。

※四アルキル鉛については，作業環境測定の実施が義務付けられていないが，健康診断項目として生物学的モニタリングが実施されていること等から，①の要件を除き，②および③の要件を満たす場合に適用することとする。

機能検査の項目が削除された。

特定化学物質（特別管理物質を除く）の特殊健康診断の実施頻度について，**表2-2**のように作業環境管理やばく露防止対策等が適切に実施されている場合には，事業者は，当該健康診断の頻度（通常は6月以内ごとに1回）を1年以内ごとに1回に緩和できる。

(2)　健康管理手帳

がんその他の重度の健康障害を生じるおそれのある業務に従事していた労働者であって，一定の交付要件を満たす者については，離職の際または離職の後に都道府県労働局長に申請すると，所定の審査を経て健康管理手帳が交付される。健康管理手帳を所持している者は，年に1～2回，無料で離職後の健康診断を受けることができる。

この制度は，一般にがんなどの発現には長期間を要し，また過去における発がん物質へのばく露がその一因となることがあり，離職後も含め長期にわたって健康管理を行うことが必要なためである。

6　応急措置

特定化学物質を取り扱う作業場では，予防対策をいくら万全にしていても，思わぬ事故から作業者がこれらの物質にばく露し，急性の障害を起こす可能性がある。その場合に，現場関係者は，どうすればよいかを知っていなければならない。

なお，急性中毒などを起こすおそれのある有害化学物質を取り扱う作業場では，何かのはずみで誰かが中毒を起こすかもしれないので，作業者全員が安全衛生教育時に，救急法の心得のある者の指導で心肺蘇生法を習得しておき，事故時にあわてないようにしておくことが必要である。

(1)　窒息などの意識消失（ガス中毒）

①　無防備で飛び込んではならない。送気マスクまたは空気呼吸器などを着用して向かうこと。防毒マスクを使用する場合は，酸素濃度が18% 以上あることを必ず確認すること。それでも意識障害を起こす有害物濃度では，直結小型式防毒マスクは数分しかもたない。できれば，救助の段階でも周囲の応援を請うとともに119 番通報を行う。

②　事故現場の換気を十分に行う。

③　暗い場所での救助では必ず防爆構造の懐中電灯（特化物には爆発性のものがある）を用い，決してライター，マッチ等の裸火を使用してはならない。防爆構造でない懐中電灯を使用する場合，現場に入る前にスイッチを入れてビニール袋で覆い，現場内ではスイッチは操作しないこと。

④　救助したら通風の良いところに運び，頭を低くして，横向きに寝かせる。

⑤　衣服を緩め呼吸を楽にできるようにする。

⑥　呼吸停止（または普段どおりの正常な呼吸をしていない）の場合，速やかに一次救命処置（**図 2-5**）を実施する。

(2)　一次救命処置（図 2-5）

ア　発見時の対応

①　反応の確認

まず周囲の安全を確かめた後，傷病者の肩を軽くたたく，大声で呼びかけるなどの刺激を与えて反応（なんらかの返答や目的のある仕草）があるかどうかを確かめる。この際，傷病者の顔と救助者の顔があまり近づきすぎないようにする。

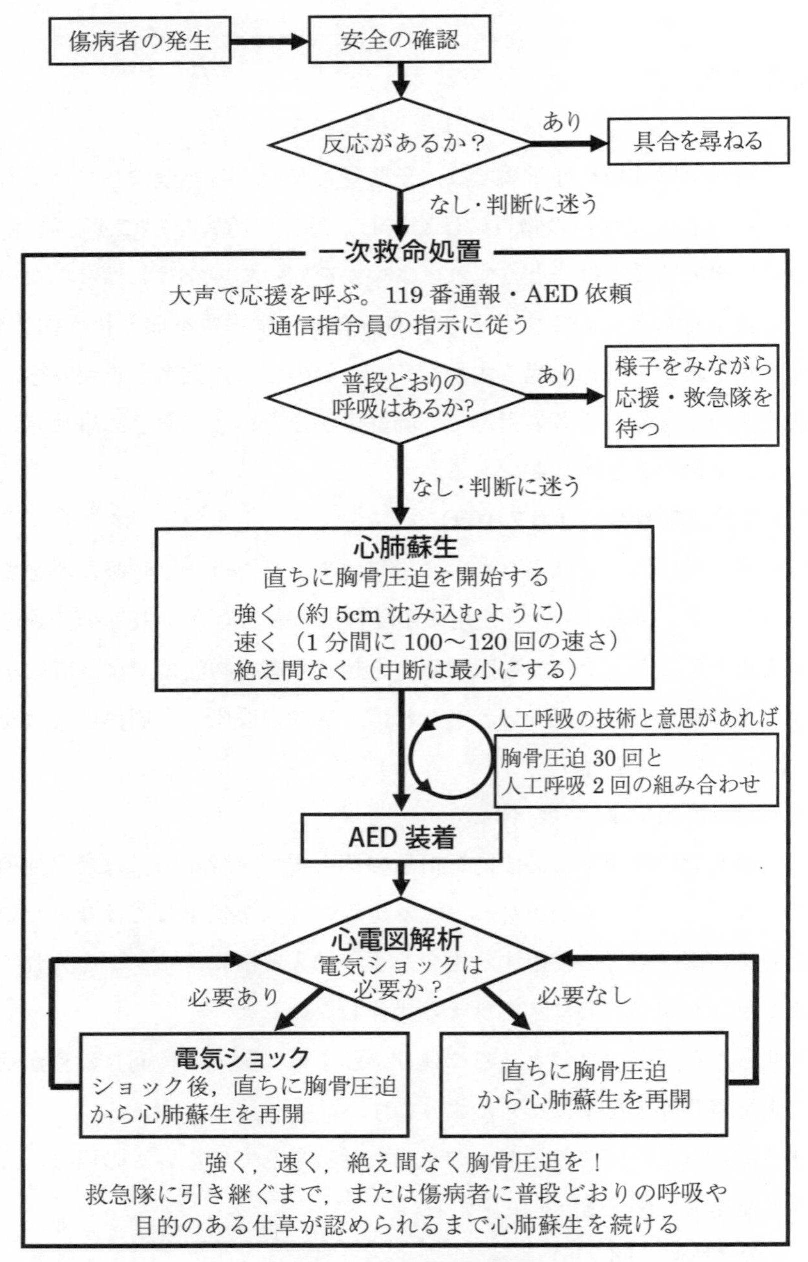

図2-5　一次救命処置の流れ

〔出典：一般社団法人日本蘇生協議会監修「JRC蘇生ガイドライン2020」医学書院　2021年　一部改変〕

新型コロナウイルス感染症流行期への対応

新型コロナウイルス感染症が流行している状況においては，すべての心肺停止傷病者に感染の疑いがあるものとして救命処置を実施する。対応の要点は次のとおり。

・傷病者の顔と救助者の顔があまり近づきすぎないようにする。
・胸骨圧迫を開始する前に，マスクやハンカチ，タオル，衣服などで傷病者の鼻と口を覆う。
・成人に対しては，人工呼吸は実施せずに胸骨圧迫だけを続ける。
・救急隊の到着後に，傷病者を救急隊員に引き継いだあとは，速やかに石鹸と流水で手と顔を十分に洗う。

もし，反応があるなら，安静にして，必ずそばに観察者をつけて傷病者を観察し，普段どおりの呼吸がなくなった場合にすぐ対応できるようにする。また，反応があっても異物による窒息の場合は，後述する気道異物除去を実施する。

② 大声で叫んで周囲の注意を喚起する

一次救命処置は，できる限り単独で行うことは避けるべきである。もし，傷病者の反応がないと判断した場合や，その判断に自信が持てない場合は心停止の可能性を考えて行動し，大声で叫んで応援を呼ぶ。

③ 119番通報（緊急通報），AED手配

誰かが来たら，その人に119番通報と，AED（Automated External Defibrillator：自動体外式除細動器）が近くにあればその手配を依頼し，自らは一次救命処置を開始する。周囲に人がおらず，救助者が1人の場合は自分で119番通報を行い，近くにあることがわかっていればAEDを取りに行く。119番通報をすると，電話を通して通信指令員による口頭指導を受けられるので，落ち着いて従う。その後直ちに一次救命処置を開始する。

救急車を目的地へ迅速に到着させ，傷病者を速やかに医療機関へ搬送するため，簡潔明瞭に，場所，傷病内容を伝える。救急車の要請内容と災害発生時の連絡方法は，事務所や休憩所に常時掲示したり，救急箱などに添付しておく。

イ　心停止の判断――呼吸をみる

傷病者に反応がなければ，次に呼吸の有無を確認する。

呼吸の有無を確認するときには，気道確保を行う必要はなく，傷病者の胸と腹部の動きの観察に集中する。胸と腹部が（呼吸にあわせ）上下に動いていなければ「呼吸なし」と判断する。また，心停止直後にはしゃくりあげるような途切れ途切れの呼吸（死戦期呼吸）が見られることがあり，これも「呼吸なし」と同じ扱いとする。なお，呼吸の確認は迅速に，10秒以内で行う（迷うときは「呼吸なし」とみなすこと）。

反応はないが，「普段どおりの呼吸（正常な呼吸）」が見られる場合は回復体位（**図2-6**）にし，様子を見ながら応援や救急隊の到着を待つ。

ウ　心肺蘇生の開始と胸骨圧迫

呼吸が認められず，心停止と判断される傷病者には胸骨圧迫を実施する。傷病者を仰向け（あおむけ）（仰臥位）に寝かせて，救助者は傷病者の胸の横にひざまずく。

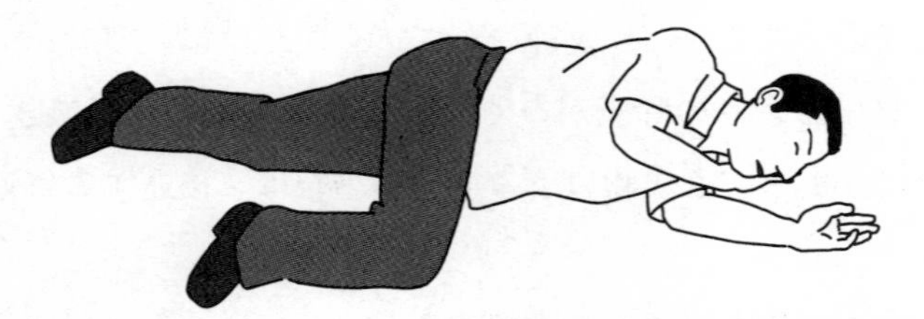

傷病者を横向きに寝かせ，下になる腕は前に伸ばし，上になる腕を曲げて手の甲に顔をのせるようにさせる。また，上になる膝を約 90 度曲げて前方に出し，姿勢を安定させる。

図 2-6　回復体位

圧迫する部位は胸骨の下半分とする。この位置は「胸の真ん中」が目安になる（**図 2-7**）。

この位置に片方の手のひらの基部（手掌基部（しゅしょうきぶ））を当て，その上にもう片方の手を重ねて組み，自分の体重を垂直に加えられるよう肘を伸ばして肩が圧迫部位（自分の手のひら）の真上になるような姿勢をとる。そして，傷病者の胸が約 5 cm 沈み込むように強く圧迫を繰り返す（**図 2-8**）。

1 分間に 100 回～ 120 回のテンポで圧迫する。圧迫を解除（弛緩）するときには，手掌基部が胸から離れたり浮き上がって位置がずれたりすることのないように注意しながら，胸が元の位置に戻るまで十分に圧迫を解除することが重要である。この圧迫と弛緩で 1 回の胸骨圧迫となる。

AED を用いて除細動する場合や階段で傷病者を移動させる場合などの特殊な状況でない限り，胸骨圧迫の中断時間はできるだけ 10 秒以内に留める。

他に救助者がいる場合は，1 ～ 2 分を目安に役割を交代する。交代による中断時間はできるだけ短くする。

エ　気道確保と人工呼吸

新型コロナウイルス感染症の流行期には，**図 2-5** の下の説明のとおり，成人に対しては人工呼吸は実施せずに胸骨圧迫だけを続けること。同流行期以外で

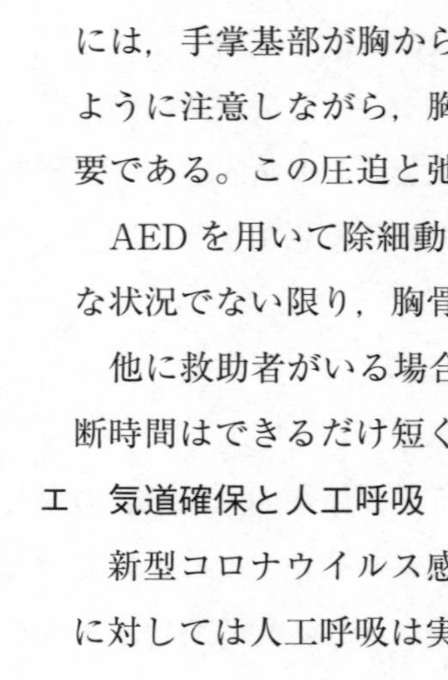

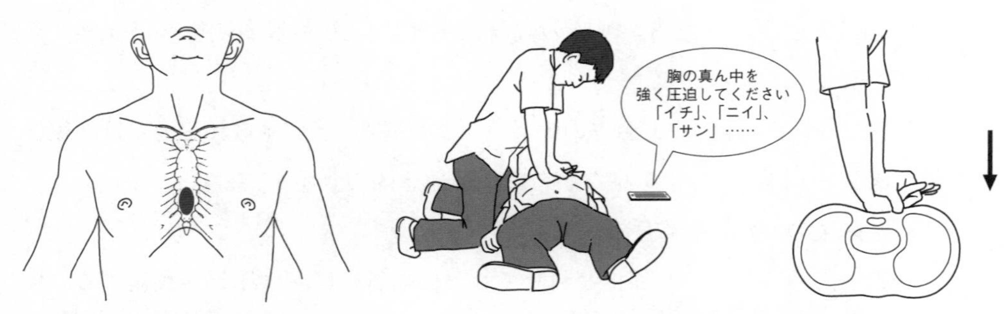

図 2-7　胸骨圧迫を行う位置

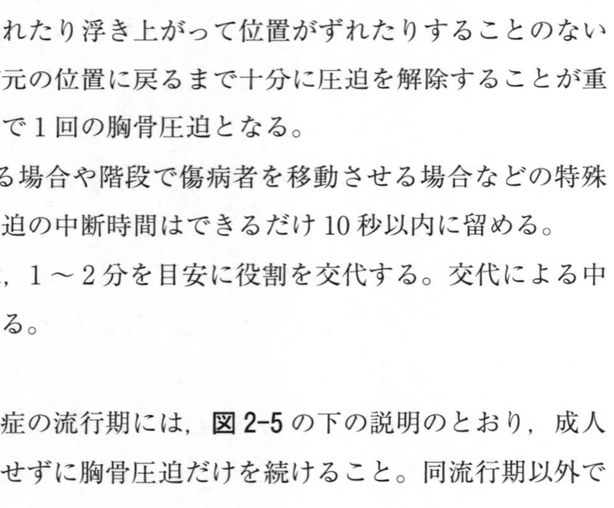

図 2-8　胸骨圧迫の方法

は，人工呼吸が可能な場合は，胸骨圧迫を 30 回行った後，2 回の人工呼吸を行うとされている。その際は，気道確保を行う必要がある。

気道確保は，頭部後屈・あご先挙上法で行う（**図 2-9**）。頭部後屈・あご先挙上法とは，仰向けに寝かせた傷病者の額を片手で押さえながら，一方の手の指先を傷病者のあごの先端（骨のある硬い部分）に当てて持ち上げる。これにより傷病者ののどの奥が広がり，気道が確保される。

気道確保ができたら，口対口人工呼吸を 2 回試みる。口対口人工呼吸の実施は，気道を開いたままで行うのがこつである。**図 2-9** のように気道を確保した位置で，救助者が口を大きく開けて傷病者の唇の周りを覆うようにかぶせ，約 1 秒かけて，胸の上がりが見える程度の量の息を吹き込む。このとき，傷病者の鼻をつまんで，息が漏れ出さないようにする（**図 2-10**）。

1 回目の人工呼吸によって胸の上がりが確認できなかった場合は，気道確保をやり直してから 2 回目の人工呼吸を試みる。2 回目が終わったら（胸の上がりが確認できた場合も，できなかった場合も），それ以上は人工呼吸を行わず，直ちに胸骨圧迫を開始すべきである。

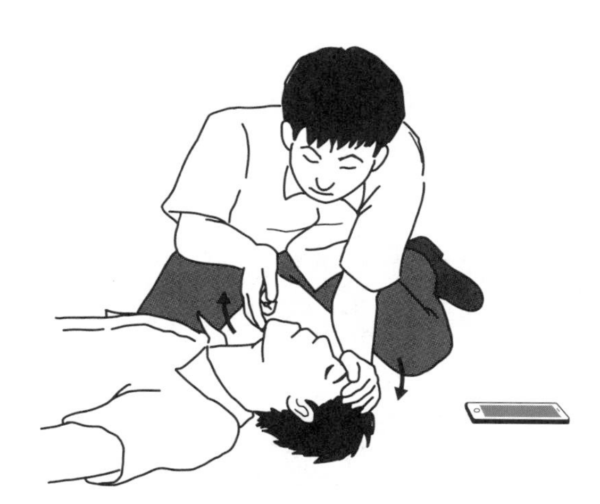

図 2-9　頭部後屈・あご先挙上法による気道確保

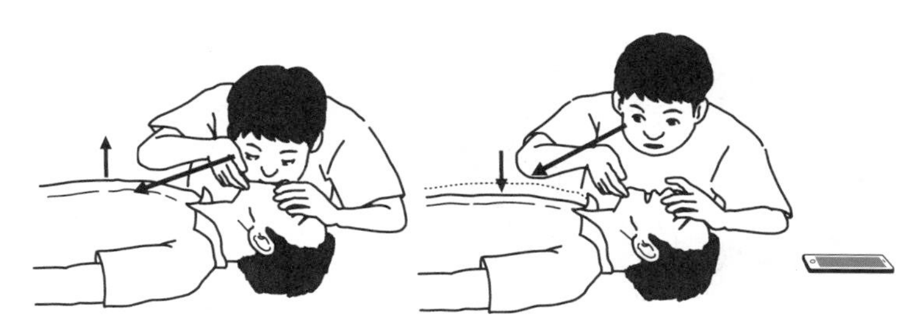

図 2-10　口対口人工呼吸

この方法では，呼気の呼出を介助する必要はなく，息を吹き込みさえすれば，呼気の呼出は胸の弾力により自然に行われる。

口対口人工呼吸を行う際には，感染のリスクが低いとはいえゼロではないので，また，有害化学物質のばく露を防ぐために，できれば感染防護具（一方向弁付き呼気吹込み用具（フェースマスク）など）を使用することが望ましいとされている。傷病者の呼気中に有害化学物質が残留している可能性もあるので，救助者は傷病者の呼気を吸い込まないように気を付ける。

もし救助者が人工呼吸ができない場合や，実施に躊躇（ちゅうちょ）する場合は，人工呼吸を省略し，胸骨圧迫を続けて行う。

オ　胸骨圧迫30回と人工呼吸2回の組み合わせ

胸骨圧迫30回と人工呼吸2回を1サイクルとして，**図2-11**のように実施する。このサイクルを，救急隊が到着するまで，あるいはAEDが到着して傷病者の体に電極が装着されるまで繰り返す。なお，胸骨圧迫30回は目安の回数であり，回数の正確さにこだわり過ぎる必要はない。

この胸骨圧迫と人工呼吸のサイクルは，可能な限り2人以上で実施することが望ましいが，1人しか救助者がいないときでも行えるよう普段から訓練をしておくことが望まれる。

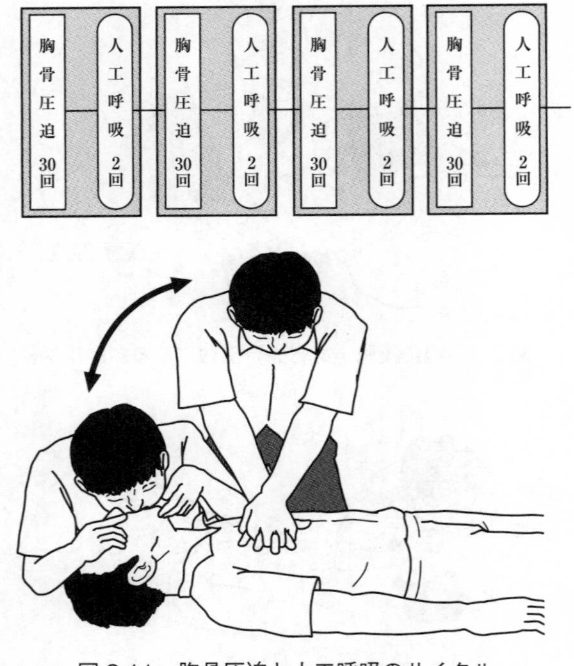

図2-11　胸骨圧迫と人工呼吸のサイクル

カ　心肺蘇生の効果と中止のタイミング

傷病者がうめき声をあげたり，普段どおりの息をし始めたり，もしくは何らかの反応や目的のある仕草（たとえば,嫌がるなどの体動）が認められるまで，あきらめずに心肺蘇生を続ける。救急隊員などが到着しても，心肺蘇生を中断することなく指示に従う。

普段どおりの呼吸や目的のある仕草が現れれば，心肺蘇生を中止して，観察を続けながら救急隊の到着を待つ。

キ　AED の使用

「普段どおりの息（正常な呼吸）」がなければ，直ちに心肺蘇生を開始し，AED（自動体外式除細動器）が到着すれば速やかに使用する。

AED は，心停止に対する緊急の治療法として行われる電気的除細動（電気ショック）を，一般市民でも簡便かつ安全に実施できるように開発・実用化されたものである。

救助者は蓋を開け，AED の電源を入れ，音声ガイダンスを聞いて，協力者が行っている心肺蘇生法を中断させることなく，傷病者の前胸部の衣服を取り除く。胸部の肌を露出させ，状態を指さし確認する。電極パッドを袋から取り出し，パッドの図を確認し，電極パッドを胸部に貼り付ける。

この AED を装着すると，自動的に心電図を解析して，除細動の必要の有無を判別し，除細動が必要な場合には音声メッセージで電気ショックを指示する仕組みになっている（**図 2-12**）。

なお，電気ショックが必要な場合に，ショックボタンを押さなくても自動的に電気が流れる機種（オートショック AED）が令和 3（2021）年 7 月に認可された。傷病者から離れるように音声メッセージが流れ，カウントダウンまた

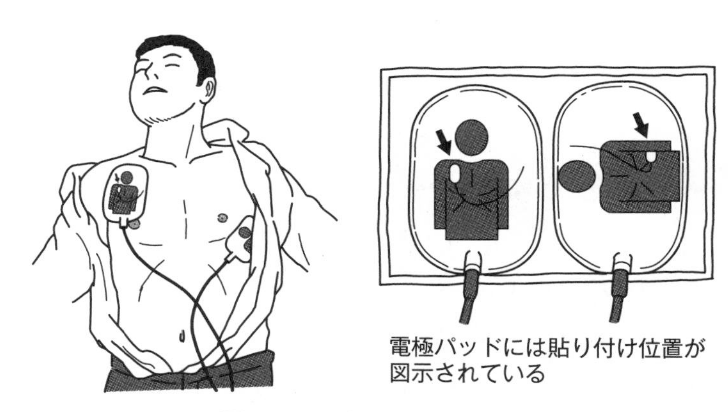

図 2-12　電極パッドの貼付け

はブザーの後に自動的に電気ショックが行われる。この場合も安全のために，音声メッセージなどに従って傷病者から離れる必要がある。

心停止者が救命される可能性を向上させるためには，迅速な心肺蘇生法と，迅速な電気的除細動がそれぞれ有効であることが明らかになっている。AEDの使用に当たっては，日本赤十字や消防庁等が開催する講習会に参加するなどして，意識や呼吸の有無を的確に判断する技術を身に付けることが大切である。

ク　気道異物の除去

気道に異物が詰まるなどにより窒息すると，死に至ることも少なくない。傷病者が強い咳が出る場合には，咳によっても異物が排出されない場合もあるので注意深く見守る。しかし，咳ができない場合や，咳が弱くなってきた場合は窒息と判断し，迅速に119番に通報するとともに，反応がある場合は，まず，背部叩打法を試みて，効果がなければ腹部突き上げ法を試みる（**図2-13**，**図2-14**）。反応がない場合は，上記の心肺蘇生法を開始する。

ケ　心肺蘇生の実施の後

救急隊の到着後に，傷病者を救急隊員に引き継いだあとは，速やかに石けんと流水で手と顔を十分に洗う。傷病者の鼻と口にかぶせたハンカチやタオルなどは，直接触れないようにして廃棄するのが望ましい。

【(2)　一次救命処置についての引用・参考文献】
・一般社団法人日本蘇生協議会監修『JRC蘇生ガイドライン2020』医学書院，2021年
・日本救急医療財団心肺蘇生法委員会監修『改訂6版救急蘇生法の指針2020（市民用）』へるす出版，2021年
・同『改訂6版救急蘇生法の指針2020（市民用・解説編）』へるす出版，2021年

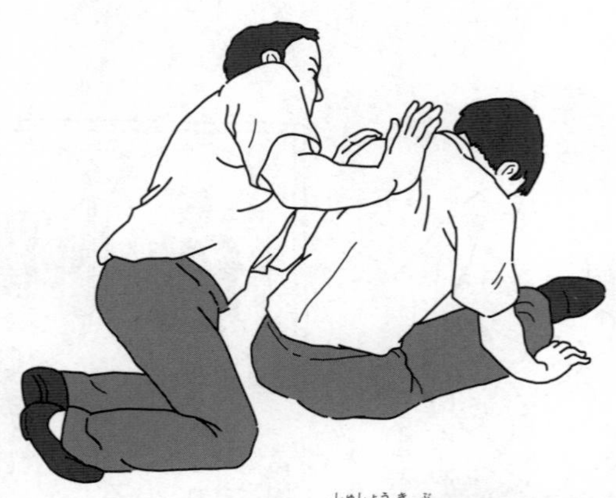

傷病者の後ろから，左右の肩甲骨の中間を，手掌基部で強く何度も連続して叩く。

図2-13　背部叩打法

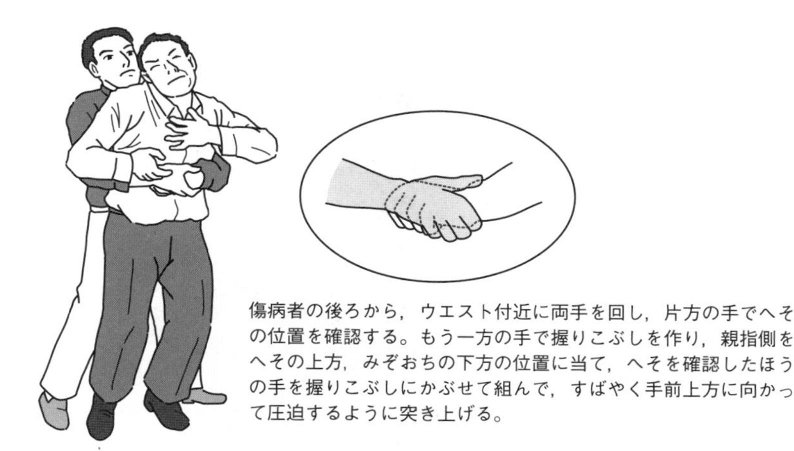

図 2-14　腹部突き上げ法

(3)　皮膚に触れた場合

着衣に特定化学物質が付着していれば脱がせ，皮膚に付着していれば布などで拭き取り，大量の水で洗い流す。身体を清潔に洗ったうえ，毛布などでくるみ保温を心がけ，救急隊や医師には，必ず化学物質の名称を報告する必要がある。

作業場には，緊急用シャワーを備えておくことが望ましい（**写真 2-1**）。

ア　熱傷・薬傷

熱による体表面の損傷を熱傷（火傷）といい，原因には熱湯・蒸気・火炎・熱い物体などがあり，また化学物質による薬傷がある。重症度を判定するにはその「広さ」と「深さ」が重要な因子で，熱傷面積は障害の程度に比例し，**図 2-15**，**図 2-16** のような割合に分けている。

イ　熱傷の広さ

熱傷は体表面積の 10% 以上の場合はショックが起こり，20 ～ 30% 以上になると重症で，速やかに医療機関に搬送し手当を受けることが必要である。熱傷は「感染」，「痛み」と「体液の減少」という 3 つの危険性がある。

ウ　熱傷の深さ

熱傷の深さは**図 2-17** のとおりである。

エ　熱傷の応急手当

① 1 度，2 度の熱傷で範囲が狭いときは，水道の流水で痛みが取れるまで冷やし，水疱（水ぶくれ）ができても破れないようにし，滅菌ガーゼなどで覆い，医師の手当を受けさせる。

② 直接水道の蛇口から水をかけるときは，水疱やはがれかけた表皮を損傷し

写真 2-1　緊急シャワー・洗眼設備の例

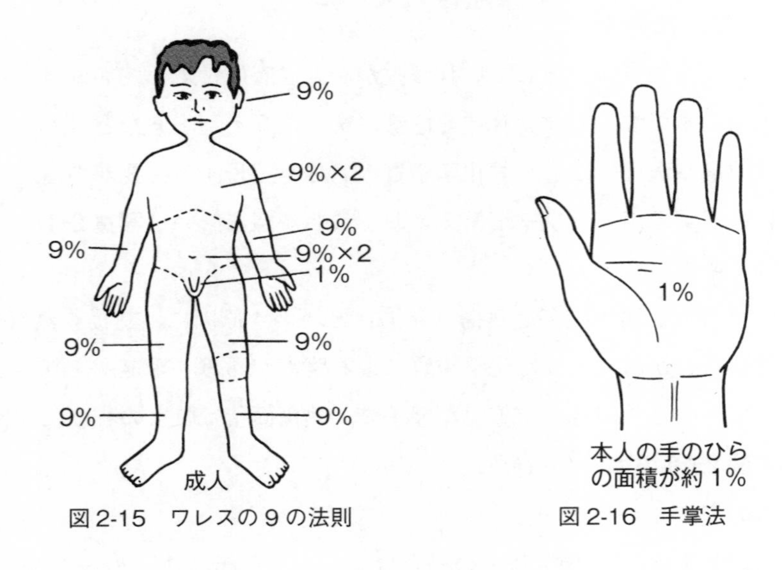

図 2-15　ワレスの 9 の法則

図 2-16　手掌法

ない程度の強さに水を調整して行うこと。

③　熱傷の手当に当たっては，特に細菌の感染防止に留意し，患部にはティッシュペーパーや綿（脱脂綿）などは絶対に当てないこと。

④　医師の手当が必要と思われる熱傷の場合は，消毒液，軟膏（なんこう），油などを塗らないこと。

⑤　手・足の熱傷であれば患部を高くする。

⑥　ひどい熱傷の場合で，意識がはっきりしており，吐き気がなく，被災者が水分を欲しがる場合はコップ半分ぐらいの生理的飲料水（スポーツドリンクなど）を適当な間隔で飲ませる。

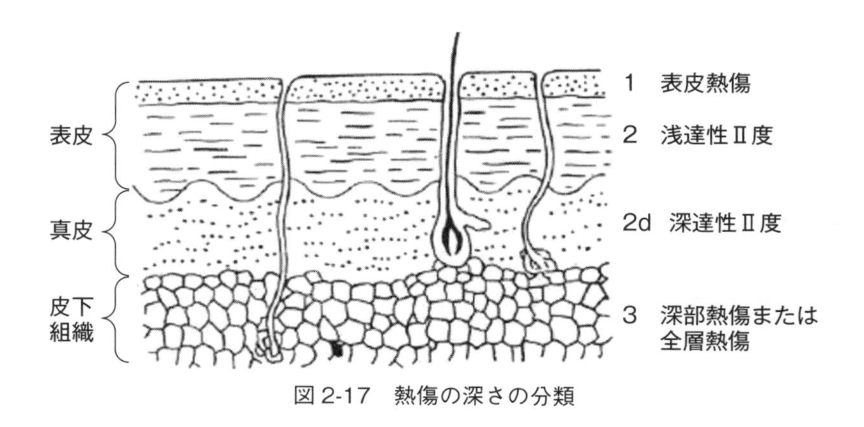

図 2-17　熱傷の深さの分類

熱傷の程度	症　　状
第１度	赤くなりヒリヒリ痛む（表皮のみ）。
第２度	皮膚は腫れぼったく赤くなり，水疱（水ぶくれ）ができ，焼けるような感じと強い痛みがある。瘢痕（はんこん）を残す危険性がある（真皮まで）。
第３度	皮膚は乾いて白くなったり，黒こげになったりする。痛みはほとんど感じない。瘢痕潰瘍を作り植皮による治療が必要である（皮下組織まで）。

(4)　化学物質が目に入った場合

①　直ちに大量の流水で患眼を下にしてよく洗う（**図 2-18**）。危険有害な化学物質が取り扱われている作業場の近くには，洗眼装置を設置する（**図 2-19**）。

②　特に痛む場合や，充血のひどい場合はもちろんのこと，後で症状が悪化する場合もあるので，応急手当時に異常がなくても医師の診察を受けさせる。

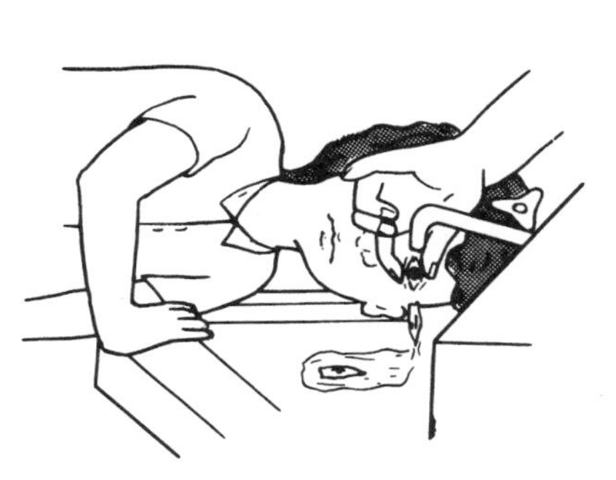
図 2-18　目の洗い方

図 2-19　洗眼装置

第2章　各　論

1　第1類物質

製造許可を要する第1類物質の対象物質は,

①　ジクロルベンジジンおよびその塩

②　アルファ-ナフチルアミンおよびその塩

③　塩素化ビフェニル（別名 PCB）

④　オルト-トリジンおよびその塩

⑤　ジアニシジンおよびその塩

⑥　ベリリウムおよびその化合物

⑦　ベンゾトリクロリド

①から⑥までに掲げる物質をその重量の1% を超えて含有し，または⑦に掲げる物質をその重量の0.5% を超えて含有する製剤その他の物（合金にあっては，ベリリウムをその重量の3% を超えて含有するものに限る）である。

がん原性物質である①～⑤および⑦の物質ならびにベリリウム肺を起こす⑥の物質については，これらを製造する場合には，厚生労働大臣の製造許可を受けなければならないこととされており，その許可要件として，製造設備，作業方法などに関し，一定の基準を定めており，健康障害の発生を未然に防止することを期している。

また，製造の許可は，許可対象物質ごとに，かつ，プラントごとに行われることになっている。

(1) ジクロルベンジジンおよびその塩（特別管理物質）	
化学式等	$(C_6H_3ClNH_2)_2$　3･3'-ジクロロベンジジンともいう。 （構造式：Cl, Cl, H_2N, NH_2）
性　　質	融点133℃，沸点368℃，市販品は塩酸塩の形としてペースト状が多い。純粋なものは褐色針状結晶である。アルコール，酢酸，ベンゼンによく溶ける。

おもな用途	有機顔料，染料（ベンジジンイエローほか）の重要な原料である。アゾ染料としてはベンジジン系のものより耐酸性を有する青色の染料ができる。
有　害　性	動物実験では容易にがんの発生した例がみられており，化学的な構造が製造禁止物質のベンジジンに似ているので，製造許可物質に指定された。 皮膚に接触すれば皮膚炎や色素沈着が起こることがある。
障害の予防	管理濃度　設定されていない 許容濃度　日本産業衛生学会　設定されていない TLV　ACGIH　（すべての経路からのばく露をできるだけ低くするようコントロールすること。） 粉じんなどを絶対に吸い込まないよう，製造の設備および機械の密閉化，製品の湿潤化などを図ること。粉じんなどが発散する場所では，労働者の身体に直接接触しない方法により行い，かつ，囲い式フードの局所排気装置またはプッシュプル型換気装置を設ける。 尿路系の腫瘍は，初期には，自覚症状がほとんどないので，定期的に所定の健康診断を行う必要がある。一般的に，ばく露され始めてから腫瘍発生までの潜伏期間は長いので，注意する。
保　護　具	送気マスク，あるいはろ過材の等級が3の防じんマスクまたは電動ファン付き呼吸用保護具（PAPR）を必ず着け，保護めがね，化学防護服および化学防護手袋などを用いて皮膚の露出部がないようにすること。
応急措置	皮膚に付着した場合は，直ちに大量の水で洗い落とすこと。目に入った場合は，流水で15分間以上洗い眼科医の処置を受ける。作業が終わったら入浴，うがい，洗眼を励行すること。
事　　例	膀胱腫瘍の事例はまだ，見当たらない。ジクロルベンジジンベース（粉末）を容器に入れる作業をしていたとき，飛散した粉末が皮膚に付き1名が皮膚炎（休業17日）にかかった。

(2) アルファ-ナフチルアミンおよびその塩（特別管理物質）	
化学式等	$C_{10}H_7NH_2$　1-ナフチルアミンともいう。 NH_2
性　　質	融点50℃，無色～白色結晶粉末または針状体，空気，光，水分にばく露すると赤色になる。不快な臭気を有し，昇華する。 アルコール，エーテル，ベンゼンに溶け，水にはやや溶ける。
おもな用途	アゾ染料，媒染料，ゴム薬品，アルファ-ナフトール，アルファ-ナフチルアミンスルフォン酸などの製造原料として用いられる。
有　害　性	アルファ-ナフチルアミンの有害性は，主として発疹，発赤，かゆみなど皮膚障害である。一般の市販品には，微量のベータ-ナフチルアミンが含有されているが労働安全衛生法では，ベータ-ナフチルアミンをその重量の1％を超えて含有する製剤その他の物の製造，使用などを禁止しており，ベータ-ナフチルアミンの含有量が重量で1％以下のアルファ-ナフチルアミンを，製造許可物質としている。なお，ベータ-ナフチルアミンの粉じんを吸入すると長年月ののち，尿路系の腫瘍が発生することがある。 メトヘモグロビン血症を起こすとの報告がある。

障害の予防	管理濃度　設定されていない 許容濃度　日本産業衛生学会　設定されていない TLV　ACGIH　設定されていない 粉じんなどを絶対に吸い込まないよう，製造の設備および機械の密閉化，製品の湿潤化などを図ること。粉じんなどが発散する場所では，労働者の身体に直接接触しない方法により行い，かつ，囲い式フードの局所排気装置またはプッシュプル型換気装置を設ける。 アルファ-ナフチルアミンおよびその塩の製造，取扱いに従事したことがある者および従事している者は，定期的に所定の健康診断を行う必要がある。
保　護　具	送気マスク，あるいはろ過材の等級が3の防じん機能付き防毒マスクまたは電動ファン付き呼吸用保護具（PAPR）を必ず着け，保護めがね，化学防護服および化学防護手袋などを用いて皮膚の露出部がないようにすること。
応急措置	皮膚に付着した場合は，直ちに大量の水で洗い落とすこと。目に入った場合は，流水で15分間以上洗い眼科医の処置を受ける。作業が終わったら入浴，うがい，洗眼を励行すること。

(3) 塩素化ビフェニル（別名 PCB）	
化学式等	$C_{12}H_{10-n}Cl_n$　ポリ塩化ビフェニルともいう。 Cl_n　Cl_n
性　　質	沸点340 － 390℃，無色の液体で安定性が高く，不燃性である。塩素の含有量が増すと，液体から水飴状となり，最後には固体となる。
おもな用途	過去には熱媒体，コンデンサーなどの帯電油，複写紙，顔料塗料などに用いられていたが，現在は一部の特殊な用途を除き使用されていない。
有　害　性	皮膚のにきび様の変化，肝機能障害を起こす。発がん性あり。 にきび様の変化は，塩素痤瘡（クロルアクネ）として昔からよく知られ，治りにくい。黒い色素沈着が起こっていわゆる「黒にきび」となる。
障害の予防	管理濃度　0.01 mg/m³ 許容濃度　日本産業衛生学会　0.01 mg/m³ 皮 TLV　ACGIH　1 mg/m³（TLV-TWA，塩素42%）Skin 0.5 mg/m³（TLV-TWA，塩素54%）Skin 塩素化ビフェニルを取り扱う場所は，局所排気装置またはプッシュプル型換気装置を設け，ガス，蒸気を吸入するのを防ぐこと。
保　護　具	送気マスク，あるいはろ過材の等級が3の防じん機能付き防毒マスクまたは電動ファン付き呼吸用保護具（PAPR）を必ず着け，保護めがね，化学防護服および化学防護手袋などを用いて皮膚の露出部がないようにすること。
応急措置	皮膚に付着した場合は，直ちに大量の水で洗い落とすこと。目に入った場合は，流水で15分間以上洗い眼科医の処置を受ける。作業が終わったら入浴，うがい，洗眼を励行すること。

事　　例	塩素化ビフェニル製造業務に従事する労働者2名の両腕などに痤瘡または膝部の発疹，色素沈着などの皮膚変化がみられた。なお，健康診断の結果において肝機能などの異常は認められなかった。

(4) オルト-トリジンおよびその塩（特別管理物質）	
化学式等	$(C_6H_3CH_3NH_2)_2$　3･3'-ジメチルベンジジンともいう。 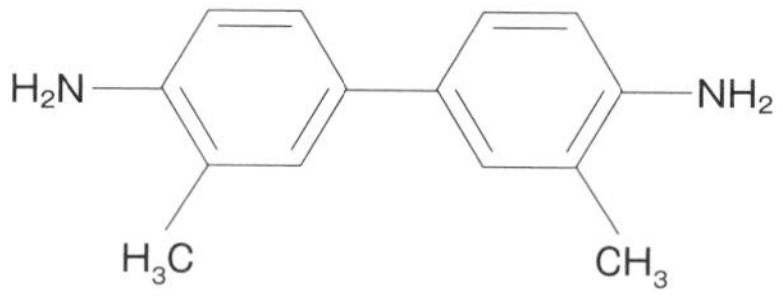
性　　質	融点 129 － 131℃，沸点 300℃，無色結晶または粉末，赤色～茶色の薄片。アルコール，エーテルによく溶けるが，水にはわずかに溶ける。
おもな用途	アゾ染料（トルイレンオレンジ R，ベンゾパープリン 4B など）の原料。
有　害　性	動物実験で耳下腺腫瘍などの報告があり，この物質の化学的な構造が製造禁止物質のベンジジンに似ているので，製造許可物質に指定された。
障害の予防	管理濃度　設定されていない 許容濃度　日本産業衛生学会　設定されていない TLV　ACGIH　設定されていない　Skin 粉じんなどを絶対に吸い込まないよう，製造の設備および機械の密閉化，製品の湿潤化などを図ること。粉じんなどが発散する場所では，労働者の身体に直接接触しない方法により行い，かつ，当該作業を行う場所に囲い式フードの局所排気装置またはプッシュプル型換気装置を設ける。 尿路系の腫瘍は，初期には，自覚症状がほとんどないので，定期的に所定の健康診断を行う必要がある。一般的に，ばく露され始めてから腫瘍発生までの潜伏期間はかなり長いので注意する。
保　護　具	送気マスク，あるいはろ過材の等級が3の防じんマスクまたは電動ファン付き呼吸用保護具（PAPR）を必ず着け，保護めがね，化学防護服および化学防護手袋などを用いて皮膚の露出部がないようにすること。
応急措置	皮膚に付着した場合は，直ちに大量の水で洗い落とすこと。目に入った場合は，流水で 15 分間以上洗い眼科医の処置を受ける。作業が終わったら入浴，うがい，洗眼を励行すること。

(5) ジアニシジンおよびその塩（特別管理物質）	
化学式等	$(C_6H_3OCH_3NH_2)_2$　3･3'-ジメトキシベンジジンともいう。 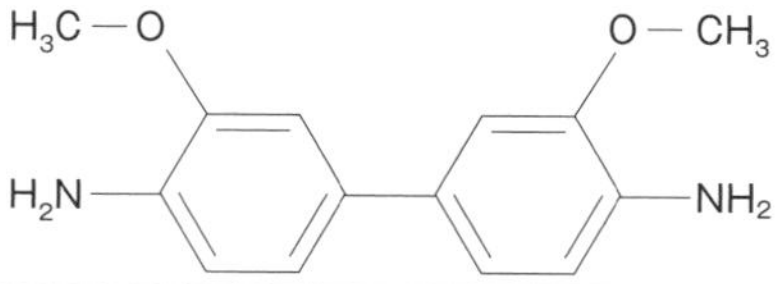
性　　質	融点 132℃，沸点 356℃，白色の葉状結晶で，空気中に放置していると酸化されて紫色となる。アルコール，エーテルに溶けるが，水に溶けやすい。
おもな用途	アゾ染料（シリアススプラブルーなど）の原料。

有　害　性	動物実験で腫瘍の報告があり，この物質の化学的な構造が製造禁止物質のベンジジンに似ているので，製造許可物質に指定された。なお，ジアニシジンは皮膚炎を起こすことが知られている。
障害の予防	管理濃度　　設定されていない 許容濃度　日本産業衛生学会　設定されていない TLV　ACGIH　設定されていない 粉じんなどを絶対に吸い込まないよう，製造の設備および機械の密閉化，製品の湿潤化などを図ること。粉じんなどが発散する場所では，労働者の身体に直接接触しない方法により行い，かつ，当該作業を行う場所に囲い式フードの局所排気装置またはプッシュプル型換気装置を設ける。 尿路系の腫瘍は，初期には，自覚症状がほとんどないので，定期的に所定の健康診断を行う必要がある。一般的に，ばく露され始めてから腫瘍発生までの潜伏期間はかなり長いので注意する。
保　護　具	送気マスク，あるいはろ過材の等級が３の防じんマスクまたは電動ファン付き呼吸用保護具（PAPR）を必ず着け，保護めがね，化学防護服および化学防護手袋などを用いて皮膚の露出部がないようにすること。
応 急 措 置	皮膚に付着した場合は，直ちに大量の水で洗い落とすこと。目に入った場合は，流水で15分間以上洗い眼科医の処置を受ける。作業が終わったら入浴，うがい，洗眼を励行すること。

(6) ベリリウムおよびその化合物（特別管理物質）	
化 学 式 等	Be 化合物としては，酸化ベリリウム〔BeO〕，硫酸ベリリウム〔$BeSO_4$〕，水酸化ベリリウム〔$Be(OH)_2$〕，塩化ベリリウム〔$BeCl_2$〕，弗化ベリリウム〔BeF_2〕，臭化ベリリウム〔$BeBr_2$〕，炭酸ベリリウム〔$Be_2CO_3(OH)_2$〕などがある。
性　　　質	銀白色の光沢のある金属で，空気中では酸化皮膜が生成され安定に存在できる。比重1.85，融点1,278℃，沸点2,970℃，耐熱性に富み，エックス線を透過する。 ベリリウム化合物は，おおむね白色の粉末または結晶で硫酸ベリリウム以外は水に溶けにくい。ベリリウム銅合金は，非磁性でバネがよく，また，耐食，耐摩擦性がよく，たたいても火花が出ない。
おもな用途	酸化ベリリウムや金属ベリリウムは，原子炉の反射体，減速材，航空機の部品，エックス線管球の窓などに用いられる。ベリリウム銅合金は，バネ材料，スイッチ部品，無火花安全工具などに用いられる。
有　害　性	ベリリウム化合物（弗化物，酸化物，水酸化物，硫酸塩など）が皮膚に接触すると，皮膚炎を起こし，皮膚の傷口に入ると皮膚の肉芽腫となる。目に入ると，結膜炎，角膜炎を起こす。粉じんやヒュームを吸入すると数時間ないし数週間内に呼吸困難，食欲不振，体重減少などが起こるが，軽い場合は，１カ月前後で回復する。急性肺炎，気管支炎を起こすこともある。慢性の場合は，症状が出るのが遅れ，咳，息切れ，呼吸困難，体重減少がみられ，胸部エックス線写真は典型的なじん肺症と異なる慢性ベリリウム肺症がみられる。発がん性あり。

障害の予防	管理濃度　　0.001 mg/m^3 許容濃度　日本産業衛生学会　0.002 mg/m^3 TLV　ACGIH　0.00005 mg/m^3（TLV-TWA）　Skin 粉じんなどを絶対に吸い込まないよう，製造の設備および機械の密閉化，製品の湿潤化などを図ること。粉じんなどが発散する場所では，労働者の身体に直接接触しない方法により行い，かつ，当該作業を行う場所に局所排気装置またはプッシュプル型換気装置を設ける。作業現場の床などは真空掃除機などにより清潔にし，粉じんを極力抑える。 作業後は，入浴，うがい，洗眼などを必ず行ってから通勤服に着替えるようにする。
保　護　具	送気マスク，あるいはろ過材の等級3の防じんマスクまたは電動ファン付き呼吸用保護具（PAPR）を必ず着け，保護めがね，化学防護服および化学防護手袋などを用いて皮膚の露出部がないようにすること。
応急措置	皮膚に付着した場合は，直ちに大量の水で洗い落とすこと。傷口などがあれば，医師の手当を受ける。目に入った場合は，流水で15分間以上洗い眼科医の処置を受ける。 食欲不振，呼吸困難などを覚えたら，直ちに胸部エックス線検査を受ける。
事　　例	①　弗化ベリリウム製造作業者が，粉じんを吸入し3名が咳，頭痛，胸痛，肺活量減少，動悸など急性呼吸器症状を起こした。 ②　工業用磁器の成形作業（酸化ベリリウム）に従事した作業者2名が慢性ベリリウム肺にかかった。

(7) ベンゾトリクロリド（特別管理物質）	
化学式等	$C_6H_5CCl_3$　ベンジリジン＝トリクロリドともいう。 CCl_3
性　　質	融点－4.75℃，沸点221℃，無色の液体，比重1.38。エタノール，エーテルに溶ける。酸や水との接触により分解し，塩化水素や安息香酸などのガスを生ずる。空気に触れると，有毒で腐食性の塩化水素を発生する。
おもな用途	医薬品，紫外線吸収剤，農薬，染料
有　害　性	蒸気を吸入すると肺がん，鼻腔がんを起こすことがある。なお，皮膚や粘膜に接触すると強い刺激を与える。
障害の予防	管理濃度　　0.05 ppm 許容濃度　日本産業衛生学会　設定されていない TLV　ACGIH　0.1 ppm（0.8 mg/m^3）（TLV-C）Skin 製造設備および機械の密閉化，局所排気装置またはプッシュプル型換気装置を設ける。
保　護　具	送気マスク，あるいは有機ガス用防毒マスクを必ず着け，保護めがね，耐透過性の化学防護手袋，化学防護服および化学防護手袋などを用いて皮膚の露出部がないようにすること。
応急措置	皮膚に付着した場合は，直ちに大量の水で洗い落とすこと。目に入った場合は，流水で15分間以上洗い眼科医の処置を受ける。作業が終わったら入浴，うがい，洗眼を励行すること。

事　　例	ベンゾトリクロリドの製造業務に従事している作業者から3名の肺がん死亡者および1名の鼻腔がん患者が発生した。

2　第2類物質

第2類物質は，これらのガス，蒸気または粉じんの発散源を密閉する装置，局所排気装置またはプッシュプル型換気装置を設け，作業環境気中濃度を一定基準以下に抑制し，慢性的障害を予防すべきである。

また，第2類物質の製造または取扱いに際して設備上の措置のあり方の違いによって特定第2類物質，管理第2類物質，オーラミン等および特別有機溶剤等に分類される。すなわち，特定第2類物質はアクリルアミドなど26物質であるが，これらの物はオーラミン等とともに製造に際しては，その設備が屋内あるいは屋外でも原則として密閉式の構造としなければならない物質である。特別有機溶剤等の12物質は，発散抑制措置，呼吸用保護具等について有機則の規定を準用する。これら以外の20の第2類物質が管理第2類物質で，令和2（2020）年4月22日公布の政省令等改正により「塩基性酸化マンガン」および「溶接ヒューム」について，労働者に神経障害等の健康障害を及ぼすおそれがあることから，新たに管理第2類物質に位置づけられている。

なお，発がん性の認められる物質は特別管理物質として特に厳しく規制している。また，特別有機溶剤等の作業に係る作業主任者は，有機溶剤作業主任者技能講習修了者の中から選任する。

(1) アクリルアミド（特定第2類物質）	
化学式等	$CH_2 = CHCONH_2$
性　　質	融点85℃，沸点192.6℃，比重は1.12，無色の結晶である。水，エタノール，エーテル，クロロホルムによく溶ける。
おもな用途	凝集剤，土壌改良剤，繊維の改質および樹脂加工，紙力増強剤，接着剤，塗料，石油回収剤。
有 害 性	皮膚から容易に吸収され，接触局所の皮膚障害および全身障害として歩行障害，記憶障害，幻覚，言語障害，四肢のしびれ感，筋力低下などの神経障害を起こす。アクリルアミドに接触した皮膚の局所を放置しておくと，刺激作用があり，徐々に脱色，表皮の剥離が起こる。水溶液や粉末が目に入ると炎症を起こす。
障害の予防	管理濃度　　0.1 mg/m³ 許容濃度　日本産業衛生学会　0.1 mg/m³　皮 TLV　ACGIH　0.03 mg/m³　(TLV-TWA) Skin

	アクリルアミドは決して素手で取り扱ってはならない。水溶液はもちろん，固体（粉体）も汗によく溶けて，健康な皮膚から直接吸収される。接触した場所は直ちに十分な水で洗い，体内への吸収を防ぐ。これを怠ると必ず皮膚障害や神経障害が現れる。 衣服に付いた場合は，直ちに脱がせ，皮膚は十分な流水で洗う。汚染された衣類を再使用する前に洗濯する。汚染された作業衣は作業場から出さないこと。革靴も浸透して足から吸収されるので化学防護靴で作業する。粉じんや蒸気を決して吸入しないよう，作業場の換気をよくし，設備から発散のおそれのある場合は，局所排気装置またはプッシュプル型換気装置を設ける。粉じんが他の職場に広がらないように隔壁を設ける。
保　護　具	送気マスク，あるいはろ過材の等級が2以上の防じん機能付き防毒マスクまたは電動ファン付き呼吸用保護具（PAPR）を必ず着け，保護めがね，化学防護服および化学防護手袋などを用いて皮膚の露出部がないようにすること。
応急措置	皮膚に付着した場合は，直ちに大量の水で洗い落とすこと。目に入った場合，流水で15分間以上洗い，眼科医の処置を受ける。作業が終わったら入浴，うがい，洗眼を励行すること。 吸入した場合は，直ちに被災者を毛布等にくるんで安静にさせ，新鮮な空気の場所に移し，速やかに医師の診察を受ける。呼吸困難または呼吸が停止しているときは直ちに心肺蘇生を行う。 万一こぼした場合は，直ちに全ての方向に適切な距離を漏えい区域として隔離し，関係者以外の立入りを禁止する。作業者は適切な保護具を着用し，眼，皮膚への接触やガスの吸入を避ける。漏えい物を掃き集めて空容器に回収する。
事　　　例	①　紙力増強剤の製造工場で手の表皮が剥離した者が7名，歩行障害や言語障害，上腕筋肉痛を訴えた者が7名見られた。 ②　アクリルアミド製造プラントにおける精製塔内の保守作業で，内圧や残留物の有無を確認することなくマンホールを開けたところ，内部からアクリルアミドが噴出し，これを大量に吸入した作業者1名が死亡し，もう1名は噴出の際，足場から転落し頭部を打った。

(2) アクリロニトリル（特定第2類物質）	
化学式等	$CH_2 = CHCN$
性　　　質	融点−83℃，沸点77℃，無色の液体，比重は0.81である。水，アセトン，ベンゼン，四塩化炭素，エーテル，酢酸エチルなどに溶ける。
おもな用途	合成繊維，耐油性ゴムの原料
有　害　性	蒸気吸入および皮膚吸収により中毒する。中毒症状は，シアン化水素と同様，神経系，呼吸器系，消化器系および皮膚粘膜の障害として現れる。高濃度の場合は，意識喪失および呼吸停止を起こし死に至る。
障害の予防	管理濃度　　2 ppm 許容濃度　日本産業衛生学会　2 ppm（4.3 mg/m^3）　皮 TLV　ACGIH　2 ppm（TLV-TWA）Skin 貯蔵する場合は，不活性ガスを封入する。取り扱う場合は，必ず保護具を着用する。屋外で取り扱う場合は，風向きを確認して行うこと。蒸気や粉じんが発散する場所では，労働者の身体に直接接触しない方法により行い，かつ，局所排気装置またはプッシュプル型換気装置を設ける。 汚染された作業衣は作業場から出さないこと。

保　護　具	送気マスク，あるいは有機ガス用防毒マスクを使用する。保護めがね，耐透過性の化学防護手袋，化学防護服などを使用する。
応急措置	皮膚に付着した場合は，直ちに大量の水で洗い落とすこと。目に入った場合，流水で15分間以上洗い，眼科医の処置を受ける。作業が終わったら入浴，うがい，洗眼を励行すること。 吸入した場合は，直ちに被災者を毛布等にくるんで安静にさせ，新鮮な空気の場所に移し，速やかに医師の診察を受ける。呼吸困難または呼吸が停止しているときは直ちに心肺蘇生を行う。 飲み下した場合は，直ちに医師に連絡する。 万一こぼした場合は，直ちに適切な距離を漏えい区域として隔離し，関係者以外の立入りを禁止する。作業者は適切な保護具を着用し，眼，皮膚への接触やガスの吸入を避ける。漏えい物を掃き集めて空容器に回収する。
事　　例	①　ドラム缶入りのアクリロニトリルを荷役中，漏れたものがあったため13名が中毒した。 ②　反応槽に原料を仕込んで反応中，仕込量が多すぎたため，攪拌が十分でなく，上部の高濃度のアクリロニトリルが自己重合を起こして反応槽が破裂・爆発。2名が火傷を負った。

(3) アルキル水銀化合物（管理第2類物質）	
化学式等	R_2Hg，RHgX（Rはアルキル基（特化則においてはメチル基またはエチル基に限っている），Xは酸，ハロゲン，水酸基を示す） ジメチル水銀〔$(CH_3)_2Hg$〕，ジエチル水銀〔$(C_2H_5)_2Hg$〕，エチル塩化水銀〔C_2H_5HgCl〕など。
性　　質	ジメチル水銀（沸点92℃），ジエチル水銀（沸点159℃）は，安定した無色揮発性の液体である。
おもな用途	試薬など。農薬などでも用いられていたが，現在ではほとんど生産されていない。
有害性	アルキル水銀の蒸気などを吸入し，または皮膚から吸収されて急性または慢性の中毒を起こす。皮膚に接触すると皮膚障害も起こす。 有機水銀は，体内で血球と結合するものが多く，また，中枢神経系に親和性が強いため精神神経症状が特有である。疲労感，指・手足・舌・口唇の麻ひ，発語困難，運動失調，聴覚障害，視野狭窄などがみられる。
障害の予防	管理濃度　　0.01 mg/m^3 許容濃度　日本産業衛生学会　設定されていない TLV　ACGIH　0.01 mg/m^3（TLV-TWA，Hgとして） 0.03 mg/m^3（TLV-STEL，Hgとして） Skin アルキル水銀の製造現場では，作業場の空気が汚染されないように局所排気装置またはプッシュプル型換気装置を設置する。また酸化・還元方式の排液処理装置を設置する。 薬液が漏えいして皮膚に接触しないように注意することが必要である。
保　護　具	送気マスク，あるいはろ過材の等級が2以上の防じん機能付き防毒マスクまたは電動ファン付き呼吸用保護具（PAPR），水銀用防毒マスクを使用する。保護めがね，耐透過性の化学防護手袋，化学防護服を使用する。
応急措置	作業衣が汚染した場合は，直ちに脱がせる。皮膚に付いた場合は，大量の水で十分に洗い医師の診断を受ける。目に入った場合は，流水で15分間以上洗い，眼科医の処置を受ける。

事　　例	①　エチル塩化水銀を原料とするワクチンの防腐剤を製造するため，密閉装置のない設備で1名の作業者が試作および製造に従事中，蒸気を吸入し尿中の水銀量が多くなった。作業は40日間であったが，治ゆするまでに約6カ月かかった。 ②　港湾荷役作業でエチル水銀入りのドラム缶を荷揚げ中，破損していたドラム缶から薬液が漏れ，その蒸気を吸入した2名の作業者が嘔吐（おうと），肝機能障害，咽頭痛をきたした。

（3の2）インジウム化合物（管理第2類物質，特別管理物質）	
化学式等	インジウム In，リン化インジウム InP，インジウム・スズ化合物（ITO）In_2O_3/SnO_2 の複合酸化物，酸化インジウム In_2O_3，三塩化インジウム $InCl_3$
性　　質	インジウムは融点156.6℃，銀白色のやわらかい金属で不燃性。リン化インジウムは融点1,062℃，灰白色の金属光沢のある結晶で，ウエハは淡いオレンジ色。インジウム・スズ化合物は融点約1,500℃，淡黄色～灰緑色の固体で水に不溶。三塩化インジウムは500℃で分解し，水に可溶。
おもな用途	薄型液晶ディスプレイ等の透明電極材料，化合物半導体，ハンダ，合金等
有 害 性	リン化インジウムおよびインジウム・スズ化合物は動物実験で発がん性を確認されている。 インジウム・スズ化合物の粉じんばく露作業者などに間質性肺炎などの重篤な肺障害による死亡例あり。
障害の予防	管理濃度　　　　　　　　　　設定されていない 許容濃度　日本産業衛生学会　設定されていない （生物学的許容値として血清 In 濃度は 3 μg/L） TLV　ACGIH　$0.1\ mg/m^3$（TLV-TWA） インジウム及びその化合物は常温で固体（粉体または結晶）であり，ほとんど気化しないが，粉末の状態で拡散するなどした場合には，取扱い時の飛散によるばく露が問題となる。特に，酸化インジウムやインジウム・スズ化合物等のインジウム化合物を取り扱う一部の作業では，微細な吸入性粉じんが発生するので，吸入ばく露に留意が必要である。発散源を密閉する設備，局所排気装置またはプッシュプル型換気装置を設ける。局所排気装置の制御風速は1.0 m/s。 作業に使用した器具，工具，呼吸用保護具等について，付着したインジウム化合物等を除去せずに作業場外へ持ち出さない。作業場の床等を水洗等によって容易に掃除できるものとし，1日に1回清掃する。 生物学的モニタリングとして，血清 In，血清 KL－6 濃度を測定する。健康影響評価として胸部直接 X 線撮影あるいは胸部 CT 検査を実施する。
保 護 具	インジウム化合物を製造･取り扱う作業では，作業環境測定結果に応じて，厚生労働大臣の定める規格を満たす呼吸用保護具の使用が必要である。二次発じんによる健康障害防止のため，浮遊固体粉じん防護用密閉服または静電気帯電防止用作業服等を使用させる。必要に応じて保護めがねを使用する。
応急措置	皮膚に付着した場合は，速やかに洗い落とすこと。目に入った場合，流水で15分間以上洗い，眼科医の処置を受ける。作業が終わったら，うがい，洗眼を励行すること。 吸入した場合は，新鮮な空気の場所に移し，呼吸しやすい姿勢で休息させ，気分が悪い時は医師の診察を受ける。

事　　例	①　インジウム・スズ化合物研磨作業に従事していた労働者が，4年目より呼吸困難，乾性咳を自覚。胸部X線撮影で間質性肺炎と診断された。血清In濃度は290 μg/L。その3年後には両側気胸で死亡した。 ②　インジウム粉じんばく露作業者42名に疫学的調査として胸部CT検査を実施したところ11名（26.2%）に肺間質性障害をみとめた。

(3の3) エチルベンゼン（特別有機溶剤等，特別管理物質）	
化学式等	C_8H_{10}　フェニルエタン，エチルベンゾールともいう。 CH_3
性　　質	融点－95℃，沸点136℃，蒸気圧0.9 kPa，常温で無色透明の液体。水にほとんど溶けない。引火性あり。工業用キシレンの成分。
おもな用途	スチレン単量体の中間原料，有機合成，溶剤，希釈剤
有 害 性	皮膚や粘膜に接触すると刺激を与える。吸入により気道の炎症を起こし，眼に入ると結膜炎を起こす。高濃度を吸入すると中枢神経に作用し，意識消失する。 動物実験で発がん性，生殖毒性（胎児への影響）が示されている。
障害の予防	管理濃度　20 ppm 許容濃度　日本産業衛生学会　20 ppm（217 mg/m³） TLV　ACGIH　20 ppm（TLV-TWA） 火気厳禁。容器は密栓し通風のよい冷所に保管する。静電気放電に対する予防措置を講じる。強酸化剤と反応するため，一緒に置かない。 エチルベンゼンが発散する屋内作業場では，発散源を密閉化する設備，局所排気装置またはプッシュプル型換気装置を設置する。 生物学的モニタリングとして尿中マンデル酸の量を測定する。
保 護 具	送気マスクまたは有機ガス用防毒マスクを着用させる。タンク内等の作業では送気マスクを着用させる。 保護めがね，化学防護手袋，化学防護服などを用いて皮膚の露出部がないようにすること。
応急措置	皮膚に付着した場合は，直ちに大量の水で洗い落とすこと。目に入った場合，流水で15分間以上洗い，眼科医の処置を受ける。作業が終わったら，うがい，洗眼を励行すること。 吸入した場合は，直ちに被災者を毛布等にくるんで安静にさせ，新鮮な空気の場所に移し，速やかに医師の診察を受ける。呼吸困難または呼吸が停止しているときは直ちに心肺蘇生を行う。
事　　例	マンション新築工事に関連して，1階床下の配管用ピットでさび止めの塗装作業をしていた下請け会社の作業者2名と元請の現場監督者が有機溶剤中毒となった。作業方法は，キシレン20%程度を含有する塗料を，キシレン60%程度を含有するシンナーで希釈し，刷毛で塗っていくものであったが，防毒マスクなどの呼吸用保護具や換気装置は全くない状態で行われた。災害発生翌日の気中濃度測定では，エチルベンゼン76 ppm，キシレン348 ppmだった。

(4) **エチレンイミン**（特定第2類物質，特別管理物質）	
化学式等	C_2H_5N　アジリジンともいう。 CH_2 — CH_2 ＼NH／
性　質	融点－74℃，沸点56℃，水によく溶ける。 アンモニア臭のする無色の液体で燃えやすい。
おもな用途	エポキシ樹脂の硬化剤，イオン交換樹脂，繊維処理剤および接着剤などの製造に用いられる。
有害性	皮膚に触れると，激しい薬傷を起こす。目に入ると，角膜損傷を起こす。 吸入すると，呼吸器，肺に炎症を起こす。 ラット，マウスによる動物実験で発がん性が報告されている。
障害の予防	管理濃度　0.05 ppm 許容濃度　日本産業衛生学会　0.05 ppm（0.09 mg/m³）　皮 TLV　ACGIH　0.05 ppm（TLV-TWA） 0.1 ppm（TLV-STEL）Skin 取り扱う場合は，必ず保護具を着用する。屋外で取り扱う場合は，風向きを確認して行うこと。蒸気などが発散する場所では，労働者の身体に直接接触しない方法により行い，かつ，局所排気装置またはプッシュプル型換気装置を設ける。
保護具	送気マスク，あるいは有機ガス用防毒マスクを必ず着け，保護めがね，耐透過性の化学防護手袋，化学防護服などを使用する。
応急措置	皮膚に付着した場合は，直ちに大量の水で洗い落とすこと。目に入った場合，流水で15分間以上洗い，眼科医の処置を受ける。作業が終わったら入浴，うがい，洗眼を励行すること。 吸入した場合は，直ちに被災者を毛布等にくるんで安静にさせ，新鮮な空気の場所に移し，速やかに医師の診察を受ける。呼吸困難または呼吸が停止しているときは直ちに心肺蘇生を行う。 万一こぼした場合は，直ちに適切な距離を漏えい区域として隔離し，関係者以外の立入りを禁止する。作業者は適切な保護具を着用し，眼，皮膚への接触やガスの吸入を避ける。漏えい物を掃き集めて空容器に回収する。
事　例	①　エチレンイミン合成実験中フラスコからアンプルに小分けした際，左手に誤ってかけた。すぐ水で洗ったが痛みが強く水疱ができ，夜になって吐き気，嘔吐があった。皮膚の障害は3カ月ほど治らなかった。 ②　エチレンイミン反応器のリークテストをするため，アンモニアガスと窒素ガスを混ぜてテストをしていた。反応器ベントよりリークを発見してジョイントを開けたとき，少量の液体が流出し，リークテスト用の硫黄の火がエチレンイミンに引火し，火災となり，またそのときのエチレンイミンのガスを吸入したため中毒を起こした。

(5) **エチレンオキシド**（特定第2類物質，特別管理物質）	
化学式等	C_2H_4O　酸化エチレンともいう。 CH_2 — CH_2 ＼O／
性　質	融点－111℃，沸点11℃，無色の気体でエーテル臭。

おもな用途	ポリオキシエチレン系界面活性剤，エチレングリコール，エタノールアミンなどの有機合成の原料となる。また，強力な殺菌剤として燻蒸消毒，滅菌ガスに用いられる。
有　害　性	引火性・爆発性あり。蒸気を吸入すると低濃度の場合は悪心・吐き気・頭痛などの中枢神経系の症状をみとめ，高濃度の場合は，目・皮膚・粘膜を刺激する。 変異原性試験で陽性であり，ヒトに対して発がん性が疑われる。
障害の予防	管理濃度　　1 ppm 許容濃度　日本産業衛生学会　1 ppm（1.8 mg/m^3） TLV　ACGIH　1 ppm（TLV-TWA） 充てんボンベは，直射日光を避け，通風のよい冷所に保管する。漏えいの有無を点検する。火気厳禁。 ガスなどが発散する場所では，労働者の身体に直接接触しない方法により行い，かつ，局所排気装置またはプッシュプル型換気装置を設ける。 滅菌器には，エアレーションを行う設備を設けること。 燻蒸作業の濃度測定や投薬は，燻蒸場所の外から行うこと。燻蒸場所（または物）からエチレンオキシドが他に漏出しないように，目張りその他の隔離の措置を完全に行い，立入禁止とする。
保　護　具	送気マスク，あるいはエチレンオキシド用防毒マスクを必ず着け，保護めがね，耐透過性の化学防護手袋，化学防護服などを使用する。
応急措置	皮膚に付着した場合は，直ちに大量の水で洗い落とすこと。目に入った場合，流水で15分間以上洗い，眼科医の処置を受ける。作業が終わったら入浴，うがい，洗眼を励行すること。 吸入した場合は，直ちに被災者を毛布等にくるんで安静にさせ，新鮮な空気の場所に移し，速やかに医師の診察を受ける。呼吸困難または呼吸が停止しているときは直ちに心肺蘇生を行う。
事　　　例	①　化学工場で，タンクからエチレンオキシドが噴出引火し，作業者1名は全身火傷で死亡。消火作業に当たった者46名がエチレンオキシドガスを吸入した。 ②　病院内の滅菌室の酸化エチレンガス滅菌装置から医療器具を取り出そうとした労働者が，装置内に残留していたガスを吸入し被災した。

(6) 塩化ビニル（特定第2類物質，特別管理物質）	
化学式等	$H_2C = CHCl$
性　　　質	沸点－13℃，エタノールに溶けやすい。ラジカル重合触媒およびイオン重合触媒によって容易に重合する。
おもな用途	ポリ塩化ビニル，塩化ビニル－酢酸ビニル共重合体，塩化ビニリデン－塩化ビニル共重合体等の製造原料として用いられる。
有　害　性	多量ばく露のおもな作用は，中枢神経系の麻酔作用である。液体は皮膚，目などを刺激して皮膚炎，眼障害等を起こす。 ポリ塩化ビニル（PVC）重合工場の作業者（特にPVC重合反応槽の残渣を取る作業者）に，手指のレイノー現象と指端骨溶解症を認めた。また，肝臓がんによる死亡や肝機能異常も発生した。

障害の予防	管理濃度　2 ppm 許容濃度　日本産業衛生学会　1.5 ppm（過剰発がん生涯リスクレベル 10^{-3}） 0.15 ppm（過剰発がん生涯リスクレベル 10^{-4}） TLV　ACGIH　1 ppm（TLV-TWA） ガスなどが発散する場所では，労働者の身体に直接接触しない方法により行い，かつ，局所排気装置またはプッシュプル型換気装置を設ける。槽内作業時は換気を行うこと。入槽時間も減らすことが必要である。
保　護　具	送気マスク，または有機ガス用防毒マスクを必ず着け，保護めがね，耐透過性の化学防護手袋，化学防護服を使用する。
応急措置	皮膚に付着した場合は，直ちに大量の水で洗い落とすこと。目に入った場合，流水で15分間以上洗い，眼科医の処置を受ける。作業が終わったら入浴，うがい，洗眼を励行すること。 吸入した場合は，直ちに被災者を毛布等にくるんで安静にさせ，新鮮な空気の場所に移し，速やかに医師の診察を受ける。呼吸困難または呼吸が停止しているときは直ちに心肺蘇生を行う。
事　　例	①　塩化ビニル重合装置の整備をしていた作業者が，換気不十分で，かつ，防毒マスクをしていなかったため，意識不明となり遂に死亡した。 ②　塩化ビニルの重合室において，3号機と4号機を勘違いして4号機の下部抜き出し口にシュートを取り付け，弁を開放したため，未反応のモノマー溶液が噴出して気化し，引火爆発した。 ③　塩化ビニル重合釜の清掃作業に約4年半従事していた作業者に，レイノー現象，指端骨溶解症が認められた。

(7) 塩素（特定第2類物質）	
化学式等	Cl_2
性　　質	沸点－34℃，黄緑色の気体，比重は2.5，常温下では5気圧で液化する。液体は，こはく色，不快な刺激臭があり，水に溶けやすい。
おもな用途	塩化ビニル，塩素系溶剤などの有機塩素化合物および無機塩素化合物の原料，紙・パルプ繊維の漂白，上下水道の消毒殺菌，香料，医薬品，農薬の製造，鉱石製錬や金属の回収，粘土ケイ砂などの鉄分除去などに使用されている。
有　害　性	皮膚に接触すると皮膚炎を起こし，吸入すると咳が出て呼吸困難となり死亡することがある。慢性症状として気管支炎，結膜炎，鼻炎がみられる。また，歯も侵され歯牙酸蝕症がみられる。

塩素ばく露濃度と作用

ばく露濃度（ppm）	作　　用
0.1 ～ 0.2	臭気を感じる
1	かなり刺激臭が強い
3 ～ 6	目・鼻・のどに刺激，頭痛をまねく
14 ～ 21	0.5 ～ 1時間で生命危険
40 ～ 60	短時間で生命危機
900	即死

障害の予防	管理濃度　　　　　　　　　　　0.5 ppm 許容濃度　日本産業衛生学会　0.5 ppm（1.5 mg/m^3） TLV　　　ACGIH　　　　　　0.1 ppm（TLV-TWA） 　　　　　　　　　　　　　　　0.4 ppm（TLV-STEL） ガスなどが発散する場所では，労働者の身体に直接接触しない方法により行い，かつ，局所排気装置またはプッシュプル型換気装置を設ける。 塩素の入っているタンク，ボンベなどからの漏えいを防ぐことが大事である。特に，パイプ接続部などのパッキングが不良のために漏えいし事故を起こすことが多いので注意すべきである。
保　護　具	送気マスク，あるいはハロゲンガス用防毒マスクを必ず着け，保護めがね，耐透過性の化学防護手袋，化学防護服を使用する。
応急措置	皮膚に付着した場合は，直ちに大量の水で洗い落とすこと。目に入った場合，流水で15分間以上洗い，眼科医の処置を受ける。作業が終わったら入浴，うがい，洗眼を励行すること。 吸入した場合は，直ちに被災者を毛布等にくるんで安静にさせ，新鮮な空気の場所に移し，速やかに医師の診察を受ける。呼吸困難または呼吸が停止しているときは直ちに心肺蘇生を行う。 パイプなどから塩素が漏えいした場合は，遠方から多量の水をかける。元栓を確実に締めてから消石灰または苛性ソーダをかけて吸収中和させる。
事　　例	①　ボンベに取り付けた圧力計基部のパッキングがゆるみ，浄化槽消毒用の塩素が漏れたが，最初LPガスの漏れと勘違いして原因調査していたガス会社従業員とボンベの元栓を締めた消防署員および付近の住民など約10名が中毒にかかった。 ②　化学工場で配電盤から漏電出火したため食塩電解槽のスイッチを切ったが，吸引ポンプ用スイッチを先に切ったため塩素が滞留し，付近に拡散し，救急対策者と付近の住民の22名が中毒にかかった。

(8) オーラミン（特別管理物質）	
化学式等	$C_{17}H_{21}N_3$ 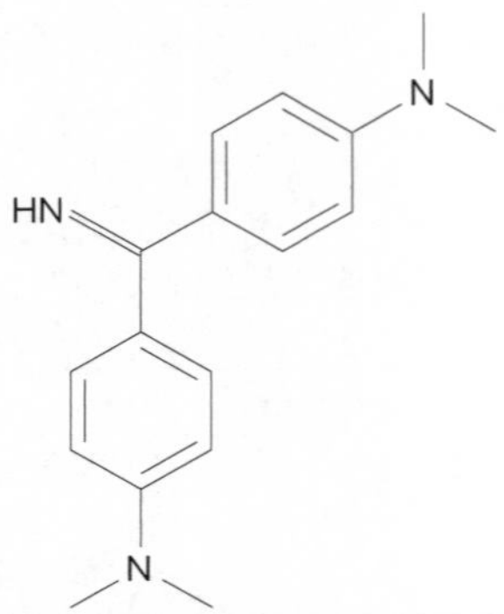
性　　質	沸点不明，黄色の粉末またはフレーク状で，アルコール，エーテルによく溶けるが，水には少し溶ける程度である。
おもな用途	ジフェニルメタン系染料の代表的なものであり，黄色木綿染料，スフ，レーヨン，絹，羊毛などの黄色染料，レーキ顔料，ダンボール紙などの着色に用いられる。
有　害　性	動物実験で肝臓がんを起こした例がみられており，またイギリス，ドイツなどで作業者に膀胱がんを起こした。皮膚障害も起こすことがある。

障害の予防	管理濃度　　　　　　　　　　　　設定されていない 許容濃度　日本産業衛生学会　設定されていない TLV　　　ACGIH　　　　　　設定されていない 粉じんなどを絶対に吸い込まないよう，製造の設備または機械の密閉化，製品の湿潤化などを図ること。粉じんなどが発散する場所では，労働者の身体に直接接触しない方法により行い，かつ，局所排気装置またはプッシュプル型換気装置を設ける。 尿路系の腫瘍は，初期には，自覚症状がほとんどないので，定期的に所定の健康診断を行う必要がある。一般的に，ばく露され始めてから腫瘍発生までの潜伏期間はかなり長いので，注意する。
保　護　具	送気マスク，あるいはろ過材の等級が2以上の防じんマスクまたは電動ファン付き呼吸用保護具（PAPR）を必ず着け，保護めがね，化学防護手袋，化学防護服などを用いて皮膚の露出部がないようにすること。
応急措置	皮膚に付着した場合は，直ちに大量の水で洗い落とすこと。目に入った場合，流水で15分間以上洗い，眼科医の処置を受ける。作業が終わったら入浴，うがい，洗眼を励行すること。

(8の2) オルト-トルイジン（特定第2類物質，特別管理物質）	
化学式等	C_7H_9N　2-アミノトルエン，2-メチルアニリンともいう。 NH_2　CH_3
性　　　質	融点－16℃（α型），－24℃（β型），引火点85℃，沸点200℃，蒸気圧34.5Pa（25℃）。特徴的な臭気のある無色～黄色の液体。空気や光にばく露すると帯赤茶色になる。
おもな用途	アゾ系及び硫化系染料，有機合成，溶剤，サッカリン。
有　害　性	ヒトに対する発がん性あり。国際がん研究機関（IARC）の評価区分はグループ1。膀胱がんを起こす十分な証拠がある。尿路系の障害（腫瘍等）に加えて，急性の影響として，溶血性貧血，メトヘモグロビン血症等（具体的な症状は，頭重，頭痛，めまい，倦怠感，疲労感，顔面蒼白，チアノーゼ，心悸亢進，尿の着色等）血尿が報告されている。経皮吸収する。
障害の予防	管理濃度　　　　　　　　　　　　1 ppm 許容濃度　日本産業衛生学会　1 ppm（4.4 mg/m^3）皮 TLV　　　ACGIH　　　　　　2 ppm（TLV-TWA）Skin 取扱い場所の通風・換気をよくする。85℃以上では，密閉系および換気。20℃ではほとんど気化しない。しかし噴霧すると，浮遊粒子が急速に有害濃度に達することがある。許容濃度を超えても，臭気として十分に感じないので注意する。あらゆる接触を避ける。取扱後は手などをよく洗うこと。火気厳禁。炎や高温のものから遠ざけること。
保　護　具	化学防護手袋，保護めがね，安全ゴーグル，保護面，呼吸用保護具，化学防護服を着用すること。

応急措置	皮膚に付着した場合は，直ちに大量の水と石鹸で洗い落とすこと。汚染した衣服は脱がせる。目に入った場合，数分間注意深く洗い，医師に連絡する。流水で15分間以上洗い，眼科医の処置を受ける。作業が終わったら，うがい，洗眼を励行すること。 吸入した場合は，空気の新鮮な場所に移し，呼吸しやすい姿勢で休息させる。人工呼吸が必要なことがある。医療機関にただちに連絡する。ばく露またはばく露の懸念がある場合，医師の診断，手当てを受けること。
事例	化学工場で複数の労働者が膀胱がんを発症していることが明らかになり，調査の結果，オルト-トルイジンに経気道のみならず経皮からもばく露していたと示唆された。

(9) オルト-フタロジニトリル（管理第2類物質）	
化学式等	$C_6H_4(CN)_2$　フタロジニトリルともいう。 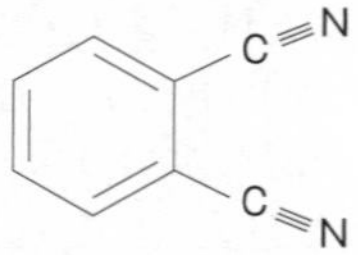
性質	融点は140～141℃，沸点304.5℃，白色の固体または粉末，結晶は針状，アルコール，エーテルにはよく溶けるが，水には難溶である。塩素と加熱すると，分解してフタル酸になる。
おもな用途	フタロシアニン系顔料および染料（ブルー色素）の原料に用いられる。
有害性	粉じんを吸入した作業者に，頭重，頭痛，もの忘れ，てんかん様発作，倦怠感，手指のふるえ，食欲不振，吐き気，顔面蒼白などが起こる。 特異的な症状は，てんかん様発作で，作業中や作業後に関わりなく，なんの前ぶれもなく，突然に起こってくる。
障害の予防	管理濃度　　　　　　　　　　$0.01\ mg/m^3$ 許容濃度　日本産業衛生学会　$0.01\ mg/m^3$　皮 TLV　　　ACGIH　　　　　$1\ mg/m^3$（TLV-TWA） 粉じんなどを絶対に吸い込まないよう，製造の設備または機械の密閉化，製品の湿潤化などを図ること。粉じんなどが発散する場所では，労働者の身体に直接接触しない方法により行い，かつ，局所排気装置またはプッシュプル型換気装置を設ける。
保護具	送気マスク，あるいはろ過材の等級が2以上の防じんマスクまたは電動ファン付き呼吸用保護具（PAPR）を必ず着け，保護めがね，化学防護手袋，化学防護服などを用いて皮膚の露出部がないようにすること。
応急措置	皮膚に付着した場合は，直ちに大量の水で洗い落とすこと。目に入った場合，流水で15分間以上洗い，眼科医の処置を受ける。作業が終わったら入浴，うがい，洗眼を励行すること。 頭痛などの症状が現れた場合，直ちに医師の診断を受ける。
事例	①　化学工場で2年余の間に，オルト-フタロジニトリル製造に従事していた作業者約20名中10名がてんかん様発作を起こす中毒にかかった。 ②　オルト-フタロジニトリル製造工場で袋詰を行った者が，てんかん様の発作を起こした。

(10) カドミウムおよびその化合物（管理第2類物質）	
化学式等	Cd 化合物としては，酸化カドミウム〔CdO〕，炭酸カドミウム〔$CdCO_3$〕，硫化カドミウム〔CdS〕，硫酸カドミウム〔$CdSO_4 \cdot nH_2O$〕，硝酸カドミウム〔$Cd(NO_3)_2$〕，塩化カドミウム〔$CdCl_2$〕，ステアリン酸カドミウム〔Cd-Stearate〕などがある。
性　　質	融点320℃，沸点765℃。金属カドミウムは，柔らかい青味がかった銀白色の美しい光沢がある金属である。 亜鉛鉱の焙焼，銅・亜鉛などの精錬煙中に5～50%含有するので，金属精錬の副産物として製造される。酸化カドミウム，硫化カドミウム，ステアリン酸カドミウムは，水に難溶，硫酸カドミウム，硝酸カドミウムは，水によく溶ける。
おもな用途	金属カドミウムは，触媒，軸受合金，銀ろう原料，金属被覆材料，電子工業材料，原子炉用材料などがある。 カドミウム化合物は，カドミウムめっきの材料，顔料，着色ガラス，電池，分析用試薬，陶磁器着色剤，写真乳剤，カドミウム化合物の製造原料などに用いられる。
有 害 性	飲み込むと急性胃腸炎の症状をきたす。 粉じんやヒュームを吸入すると，咳，たん，胸痛，呼吸困難をきたし，気管支炎を起こすこともある。さらに，頭痛，めまい，食欲不振，体重減少を伴う場合もある。また，門歯，犬歯に黄色環がみられることがある。 慢性中毒として肺気腫などの肺障害，肺がん，腎障害などが起こる。
障害の予防	管理濃度　　　　　　　　$0.05\ mg/m^3$ 許容濃度　日本産業衛生学会　$0.05\ mg/m^3$ TLV　　ACGIH　　　　$0.01\ mg/m^3$（TLV-TWA） 　　　　化合物　　　　　$0.002\ mg/m^3$（TLV-TWA，CDとして） 粉じんなどを吸い込まないよう，製造の設備または機械の密閉化，製品の湿潤化などを図ること。粉じんやヒュームなどが発散する場所には，局所排気装置またはプッシュプル型換気装置を設ける。 生物学的モニタリングとして，血液中のカドミウムの量を測定する。
保 護 具	送気マスク，あるいはろ過材の等級が2以上の防じんマスクまたは電動ファン付き呼吸用保護具（PAPR）を必ず着け，保護めがね，化学防護手袋，化学防護服などを用いて皮膚の露出部がないようにすること。
応急措置	皮膚に付着した場合は，直ちに大量の水で洗い落とすこと。目に入った場合，流水で15分間以上洗い，眼科医の処置を受ける。作業が終わったら入浴，うがい，洗眼を励行すること。
事　　例	給湯用の銅管溶接作業に従事し，約7時間の作業終了前頃より悪寒，発熱がみられ，呼吸困難となり入院となった。銅管溶接時に使用した銀ろうに含まれていたカドミウムヒュームによる間質性肺炎と診断された。

(11) クロム酸およびその塩（管理第2類物質，特別管理物質）	
化学式等	CrO_3　無水クロム酸，三酸化クロムともいう。 塩としては，クロム酸亜鉛〔$ZnCrO_4$〕，クロム酸銅〔$CuCrO_4$〕などがある。
性　　質	クロム酸は，暗赤色の針状結晶，水によく溶ける。比重は2.70で，強い酸化剤である。250℃で分解して酸素を出す。クロム酸亜鉛は，黄色の結晶，クロム酸銅は，褐色または赤褐色の結晶である。

おもな用途	クロムめっき，クロム化合物または医薬品の製造原料，皮なめし，合成用触媒，顔料など
有害性	皮膚・粘膜を強く腐食し，皮膚炎・クロム潰瘍（かいよう）を起こす（傷口に接触すると潰瘍をつくりやすい）。目に入ると結膜炎を起こし，失明することもある。粉じんやミストを吸入すると，鼻やのどの粘膜が侵される。特有なものとして，鼻中隔穿孔（せんこう）（鼻の障子に穴があくこと）が有名である。また，鉱石よりクロム酸等を製造する職場では，肺がんを発生する。
障害の予防	管理濃度　0.05 mg/m^3（Cr として） 許容濃度　日本産業衛生学会　0.05 mg/m^3（Cr として，6 価 Cr 化合物） TLV　ACGIH　0.05 mg/m^3（TLV-TWA，Cr として（水溶性）） 0.01 mg/m^3（TLV-TWA，Cr として（不溶性）） クロム酸の粉末や液体を皮膚に付けたり，粉じんやミストを吸入しないようにしなければならない。粉じんやミストが発散する場所は，局所排気装置またはプッシュプル型換気装置を設けること。 有機物や還元剤とは反応して発火するので，一緒に置かない。
保護具	送気マスク，あるいはろ過材の等級が2以上の防じんマスクまたは電動ファン付き呼吸用保護具（PAPR）を必ず着け，保護めがね，化学防護手袋，化学防護服などを用いて皮膚の露出部がないようにすること。
応急措置	皮膚に付着した場合は，直ちに大量の水で洗い落とすこと。目に入った場合，流水で15分間以上洗い，眼科医の処置を受ける。作業が終わったら入浴，うがい，洗眼を励行すること。
事例	①　クロム鉱石を焙焼して，クロム酸塩を製造する工程に長年従事していた作業者約88名中に鼻中隔穿孔，皮膚の瘢痕，肺がん（26名）などが発見された。 ②　局所排気装置の不十分なクロムめっき作業場で，10名の作業者に鼻中隔穿孔や潰瘍が発見された。

（11の2）クロロホルム（特別有機溶剤等，特別管理物質）	
化学式等	$CHCl_3$　トリクロロメタンともいう。
性質	融点－64℃，沸点62℃，蒸気圧21.2 kPa（20℃）。常温で無色透明の液体。甘い刺激臭。水に不溶。難燃性。
おもな用途	フルオロカーボンの原料，試薬，抽出溶剤。
有害性	クロロホルムは強い麻酔性がある。 皮膚や粘膜に接触すると刺激を与える。高濃度を吸入すると，興奮状態，反射機能の麻痺，感覚麻痺，意識喪失，呼吸停止が起こり死亡する。繰り返しばく露すると肝臓，腎臓を障害する。 国際がん研究機関（IARC）2B（ヒトに対して発がん性を示す可能性がある）。マウスを使った2年間の試験で発がん性が認められた。

障害の予防	管理濃度　　　　　　　　　　　3 ppm 許容濃度　日本産業衛生学会　3 ppm（14.7 mg/m^3）　皮 TLV　　　ACGIH　　　　　10 ppm（TLV-TWA） 亜鉛または錫メッキをした鋼鉄製容器に保管（合成樹脂は不可）。蒸気は空気より重く，低所に滞留するので地下室等の換気の悪い場所には保管しない。 発散源を密閉化する設備，局所排気装置またはプッシュプル型換気装置を設置するなど，換気に留意する。クロロホルムは，光・熱により分解して有害ガス（ホスゲン，塩化水素，塩素）を生成する。強酸と激しく反応し火災・爆発することがある。
保　護　具	送気マスクまたは有機ガス用防毒マスクを着用させる。タンク内等の作業では送気マスクを着用させる。保護めがね，化学防護手袋，化学防護服などを用いて皮膚の露出部がないようにすること。
応急措置	皮膚に付着した場合は，直ちに大量の水で洗い落とすこと。目に入った場合，流水で15分間以上洗い，眼科医の処置を受ける。作業が終わったら，うがい，洗眼を励行すること。 吸入した場合は，直ちに被災者を毛布等にくるんで安静にさせ，新鮮な空気の場所に移し，速やかに医師の診察を受ける。呼吸困難または呼吸が停止しているときは，直ちに心肺蘇生を行う。
事　　　例	クリーンルーム内でのリン脂質製造作業において，反応器にクロロホルムを入れる作業者5人中，新入社員の2人が配属されてから約1～2カ月後に相次いで，肝機能に異常が認められ1カ月程度の入院加療が必要となった。

(12) クロロメチルメチルエーテル（特定第2類物質，特別管理物質）	
化学式等	$ClCH_2–O–CH_3$
性　　　質	融点－103.5℃，沸点59℃，比重は1.07。常温で，無色または淡黄色の液体である。水により容易に塩酸，メタノール，ホルムアルデヒドに分解する。空気に接触すれば空気中の水分で分解を起こし，白煙を発する。
おもな用途	イオン交換樹脂の原料
有　害　性	皮膚や目に入ると火傷および壊死を起こす。 動物実験で発がん性が指摘されている。
障害の予防	管理濃度　　　　　　　　　　　設定されていない 許容濃度　日本産業衛生学会　設定されていない TLV　　　ACGIH　　　　　（すべての経路からのばく露をできるだけ低くするようコントロールすること。） 蒸気などが発散する場所では，労働者の身体に直接接触しない方法により行い，かつ，局所排気装置またはプッシュプル型換気装置を設ける。
保　護　具	送気マスク，保護めがね，不浸透性の化学防護手袋，化学防護服を使用する。
応急措置	皮膚に付着した場合は，直ちに大量の水で洗い落とすこと。目に入った場合，流水で15分間以上洗い，眼科医の処置を受ける。作業が終わったら入浴，うがい，洗眼を励行すること。
事　　　例	クロロメチルメチルエーテルが配管の腐食穴から漏れ，設備工業の作業者が中毒を起こした。

(13) 五酸化バナジウム（管理第2類物質）	
化学式等	V_2O_5
性　　質	融点690℃，沸点1,750℃。レンガ状の赤色物。酸，アルカリに溶ける。
おもな用途	硫酸合成の触媒，バナジウム化合物の製造原料に用いられる。
有 害 性	五酸化バナジウムは，生体中のいろいろな代謝作用に影響を与える。急性中毒として，催涙，鼻血，くしゃみ，咳，気管支炎が起こり6～24時間後に呼吸困難，肺出血がみられるが，後になって暗緑色の舌苔，血圧上昇，貧血，腎炎，視神経炎，網膜炎などになることがある。
障害の予防	管理濃度　　　　　　　　　　$0.03\ mg/m^3$（Vとして） 許容濃度　日本産業衛生学会　$0.05\ mg/m^3$ TLV　　　ACGIH　　　　　　$0.05\ mg/m^3$（TLV-TWA） 作業場は換気を十分に行いヒュームや粉じんの発散源には局所排気装置またはプッシュプル型換気装置を設ける。
保 護 具	送気マスク，あるいはろ過材の等級が2以上の防じんマスクまたは電動ファン付き呼吸用保護具（PAPR）を必ず着け，保護めがね，化学防護手袋，化学防護服などを用いて皮膚の露出部がないようにすること。
応急措置	ヒューム，粉じんを吸い込んだら，直ちに医師の処置を受け数日間は厳重に症状を注意する。皮膚に付着した場合は，直ちに大量の水で洗い落とすこと。目に入った場合，流水で15分間以上洗い，眼科医の処置を受ける。作業が終わったら入浴，うがい，洗眼を励行すること。
事　　例	①　重油ボイラーの燃焼室内清掃作業で煤中の五酸化バナジウムを吸入し，3名が咳，たん，胸痛を訴えた。保護具は使用していなかった。 ②　重油ボイラーの内部のスケール落とし作業中の者23名が頭痛，めまいを訴えた。保護具は使用していなかった。

(13の2) コバルト及びその無機化合物（管理第2類物質，特別管理物質）	
化学式等	コバルト Co, 塩化コバルト $CoCl_2$, 硫酸コバルト $CoSO_4$, 酸化コバルト（II）CoO
性　　質	コバルトは融点1,493℃，銀～灰色の固体，粉末は空気中で自然発火する。水に不溶。塩化コバルトは融点735℃，淡青色の固体，水に可溶。硫酸コバルトは融点735℃，薄紫～紺色の結晶，水に可溶。酸化コバルト（II）は融点1,935℃，黒～緑色の結晶または固体，水に不溶。
おもな用途	磁性材料，特殊鋼，超硬工具，触媒，陶磁器の顔料，リチウムイオン2次電池の電極
有 害 性	皮膚に接触するとアレルギー性接触皮膚炎になる。吸入すると気管支喘息を引き起こす。繰り返し吸入すると，間質性肺炎，X線像異常，肺機能異常等を起こす。過剰摂取により，心臓障害，甲状腺機能低下などを生じる。コバルトと炭化タングステンとの合金は，ヒトでの発がん性の可能性がある。その他金属コバルトおよびコバルト化合物も動物実験で発がん性が示されている。

障害の予防	管理濃度　0.02 mg/m^3（Cr として） 許容濃度　日本産業衛生学会　0.05 mg/m^3（Co として） TLV　ACGIH　0.02 mg/m^3（TLV-TWA） 粉じん，ヒューム，ミスト等が発散する屋内作業場では，発散源を密閉する設備，局所排気装置またはプッシュプル型換気装置を設ける。 作業場の床等を水洗等によって容易に清掃できるものとし，1日に1回清掃する。 生物学的モニタリングとして，尿中のコバルトの量を測定する。
保　護　具	送気マスク，あるいは防じんマスクなどを使用する。保護めがね，または全面形マスク，化学防護手袋などを用いて皮膚の露出部がないようにすること。
応急措置	皮膚に付着した場合は，水で洗い落とすこと。目に入った場合，流水で15分間以上洗い，眼科医の処置を受ける。作業が終わったら，うがい，洗眼を励行すること。 吸入した場合は，新鮮な空気の場所に移し，速やかに医師の診察を受ける。
事　　例	①　カナダのビール会社で，硫酸コバルト中毒による心臓病の死亡例が報告された。 ②　疫学調査では 0.1 mg/m^3 以下の金属コバルトおよび無機コバルト化合物のばく露により喘息や肺の変化が観察された。

（14）コールタール（管理第2類物質，特別管理物質）	
化学式等	化学式で示されない。
性　　質	石炭乾留の際の副産物で，黒色の油状液体。比重 1.1 ～ 1.2，タール臭。 種々の芳香族炭化水素，フェノール，塩基性の複素環式化合物などの複雑な混合物で，成分は原料石炭の種類，乾留方式などによって異なる。
おもな用途	各種化学薬品の原料，電極およびブラッシュの結合剤などに用いられる。
有　害　性	蒸気にばく露すると頸，手足等の皮膚の色が黒ずみ，数年間のうちに黒皮症を呈し，これに急性皮膚炎やにきびを伴うことがある。皮膚から吸収されるとガス斑と呼ばれる限局性の毛細血管拡張を呈することがある。 粉じんや蒸気を吸入すると咽頭，呼吸器の障害や悪心，頭痛をおこすことがある。大量ばく露後は，長年たって肺がんを起こすことがある。
障害の予防	管理濃度　0.2 mg/m^3（ベンゼン可溶性成分として） 許容濃度　日本産業衛生学会　設定されていない TLV　ACGIH　0.2 mg/m^3（TLV-TWA，ベンゼン可溶性成分として） コールタールを皮膚に付けたり，これを含む粉じんや蒸気を吸入しないようにしなければならない。粉じんや蒸気が発散する屋内作業場所には，局所排気装置またはプッシュプル型換気装置を設けること。
保　護　具	送気マスク，あるいはろ過材の等級が1以上の防じんマスクまたは電動ファン付き呼吸用保護具（PAPR），防じん機能付き防毒マスクを必ず着け，保護めがね，化学防護手袋，化学防護服などを用いて皮膚の露出部がないようにすること。
応急措置	皮膚に付着した場合は，直ちに石鹸水で洗い落とすこと。目に入った場合，流水で15分間以上洗い，眼科医の処置を受ける。作業が終わったら入浴，うがい，洗眼を励行すること。

事　　例	ガス発生炉作業中に，コールタールを含む粉じんにばく露した作業者のうちから肺がんが発生した。

(15) 酸化プロピレン（特定第2類物質，特別管理物質）	
化 学 式 等	C_3H_6O　2-メチルオキシラン，プロピレンオキシドともいう。 O ／　＼ $CH_2 - CH - CH_3$
性　　質	融点－104℃，沸点34℃，蒸気圧（20℃）59 kPa，常温でエーテル臭のある揮発性の高い無色の液体。比重0.8。引火性が高い。
おもな用途	ポリエステル樹脂原料，ウレタンフォーム原料，塩化ビニル安定剤，界面活性剤，合成樹脂原料，顔料，医薬品の中間体，殺菌剤
有　害　性	皮膚，眼粘膜に対する刺激作用があり，アレルギー性接触皮膚炎の報告がある。1,500ppmに15分間ばく露で肺と眼への刺激や頭痛，脱力，下痢がみられ，2時間後には蒼白，虚脱状態になる。 動物実験では，鼻腔がんなどの発がん性が確認されている。生殖毒性あり。
障害の予防	管理濃度　　　　　　　　　　2 ppm 許容濃度　日本産業衛生学会　設定されていない TLV　　　ACGIH　　　　　2 ppm（TLV-TWA） 容器は密栓し，通風のよい冷所に保管する。非常に引火しやすく，アルカリ存在下では重合反応が進行し発熱・爆発するおそれがある。静電気放電に対する予防措置を講じる。 製造設備を密閉化とし，遠隔操作にする。ガスなどが発散する場所では，労働者の身体に直接接触しない方法により行い，かつ，当該作業場所に囲い式フードの局所排気装置またはプッシュプル型換気装置を設ける。 燻蒸作業の濃度測定や投薬は，燻蒸場所の外から行うこと。燻蒸場所（または物）から酸化プロピレンが他に漏出しないように，目張りその他の隔離の措置を完全に行い，立入禁止とする。
保　護　具	送気マスク，あるいは，有機ガス用防毒マスクを使用する。酸化プロピレンは非常に蒸気圧が高く，有機ガス用防毒マスクを使用した場合に，破過時間が極めて短くなるおそれがあることから，防毒マスクの吸収缶は1回使い捨てが望ましい。保護めがね，化学防護手袋，化学防護服などを用いて皮膚の露出部がないようにすること。
応 急 措 置	皮膚に付着した場合は，直ちに大量の水で洗い落とすこと。目に入った場合，流水で15分間以上洗い，眼科医の処置を受ける。作業が終わったら入浴，うがい，洗眼を励行すること。 吸入した場合は，直ちに被災者を毛布等にくるんで安静にさせ，新鮮な空気の場所に移し，速やかに医師の診察を受ける。呼吸困難または呼吸が停止しているときは直ちに心肺蘇生を行う。 万一こぼした場合は，直ちに適切な距離を漏えい区域として隔離し，関係者以外の立入りを禁止する。
事　　例	①　食品医薬品等の添加剤製造工場において，化学反応容器内壁に付着した反応生成物を塩化ビニル製ヘラで回収作業中，反応容器内に残留していた酸化プロピレンが爆発した。休業1名。 ②　酸化プロピレン製造装置の中間タンクにおいてアルカリと共存したためタンクが爆発した。8名死亡，117名負傷。

(15の2) 三酸化二アンチモン（管理第2類物質，特別管理物質）	
化学式等	Sb_2O_3　酸化アンチモン（Ⅲ）ともいう。
性　　質	融点656℃，沸点1,550℃。常温で白色の結晶性粉末。不燃性。
おもな用途	各種樹脂，ビニル電線，帆布，繊維，塗料等の難燃助剤，高級ガラス清澄剤，ほうろう，吐酒石，合成触媒，顔料。
有 害 性	吸入により咳，頭痛，吐き気，咽頭痛，嘔吐を生じる。アンチモンヒュームおよび三酸化二アンチモン粉じんは，全身ばく露によってアンチモン皮疹と呼ばれる皮膚炎を発症し，色素沈着，水疱性あるいは膿疱性発疹を生じる。目に刺激性がある。心臓毒性の可能性あり。 国際がん研究機関（IARC）2B（ヒトに対して発がん性を示す可能性がある）。動物実験で発がん性が示されている。
障害の予防	管理濃度　　0.1 mg/m³（Sbとして） 許容濃度　日本産業衛生学会　0.1 mg/m³（Sbとして，スチビンを除く） TLV　ACGIH　0.02 mg/m³（TLV-TWA） 発散源を密閉化する設備，局所排気装置またはプッシュプル型換気装置を設置するなど，換気に留意する。酸，ハロゲン，酸化剤と接触すると火災や爆発の危険性がある。酸に触れると有毒なガス（スチビン）を発生することがある。
保 護 具	送気マスク，あるいはろ過材の等級が2以上の防じんマスクまたは電動ファン付き呼吸用保護具（PAPR）を必ず着用する。保護めがね，化学防護手袋，化学防護服などを用いて皮膚の露出部がないようにすること。
応急措置	皮膚に付着した場合は，流水で洗い落とすこと。目に入った場合，流水で15分間以上洗い，眼科医の処置を受ける。作業が終わったら，うがい，洗眼を励行すること。 吸入した場合は，新鮮な空気の場所に移し，呼吸しやすい姿勢で休息させ，気分が悪い時は医師の診察を受ける。
事　　例	ろう付け棒製造工場でアンチモンの溶融工程に従事し，皮膚炎に罹患した労働者3人の症例報告がある。

(16) シアン化カリウム（管理第2類物質）	
化学式等	KCN　青酸カリともいう。
性　　質	融点634℃，沸点1,625℃，無色の潮解性結晶で，苦扁桃臭（アーモンド臭）またはアンモニア臭がある。水に溶け，酸に接触すると分解してシアン化水素を発生する。空気中の二酸化炭素と反応してシアン化水素を発生する。
おもな用途	めっき，試薬，冶金触媒などに用いられる。
有 害 性	代表的な毒物で飲み込んだ場合の致死量は，200 mgである。 粉じんやミストを吸入したり，皮膚に接触すると，急激に吸収されて中枢神経麻ひによって呼吸が停止し，けいれんを伴って，直ちに死亡する。 中毒症状は，目，咽頭，上気道を刺激し，続いて頭痛，めまい，耳鳴り，嘔吐などが起こり，さらに，呼吸困難や意識消失が起こる。 低濃度ばく露を繰り返した場合には，慢性疲労，頭痛，めまい，食欲減退，精神異常などがみられる。 発汗しているときや傷口がある皮膚からは吸収しやすい。

障害の予防	管理濃度　3 mg/m^3（シアンとして） 許容濃度　日本産業衛生学会　5 mg/m^3（シアンとして）　皮 TLV　ACGIH　5 mg/m^3（TLV-C，シアンとして）Skin 容器は密栓し，湿気の少ないところに保管する。保管場所には必ず施錠する。酸類や強い酸化剤と一緒に保管するのは，化学反応を起こしてシアン化水素を発生するおそれがあるので危険である。粉じんやミストが発散する場所は，密閉し局所排気装置またはプッシュプル型換気装置を設ける。作業後に入浴，うがい，洗眼を励行する。酸化・還元方式または活性汚泥方式の排液処理装置を設ける。
保護具	送気マスク，あるいはろ過材の等級が1以上の防じんマスクまたは電動ファン付き呼吸用保護具（PAPR），防じん機能付き防毒マスクを必ず着け，保護めがね，化学防護手袋，化学防護服などを用いて皮膚の露出部がないようにすること。
応急措置	皮膚に付着した場合は，直ちに大量の水で洗い落とすこと。目に入った場合，流水で15分間以上洗い，眼科医の処置を受ける。作業が終わったら入浴，うがい，洗眼を励行すること。 吸入した場合は，直ちに被災者を毛布等にくるんで安静にさせ，新鮮な空気の場所に移し，速やかに医師の診察を受ける。呼吸困難または呼吸が停止しているときは直ちに心肺蘇生を行う。 誤って飲み下した場合は，直ちに医師の診察を受けさせること。
事例	めっき，合成樹脂工業などで，頭痛，めまい，吐き気などの急性中毒が出ることが知られている。

(17) シアン化水素（特定第2類物質）	
化学式等	HCN　青酸ガスともいう。
性質	融点 −13℃，沸点 25.7℃，無色の特有な臭気（苦扁桃（くへんとう）（アーモンド）臭）のある気体である。気体比重は0.9で水によく溶ける。水溶液はシアン化水素酸という。
おもな用途	アクリロニトリル，アクリル酸樹脂，乳酸，その他の有機合成原料，蛍光染料原料，農薬，殺鼠剤原料，冶金などに用いられる。
有害性	皮膚を刺激して皮膚炎を起こす。目を刺激する。吸入すると，咽頭，上気道を刺激する。のどの刺激感，舌の灼熱感，金属味，胸苦しさ，頸部硬直感がある。 シアン化水素は付着によって皮膚からと呼吸器からの吸収によって中毒を起こすが，水溶性のために吸収が速く，皮膚からの侵入は汗で吸収を助長し，また皮膚に傷があれば，いっそう吸収を高める。頭痛，めまい，耳鳴り，嘔吐，さらに呼吸困難となり，呼気には苦扁桃臭がある。 次に意識を失い，けいれんを発する。けいれんはてんかん様または緊張性で，ときに局所的であるが，多くの場合全身性で皮膚の色は赤レンガ色である。死亡は呼吸停止による。
障害の予防	管理濃度　3 ppm 許容濃度　日本産業衛生学会　5 ppm（5.5 mg/m^3）　皮 TLV　ACGIH　4.7 ppm（TLV-C）Skin （16）と同じ。 燻蒸作業の濃度測定や投薬は，燻蒸場所の外から行うこと。燻蒸場所（または物）からシアン化水素が他に漏出しないように，目張りその他の隔離の措置を完全に行い，立入禁止とする。

保　護　具	送気マスク，あるいはシアン化水素用防毒マスクを必ず着け，保護めがね，化学防護手袋，化学防護服などを用いて皮膚の露出部がないようにすること。
応急措置	(16) と同じ。
事　　　例	①　化学工場でシアン化水素を含む廃液から出たガスが配管から漏れ，作業していた者がそれを吸入して7名が頭痛を訴えた。 ②　船内でネズミ駆除のため青酸燻蒸を行っていた者が，開かん作業中作業者1名が頭痛，呼吸困難をきたした。原因は防毒マスクの使用方法が不適で吸収缶が破過していた。

(18) シアン化ナトリウム（管理第2類物質）	
化学式等	NaCN　青酸ソーダともいう。
性　　　質	融点563.7℃，沸点1,496℃，無色の潮解性結晶で，苦扁桃臭またはアンモニア臭がある。水に溶け，酸にあうと分解してシアン化水素を発生する。空気中の炭酸ガスと反応してシアン化水素を発生する。
おもな用途	めっき，試薬，冶金触媒などに用いられる。
有　害　性	(16) と同じ。
障害の予防	管理濃度　3 mg/m^3（シアンとして） 許容濃度　日本産業衛生学会　5 mg/m^3（シアンとして）　皮 TLV　ACGIH　5 mg/m^3（TLV-C，シアンとして）Skin (16) と同じ。
保　護　具	(16) と同じ。
応急措置	(16) と同じ。
事　　　例	①　自動車部品（ドア金具）の製作工場において熱処理のため，予熱炉から取り出したものを焼入炉に投入した際，炉内の湯（シアン化ナトリウム50%，水酸化バリウム5%）が飛散し，作業者1名がやけどを負い，死亡した。 ②　金属製品製造工場で，希薄なシアン化ナトリウム水溶液を，化学防護手袋を着用しないで取り扱っていた作業者1名が，皮膚炎を起こした。

(18の2) 四塩化炭素（特別有機溶剤等，特別管理物質）	
化学式等	CCl_4　テトラクロロメタン，四塩化メタンともいう。
性　　　質	融点－23℃，沸点76.5℃，蒸気圧12.2 kPa（20℃）。常温で無色透明の液体。甘い刺激臭。水に不溶。難燃性。
おもな用途	オゾン層保護のための規制によって，他の物質の原料として使用される場合，および試験研究または分析用途に限って製造・輸入が可能。
有　害　性	皮膚や粘膜に接触すると刺激を与える。高濃度を吸入すると，興奮状態，反射機能の麻痺，感覚麻痺，意識喪失，呼吸停止が起こり死亡する。繰り返しばく露すると肝臓，腎臓を障害する。 国際がん研究機関（IARC）2B（ヒトに対して発がん性を示す可能性がある）。ラットとマウスを使った2年間の試験で発がん性が認められた。

障害の予防	管理濃度　5 ppm 許容濃度　日本産業衛生学会　5 ppm（31 mg/m^3）　皮 TLV　ACGIH　5 ppm（TLV-TWA） 10 ppm（TLV-STEL）Skin 亜鉛または錫メッキをした鋼鉄製容器に保管（合成樹脂は不可）。蒸気は空気より重く，低所に滞留するので地下室等の換気の悪い場所には保管しない。発散源を密閉化する設備，局所排気装置またはプッシュプル型換気装置を設置するなど，換気に留意する。四塩化炭素は，加熱すると有害なホスゲンを生成する。
保　護　具	送気マスクまたは有機ガス用防毒マスクを着用させる。タンク内等の作業では送気マスクを着用させる。保護めがね，化学防護手袋，化学防護服などを用いて皮膚の露出部がないようにすること。
応 急 措 置	皮膚に付着した場合は，直ちに大量の水で洗い落とすこと。目に入った場合，流水で15分間以上洗い，眼科医の処置を受ける。作業が終わったら，うがい，洗眼を励行すること。 吸入した場合は，直ちに被災者を毛布等にくるんで安静にさせ，新鮮な空気の場所に移し，速やかに医師の診察を受ける。呼吸困難または呼吸が停止しているときは直ちに心肺蘇生を行う。
事　　例	四塩化炭素をパイプ輸送中，誤操作により噴出し，全身に浴び休業10日の中毒した。

（18の3）1·4-ジオキサン（特別有機溶剤等，特別管理物質）	
化 学 式 等	$(CH_2CH_2)_2O_2$　ジオキサン，ジエチレンオキシド，エチレングルコールエチレンエーテルともいう。 O　O
性　　質	融点12℃，沸点101℃，蒸気圧3.6kPa（20℃）。常温で無色透明の液体。弱い香気。水に可溶。酸素に触れると不安定な爆発性の過酸化物を作る。
おもな用途	抽出・反応用溶剤，塩素系溶剤の安定剤，洗浄用溶剤。
有　害　性	皮膚や粘膜に接触すると刺激を与える。高濃度を吸入すると，めまい，頭痛，意識喪失をきたす。繰り返しばく露すると肝臓，腎臓を障害する。経皮吸収する。 国際がん研究機関（IARC）2B（ヒトに対して発がん性を示す可能性がある）。ラットとマウスを使った2年間の試験で発がん性が認められた。
障害の予防	管理濃度　10ppm 許容濃度　日本産業衛生学会　1 ppm（3.6 mg/m^3）皮 TLV　ACGIH　20 ppm（TLV-TWA）Skin 火気厳禁。容器は密栓し通風のよい冷所に保管する。強酸化剤と反応するため，一緒に置かない。 発散源を密閉化する設備，局所排気装置またはプッシュプル型換気装置を設置するなど，換気に留意する。保存する際には還元剤，酸化防止剤を加えて冷暗所に保管する。
保　護　具	送気マスクまたは有機ガス用防毒マスクを着用させる。タンク内等の作業では送気マスクを着用させる。保護めがね，化学防護手袋，化学防護服などを用いて皮膚の露出部がないようにすること。

応急措置	皮膚に付着した場合は，直ちに大量の水で洗い落とすこと。目に入った場合，流水で15分間以上洗い，眼科医の処置を受ける。作業が終わったら，うがい，洗眼を励行すること。 吸入した場合は，直ちに被災者を毛布等にくるんで安静にさせ，新鮮な空気の場所に移し，速やかに医師の診察を受ける。呼吸困難または呼吸が停止しているときは直ちに心肺蘇生を行う。
事　　例	ウレタン加工品の製造工程のうち，1･4–ジオキサンやポリウレタン等の添加物を混合した物を押出機で成形加工中，1･4–ジオキサンのガスを吸収し続けたため，肝機能障害を起こした。

(18の4) 1･2–ジクロロエタン（特別有機溶剤等，特別管理物質）	
化学式等	$ClCH_2CH_2Cl$　二塩化エチレン，エチレンジクロリドともいう。
性　　質	融点－35℃，沸点83.5℃，蒸気圧8.5kPa（20℃）。常温で無色透明の油状の液体。特異臭（クロロホルム臭）。水に微溶。引火性あり。
おもな用途	塩ビモノマー原料，合成樹脂原料，フィルム洗浄，殺虫剤，医薬品（ビタミン抽出），イオン交換樹脂。
有 害 性	皮膚や粘膜に接触すると刺激を与える。高濃度を吸入すると，呼吸器障害，中枢神経障害をきたす。繰り返しばく露すると肝臓，腎臓を障害する。 国際がん研究機関（IARC）2B（ヒトに対して発がん性を示す可能性がある）。ラットとマウスを使った2年間の試験で発がん性が認められた。
障害の予防	管理濃度　10 ppm 許容濃度　日本産業衛生学会　10 ppm（40 mg/m³） TLV　ACGIH　10 ppm（TLV-TWA） 亜鉛または錫メッキをした鋼鉄製容器に保管（合成樹脂は不可）。蒸気は空気より重く，低所に滞留するので地下室等の換気の悪い場所には保管しない。 発散源を密閉化する設備，局所排気装置またはプッシュプル型換気装置を設置するなど，換気に留意する。
保 護 具	送気マスクまたは有機ガス用防毒マスクを着用させる。タンク内等の作業では送気マスクを着用させる。保護めがね，化学防護手袋，化学防護服などを用いて皮膚の露出部がないようにすること。
応急措置	皮膚に付着した場合は，直ちに大量の水で洗い落とすこと。目に入った場合，流水で15分間以上洗い，眼科医の処置を受ける。作業が終わったら，うがい，洗眼を励行すること。 吸入した場合は，直ちに被災者を毛布等にくるんで安静にさせ，新鮮な空気の場所に移し，速やかに医師の診察を受ける。呼吸困難または呼吸が停止しているときは直ちに心肺蘇生を行う。
事　　例	アミノナフタレン製造工程で，凝縮器の上部より1･2–ジクロロエタンが漏れ，蒸気を吸入した作業者が倒れ，吐き気，胃もたれを訴えた。

(19) 3･3'–ジクロロ–4･4'–ジアミノジフェニルメタン（特定第2類物質，特別管理物質）	
化学式等	$C_{13}H_{12}Cl_2N_2$　MOCAと略す。 Cl　CH_2　Cl　H_2N　NH_2

性　　質	吸湿性のない淡黄褐色粒状の物質。融点 98 ～ 108℃，沸点 200℃以上，比重 1.26。 アセトン，トルエン，ベンゼン，エタノール，ジメチルホルムアミド（DMF），メチルエチルケトン（MEK），テトラヒドロフラン（THF），ジメチルスルホキシド（DMSO）に溶けやすい。
おもな用途	エポキシ樹脂およびエポキシウレタン樹脂用の硬化剤
有　害　性	動物実験で発がん性やメトヘモグロビン血症を指摘されている。長期または反復ばく露による血液系，呼吸器，肝臓の損傷の可能性がある。 皮膚や目には軽度刺激性がある。
障害の予防	管理濃度　　　　　　　　　　0.005 mg/m^3 許容濃度　日本産業衛生学会　0.005 mg/m^3　皮 TLV　　　ACGIH　　　　　　0.01 mg/m^3（TLV-TWA）Skin 作業場は換気を十分に行い，粉じん等の発生源には局所排気装置またはプッシュプル型換気装置を設ける。 生物学的モニタリングとして，尿中 MBOCA の量を測定する。
保　護　具	送気マスク，あるいはろ過材の等級が2以上の防じんマスクまたは電動ファン付き呼吸用保護具（PAPR）を必ず着け，保護めがね，化学防護手袋，化学防護服などを用いて皮膚の露出部がないようにすること。
応 急 措 置	皮膚に付着した場合は，直ちに大量の水で洗い落とすこと。目に入った場合，流水で 15 分間以上洗い，眼科医の処置を受ける。作業が終わったら入浴，うがい，洗眼を励行すること。

（19の2）1･2-ジクロロプロパン（特別有機溶剤等，特別管理物質）	
化 学 式 等	$C_3H_6Cl_2$　　塩化プロピレン，二塩化プロピレンともいう。 Cl Cl
性　　質	融点 −100.4℃，沸点 96℃，蒸気圧 27.9kPa（20℃），常温で無色透明の液体。水にほとんど溶けない。引火性あり。
おもな用途	他の製剤の原料・中間体，金属洗浄溶剤，印刷用洗浄剤，石油精製用触媒の活性剤
有　害　性	皮膚や粘膜に接触すると刺激を与える。高濃度を吸入すると肝臓，腎臓を障害し，中枢神経系を抑制する。 長期間にわたる高濃度ばく露により，胆管がん発症の原因となる蓋然性が高い。
障害の予防	管理濃度　　　　　　　　　　1 ppm 許容濃度　日本産業衛生学会　1 ppm（4.6 mg/m^3） TLV　　　ACGIH　　　　　　10 ppm（TLV-TWA） 火気厳禁。容器は密栓し通風のよい冷所に保管する。静電気放電に対する予防措置を講じる。1･2-ジクロロプロパンが発散する屋内作業場では，発散源を密閉化する設備，局所排気装置またはプッシュプル型換気装置を設置する。

保護具	1･2−ジクロロプロパンが発散する屋内作業場では，発散源を密閉化する設備，局所排気装置またはプッシュプル型換気装置を設置し，送気マスクまたは有機ガス用防毒マスクを着用させる。タンク内等の作業では送気マスクを着用させる。 保護めがね，化学防護手袋，化学防護服などを用いて皮膚の露出部がないようにすること。
応急措置	皮膚に付着した場合は，直ちに大量の水で洗い落とすこと。目に入った場合，流水で15分間以上洗い，眼科医の処置を受ける。作業が終わったら，うがい，洗眼を励行すること。 吸入した場合は，直ちに被災者を毛布等にくるんで安静にさせ，新鮮な空気の場所に移し，速やかに医師の診察を受ける。呼吸困難または呼吸が停止しているときは直ちに心肺蘇生を行う。
事例	印刷会社で校正印刷に従事する複数の労働者が胆管がんを発症し，死亡者も出ていた。この事業場では1･2−ジクロロプロパンを含む溶剤を洗浄剤として多量に使用しており，通風・換気設備にも問題があった。

(19の3) ジクロロメタン（特別有機溶剤等，特別管理物質）	
化学式等	CH_2Cl_2　塩化メチレン，二塩化メチレン，メチレンジクロリドともいう。
性質	融点−95℃，沸点40℃，蒸気圧47.4kPa（20℃）。常温で無色透明の液体。特異臭（クロロホルム臭）。水に微溶。難燃性。
おもな用途	洗浄剤（プリント基板，金属脱脂），医薬・農薬溶剤，塗料剥離剤，その他溶剤。
有害性	皮膚や粘膜に接触すると刺激を与える。急性ばく露時の標的臓器は中枢神経に対する麻酔作用である。反復ばく露すると中枢神経，肝臓を障害する。 国際がん研究機関（IARC）2A（ヒトに対しておそらく発がん性がある）。 胆管がんの事例やプラスチック工場の疫学調査で，ヒトでの発がん性が報告されている。
障害の予防	管理濃度　　50 ppm 許容濃度　日本産業衛生学会　50 ppm（173 mg/m^3）　皮 TLV　ACGIH　50 ppm（TLV-TWA） 亜鉛または錫メッキをした鋼鉄製容器に保管（合成樹脂は不可）。蒸気は空気より重く，低所に滞留するので地下室等の換気の悪い場所には保管しない。 発散源を密閉化する設備，局所排気装置またはプッシュプル型換気装置を設置するなど，換気に留意する。
保護具	送気マスクまたは有機ガス用防毒マスクを着用させる。タンク内等の作業では送気マスクを着用させる。保護めがね，化学防護手袋，化学防護服などを用いて皮膚の露出部がないようにすること。
応急措置	皮膚に付着した場合は，直ちに大量の水で洗い落とすこと。目に入った場合，流水で15分間以上洗い，眼科医の処置を受ける。作業が終わったら，うがい，洗眼を励行すること。 吸入した場合は，直ちに被災者を毛布等にくるんで安静にさせ，新鮮な空気の場所に移し，速やかに医師の診察を受ける。呼吸困難または呼吸が停止しているときは直ちに心肺蘇生を行う。

事　　例	メッキ工場において，超音波自動洗浄装置（ジクロロメタン使用）内部のチェーンベルトコンベアー修理中に，同装置内部の洗浄槽に製品やかごが落下したため，これらを回収しようとして洗浄槽内に入った被災者が，ジクロロメタンを吸入して中毒となった。

(19の４) ジメチル–2･2–ジクロロビニルホスフェイト（特定第２類物質，特別管理物質）	
化学式等	$C_4H_7Cl_2O_4P$　ジクロルボス，DDVPともいう。
性　　質	融点＜－60℃，沸点140℃，蒸気圧1.6Pa（20℃）。常温で無～琥珀色の液体。特異臭。水に可溶。可燃性。
おもな用途	殺虫剤，燻蒸剤。
有　害　性	皮膚や粘膜に接触すると刺激を与える。急性中毒として，流涙，嘔吐，協調運動失調，けいれん，呼吸困難，昏睡などの有機リン中毒症状，神経毒性を生じる。経皮吸収あり。 国際がん研究機関（IARC）2B（ヒトに対して発がん性を示す可能性がある）。
障害の予防	管理濃度　　　　　　　　　　0.1 mg/m³ 許容濃度　日本産業衛生学会　設定されていない TLV　　　ACGIH　　　　　0.1 mg/m³（TLV-TWA）Skin 発散源を密閉化する設備，局所排気装置またはプッシュプル型換気装置を設置するなど，換気に留意する。
保　護　具	送気マスクまたは有機ガス用防毒マスクを着用させる。DDVPシートの作成作業ではろ過材等級２以上の防じん機能付き防毒マスク（有機ガス用吸収缶）を着用させる。タンク内等の作業では送気マスクを着用させる。保護めがね，化学防護手袋，化学防護服などを用いて皮膚の露出部がないようにすること。
応急措置	皮膚に付着した場合は，直ちに大量の水で洗い落とすこと。目に入った場合，流水で15分間以上洗い，眼科医の処置を受ける。作業が終わったら，うがい，洗眼を励行すること。 吸入した場合は，直ちに被災者を毛布等にくるんで安静にさせ，新鮮な空気の場所に移し，速やかに医師の診察を受ける。呼吸困難または呼吸が停止しているときは，直ちに心肺蘇生を行う。

(19の５) 1･1–ジメチルヒドラジン（特定第２類物質，特別管理物質）	
化学式等	$C_2H_8N_2$　N･N–ジメチルヒドラジンともいう。（ジメチルヒドラジンは，1･1–ジメチルヒドラジン（略称UDMH）と1･2–ジメチルヒドラジン（略称SDMH）の２つの異性体を含む総称である。）

性　　質	融点 −58℃，沸点 63℃，蒸気圧 16.4 kPa，アミン臭のある，無色の発煙性で吸湿性の液体。空気に触れると黄色になる。比重 0.8。引火性が高く，発火性物質である。水によく溶ける。
おもな用途	合成繊維・合成樹脂の安定剤，医薬品・農薬の原料，ミサイル推進薬，界面活性剤
有　害　性	水によく溶けることから，皮膚・粘膜から速やかに吸収され，皮膚，眼，粘膜の刺激性や経皮吸収による急性毒性等が指摘されている。 動物実験で発がん性が確認されている。
障害の予防	管理濃度　　　　　　　　　　0.01 ppm 許容濃度　日本産業衛生学会　設定されていない TLV　　　ACGIH　　　　　0.01 ppm（TLV-TWA）Skin 空気に触れると自然発火することがある。燃焼すると，窒素酸化物，水素，アンモニア，ジメチルアニリン，窒化水素酸などの有毒あるいは引火性のヒュームを生成する。この物質は強力な還元剤かつ強塩基であり，酸化剤や酸と激しく反応して，腐食性を示す。プラスチックを侵す。 容器は密栓し通風のよい冷所に保管する。静電気放電に対する予防措置を講じる。製造設備を密閉化とし，遠隔操作にする。ガスなどが発散する場所では，労働者の身体に直接接触しない方法により行い，かつ，当該作業場所に囲い式フードの局所排気装置またはプッシュプル型換気装置を設ける。
保　護　具	有害性が高いことに加え，臭気の閾値（臭いを感じる濃度）が高く有害性を認識しにくいことから送気マスクが推奨される。やむを得ず防毒マスクを使用する場合は，吸収缶の有効性を確認し，1回使い捨てが望ましい。保護めがね，化学防護手袋，化学防護服などを用いて皮膚の露出部がないようにすること。
応急措置	皮膚に付着した場合は，直ちに大量の水で洗い落とすこと。目に入った場合，流水で15分間以上洗い，眼科医の処置を受ける。作業が終わったら入浴，うがい，洗眼を励行すること。 吸入した場合は，直ちに被災者を毛布等にくるんで安静にさせ，新鮮な空気の場所に移し，速やかに医師の診察を受ける。呼吸困難または呼吸が停止しているときは直ちに心肺蘇生を行う。 万一こぼした場合は，直ちに適切な距離を漏えい区域として隔離し，関係者以外の立入りを禁止する。炎がヒドラジン誘導体に達したら爆発の危険があるので，消火活動はせずに，直ちに安全な距離まで退避する。

(20) 臭化メチル（特定第2類物質）	
化 学 式 等	CH_3Br
性　　質	融点 −93℃，沸点 4℃，常温では気体である。エタノール，エーテル，クロロホルム，二硫化炭素に溶けやすく，水には溶けない。
おもな用途	玄米，輸入小麦や木材などのくん蒸剤として用いられる。

有　害　性	皮膚を刺激する。吸入すると，局所刺激と呼吸障害を起こす。皮膚および呼吸器から吸収され，中枢神経に作用し，抑うつ症状，知覚異常，心臓症状を起こす。 急性中毒症状が現れるまでに2～48時間の潜伏期間がある。中枢神経症状として，疲労感，頭痛，めまい，悪心，聴力・視力障害，浮腫，チアノーゼ，呼吸困難がある。重症の場合は肺水腫を起こし死亡する。 液体に直接触れると1～3度の凍傷が起こる。 慢性中毒は，長期間少量ずつ繰り返し吸収する場合に頭痛，めまいなどが起こる。
障害の予防	管理濃度　　　　　　　　　　1 ppm 許容濃度　日本産業衛生学会　1 ppm（3.89 mg/m^3）　皮 TLV　　　ACGIH　　　　　1 ppm（TLV-TWA）Skin 充てん容器は直射日光を避け，通風のよい場所に保管する。使用中に，容器・装置等から漏えいしないよう点検する。作業場所のガス検知を定期的に行う。 燻蒸作業の濃度測定や投薬は，燻蒸場所の外から行うこと。燻蒸場所（または物）から臭化メチルが他に漏出しないように，目張りその他の隔離の措置を完全に行い，立入禁止とする。
保　護　具	通常は臭化メチル用防毒マスクを使用するが，臭化メチルガス濃度が高い場合および酸素濃度が低い場合には，送気マスクを使用する。また皮膚からの侵入を避けるために耐透過性の化学防護手袋，化学防護服を使用する。
応急措置	皮膚に付着した場合は，直ちに大量の水で洗い落とすこと。目に入った場合，流水で15分間以上洗い，眼科医の処置を受ける。作業が終わったら入浴，うがい，洗眼を励行すること。 吸入した場合は，新鮮な空気の場所に移し，速やかに医師の診察を受ける。 呼吸困難または呼吸が停止しているときは直ちに心肺蘇生を行う。 頭痛・めまい等の自他覚症状が現れた場合は，直ちに医師の診断を受ける。
事　　　例	①　倉庫内で，はい積み作業をしていたところ，隣接の倉庫からくん蒸剤（臭化メチル）が流入し3名が中毒を起こした。 ②　くん蒸後の綿実の倉出作業に従事していた3名は，作業終了後，気分が悪くなり控所で休んだが，うち2名は回復しないため，入院した。

(21) 重クロム酸およびその塩（管理第2類物質，特別管理物質）	
化学式等	MCr_2O_7の一般式で表される。Mに置換されるものは，カリウム（K），ナトリウム（Na），銀（Ag），鉛（Pb），アンモニア（$NH4^+$）などがある。 代表的な重クロム酸塩である重クロム酸カリウム，重クロム酸ナトリウムについて例示する。 ①重クロム酸カリウム　$K_2Cr_2O_7$　重クロム酸カリともいう。 ②重クロム酸ナトリウム　$Na_2Cr_2O_7 \cdot 2H_2O$　重クロム酸ソーダともいう。
性　　　質	①重クロム酸カリウム：赤橙色の結晶，比重は2.69，融点398℃，加熱すれば酸化クロムとクロム酸カリウムになる。苦味と金属味がある。水に溶ける。500℃で分解，強力な酸化剤である。 ②重クロム酸ナトリウム：赤橙色の結晶，比重は2.52，100℃で結晶水を失い，400℃で分解，水に易溶，強力な酸化剤である。

おもな用途	①重クロム酸カリウム：マッチの頭薬，染料，酸化剤，めっき用，医薬合成用，クロムなめし，電池，漂白剤，触媒，合成香料用，防腐剤，その他工業製品 ②重クロム酸ナトリウム：染料，酸化剤，めっき用，医薬合成用，クロムなめし，無機顔料の製造，火薬，その他工業製品
有　害　性	(11) と同じ
障害の予防	管理濃度　　0.05 mg/m^3（Cr として） 許容濃度　日本産業衛生学会　0.05 mg/m^3（Cr として） TLV　ACGIH　0.05 mg/m^3（TLV-TWA，Cr として（水溶性）） 0.01 mg/m^3（TLV-TWA，Cr として（不溶性））
保　護　具	(11) と同じ
応急措置	(11) と同じ

(22) 水銀およびその無機化合物（管理第2類物質）	
化学式等	Hg 無機化合物としては，塩化第一水銀〔$HgCl$〕，塩化第二水銀〔$HgCl_2$〕，酸化第一水銀〔Hg_2O〕，酸化第二水銀〔HgO〕，硫酸第一水銀〔Hg_2SO_4〕，硫酸第二水銀〔$HgSO_4$〕，硝酸第一水銀〔$HgNO_3$〕，硝酸第二水銀〔$Hg(NO_3)_2$〕などがある。
性　　質	沸点357℃，銀白色の常温で液状の金属で，比重は13.2，常温で蒸発して作業場の空気を汚染する。 塩化水銀は白色結晶であり，酸化水銀は黒色ないし赤黄色の粉末であり，硫酸水銀は白色結晶であり，硝酸水銀は白色の潮解性結晶である。
おもな用途	水銀：電解用電極，計器，水銀灯，整流器，水銀塩類の製造，触媒，金・銀の抽出，農薬，船底塗料などに用いられる。 塩化水銀:殺虫剤，防腐剤，標準電極，マンガン乾電池，有機合成の触媒，保存剤，染色，冶金などに用いられる。 酸化水銀：水銀乾電池，船底染料，防腐剤，殺虫剤，殺菌剤，標準電極などに用いられる。
有　害　性	急性中毒では腹痛，嘔吐（おうと），下痢，歯肉炎（はぐきの腫（は）れ，痛み），肺炎，腎障害，循環器障害など。 慢性中毒では，歯肉炎，手のふるえ，頭重，不眠，倦（けん）怠感，脱力感，食欲不振，歯肉出血，腎障害，聴力障害，視野狭窄などもみられる。 水銀化合物の濃厚な溶液が皮膚に付くと,皮膚炎などの皮膚障害を起こす。また，皮膚から吸収されて中毒を起こすこともある。
障害の予防	管理濃度　　0.025 mg/m^3（Hg として） 許容濃度　日本産業衛生学会　0.025 mg/m^3（Hg として） TLV　ACGIH　0.01 mg/m^3（TLV-TWA，Hg として） 0.03 mg/m^3（TLV-STEL，Hg として）Skin 容器は密栓しておく（少量の場合は，ポリエチレン製容器が適当）。水銀の表面を厚く水で被覆し蒸発を防ぐ。水銀が床面にこぼれないように受皿の上で取り扱う。 蒸気を発散する場所では，局所排気装置またはプッシュプル型換気装置を設ける。また，作業場の空気中の水銀量をときどき測定する。 作業後は，入浴，うがいなどを励行し，身体を清潔にする。

保護具	送気マスク，あるいは水銀用防毒マスクなどの呼吸用保護具，保護めがね，耐透過性の化学防護手袋，化学防護服を使用する。
応急措置	水銀が床面にこぼれた場合などは，スポイト等で吸い取るかまたは他の金属とのアマルガムとして除去する。 皮膚に付着した場合は，直ちに大量の水で洗い落とすこと。目に入った場合，流水で15分間以上洗い，眼科医の処置を受ける。作業が終わったら入浴，うがい，洗眼を励行すること。 頭痛，不眠，手指のふるえなどの自他覚症状が現れたら，直ちに医師の診察を受ける。 飲み込んだら，牛乳や卵白を飲ませ，吐かせた後，直ちに医師の処置を受ける。
事例	①　水銀化合物の製造工場で中間試験に従事していた者1名が，頭痛，歯肉炎などの中毒症状を起こした。 ②　体温計製造工場の作業者426名を調査したところ，173名に中毒を疑わせる所見があり，うち26名が要治療，10名が要注意と診断された。

(22の2) スチレン（特別有機溶剤等，特別管理物質）	
化学式等	$C_6H_5CH=CH_2$　フェニルエチレン，スチロールともいう。
性質	融点－30.6℃，沸点145℃，蒸気圧0.7 kPa（20℃）。常温で無色～黄色の液体。芳香臭。水にほとんど溶けない。引火性。
おもな用途	合成原料（ポリスチレン樹脂，ABS樹脂，合成ゴム，不飽和ポリエステル樹脂，塗料樹脂，イオン交換樹脂，化粧品）
有害性	皮膚や粘膜に接触すると刺激を与える。高濃度の蒸気は麻酔作用があり，多発性神経炎や色覚異常を起こす。生殖毒性，肝障害，神経障害，呼吸器障害，血液障害なども生じる。 国際がん研究機関（IARC）2B（ヒトに対して発がん性を示す可能性がある）。
障害の予防	管理濃度　　20 ppm 許容濃度　日本産業衛生学会　10 ppm（42.6 mg/m^3） TLV　ACGIH　10 ppm（TLV-TW） 　　20 ppm（TLV-STEL） 火気厳禁。容器は密栓し通風のよい冷所に保管する。静電気放電に対する予防措置を講じる。強酸化剤と反応するため，一緒に置かない。 発散源を密閉化する設備，局所排気装置またはプッシュプル型換気装置を設置するなど，換気に留意する。 生物学的モニタリングとして尿中マンデル酸およびフェニルグリオキシル酸の総量の量を測定する。
保護具	送気マスクまたは有機ガス用防毒マスクを着用させる。タンク内等の作業では送気マスクを着用させる。保護めがね，化学防護手袋，化学防護服などを用いて皮膚の露出部がないようにすること。
応急措置	皮膚に付着した場合は，直ちに大量の水で洗い落とすこと。目に入った場合，流水で15分間以上洗い，眼科医の処置を受ける。作業が終わったら，うがい，洗眼を励行すること。 吸入した場合は，直ちに被災者を毛布等にくるんで安静にさせ，新鮮な空気の場所に移し，速やかに医師の診察を受ける。呼吸困難または呼吸が停止しているときは，直ちに心肺蘇生を行う。

事　　例	1）スチレンの原料タンクの清掃作業で，作業者6名がタンク内でケレンハンマーにより，錆・カスを落としている時，ハンマーの火花から残留ガスが引火爆発した。 2）ポリエステル樹脂とガラス繊維を原料としたカヌー，トイレユニットなどの成形作業中スチレンの蒸気を吸って中毒した。

（22の3）1·1·2·2-テトラクロロエタン（特別有機溶剤等，特別管理物質）	
化 学 式 等	$CHCl_2CHCl_2$　四塩化アセチレン，四塩化メタンともいう。
性　　質	融点－44℃，沸点146.5℃，蒸気圧647Pa（20℃）。常温で無色～淡黄色の液体。特異臭（クロロホルム臭）。水に溶けにくい。難燃性。
おもな用途	溶剤，他の塩素系炭化水素合成の中間体。
有　害　性	皮膚や粘膜に接触すると刺激を与える。急性ばく露では中枢神経に対する麻酔作用，肝臓障害が生じる。反復ばく露すると肝臓，腎臓，中枢神経を障害する。 国際がん研究機関（IARC）2B（ヒトに対して発がん性を示す可能性がある）。マウスを使った試験で発がん性が認められた。
障害の予防	管理濃度　1 ppm 許容濃度　日本産業衛生学会　1 ppm（6.9 mg/m^3）皮 TLV　ACGIH　1 ppm（TLV-TWA）Skin 亜鉛または錫メッキをした鋼鉄製容器に保管（合成樹脂は不可）。蒸気は空気より重く，低所に滞留するので地下室等の換気の悪い場所には保管しない。 発散源を密閉化する設備，局所排気装置またはプッシュプル型換気装置を設置するなど，換気に留意する。 加熱や燃焼により分解し，有害ガス（塩化水素，ホスゲンなど）を生成する。アルカリ金属，強塩基と激しく反応して，有害で爆発性のガスを生じる。
保　護　具	送気マスクまたは有機ガス用防毒マスクを着用させる。タンク内等の作業では送気マスクを着用させる。保護めがね，化学防護手袋，化学防護服などを用いて皮膚の露出部がないようにすること。
応 急 措 置	皮膚に付着した場合は，直ちに大量の水で洗い落とすこと。目に入った場合，流水で15分間以上洗い，眼科医の処置を受ける。作業が終わったら，うがい，洗眼を励行すること。 吸入した場合は，直ちに被災者を毛布等にくるんで安静にさせ，新鮮な空気の場所に移し，速やかに医師の診察を受ける。呼吸困難または呼吸が停止しているときは直ちに心肺蘇生を行う。
事　　例	ゴム工場で1·1·2·2-テトラクロロエタンを用いて，ゴムを溶解する作業者が作業中発散する空気を吸入し，肝臓障害を起こし，2年間に5名が死亡した。

（22の4）テトラクロロエチレン（特別有機溶剤等，特別管理物質）	
化 学 式 等	$CCl_2=CCl_2$　パークレン，パークロルエチレン，四塩化エチレンともいう。
性　　質	融点－22℃，沸点121℃，蒸気圧1.9kPa（20℃）。常温で無色透明の液体。特異臭（クロロホルム臭またはエーテル臭）。水にほとんど溶けない。不燃性。

おもな用途	代替フロン合成原料，ドライクリーニング溶剤，脱脂洗浄，溶剤。
有害性	皮膚や粘膜に接触すると刺激を与える。高濃度の蒸気を吸入すると麻酔作用があり，頭痛，めまい，悪心，意識喪失が起こる。肝臓，腎臓を障害する。 国際がん研究機関（IARC）2A（ヒトに対しておそらく発がん性を示す）。ラットとマウスを使った2年間の試験で発がん性が認められた。
障害の予防	管理濃度　25 ppm 許容濃度　日本産業衛生学会　（検討中）　皮 TLV　ACGIH　25 ppm（TLV-TWA） 100 ppm（TLV-STEL） 亜鉛または錫メッキをした鋼鉄製容器に保管（合成樹脂は不可）。蒸気は空気より重く，低所に滞留するので地下室等の換気の悪い場所には保管しない。 発散源を密閉化する設備，局所排気装置またはプッシュプル型換気装置を設置するなど，換気に留意する。 生物学的モニタリングとして，尿中トリクロロ酢酸または総三塩化物の量を測定する。
保護具	送気マスクまたは有機ガス用防毒マスクを着用させる。タンク内等の作業では送気マスクを着用させる。保護めがね，化学防護手袋，化学防護服などを用いて皮膚の露出部がないようにすること。
応急措置	皮膚に付着した場合は，直ちに大量の水で洗い落とすこと。目に入った場合，流水で15分間以上洗い，眼科医の処置を受ける。作業が終わったら，うがい，洗眼を励行すること。 吸入した場合は，直ちに被災者を毛布等にくるんで安静にさせ，新鮮な空気の場所に移し，速やかに医師の診察を受ける。呼吸困難または呼吸が停止しているときは，直ちに心肺蘇生を行う。
事例	パチンコ店の地下室において，有機溶剤（テトラクロロエチレン61.5%，トルエン33.8%）を含有する研磨液を用いて，表面の汚れたパチンコ玉を自動研磨機にかけて磨いていた作業者が，発生した有機溶剤蒸気を吸入し，被災した。

(22の5) トリクロロエチレン（特別有機溶剤等，特別管理物質）	
化学式等	$CHCl=CCl_2$　三塩化エチレン，トリクレンともいう。
性質	融点−84.8℃，沸点87℃，蒸気圧7.8kPa（20℃）。常温で無色透明の液体。特異臭（クロロホルム臭）。水に溶けにくい。難燃性。
おもな用途	代替フロン合成原料，脱脂洗浄剤，工業用溶剤，試薬。
有害性	皮膚や粘膜に接触すると刺激を与える。高濃度の蒸気を吸入すると麻酔作用があり，頭痛，めまい，悪心，意識喪失が起こる。肝臓，腎臓を障害する。腸管に多数の気腫が発生することがある。 慢性中毒の症状には視神経障害による視野狭窄，三叉神経障害による顔面，頬，舌の知覚麻痺，下肢の神経麻痺による歩行障害，肝臓・腎臓障害などがある。 国際がん研究機関（IARC）1（ヒトに対して発がん性を示す）。ヒトで腎がん，非ホジキンリンパ腫，肝がんと関連が認められた。

障害の予防	管理濃度　　　　　　　　　10 ppm 許容濃度　日本産業衛生学会　25 ppm（135 mg/m^3） TLV　　ACGIH　　　　10 ppm（TLV-TWA） 　　　　　　　　　　　25 ppm（TLV-STEL） 亜鉛または錫メッキをした鋼鉄製容器に保管（合成樹脂は不可）。蒸気は空気より重く，低所に滞留するので地下室等の換気の悪い場所には保管しない。 発散源を密閉化する設備，局所排気装置またはプッシュプル型換気装置を設置するなど，換気に留意する。加熱や燃焼により分解し，有害ガス（塩化水素，ホスゲンなど）を生成する。生物学的モニタリングとして尿中トリクロロ酢酸または総三塩化物の量を測定する。
保　護　具	送気マスクまたは有機ガス用防毒マスクを着用させる。タンク内等の作業では送気マスクを着用させる。保護めがね，化学防護手袋，化学防護服などを用いて皮膚の露出部がないようにすること。
応急措置	皮膚に付着した場合は，直ちに大量の水で洗い落とすこと。目に入った場合，流水で15分間以上洗い，眼科医の処置を受ける。作業が終わったら，うがい，洗眼を励行すること。 吸入した場合は，直ちに被災者を毛布等にくるんで安静にさせ，新鮮な空気の場所に移し，速やかに医師の診察を受ける。呼吸困難または呼吸が停止しているときは，直ちに心肺蘇生を行う。
事　　例	①　ドイツにおいてトリクロロエチレンにばく露された労働者の研究では，対照グループに発生していない腎臓がんが5例みとめられた。 ②　タンクの内壁をトリクロロエチレンを用いて拭きとる作業を行っていた2名がタンク内で倒れ，1名が死亡した。 ③　金属パイプをトリクロロエチレンで洗浄作業していた労働者が，便秘気味になり，ガスがよく出て，トイレが近くなり，粘液も出るようになった。医療機関で検査した結果，腸管嚢腫様気腫症と診断された。

(23) トリレンジイソシアネート（特定第2類物質）	
化学式等	$C_6H_3CH_3(NCO)_2$ （構造式：CH_3，NCO，NCO）
性　　質	融点約20℃，沸点251℃，比重1.22の刺激臭のある無色の液体である。水と反応して炭酸ガスを発生する。紫外線を当てると黄変する。
おもな用途	ポリウレタン樹脂の製造，染料，接着剤の原料に用いられる。
有　害　性	液が皮膚に付くと，赤く腫れて水疱ができる。目に入ると涙が出て炎症が起こり，視力障害を残すことがある。 低濃度ばく露でのどを刺激し，ぜん息様発作を起こす。繰り返しばく露すると，呼吸器障害を残す。高濃度の場合は，肺水腫を起こす。 液を誤って飲み下すと，食道・胃の粘膜を侵す。

障害の予防	管理濃度　0.005 ppm 許容濃度　日本産業衛生学会　0.005 ppm（0.035 mg/m^3） TLV　ACGIH　0.001 ppm（TLV-TWA） 0.005 ppm（TLV-STEL） 容器は密栓し，漏えいしないように乾燥した冷暗所に保管する。取扱い場所は通風・換気をよくする。必要に応じ，局所排気装置またはプッシュプル型換気装置を設ける。 取扱い時には必ず保護具を使用する。タンク・装置等の洗浄修理の作業手順を定めて必ずそれに従う。 水に接触させない（加水分解をおこし，炭酸ガスを発生する）。水酸化ナトリウム・アミン類と接触させない（重合熱のため密閉容器等が破裂することがある）。
保護具	送気マスク，あるいはろ過材の等級が２以上の防じんマスクまたは電動ファン付き呼吸用保護具（PAPR），防じん機能付き防毒マスク，有機ガス用防毒マスクの呼吸用保護具，保護めがね，不浸透性の化学防護手袋，化学防護服を使用する。
応急措置	皮膚に付着した場合は，直ちに大量の水で洗い落とすこと。目に入った場合，流水で15分間以上洗い，眼科医の処置を受ける。作業が終わったら入浴，うがい，洗眼を励行すること。 のどの刺激，ぜん息様発作等の自他覚症状が現れた場合は，直ちに被災者を毛布等にくるんで安静にさせ，新鮮な空気の場所に移し，速やかに医師の診察を受ける。呼吸困難または呼吸が停止しているときは直ちに心肺蘇生を行う。 消火方法：注水，粉末・炭酸ガス消火器（消火作業時には，空気呼吸器を装着する）を用いる。
事例	ドラム缶に入ったトリレンジイソシアネートの荷役中，一部に破損したものがあり，その粉じんが発散したため，角膜腐食，手指皮膚炎，頭痛等を訴える者が出た。

(23の2)　ナフタレン（特定第２類物質，特別管理物質）	
化学式等	$C_{10}H_8$　ナフタリン，ナフテンともいう。
性質	融点80℃，引火点79℃，沸点218℃，蒸気圧11Pa（25℃）。常温では白色フレーク状結晶または粉末，溶融したものは無色の液体。特有臭（ナフタレン臭，コールタール臭）。水にほとんど溶けない。可燃性。室温でも昇華し，融点以下でも可燃性蒸気を発生する。110℃以上に加熱したナフタレンに水を加えると急激に発泡して爆発を起こすので，水との接触を避ける。
おもな用途	染料中間物，合成樹脂，爆薬，防虫剤，有機顔料，テトラリン・デカリン・ナフチルアミン・無水フタル酸の原料など。

有　害　性	皮膚や粘膜に接触すると軽い刺激を与える。繰り返しばく露による溶血性貧血，角膜損傷，白内障，および呼吸器の炎症が生じる。急性中毒では，吐気，嘔吐，頭痛，興奮，錯乱，意識喪失，けいれんなどを起こす。 国際がん研究機関（IARC）2B（ヒトに対して発がん性を示す可能性がある）。ラットやマウスを使った2年間吸入試験で発がん性が示唆された。
障害の予防	管理濃度　　　10 ppm 許容濃度　日本産業衛生学会　設定されていない TLV　ACGIH　10 ppm（TLV-TWA）Skin 取扱い場所の通風・換気をよくする。屋内で取り扱うときは，局所排気装置またはプッシュプル型換気装置を設ける。火花の出ない工具を使用する。液状のナフタレンをタンクに入れる場合，静電気による爆発を予防するため，電導性ホースを用い，ホースおよび容器を接地する。
保　護　具	送気マスクまたは防じん機能付き有機ガス用防毒マスクを着用させる。タンク内等の作業では送気マスクを着用させる。保護めがね，化学防護手袋，化学防護服などを用いて皮膚の露出部がないようにすること。
応急措置	皮膚に付着した場合は，直ちに大量の水で洗い落とすこと。目に入った場合，流水で15分間以上洗い，眼科医の処置を受ける。作業が終わったら，うがい，洗眼を励行すること。 吸入した場合は，直ちに被災者を毛布等にくるんで安静にさせ，新鮮な空気の場所に移し，速やかに医師の診察を受ける。呼吸困難または呼吸が停止しているときは直ちに心肺蘇生を行う。
事　　　例	ナフタレンを空気酸化してナフトキノンと無水フタル酸を製造する装置のナフタレン混合器内で爆発が起こった。破裂板3枚が飛散し，その一部が隣接事業場まで飛散した。

(23の3)	**ニッケル化合物**（ニッケルカルボニルを除き，粉状のものに限る）（管理第2類物質，特別管理物質）
化学式等	Ni 化合物として，酸化ニッケル〔NiO〕，水酸化ニッケル〔$Ni(OH)_2$〕，硫化ニッケル〔NiS，NiS_2，Ni_2S_3〕，塩化ニッケル〔$NiCl_2$〕，硫酸ニッケル〔$NiSO_4$〕などがある。
性　　　質	ニッケルは，銀色の様々な形状をした金属固体，融点1,453℃，沸点2,730℃。酸に溶ける。酸化ニッケル，水酸化ニッケル，硫化ニッケルは水に難溶，塩化ニッケル，硫酸ニッケルは水に可溶である。
おもな用途	ニッケルおよびニッケル化合物は，特殊鋼，合金ロール，電熱線，電気通信機器，洋白メッキ，貨幣などに用いられる。
有　害　性	ニッケルおよびニッケル化合物の長期間ばく露により，呼吸器障害と腎障害が起こる。ニッケル精錬やニッケルメッキ作業者に鼻炎，副鼻腔炎，鼻中隔穿孔などの報告がある。長期間高濃度ばく露では，肺線維症，肺がんのおそれがある。 皮膚感作性（アレルギー性）があり，ニッケルに対してすでにアレルギーのある人は，皮膚炎を起こす可能性がある。 急性中毒としては，悪心，下痢，めまい，頭痛がみられる。

障害の予防	管理濃度　0.1 mg/m^3（Niとして） 許容濃度　日本産業衛生学会　10 μg/m^3（過剰発がん生涯リスクレベル10^{-3}） 1 μg/m^3（過剰発がん生涯リスクレベル10^{-4}） TLV　ACGIH　0.1 mg/m^3（TLV-TWA, Niとして(可溶性)） 0.2 mg/m^3（TLV-TWA, Niとして(不溶性)） 容器は密栓し，冷暗所に保管する。取扱いは密閉装置で行い，粉じんの発散する場所には，局所排気装置またはプッシュプル型換気装置を設ける。
保護具	送気マスク，あるいはろ過材の等級が2以上の防じんマスクまたは電動ファン付き呼吸用保護具（PAPR）の呼吸用保護具，保護めがね，耐透過性の化学防護手袋，化学防護服を使用する。火災・爆発の応急処置には空気呼吸器等を必要に応じて使用する。
応急措置	皮膚に付着した場合は，直ちに大量の水で洗い落とすこと。目に入った場合，流水で15分間以上洗い，眼科医の処置を受ける。作業が終わったら入浴，うがい，洗眼を励行すること。 吸入した場合は，直ちに被災者を毛布等にくるんで安静にさせ，新鮮な空気の場所に移し，速やかに医師の診察を受ける。呼吸困難または呼吸が停止しているときは直ちに心肺蘇生を行う。 頭痛などの自他覚症状が現れた場合は，直ちに医師の診察を受ける。
事例	①　ニッケルメッキ作業に従事していたところ，全身にアレルギー性多型紅斑が出現した。 ②　ニッケル精錬工場で焙焼，溶出，焼結に従事した作業者に肺がんや鼻腔がんがみとめられた。

(24) ニッケルカルボニル（特定第2類物質，特別管理物質）	
化学式等	$Ni(CO)_4$　テトラカルボニルニッケルともいう。
性質	沸点43℃，比重は1.31，蒸気密度5.9，無色の液体で，水に溶けにくい。加熱するとニッケルと一酸化炭素に分解する。きわめて蒸発しやすく，火災・爆発の危険性が大きい。
おもな用途	有機合成用の触媒，純ニッケルの製造原料に用いられる。
有害性	蒸気を吸入すると，頭痛，めまい，吐き気などを起こし，数時間ないし数日たった後に，胸痛，呼吸困難，咳などが出て気管支炎，肺炎や心臓衰弱で死亡することがある。 低濃度の蒸気を長期間吸入すると，頭痛，不眠，肝臓障害を起こすことがある。皮膚障害もみられる。肺などへのがん原性があるとされている。
障害の予防	管理濃度　0.001 ppm 許容濃度　日本産業衛生学会　0.001 ppm（0.007 mg/m^3） TLV　ACGIH　0.05 ppm（TLV-C，Niとして） 容器は密栓し，冷暗所に保管する。 取扱いは密閉装置で行い，ガス・蒸気の発散する場所には，局所排気装置またはプッシュプル型換気装置を設ける。
保護具	送気マスク，保護めがね，耐透過性の化学防護手袋，化学防護服を使用する。火災・爆発の応急処置には空気呼吸器等を必要に応じて使用する。
応急措置	吸入した場合は，直ちに被災者を毛布等にくるんで安静にさせ，新鮮な空気の場所に移し，速やかに医師の診察を受ける。呼吸困難または呼吸が停止しているときは直ちに心肺蘇生を行う。 頭痛などの自他覚症状が現れた場合は，直ちに医師の診察を受ける。

事　　例	化学工場のアクリル酸エステル合成装置から，配管のパッキングが不良のため，触媒用のニッケルカルボニルが漏えいして火災となり，消火した。その際，工場の作業者，隣接工場の消火応援隊，消防署員などの127名が中毒し，96名が入院した。

(25) ニトログリコール（管理第2類物質）	
化学式等	$C_2H_4(ONO_2)_2$　エチレンジニトラート，エチレングリコールジニトレートともいう。 O_2NO―CH₂CH₂―ONO_2
性　　質	融点－22.3℃，沸点114℃の無色油状液体である。 多くの有機溶剤によく溶ける。加熱すると燃焼・爆発する。
おもな用途	グリセリンに混合してニトロ化しダイナマイトの製造に用いる。ニトログリコールはニトログリセリンと混合すると凝固点を低下させるので，ダイナマイトの凍結防止のためにも混合が必要である。
有 害 性	症状としては，頭痛，頭重，胸部違和感，四肢末端のしびれ感，脱力感，胃腸症状，血圧の低下，貧血がみられる。また，狭心症様発作を起こすことがある。中毒症状は休日明けまたは休日に起こすことが多い。
障害の予防	管理濃度　　0.05 ppm 許容濃度　日本産業衛生学会　0.05 ppm（0.31 mg/m^3）　皮 TLV　ACGIH　0.05 ppm（TLV-TWA）Skin 装置は密閉化する。ガスなどが発散する場所では，労働者の身体に直接接触しない方法により行い，かつ，局所排気装置またはプッシュプル型換気装置を設ける。
保 護 具	送気マスク，あるいは有機ガス用防毒マスクの呼吸用保護具，保護めがね，耐透過性の化学防護手袋，化学防護服を使用する。
応急措置	皮膚に付着した場合は，直ちに大量の水で洗い落とすこと。目に入った場合，流水で15分間以上洗い，眼科医の処置を受ける。作業が終わったら入浴，うがい，洗眼を励行すること。 頭痛，胸痛等の自他覚症状が現れた場合は，直ちに医師の診察を受ける。
事　　例	ダイナマイト製造工程において，ニトログリコールを取り扱っていた作業者が，頭痛，悪心を訴えた。

(26) パラ-ジメチルアミノアゾベンゼン（特定第2類物質，特別管理物質）	
化学式等	$C_6H_5N_2C_6H_4N(CH_3)_2$ C_6H_5―N＝N―C_6H_4―N(CH_3)(CH_3)
性　　質	融点114～117℃，常温で黄色薄片である。エタノール，アセトン，ベンゼンには溶けるが水には溶けにくい。
おもな用途	黄色の油性顔料，酸塩基指示薬として用いられる。
有 害 性	動物実験で発がん性を指摘されている。

障害の予防	管理濃度　　　　　　　　　　設定されていない 許容濃度　日本産業衛生学会　設定されていない TLV　　　ACGIH　　　　　　設定されていない 粉じんなどを絶対に吸い込まないよう，製造の設備または機械の密閉化，製品の湿潤化などを図ること。粉じんなどが発散する場所では，労働者の身体に直接接触しない方法により行い，かつ局所排気装置またはプッシュプル型換気装置を設ける。
保　護　具	送気マスク，あるいはろ過材の等級が2以上の防じんマスクまたは電動ファン付き呼吸用保護具（PAPR）を必ず着け，保護めがね，化学防護手袋，化学防護服などを用いて皮膚の露出部がないようにすること。
応急措置	皮膚に付着した場合は，直ちに大量の水で洗い落とすこと。目に入った場合，流水で15分間以上洗い，眼科医の処置を受ける。作業が終わったら入浴，うがい，洗眼を励行すること。

(27) パラ-ニトロクロルベンゼン（特定第2類物質）	
化学式等	$C_6H_4ClNO_2$
性　　質	融点83℃，沸点242℃，常温で黄色結晶である。エーテル，二硫化炭素に溶けやすいが水には溶けない。
おもな用途	染料，医薬品，ゴムの老化防止剤等の有機合成の製造原料。
有　害　性	皮膚に付着すると皮膚炎を起こす。また皮膚からも吸収される。ガスを吸入すると呼吸器から吸収される。 吸収されると血液に変化を与え，頭痛，めまい，チアノーゼを伴う（メトヘモグロビン血症）。また，肝機能障害を起こし死亡することがある。 動物に対して発がん性が確認された物質である。
障害の予防	管理濃度　　　　　　　　　　0.6 mg/m^3 許容濃度　日本産業衛生学会　0.1 ppm（0.64 mg/m^3）　皮 TLV　　　ACGIH　　　　　　0.1 ppm（TLV-TWA）Skin 粉じんや蒸気などを絶対に吸い込まないよう，製造の設備または機械の密閉化，製品の湿潤化などを図ること。
保　護　具	送気マスク，あるいはろ過材の等級が1以上の防じんマスクまたは電動ファン付き呼吸用保護具（PAPR），防じん機能付き防毒マスクを必ず着け，保護めがね，化学防護手袋，化学防護服などを用いて皮膚の露出部がないようにすること。
応急措置	皮膚に付着した場合は，直ちに大量の水で洗い落とすこと。目に入った場合，流水で15分間以上洗い，眼科医の処置を受ける。作業が終わったら入浴，うがい，洗眼を励行すること。 吸入した場合は，直ちに被災者を毛布等にくるんで安静にさせ，新鮮な空気の場所に移し，速やかに医師の診察を受ける。呼吸困難または呼吸が停止しているときは直ちに心肺蘇生を行う。
事　　例	船内荷役作業員15名がハッチから240 kgドラム缶の荷揚げを始めたが，1時間後14名が，頭痛を訴え嘔吐した。ドラム缶の口金からパラ-ニトロクロルベンゼンガスが漏れ，ハッチ内にたまっていたと思われる。

(27の2) 砒素およびその化合物（アルシンおよび砒化ガリウムを除く）（管理第2類物質，特別管理物質）

化学式等	As 三酸化砒素〔As_2O_3〕（亜砒酸ともいう），硫化砒素〔$As_2(SO_4)_3$〕，各種砒素含有鉱石（砒鉄鉱〔$FeAs_2$〕，硫砒銅鉱〔Cu_3AsS_4〕など）
性　　質	最も安定で金属光沢があるため金属砒素とも呼ばれる「灰色砒素」，ニンニク臭があり透明なロウ状の柔らかい「黄色砒素」，黒リンと同じ構造を持つ「黒色砒素」の3つの同素体が存在する。 灰色砒素は沸点614℃（昇華点）。温メタノールや温エタノールに易溶。強酸化剤，ハロゲンと激しく反応し，火災や爆発の危険をもたらす。また，酸と反応して有毒なアルシンガスを発生する。 三酸化砒素は白色粉末または結晶，比重3.72，200℃前後で昇華する。塩酸，硫酸，苛性アルカリに溶ける。
おもな用途	砒素は，半導体（高純度），合金添加元素（低純度）に用いられる。 三酸化砒素は，農薬，殺鼠剤，ガラスの脱色剤，防腐剤などに用いられる。
有　害　性	代表的な毒物で致死量は0.1～0.3gである。 急性中毒は麻ひ型（意識不明，ショック）と胃腸型（腹痛，嘔吐，口渇など）の2型があり，白濁水様便が出て脱水症状が起こる。 慢性中毒として，初めは食欲不振，吐き気などがあり，ついで，砒素黒皮症と呼ばれる色素沈着，色素脱失，手掌足底の角化，皮膚潰瘍等の皮膚障害を起こす。吸入すると，粘膜刺激症状，鼻炎，気管支炎を起こす。血液系に障害を起こす。 砒素を含有する銅鉱石を製錬する工程において肺がんの発生がみられた。また，砒素による皮膚のボーエン病や皮膚がんも発生していた。
障害の予防	管理濃度　　0.003 mg/m^3（Asとして） 許容濃度　日本産業衛生学会　3 $\mu g/m^3$（Asとして，過剰発がん生涯リスクレベル10^{-3}） 　　0.3 $\mu g/m^3$（Asとして，過剰発がん生涯リスクレベル10^{-4}） TLV　ACGIH　0.01 mg/m^3（TLV-TWA） 製造・貯蔵・運搬などの各装置は，できるだけ密閉化する。また，容器は密栓し施錠して保管する。取扱い作業で発じんのおそれがある場所には局所排気装置またはプッシュプル型換気装置を設ける。
保　護　具	送気マスク，あるいはろ過材の等級が2以上の防じんマスクまたは電動ファン付き呼吸用保護具（PAPR）の呼吸用保護具，保護めがね，化学防護手袋，化学防護服などを用いて皮膚の露出部がないようにすること。
応急措置	皮膚に付着した場合は，直ちに大量の水で洗い落とすこと。目に入った場合，流水で15分間以上洗い，眼科医の処置を受ける。作業が終わったら入浴，うがい，洗眼を励行すること。
事　　例	①　港湾荷役作業でドラム缶を荷揚げ中に，ドラム缶が破損し，三酸化砒素が床にこぼれ，作業者19名が頭痛，吐き気などを訴え，約3日間休業した。 ②　ガラス繊維原料を計量したのち，袋詰にする作業者1名の身体に粉じんが接触し，顔面，頸部，頭部に皮膚炎を起こし，休業約65日を要した。

(28) **弗化水素**（特定第2類物質）	
化学式等	HF　水溶液は弗化水素酸，弗酸という。
性　　質	弗化水素は無色の気体でその水溶液は無色の液体で刺激臭および発煙性である。比重は0.99，沸点は20℃である。通常は50%程度の水溶液として特殊ドラム缶やタンクローリーで運ばれている。
おもな用途	冷媒の製造，ガラス加工，殺菌剤，めっき，弗化物の製造原料，金属の洗浄，鋳造物や溶接面の洗浄等に用いられる。
有 害 性	目，鼻，のどを強く刺激する。ガスを吸入すると，肺水腫，気管支炎，肺炎を起こす。液が接触すると，目・皮膚に障害を与える（痛みが激しく薬傷を伴う）。歯牙酸蝕症を起こす。 なお，薄い水溶液（1～2%）が接触した場合，直ちに痛まないが，数時間後に障害が現れる。
障害の予防	管理濃度　　　　　　　　　　0.5 ppm 許容濃度　日本産業衛生学会　3 ppm（2.5 mg/m^3）（最大許容濃度）　皮 TLV　　　ACGIH　　　　　0.5 ppm　（TLV-TWA）　Skin 　　　　　　　　　　　　　2 ppm（TLV-C） 　　　　　　　　　　　　　　　Skin 容器は密栓し，通風のよい冷暗所に保管する。反応装置は，減圧密閉式とし，排気は吸収装置（水，アルカリ液など）で洗浄する。 タンク・配管などを修理する場合は，完全にガスを排出した後に行う。 ガスを発散する作業場所には，局所排気装置またはプッシュプル型換気装置（吸収方式または吸着方式の排ガス処理装置を設置）を設ける。作業場所の近くに，シャワーおよび洗浄用水道栓を設けておく。作業が終わったら入浴，うがい，洗眼を励行すること。
保 護 具	送気マスク，あるいは酸性ガス用防毒マスクの呼吸用保護具，保護めがね，耐透過性の化学防護手袋，化学防護服を使用する。
応急措置	皮膚に付着した場合は，直ちに大量の水で洗い落とすこと。目に入った場合，流水で15分間以上洗い，眼科医の処置を受ける。 吸入した場合は，直ちに被災者を毛布等にくるんで安静にさせ，新鮮な空気の場所に移し，速やかに医師の診察を受ける。呼吸困難または呼吸が停止しているときは直ちに心肺蘇生を行う。 漏えいした場合は，保護具を着用し，ソーダ灰または石灰で中和したのち水洗いする。
事　　例	①　タンク内で溶接したのち，金属スチールを除去するため，弗酸，硝酸で洗浄を行った。このとき，発生した弗化水素を吸入した1名の作業者が，肺水腫を起こして死亡した。 ②　タンク内部を，弗化水素酸，硝酸溶液で洗浄後に水洗いを行っているときに作業者3名が中毒し，重症1名，軽症2名であった。一時マスクを外したため，蒸気を吸入したものである。

(29) **ベーター-プロピオラクトン**（特定第2類物質，特別管理物質）	
化学式等	$C_3H_4O_2$ O＝C（四員環）O

性　　質	融点 −33.4℃，沸点 155℃，比重 1.14 の液体である。酸，塩基の存在下に加熱すると綿状ポリエステルになる。
おもな用途	医薬品および合成樹脂の原料として用いられる。
有 害 性	動物実験で発がん性がみとめられている。
障害の予防	管理濃度　　　　　　　　　　　0.5 ppm 許容濃度　日本産業衛生学会　設定されていない TLV　　　ACGIH　　　　　　0.5 ppm（TLV-TWA） 局所排気装置またはプッシュプル型換気装置を設ける。
保 護 具	送気マスク，あるいは有機ガス用防毒マスクの呼吸用保護具，保護めがね，耐透過性の化学防護手袋，化学防護服を使用する。
応急措置	皮膚に付着した場合は，直ちに大量の水で洗い落とすこと。目に入った場合，流水で 15 分間以上洗い，眼科医の処置を受ける。作業が終わったら入浴，うがい，洗眼を励行すること。 漏えいした場合は，大量の水で洗い流す。この際，容器の中に水が入らないようにする。

(30) ベンゼン（特定第2類物質，特別管理物質）	
化学式等	C_6H_6
性　　質	融点 5.5℃，沸点 80℃の揮発性のある無色の液体である。多くの有機溶剤に溶けるが，水には難溶である。
おもな用途	各種化学製品の基礎物質であり，フェノール，シクロヘキサノン，アニリン，スチレンなどの合成原料である。さらに合成樹脂・繊維，可塑剤，染料，合成洗剤，殺虫剤，爆薬，医薬品などが合成される。
有 害 性	蒸気を吸入すると，頭痛，めまい，興奮，酩酊，意識喪失，けいれん等を起こし死亡する。低濃度でも長時間のばく露では，造血系の障害，再生不良性貧血，白血病を起こす。皮膚からも吸収する。
障害の予防	管理濃度　　　　　　　　　　　1 ppm 許容濃度　日本産業衛生学会　1 ppm（過剰発がん生涯リスク＝10^{-3}）　皮 　　　　　　　　　　　　　　　0.1 ppm（過剰発がん生涯リスク＝10^{-4}） TLV　　　ACGIH　　　　　　0.5 ppm（TLV-TWA） 　　　　　　　　　　　　　　　2.5 ppm（TLV-STEL）Skin 漏えいの有無を点検し，定期的にガス検知をする。取扱い場所の通風・換気をよくする。屋内で取り扱うときは，局所排気装置またはプッシュプル型換気装置を設ける。火花の出ない工具を使用する。 液をタンクに入れる場合，静電気による爆発を予防するため，電導性ホースを用い，ホースおよび容器を接地する。
保 護 具	送気マスク，あるいは有機ガス用防毒マスクの呼吸用保護具，保護めがね，耐透過性の化学防護手袋，化学防護服を使用する。
応急措置	皮膚に付着した場合は，直ちに大量の水で洗い落とすこと。目に入った場合，流水で 15 分間以上洗い，眼科医の処置を受ける。作業が終わったら入浴，うがい，洗眼を励行すること。 疲労・頭痛等の自他覚症状が現れた場合は，医師の診断を受ける。

事　　例	①　化学工場で，中間タンク切替えの際，バルブ操作を誤り配管に圧力がかかったため，ベンゼンが漏れて中毒した。 ②　ベンゼンを用いて，硫化カドミウムの単結晶表面を加熱し，洗浄する作業に従事していた者が中毒症状を起こした。局所排気を行っていたが，換気が十分でなかった。

(31) ペンタクロルフェノールおよびそのナトリウム塩（管理第２類物質）	
化学式等	C_6Cl_5OH　五塩化石炭酸，PCP ともいう。ナトリウム塩は C_6Cl_5ONa
性　　質	白色の固体または粉末で，刺激臭があり，水に溶けない。比重は 1.98，沸点は 310℃である。
おもな用途	農薬，除草剤，木材のかび止め，殺虫剤の原料。
有 害 性	目，鼻，のどの粘膜を刺激し，くしゃみ・咳が出る。皮膚に触れると，赤くかぶれ痛む。粉じんや蒸気を吸入すると，筋肉弛緩，循環系の衰弱を起こし，死亡することがある。慢性症状は，頭痛，めまい，全身のだるさ，吐き気，発熱，発汗などがみられる。 皮膚からも吸収される。
障害の予防	管理濃度　　0.5 mg/m³（ペンタクロルフェノールとして） 許容濃度　日本産業衛生学会　0.5 mg/m³　皮 TLV　ACGIH　0.5 mg/m³（TLV-TWA） 1 mg/m³（TLV-STEL） Skin 湿式作業を励行し，発じんの場所は，局所排気装置またはプッシュプル型換気装置を設ける。凝集沈でん方式の排液処理装置を設置する。皮膚は露出しないように注意する。作業後は入浴，うがい，洗眼を励行し，作業衣はたびたび洗濯する。
保 護 具	送気マスク，あるいはろ過材の等級が１以上の防じんマスクまたは電動ファン付き呼吸用保護具（PAPR）を必ず着け，保護めがね，化学防護手袋，化学防護服などを用いて皮膚の露出部がないようにすること。
応急措置	皮膚に付着した場合は，直ちに大量の水で洗い落とすこと。目に入った場合，流水で 15 分間以上洗い，眼科医の処置を受ける。作業が終わったら入浴，うがい，洗眼を励行すること。 粉じんや蒸気を吸入した場合は，直ちに被災者を毛布等にくるんで安静にさせ，新鮮な空気の場所に移し，速やかに医師の診察を受ける。呼吸困難または呼吸が停止しているときは直ちに心肺蘇生を行う。 倦怠感・発汗等の自他覚症状が現れた場合は，医師の診断を受ける。
事　　例	①　水稲除草剤（PCP と MCP の合剤）の散布作業３日目の午後，疲労感がおこり休憩したが，まもなく昏睡状態に陥り，当日の夜死亡した。 ②　家具製造工場で，白アリ予防のため PCP 溶液を刷毛で家具製材に塗布していた作業者２名が，下痢，嘔吐（おうと），胸部圧迫感などで苦しみ死亡した。

(31 の 2)　ホルムアルデヒド（特定第2類物質，特別管理物質）	
化学式等	HCHO　ホルマリンはホルムアルデヒドの水溶液である。
性　質	融点 −92℃，沸点 −19.5℃の気体で空気よりやや重い（空気に対する比重1.08）。石油エーテル以外の水酸基をもたない溶媒と混ざる。40% 水溶液はホルマリンとして市販されている。引火性が高く，熱すると爆発の危険。
おもな用途	フェノール，尿素，アニリン，カゼイン，ゼラチンなどと反応させて合成樹脂の原料，医薬品および分析試薬として用いられる。
有害性	発がん性。皮膚を刺激し硬化させ，ひび割れ，潰瘍（かいよう）を生ずる。蒸気は目を刺激し，涙が出る。吸入すると，粘膜が刺激されて咳が出る。慢性症状として肝臓・腎臓の障害が起こる。感作性（アレルギー性）があり，化学物質過敏症（シックハウス症候群）の原因となる。
障害の予防	管理濃度　0.1 ppm 許容濃度　日本産業衛生学会　0.1 ppm（0.12 mg/m^3） TLV　ACGIH　0.1 ppm（0.12 mg/m^3）（TLV-TWA） 0.3 ppm（0.37 mg/m^3）（TLV-STEL） 蒸気を発散する作業場所には，換気装置を設ける。 燻蒸作業の濃度測定や投薬は，燻蒸場所の外から行うこと。燻蒸場所（または物）からホルムアルデヒドが他に漏出しないように，目張りその他の隔離の措置を完全に行い，立入禁止とする。
保護具	送気マスク，あるいはホルムアルデヒド用防毒マスクの呼吸用保護具，保護めがね，耐透過性の化学防護手袋，化学防護服を使用する。
応急措置	皮膚に付着した場合は，直ちに大量の水で洗い落とすこと。目に入った場合，流水で15分間以上洗い，眼科医の処置を受ける。作業が終わったら入浴，うがい，洗眼を励行すること。 漏えいした場合は，大量の水で洗い流す。 消火方法：水噴霧，粉末・炭酸ガス消火器を用いる。
事　例	①　釣竿製造工場でフェノール樹脂を使用していた者が，ホルマリンにより皮膚炎を起こした。 ②　シールド工法による下水道管増設工事において地盤を固めるために使用した尿素系薬剤からホルムアルデヒドが発生し中毒。

(32)　マゼンタ（特別管理物質）	
化学式等	$C_{20}H_{20}N_3Cl$ 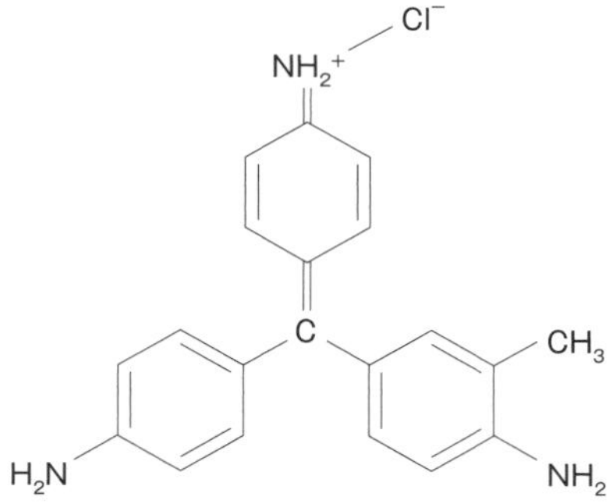 Cl^-　NH_2^+　C　CH_3　H_2N　NH_2
性　質	融点 200℃，深緑色の金属光沢を有する結晶で，水，アルコールによく溶け，赤色または桃色となる。エーテルには溶けない。

おもな用途	絹，羊毛，皮革，紙などの染料（青赤色），試薬および油脂の着色剤。
有　害　性	マゼンタの製造作業に従事する者に膀胱腫瘍の発生があった例が外国でみられている。
障害の予防	管理濃度　　　　　　　　　　設定されていない 許容濃度　日本産業衛生学会　設定されていない TLV　　　ACGIH　　　　　設定されていない 粉じんなどを絶対に吸い込まないよう，製造の設備または機械の密閉化，製品の湿潤化などを図ること。粉じんなどが発散する場所では，労働者の身体に直接接触しない方法により行い，かつ，局所排気装置またはプッシュプル型換気装置を設ける。 尿路系の腫瘍は，初期には，自覚症状がほとんどないので，定期的に所定の健康診断を行う必要がある。一般的に，ばく露され始めてから腫瘍発生までの潜伏期間はかなり長いので，注意する。
保　護　具	送気マスク，あるいはろ過材の等級が２以上の防じんマスクまたは電動ファン付き呼吸用保護具（PAPR）を必ず着け，保護めがね，化学防護手袋，化学防護服などを用いて皮膚の露出部がないようにすること。
応急措置	皮膚に付着した場合は，直ちに大量の水で洗い落とすこと。目に入った場合，流水で15分間以上洗い，眼科医の処置を受ける。作業が終わったら入浴，うがい，洗眼を励行すること。
事　　例	イギリスやドイツで膀胱腫瘍の発生の報告はある。

(33) マンガンおよびその化合物（管理第２類物質）	
化学式等	Mn 化合物としては，二酸化マンガン〔MnO_2〕，塩化マンガン〔$MnCl_2$〕，硫酸マンガン〔$Mn_2(SO_4)_3$〕，過マンガン酸カリウム〔$KMnO_4$〕，塩基性酸化マンガン（MnO，Mn_2O_3 など）などがある。
性　　質	マンガンは，灰色または白色の金属で，比重7.2，融点1,247℃，沸点1,962℃であり，希硫酸に溶けて水素を発生する。 二酸化マンガンは黒色の結晶，塩化マンガンは桃色の潮解性結晶，硝酸マンガンは桃色結晶，過マンガン酸カリウムは紫の結晶または粉末で，水溶液は紫色を呈する。
おもな用途	マンガンは，ステンレス，特殊鋼の脱酸および添加剤，アルミニウム，銅などの非金属の添加剤および溶接棒の被覆材用などに用いられる。 二酸化マンガンは，乾電池，亜鉛分解の際の脱鉄剤，着色剤，乾燥剤，エナメル鉄線，ガラス工業などに用いられる。 塩化マンガンは，塗料乾燥剤，染料，医薬，蓄電池，塩化物合成触媒，肥料合成剤，窯業用顔料などに用いられる。 過マンガン酸カリウムは，酸化剤，防腐剤，殺菌剤，漂白剤，脱臭剤，除鉄剤，医薬などに用いられる。
有　害　性	粉じんまたはヒュームを長期間（少なくとも３カ月，通常は１～３年以上）吸入すると，パーキンソン病のような特有な中枢神経症状〔マスク様顔つき，突進症状（うしろから軽く押すとよろけたまま立ち止まることができない），小書症（字が拙劣でだんだん小さな字を書く），発語不明，鶏歩症など〕，四肢のふるえ，下肢のだるい感じ，頭痛，発汗その他の症状も起こる。 また，気管支炎や肺炎も発生する。

障害の予防	管理濃度　　0.05 mg/m^3（Mnとして）（レスピラブル粒子） 許容濃度　日本産業衛生学会　0.1 mg/m^3（Mnとして。有機マンガン化合物を除く）（総粉じん） 0.02 mg/m^3（Mnとして。有機マンガン化合物を除く）（吸入性粉じん） TLV　ACGIH　0.02 mg/m^3（Mnとして）（TLV-TWA）（レスピラブル粒子） 0.1 mg/m^3（Mnとして）（TLV-TWA）（インハラブル粒子） 製造工程は密閉式にし，必要に応じ局所排気装置またはプッシュプル型換気装置を設置する。作業後は入浴，うがい，洗眼を励行すること。
保　護　具	送気マスク，あるいはろ過材の等級が1以上の防じんマスクまたは電動ファン付き呼吸用保護具（PAPR）を必ず着け，保護めがね，化学防護手袋，化学防護服などを用いて皮膚の露出部がないようにすること。
応急措置	皮膚に付着した場合は，直ちに大量の水で洗い落とすこと。目に入った場合，流水で15分間以上洗い，眼科医の処置を受ける。 頭痛，手指のふるえ等の神経症状を訴えた場合は，医師の診断を受ける。
事　　例	①　非鉄金属精錬業で，マンガンの原鉱石を粉砕し，浮遊選鉱後，乾燥し粉砕する作業に従事する者3名が，マスク様顔つき，言語単調，鶏状歩行，小書症，軽度の人格変化などをきたした。 ②　二酸化マンガン，カーボンブラック，塩化アンモニウムなどを原料としてマンガン乾電池を製造していた者1名が，腱反射の亢（こう）進などの異常を起こした。

（33の2）メチルイソブチルケトン（特別有機溶剤等，特別管理物質）	
化学式等	$(CH_3)_2CHCH_2COCH_3$　イソブチルメチルケトン，2−メチル−4−ペンタノン，イソプロピルアセトン，MIBKともいう。
性　　質	融点−95℃，沸点117℃，蒸気圧2.1kPa（20℃）。常温で無色透明の液体。特異臭（クロロホルム臭）。水に微溶。支燃性。
おもな用途	硝酸セルロースおよび合成樹脂，ラッカー溶剤，石油製品の脱ろう剤，製薬工業，ペイントの剥離剤，など。
有　害　性	皮膚や粘膜に接触すると刺激を与える。高濃度を吸入すると麻酔作用がある。反復ばく露すると中枢神経，末梢神経，自律神経を障害する。 国際がん研究機関（IARC）2B（ヒトに対して発がん性を示す可能性がある）。マウスを使った2年間の試験で発がん性が認められた。
障害の予防	管理濃度　　20 ppm 許容濃度　日本産業衛生学会　50 ppm（200 mg/m^3） TLV　ACGIH　20 ppm（TLV-TWA） 75 ppm（TLV-STEL） 火気厳禁。容器は密栓し通風のよい冷所に保管する。強酸化剤と反応するため，一緒に置かない。 発散源を密閉化する設備，局所排気装置またはプッシュプル型換気装置を設置するなど，換気に留意する。
保　護　具	送気マスクまたは有機ガス用防毒マスクを着用させる。タンク内等の作業では送気マスクを着用させる。保護めがね，化学防護手袋，化学防護服などを用いて皮膚の露出部がないようにすること。

応急措置	皮膚に付着した場合は，直ちに大量の水で洗い落とすこと。目に入った場合，流水で15分間以上洗い，眼科医の処置を受ける。作業が終わったら，うがい，洗眼を励行すること。 吸入した場合は，直ちに被災者を毛布等にくるんで安静にさせ，新鮮な空気の場所に移し，速やかに医師の診察を受ける。呼吸困難または呼吸が停止しているときは直ちに心肺蘇生を行う。
事例	空容器集積場所において，空きドラム缶のトラック積み込み作業中，ドラム缶の縁にたまった雨水を排出するため，ドラム缶を転倒させたところ，ドラム缶内に残留していたメチルイソブチルケトンが側溝に流れ，作業者9名が中毒となった。

(34) 沃化メチル（特定第2類物質）	
化学式等	CH_3I
性質	融点−66.5℃，沸点42.5℃でエタノール，エーテルと任意の割合に混合する。また，水にも溶ける。空気中で光により一部分解して褐色になる。
おもな用途	屈折基準，検出液（ピリジン），医薬中間体，メチル化剤，集合触媒，くん蒸剤などに用いられる。
有害性	液体は揮発しやすく，蒸気にさらされる危険性が大きい。 液が皮膚に付くと，強い刺激症状があり，過敏になり発疹する。 蒸気を吸入すると，肺・肝・腎・中枢神経を侵す。症状は，めまい・悪心・嘔吐（おうと）・視覚および言語障害・運動失調・精神興奮・昏睡を起こし，死亡することもある。 吸入のほか，皮膚からも吸収する。
障害の予防	管理濃度　2 ppm 許容濃度　日本産業衛生学会　設定されていない TLV　ACGIH　2 ppm（TLV-TWA）Skin 製造工程は密閉式にし，必要に応じ局所排気装置またはプッシュプル型換気装置を設置する。
保護具	送気マスク，あるいは沃化メチル用防毒マスクを必ず着け，保護めがね，化学防護服などを用いて皮膚の露出部がないようにすること。
応急措置	皮膚に付着した場合は，直ちに大量の水で洗い落とすこと。目に入った場合，流水で15分間以上洗い，眼科医の処置を受ける。作業が終わったら入浴，うがい，洗眼を励行すること。 めまい等の自他覚症状が現れた場合は，医師の診断を受ける。
事例	①　化学工場で，試薬精製作業中に蒸気を吸入し，舌のもつれ，歩行障害などの症状が現れた。 ②　沃化メチルの試験製造過程において，脱水作業中に蒸気を吸入したところ，作業後，早くも幻覚症状が出始めた。さらに数日後には，視力不明瞭，発声不能，歩行障害，呼吸困難となり，一時は危険状態になったが，回復までには入院を含め5カ月を要した。

(34の2)　溶接ヒューム（管理第2類物質）	
化学式等	溶接する金属や溶接棒の成分により異なるが，酸化鉄〔Fe_2O_3〕，二酸化ケイ素〔SiO_2〕，酸化マンガン〔MnO〕等を含む。
性質	金属蒸気が空気中で冷却・凝固し，固体（金属または金属酸化物など）の微粒子となって浮遊しているもの。粒子径は1 μm以下。

おもな用途	金属アーク溶接等で発生する副産物
有　害　性	皮膚や粘膜に接触すると刺激を与える。吸入すると，金属熱，じん肺を生じる。 溶接ヒュームに含まれる塩基性酸化マンガン MnO，Mn_2O_3 について神経機能障害，呼吸器系障害が報告されている。初期には，全身の衰弱感，足の動かしにくい感じ，食欲不振，筋肉痛，神経質，いらいら，頭痛などがみられる。次の段階で，しゃべり方が断続的で遅く単調になり，感情のない表情，不器用そうで遅い四肢の動きや歩行などの症状が目立つようになる。さらに症状が進行すると，歩行障害が現れ，肘が曲がり，筋肉は緊張し，無意識な動きが細かい震えを伴って出てくる。最終的には，精神障害が現れることがある。 国際がん研究機関（IARC）1（ヒトに対して発がん性を示す）。ヒトで肺がん，腎がん関連が指摘されている。
障害の予防	管理濃度　　　　　　　　　　設定されていない 許容濃度　日本産業衛生学会　設定されていない TLV　　　ACGIH　　　　　設定されていない 金属アーク溶接等作業に労働者を従事させるときは，作業場所が屋内，屋外であるにかかわらず，有効な呼吸用保護具を当該労働者に使用させること。さらに，金属アーク溶接等作業を継続して行う屋内作業場については，個人サンプリング法の濃度測定による溶接ヒュームの空気中濃度が基準値を超える場合は，濃度測定の結果に応じて，労働者に有効な呼吸用保護具を使用させること。 溶接ヒュームの濃度測定の結果に応じ，換気装置の風量の増加その他必要な措置を講じる。
保　護　具	溶接ヒュームの濃度測定の結果で得られたマンガン濃度の最大値から「要求防護係数」を算定し，「要求防護係数」を上回る「指定防護係数」を有する呼吸用保護具を使用する。また，粉じん則により区分2（粒子捕集効率95%）以上の防護性能をもったものを選択しなければならない。 なお，金属アーク溶接等作業では，遮光保護具，溶接用保護面，保護帽，溶接用保護手袋，適切な呼吸用保護具等を着用する。
応急措置	皮膚に付着した場合は，流水で洗い落とすこと。目に入った場合，流水で15分間以上洗い，眼科医の処置を受ける。作業が終わったら，うがい，洗眼を励行すること。 吸入した場合は，新鮮な空気の場所に移し，呼吸しやすい姿勢で休息させ，気分が悪い時は医師の診察を受ける。
事　　　例	アークによる金属の溶断作業に従事する労働者2名が，マンガンを含む溶接ヒュームにばく露され，9～12カ月目に運動失調，脱力感，知能の減退などの症状が現れた。

（34の3）	**リフラクトリーセラミックファイバー（RCF）**（管理第2類物質，特別管理物質）
化学式等	Al_2O_3：30-40%，SiO_2：40-60%，R_nO_m：0-20%　セラミック繊維，非晶質アルミナシリカ繊維，アルミノシリケートウール（ASW），非晶質セラミックファイバーともいう。
性　　　質	白色のウール状，繊維。水・有機溶剤に不溶。非引火性。
おもな用途	断熱材，耐熱，耐火製品等。

有　害　性	皮膚や粘膜に接触すると刺激を与える。繰り返し吸入ばく露すると肺に炎症を生じ，肺機能低下や胸膜変化を生じる。じん肺症や肺がんになる疑いあり。 国際がん研究機関（IARC）2B（ヒトに対して発がん性を示す可能性がある）。
障害の予防	管理濃度　　5 μm 以上の繊維として 0.3 本／cm^3 許容濃度　日本産業衛生学会　設定されていない TLV　ACGIH　0.2 本／cm^3（TLV-TWA） RCF を取り扱う作業場は，発散源を密閉化する設備，局所排気装置またはプッシュプル型換気装置を設置するなど，換気に留意する。漏出時は，飛散しないように，超高性能エアフィルタ（HEPA）付掃除機などで回収する。
保　護　具	RCF 等を，窯，炉等に張り付けること等の断熱または耐火の措置を講ずる作業，または，それらの窯，炉等の補修，解体，破砕等の作業においては，100 以上の防護係数が確保できる呼吸用保護具（全面形の電動ファン付き呼吸用保護具（PAPR），送気マスク等）を使用し，粉じんの付着しにくい作業衣または保護衣（JIS T 8115 の浮遊固体粉じん防護用密閉服を含む）を着用する。必要に応じて，保護めがねを着用する。
応急措置	皮膚に付着した場合は，流水で洗い落とすこと。目に入った場合，流水で15 分間以上洗い，眼科医の処置を受ける。作業が終わったら，うがい，洗眼を励行すること。 吸入した場合は，新鮮な空気の場所に移し，呼吸しやすい姿勢で休息させ，気分が悪い時は医師の診察を受ける。
事　　例	米国とヨーロッパのコホート研究では，セラミックファイバーの吸入ばく露により肺機能障害が生じることが報告されている。 米国の研究では，胸膜異常と潜伏期間，ばく露の累積期間に有意な関連を認めた。

(35) 硫化水素（特定第2類物質）	
化学式等	H_2S
性　　質	融点 −85℃，沸点 −60℃，気体比重 1.2（空気より重い）。無色の腐卵臭のある気体で，水によく溶ける。高濃度では甘い臭いに近くなり，嗅覚が麻ひするので，注意を要する。爆発性が高い。 金属精錬や染料，農薬の製造過程でしばしば副生することがある。
おもな用途	分析試験（金属沈殿剤），金属の精製，各種工業薬品，農薬，医薬品の製造，蛍光体（夜光，蛍光染料），エレクトロルミネッセンス（面照明），フォトコンダクター（光電リレー露光計）製造，溶剤製造，皮革処理（脱毛剤）に用いられる。
有　害　性	目・鼻・のどの粘膜を刺激する。高濃度のガスを吸入すると頭痛，めまい，歩行の乱れ，呼吸障害を起こす。ひどいときは，意識不明，けいれん，呼吸麻ひを起こして死亡する。

硫化水素濃度と作用

ばく露濃度（ppm）	作　　用
0.03	臭いを感じる
50 ～ 100	気道刺激，結膜炎
100 ～ 300	嗅覚神経麻ひ，肺炎，肺水腫
600	1時間で致命的中毒（肺水腫など）
1,000 ～	即死（呼吸中枢麻ひ）

障害の予防	管理濃度　1 ppm 許容濃度　日本産業衛生学会　5 ppm（7 mg/m^3） TLV　ACGIH　1 ppm（TLV-TWA） 5 ppm（TLV-STEL） ボンベは通風のよい屋外に直射日光を避けて置く。取扱いは，密閉装置内で行い，また，ガスの発散場所は，局所排気装置またはプッシュプル型換気装置（吸収方式または酸化・還元方式の排ガス処理装置を設置）を設ける。 土木工事の地下作業場など硫化水素の発生する危険のある場所は，必ずガスの検知を行い，保護具を着用する必要がある。
保　護　具	送気マスク，あるいは硫化水素用防毒マスクの呼吸用保護具，保護めがねなどを着用する。
応急措置	ガスを吸入し意識を失った場合は，直ちに被災者を毛布等にくるんで安静にさせ，新鮮な空気の場所に移し，速やかに医師の診察を受ける。呼吸困難または呼吸が停止しているときは直ちに心肺蘇生を行う。 めまい等の自他覚症状が現れた場合は，直ちに医師の診察を受ける。
事　　例	①　紙加工品の製造工程におけるパルプ液の貯蔵槽の清掃作業を行うため，槽内に入ったところ硫化水素により被災した。これを救出するため槽内に入った者も被災した。 ②　温泉槽の清掃のため湯抜き後，マンホールに換気装置を設置し約30分換気後1名入槽したが倒れた。さらに救出するために2名が入槽して硫化水素により被災した。

(36) 硫酸ジメチル（特定第2類物質）	
化学式等	$(CH_3)_2SO_4$
性　　質	無色の油状の液体，無臭，比重は1.33，分解沸点188℃，引火点は83℃。
おもな用途	有機合成のメチル化剤，医薬品（ピリン剤，カフェイン，ビタミン等）の製造，染料，メチルセルロースの製造，芳香族炭化水素の抽出用溶剤，安定剤（無水硫酸，ジシアノエチレンモノマー）などに用いられる。
有　害　性	液体や蒸気が皮膚・粘膜に触れると刺激し，数時間後に重い炎症をきたし，また，流涙，咳，結膜炎などがみられる。 高濃度の蒸気に触れると，角膜が濁り，6 ～ 8時間後に呼吸困難，チアノーゼ（唇や爪先が紫色になる），肺水腫を起こし，ときには死亡する。
障害の予防	管理濃度　0.1 ppm 許容濃度　日本産業衛生学会　0.1 ppm（0.52 mg/m^3）　皮 TLV　ACGIH　0.1 ppm（TLV-TWA）Skin 容器は密閉して格納する。蒸気が発散する場所には，局所排気装置またはプッシュプル型換気装置（吸収方式または酸化・還元方式の排ガス処理装置を設置）を設ける。作業後に入浴，うがい，洗眼を励行すること。

保護具	送気マスク，あるいは有機ガス用防毒マスクの呼吸用保護具，保護めがね，耐透過性の化学防護手袋，化学防護衣類を使用する。
応急措置	皮膚に付着した場合は，直ちに大量の水で洗い落とすこと。目に入った場合，流水で15分間以上洗い，眼科医の処置を受ける。 作業衣が汚染した場合，直ぐに脱がせ，身体を十分に洗う。 吸入した場合は，直ちに被災者を毛布等にくるんで安静にさせ，新鮮な空気の場所に移し，速やかに医師の診察を受ける。呼吸困難または呼吸が停止しているときは直ちに心肺蘇生を行う。
事例	①　化学工場実験室で，パラニトロ系染料製造の実験中に蒸気が漏れ，12名が声がかれ，目が充血した。 ②　貨物取扱業で，硫酸ジメチル入りタンクローリーから貯蔵タンクに移送中，ホースが破損し，作業者1名の両眼に飛沫が入り，角膜，結膜が傷ついた。

3　第3類物質

第3類物質は，特定第2類物質とともに特定化学設備からの大量漏えい事故により発生する急性的障害を予防するため，一定の設備基準および管理を必要とすべき物質である。

健康診断に関しては雇入れ時ならびに定期の健康診断は義務付けられていないが，第3類物質が漏えいし，労働者がこれらの物により汚染されまたはこれらの物を吸入したときは，遅滞なく医師による診察または処置を受けなければならない（緊急診断）。

（1）アンモニア	
化学式等	NH_3
性質	沸点－33.5℃，密度0.77 g/L。特有の刺激臭のある無色の気体。圧縮することによって常温でも簡単に液化する。 空気中では燃焼しないが，酸素中では黄色の炎をあげて燃焼し，主に窒素と水を生じ，同時に少量の硝酸アンモニウム，二酸化窒素などを生成する。
おもな用途	半導体製造，窒素質肥料（尿素，硫安，塩安，硝安），化学繊維，アクリロニトリル，硝酸，メラミン，青酸，亜硝酸ソーダ，硝酸ソーダ，重炭酸アンモニウム，冷凍冷媒，染料，酸性中和剤，医薬品，酸化防止ガスなどに用いられる。
有害性	皮膚に接触すると刺激性および腐食性が強く紅斑を起こす。 目に入ると刺激性が強く，流涙，結膜炎，角膜混濁および潰瘍を起こす。 吸入すると，粘膜を刺激し，咳，たんが出る。高濃度の場合は，声門水腫，気管支炎，肺炎または肺水腫を起こし，呼吸が停止する。 経口的には消化器系の粘膜の炎症出血が起こる。 吸収されると少量のときは尿素となり排泄されるが，大量のときは脊髄，延髄が侵され急死することがある。

障害の予防	管理濃度　設定されていない 許容濃度　日本産業衛生学会　25 ppm（17 mg/m^3） TLV　ACGIH　25 ppm（TLV-TWA） 35 ppm（TLV-STEL） ボンベは直射日光を避け，通風のよい，衝撃等を受けるおそれのない安全なところへ保管する。酸素ボンベ等といっしょに置かない。 漏えいを認めた場合は，注意深く元栓を締める。元栓を締められない場合は，製造業者（または販売業者）に連絡する。業者が来るまで漏えい部をボロ布等でおおい注水を行う。 必要に応じ局所排気装置またはプッシュプル型換気装置，全体換気を設ける。作業が終わったら入浴，うがい，洗眼を励行すること。
保　護　具	送気マスク，あるいはアンモニア用防毒マスクを使用する。また，水溶液を取り扱う場合は，保護めがね，耐透過性の化学防護手袋，化学防護服を使用する。
応急措置	皮膚に付着した場合は，直ちに大量の水で洗い落とすこと。目に入った場合，流水で15分間以上洗い，眼科医の処置を受ける。 吸入した場合は，直ちに被災者を毛布等にくるんで安静にさせ，新鮮な空気の場所に移し，速やかに医師の診察を受ける。呼吸困難または呼吸が停止しているときは，直ちに心肺蘇生を行う。
事　例	①　冷凍庫のコイル部からアンモニアガスが漏れているので，修理するため，コイルカバーの溶断にかかったとき，内部のアンモニア・機械油・空気の混合ガスが爆発した。 ②　冷凍機室内の配管バルブの分解点検のため，事前に，配管中のアンモニアを排出しようとしたところ，噴出したアンモニアガスを浴び，被災死亡した。

（2）一酸化炭素	
化学式等	CO
性　質	沸点－191.5℃，融点－205.0℃の無色無臭の気体で空気とほぼ同じ重さである。
おもな用途	金属カルボニル，メタノール，アンモニア原料．冶金，有機合成に使用される。 また，副産物として燃焼排ガス，内燃機関の排ガスにも含まれる。
有　害　性	血液中のヘモグロビンと結合し，体内の酸素供給能力を妨げる結果，中毒症状が現れる。その症状は，頭痛，頭重，吐き気，めまい，まぶしい感じ，耳鳴り，発汗，四肢痛，全身倦(けん)怠，物忘れ等である。
障害の予防	管理濃度　設定されていない 許容濃度　日本産業衛生学会　50 ppm（57 mg/m^3） TLV　ACGIH　25 ppm（TLV-TWA） 一酸化炭素充てんボンベは直射日光を避け，通風のよい安全な場所に置く。 漏えいの有無を確実に点検する。作業中は一酸化炭素濃度を検知する。 必要に応じ局所排気装置またはプッシュプル型換気装置，全体換気を設ける。 （注）石油・ガスストーブ，練炭，ガソリンエンジン等の燃焼排気ガス中には，一酸化炭素が含まれているので，排気・換気に留意する。屋内，船倉，タンク内，ずい道内等換気の悪い場所では，上記のような内燃機関を使ってはならない。

保護具	送気マスク，あるいは一酸化炭素用防毒マスクを着用する。
応急措置	吸入した場合は，直ちに被災者を毛布等にくるんで安静にさせ，新鮮な空気の場所に移し，速やかに医師の診察を受ける。呼吸困難または呼吸が停止しているときは直ちに心肺蘇生を行う。 消火方法：粉末・炭酸ガス消火器。ボンベ等から漏れて着火しているときは，炎の根もとに粉末消火器を噴射する。
事例	①　建設業の作業者が直径1.2 m，深さ12 mの井戸の排水をするため，石油エンジン付きポンプを井戸内で駆動したところ，井戸内で2名が中毒を起こし倒れた。 ②　鋳物工場でキューポラの修理作業中，下部より吹き上げたガスを吸入し2名が死亡した。 ③　建設業の作業者が，コンクリート打ちを終えたし尿貯槽を乾燥するため，槽内に炭火を入れてあったが，その補充にはいった者が昏倒し死亡，救出者も中毒を起こした。換気を行わず，防毒マスクも使用しなかった。

(3) 塩化水素	
化学式等	HCl
性質	融点－114℃，沸点－84℃，空気に対する比重は1.27である。常温，常圧において無色の刺激臭をもつ気体で，湿った空気中で激しく発煙する。冷却すると無色の液体および固体となる。 メタノール，エタノールおよびエーテルに溶けやすい。
おもな用途	グルタミン酸ソーダの製造，しょう油，染料・中間物，香料，医薬品，農薬の製造，各種無機塩化物，その他化学薬品の製造に用いられる。
有害性	目，皮膚等に炎症を起こす。歯が侵される（歯牙酸蝕症）。 吸入すると，のど，鼻等の粘膜を刺激して咳が出る。多量に吸入すると肺水腫を起こし，死亡することがある。
障害の予防	管理濃度　　　　　　　　　　　設定されていない 許容濃度　日本産業衛生学会　2 ppm（3.0 mg/m³） TLV　　　ACGIH　　　　　2 ppm（TLV-C） 保管場所の電気設備は，気密で防食のものを使用する。 取扱い場所の通風・換気をよくする。必要に応じ局所排気装置またはプッシュプル型換気装置，全体換気を設ける。作業が終わったら入浴，うがい，洗眼を励行すること。
保護具	送気マスク，あるいは酸性ガス用防毒マスクを着用し，保護めがね，耐透過性の化学防護手袋，化学防護服を使用する。
応急措置	皮膚に付着した場合は，直ちに大量の水で洗い落とすこと。目に入った場合，流水で15分間以上洗い，眼科医の処置を受ける。 吸入した場合は，直ちに被災者を毛布等にくるんで安静にさせ，新鮮な空気の場所に移し，速やかに医師の診察を受ける。呼吸困難または呼吸が停止しているときは直ちに心肺蘇生を行う。
事例	①　過酸化水素工場で，塩酸タンクのドレンコックに頭を打ちつけ，バルブが破損したため，塩酸が吹き出して中毒および薬傷を負った。 ②　丸棒のきずの有無を試験する前に，丸棒の黒皮をとるため酸洗いを行っていたところ，酸洗槽が破損し，中にあった80℃の30％塩酸溶液がこぼれ出し薬傷を負った。

(4) 硝酸	
化学式等	HNO_3
性　　質	融点－42℃，沸点121℃，比重1.5の無色の液体である。吸湿性は強く発煙性が激しい。光にあたると一部分解する。
おもな用途	無機および有機の硝酸塩，硝酸エステルまたはニトロ化合物の合成，肥料（硝安）の製造の原料，医薬品，金属表面処理剤などに用いられる。98%以上の硝酸は火薬類（綿火薬，ニトログリコール，TNTなど）の製造に用いられる。
有 害 性	皮膚，粘膜，目に激しい薬傷を起こす。歯牙酸蝕症を起こすことがある。吸入により呼吸器を刺激し，数時間後に肺水腫を起こし死亡することがある。
障害の予防	管理濃度　設定されていない 許容濃度　日本産業衛生学会　2 ppm（5.2 mg/m^3） TLV　ACGIH　2 ppm（TLV-TWA） 4 ppm（TLV-STEL） 容器は密栓し，所定の場所に保管する。他の薬品，反応または混合危険を伴う物質と，一緒に置かない。こぼれた硝酸の吸い取りに有機物質は使用しない。 貯蔵場所には，多量の水が使えるように設備しておく。 充てん容器の取扱いは慎重に行い，衝撃・転倒などによってこぼさないようにする。作業が終わったら入浴，うがい，洗眼を励行すること。 通風・換気に留意し，蒸気を吸入しないように取り扱う。必要に応じ局所排気装置またはプッシュプル型換気装置，全体換気を設ける。中和方式の排液処理装置を設ける。
保 護 具	送気マスクまたは酸性ガス用防毒マスク，保護めがね，耐透過性の化学防護手袋，化学防護服を使用する。
応急措置	皮膚に付着した場合は，直ちに大量の水で洗い落とすこと。目に入った場合，流水で15分間以上洗い，眼科医の処置を受ける。 吸入した場合は，直ちに被災者を毛布等にくるんで安静にさせ，新鮮な空気の場所に移し，速やかに医師の診察を受ける。呼吸困難または呼吸が停止しているときは直ちに心肺蘇生を行う。飲み下した場合は，直ちに医師の処置を受ける。 消火方法：有機物質に触れて発火した場合，注水，泡消火器を使用する。
事　　例	①　硝酸を入れていた容器を持ち上げてポリバケツに移そうとしたとき，底部を持っていた手がすべり容器を落とした。容器が割れ，硝酸が地面に流れ，その中に足を滑らして手をついたために薬傷を負った。これを見た他の2名が助けようと現場にかけつけたが，2名とも滑って転び同じく薬傷を受けた。 ②　メッキ工場で，硝酸びんを移動中，ゴム手袋をはめた手が滑って，びんを転落させた。このため硝酸が吹き出し，これを浴びた。

(5) 二酸化硫黄（亜硫酸ガス）	
化学式等	SO_2
性　　質	融点－75.5℃，沸点－10℃の無色，不快な刺激臭のある気体で空気より重い（空気に対する比重2.26）。 水，硫酸，エタノール，酢酸に溶けやすい。

おもな用途	農業用くん蒸剤，殺虫剤，保存剤（果物及び野菜の防腐），殺菌剤，漂白剤，パルプ工業，消毒剤，防腐剤，鉱油の精製，化学薬品の製造等に用いられる。
有　害　性	粘膜，目に炎症を起こす。歯牙酸蝕症を起こすことがある。 吸入により呼吸器を刺激し，数時間後に肺水腫を起こし死亡することがある。
障害の予防	管理濃度　　　　　　　　　　設定されていない 許容濃度　日本産業衛生学会　検討中 TLV　　　ACGIH　　　　　0.25 ppm（TLV-STEL） 充てん容器等から漏らさない。取扱い場所の通風・換気をよくする。必要に応じ局所排気装置またはプッシュプル型換気装置，全体換気を設ける。
保　護　具	送気マスク，あるいは亜硫酸ガス用防毒マスクを着け，保護めがね，耐透過性の化学防護手袋，化学防護服を使用する。
応 急 措 置	吸入した場合は，直ちに被災者を毛布等にくるんで安静にさせ，新鮮な空気の場所に移し，速やかに医師の診察を受ける。呼吸困難または呼吸が停止しているときは直ちに心肺蘇生を行う。 ガスが大量に漏れた場合は，噴霧水でガスを吸収させ，風上へ退避させる。
事　　　例	①　蒸留塔トレー取替工事中，トレーに付着していた硫化鉄から溶接の熱で亜硫酸ガスが発生し作業中の労働者が中毒を起こした。防毒マスクの使用法が悪かったのが原因。 ②　亜硫酸ガス排煙集じん機が故障したので，内部へ入って点検中，仕切板の隙間から二酸化硫黄が逆流し，二酸化硫黄専用の防毒マスクを装着していなかったところから2名死亡し，1名が休業となった。

(6) フェノール	
化 学 式 等	C_6H_5OH　石炭酸ともいう。
性　　　質	融点41℃，沸点182℃，比重は常温で1.07で，特有な刺すような香気（フェノール臭）がある。白色～黄色結晶，融解すると無色の液体となる。アルコール，エーテル，液体二酸化硫黄，ベンゼンに溶けやすいが，パラフィン系炭化水素に微溶である。
おもな用途	広く有機合成化学に利用される基礎物質であり，フェノール樹脂，ピクリン酸，染料，サリチル酸の原料，溶剤，潤滑油の精製溶剤などで用いられる。消毒，殺菌剤，防腐剤などとしても用いられる。
有　害　性	皮膚に付くと薬傷を起こす。 粉じんを吸入したり，皮膚および粘膜から吸収されると，全身倦(けん)怠，吐き気，嘔吐(おうと)，不眠症を起こす。 飲んだ場合は，吐き気や激しい腹痛を起こし，多量のときは死亡することがある。
障害の予防	管理濃度　　　　　　　　　　設定されていない 許容濃度　日本産業衛生学会　5 ppm（19 mg/m^3）　皮 TLV　　　ACGIH　　　　　5 ppm（TLV-TWA）Skin 直射日光を避け，密栓して保管する。直接皮膚に触れないように取り扱う。取扱い場所の通風・換気をよくする。必要に応じ局所排気装置またはプッシュプル型換気装置，全体換気を設ける。

保　護　具	送気マスク，あるいは有機ガス用防毒マスクを着用し，保護めがね，耐透過性の化学防護手袋，化学防護服を使用する。
応急措置	皮膚に付着した場合は，直ちに大量の水で洗い落とすこと。目に入った場合，流水で15分間以上洗い，眼科医の処置を受ける。作業が終わったら入浴，うがい，洗眼を励行すること。 吸入した場合は，直ちに被災者を毛布等にくるんで安静にさせ，新鮮な空気の場所に移し，速やかに医師の診察を受ける。呼吸困難または呼吸が停止しているときは直ちに心肺蘇生を行う。 飲み下した場合は，直ちに医師の処置を受ける。 消火方法：水噴霧，粉末・炭酸ガス消火器。
事　　　例	①　フェノール工場の定期修理において，不要になった回収油送液パイプの取外し作業を行っていた際，パイプ内の残液（希薄フェノール，濃度9%）が上半身にかかり，薬傷を負った。火傷の程度は第1度であったが，ショックにより死亡した。 ②　鋳物砂にフェノール樹脂をコーティングする工程において，反応槽の配管修理後の点検作業を行っていた被災者1名が，バルブからフェノールが漏れているのを発見し，これに近づいたところ転倒し，蒸気を吸入するとともに薬傷を負った。

(7) ホスゲン	
化学式等	$COCl_2$　カルボニルクロライドともいう。
性　　　質	融点－127.8℃，沸点7.8℃の常温では新鮮な乾草のにおいを有する無色の気体で空気よりやや重い（比重1.4，蒸気密度3.4)。水にわずかに溶けて加水分解する。 ベンゼン，トルエン，酢酸その他の有機溶媒に溶けやすい。油脂類にはほとんど溶けない。
おもな用途	染料および染料中間体の原料，イソシアネートの原料，接着剤・塗料などのポリウレタン系製品および繊維処理剤，除草剤等に用いられる。
有　害　性	ホスゲンは猛毒で，毒性ガスの代表の1つである。 吸入により呼吸中枢の刺激があり，数時間後に急激な症状が現れる。
障害の予防	管理濃度　　設定されていない 許容濃度　日本産業衛生学会　0.1 ppm（0.4 mg/m^3) TLV　ACGIH　0.1 ppm（TLV-TWA） 0.01 ppm（TLV-C） 使用中，容器や配管等から漏えいしないように，十分点検する。 蒸気が発散する作業場所には，換気装置を設ける。 ホスゲン用ガス検知管などによる簡易検知を行う。
保　護　具	送気マスク，あるいはハロゲンガス用防毒マスクを着け，保護めがね，耐透過性の化学防護手袋，化学防護服を使用する。
応急措置	被災者を救出する場合は，空気呼吸器等を必ず着用して救出に当たる。 吸入した場合は，直ちに被災者を毛布等にくるんで安静にさせ，新鮮な空気の場所に移し，速やかに医師の診察を受ける。呼吸困難または呼吸が停止しているときは直ちに心肺蘇生を行うが，人工呼吸は原則として避ける。

事　　例	ホスゲン用配管修理のため，ゴム管を臨時に使用したが，内圧が上昇してホースが破れ，ホスゲンが漏れ被災した。自動車で病院へ行ったが，1名が4時間後に死亡した。

(8) 硫　酸	
化学式等	H_2SO_4
性　　質	融点10.5℃，沸点340℃，比重1.8の無色粘ちょうな油状の液体である。熱すると290℃で三酸化硫黄を発生して分解しはじめる。 濃硫酸は，脱水作用があるので種々の化合物から酸素と水素を水の割合で奪取するため，多くの有機物から炭素を遊離させる。
おもな用途	化学工業の基礎原料に用いられるほか金属精錬，製鋼，紡織，製紙，食料品加工など広範囲にわたって用いられる。また実験室での用途も広い。
有 害 性	皮膚等に付くと，薬傷を起こす。目に入ると，失明することがある。 蒸気を長期間吸入すると，歯牙酸蝕症を起こす。
障害の予防	管理濃度　設定されていない 許容濃度　日本産業衛生学会　1 mg/m³ TLV　ACGIH　0.2 mg/m³（TLV-TWA） 漏えいの有無を定期的に点検する。取扱い場所の通風・換気をよくする。必要に応じ局所排気装置またはプッシュプル型換気装置，全体換気を設ける。中和方式の排液処理装置を設置する。
保 護 具	送気マスクまたは酸性ガス用防毒マスク，ろ過材の等級が1以上の防じんマスクまたは電動ファン付き呼吸用保護具（PAPR），防じん機能付き防毒マスクの呼吸用保護具，保護めがね，耐透過性の化学防護手袋，化学防護服を使用する。
応急措置	皮膚に付着した場合は，直ちに大量の水で洗い落とすこと。目に入った場合，流水で15分間以上洗い，眼科医の処置を受ける。作業が終わったら入浴，うがい，洗眼を励行すること。 吸入した場合は，直ちに被災者を毛布等にくるんで安静にさせ，新鮮な空気の場所に移し，速やかに医師の診察を受ける。呼吸困難または呼吸が停止しているときは直ちに心肺蘇生を行う。 作業衣が汚染した場合は，直ちに脱がせ，身体を十分に洗う。こぼした場合は，大量の水で洗い流す。 消火方法：注水厳禁。砂・灰をかける（火災時には，有毒な SO_2 ,SO_3 が発生する）。
事　　例	①　硫酸工場で，定期修理が終わったので，総合試運転を行ったところ，フランジのボルトがまだ締め付けてなかったため，硫酸が吹き出して7名が薬傷を負った。 ②　青果市場において，強化液消火剤の詰めかえ作業中に，消火器が爆発，顔面に硫酸による薬傷を負った。

4　排ガス処理の必要な物質

(1) アクロレイン	
化学式等	CH_2CHCHO　アクリルアルデヒドともいう。
性　　質	液体，無色または微黄色，不快な刺激臭，水に可溶，重合しやすい。比重 0.84，蒸気密度 1.9，沸点 53℃，引火点 −26℃。
おもな用途	グリセリン・アリルアルコール・塗料・医薬などの原料，催涙ガス用。
有　害　性	液が皮膚に付くと激しい炎症を起こす。蒸気は目・鼻を強く刺激する。また，吸入すると気管支炎を起こす。熱または炎にさらすと，分解して毒性の高い煙を発生する。
障害の予防	管理濃度　設定されていない 許容濃度　日本産業衛生学会　0.1 ppm（0.23 mg/m^3） TLV　ACGIH　0.1 ppm（TLV-C） 反応性が強いので安定剤を加え，空気を遮断するための窒素ガスなどを封入して貯蔵する。取扱い場所の通風・換気をよくする。必要に応じ局所排気装置またはプッシュプル型換気装置（吸収方式または直接燃焼方式の排ガス処理装置を設置）を設ける。
保　護　具	送気マスクまたは有機ガス用防毒マスクを，保護めがね，耐透過性の化学防護手袋，化学防護服を使用する。
応急措置	皮膚に付着した場合は，直ちに大量の水で洗い落とすこと。目に入った場合，流水で 15 分間以上洗い，眼科医の処置を受ける。作業が終わったら入浴，うがい，洗眼を励行すること。 吸入した場合は，直ちに被災者を毛布等にくるんで安静にさせ，新鮮な空気の場所に移し，速やかに医師の診察を受ける。呼吸困難または呼吸が停止しているときは直ちに心肺蘇生を行うが，人工呼吸は原則として避ける。 消火方法：粉末・炭酸ガス消火器を用いる。
事　　例	メチオニンを製造する工程で，排気溜めからゴムホース排液を移す際，排液がでないため排出口を針金で突ついたところ排液が吹き出し，アクロレイン工場および周囲に漂い，事業所従業員および住民多数が目の痛み，流涙の症状を訴えた。

(2) 弗化水素（第 2 類物質，118 頁参照）

(3) 硫化水素（第 2 類物質，126 頁参照）

(4) 硫酸ジメチル（第 2 類物質，127 頁参照）

5　排液処理の必要な物質

(1) アルキル水銀化合物（アルキル基がメチル基またはエチル基である物に限る）（第 2 類物質，82 頁参照）

(2) 塩　酸	
化学式等	HCl
性　質	塩化水素の水溶液で，塩化水素酸ともいう。市販の濃塩酸はおよそ30～40%の塩化水素を含む。
おもな用途	強酸として実験室に，工業用ブリキの脱スズ，塩化物・医薬品・色素類の製造。また，アミノ酸醤油，でん粉の糖化に用いる。
有害性	第3類物質　塩化水素と同じ。
障害の予防	第3類物質　塩化水素と同じ。中和方式の排液処理装置を設置する。
保護具	第3類物質　塩化水素と同じ。
応急措置	皮膚に付着した場合は，直ちに大量の水で洗い落とすこと。目に入った場合，流水で15分間以上洗い，眼科医の処置を受ける。 吸入した場合は，直ちに被災者を毛布等にくるんで安静にさせ，新鮮な空気の場所に移し，速やかに医師の診察を受ける。呼吸困難または呼吸が停止しているときは直ちに心肺蘇生を行う。
事　例	①　過酸化水素工場で，塩酸タンクのドレンコックに頭を打ちつけ，バルブが破損したため，塩酸が吹き出して中毒および薬傷を負った。 ②　丸棒のきずの有無を試験する前に，丸棒の黒皮をとるため酸洗いを行っていたところ，酸洗槽が破損し，中にあった80℃の30%塩酸溶液がこぼれ出し薬傷を負った。

(3) 硝酸（第3類物質，131頁参照）

(4) シアン化カリウム（第2類物質，97頁参照）

(5) シアン化ナトリウム（第2類物質，99頁参照）

(6) ペンタクロロフェノールおよびそのナトリウム塩（第2類物質，120頁参照）

(7) 硫酸（第3類物質，134頁参照）

(8) 硫化ナトリウム	
化学式等	$Na_2S \cdot 9H_2O$　硫化ソーダともいう。
性　質	黄色の潮解性のある結晶，空気中で酸化してチオ硫酸ソーダを生じ，弱酸によって硫化水素を発生する。アルコールに難溶，エーテルに不溶，腐食性が強い。比重2.47。
おもな用途	ビスコース人絹・スフの脱硫，硫化染色の製造，皮膚の脱毛剤，排水中の重金属の除去などに用いられる。
有害性	皮膚に接触すると腐食する。目に入ると炎症を起こす。
障害の予防	管理濃度　設定されていない 許容濃度　日本産業衛生学会　設定されていない TLV　ACGIH　設定されていない 容器は密閉し湿気の少ないところに保管する。酸類の保管場所を隔離する。 酸化・還元方式の排液処理装置を設置する。
保護具	送気マスク，あるいはろ過材の等級が1以上の防じんマスクまたは電動ファン付き呼吸用保護具（PAPR），硫化水素ガス用または亜硫酸ガス用防毒マスクの呼吸用保護具，保護めがね，耐透過性の化学防護手袋，化学防護服を使用する。

応急措置	皮膚に付着した場合は，直ちに大量の水で洗い落とすこと。目に入った場合，流水で15分間以上洗い，眼科医の処置を受ける。作業が終わったら入浴，うがい，洗眼を励行すること。 消火方法：水をかける。
事　　例	①　化学工場でドラム缶運搬中，皮膚に硫化ナトリウムを付け，薬傷を起こし1名が10日休業した。 ②　パルプ苛性化設備の定期修理で残留パルプ原液中の硫化ナトリウムが酸洗い液と反応し，硫化水素が発生し中毒を起こした。

6　特別規定（特化則第5章の2で規制されている物質）

(1) 1･3-ブタジエン	
化学式等	C_4H_6　$H_2C = CH - CH = CH_2$
性　　質	沸点－4℃，引火点－76℃，無色の圧縮液化ガス，特有の臭気あり。水に不溶だが，メタノール，エタノールなどに溶ける。容易に発火する。
おもな用途	大半が合成ゴム（SBR，NBRなど）の原料であるが，ABS樹脂，ナイロン66の原料にも使用される。
有　害　性	咳を伴い眼，鼻，喉頭および肺を刺激する。濃厚なガスは，麻酔作用がある。液化1,3-ブタジエンの接触により，皮膚に凍傷を起こした事例報告がある。 繰り返しのばく露による血液系，心臓，肝臓，骨髄，精巣の障害のおそれがある。また，発がん性がある。
障害の予防	管理濃度　　設定されていない 許容濃度　日本産業衛生学会　設定されていない TLV　ACGIH　2 ppm（TLV-TWA）
保　護　具	送気マスク，あるいは有機ガス用防毒マスクの呼吸用保護具，保護めがね，耐透過性の化学防護手袋，化学防護服を使用する。
応急措置	皮膚に付着した場合は，直ちに大量の水で洗い落とすこと。目に入った場合，流水で15分間以上洗い，眼科医の処置を受ける。 消火方法：水をかける。

(2) 1･4-ジクロロ-2-ブテン	
化学式等	$C_4H_6Cl_2$　2塩化-2-ブチレン，DCBともいう。 $Cl - CH_2 - CH = CH - CH_2 - Cl$
性　　質	融点－20℃，沸点156℃，蒸気圧0.4kPa（20℃），常温で無色ないし褐色の液体。引火性あり。
おもな用途	ヘキサメチレンジアミン，クロロプレン製造の中間体
有　害　性	皮膚，眼粘膜に対する刺激作用がある。高濃度吸入ばく露で呼吸障害，咳，胸骨下疼痛，流涙，頭痛，昏睡がみられる。低濃度吸入ばく露で，中枢神経抑制，頭痛，呼吸器刺激が生じる。吸入ばく露後も倦怠感，頭痛，胸腹部の不快感がみられる。 ラットの動物実験で鼻腔腫瘍が報告されている。

障害の予防	管理濃度　設定されていない 許容濃度　日本産業衛生学会　0.002 ppm TLV　ACGIH　0.005 ppm（TLV-TWA）Skin 強力な酸化剤，塩基に触れてはならない。光分解性がある。湿気を含んだ空気，水，塩酸で分解する。熱分解により塩化水素が発生する。 製造設備を密閉化とし，遠隔操作にする。ガスなどが発散する場所では，労働者の身体に直接接触しない方法により行い，かつ，当該作業場所に囲い式フードの局所排気装置またはプッシュプル型換気装置を設ける。
保護具	送気マスク，あるいは，有機ガス用全面形防毒マスクなどを使用する。保護めがね，または全面形マスク，耐透過性の化学防護手袋などを用いて皮膚の露出部がないようにすること。
応急措置	皮膚に付着した場合は，直ちに大量の水で洗い落とすこと。目に入った場合，流水で15分間以上洗い，眼科医の処置を受ける。作業が終わったら入浴，うがい，洗眼を励行すること。 吸入した場合は，直ちに被災者を毛布等にくるんで安静にさせ，新鮮な空気の場所に移し，速やかに医師の診察を受ける。呼吸困難または呼吸が停止しているときは直ちに心肺蘇生を行う。 万一こぼした場合は，直ちに適切な距離を漏えい区域として隔離し，関係者以外の立入りを禁止する。

(3) 硫酸ジエチル	
化学式等	$(C_2H_5)_2SO_4$　DESともいう。
性質	沸点209℃，油状で無色の液体，空気にばく露すると茶色になる。不快な刺激臭，水に可溶，重合しやすい。
おもな用途	強力なエチル化剤で染料，医薬品，農薬，化学工業で広範な用途がある。
有害性	液体や蒸気が皮膚・粘膜に触れると刺激し，数時間後に重い炎症をきたし，また，流涙，咳，結膜炎などがみられる。 高濃度の蒸気に触れると，角膜が濁り，数時間後に呼吸困難，チアノーゼ（唇や爪先が紫色になる），肺水腫を起こし，ときには死亡する。飲み込むと，腹痛，灼熱感，吐き気，咽頭痛を起こすことがある。 発がん性がある。
障害の予防	管理濃度　設定されていない 許容濃度　日本産業衛生学会　設定されていない TLV　ACGIH　設定されていない
保護具	送気マスク，あるいは有機ガス用防毒マスクの呼吸用保護具，保護めがね，耐透過性の化学防護手袋，化学防護服を使用する。
応急措置	皮膚に付着した場合は，直ちに大量の水で洗い落とすこと。目に入った場合，流水で15分間以上洗い，眼科医の処置を受ける。作業が終わったら入浴，うがい，洗眼を励行すること。 作業衣が汚染した場合，直ぐに脱がせ，身体を十分に洗う。 吸入した場合は，直ちに被災者を毛布等にくるんで安静にさせ，新鮮な空気の場所に移し，速やかに医師の診察を受ける。呼吸困難または呼吸が停止しているときは直ちに心肺蘇生を行う。

(4) 1·3-プロパンスルトン	
化学式等	$C_3H_6O_3S$　1·2-オキサチオラン-2·2-ジオキシドともいう。
性　　質	融点31℃，沸点（112℃）以下で分解，蒸気圧0.013 kPa（31℃），特徴的な臭気のある白色の結晶または無色の液体。
おもな用途	合成樹脂，繊維，塗料，染料，医農薬の合成中間体，電解液原料
有　害　性	皮膚，眼粘膜に対する刺激作用があり，接触皮膚炎の報告がある。 動物実験で発がん性が確認されている。
障害の予防	管理濃度　　　　　　　　　　設定されていない 許容濃度　日本産業衛生学会　設定されていない TLV　　　ACGIH　　　　　　（すべての経路からのばく露をできるだけ低くするようコントロールすること。） 加熱すると分解し，有害なヒューム（硫黄酸化物など）が生じる。湿気と反応し，有毒な3-プロパンスルホン酸を生成する。 製造設備を密閉化とし，遠隔操作にする。製造または取り扱う設備は堅固な材料で造り，腐食防止措置を施すこと。
保　護　具	保護めがね，化学防護手袋，化学防護服，保護長靴などを用いて皮膚の露出部がないようにすること。呼吸用保護具は，全面形防じん機能付き防毒マスクの使用が望まれる（この場合保護めがねは不要）。
応急措置	皮膚に付着した場合は，直ちに大量の水で洗い落とすこと。目に入った場合，流水で15分間以上洗い，眼科医の処置を受ける。作業が終わったら入浴，うがい，洗眼を励行すること。 万一こぼした場合は，適切な距離を漏えい区域として隔離し，関係者以外の立入りを禁止する。
事　　例	ドイツの化学工場で1·3-プロパンスルトンに職業ばく露された労働者に腸，造血器，腎の悪性腫瘍の報告がある。

7　禁止物質

労働者に重度の健康障害を生ずる物として，以下の物質は製造・輸入・譲渡・提供・使用が禁止されている（安衛法第55条，安衛令第16条第1項）。

(1) 黄りんマッチ

(2) ベンジジンおよびその塩

(3) 4-アミノジフェニルおよびその塩

(4) 石綿（石綿分析用試料等を除く）

(5) 4-ニトロジフェニルおよびその塩

(6) ビス（クロロメチル）エーテル

(7)　ベーター-ナフチルアミンおよびその塩

(8)　ベンゼンを含有するゴムのり

8　四アルキル鉛等

四アルキル鉛

化学式等

四アルキル鉛とは，労働安全衛生法施行令別表第5第1号において，5種類の四アルキル鉛化合物およびこれらを含有するアンチノック剤と定義している。これらの5種類の化合物は，いずれも鉛（Pb）とメチル基 CH_3，エチル基 C_2H_5 などの飽和炭化水素より水素が1つ少ない C_nH_{2n+1} で表されるアルキル基と呼ばれるものとの化合物であり，それぞれメチル基やエチル基の合計の4個が鉛と組み合わせたものである。

第1表　四アルキル鉛の化学分子式等

物質名	化学分子式	炭素数	沸点（℃）
四エチル鉛	$Pb(C_2H_5)_4$	8	約200
一メチル・三エチル鉛	$Pb(C_2H_5)_3CH_3$	7	179.4
二メチル・二エチル鉛	$Pb(C_2H_5)_2(CH_3)_2$	6	159.4
三メチル・一エチル鉛	$Pb(C_2H_5)(CH_3)_3$	5	139.4
四メチル鉛	$Pb(CH_3)_4$	4	110

また，四アルキル鉛等とは，四アルキル鉛および加鉛ガソリンをいう。

アルキル基としては，その他にブチル基やプロピル基等いくつかあるが，現実に耐爆剤に用いられるのは上記の5種類のアルキル鉛だけであり，また上記の5種類以外のアルキル鉛の生体作用は，幾分これらの種類のものとは異なっているので，四アルキル則の対象から除かれている。

性　質

四メチル鉛（TML）と四エチル鉛（TEL）の性状は，第2表のとおりである。

第2表　四アルキル鉛の性状

性状	四メチル鉛（TML）	四エチル鉛（TEL）	備考
分子式	$Pb(CH_3)_4$	$Pb(C_2H_5)_4$	加熱，ハロゲン化合物溶液，硫酸，硝酸，紫外線で分解する。
分子量	267.35	323.45	
比重	2.00	1.66	
色	無色透明(工業用は黄に着色)	無色透明(工業用は黄に着色)	
臭気	ハッカ臭	芳香性，アセチレン様甘味	
沸点	110℃	約200℃	
融点	−27.5℃	−136.8℃	
溶解性	溶剤，脂肪，リポイドに易溶，水にもわずかに溶ける	溶剤，脂肪，リポイドに易溶，水に不溶	
引火点	37.7℃	93℃	
許容濃度 TLV	0.15 mg/m³（TLV-TWA）Skin（鉛量として，ACGIH）	0.075 mg/m³（鉛量として，日本産業衛生学会）皮 0.1 mg/m³（TLV-TWA）Skin（鉛量として，ACGIH）	経皮吸収がある。（日本産業衛生学会，ACGIH）

	液中鉛量	77.5%（重量パーセント）	64.1%（重量パーセント）	
	致死量	ラット経口 83 mgPb/kg	ヒトは5 mg/L は10分吸入で死亡，犬は0.3 cc/kg 塗布死亡，ラット経口 11 mgPb/kg	米国データ

（注）ACGIH の許容濃度 TLV-TWA（時間加重平均値）は2023年による。

おもな用途	アンチノック剤
有害性	四アルキル鉛は，リポイドに富む中枢神経を早期に侵すことから，中枢神経症状および精神症状がまず現れる。すなわち，不眠や悪夢をみたり，いらいらしたりしてものごとに過敏となるなど落着きがなくなる。また，食欲不振や嘔吐，体重の減少や倦怠感なども現れる。発熱，著しい体温下降，腹痛，下痢，言語障害，記憶喪失などの症状も現れることがある。 四アルキル鉛が大量に呼吸器あるいは皮膚から身体内に入ったときは，以上のような中枢神経症状に引き続いて，急激に暴れ出したり，うわごとをいったり，興奮状態になるなどの精神症状が現れる。さらに症状が進むと，昏睡状態となり，全身けいれんを起こし，全身衰弱状態となって死亡する。これらの症状はいろいろな組み合わせがあり，一般的には，大量に吸入した者は早く精神の症状が発現するようである。四アルキル鉛が繰り返し少量ずつ体内に侵入した場合についても，上記の症状が現れるので注意が必要である。 重症の例では数日間で死亡する場合もあるが，発病して2週間程度経過した者は，漸次，精神症状が軽快していく。そしてこの症状の改善は，身体から鉛が排出するほど早いようである。また，ばく露から2週間経過した後も何らの症状を示さないときは，発病のおそれはないものとしてよい。いずれにせよ，四アルキル鉛中毒は，上記症状の発現者の早期発見と早期治療が大切である。
健康管理	事業者は，四アルキル則に基づき，労働安全衛生法施行令別表第5で規定された業務に常時従事する労働者に対し，雇入れの際，当該業務への配置換えの際およびその後6カ月以内ごとに1回，定期に健康診断を行わなければならない。 事業者は，健康診断の結果に基づき，四アルキル鉛健康診断個人票を作成して，これを5年間保存するとともに，健康診断を行ったときには，遅滞なく，四アルキル鉛健康診断結果報告書を所轄の労働基準監督署長に提出しなければならない。 また，事業者は，労働者の身体が四アルキル鉛等によって汚染されたりこれらを飲み込んだとき，四アルキル鉛蒸気を吸入したり加鉛ガソリンの蒸気を多量に吸入したとき，あるいは四アルキル鉛等業務に従事した労働者で前述の神経症状や精神症状が認められたときには，当該症状を訴えた者に遅滞なく医師の診察を受けさせなければならない。 このとき，事業者は医師の診察の結果，異常が認められなかった労働者にも，その後2週間，医師による観察を受けさせなければならない。
保護具	送気マスク，あるいは有機ガス用防毒マスクの呼吸用保護具，保護めがね，化学防護手袋，化学防護服を使用する。
応急措置	労働者の身体および衣類が四アルキル鉛等により汚染されたときには，直ちに5%過マンガン酸カリウム溶液または洗浄用灯油により汚染部分を清拭し，石けん等で完全に洗浄した後，四アルキル鉛健康診断を受けるようにする必要がある。

事　　例	①　港湾荷役業者の作業者が，ドラム缶入りの四エチル鉛の荷役中に中毒した。 ②　加鉛ガソリンタンク内で保護具を着けないで作業し，悪心，頭重を訴えた。

第3編
作業環境の改善方法

各章のポイント

【第１章】特定化学物質・四アルキル鉛の物理化学的性状と危険有害性

□　作業主任者が効果的な作業環境改善対策を行ううえで重要な，特定化学物質の空気中における性状，分類について学ぶ。

【第２章】作業環境管理の工学的対策

□　工学的な作業環境対策としては，①原材料の転換，②生産工程，作業方法の改良による発散防止などの複数の対策があり，具体的対策を選ぶ上では有害物質の種類や発散時の性状，作業の形態などを吟味する必要がある。

【第３章および第４章】局所排気／プッシュプル換気

□　局所排気またはプッシュプル換気は，有害物質が発散する工程で，作業者の手作業が必要などの理由で発散源を密閉できない場合に有効な対策である。

【第５章】全体換気

□　全体換気は，給気口から入ったきれいな空気が有害物質で汚染された空気と混合希釈を繰り返しながら換気扇に吸引排気され，有害物質の平均濃度を下げる方法である。

【第６章】局所排気装置等の点検

□　局所排気装置等の性能を維持するためには，常に点検・検査を行い，その結果に基づいて適切なメンテナンスを行うことが重要である。

【第７章】特別規則の規定による多様な発散防止抑制措置

□　作業主任者は多様な発散防止抑制措置の内容，作用等をよく理解し，作業者が正しい作業方法を守って作業するよう指導しなければならない。

【第８章】化学物質の自律的な管理による多様な発散防止抑制措置

□　化学物質の自律的な管理に委ねてよいとされる認定要件を知る。

【第９章】特定化学物質の製造，取扱い設備等の管理

□　第１類物質，第２類物質，第３類物質等の製造，取扱い設備等の管理の要点について学ぶ。

【第 10 章】作業環境測定と評価

□　作業主任者は，作業現場の詳しい状況や作業内容等の情報を作業環境測定士に提供することが必要である。

【第 11 章】用後処理

□　物質の種類に応じた用後処理装置の仕組みについて学ぶ。

【第 12 章】四アルキル鉛等業務に係わる措置

□　四アルキル鉛等業務における設備等の整備について学ぶ。

第1章　特定化学物質・四アルキル鉛の物理化学的性状と危険有害性

特定化学物質・四アルキル鉛を取り扱う作業場では，作業に伴ってこれらの物質が発散すると，作業場の空気を汚染し，そこで働く作業者の健康に悪い影響を与える。作業主任者が自分の作業場で発散する物質の性状を理解することは，効果的な作業環境改善対策を行うために重要である。

特定化学物質には物理化学的な性質の異なる多くの物質があり，発散のメカニズムも空気中における性状もそれぞれ異なっているが，環境の空気中に存在する特定化学物質を大きく分けると気体物質と粒子状物質があり，さらに気体物質はガスと蒸気，粒子状物質は粉じん（ダスト），ヒューム，およびミストに分類される。また，四アルキル鉛は蒸気として発散する（**表3-1**）。

1　ガ　　ス

気体のうちガスと呼ばれるのは常温，常圧（25℃，1気圧）で気体である物質のことであり，多くの特定化学物質が，化学工業で原料（塩化ビニル，塩素，シアン化水素，弗化水素，ホルムアルデヒド，アンモニア，一酸化炭素，二酸化硫黄，ホスゲン），中間体（塩化水素），製品（エチレンオキシド，塩素，弗化水素，ホルムアルデヒド，アンモニア，二酸化硫黄）として大量に貯蔵され取り扱われているほか，化学実験室（塩素，硫化水素），医療機関（ホルムアルデヒド），倉庫（シアン化水素，臭化メチル），冷蔵庫（アンモニア），浄水場（塩素），電子工業（弗化水素）などでも取り扱われている。

ガスが作業環境の空気中に漏れ出てくる原因の多くが，化学設備（塔，槽，反応容器，配管系）や高圧ガス容器（シリンダー，ガスボンベ）に入れられているものが，パッキングの劣化，配管系の接続不完全，誤操作などにより漏えいしたことによるものである。漏えいが少量の場合にはなかなか気付かれずに放置されていることが少なくない。

時には予期せぬ化学反応によってガスが発生することもある。めっき工場ではめっきの光沢を出すために，めっき液（電解液）にシアン化合物を加えて錯塩とす

表 3-1　空気中における特定化学物質等の性状，分類

分類		状態	性状	例
気体物質	ガス	気体	常温，常圧で気体のもの。	塩化ビニル，塩素，シアン化水素，臭化メチル，弗化水素，ホルムアルデヒド，硫化水素，アンモニア，一酸化炭素，塩化水素，二酸化硫黄，ホスゲン
	蒸気		常温，常圧で液体または固体の物質が蒸気圧に応じて揮発または昇華して気体となっているもの。	塩素化ビフェニル，ベンゾトリクロリド，アクリロニトリル，アルキル水銀，エチルベンゼン，エチレンイミン，オルト-トルイジン，クロロホルム，クロロメチルメチルエーテル，コールタール，酸化プロピレン，四塩化炭素，1･4-ジオキサン，1･2-ジクロロエタン，1･2-ジクロロプロパン，ジクロロメタン，ジメチル-2･2-ジクロロビニルホスフェイト，1･1-ジメチルヒドラジン，水銀，スチレン，1･1･2･2-テトラクロロエタン，テトラクロロエチレン，トリクロロエチレン，トリレンジイソシアネート，ナフタレン，ニッケルカルボニル，ニトログリコール，ベータ-プロピオラクトン，ベンゼン，メチルイソブチルケトン，沃化メチル，硫酸ジメチル，フェノール，四アルキル鉛
粒子状物質	粉じん（ダスト）	固体	固体有害物に研磨，切削，粉砕等の機械的な作用を加えて発生した固体微粒子が空気中に浮遊しているもの（粒径1～150 μm程度）。	ジクロルベンジジン，オルト-トリジン，弗化ベリリウム，アクリルアミド，インジウム，硫化カドミウム，無水クロム酸，五酸化バナジウム，コバルト，三酸化二アンチモン，硫化ニッケル，砒素，二酸化マンガン，リフラクトリーセラミックファイバー
	ヒューム		気体（たとえば金属の蒸気）が空気中で凝固，化学変化を起こし，固体の微粒子となって空気中に浮遊しているもの（粒径0.1～1 μm程度）。	溶融金属の表面から発生する酸化物，たとえば酸化鉛，酸化ベリリウム，酸化カドミウム，五酸化バナジウム，酸化コバルト，コールタール，三酸化二アンチモン，溶接ヒューム，塩基性酸化マンガン
	ミスト	液体	液体の微細な粒子が空気中に浮遊しているもの（粒径5～100 μm程度）。	塩素化ビフェニル，クロム酸，コールタール，シアン化物，硫酸ジメチル，硝酸，硫酸

ることが多い。また亜鉛めっきの耐食性を増すためのユニクロム加工では，クロム酸液中で酸化皮膜を生成させた後，光沢を出すための洗浄にシアン化ナトリウム液が使われる。これらの液はアルカリ性であるのでシアン化水素は発生しない。一方，めっき前のさび落としには塩酸，硫酸，硝酸などの酸が使われるほか，クロムめっきにはクロム酸液が使われる。これらの液から発散したミストが気流で拡散して混合したり，こぼれた液が下水に流れ込んで混合し，中和反応が起こってシアン化水素が発生することがある。また，硫化ナトリウムや硫化鉄などの硫化物と酸との接触による硫化水素の発生，鋳物工場では鋳物砂の粘結剤の有機化合物が注湯作業時に溶融金属の高温に触れて分解して生成する一酸化炭素の発生，アーク溶接での一酸化炭素の発生などの問題がある。

ガスは発散後比較的速やかに拡散希釈され，いったん希釈された後は再び高濃度になることはないが，設備の陰や凹所などの通風の良くない場所で漏えいや発生が起きると滞留して，気付かないうちに有害な環境をつくることがある。

2 蒸　　気

気体物質のうち蒸気と呼ばれるものは，常温，常圧では液体または固体の物質が，その温度における蒸気圧に応じて揮発または昇華して気体となっているもので，塩素化ビフェニル（PCB），ベンゾトリクロリド，アクリロニトリル，アルキル水銀化合物，酸化プロピレン，ベンゼン，エチルベンゼン，1･2−ジクロロプロパン，ジメチル−2･2−ジクロロビニルホスフェイト，ナフタレンなどがある。

特定化学物質の蒸気が作業場の空気中に発散する原因のほとんどは，密閉構造でない容器や設備に入れられている物質の表面からの蒸発，漏れたりこぼれたりした液体または固体の表面からの蒸発または昇華である。

液体または固体からの蒸気の発生速度は温度の上昇とともに急激に大きくなるので，取り扱うときの温度は気中濃度に大きな影響を及ぼす。爆薬のダイナマイトはけい藻土にニトログリセリンと第2類物質のニトログリコールを浸み込ませたものであるが，ダイナマイトの製造工程ではニトログリコールの配合率に応じて取扱温度を制限している（特化則第38条の15，第5編413頁参照）。また，蒸発量は一般に空気との接触面積に比例して大きくなるので，空気との接触面積を制限することも蒸気の発生を抑制するのに役立つ。

3 粉 じ ん

研磨，切削，穿孔（せんこう）などの作業工程で固体の物質が破砕されて生じた微小な粒子で，通常粒子径が 150 μm 以下の大きさのものを粉じんまたはダストと呼ぶ。粉じん粒子は機械的な力による破砕により生成するので，形状は不規則で，顕微鏡で観察した破面も複雑なものが多く，粒子の大きさも大きいものと小さいものとが混在している（**写真 3-1**）。

粉じん発生は多くの業種と作業場所で問題となっているが，特に鋳物製造業，窯業，鉱業，金属精錬業，化学薬品製造業などの原料の粉砕，混合，ふるい分け，研磨，粉体の仕込みおよび袋詰めなど，湿式を除く多くの工程において，作業環境管理の上から問題となっている。また，作業に伴う発じんだけでなく，いったん床や設備の上の堆積した粉じんが風や人，物などの動きによって再び空中に舞い上がる，いわゆる二次発じんも問題となっている。

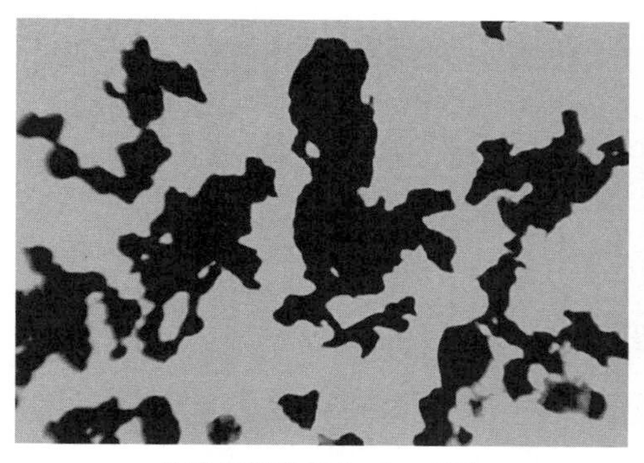
鋳鉄切削粉じん（× 400）

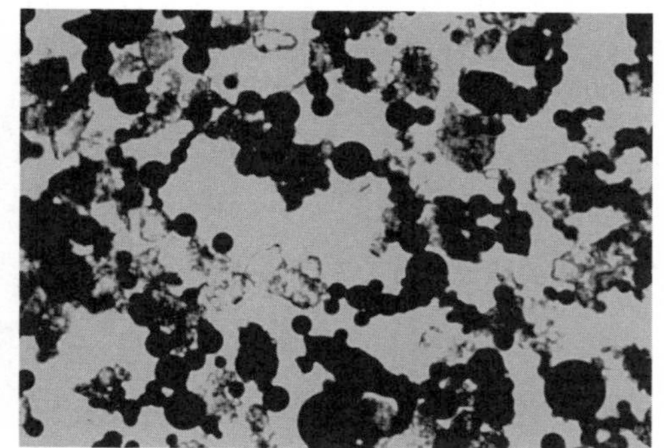
炭素鋼研磨粉じん（× 400）

石綿粉じん（× 400）

写真 3-1　粉じんの例

4 ヒューム

固体物質の蒸気の凝固によって生じた微細な固体粒子をヒュームと呼ぶ。アーク溶接，金属精錬，鋳造などの工程で，溶融金属から発生する金属ヒュームが代表的な例である。高温で溶融した金属の表面からは，その温度での蒸気圧に相当する濃度の金属蒸気が発散しているが，蒸気はいったん溶融金属の表面を離れると直ちに冷えて凝固し，液体を経て固体の微粒子となる。また凝固の過程で空気中の酸素と化学反応して酸化物となるものもある。鉛ヒュームと呼ばれるものは多くの場合，酸化鉛の粒子であり，溶接ヒュームの主なものは酸化鉄の粒子であるが，溶接される金属母材にマンガンが含まれている場合には，塩基性酸化マンガン（酸化マンガン（MnO），三酸化二マンガン（Mn_2O_3））が含まれる。

ヒュームは，生成の途中で液体の状態を通るので表面張力のために球形のものが多いが，時には化学反応の結果生成した物質固有の結晶形となるものもある。また，粉じんと比べると粒子径は1 μm以下と小さいものが多く，粒子径の分散範囲も狭い。したがって顕微鏡で観察すれば粉じんとヒュームは簡単に識別できる（**写真3-2**）。

ヒュームは，粒子径がきわめて小さいために粉じんのように容易に沈降せず，長時間空気中に浮遊しているが，濃度が高いときには空気中で粒子同士が衝突して凝集し**写真3-2**（左）に見られるような塊状になり沈降する。

ヒュームも粉じんと同様二次発じんを起こしやすい。

溶接ヒューム（× 10,000）

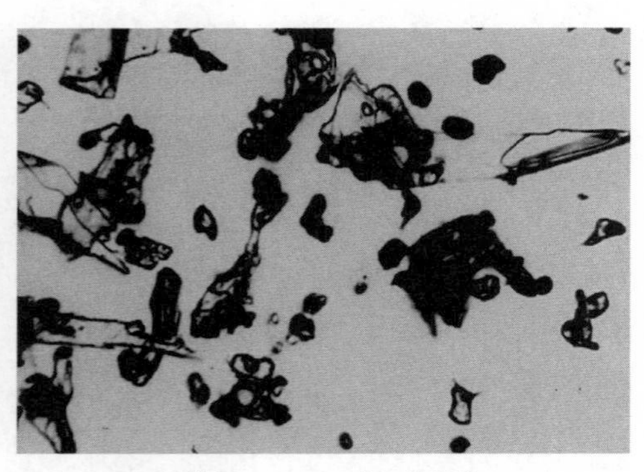

青銅ヒューム（× 5,000）

写真3-2　ヒュームの例

５ ミ ス ト

ミストと呼ばれるものは空気中に浮遊している液体の微粒子で，粒子径は５〜100 μm であり，顕微鏡で観察すると表面張力のために球形をしている（**写真3-3**）。

ミストは，液体のスプレー（吹き付け），発泡，ばっ気攪拌（かくはん）などに伴って発生する。作業環境管理の上から問題となるミストの代表的なものをいくつか挙げれば，クロムめっき液から発散するクロム酸水溶液のミスト，金，銀，カドミウム，亜鉛などのアルカリ性めっき液から発散するシアン化合物を含む水溶液のミスト，アルカリ電解研磨液から発散するシアン化合物と水酸化ナトリウム水溶液のミスト，さび落とし用の塩酸，硝酸，硫酸などのミストなどである。ミストが作業環境管理上問題となる作業工程は，めっき工場において特に多い。また，鉛蓄電池製造工場の初充電工程では電解液から硫酸ミストが発散する。めっきや充電など電解を伴う工程でミストの発散が多いのは，陰極表面での電解反応に伴って還元された水素が気泡となって浮き上がり液表面ではじけるためで，電解の電流密度が大きいほど水素の発生，したがってミストの発散も多くなる。めっき工場で発散するミストはそれ自体有害であると同時に，１で述べたように中和反応によるシアン化水素発生の原因にもなる。

空気中に浮遊するミストのうち粒子径の大きなものは自重で沈降し，粒子径の小さいものは長時間浮遊し続けるが，浮遊している間に粒子同士が衝突して凝集し，だんだん粒子径が大きくなって沈降するか蒸発して消失することが多い。ミストが蒸発した後には溶液に含まれていた成分の固形物質が析出して粉じんとなることもある。

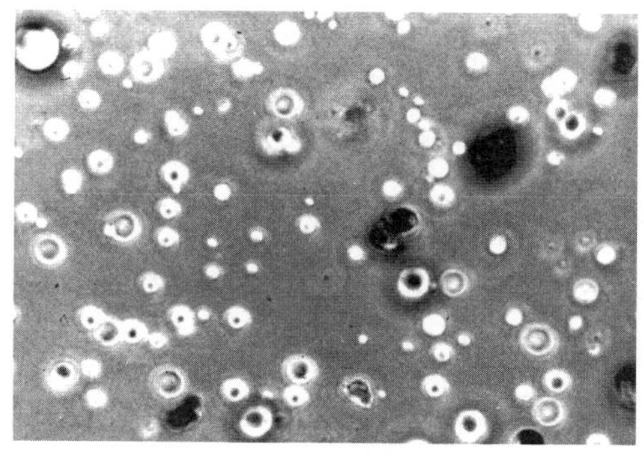

写真 3-3　ミストの例（× 400）

6　空気中における有害物質の挙動

作業場の空気中に発散した有害物質の大きさは，粒子状物質でもせいぜい 100 μm 以下というきわめて微小なものであり，化学設備からのガスの噴出や，研磨作業でのグラインダーからの発じんなどの例を除くと，有害物質自身の持つ運動のエネルギーによって発散源から周囲に広がることはまれで，ほとんどが空気と混合し，希釈されながら空気の動きによって運ばれる。作業環境の分野ではこれを有害物質の拡散と呼ぶ。ガス，蒸気はいったん空気と混合して希釈されてしまえば再び濃縮されることはなく，発散源から離れるに従って空気中の濃度は低くなる。

粉じん，ヒューム，ミストの場合には，空気の動きによって運ばれる間に重力の作用で沈降するが，沈降速度は粒子の密度と粒子径の2乗に比例するといわれる。したがって発散した後大きい粒子ほど速やかに沈降して，床や機械設備などの上に堆積する。小さい粒子はなかなか沈降せずいつまでも空気中に浮遊し続けるが，浮遊中に粒子同士が衝突して付着し大きい粒子に成長することがある。これを粒子の凝集といい，凝集して大きくなった粒子は沈降する。

なお，沈降して床などに堆積した粒子のうち粉じん，ヒュームは，風や人，物の動きによって再び空気中に舞い上がることがある。これを「二次発じん」と呼ぶ。粉じんの発散する作業場所では，作業そのものの発じんとともに二次発じんも作業環境管理上無視できない。粉じんを発散する作業場所では二次発じんのために，発じん作業の行われている地点よりも他の場所の方が空気中の有害物質濃度が高くなることがある。

特定化学物質を一定量含有する物の容器には，安衛法の規定（第57条，第57条の2等，第5編298頁参照）に従って危険有害性情報，危険有害性を示す絵表示，貯蔵または取扱い上の注意事項などが表示されることになっている。メーカーはこれらの情報を文書（安全データシート：SDS）等でユーザーに通知することになっており，事業者はその内容を労働者に周知させなければならないことが法令で定められている。また，それ以外の危険･有害とされる化学物質（危険有害化学物質等）についても，同様の表示・通知を行うよう努めなければならない。

作業主任者は，自分の作業場でどんな種類の化学物質が使用されているかを，常に把握し，作業者にそれらの危険有害性と取り扱う際の注意事項を教えるべきである。

第２章　作業環境管理の工学的対策

1　工学的作業環境対策

工学的な作業環境対策として次のような方法が広く使われている。

① 有害な化学物質そのものの使用を止めるか，より有害性の少ないほかの物質に転換する（原材料の転換）。

② 生産工程，作業方法を改良して発散を防ぐ。

③ 有害化学物質の消費量をできるだけ少なくする。

④ 発散源となる設備を密閉構造にする。

⑤ 自動化，遠隔操作で有害化学物質と作業者を隔離する。

⑥ 局所排気・プッシュプル換気で有害化学物質の拡散を防ぐ。

⑦ 全体換気で希釈して有害化学物質の濃度を低くする。

これらの方法のうち①は最も根本的な対策でそれだけでも大きな効果が期待できるが，一般にたとえば，②の生産工程の改良によって発散を減らすとともに，⑥の局所排気を行って周囲への拡散を防ぐ，④の密閉設備または⑥の局所排気等と⑦の全体換気を併用して密閉設備から漏れた蒸気または局所排気で捕捉しきれなかった蒸気を，全体換気で希釈して濃度を下げ作業者のばく露を減らすというように，複数の方法を組み合わせて実施する方が少ないコストで高い効果を得られることが多い。

これらの中から具体的に対策を選ぶ際には，有害化学物質の種類，発散時の性状，揮発性等の性質，消費量，作業の形態などによって対策の適，不適があり，同じ対策がいつでも同じ効果を生むとは限らないこと，**第10章**の作業環境測定結果とは別に特化則第３条（第１類物質の取扱いに係る設備），第４条および第５条（第２類物質の製造等に係る設備）に基づき必要な設備を設けることに留意する必要がある。また，手作業を必要とする工程では，設備の計画設計に際して作業性を損なわないよう，たとえば発散源のそばに設けた局所排気フードに手や道具がぶつかることのないように配慮しないと，作業環境対策が作業者に受け入れられないことがある。

上記の工学的対策を講じたとしても，局所排気フードの開口部から離れたところで作業する，化学物質の入っている容器の蓋を開けたままにする，化学物質の浸み込んだウエスを置いたままにするなどの不適切な作業をすると効果が失われてしまうので，作業者が不適切な作業をしないよう作業主任者が常に指導する必要がある。また，空気中の化学物質の濃度を低く抑えることにより，呼吸を通しての体内侵入だけでなく，間接的に皮膚・粘膜を通しての接触・体内摂取を減らす効果も期待できる。

臨時の作業，屋外作業等の場合で環境改善対策を屋内常時作業と同等に十分に行えないときは，保護具の使用が有効な対策であるが，保護具の効果には限界があるので，環境改善の努力を怠ったまま保護具の使用に頼るべきではない。

2　化学物質の使用の中止・有害性の低い物質への転換

特定化学物質に限らず健康に有害な物質の使用をやめてより有害でない物質に転換することができれば，これが最良の対策である。

石綿，黄りんマッチ，ベンジジン，ベンゼンゴムのり等は有害性がきわめて大きく，現在ではこれらの製造，使用が禁止されており（安衛法第55条，第5編297頁参照）有害性の小さい代替品がある。

また，たとえ法律で禁止されていなくても，有害性の高い特定化学物質はより有害性の低い物質に転換を図ることが有効な対策である。この仕事は主として生産技術者が担当するが，作業の実態をよく知る作業主任者が衛生管理スタッフと協力してリスクアセスメント（危険有害性の特定・評価）とリスク低減措置を講じることが望ましい。特別規則の対象となっていないからといって，必ずしも，有害性が低いというわけではないことに留意し，物質の有害性についてはSDSで確認することが重要である。

なお，特化則等の規制対象物質だけでなくSDS交付義務対象である通知対象物すべてについて新規に採用する際や作業手順を変更する際にリスクアセスメントを実施することが義務付けられている。

原材料や資材の転換が見かけ上コスト高になることもあるが，職業性疾病発生に伴う人的，経済的損失，企業の信用失墜を考えれば問題外といえよう。また，原材料の転換によって多少作業がしにくくなったり能率が落ちることがあるかも知れないが，作業主任者は，作業者自身に自分の健康を守るために必要であることを理解させ，協力させなければならない。

転換の例を次にあげる。

① 有機合成用の溶媒としてベンゼンを使用していたものを，脂肪族化合物の揮発油系溶媒に転換した。

② 鋳物製品の仕上げ作業などのサンドブラストをスチールショットブラストに転換した。

③ 粉体原料は，粒子の大きいものに替えて発じんを抑えた。

3　生産工程，作業方法の改良による発散防止

生産工程や作業方法を変えたり，工程の順序を入れ換えることによって特定化学物質を使わずに済ませたり，発散を止めたり，減らすことができる。この仕事も主として生産技術者が担当するが，作業の実態をよく知る作業主任者の協力が必要である。

主要な例を次にあげる。

① 湿式工法の採用は，作業方法の変更の代表的なもので，発じんを伴う作業工程のうち，湿式にするかまたは湿らせることがその工程の本質上支障がないときに，きわめて有効な発じん防止対策である。湿式工法では水，油など適当な液体を使用すればよい。ときには，界面活性剤，乾燥防止剤を併用して効果を上げている。

② 乾燥した粉末状で出荷していた染料原料のオルト-トリジン，ジアニシジンなどを，乾燥せずに水分を含んだまま，スラリー（糊状または粥状）またはウエットケーキ（餡状または羊羹状）のまま，プラスチックフィルムで包装して

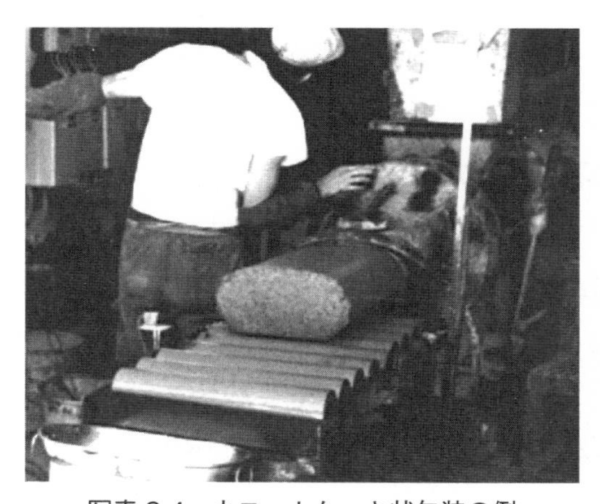

写真 3-4　ウエットケーキ状包装の例

出荷する例がある（**写真 3-4**）。

③　第1類物質のベンゾトリクロリドの純度検査で，製品をメスシリンダーに採り目視で凝固点測定をしていたために加熱された液体の表面から蒸気が発散していたものを，ガスタイトシリンジに採りガスクロマトグラフ分析に変えて蒸発を止めた。

④　自動車用摩擦材の成形工程で，アラミド系人工鉱物繊維と熱可塑性のフェノール－ホルムアルデヒド樹脂の粉末を乾式ミキサーで混合した後，秤量，型入れをしやすくする目的で少量の灯油を加えて湿潤な状態にしていたものを，まず灯油を加えて湿潤にしてからニーダーブレンダーで混合することにして発じんを防止した。

⑤　ダイナマイト製造工程における薬（ニトログリセリンとニトログリコールとを硝化綿に含浸させた物）の温度を低く抑えることによってニトログリコールの蒸発を抑えると同時に，作業者の発汗も抑えて皮膚からの吸収を少なくした。

なお，アーク溶接等作業については特別の発散防止の改善例はなく，全体換気装置による換気の実施またはプッシュプル型換気および局所排気など，労働者の健康障害を予防するために必要な措置を講じることが必要である。

4　有害化学物質消費量の抑制

発散源対策として次に考えられることは有害化学物質の消費量を減らすことである。たとえば特定化学物質を化学反応用の溶媒として使用する場合，濃度，温度などの反応条件を再検討して溶媒の消費量を最少に抑えることが可能である。この仕事も主として生産技術者が担当するが，作業実態をよく知る作業主任者が衛生管理スタッフと協力して必要以上に溶媒を消費しないよう抑制しなければならない。

5　発散源となる設備の密閉・囲い込み

(1) 密閉構造（発散源を密閉する設備）

密閉構造というのは，多少内部が加圧状態になっても有害化学物質が外に漏れ出さない構造をいう。したがって接合部はできるだけフランジ構造とし，パッキング（ガスケット）を挟んでボルト締めにする。単に容器に蓋をしただけでは密閉構造とはいえない。化学薬品のメーカーで化学反応，混合，ろ過などに使われる設備は

写真 3-5　密閉構造の反応容器（オートクレーブ）とスクリューコンベヤーの例

写真 3-6　包囲構造の連続めっき装置の例

密閉構造にしやすい。

密閉構造の設備への原料，生成物の出し入れはパイプラインか密閉構造のコンベヤーを使う。攪拌(かくはん)機のシャフト等の貫通部にはグランドパッキングと呼ばれるパッキングを詰めてねじで締めつけるか，O-リング，リップシールなどのパッキングを使って気密性を保つ（**写真 3-5**）。

密閉構造の設備は，接合部，貫通部の漏れが起きないようにパッキングとねじ締めの状態を作業主任者が定期的に点検しなければならない。また，清掃等のために密閉設備のマンホールを開く場合には，後述する局所排気を併用し，必要な場合には作業者に有効な呼吸用保護具を使用させなければならない。

なお，第1類物質のジクロルベンジジン等を製造する場合には，あらかじめ厚生労働大臣の許可を受けなければならないことが定められており（安衛法第56条，第5編297頁参照），その許可の基準の1つとして，ジクロルベンジジン等を製造する設備は密閉式の構造とし，原材料その他の物の送給，移送または運搬は，労働者の身体にジクロルベンジジン等が直接接触しない方法によって行うことと定められている（特化則第50条，第5編435頁参照）。

(2) 包囲構造

包囲構造というのは，発散源をカバー等の構造物で囲い，内部の空気を吸引してカバーの隙間等に吸引気流をつくって有害化学物質の漏れ出しを防ぐ構造である。完全な密閉構造にできない設備も，稼働中常に手を入れる必要がないものは包囲構造にできる。包囲構造は後述する局所排気装置の囲い式フードの一種と考えることもできる。

写真 3-6 は，連続めっき装置を包囲構造にした例である。めっき槽の一端はめっ

きする部品をコンベヤーに吊り下げ，めっきの終わった部品を取り出すために密閉できないので，カバーにダクトを接続して内部を排気し，シアン化ナトリウムを含むめっき液のミストが漏れ出すことを防いでいる。包囲構造の設備は,隙間（開口）からの漏れ出しが起きないように吸引気流の状態を定期的に点検する必要がある。

6　自動化，遠隔操作による有害化学物質と作業者の隔離

作業者を有害化学物質から隔離する方法には，隔壁のような設備による物理的隔離，気流を利用した空間的隔離，工程の組み方による時間的隔離がある。

（1）物理的隔離

有害化学物質の発散源になる機械装置が自動化され，正常な稼働状態で作業者が近づく必要がない場合には隔壁，パーティション等で囲んで作業者と隔離することが可能である。

写真 3-7 は，稼働中高濃度の特定化学物質を発散する塗布機（ロールコーター）をガラス製のパーティションでつくった区画内に設置した例である。

区画内の特定化学物質蒸気の濃度は測定器によって常時監視され，稼働中は爆発下限界の4分の1以下の濃度に保つために緩やかな全体換気が行われ,パーティションのドアには濃度が有害でない濃度以下に下がらなければ解錠されないようにインターロックが施されている。

機械の調整等の非定常作業のために区画内に入る場合には，まず塗布機の運転と特定化学物質を含むコーティング材の送給を停止し，全体換気の能力を上げ，特定化学物質蒸気の濃度が下がってインターロックが解錠されてから立ち入る。

写真 3-7　パーティションを使った隔離の例

運転開始の場合は，作業者が区画外に出てドアを閉じて施錠しインターロックをリセットしなければ，機械の運転とコーティング材の送給が開始できないようになっている。

この例のように，物理的隔離を有効に行うためには設備だけでなく，立入りの際の適切な作業手順を定めて守らせる作業主任者の指導が重要である。

また，パーティションの隙間からの有害化学物質の漏れ出しを防ぐために，区画内の全体換気は区画内がわずかに負圧（減圧）になるように給・排気能力を調整しているので，作業主任者は第6章で勉強する発煙法を使って，隙間からの漏れ出しがないことを定期的に点検しなければならない。

さらに，第1類物質のジクロルベンジジン等を製造する場合には，あらかじめ厚生労働大臣の許可を受けなければならないことが定められており（安衛法第56条，第5編297頁参照），その許可の基準の1つとして，ジクロルベンジジン等を製造する設備を設置し，またはジクロルベンジジン等を取り扱う作業場所は，それ以外の作業場所と隔離することと規定されている（特化則第50条，第5編435頁参照）。なお，建屋は，独立の建屋とすることが望ましいこととされている。

また，特定化学物質などの有害なガス，蒸気または粉じんを発散する作業場では，作業場外に休憩の設備を設けなければならない（特化則第37条，第5編398頁参照）が，作業場と休憩設備を別の建屋にできない場合には，隔壁を設けて隔離し，休憩設備にきれいな空気を給気してわずかに加圧状態するか，または作業場を排気してわずかに負圧状態にして圧力差を保ち，特定化学物質が休憩室に流れこまないようにする。

（2）空間的隔離

写真 3-8 は，塗装用ロボットを使って，作業者をクロム酸鉛を含有する防錆塗料

写真 3-8　塗装用ロボットを使った隔離の例

の吹付け塗装の個所から空間的に隔離した例である。作業者はロボットから約5m離れた場所にいて，被塗装物を送給用コンベヤーに載せながらロボットの状態を監視している。ロボットの前方には塗装ブースが設置され，0.2 m/s くらいの緩やかな気流が作業者の方からロボットを通って流れるよう排気が行われている。作業者と発散源の間にこの程度の距離を確保できれば，0.2 m/s くらいの気流でも有害化学物質が作業者のところまで拡散することはなく，空間的隔離の目的は十分達せられる。

この例のように，空間的隔離を有効に行うためには，ただ距離を離すだけでなく，緩やかな給気または排気を行って作業者のいる方から発散源に向かう気流をつくり，有害化学物質が作業者の方に流れないようにすることが重要である。

また作業主任者は作業者に対し，作業開始に先立って換気装置をスタートさせ作業終了後もしばらくは稼働を続けさせることと，作業中に発散源より風下側に立ち入ることのないよう指導しなければならない。また，気流の状態を定期的に点検しなければならない。

(3) 時間的隔離

時間的隔離というのは，有害化学物質を発散する工程の進行中は作業者が発散源に近づかず，発散する工程が終わり濃度が十分に下がってから近づくという方法で，有害化学物質を発散する時間帯が限られている場合に有効であるが，発散工程終了後安全な濃度まで下げるためには全体換気等の対策と，工程に合わせた適切な作業手順を定めて守らせることが重要である。

第３章　局所排気

局所排気またはプッシュプル換気は，有害物質が発散する工程で，作業者の手作業が必要などの理由で発散源を密閉できない場合に有効な対策である。

1　局所排気装置

局所排気の定義は，「発散源に近いところに空気の吸込口を設けて，局部的かつ定常的な吸込み気流をつくり，有害物質が周囲に拡散する前になるべく発散したときのままの高濃度の状態で吸い込み，作業者が汚染された空気にばく露されないようにする。また,吸い込んだ空気中の有害物質をできるだけ除去してから排出する」ことである。

局所排気は，**図 3-1** に示すような構造の局所排気装置を使って行われる。この装置は，ファンを運転して吸込み気流を起こし，発散した有害物質を周囲の空気と一緒にフードに吸い込む。フードは，発散源を囲む（囲い式）か，囲いにできない場合はできるだけ近い位置に設ける（外付け式）。フードで吸い込んだ空気はダクトで運び，空気清浄装置（排気処理装置）で有害物質を取り除き，きれいになった空気を排気ダクトを通して屋外に設けた排気口から大気中に放出するしくみになっている。

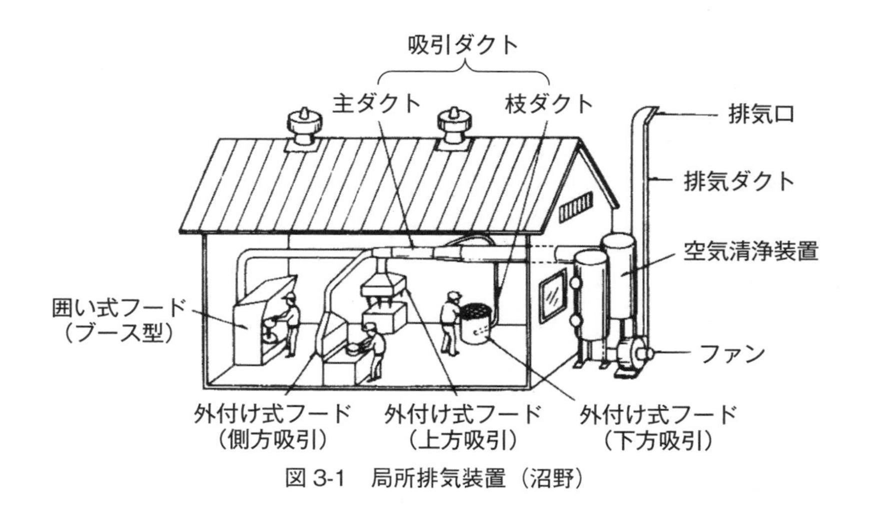

図 3-1　局所排気装置（沼野）

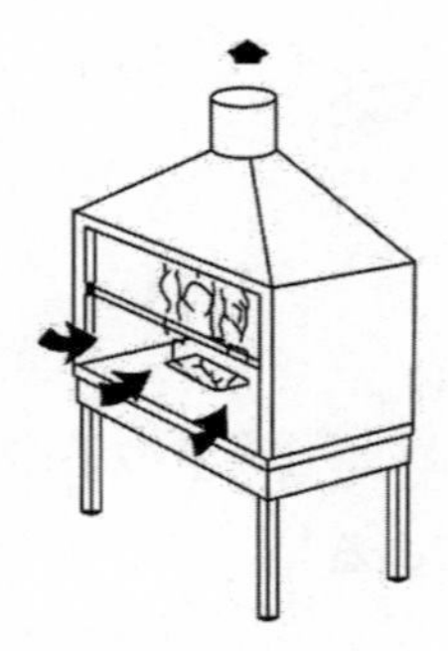

囲い式フード

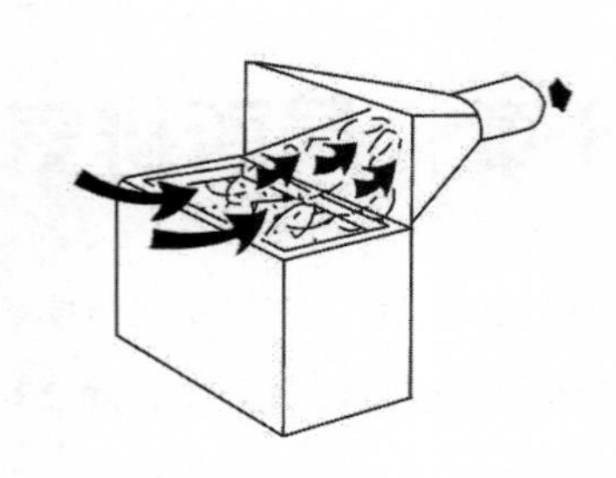

外付け式フード

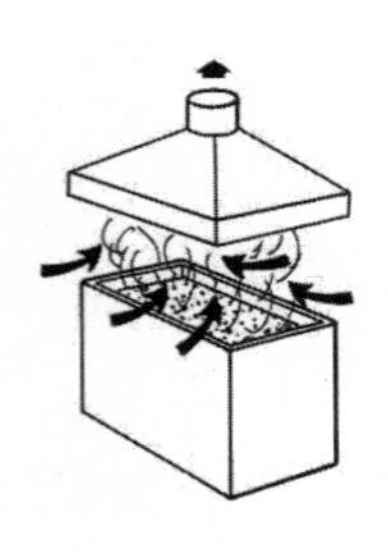

レシーバ式（キャノピー型）フード

図 3-2　フードの３つの型式

2　フードの型式

局所排気を効果的に行うためには，発散源の形，大きさ，作業の状況に適合した形と大きさのフードを使うことが重要である。

局所排気装置のフードには，気流の力で有害物質をフードに吸引する捕捉フードと，有害物質の方からフードに飛び込んで来るレシーバ式フードがあり，さらに捕捉フードには，囲い式，外付け式がある（**図 3-2**）。

発散源がフードの構造で包囲されているものを囲い式フードという。

囲い式フードは，開口部に吸込み気流をつくって，囲いの内側で発散した特定化学物質が開口面の外に漏れ出さないようにコントロールするもので，外の乱れ気流の影響を受けず，小さい排風量で大きな効果が得られる，最も効果的なフードである。

特化則では，次の危険の大きい作業場所に局所排気装置を設ける場合には，フードは効果の大きい囲い式を使用しなければならないと定められている。

① 第１類物質（ベリリウム等を除く）を容器に入れ，容器から取り出し，または反応槽等に投入する作業場所（特化則第３条，第５編 366 頁参照）

② 特定第２類物質等を計量し，容器に入れ，または袋詰めする作業場所で発散源を密閉，隔離，遠隔操作ができない場合（特化則第４条，第５編 367 頁参照）

③ ベンゼン等を溶剤として取り扱う作業場所（特化則第 38 条の 16，第５編 414 頁参照）

囲い式フードの開口面が大きいものをブース型と呼ぶ。放射性物質の取扱い作業などに使われるグローブボックスは囲い式フードの，化学分析作業や化学実験に使われるドラフトチャンバーは囲い式フード（ブース型）の代表的なものである。

囲い式フードの内側には高濃度の有害物質があるので，作業主任者は作業者が作

グローブボックス（囲い式）

ドラフトチャンバー（囲い式（ブース型））

換気作業台（外付け式下方吸引型）

スロット形（外付け式側方吸引型）

円形（外付け式側方吸引型）

キャノピー（外付け式上方吸引型）

写真 3-9　いろいろな型式のフードの例

業中にフードの中に立ち入ったり，顔を入れないように指導しなければならない。

外付け式フードは，開口面の外にある発散源の周囲に吸込み気流をつくって，まわりの空気と一緒に有害物質を吸引するもので，まわりの空気を一緒に吸引するために排風量を大きくしないと十分な能力が得られない。また，まわりの乱れ気流の影響を受けやすく，囲い式に比べ効果がよくない。外付け式フードは吸込み気流の

写真3-10　キャノピーを囲い式に改造した例

向きによって，下方吸引型，側方吸引型，上方吸引型に分類される。

下方吸引型の換気作業台はグリッド型とも呼ばれ，化学薬品の秤量，混合，洗浄，払しょくなどの手作業に適する。

側方吸引型にはスロット形，円形，長方形などいろいろな形があり，あらゆる作業に使われる。

キャノピーと呼ばれる上方吸引型は，一見作業の邪魔にならないように見えるため乱用される傾向があるが，本来は熱による上昇気流や煙を発散源の上方で捉えるレシーバ式フードとして使われるべきものであり，空気より比重が大きい有害物質の蒸気，粉じん等に対しては効果が期待できない。また手作業では顔が発散源の上に来るので上方吸引型のフードでは高濃度の有害物質にばく露される危険がある。**写真3-10**は，キャノピーと作業台の間を難燃性塩ビフィルムで囲んで囲い式に改造し，局排効果が向上した例である。

上方吸引型でなくても，作業者が発散源とフードの間に立ち入ると，フードに吸引される高濃度の有害物質にばく露される危険があるので，作業主任者は作業者が作業中に発散源とフードの間に立ち入ったり顔を入れないように指導しなければならない。

3　制御風速

空気の動きがなければ有害物質は発散源から四方八方に拡散する（**図3-3**（左））が，発散源の片側にフードを設けて吸引気流をつくると有害物質はフードの方に吸い寄せられ，開口面からX離れた捕捉点より左側には拡散しなくなる（**図3-3**（右））。

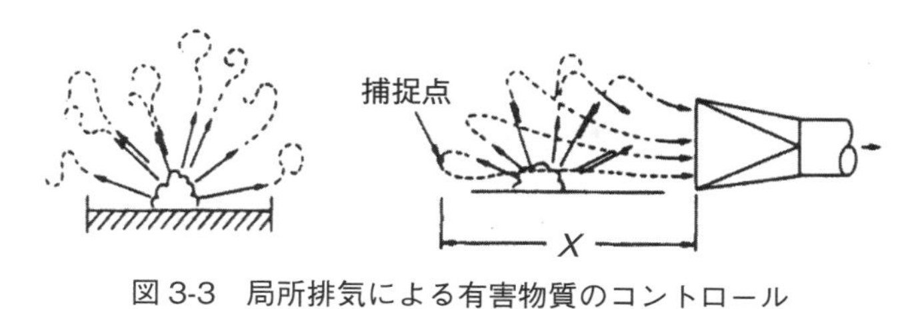

図 3-3　局所排気による有害物質のコントロール

表 3-2　特化則に定められた制御風速

物の状態	制御風速（m/s）
ガス状	0.5
粒子状	1.0

有害物質を捕捉点で捉えて，完全にフードに吸い込むために必要な気流の速度を制御風速という。特化則では，後述の抑制濃度の定められていない物質に局所排気装置を使用する場合の制御風速を**表 3-2**のように定めており（昭和 50 年労働省告示第 75 号「特定化学物質障害予防規則の規定に基づく厚生労働大臣が定める性能」494 頁参照），局所排気装置を計画する際にはこの制御風速が得られるように排風量を計画する。制御風速を与える捕捉点は，外付け式フードとレシーバー式フードの場合には，フードの開口面から最も離れた作業位置，ブース型を含む囲い式フードの場合には開口面上で風速が最小となる位置とする。

4　抑制濃度

特化則は，塩素化ビフェニル，ベリリウム，ベンゾトリクロリドの 3 種類の第 1 類物質およびアクリルアミド，ベンゼン，ホルムアルデヒドなど 42 種類の第 2 類物質の合計 45 種類の特化物および 1･4 ジクロロ−2−ブテンについて，局所排気装置の性能を表す値として抑制濃度を定めている（上記昭和 50 年労働省告示第 75 号，494 頁参照）。

抑制濃度というのは，発散源の周囲の有害物質をある濃度以下に抑えることによって，作業者の呼吸する呼吸域空気中の濃度を安全な範囲に留めようという考え（**図 3-4**）で許容濃度等を参考にして決められた値である。

抑制濃度の測定は，定常的な作業を行っている状態（作業を 1 時間以上継続した後）で，フードの型式ごとに通達（昭和 58 年 7 月 18 日付基発第 383 号）に例示されている 5 点以上の測定点で，作業環境測定基準に定められたサンプリングと分析

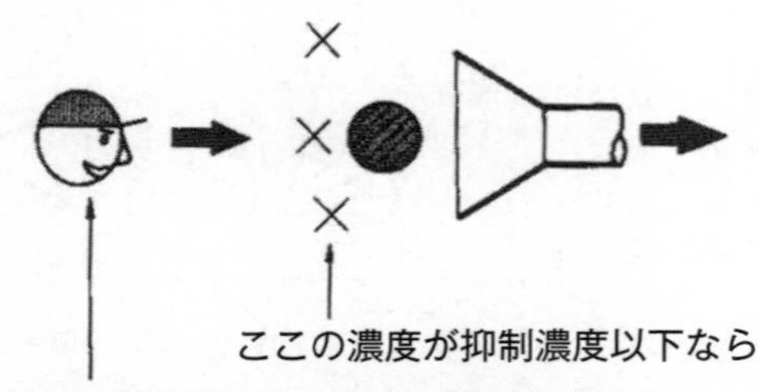

図 3-4　抑制濃度の考え方（沼野）

の方法で１日につき１回以上行い，得られた値の幾何平均値が抑制濃度以下であれば局所排気装置の性能は充たされていると判断する。

なお，抑制濃度の測定には高度の技術と時間，労力を要するので，通達では前記の方法での性能が規定を充たしていると判定された際に制御風速を測定している局所排気装置にあっては，その後の点検，検査では制御風速だけを測定して過去に測定した制御風速以上であれば局所排気装置の性能は充たされていると判断して差し支えないこととしている。

5　排風量

フードから吸い込む空気の量を排風量という。吸込み気流の速度は排風量に比例する。制御風速を満足する気流をつくるために必要な排風量は，**表 3-3** の式で計算する。

表 3-3 の①式でわかるように，囲い式フード（ブース型を含む）の排風量は開口面積に比例するので，囲い式フードを有効に使うためには開口面を小さくした方がよい。また，開口面が大きいと開口面上の吸込み風速にムラが生じ，補正係数kも大きくなるので，この点からも開口面積は小さい方がよい。

囲い式フード（ブース型）の開口面にビニールカーテン等を取り付けて使うのはこのためであって，作業の邪魔だからといってむやみに巻き上げたり切り取ったりすると，十分な速度の吸込み気流が得られなくなる。作業主任者は作業者がこのようなことをしないように指導しなければならない。なお，カーテンを取り付けた場合には，作業者の手や器具の動きで揺らぐことがあるので，内部の汚染空気を外部に漏らすことがないようにしなければならない。

また，囲い式フード（ブース型を含む）の制御風速は囲いの中の有害物質を外に

表 3-3　フードの排風量計算式（沼野）

フードの形式	例　図	排風量 Q（m^3/min）
①　囲い式 囲い式（ブース型）	開口面積：$A(m^2) = L(m) \times W(m)$ $A = \frac{\pi}{4} \cdot d^2$	$Q = 60 \cdot A \cdot V_0$ $= 60 \cdot A \cdot V_C \cdot k$ V_0 = 開口面の平均的風速（m/s） V_C = 制御風速（m/s） k = 風速の不均一に対する補正係数
②　外付け式 自由空間に設けた円形または長方形フード	$A = \frac{\pi}{4} \cdot d^2$ 距離：X（m） $A = L \cdot W$ 縦横比：$W/L > 0.2$	$Q = 60 \cdot V_C \cdot (10X^2 + A)$
③　外付け式 自由空間に設けたフランジ付き円形または長方形フード	$A = \frac{\pi}{4} \cdot d^2$ $A = L \cdot W$ $W/L > 0.2$	$Q = 60 \cdot 0.75 \cdot V_C \cdot (10X^2 + A)$
④　外付け式 床，テーブル，壁等に接して設けたフランジ付きまたは長方形フード	$A = L \cdot W$ $W/L > 0.2$	$Q = 60 \cdot 0.75 \cdot V_C \cdot (5X^2 + A)$

出さないための気流の速度であって，開口面の外にある有害物質を吸引するには不十分である。

作業主任者は囲い式フード（ブース型を含む）を使う作業で作業者が開口面の外で有害物質を発散する作業をさせないように指導しなければならない。

また，**表 3-3** の②式でわかるように，外付け式フードの排風量は開口面から捕捉点までの距離 X の二乗に比例するので，発散源となる作業位置が開口面から離れると吸込み風速は急激に小さくなってしまう。外付け式フードを使う作業では，作業主任者は作業者に対してできるだけフードの開口面の近くで作業するよう指導しなければならない。

表 3-3 の③式は，外付け式フードの開口面のまわりにフランジを取り付けると，フードの後方から回り込んでくる気流を止めて，制御風速を得るために必要な排風量を 25％少なくできることを表している。したがって外付け式フードにはできるだけフランジを取り付けて使わせることが望ましい。

表 3-3 の④式はフランジ付きの外付け式フードが床，テーブル，壁等に接していると，片側から流れ込む気流を止めて排風量を少なくできることを表している。床，テーブル，壁だけでなく，フードの横につい立て，カーテン，バッフル板等を置いても同じ効果が得られる。また，つい立て，カーテンには横から来る乱れ気流の影響を小さくする効果もあるので，乱れ気流のある場所で外付け式フードを使う場合にはつい立て，カーテン，バッフル板等を設けるとよい。

また，給気が不足して室内が減圧状態になると，局所排気装置の排風量が確保できない。窓等の開口が少ない建物には排風量に見合う給気を確保できる給気口を設ける必要がある。給気口の前に物を置くなどして給気を妨害しないように指導する必要がある。

6 ダクト

ダクトの中を空気が流れるときには，壁と空気の摩擦や気流の向きの変化などによる通気抵抗（圧力損失）を生じる。摩擦による圧力損失はダクトの長さが長いほど大きい。また，ダクトの曲がりの部分（ベンド）では気流の向きの変化のために大きな圧力損失を生じる。局所排気装置の稼働に要するエネルギーは圧力損失が大きいほど大きくなり，ランニングコストが高くなる。したがって，ダクトは長さができるだけ短く，ベンドの数ができるだけ少なくなるように配置するべきである。

また，ダクトの断面積が大きいほど圧力損失は小さくて済むが，気流速度が小さくなるために立上がりベンドの部分に粉じんが堆積しやすくなる。排気の対象が気体だけで粒子状物質の堆積の危険がない場合には，ダクトを太くした方が有利である。以前は流速を 10 m/s 前後にすることが推奨されていたが，最近ではエネルギー節約の見地からさらに小さい流速が推奨されている。

また，最近では，施工やレイアウト変更のしやすさからフレキシブルダクトがよく使われるが，フレキシブルダクトは破損しやすいので無理な力が掛からないような配置と，頻繁な点検補修が必要である。

写真 3-11　調整ダンパーの例

7　ダンパーによる排風量の調整

複数のフードを1本のダクトに接続して排気する場合には，フードごとに調整ダンパー（ボリュームダンパー）を取り付け，ダンパーの開き角度を調整して各フードの排風量のバランスをとることが行われる。調整ダンパーは調整を完了した時点でペイントロック等の方法で固定してあるが，不用意に動かすと排風量のバランスがくずれるので動かしてはならない（**写真 3-11**）。

8　空気清浄装置

局所排気装置，プッシュプル型換気装置の排気に有害物質が含まれる場合には，そのまま排出することは大気を汚染し地球環境破壊の原因となるので，空気清浄装置を設けてできるだけきれいにして排出することが望ましい。

特化則は，第1類または第2類物質の粉じんまたはヒュームを排出する局所排気装置またはプッシュプル型換気装置には，粒子の大きさに応じた方式の除じん装置を，また，第2類物質の弗化水素，硫化水素，硫酸ジメチル，通知対象物のアクロレインを排出する局所排気装置またはプッシュプル型換気装置にはガスの種類に応じた方式の排ガス処理装置を設けることを定めている(特化則第9条および第10条，第5編373，374頁参照)。これらの装置については第10章で述べる。

9　ファン（排風機）と排気口

ファンには，大きく分けて軸流式と遠心式があり，遠心式には中の羽根車の形により多翼ファン，ラジアルファン，ターボファンなどの型式がある。

ファンは圧力損失にうち勝つ静圧が出せるもので，かつ必要排風量を出せるものを選ばなければならない。局所排気装置には一般に遠心式が使われ，軸流式は主として全体換気用に使われる。

また，羽根車の損傷，腐食，可燃性ガス・蒸気の爆発の危険を避けるために，空気清浄装置を設ける局所排気装置のファンは，空気清浄装置を通過した後の，有害物質を含まない空気の通る位置に設置すること。

排気口は，排気が作業室内に舞い戻ることを防ぐために，直接屋外に排気できる位置に設けなければならない。

10　局所排気装置を有効に使うための条件

局所排気装置を有効に使うための条件をまとめると以下のとおりである。

①　発散源の形，大きさ，作業の状況に適合した形と大きさのフードを使うことが重要である。

②　フードは乱れ気流の影響を受けにくい囲い式（ブース型を含む）がよい。

③　囲い式フード（ブース型を含む）を使う作業では，開口面の外で有害物質を発散させないよう作業者を指導しなければならない。

④　囲い式フード（ブース型を含む）の内側には高濃度の有害物質があるので，中に立ち入ったり顔を入れないように作業者を指導しなければならない。

⑤　囲い式フード（ブース型）の開口面に取り付けたビニールカーテン等を，作業の邪魔だからといってむやみに巻き上げたり切り取ったりしないよう作業者を指導しなければならない。

⑥　外付け式フードを使う作業では，作業者に対してできるだけフードの開口面の近くで作業するよう指導しなければならない。

⑦　乱れ気流のある場所で外付け式フードを使う場合にはつい立て，カーテン，バッフル板等を設けるとよい。

⑧　キャノピーと呼ばれる上方吸引型は，空気より比重が大きい有害物質に対し

ては効果が期待できないので使わない方がよい。

⑨　作業者が発散源とフードの間に立ち入ると，フードに吸引される高濃度の有害物質にばく露される危険があるので，そのような作業の仕方をしないよう作業者を指導しなければならない。

⑩　調整ダンパーを不用意に動かしてはならない。

⑪　排風量に見合う給気を確保する。

第4章　プッシュプル換気

1　プッシュプル型換気装置

局所排気装置は，発散源に近いところにフードを設けるために作業性が悪くなることがある。また，外付け式フードの場合には乱れ気流の影響を受けて効果が失われることがある。

作業性を損なわずに乱れ気流の影響を避けるひとつの方法として，フードの吸込み気流のまわりを同じ向きの緩やかな吹出し気流で包んで乱れ気流を吸収し，同時に有害物質を吹出し気流の力で発散源からフードの近くまで運んで吸い込みやすくする方法がある。これがプッシュプル換気である（**図 3-5**）。

プッシュプル換気は，有害物質の発散源をはさんで向き合うように2つのフードを設け，片方を吹出し用（プッシュフード），もう片方を吸込み用（プルフード）として使い，2つのフードの間につくられた一様な気流によって発散した有害物質をかきまぜることなく流して吸引する理想的な換気の方法で，平均0.2 m/s以上という緩やかな気流で汚染をコントロールでき，また，フードを発散源から離れた位置に設置できるので，強い気流による品質低下を嫌う作業，発散源が大きい作業，発散源が移動する作業などに使われる。

プッシュプル型換気装置には，自動車塗装用ブースのように，周囲を壁で囲んで外との空気の出入りをなくし，作業室（ブース）内全体に一様なプッシュプル気流をつくる密閉式と，ブースなしで室内空間の一部に一様なプッシュプル気流をつく

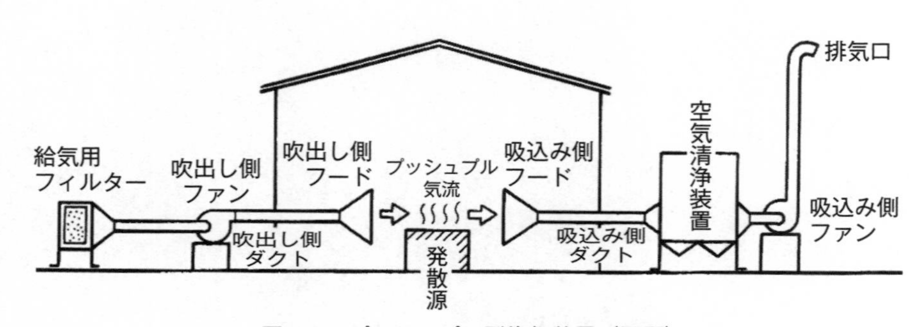

図 3-5　プッシュプル型換気装置（沼野）

(ア)　密閉式（下降流型）

(イ)　開放式（下降流型）

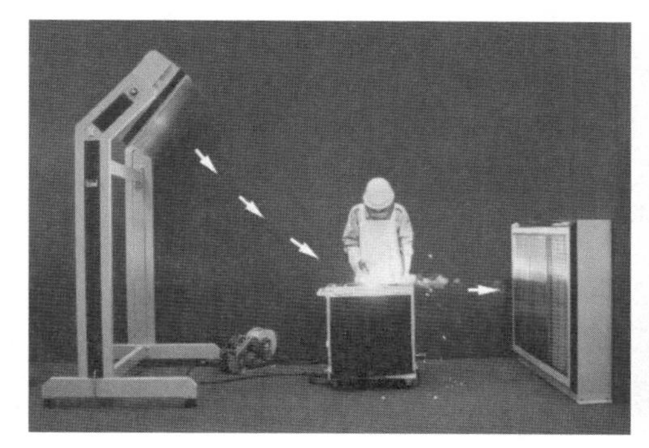

(ウ)　開放式（斜降流型）

(エ)　開放式（水平流型）

写真 3-12　いろいろな型式のプッシュプル型換気装置

る開放式があり，さらに気流の向きによって下降流型（天井→床），斜降流型（天井→側壁または側壁上部→反対側の側壁下部），水平流型（側壁→反対側の側壁）がある（**写真 3-12**）。また，密閉式にはプッシュファン，プッシュフードのない「送風機なし」というのがあるが，これは性能の決め方が異なるだけで構造的には囲い式フードの局所排気装置と同じである。この場合もプッシュプル換気の要件である気流の一様性を確保する必要がある。

2　プッシュプル型換気装置の構造と性能

吹出し側フードと吸込み側フードの間のプッシュプル気流の通る区域を換気区域，吸込み側フードの開口面から最も離れた発散源を通りプッシュプル気流の方向と直角な換気区域の断面を捕捉面と呼ぶ（**図 3-6**）。ダクト，空気清浄装置，ファンについては局所排気装置と同じである。

プッシュプル換気を効果的に行うためには，

①　有害物質の発散源を平均 0.2 m/s 以上の緩やかでかつ一様に流れる気流で包

み込むこと

② 密閉式の場合は，吸込み側フード（送風機なしの場合はブースの開口部）を除く天井，壁，床が密閉されていること

③ 開放式の場合には，発散源が換気区域の中にあること

④ 発散源から吸込み側フードに流れる空気を作業者が吸入するおそれがないこと。そのために下降流型とするか，吸込み側フードをできるだけ発散源に近い位置に設置すること

⑤ 作業主任者は，作業者が発散源と吸込み側フードの間に立ち入らないように指導すること

が重要である。

また，プッシュプル型換気装置の性能は，

① 捕捉面を16等分してそれぞれの中心で測った平均風速が0.2 m/s以上であること

② 16等分した中心の速度が平均風速の2分の1以上1.5倍以下であること

③ 換気区域と換気区域の外の境界における気流が全部吸込み側フードに向かって流れること

と定められている。

なお，開放式プッシュプル型換気装置で上記③の条件を満足するためには吸い込み風量が吹き出し風量より大きくなるよう，吹出し側と吸込み側の気流量のバランス（流量比）を保つことが重要である。

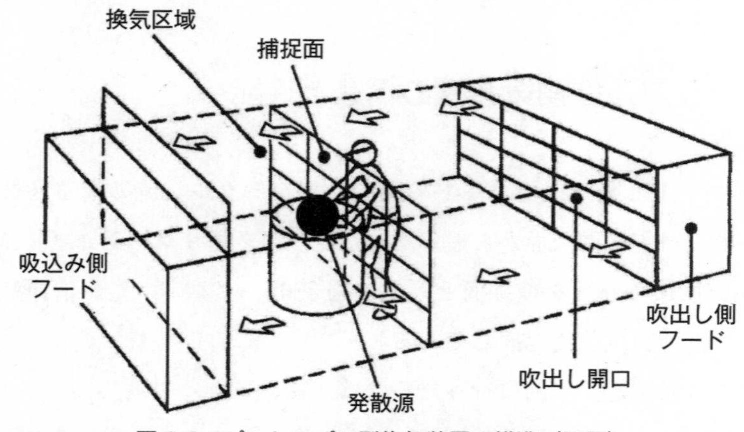

図3-6　プッシュプル型換気装置の構造（沼野）

第５章　全体換気

全体換気は希釈換気とも呼ばれ，給気口から入ったきれいな空気は，有害物質で汚染された空気と混合希釈をくり返しながら，換気扇に吸引排気され，その結果有害物質の平均濃度を下げる方法である（**図 3-7**）。

全体換気では発散源より風下側の濃度が平均濃度より高くなる危険があるので，有害性の大きい第１類または第２類特定化学物質を取り扱う屋内作業場所では，臨時の作業，短時間の作業等の例外を除き，もっぱら密閉設備または局所排気で漏れ出した有害物質を希釈する目的で使われる。また，作業者に対し発散源の風下側に立ち入って作業しないような指導が必要である。

全体換気には一般に壁付き換気扇が使用される。天井扇（電動ベンチレータ）は空気より比重の大きい有害物質の排気には不適当であり，天井扇を設ける場合は給気用に使用するべきである。

また，しばしば見かけることであるが，開放された窓のすぐ上の壁に換気扇を取り付けたために，窓から入った空気がそのまま換気扇に短絡してしまい，作業場内がまったく換気されないことがある。換気扇のそばの窓は閉め，反対側の窓を開けて給気口とするべきである。

全体換気では，排気は一般に有害物質を処理せずにそのまま屋外に放出される。

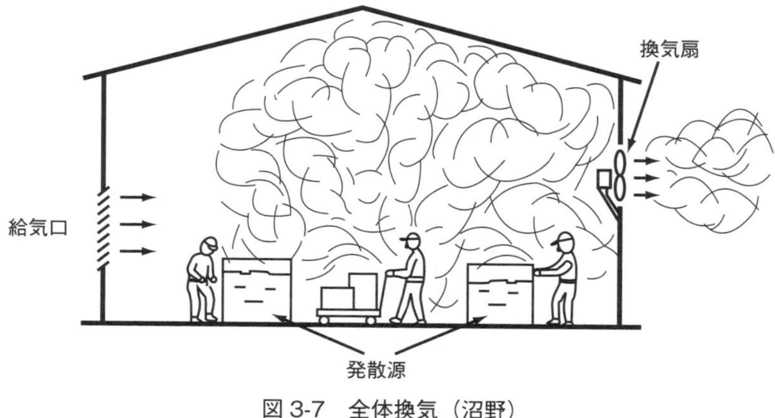

図 3-7　全体換気（沼野）

全体換気を効果的に行うためには，

① 希釈に必要な換気量を確保する

② 給気口と換気扇は，給気が作業場全体を通って排気されるように配置する。そのために大容量の換気扇を１台設置するより小容量の換気扇を複数分散して設置する方がよい

③ 比重の大きい有害物質に対しては換気扇はできるだけ床に近い低い位置に設置する

④ 発散源をできるだけ換気扇の近くに集める

⑤ 作業主任者は，作業者が発散源より風下側に行かないように指導する

⑥ 全体換気を行ってもばく露限度を超えるばく露を受けるおそれがある場合には有効な呼吸用保護具を使用させる

などが重要である。

全体換気に一般的に使われる換気扇は，発生できる圧力が低いために，壁に取り付けた場合，壁の外側に風が吹き付けると十分な排気ができない。外の風の影響を避けるために短い排気ダクトを設けて屋根より高い位置に排気したり，より積極的には建物の両側に回転の向きを反転できるタイプの換気扇を取り付けて，その日の風向きに合わせて風上側を給気用，風下側を排気用にすることも行われる。

タンク内や狭い室内で清掃，修理等の作業を行う場合には，**写真 3-13** のようなポータブルファンとスパイラル風管と呼ばれる可搬式のダクトを使う方法により全体換気を行うことができる。

四アルキル則は，四アルキル鉛用のタンクに係わる作業に労働者を従事させるときは，作業開始前に換気装置によりタンク内部を十分に換気し，かつ，作業中も換

写真 3-13　ポータブルファンとスパイラル風管を使う全体換気

写真 3-14　アーク溶接作業場に設置したジェットファンの例

気を続けることを規定している（四アルキル則第 6 条第 1 項第 6 号，第 5 編 475 頁参照）。また，特化則にも，設備の改造等の作業の場合の換気について同様な規定がある（特化則第 22 条および第 22 条の 2，第 5 編 382，384 頁参照）。このような場合には上記のポータブルファンとスパイラル風管を使う全体換気を行う。また，作業場が広く換気扇までの距離が大きく十分な混合希釈が行われない場合には，作業場内に別の扇風機（ジェットファン）を設置して空気を攪拌し全体換気の効果を上げることもできる（**写真 3-14**）。

そのほか，金属アーク溶接等作業における換気風量の増加その他必要な措置（特化則第 38 条の 21，第 5 編 423 頁参照）としても，ポータブルファンなどの移動式送風機による送風の実施が示されている。

第６章　局所排気装置等の点検

1　点検と定期自主検査

局所排気装置等の性能を維持するためには，常に点検・検査を行いその結果に基づいて適切なメンテナンスを行うことが重要である。点検・検査と呼ばれるものには，「はじめて使用するとき，または分解して改造もしくは修理を行ったときの点検」，「定期自主検査」，「作業主任者が行う点検」の３つがある。

「はじめて使用するとき，または分解して改造もしくは修理を行ったときの点検」は，設備が当初の計画どおりにできているか，性能は確保されているかを確認することを目的としている。また，「定期自主検査」は，その後１年以内ごとに１回，設備が損傷していないか，性能は維持されているかを調べることを目的としている。

これらの点検・検査は，項目と，異常が見つかった場合の補修の義務と，点検・検査結果の３年間の記録保存が特化則に定められており，具体的な方法については性能の確認（吸気および排気の能力の検査）は発散源とフード周辺の気中濃度を測定して厚生労働大臣が定めたいわゆる抑制濃度と比較するか，熱線風速計でフードの吸込み風速を測定して規定の制御風速と比較する方法で行う。その他の項目についても「局所排気装置の定期自主検査指針」（平成20年自主検査指針公示第１号）に具体的な方法が定められている。

これらの点検・検査には，局所排気装置等に関する高度の知識と，熱線風速計など高価な測定器具を必要とするので，専門の設備担当部署のある大企業でなければ，自社で実施することはきわめて困難である。このうち「はじめて使用するときの点検」は，信用のおける業者に施工を依頼した場合には，当然完成検査が行われ検査成績書が発行されるので，これを保存すればよい。

「定期自主検査」については，施工した業者に依頼するか，作業環境測定機関に依頼して作業環境測定に先立って検査してもらい，日常点検や検査において異常が見つかったときは，直ちに補修を行った上で作業環境測定を実施するのがよい。なお，定期自主検査は「局所排気装置等の定期自主検査者等の養成講習」を修了した者に行わせることが望ましい。

2　作業主任者が行う点検

(1) 点検項目

作業主任者が行う点検は，特化則第28条第2号に作業主任者の職務として「局所排気装置，プッシュプル型換気装置，除じん装置，排ガス処理装置，排液処理装置その他労働者が健康障害を受けることを予防するための装置（編注：全体換気装置，密閉構造の製造装置，安全弁等）を1月を超えない期間ごとに点検すること」と定められており，次の定期自主検査までの間性能を維持することを目的として行う月次点検である点検項目，記録の保存については特に規定されていない。点検の内容は，通達（昭和53年8月31日基発第479号）で装置の主要部分の損傷，脱落，腐食，異常音等の有無，対象物質の漏えいの有無，局所排気装置，プッシュプル型換気装置の効果の確認，排液処理装置の調整剤の異常の有無の確認を行うこととされている。月次点検チェックリストの例を183～184頁に示す。

(2) 発煙法による局所排気装置等の吸引効果の確認

効果の確認は，定期自主検査の吸気および排気の能力の検査に対応するもので，煙の流れを観察する発煙法を使い，煙が完全にフードに吸い込まれるなら吸気および排気の能力があるものと判定する。

発煙法には，スモークテスターと呼ばれる気流検査器を使う（**写真3-15**）。引火性がある有害物質の場合には，たばこや線香の煙を使用してはならない。

スモークテスターの発煙管は，ガラス管に発煙剤（無水塩化第二スズ等）を浸み込ませた軽石の粒を詰めて両端を溶封したもので，使うときに両端を切り取って付

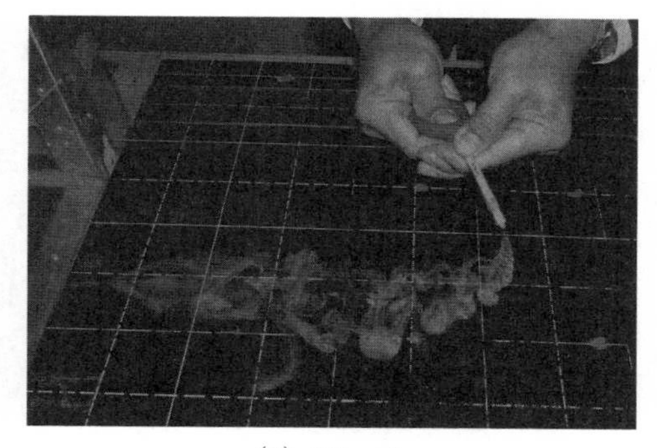

(1) 0.4 m/s　(2) 0.2 m/s

写真3-15　スモークテスターによる気流のチェック

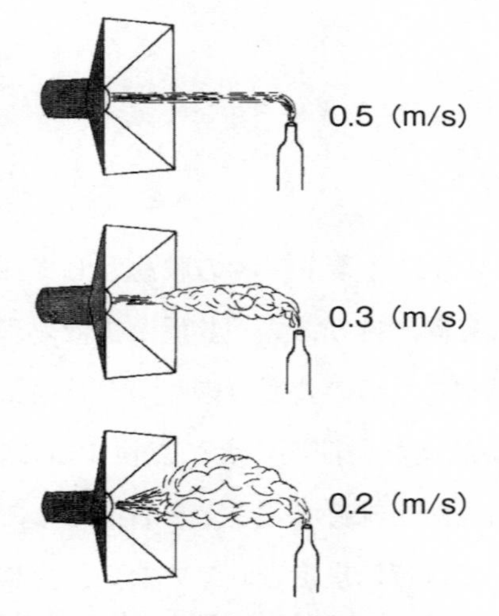

図3-8　気流速度と煙の流れ方（沼野）

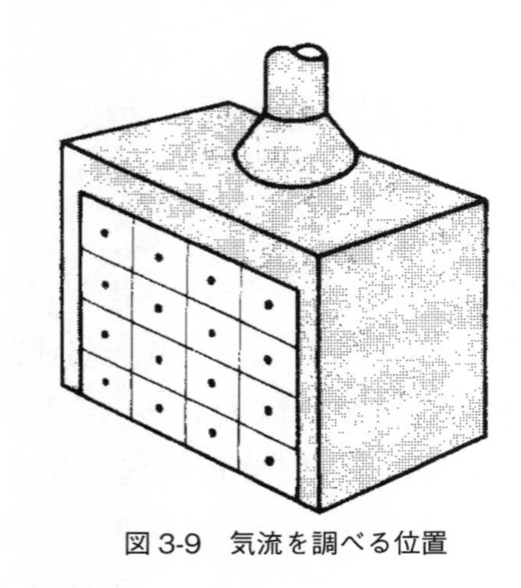

図3-9　気流を調べる位置

属のゴム球をつなぎ，ゴム球をゆっくりとつぶして空気を通すと，発煙剤と空気中の水分が化学反応を起こして酸化第二スズ等の非常にこまかい結晶と塩化水素が生成し，これが煙のように見える。火気を使わないので引火の危険がない。

気流の速度によって煙の流れ方が変化するので，慣れるとおおよその気流速度を判断することもできる（**図3-8**）。

スモークテスターの煙には微量の塩化水素が含まれていて刺激性があるので，吸わないように注意しなければならない。煙を出して気流を観察する位置は，局所排気装置の囲い式フード（ブース型を含む）の場合は，開口面を縦横4つずつ16等分し，それぞれの中心で煙の流れ方を観察する（**図3-9**）。開口面が小さい場合には中心と4隅の5カ所でもよい。

発煙管は気流の向きと直角に持ち，ゴム球をゆっくりつぶして，発生した煙が全部フードに吸い込まれるなら吸気および排気の能力があるものと判定する。

吸気能力が不十分な場合には，理由として第3章で勉強したように，開口面の大きさに対して排風量が不足していることが考えられる。開口面をできるだけ小さくする工夫が必要である。

外付け式フードの場合には，煙を出す位置は制御風速の測定と同じ，フードの開口面から最も離れた作業位置である。まず，作業者に普段どおりの作業をさせてどこが最も離れた作業位置であるかを確認し，その位置で煙を出して煙の流れ方を観察する。煙が全部フードに吸い込まれるなら，吸気および排気の能力があるものと判定する。

煙がフードに吸い込まれずに拡散して消えてしまう場合には，フードの開口面に少し近い点で再度煙を出して，煙が全部吸い込まれる位置を探す。作業者には「煙が吸い込まれないということは，有害物質も吸い込まれずに拡散しており，作業中にばく露される危険がある」ことを説明して，煙が吸い込まれる位置までフードに近づいて作業するように指導する。

乱れ気流の影響で煙がフードに吸い込まれずに横流れする場合は，窓から風が流れ込んでいるなら窓を閉めるか，つい立てやカーテンを利用して発散源とフードの間に風が当たらないようにする。

密閉式プッシュプル型換気装置の場合は捕捉面を縦横 4 つずつ 16 等分し，それぞれの中心で煙を出し，全部の位置で煙が同じような速さで吸込み側フードに向かって流れることを確認する。

開放式プッシュプル型換気装置の場合には，捕捉面上の煙の流れのほか，換気区域の外側の数カ所で煙を出して，全部の煙が吸込み側フードに吸い込まれることを確認する。煙が吸い込まれない場合は，吸込み側の排風量の不足か，吹出し側の給気量と吸込み側の排風量のアンバランスが原因である。

(3) 目視による損傷等の点検

局所排気装置，プッシュプル型換気装置の主要部分の損傷，脱落，腐食の有無，異常音等の有無は，まずフード，ダクト，空気清浄装置，ファン，排気口を順に外から観察して，へこみ，変形，破損，摩耗腐食による穴あき，接続箇所の緩みなどの目視点検を行う。ダクト内の粉じんの堆積は立上がりのベンド部分で起こりやすい。ダクトの外側を細い木か竹の棒で軽くたたいて，にぶい音がするなら粉じんの堆積が疑われる。

ダクトの継ぎ目の漏れ込みは，静かな場所では吸込み音で見つけることができるが，一般にはスモークテスターを使って，煙が継ぎ目に吸い込まれないことを確認する。

排風機の異常音は，機械的な故障が起きていることを示すもので，速やかに専門家に依頼してくわしい検査を行うことが必要である。

密閉構造の設備からの対象物質の漏えいの有無は，蓋板，フランジ，バルブ，コック等の接合部からの漏れ出しのないことを，スモークテスターを使って確認する。また，バルブについては開閉方向，開閉順序等の表示に異常がないかを確認する。異常を発見した場合には，速やかに設備担当部署に連絡して処置を行うことが必要である。

除じん装置についてはハウジング，集じんホッパーの外観点検のほか，スモークテスターによるハウジング扉のパッキングの損傷等による外気の漏れ込みの有無の点検を行う。ろ過除じん方式の場合にはろ材の機能を低下させるような目詰まり，破損，劣化，粉じん堆積等がないこと。またマノメータ，微差圧計等を用いて，ろ材の前後の圧力差が規定範囲内にあることの確認を行う。

排液処理装置について，中和剤などの調整剤の異常の有無は，液面計（レベルゲージ），pH 計等の指示，攪拌機の動作状態を目視確認する。異常を発見した場合には速やかに公害防止管理者等の担当者に連絡して処置を行うことが必要である。

(4) 全体換気装置の点検

① 排気ファンの状態

排気ファンの回転方向は正しいか，電源スイッチを ON/OFF して目視観察する。工事の際の誤配線等によって排気ファンの回転の向きが逆になっていると外気が室内に逆流する。外気の逆流は無風の状態で発煙法を使って観察する。

また，排気ファンの羽根に損傷はないか，汚れ等が付着していないか，回転によって異常音が発生していないか，点検する。

② 排気能力

全体換気の排気には一般に壁付き換気扇が使用される。局所排気装置等の吸引効果の確認と同様，換気扇の直前で発煙法を使って気流を観察し，煙が完全に換気扇に吸い込まれるなら排気能力があるものと判定する。

排気能力不十分の原因の多くは給気不足である。窓等を給気に利用している場合には窓を閉め切らず給気に必要な面積を開放する。

③ 給気フィルター

吸気口に埃除けのフィルターを付けている場合にはフィルターの点検を行い，必要に応じて掃除する。フィルターを清掃しても排気能力が不足の場合には給気用の換気扇を設置して強制的に給気することもある。

④ 排気の逆流

壁付き換気扇は発生できる圧力が低いため，取り付けた壁の外側から風が吹き付けると十分な排気ができず外気が室内に逆流することがある。逆流は排気ファンの運転状態で発煙法を使って観察する。

逆流に対する対策は排気扇の外側に短い排気ダクトを設けて屋根より高い位置に排気する。

⑤　局所排気の妨害

全体換気の気流が局所排気装置のフードの吸込みを妨害している場合には，ついて立てやカーテンを設けて発散源とフードの間に風が当たらないようにする。

(5) 密閉設備等の点検

①　接合部等の目視点検

密閉構造の製造設備等のフランジ等の接合部，攪拌機軸のグランドパッキン（ガスケット）について，変形してはみ出していないか，損傷していないかを目視点検する。

②　発煙法による漏れ出しの点検

内部が加圧されている状態でスモークテスターの煙をフランジ接合部等に吹き付け，漏れ出しがないかを目視で点検する。

③　圧力保持の点検

内部が加圧されている状態で配管等のバルブをすべて締め切り，一定時間経過後に内部の圧力が下がっていないことを確認する。

④　増し締め

フランジ接合部のガスケットの変形，ボルトの片締めによる漏れ出しが発見された場合には，対面するフランジ面間の距離が全周で等しくなるように増し締めを行う。片締めを防ぐには対面するフランジ面間の距離を測りながら対角線上の位置にあるボルトを交互に均等な力で徐々に締め付ける。できればトルクレンチを使用して締付けトルクが等しくなるようにするとよい。

⑤　包囲構造設備の点検

密閉式の構造（包囲構造）の設備の点検は囲い式フードの局所排気装置の点検に準じる。

(6) 点検の際の安全措置

また，高所に設置されたダクト，排気口等の点検に際しては墜落転落防止措置を講じる。機械設備等の稼働中に点検を行うことが危険な場合には機械設備等を停止した状態で点検する等，安全の確保に十分配慮すること。

3　点検の事後措置

局所排気装置の吸込み不足の主な原因としては，設計ミスによるファンの能力不足のほか，次のようなことが考えられる。

① 発散源から外付け式フードの開口面までの距離が離れすぎている。
② 囲い式フード（ブース型を含む）の開口面を広げた。
③ フードの開口面の近くに置かれた物が気流を妨害している。
④ 乱れ気流の影響が大きい。
⑤ ダクト内に粉じんが堆積して通気抵抗が増えている。
⑥ ダンパー調整が不適当である。
⑦ 吸込みダクトの途中に漏れがあり，大量の空気が途中から漏れ込んでいる。
⑧ フードの形，大きさがその作業に向いていない。
⑨ 給気が不足して室内が減圧状態になっている。
⑩ 3相交流電動機の配線が入れ替わったために，ファンが逆回転している。

点検で，たとえばダクトの漏れが発見された場合に，ダクトにあいた小さな穴を粘着テープでふさぐ，ダクトのつなぎ目のフランジを増し締めする，隙間をコーキング材でふさぐなど，作業主任者が自分で補修できるものは補修し，できないものは速やかに上司に報告して会社の責任で補修を行う。

ファンの風量が足りない場合，ファンの電源に周波数調節用のインバーターが組み込まれていれば周波数を調整して回転を上げ，風量を増やすことが容易にできる。また，囲い式フード（ブース型を含む）の外で有害物質を発散させる，囲い式フード（ブース型）のカーテンを巻き上げたり取り外す，外付け式フードの開口面から離れたところで作業するなど，作業者の作業の仕方に問題がある場合には，局所排気装置等を有効に稼働させた上で作業方法や作業手順の見直しを行うとともに，どうすれば作業者自身が有害物質にばく露されずに作業できるか，正しい作業方法について教えて守らせることが作業主任者の仕事である。

局所排気装置月次点検チェックリストの例

局排装置月次点検記録（　　年　　月～　　年　　月）	
設置作業場所	
局排系統 No.	

系統略図

ダンパー①　フード①　ベンド①　ダクト①　ベンド②　ダクト③　合流　ダクト④　ダクト②　ダンパー②　フード②　除じん装置　ダクト⑤　ベンド③　ダクト⑥　ベンド④　ダクト⑦　排風機　ダクト⑧　ベンド⑤　排気口

点検月日	/	/	/	/	/	/	/	/	/	/	/	/
点検者氏名												

フード①												
破損・変形・腐食・摩耗												
吸込気流の状況												
ダンパー①の開度												
フード②												
破損・変形・腐食・摩耗												
吸込気流の状況												
ダンパー②の開度												
ベンド①												
破損・変形・腐食・摩耗												
接続部のゆるみ・漏れ込み												
粉じんの堆積												
ダクト①												
破損・変形・腐食・摩耗												
接続部のゆるみ・漏れ込み												
粉じんの堆積												
ベンド②												
破損・変形・腐食・摩耗												
接続部のゆるみ・漏れ込み												
粉じんの堆積												
ダクト②												
破損・変形・腐食・摩耗												
接続部のゆるみ・漏れ込み												
粉じんの堆積												

ダクト③												
破損・変形・腐食・摩耗												
接続部のゆるみ・漏れ込み												
粉じんの堆積												
合　流												
破損・変形・腐食・摩耗												
接続部のゆるみ・漏れ込み												
粉じんの堆積												
ダクト④												
破損・変形・腐食・摩耗												
接続部のゆるみ・漏れ込み												
粉じんの堆積												
除じん装置												
破損・変形・腐食・摩耗												
パッキングの損傷・漏れ込み												
ろ過材前後の静圧差												
ダクト⑤												
（中略）												
接続部のゆるみ・漏れ込み												
粉じんの堆積												
排風機												
破損・変形・腐食・摩耗												
接続部のゆるみ・漏れ込み												
異音・振動・過熱												
ダクト⑧												
破損・変形・腐食・摩耗												
接続部のゆるみ・漏れ込み												
粉じんの堆積												
ベンド⑤												
破損・変形・腐食・摩耗												
接続部のゆるみ・漏れ込み												
粉じんの堆積												
排気口												
破損・変形・腐食・摩耗												
ギャラリへの粉じんの付着												
粉じんの堆積												

報告月日	/	/	/	/	/	/	/	/	/	/	/	/
確認印												

第７章　特別規則の規定による多様な発散防止抑制措置

平成 24（2012）年７月に施行された特化則の改正により，それまで発散源を密閉する設備，局所排気装置またはプッシュプル型換気装置の設置が義務付けられていた作業場所に，労働基準監督署長の許可を受ければ作業環境測定結果の評価を第１管理区分に維持できるものであればどんな対策（多様な発散防止抑制措置）でも許されることになった（特化則第６条の３，第５編 370 頁参照）。

多様な発散防止抑制措置の例として，特定化学物質を吸着等の方法で濃度を低減するもの，包囲構造の設備の開口部にエアカーテンを設ける等気流を工夫することにより特定化学物質の発散を防止するものなどが考えられるが，作業方法，作業者の立ち位置，作業姿勢等が不適切であると発散防止抑制の効果が失われることがあるので，作業主任者は発散防止抑制措置の内容，作用等をよく理解し，作業者が正しい作業方法を守って作業するよう指導しなければならない。

第８章　化学物質の自律的な管理による多様な発散防止抑制措置

令和5（2023）年4月に施行された特別規則（特化則等）の改正により，化学物質管理の水準が一定以上であると所轄都道府県労働局長が認定した事業場は，その認定に関する特別規則について個別規制の適用を除外し，特別規則の適用物質の管理を多様な発散防止抑制措置の選択による自律的な管理（リスクアセスメントに基づく管理）に委ねることができることとなった（特化則第2条の3，第5編364頁参照）。

認定の主な要件としては，次の措置が必要とされる。

①　専属の化学物質管理専門家（32頁参照）が配置されていること。

②　過去3年間に，特別規則が適用される化学物質等による死亡休業災害がないこと。

③　過去3年間に，特別規則に基づき行われた作業環境測定の結果がすべて第1管理区分であったこと。

④　過去3年間に，特別規則に基づき行われた特殊健康診断の結果，新たに異常所見が認められる者がいなかったこと。

第９章　特定化学物質の製造，取扱い設備等の管理

1　第１類物質，第２類物質の製造，取扱い設備等の管理の要点

特定化学物質には，物理的，化学的性質および危険有害性等の異なる多くの物質があり，製造工程や取扱いの方法なども多種多様であるが，製造設備等の管理の原則は共通である。

第１類物質を製造するには，生産計画，製造施設（建屋，製造設備，原材料等の送給設備，用後処理装置等），作業方法（容器詰め等の方法，試料の採取方法等）が基準に適合していることを示す図面と摘要書を添付した特定化学物質製造許可申請書を提出して，あらかじめ厚生労働大臣の許可を受けなければならない（安衛法第56条，特化則第50条および第50条の2，第５編297頁，435，438頁参照）。この許可は，製造する物質ごと，製造プラントごとに必要である。第２類物質および第３類物質については製造許可申請の必要はない。

第１類物質および第２類物質の製造，取扱い設備の管理の要点は以下のとおりである。

① 製造または取扱い作業を行う作業場は，他の作業場から隔離しなければならない。できれば独立した建屋とすることが望ましい。

② 製造または取扱い作業を行う作業場には，全体換気装置を設置して換気ができる構造にすること。

③ 粉状または液状の物質を取り扱う作業場所の床は，コンクリート造りその他の不浸透性のものとし，水洗可能で凹凸などもないようにすること（特化則第21条，第５編382頁参照）。

④ 製造または取扱い設備は，できるだけ密閉構造とし，原材料，製品の送給，取出しにはパイプライン，密閉式コンベヤー等を使用すること。

⑤ 密閉構造にできない容器詰め等の設備は，自動化し，遠隔操作方式にすること。

⑥ 密閉構造にできない設備には，局所排気装置またはプッシュプル型換気装置を設置すること。

⑦　局所排気装置，プッシュプル型換気装置には除じん装置，排ガス処理装置などの空気清浄装置を付設すること（第11章参照）。

⑧　アルキル水銀化合物，クロム等の重金属化合物，シアン化合物，ペンタクロルフェノール，塩酸，硝酸，硫酸，硫化ナトリウム等を排出する設備には，それぞれの物質の種類に応じた方式の排液処理装置を付設すること（第11章参照）。

⑨　第1類物質または第2類物質の製造，取扱い作業場では喫煙，飲食を禁止し，休憩室は作業場以外の場所に設けること。同一建屋内に設ける場合には，隔壁を設けて作業場と物理的に隔離すること。

⑩　第1類物質または第2類物質の製造，取扱い作業場（臭化メチルを用いて燻（くん）蒸作業を行う作業場を除く）には，関係者以外の者が立ち入ることを禁止し，かつ，その旨を見やすい箇所に表示すること。

⑪　改造，修理，清掃等で，設備を分解する作業または設備の内部に立ち入る作業を行うときは，作業の方法および順序を決定して関係労働者に周知させるとともに，作業指揮者を選任して指揮させること。改造修理等の作業を外部に請け負わせる場合には，設備を所有する事業場の技術者が立ち会うこと。

2　第3類物質等の製造，取扱い設備等の管理の要点

第3類物質は，化学工業等で原材料，中間製品，製品として大量に貯蔵，消費される気体または液体で，万一漏えいすると周辺にまで広がって大きな災害をもたらす危険のある物質である。また，特定第2類物質は，急性毒性が大きく万一漏えいすると接触した労働者が急性中毒にかかる危険性が大きい物質である。

特化則では，特定第2類物質および第3類物質を総称して第3類物質等と呼び，漏えい事故による急性中毒などの障害を予防するため，製造および取扱いに係わる設備の構造，維持管理，取扱い上の措置などについて定めている（特化則第13条～第26条，第5編377～386頁参照）。

（1）特定化学設備

第3類物質等を製造し，または取り扱う設備で移動式以外のものを「特定化学設備」という。特定化学設備には，反応器，蒸留塔，抽出機，混合機，沈でん分離器，熱交換器，計量タンク，貯蔵タンク等の容器の本体と本体に付属するバルブ，コック，本体内部に設けられた管，たな，ジャケット等の部分，本体容器を連結する配

管が含まれる。

特定化学設備の管理について，次のようなことが定められている。

① 第3類物質等が接触する部分は，物質の種類，温度，濃度等に応じて腐食しにくい材質で造り，内張りを施す等の措置を講じること。

② 特定化学設備は，密閉構造とすること。

③ バルブ，コックの開閉方向の表示，スイッチ，押しボタン等の操作部の，開閉方向，開閉度操作順序，送給する原材料等の種類などの色分け，形状の区分等を操作者が見やすい位置に行うこと。

④ 特定化学設備を設置する屋内作業場または建物の避難階には，容易に地上の安全な場所に避難することができる2以上の出入口を設けること。

⑤ 第3類物質等を合計100L以上取り扱う作業場には，第3類物質等が漏えいした場合に関係者に速やかに知らせるための警報用器具等を設けること。

⑥ バルブ，コック等の操作，冷却装置，加熱装置，攪拌（かくはん）装置および圧縮装置の操作，計測装置および制御装置の監視および調整，安全弁，緊急遮断装置その他の安全装置および自動警報装置の調整，接合部における第3類物質の漏えいの有無の点検，試料の採取，異常な事態が発生した場合における応急措置等について必要な作業規程を定めて作業を行うこと。

⑦ 特定化学設備を設置する作業場または第3類物質を合計100L以上取り扱う作業場には，関係者以外の者が立ち入ることを禁止し，かつ，その旨を見やすい箇所に表示すること。

⑧ 改造，修理，清掃等で，設備を分解する作業または設備の内部に立ち入る作業を行うときは，作業の方法および順序を決定して関係労働者に周知させるとともに，作業指揮者を選任して指揮させること。改造修理等の作業を外部に請け負わせる場合には，設備を所有する事業場の技術者が立ち会うこと。

⑨ 特定化学設備および付属設備，配管について2年以内ごとに1回，定期に自主検査を行うこと（特化則第31条，第5編389頁参照）。

(2) 管理特定化学設備

特定化学設備のうち発熱反応が行われる反応槽等で異常化学反応等により，第3類物質等が大量に漏えいするおそれのあるものを「管理特定化学設備」という。

管理特定化学設備の管理について，次のようなことが定められている。

① 異常化学反応等による緊急時に備えて，原材料の緊急遮断装置，設備内の製品等の緊急放出装置，不活性ガス，冷却用水等の送給装置を設けること。緊急

放出設備および安全弁は密閉式で，排ガス処理ができる構造のものとすること。バルブまたはコックは，確実に動作し，かつ円滑に作動できるような状態に保持すること。

② 異常化学反応等の発生を早期に把握するために温度計，流量計，圧力計等の計測装置を設けること。

③ 動力源については，直ちに使用できる予備動力源を備えること。動力源に使用するバルブ，コック，スイッチ等については，誤操作を防止するため，施錠，色分け，形状等の区分を行うこと。

3　特殊な作業の管理

特定化学物質は多種多様であり，物質によっては製造や取扱いに際して特別の対策を必要とする。そのため，特化則では，次の15の作業について「特殊な作業の管理」を定めている（特化則第38条の5～21，第5編401～426頁参照）。

① 塩素化ビフェニル等を取り扱う作業
② インジウム化合物等を製造または取り扱う作業
③ 特別有機溶剤業務に従事させる場合
④ エチレンオキシド等を用いて行う滅菌作業
⑤ コバルト等を製造または取り扱う作業
⑥ コークスの製造作業
⑦ 三酸化二アンチモンを製造または取り扱う作業
⑧ シアン化水素，臭化メチル，ホルムアルデヒド，エチレンオキシド，酸化プロピレンを用いる燻（くん）蒸作業
⑨ ダイナマイトの製造作業
⑩ ベンゼンを溶剤として取り扱う作業
⑪ 1･3-ブタジエン等を製造または取り扱う作業
⑫ 硫酸ジエチルを触媒として取り扱う作業
⑬ 1･3-プロパンスルトンを製造または取り扱う作業
⑭ リフラクトリーセラミックファイバーを製造または取り扱う作業
⑮ 金属アーク溶接作業，その他の溶接ヒュームを製造し，または取り扱う作業

4　金属アーク溶接等作業の措置

金属アーク溶接等作業としては，①金属をアーク溶接する作業，②アークを用いて金属を溶断し，またはガウジングする作業，③その他の溶接ヒュームを製造し，または取り扱う作業が規定される。

金属アーク溶接等作業による溶接ヒュームのばく露を防止するため，特化則の特定化学物質第２類として，作業主任者の選任，溶接作業での作業環境測定，健康診断の実施，適切な呼吸保護具の選定着用等の措置が求められている。

なお，アーク溶接機を用いて行う金属の溶接，溶断等の業務は安衛法の特別教育を必要とする業務に指定されている。

金属アーク溶接等作業には，燃焼ガス・レーザービーム等を熱源とする溶接等の作業，溶接機のトーチ等から離れた操作盤の作業，溶接作業に付帯する材料の搬入・搬出作業，片付け作業，溶接ロボットを含む自動アーク溶接において操作が溶接箇所，切断箇所から十分離れている場合は対象外となる。

①　全体換気による換気の実施

金属アーク溶接等作業が行われる屋内作業場では，作業が継続して行われるか否かにかかわらず，発散した溶接ヒュームを減少させるため，全体換気装置による換気またはその他同等以上の換気措置（局所排気装置もしくはプッシュプル型換気装置等を設置）が必要である。

なお，粉じん則では従来から特定粉じん発生源に係る措置として局所排気装置等の措置が，また，粉じん作業を行う屋内作業場については，全体換気装置等による換気等の実施を講じなければならないと規定されている。

②　溶接ヒューム濃度の測定の実施

金属アーク溶接等作業を継続して行われる屋内作業場では，新たな金属アーク溶接等作業の方法を採用するとき，または作業の方法を変更しようとするときは，あらかじめ作業に従事するものの身体に装着する試料採取機器等を用いて行う測定（個人ばく露測定）により，作業場の空気中の溶接ヒュームの濃度を測定しなければならない。

測定結果がマンガンとして0.05 mg/m^{3}を上回った場合には，換気装置の風量の増加，溶接方法もしくは溶接材料等の変更による溶接ヒューム発生量の低減，集じん装置による集じんもしくは移動式送風機による送風の実施など必要な措置をしなければならない（「6　溶接ヒュームの濃度の測定等」200頁参照）。

③　呼吸用保護具の選定・着用，フィットテスト

金属アーク溶接等作業に従事するときは，すべての作業場所で，有効な呼吸用保護具を使用しなければならない。

また，面体を有する呼吸用保護具は，適切に装着されていることを，定期に確認しなければならない（233頁参照）。

④　その他，溶接ヒュームの特定化学物質としての措置

・溶接ヒュームに汚染されたぼろ（ウエス），紙くず等は，蓋付きの不浸透性容器に保管する
・作業場所の床は不浸透性とする
・関係者以外の者の立入を禁止し，その旨を表示する
・溶接ヒューム（1％を超えて含有する物）を運搬，貯蔵するときは，堅固な容器を使用し，貯蔵場所を定め，関係者以外の立入を禁止にする
・常時金属アーク溶接等作業を行うときは，作業場以外に休憩室を設ける
・洗顔，洗身またはうがいの設備，更衣室，洗濯のための設備などの洗浄設備を設ける
・作業場内での喫煙，飲食を禁止し，その旨を表示する
・必要な呼吸用保護具を作業場に備え付ける

第10章　作業環境測定と評価

1　作業環境測定

局所排気装置等の設備が十分に機能を発揮しており，作業者が正しい作業の仕方を守っているならば,作業環境は十分安全な状態に保たれるはずである。安衛法は，作業環境管理のために，第1類または第2類物質を製造したり取扱う屋内作業場について，6カ月以内ごとに1回定期的に作業環境測定を行い，その結果を評価し，問題があると判断された場合には直ちに原因を調べて改善することを事業者の義務と定めている。

作業環境測定には，測定の計画を立てる「デザイン」，分析用の空気試料を捕集する「サンプリング」，捕集した空気中の特定化学物質の濃度を測定する「分析」の3つの内容があり，作業環境測定士が作業環境測定基準に規定された方法で行うことが定められている。自社に作業環境測定士がいない場合は各都道府県労働局に登録した作業環境測定機関に委託して測定してもらうことになる。

作業環境測定は作業環境測定士の仕事であるが，作業場所の環境状態を正しく評価するためには，測定のデザインが適切に行われることが重要で，そのために作業主任者が作業現場の詳しい状況や作業内容等の情報を作業環境測定士に提供することが必要である。

2　測定のデザインと作業主任者

(1) 単位作業場所

作業環境測定基準（参考資料10, 520頁参照）によると，測定は「単位作業場所」ごとに行うことと定められている。単位作業場所とは，特定化学物質が関与する作業が行われる作業場の区域のうちで，①作業中の作業者の行動範囲と，②特定化学物質の濃度の分布状況を考慮して，作業環境管理が必要と考えられる区域のことである。

その理由は，作業環境管理の目的が環境を良くすることによって作業者の作業中の特定化学物質へのばく露を抑えて，健康への悪影響をなくすことであるので，作業中に作業者が行く可能性があり，かつ，測定すれば特定化学物質が検出される可能性のある範囲を作業環境管理の対象にする必要性があるからである。

作業環境測定士，特に社外の作業環境測定機関から派遣されてきた作業環境測定士は，その場所で行われる作業について十分な知識があるとは限らない。その場所で行われる作業の実態をよく知る作業主任者が，①どこが作業中に作業者が行動する区域で，どこが作業者が行くことのない区域か，②どこで，どんな作業をするか，③特定化学物質を発散する可能性のある設備はどれか，④どこで，どういうときに臭気，刺激，ほこりっぽさ等を感じることがあるか，などの情報を提供することによって，作業環境測定士は適切な単位作業場所の範囲を決めることができる。

(2) A 測定の意味と測定点，測定時刻

単位作業場所内の平均的な特定化学物質の濃度の分布を調べるための測定を「A 測定」という。A 測定は，濃度が高そうな点を避けて濃度が低そうな点を測定しようというような作為が入るのを防ぐために，単位作業場所の中に無作為に選んだ5点以上の測定点で行うことが，作業環境測定基準に定められている。測定点を無作為に選ぶ方法として等間隔系統抽出という方法があり，よく使われる測定点の決め方として，6 m 以下の等間隔で引いた縦，横の平行線の交点のうち設備等があって測定が著しく困難な位置を除いたすべての交点を測定点とする方法（**図 3-10** (1)），また狭い単位作業場所では対角線を引いて中心の1点と対角線上の4点を測定点とする方法（**図 3-10** (2)）が使われる。

1測定点のサンプリング時間は連続した10分間以上と定められ，また平均的な濃度分布を求めるために，1単位作業場所の測定は1時間以上かけて行うこととされているので，測定点の決め方によっては，サンプリングが作業の邪魔になることもある。A 測定は定常的な作業が行われている状態で行わなければならないので，

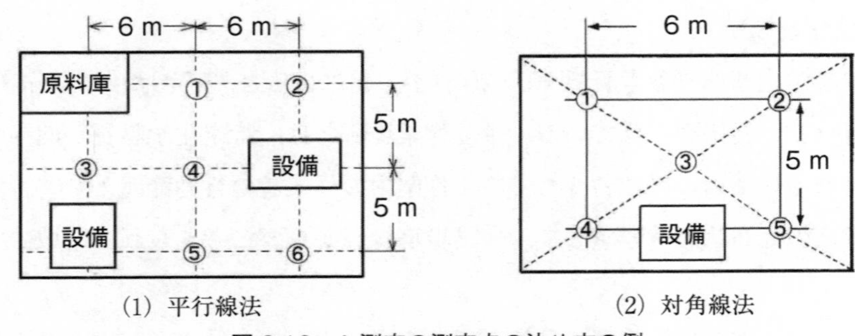

(1) 平行線法　(2) 対角線法

図 3-10　A 測定の測定点の決め方の例

サンプリングが邪魔になって普段と違う作業をしたのでは意味がない。作業主任者は，作業環境測定士と事前に十分打ち合わせて，サンプリングの位置が定常的な作業の邪魔にならないように，測定点を決めてもらうとともに，作業者に対しては測定中普段どおりの作業を続けるように指導しなければならない。

(3) B測定の意味と測定点，測定時刻

発散源の近くで作業する作業者が高い濃度にばく露される危険があるかないかを調べるための測定を「B測定」という。「A測定」の結果では問題がなくても，発散源に近い場所では高濃度のことがあり，作業者が高い濃度にばく露される危険性が見逃される場合がある。

単位作業場所の中で次のような作業が行われる場合には，A測定のほかにB測定を行わなければならない。

① 作業者が発散源と一緒に移動しながら行う作業（**移動作業**），たとえばスプレーガンを持って移動しながら大きい物の表面を吹付け塗装する作業

② 作業者が発散源の近くにいて，特定化学物質を発散する作業を間欠的に行う作業（**間欠作業**），たとえば作業開始時に，特定化学物質が入っている設備の蓋を開いて原材料を投入したり内部を点検する作業

③ 作業者が，一定の場所で行う特定化学物質を発散する作業（**固定作業**），たとえば作業台の上で特定化学物質等を秤量したり，混合したり，包装したり，容器に詰めたりする作業

B測定の対象となる作業は常時行われているとは限らないために，時には作業環境測定士が見落とすこともある。作業主任者は，測定のデザインに際して，くわしい作業内容等の情報を作業環境測定士に提供し，B測定の必要性を判断してもらうことが重要である。

B測定は，作業方法，作業姿勢，特定化学物質の発散状況等から判断して，濃度が最大になると考えられる位置で，濃度が最大になると考えられるときを含む10分間，A測定と同じ方法で測定する。

B測定の対象となる作業は，A測定の実施時間中に行われるとは限らない。A測定の実施時間とは別に，そのような作業が行われるときに実施すればよい。場合によっては，B測定のために特別にそのような作業を再現させて測定しても構わない。

(4) C測定，D測定

作業環境測定基準の改正（令和3（2021）年4月1日施行）により，ベリリウム

写真 3-16　個人サンプラー（パーソナルサンプラー）を装着した作業者

およびその化合物，インジウム化合物，オルト－フタロジニトリル，カドミウムおよびその化合物，クロム酸およびその塩，五酸化バナジウム，コバルトおよびその化合物，3･3′－ジクロロ－4･4′ジアミノジフェニルメタン（MOCA），重クロム酸およびその塩，水銀およびその無機化合物（硫化水銀を除く。），トリレンジイソシアネート，砒(ひ)素およびその化合物（アルシンおよび砒(ひ)化ガリウムを除く。），マンガンおよびその化合物の13の特定化学物質（低管理濃度特定化学物質）を取り扱う作業が行われる単位作業場所については，A 測定に代えて5人以上の作業者の身体に個人サンプラー（パーソナルサンプラー）（**写真 3-16**）を装着し全作業時間（最低2時間以上）試料を採取する C 測定，低管理濃度特定化学物質の発散源に近接する場所で作業が行われる単位作業場所については，B 測定に代えて作業者の身体

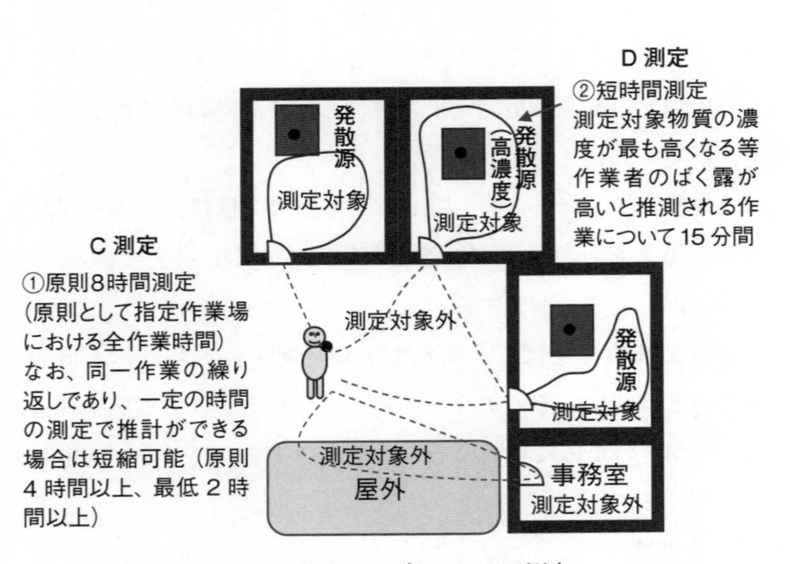

図 3-11　個人サンプラーによる測定
（出典：厚生労働省「令和4年化学物質管理に係る専門家検討会中間取りまとめ」）

表 3-4　作業環境管理区分の意味

管理区分	平均的な環境状態（A 測定・C 測定）	高濃度ばく露の危険（B 測定・D 測定）
第 1 管理区分	管理濃度を超える危険率が 100 分の 5 より小さい	発散源に近い作業位置の最高濃度が管理濃度より低い
第 2 管理区分	平均濃度が管理濃度以下	発散源に近い作業位置の最高濃度が管理濃度の 1.5 倍以下
第 3 管理区分	平均濃度が管理濃度を超える	発散源に近い作業位置の最高濃度が管理濃度の 1.5 倍を超える

表 3-5　作業環境管理区分と講ずべき措置

管理区分	講ずべき措置
第 1 管理区分	現在の管理状態の継続的維持に努める
第 2 管理区分	施設，設備，作業工程または作業方法の点検を行い，その結果に基づき，作業環境を改善するために必要な措置を講ずるように努める
第 3 管理区分	①　施設，設備，作業工程または作業方法の点検を行い，その結果に基づき，作業環境を改善するために必要な措置を講ずる ②　作業者に有効な呼吸用保護具を使用させる ③　産業医が必要と認めた場合には，健康診断の実施その他労働者の健康の保持を図るために必要な措置を講ずる ④　環境改善の措置を講じた後再度作業環境測定を行い，第 1 または第 2 管理区分になったことを確認する

に個人サンプラーを装着し濃度が最も高くなると思われる時間に 15 分間試料空気を採取する D 測定を行うことができることになった（**図 3-11**）。

3　作業環境測定結果の評価と作業主任者

作業環境測定の結果の評価は，作業環境評価基準（参考資料 11，526 頁参照）に定められた方法で，単位作業場所ごとに，A 測定の結果を統計的に処理して得られる 2 つの評価値および B 測定の結果を管理濃度と比較して行う。評価を行う者は作業環境測定士でなくてもよいこととされているが，評価のために必要な数値の処理には相当な知識を必要とすることから，作業環境測定士が評価まで行うことが一般的である。

（1）評価の結果，管理区分の意味

評価の結果は，**表 3-4**，**表 3-5** のとおり 3 つの管理区分で表される。

簡単にいうと，第 1 管理区分は環境が良好で現在の管理を続ければよい状態，第 2 管理区分は直ちに健康に影響はないと判断されるが，なお改善の余地がある状態，

第３管理区分は健康に対する影響も考えられるので，直ちに原因を調べて改善する必要がある状態を表している。

作業環境測定と評価の結果は，「作業環境測定結果報告書」に記載され，衛生委員会等に報告審議されることとされているが，作業主任者は管理区分など「作業環境測定結果報告書」に記載されている内容を理解し，作業者に評価結果を伝え，自分達が働いている作業場所の環境がどのような状態にあるのか，そのままの状態で作業を続けてよいのか，改善を要する問題があるのか，問題がある場合にはどのような改善措置を必要とするのかなどを，報告書に書かれている作業環境測定士のコメントを参考にしながら，説明して理解させ，改善が必要な場合には積極的な協力が得られるよう指導することが重要である。

なお，測定の結果が第２管理区分または第３管理区分と評価された作業場所については，評価の結果と改善のために講じた措置を掲示等の方法で作業者に周知させなければならない。

また，生殖毒性等女性に対して有害な塩素化ビフェニル，アクリルアミド，エチルベンゼン，エチレンイミン，エチレンオキシド，カドミウム化合物，クロム酸塩，五酸化バナジウム，水銀もしくはその無機化合物（硫化水銀を除く），塩化ニッケル（Ⅱ）（粉状の物に限る），スチレン，テトラクロロエチレン（別名パークロルエチレン），トリクロロエチレン，砒（ひ）素化合物（アルシンおよび砒（ひ）化ガリウムを除く），ベーター-プロピオラクトン，ペンタクロルフエノール（別名PCP）もしくはそのナトリウム塩またはマンガンの17種類の特定化学物質について，第３管理区分と評価された屋内作業場等では女性の就労が禁止されている（女性労働基準規則第２条，第３条）。

4　作業環境測定結果の第３管理区分に対する措置

令和４（2022）年５月に公布され，令和６（2024）年４月に施行される特化則等の改正により，事業者は，作業環境測定の評価の結果，第３管理区分に区分された場所については，作業環境改善等，次の措置を講じなければならないこととなる。

（1）作業環境測定の評価結果が第３管理区分に区分された場合の措置

① 作業場所の作業環境の改善の可否と，改善できる場合の改善方策について，外部の作業環境管理専門家（32頁参照）の意見を聴くこと。

② 作業場所の作業環境改善が可能な場合，必要な改善措置を講じ，その効果を

確認するための濃度測定を行い，結果を評価する。

(2)　(1) の結果，作業環境管理専門家が改善困難と判断した場合および再測定評価の結果が第 3 管理区分に区分された場合の措置

① 個人サンプリング測定等による化学物質の濃度測定を行い，その結果に応じて作業者に有効な呼吸用保護具を使用させること。

② 呼吸用保護具が適切に装着されていることを確認すること。

③ 保護具着用管理責任者（32 頁参照）を選任し，呼吸用保護具の管理，特定化学物質･四アルキル鉛等作業主任者の職務に対する指導等を担当させること。

④ 作業環境管理専門家の意見の概要および改善措置と濃度測定の評価の結果を作業者に周知すること。

⑤ 上記措置を講じたときは，遅滞なくこの措置の内容を所轄労働基準監督署に届け出ること。

(3)　(2) の場所の評価結果が改善するまでの間の措置

① 6 カ月以内ごとに 1 回，定期に，個人サンプリング測定等による化学物質の濃度測定を行い，その結果に応じて労働者に有効な呼吸用保護具を使用させること。

② 1 年以内ごとに 1 回，定期に，呼吸用保護具が適切に装着されていることを確認すること。

(4)　その他

① 作業環境測定の結果，第 3 管理区分に区分され，改善措置を講ずるまでの間の応急的な呼吸用保護具についても，有効な呼吸用保護具を使用させること。

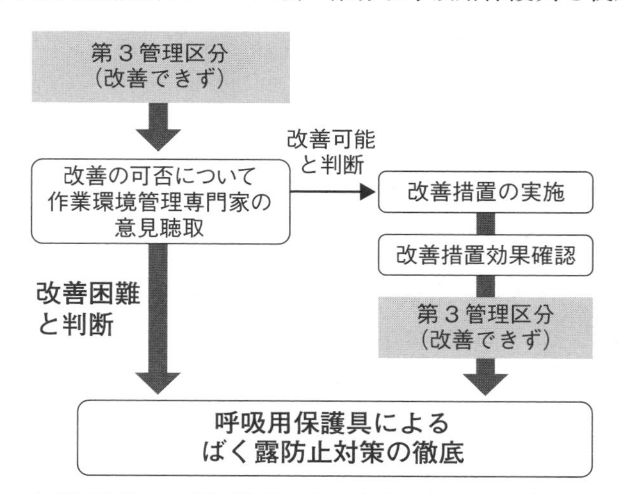

図 3-12　作業環境測定の評価結果が第 3 管理区分に区分された場合の措置

（出典：厚生労働省）

② 個人サンプリング測定等による測定結果，測定結果の評価結果，呼吸用保護具の装着確認結果を保存すること。

③ 個人サンプリング測定による測定結果に応じて有効な呼吸用保護具等の措置を講じた場合は，作業環境測定基準（安衛法第65条第1項，第2項）に基づく作業環境測定を行うことは要しないとされる見込みである（令和5（2023）年4月公布，令和6（2024）年1月施行予定）。

5　個人サンプリング法の適用対象作業場と適用対象物質の改正

作業環境測定基準の改正により次に掲げる作業環境測定は，新たに個人サンプリング法により行うことができる見込みである（令和5（2023）年10月施行予定）。

① 粉じん（遊離けい酸の含有率が極めて高いものを除く）の濃度の測定

② 安衛令に掲げる特定化学物質のうち15物質※の濃度の測定

※アクリロニトリル，エチレンオキシド，オーラミン，オルト-トルイジン，酸化プロピレン，三酸化二アンチモン，ジメチル-2･2-ジクロロビニルホスフェイト，臭化メチル，ナフタレン，パラ-ジメチルアミノアゾベンゼン，ベンゼン，ホルムアルデヒド，マゼンタ，リフラクトリーセラミックファイバー，硫酸ジメチル

③ 安衛令に掲げる第1種および第2種有機溶剤（特別有機溶剤を含む）の濃度の測定

6　溶接ヒュームの濃度の測定等

金属をアーク溶接する作業，アークを用いて金属を溶断し，またはガウジングする作業，その他の溶接ヒュームを製造し，または取り扱う作業を継続して行う屋内作業場については，新たな金属アーク溶接等の作業の方法を採用しようとするとき，または作業の方法を変更しようとするときは，空気中の溶接ヒュームの濃度を測定し，その結果に応じて，換気装置の風量の増加，呼吸用保護具の選択ならびにフィットテストの実施等の措置を行わなければならない（特化則第38条の21第2項，第5編424頁参照）。

溶接ヒュームの濃度の測定は，作業環境測定のC測定，D測定と同じ個人サンプラーを金属アーク溶接等に従事する作業者の身体に装着して行う個人ばく露測定

による。

この測定は安衛法第65条に定められた指定作業場の作業環境測定ではないが，個人ばく露測定について十分な知識，経験を有する第1種作業環境測定士，作業環境測定機関等に行わせることが望ましい。

個人ばく露の測定方法等の詳細は次のとおりである。

① 個人サンプラーの試料採取口は，作業者の呼吸域（溶接用の面体の内側）となるようにする。

② 試料採取の対象者はばく露される溶接ヒュームの量がほぼ均一であると見込まれる作業（均等ばく露作業）ごとに2人以上とする。均等ばく露作業に従事する作業者が1人の場合には必要最小限の間隔をおいた2以上の作業日に測定する。

③ 試料空気の採取時間は，作業日ごとに労働者が金属アーク溶接等に従事する全時間とする。

④ 試料採取方法は，作業環境測定基準第2条第2項の要件に該当する分粒装置を用いるろ過捕集方法またはこれと同等以上の性能を有する試料採取方法とする。

⑤ 分析方法は，吸光光度分析方法，原子吸光分析方法，または左記と同等以上の性能を有する分析方法により行う。

⑥ 溶接ヒューム濃度の測定結果がマンガンとして0.05 mg/m^3 以上の場合には，換気装置の風量の増加，溶接方法や母材，溶接材料の変更による溶接ヒューム量の低減，集じん装置による集じん，移動式送風機による送風の実施等濃度低減措置を講じる。

⑦ 濃度低減措置を講じたときはその効果を確認するため，再度，個人ばく露測定により溶接ヒューム濃度を測定する。

⑧ 個人ばく露濃度測定による溶接ヒューム濃度の測定等を行ったときは，その都度必要な事項を記録し，結果を3年間保存する。

（参考）管理濃度，許容濃度等について

管理濃度

管理濃度は，作業環境管理を進める過程で，有害物質に関する作業環境の状態を評価するために，作業環境測定基準に従って単位作業場所について実施した測定結果から，単位作業場所の作業環境管理の良否を判断する際の管理区分を決定するための指標であり，厚生労働省告示の「作業環境評価基準」（昭和63年労働省告示第79号，最終改正：令和2年厚生労働省告示第192号）で定められている。

許容濃度

許容濃度とは，労働者が1日8時間，週間40時間程度，肉体的に激しくない労働強度で有害物質にばく露される場合に，当該有害物質の平均ばく露濃度がこの数値以下であれば，ほとんどすべての労働者に健康上の悪い影響がみられないと判断される濃度であり，法令ではなく日本産業衛生学会が勧告している。

ばく露時間が短い，あるいは労働強度が弱い場合でも，許容濃度を超えるばく露は避けるべきである。

なお，ばく露濃度とは呼吸用保護具を装着していない状態で，労働者が作業中に吸入するであろう空気中の当該物質の濃度である。

第 11 章　用後処理

特化則は，第 1 類または第 2 類物質の粉じんまたはヒュームを排出する局所排気装置またはプッシュプル型換気装置には，粒子の大きさに応じた方式の除じん装置（特化則第 9 条，第 5 編 373 頁参照）を，また，第 2 類物質の弗化水素，硫化水素，硫酸ジメチル，および特定化学物質ではないがアクロレインを排出する局所排気装置またはプッシュプル型換気装置にはガスの種類に応じた方式の排ガス処理装置（特化則第 10 条，第 5 編 374 頁参照）を設けることを定めている。さらに，第 2 類物質のアルキル水銀化合物，シアン化カリウム，シアン化ナトリウム，ペンタクロルフェノール（PCP）およびそのナトリウム塩，第 3 類物質の塩酸（塩化水素），硝酸，硫酸，および特定化学物質ではないが硫化ナトリウムを含有する排液についてそれぞれの物質の種類に応じた方式の排液処理装置を設けることを定めている（特化則第 11 条，第 5 編 375 頁参照）。

除じん装置，排ガス処理装置および排液処理装置を総称して用後処理装置と呼ぶ。

1　除じん装置

除じん装置には，粒子を分離する原理によってろ過除じん方式，電気除じん方式，

表 3-6　粉じんの粒径と除じん方式

粉じんの粒径（μm）	除じん方式
5 未満	ろ過除じん方式 電気除じん方式
5 以上 20 未満	スクラバによる除じん方式 ろ過除じん方式 電気除じん方式
20 以上	マルチサイクロン（処理風量が 20 m^3/min 以内ごとに 1 つのサイクロンを設けたものをいう。）による除じん方式 スクラバによる除じん方式 ろ過除じん方式 電気除じん方式
備考　この表における粉じんの粒径は，重量法で測定した粒径分布において最大頻度を示す粒径をいう。	

サイクロンによる除じん方式，スクラバによる除じん方式などの除じん装置がある。どの方式の除じん装置を選ぶかは，対象となる粒子の種類・性状，粒径分布と必要な捕集効率等によって決まる。特化則は，粉じんの粒径に応じて**表 3-6** に示す方式の除じん装置を設けることと定めている（特化則第9条，第5編 373 頁参照）。

(1) ろ過除じん方式

局所排気装置，プッシュプル型換気装置の排気中の粉じんは，一般に粒径が 5 μm（マイクロメートル）未満のものを多く含むので，ろ過除じん方式が広く使用されている。

ろ過除じん方式は，布等のろ過材（フィルター）で粒子をろ過捕集する方式で，フエルト等のろ布製の筒（バッグ）をろ過材として使うものはバグフィルター（**写真 3-18**，**写真 3-19**）と呼ばれ，局所排気装置，プッシュプル型換気装置用に広く使用されている。

ろ過除じん方式は圧力損失が大きいので，十分な静圧の出せるファンを使用することと，目詰まりによる過負荷を防ぐために重力沈降室，サイクロン等の前置き除じん装置を併用することが望ましい。

(2) 電気除じん方式

電気除じん方式は，高電圧のコロナ放電を利用して粒子を帯電させ静電引力を利用して電極板（捕集板）に付着捕集するもので，発明者の名を取ってコットレルとも呼ばれる。圧力損失が小さく微細な粒子を高い捕集率で捕集することができる。一般に大容量の設備に適し，小容量のものは設備費が割高になるため火力発電所の

写真 3-17　ろ過除じん装置（バグフィルター）の例

写真 3-18　バグフィルターの内部

煙道ガスに含まれる微粒子（フライアッシュ）の捕集などが主な用途で，局所排気装置，プッシュプル型換気装置に使われることはまれである。

(3) スクラバによる除じん方式

スクラバ（湿式除じん装置）は，排気を水などの液体中にくぐらせたり，液体を気流中に噴霧したりして粒子を液体に接触させて捕集するもので，洗浄除じん装置とも呼ばれる。粉じんの捕集と同時に液体に溶けやすい有害ガスの吸収除去や酸性・アルカリ性ガスの中和を行うことができるが，排水排液の処理が必要でそのための設備とメンテナンスに費用と手間がかかるため，除じんだけの目的にはあまり使われない。

(4) サイクロンによる除じん方式

サイクロンは，円錐形の室内で気流を高速度で回転させ遠心力で粒子を分離するので遠心力除じん装置とも呼ばれる。直径 1 m 以上の大型サイクロンは粒径 10 μm 以下の粒子は捕集できないが，圧力損失が小さいので，主としてろ過除じん装置など高性能の除じん装置の手前で粗い粉じんを取り除き，高性能除じん装置の負荷を小さくするための前置き除じん装置として使用される。

サイクロンは直径を小さくして気流の回転を速くすると，小さい粒子も捕集できるが大量の空気を通せなくなってしまうので，複数の小型サイクロンを並列に並べて使うことがある。これをマルチサイクロンと呼び，粒径 5 μm 程度の粒子も捕集できる。

写真 3-19　サイクロンの例

2　排ガス処理装置

排ガス処理装置には，ガスを除去する原理によって吸収方式，吸着方式，燃焼（直接または触媒）方式，酸化・還元方式などの装置がある。どのような原理の装置を選ぶかは，対象となるガスの種類によって決まる。特化則は，第2類物質の，弗化水素，硫化水素，硫酸ジメチルならびに特定化学物質ではないがアクロレインについて**表3-7**に示す方式の排ガス処理装置を設けることと定めている（特化則第10条，第5編374頁参照）。

(1) 吸収方式

排気中のガス，蒸気を吸収剤に吸収させて除去する方法で，ガスだけでなく水溶性のミストもこの方法で処理でき，めっき工場のクロム酸ミスト，シアン化合物を含む電解液のミスト，酸，アルカリのミストなどに応用されている。

吸収方式の装置には，充てん塔，スプレー塔（**写真3-20，図3-13**），段塔，スクラバなどがあり，吸収剤としては，水溶性のガス，蒸気に対しては水，酸性のガスに対してはアルカリ性，塩基性のガスに対しては酸性の吸収剤，有機化合物のガスに対してはエタノール，ブタノール，アミルアルコール，動植物性油，鉱物油，クレゾールなどが使用される。また，弗化水素については水酸化カルシウム溶液で処理する方法が広く行われている。

(2) 吸着方式

吸着方式は，排気中のガスを吸着剤に吸着させて除去する方法で，弗化水素に対してはアルミナが吸着剤として使用される。アルミナ流動床で弗化水素を吸着除去された排気は，バグフィルターで粉じんを除いて清浄化されて排気される。

表3-7　ガスの種類と排ガス処理方式

物	処理方式
アクロレイン	吸収方式 直接燃焼方式
弗化水素	吸収方式 吸着方式
硫化水素	吸収方式 酸化・還元方式
硫酸ジメチル	吸収方式 直接燃焼方式

写真 3-20　スプレー塔の例

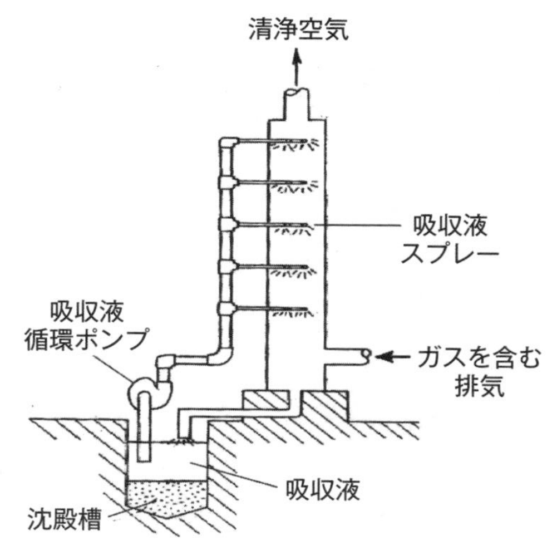

図 3-13　スプレー塔の構造

写真 3-21　インシネレーターの例

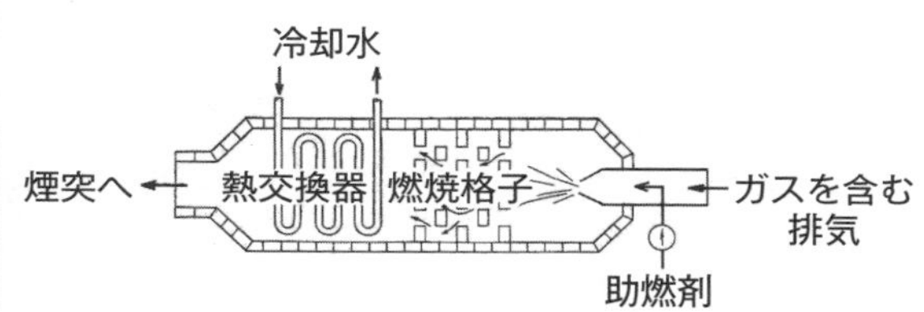

図 3-14　インシネレーターの構造

(3) 直接燃焼方式

直接燃焼方式は，排気に含まれる有機化合物をインシネレーター（**写真 3-21**，**図 3-14**）という高温（600 ～ 800℃）の炉の中で燃やして処理する方法である。局所排気装置やプッシュプル型換気装置の排気に含まれるアクロレインや硫酸ジメチルの濃度は低くて，それ自身では燃焼を続けられないので，助燃剤として LP ガスや灯油を加えて燃焼させる。

(4) 酸化・還元方式

酸化・還元方式には，排気に含まれる有害ガスをまず吸収方式で吸収したのち酸化・還元剤を添加して処理する方式と，吸収剤に酸化・還元剤を用いて吸収と酸化・還元を同時に行う方式がある。硫化水素を酸化・還元方式で処理する例としては，水酸化ナトリウムにより吸収処理したのち生成した水硫化ナトリウムに酸化剤を加えて酸化する方法か，鉄くずと直接反応させ硫化鉄を生成させる方法等がある。

3　排液処理装置

排液処理装置には，酸化・還元方式，凝集沈でん方式，中和方式，活性汚泥方式などの方式がある。どの方式の装置を選ぶかは，対象となる物質の種類によって決まる。特化則は，第2類物質のアルキル水銀化合物，シアン化カリウム，シアン化ナトリウム，ペンタクロルフェノール，第3類物質の塩酸（塩化水素），硝酸，硫酸，ならびに特定化学物質ではないが硫化ナトリウムについて**表3-8**に示す方式の排液処理装置を設けることと定めている（特化則第11条，第5編375頁参照）。

（1）酸化・還元方式

酸化・還元反応を利用して排液中の有害物質を無害化するか，沈でん析出させて分離除去する方式が酸化・還元方式で，酸化・還元の方法には酸化剤または還元剤を添加する方法と電気分解による方法がある。

第2類物質のシアン化カリウム，シアン化ナトリウムを含む排液は，アルカリ性にして塩素を吹き込むかまたは次亜塩素酸ナトリウムを加えて酸化することにより塩化シアン，シアン酸を経て窒素と二酸化炭素に分解される。この方法はアルカリ塩素法と呼ばれる。

また，硫化ナトリウムを含む排液は，酸と混合すると硫化水素を発生する危険があり，このまま排出すると危険であるので，鉄くずとナフトキノンを加えて空気を吹き込み酸化することによって硫黄を分離する方法が行われている。

表3-8　物の種類と排液処理方式

物	処理方式
アルキル水銀化合物	酸化・還元方式
塩酸	中和方式
硝酸	中和方式
シアン化カリウム	酸化・還元方式 活性汚泥方式
シアン化ナトリウム	酸化・還元方式 活性汚泥方式
ペンタクロルフェノール（PCP）およびそのナトリウム塩	凝集沈でん方式
硫酸	中和方式
硫化ナトリウム	酸化・還元方式

(2) 中和方式

酸性またはアルカリ性の排液は中和反応によってpH値を5.8～8.6に調整してから放流することが必要である。特定化学物質の塩酸，硝酸，硫酸などを含む酸性の排液に対しては水酸化ナトリウムか石灰乳，水酸化ナトリウムなどアルカリ性の排液に対しては塩酸，硫酸などが中和剤として使われる。

なお，同じ工場内で酸性排液とアルカリ性排液が発生する場合に，これらを合わせて中和することもあるが，重金属イオンを含む排液のように中和反応だけでは処理できない場合もあるので，排液中にどのような物質が含まれているか注意が必要である。また，中和反応によって沈でん物質が生成される場合には凝集沈でん方式を併用して分離する必要がある。

(3) 活性汚泥(でい)方式

有機物を好気性の微生物の作用で二酸化炭素と水に分解する方法を好気性生物処理と呼び，これを排水処理に応用したものが活性汚泥方式である。

活性汚泥方式には，ばっ気槽と沈でん槽を連結して使う。ばっ気槽内の排液には好気性微生物のかたまり（フロック）が2～5 g/Lの濃度で浮遊しており，底部に設けた散気管から空気の泡を吹き込んで微生物の活動に必要な酸素を供給する。ばっ気槽で分解された有機物と微生物のフロック（汚泥）を含む排水は沈でん槽で沈でん分離され，上澄み液は処理水として放流され，沈殿したフロックはばっ気槽に戻って再利用される。

活性汚泥方式は第2類物質のシアン化カリウム，シアン化ナトリウムを含む排液の処理に使われる他，製紙パルプ，皮革，食品，石油，石油化学などの有機物が多く含まれる排水処理に応用されている。

(4) 凝集沈でん方式

排液中に含まれる固形物（懸濁(けんだく)固形物）のうち大きい粒子は液を静置すれば自然に沈降して分離するが，1 μm以下のコロイド，エマルジョンはそのままではほとんど沈降しないので凝集剤を加えて粗大化して沈でんさせる。微粒子は一般にマイナスの電荷を持っているために互いに反発して凝集しないので，まずプラスの電荷を持つ硫酸アルミニウム，アルミン酸ナトリウム，ポリ塩化アルミニウム，塩化第2鉄などの凝集剤で電荷を中和して小さなかたまり（凝固フロック）を作り，次にアルギン酸ナトリウム，ポリアクリルアミド，ポリエチレンイミンなどの凝集助剤を加えてフロックを粗大化して沈でんさせる。

凝集沈でん方式は，製鉄，窯業などの排液のように汚濁(だく)物質が無機物質の場合に適しているといわれるが，第２類物質のペンタクロルフェノールおよびそのナトリウム塩を含む排水の処理にも応用される。溶存物質に対しても，たとえばめっき工場の酸洗浄工程で発生する重金属イオンを含む酸性の排水は水酸化ナトリウム，消石灰などのアルカリを加えて中和すると水酸化物の沈殿を生じるので，この方式を応用して処理することができる。

第 12 章　四アルキル鉛等業務に係わる措置

1　設備等の整備

次に掲げる四アルキル鉛等業務に労働者を従事させるに当たり，あらかじめ設備等を整備しなければならない。

(1) 四アルキル鉛を製造する業務

ア　製造装置等は密閉式の構造のものとすること

ただし，作業の性質上，密閉式の構造のものとすることが困難な場合については，その作業場所に囲い式フードの局所排気装置を設け，稼働させながら作業すること。

イ　作業場所の床を不浸透性の材料で造り，かつ，四アルキル鉛による汚染を容易に除去できる構造のものとすること

ウ　次の施設を設け，常時使用可能な状態に保つこと

①　休憩室

四アルキル鉛製造業務従事労働者専用のものとは限らないが，できるだけ専用の休憩室がある方がよい。

②　洗面設備等

四アルキル鉛製造業務従事労働者専用の洗面設備およびシャワー（または浴槽）を設け，四アルキル鉛汚染除去用の洗浄用灯油および石けん類を備え付けること。

③　洗浄用灯油槽

四アルキル鉛製造業務従事労働者専用のものに限る。また，この設備は，約 4.5 L（1 ガロン）以上の灯油が入る容器であって，洗浄の際，この槽より灯油を取り出す構造のものである。その例は**図 3-13** に示すような設備である。なお，この設備は②の洗面設備等とは異なり，従事労働者が四アルキル鉛に汚染された際，直ちに使用できるように作業場所ごとに備え付けることが必要である。

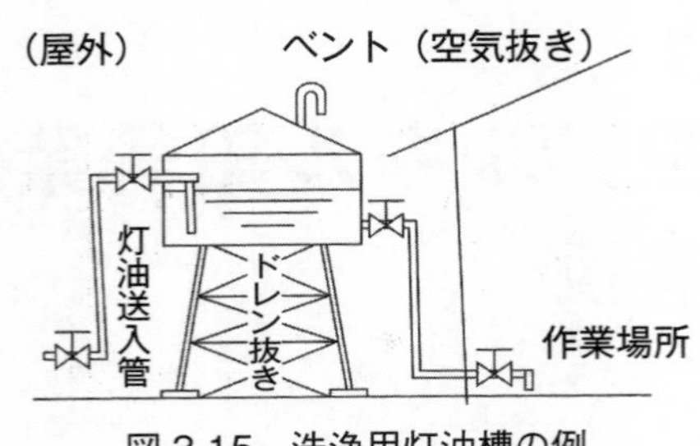

図 3-15　洗浄用灯油槽の例

エ　次の保護具を従事労働者数と同数以上を整備し，常時有効かつ清潔に保つこと

① 不浸透性（耐透過性）の化学防護服（JIS T 8115 に適合するもの）

② 不浸透性（耐透過性）の化学防護手袋（JIS T 8116 に適合するもの）

③ 不浸透性（耐透過性）の化学防護長靴（JIS T 8117 に適合するもの）

④ 有機ガス用防毒マスク（JIS T 8152 および国家検定合格のもの）

以上の保護具のうち，特に①～③については，四アルキル鉛により汚染された場合，その汚染部分がわかるような白色等の色のものを用いることが望ましい（工業用の四アルキル鉛は，黄色に着色されている）。

(2) 四アルキル鉛を混入する業務

ア　ドラム缶中の四アルキル鉛を装置等に残らず吸引できる設備を設けること

ドラム缶中の四アルキル鉛を吸引し，一応空にしても，その吸引設備の構造いかんによっては，ドラム缶中に四アルキル鉛が残留しているおそれがあり，空ドラム缶の取扱い中に四アルキル鉛を残らず吸引できるような設備を設ける必要がある。例えば，**図 3-14** のような設備がその一例である。

イ　次の保護具を従事労働者数と同数以上整備し，常時有効かつ清潔に保つこと

① 不浸透性（耐透過性）の化学防護前掛け（JIS T 8115 に適合するもの）

② 不浸透性（耐透過性）の化学防護手袋（JIS T 8116 に適合するもの）

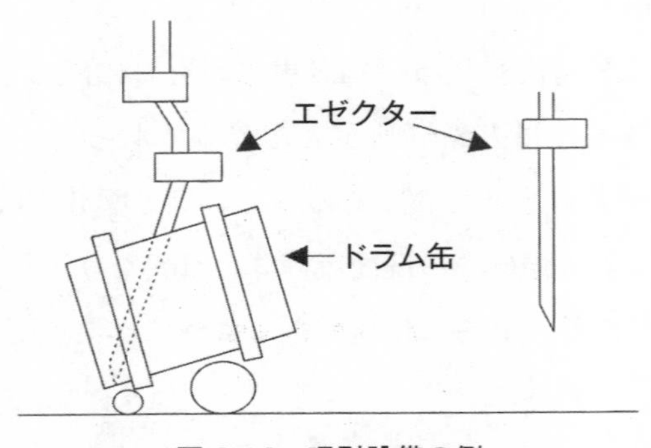

図 3-16　吸引設備の例

③　不浸透性（耐透過性）の化学防護長靴（JIS T 8117に適合するもの）

④　有機ガス用防毒マスク（JIS T 8152および国家検定合格のもの）

以上の保護具のうち，特に①～③については，四アルキル鉛により汚染された場合，その汚染部分がわかるような白色等の色のものを用いることが望ましい。

ウ　休憩室等について，前記（1）のウと同様な設備を設けること

（3）装置等の修理等を行う業務

前記（2）と同様な保護具を整備すること。

（4）四アルキル鉛のタンク内で行う業務

ア　ガソリン，灯油等を対象タンクの容量に応じて備えること

これらのガソリン，灯油等は身体を洗浄するためのものではなく，タンク内業務に当たりタンク内部を洗浄するためのものであるので，その量はタンクの容量に応じて備えなければならないものである。また，タンク内部の隅々まで行き渡るように多めに用意する必要がある。

イ　5％過マンガン酸カリウム溶液，新鮮なさらし粉濃溶液，塩化スリフリル溶液，その他四アルキル鉛を分解し得る強力な酸化剤を対象タンクの容量に応じて備えること

これらの除毒剤もアと同様の主旨であるので，タンクの容量に応じて備えなければならないものである。

ウ　換気装置を設けること

この種の換気装置には，一般に持ち運びの容易な軸流式ファンがあるが，換気効果を上げるためには，直接労働者の作業位置近くに送気できるように，風管をファンに直結し，新鮮な空気を送気する送気式換気を行うことが望ましい。

エ　避難用設備または器具を備え付けること

避難用設備には，巻き上げ可能な吊り足場，命綱，綱梯子などがあるが，常時使用できるように，作業場所の近くに備え付けること。

オ　次の保護具を従事労働者数と同数以上整備し，常時有効かつ清潔に保つこと

①　不浸透性（耐透過性）の化学防護服（JIS T 8115に適合するもの）

②　不浸透性（耐透過性）の化学防護手袋（JIS T 8116に適合するもの）

③　不浸透性（耐透過性）の化学防護長靴（JIS T 8117に適合するもの）

④　不浸透性（耐透過性）の帽子（ゴムあるいは合成樹脂引きしたもの）

⑤　送気マスク（JIS T 8153（送気マスク）に適合するもの）

⑥　有機ガス用防毒マスク（JIS T 8152および国家検定合格のもの）

以上の保護具のうち，特に①〜④については，四アルキル鉛により汚染された場合，その汚染部分がわかるような白色等の色のものを用いることが望ましい。

(5) 加鉛ガソリンのタンクで行う業務

ア　前記（4）のウと同様な換気装置を備えること

イ　ガソリン用気中濃度測定器具を備えること

この測定器具の例には，干渉計式のものや検知管（真空式または手動式）があり，タンク内気中ガソリン濃度を測定する場合，外部より検知空気を採取する必要があるので，検知空気採取用ホース等を同時に備える必要がある。

ウ　前記（4）のオと同様な保護具を備えること

(6) 残さい物または廃液を取り扱う業務

ア　残さい物，廃液の運搬用容器または一時貯蔵用容器を備えること

この容器は，残さい物を運搬するに当たり，運搬途中に残さい物が漏れ，またはこぼれるのを防止できるよう，栓のあるもので，かつ，堅固なものでなければならない。また，残さい物または廃液を一時溜めておくために用いる容器も同様である。

イ　残さい物を廃棄する際に用いる焼却用灯油または除毒剤を備えること

ウ　次の保護具を従事労働者数と同数以上整備し，常時有効かつ清潔に保つこと

①　不浸透性（耐透過性）の化学防護服（JIS T 8115に適合するもの）

②　不浸透性（耐透過性）の化学防護手袋（JIS T 8116に適合するもの）

③　不浸透性（耐透過性）の化学防護長靴（JIS T 8117に適合するもの）

以上の保護具は，四アルキル鉛により汚染された場合，その汚染部分がわかるような白色等の色のものを用いることが望ましい。

(7) ドラム缶等を取り扱う業務

ア　ドラム缶取扱い作業前の点検をする作業には，（1）のエと同様な保護具を従事労働者数と同数以上備えること

なお，点検の結果，ドラム缶等およびそれが置いてある場所が汚染されている場合には，汚染除去の業務の規制を受けることになるので，（9）を参照のこと。

イ　ドラム缶等の移動等の取扱い作業には，不浸透性（耐透過性）の化学防護手袋を従事労働者数と同数以上備え，常時有効かつ清潔に保つこと

(8) 四アルキル鉛を用いて研究する業務

次の保護具を従事労働者数と同数以上整備し，常時有効かつ清潔に保つこと。

① 不浸透性（耐透過性）の化学防護前掛け（JIS T 8115に適合するもの）

② 不浸透性（耐透過性）の化学防護手袋（JIS T 8116に適合するもの）

以上の保護具は，四アルキル鉛により汚染された場合，その汚染部分がわかるような白色等の色のものを用いることが望ましい。

(9) 汚染除去を行う業務

ア (4) のエと同様な避難用設備等を備え付けること

イ (4) のウと同様な換気装置を備えること

ウ (4) のオと同様な保護具を従事労働者数と同数以上備えること

ただし，通気不十分な場所における業務の場合は送気マスクに限る。

エ 四アルキル鉛またはガソリン（加鉛ガソリンによる汚染に限る）用測定器具を備えること

(10) 業務に共通して備える必要のあるもの

以上，各業務ごとに整備すべき施設等について列挙したが，四アルキル鉛等業務に共通して備え付ける必要のあるものは次のとおりである。ただし，タンク内業務については補修材を除く。

ア 洗身用5%過マンガン酸カリウム溶液ならびに洗身用灯油および石けん等

このうち，洗身用灯油および石けん等は，四アルキル鉛等製造業務および四アルキル鉛を混入する業務については，洗面設備に備え付けるものである。

イ 生理的食塩水，1～2%ほう酸水等眼に触れた四アルキル鉛等を洗い流すための洗眼液

ウ 飲み込んだ四アルキル鉛等を吸着し，吐き出させるため，獣炭末，珪酸アルミニウム製剤，活性白土等

エ 救急治療薬であるCa－EDTA（注射液）等のキレート剤

オ 事故等による四アルキル鉛の汚染を除去するための除毒剤

（そもそも本剤は汚染の程度により使用するものであり，その備え付け量は，できる限りすべての汚染に対して十分な量を備え付けておくことが望ましいものである。）

カ 汚染の拡大を防止するための活性白土，おがくず，砂等の拡散防止材

キ ドラム缶等の亀裂を補修するための鉄セメント，一酸化鉛とグリセリン（使用時混合）等の補修材

2　作業の方法

四アルキル鉛等業務の区分により作業手順は当然異なるが，いずれの業務とも次のような共通の事項がある。

① 保護具の点検およびその着用

② 四アルキル鉛による汚染の有無の点検

③ 作業開始

④ 作業終了後の保護具等の汚染の有無等の点検

⑤ 洗身

特に四アルキル鉛中毒発生のおそれの多い業務である「タンクの内部における業務」および「汚染除去の業務」の作業手順の例を紹介する。

(1) 四アルキル鉛のタンク（ストレージタンクまたはウェイタンク以外のもの）内部における業務

〈作業手順〉

ア　作業開始前の措置

① 不浸透性（耐透過性）の化学防護服，化学防護手袋，化学防護長靴，有機ガス用防毒マスクおよび送気マスクを点検する。

② 点検済みの保護具（送気マスクを除く）を着用する。

③ タンク内部の四アルキル鉛をドラム缶等に移し替えて，タンク内を空にする。

④ タンクの配管を閉じる。

⑤ 灯油等をタンクに満たす。

⑥ タンクに満たした灯油等を排出する。

⑦ タンクの配管を閉じる。

⑧ 5%過マンガン酸カリウム溶液等の除毒剤をタンクに満たす。

⑨ タンクに満たした除毒剤を排出する。

⑩ ⑧～⑨の作業を3～4回繰り返す。

ただし，回数については，タンク内の気中四アルキル鉛量が鉛量に換算して0.075mg/m^3（日本産業衛生学会勧告値）以下になれば，その時点で打ち切ってよい。

⑪ タンクに接続している配管のうち，四アルキル鉛が流入するおそれのない配管をすべて開放し，タンク内を空にする。

⑫　タンクの配管を閉じる。

⑬　除毒剤をタンクに満たす。前⑩でタンク内気中四アルキル鉛量を測定により確認した場合，もしくは前⑫の操作の後確認した場合には，省略しても差し支えない。

⑭　タンクに満たした除毒剤を排出する。

⑮　タンクの配管を閉じる。

⑯　水または水蒸気でタンクの内部を洗う。

⑰　タンクに満たした水または水蒸気を排出する。

⑱　換気装置を用いてタンク内の四アルキル鉛濃度が鉛量に換算して0.075 mg/m^3以下になるまで換気する。

イ　作業中の措置

①　アの①と同様の保護具を着用した監視者を，タンク内が見やすい場所に配置する。

②　アの①と同様の保護具（有機ガス用防毒マスクを除く）を着用する。

③　アの⑱の換気を続けながら，四アルキル鉛等作業主任者の指示に従って作業を開始する。

ウ　作業終了後の措置

①　使用した保護具等を点検する（着色の有無等による）。

②　点検の結果，それらが汚染されている場合には，その汚染除去または焼却等の措置を行い，異常のある場合には修理等を行う。

③　洗身する。

(2) 加鉛作業中，作業場所が汚染された場合の汚染除去の業務

〈作業手順〉

①　汚染除去作業以外の者を汚染された場所から退避させ，その場所を綱等で囲み，立入禁止の表示をする。このとき，風向きを配慮してロープを張ること。

②　不浸透性（耐透過性）の化学防護服，化学防護手袋，化学防護長靴，有機ガス用防毒マスクを点検する。

③　不浸透性（耐透過性）の化学防護服，化学防護手袋および化学防護長靴を着用し，有機ガス用防毒マスクをいつでも使用できるよう作業場所に備え付ける。

④　汚染箇所に活性白土等を散布し，汚染箇所の拡散を防止する。

⑤　5%過マンガン酸カリウム溶液等の除毒剤を汚染箇所に散布し，吸着材を除去する。

⑥　除毒剤を取り替えて，24時間くらいの間に3～4回繰り返す。

⑦　汚染場所，その他一帯の気中四アルキル鉛濃度を測定し，その値が鉛量に換算して0.075 mg/m^{3}以下になったことを確認する。

⑧　汚染場所を中性洗剤や石けんを泡立てて清掃し，水洗いする。

⑨　⑦の測定を行い，汚染が除去されたことを再度確認する。

参考文献

1)　沼野雄志『新 やさしい局排設計教室』中央労働災害防止協会，2019年

2)　沼野雄志『新訂 作業環境測定のための労働衛生の知識』日測協，2005年

3)　写真は沼野撮影によるもの。ただし，写真3-1「粉じんの例」，写真3-2「ヒュームの例」，写真3-3「ミストの例」は労働科学研究所（現・大原記念労働科学研究所）木村菊二氏，写真3-12「いろいろな型式のプッシュプル型換気装置(イ)～(エ)」は興研(株)の提供による。

第 4 編
労働衛生保護具

各章のポイント

【第 1 章】概　　説

□　特定化学物質等に係る業務で使用する労働衛生保護具について知る。

【第 2 章】呼吸用保護具の種類と防護係数

□　呼吸用保護具の種類・選択方法，防護係数について学ぶ。

【第 3 章】防じんマスク

□　防じんマスクの種類・構造や選択・使用・保守管理にあたっての留意点について学ぶ。

【第 4 章】防毒マスク

□　防毒マスクの種類・構造や選択・使用・保守管理にあたっての留意点について学ぶ。

【第 5 章】電動ファン付き呼吸用保護具（PAPR）

□　電動ファン付き呼吸用保護具（PAPR）の種類・性能や選択・保守管理にあたっての留意点について学ぶ。

【第 6 章】有毒ガス用電動ファン付き呼吸用保護具（G－PAPR）

□　有毒ガス用電動ファン付き呼吸用保護具（G-PAPR）の種類・性能や使用にあたっての留意点について学ぶ。

【第 7 章】送気マスク

□　送気マスクの種類・構造や使用の際の注意事項について学ぶ。

□　空気呼吸器は自給式呼吸器の一種であり，特に災害時の救出作業等の緊急時に使用される。

【第 8 章】特定化学物質・四アルキル鉛を取り扱う作業において使用する呼吸用保護具

□　①インジウム化合物，②エチルベンゼン，③リフラクトリーセラミックファイバー，④溶接ヒューム等を取り扱う作業で使用する呼吸用保護具について学ぶ。

【第 9 章】化学防護衣類等

□　化学防護衣類や保護めがね等の種類や使用の際の注意事項について学ぶ。

第1章　概　　説

特定化学物質および四アルキル鉛等（以下，この編では「特定化学物質等」という。）による健康障害を防ぐには，作業環境の改善を第一に行うことが必要であり，作業環境の改善を進めた上で作業者の特定化学物質等のばく露をさらに低減させるために，また臨時の作業等で最適な作業環境が得られない場合に労働衛生保護具を使用する。不良な環境をそのままにして，はじめから労働衛生保護具だけに頼るのは誤りである。

特定化学物質等に係る業務で使用する労働衛生保護具には，吸入による健康障害または急性中毒を防止するための呼吸用保護具，皮膚接触による吸収，皮膚障害を防ぐための化学防護手袋，化学防護服，化学防護長靴，および眼を保護する保護めがねなどがある。

これらの保護具は作業者の健康と生命を守る大切なもので，防じんマスクについては「防じんマスクの規格」（昭和63年労働省告示第19号），防毒マスクの一部の種類については「防毒マスクの規格」（平成2年労働省告示第68号），また電動ファン付き呼吸用保護具（PAPR）については「電動ファン付き呼吸用保護具の規格」（平成26年厚生労働省告示第455号）に基づく国家検定品の使用が義務付けられており，**図4-1**の検定合格標章のついた国家検定品を選定しなければならない。また，防じんマスクおよび防毒マスクについては，平成17（2005）年2月7日に厚生労働省から「防毒マスクの選択，使用等について」「防じんマスクの選択，使用等について」，化学防護手袋については平成29（2017）年1月12日に「化学防護手袋の選択，使用等について」という通達が出されているので，参照する必要がある（531，537，545頁参照）。

特定化学物質作業主任者および四アルキル鉛等作業主任者は，保護具の使用状況を監視する職務を確実に遂行しなければならない。具体的には，以下の事項が重要になる。

ア　保護具共通

- 防じんマスク，防毒マスク，電動ファン付き呼吸用保護具（PAPR）は検定合格標章のついた保護具（**図4-1**）を選定し，その他は日本産業規格（JIS）に適合する保護具（**表4-1**）を選ぶ。

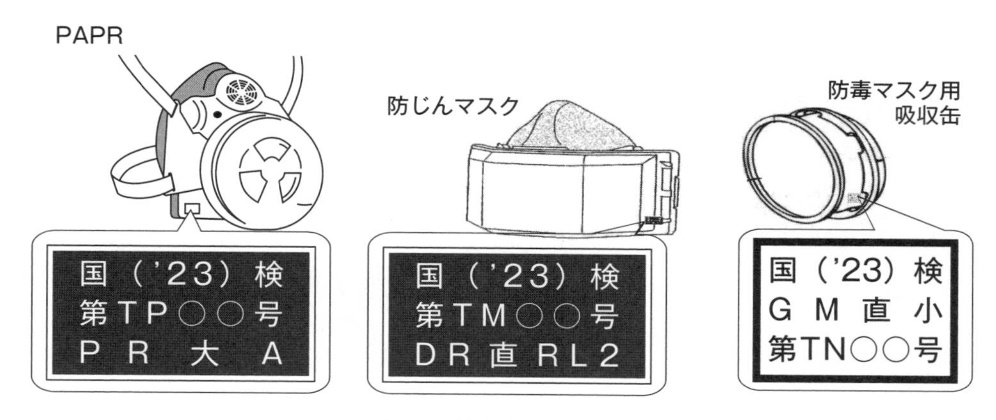

図 4-1　検定合格標章の例

表 4-1　特定化学物質等による健康障害防止用保護具の日本産業規格

JIS T 8151	防じんマスク
JIS T 8152	防毒マスク
JIS T 8153	送気マスク
JIS T 8154	有毒ガス用電動ファン付き呼吸用保護具
JIS T 8155	空気呼吸器
JIS T 8157	電動ファン付き呼吸用保護具
JIS T 8115	化学防護服
JIS T 8116	化学防護手袋
JIS T 8117	化学防護長靴
JIS T 8147	保護めがね

・保護具の適正な選択，装着，および交換，廃棄方法等について理解し，作業者を指導する。

イ　呼吸用保護具

特定化学物質等の吸入ばく露を防護するために，用途に適した呼吸用保護具を使用させる。

・特定化学物質等の発じんの形態として，粒子状または気体状であるのか，あるいは共存して浮遊しているのかを考慮してろ過式呼吸用保護具を選定する。

・防じんマスク，防毒マスクは作業者の顔にあった面体の呼吸用保護具を選定し，取扱説明書，ガイドブック，パンフレット等（以下，「取扱説明書等」という。）に基づき，防じんマスクの適正な装着方法，使用方法，および顔面と面体の密着性の確認方法について十分な教育や訓練を行い，使用のたびに作業開始に先立って作業者が実行していることを確認する。

・ろ過材，吸収缶はいつまでも使用できるものではなく，適切な交換が必要である。

ウ　化学防護手袋，化学防護服，保護めがね

・特定化学物質の経皮吸収による有害性を確認する。日本産業衛生学会の許容濃度に（皮）表示や ACGIH の TLV に（Skin）表示が記載されている物質を使用するときは化学防護手袋，化学防護服や保護めがね等の使用を検討する。

・使用する特定化学物質に対する化学防護手袋，化学防護服の耐透過時間をふまえて，作業現場での化学防護手袋，化学防護服の使用可能時間をあらかじめ設定し，その設定時間を限度に化学防護手袋を使用させる。

第２章　呼吸用保護具の種類と防護係数

1　呼吸用保護具の種類

呼吸用保護具は種類によって，使用できる環境条件や対象とする物質，あるいは使用可能時間等が異なり，通常の作業用か，火災・爆発・その他の事故時の救出用かなどの用途によっても着用する保護具の種類は異なるので，使用に際しては用途に適した正しい選択をしなければならない。

呼吸用保護具は，大きく分けて，ろ過式（作業者周囲の有害物質をマスクのろ過材や吸収缶により除去し，有害物質の含まれない空気を呼吸に使用する形式）と，給気式（離れた位置からホースを通して新鮮な空気を呼吸に使用する，または，空気または酸素ボンベを作業者が携行しボンベ内の空気または酸素を呼吸に使用する形式）がある（**図 4-2**）。

ア　防じんマスク

防じんマスクは，作業環境中に浮遊する粉じん，ミスト，ヒューム等の粒子状物質を吸入することにより発生する化学物質中毒，じん肺などの健康障害を防止するため，粒子状物質をろ過材で除去する呼吸用保護具である。また，平成 30（2018）年５月１日より，吸気補助具付き防じんマスクも防じんマスクとして分類された。厚生労働大臣または登録型式検定機関の行う型式検定に合格したものを使用しなければならない。

イ　電動ファン付き呼吸用保護具（PAPR）

電動ファン付き呼吸用保護具は，作業環境中に浮遊する粉じん，ミスト，ヒューム等の粒子状物質をろ過材で清浄化した空気を，電動ファンにより作業者に供給する呼吸用保護具である。厚生労働大臣または登録型式検定機関の行う型式検定に合格したものを使用しなければならない。

ウ　防毒マスク

防毒マスクは，作業環境中の有害なガス，蒸気を吸入することにより発生する中毒などの健康障害を防止するため，それらのガス，蒸気を吸収缶で除去する呼吸用保護具である。防毒マスク（ハロゲンガス用，有機ガス用，一酸化炭

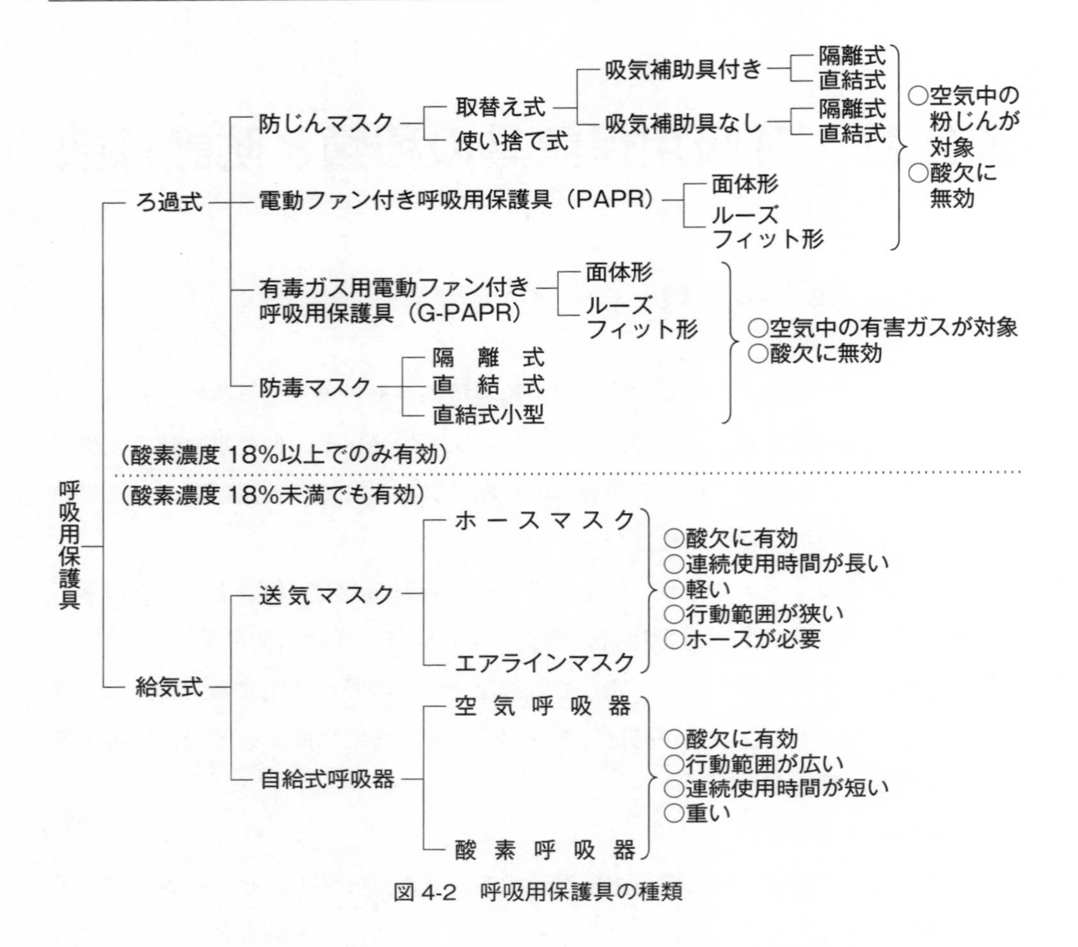

図4-2　呼吸用保護具の種類

素用，アンモニア用，亜硫酸ガス用）については，厚生労働大臣または登録型式検定機関の行う型式検定に合格したものを使用しなければならない。

エ　有毒ガス用電動ファン付き呼吸用保護具（G-PAPR）

有毒ガス用電動ファン付き呼吸用保護具は，電動ファン付き呼吸用保護具のろ過材を，有毒なガス，蒸気を除去する吸収缶に替えたものである。

特徴は，電動ファン付き呼吸用保護具と同じである。

オ　送気マスク

送気マスクは，清浄な空気を有害な環境以外からパイプ，ホース等により作業者に給気する呼吸用保護具である。送気マスクには，自然の大気を空気源とするホースマスクと圧縮空気を空気源とするエアラインマスクおよび複合式エアラインマスクがある。

カ　自給式呼吸器

自給式呼吸器は，清浄な空気または酸素を携行し，それを給気する呼吸用保護具である。自給式呼吸器には，圧縮空気を使用する空気呼吸器と酸素を使用する酸素呼吸器があり，酸素呼吸器には圧縮酸素形と酸素発生形がある。

2　呼吸用保護具の選び方

呼吸用保護具の作業現場の状況をふまえた選択方法を，**図 4-3** に示す。

(1)　酸素濃度が 18％未満の酸素欠乏，あるいは酸素濃度がわからない作業場では，ろ過式呼吸用保護具は使用できない。

(2)　空気中の酸素濃度が 18％以上あり，有害物質の種類がよくわからない場合は，給気式呼吸用保護具（送気マスクまたは自給式呼吸器）を使用する。

(3)　空気中の酸素濃度が 18％以上あり，有害物質の種類が粒子状物質のときは防じんマスク，電動ファン付き呼吸用保護具を選定する。

(4)　気体状物質のときは対象ガスに適合する吸収缶を選択し，さらに使用する吸収缶に限界があるため，濃度が２％以下の範囲（**図 4-3** の注を参照）で防毒マスク，有毒ガス用電動ファン付き呼吸用保護具を使用することができる。

これらのうち，自給式呼吸器は災害時の救出作業等の緊急時に用いるものであって，通常の特定化学物質等を取り扱う作業に使用することは適当ではない。

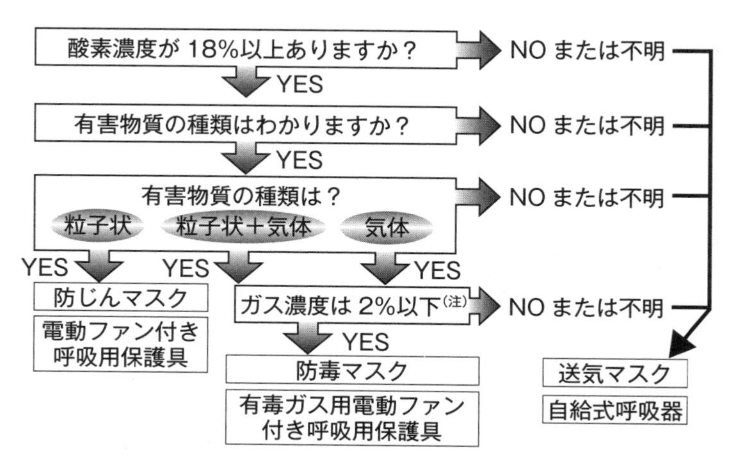

（注）隔離式は 2％以下，直結式は 1％以下（アンモニアはそれぞれ 3％以下，1.5％以下），直結式小型は 0.1％以下の濃度で使用可。

図 4-3　呼吸用保護具の選択方法

3　防護係数，指定防護係数

呼吸用保護具を装着したときにどのくらい有害物質から防護できるか，を示す防護係数をふまえて，保護具を選定する必要がある。防護係数とは，呼吸用保護具の防護性能を表す数値であり，次の式で表すことができる。

$$PF = \frac{C_o}{C_i}$$

PF：防護係数　C_o：呼吸用保護具の外側の測定対象物質の濃度
C_i：呼吸用保護具の内側の測定対象物質の濃度

すなわち，防護係数が高いほど，呼吸用保護具内への有害物質の漏れ込みが少ないことを示し，作業者のばく露が少ない呼吸用保護具といえる。また，C_iを特定化学物質等の管理濃度やばく露限界（日本産業衛生学会の許容濃度や，米国ACGIHのTLVなど）とし，防護係数を乗じることにより，C_o，すなわち，呼吸用保護具がどの程度の作業環境濃度あるいはばく露濃度まで使用できるかが予想できる。作業強度が高いと呼吸量が増えるので，防護係数の高い呼吸用保護具を使用する。

指定防護係数は，実験結果から算定された多数の防護係数値の代表値で，訓練された着用者が，正常に機能する呼吸用保護具を正しく着用した場合に，少なくとも得られると期待される防護係数を示している。JIS T 8150（呼吸用保護具の選択，使用及び保守管理方法）にある指定防護係数を**表4-2**に示す。

表 4-2　指定防護係数一覧

呼吸用保護具の種類				指定防護係数	備考
防じんマスク	取替え式	全面形面体	RS3 又は RL3	50	RS1，RS2，RS3，RL1，RL2，RL3，DS1，DS2，DS3，DL1，DL2 及び DL3 は，防じんマスクの規格（昭和 63 年労働省告示第 19 号）第 1 条第 3 項の規定による区分であること。
			RS2 又は RL2	14	
			RS1 又は RL1	4	
		半面形面体	RS3 又は RL3	10	
			RS2 又は RL2	10	
			RS1 又は RL1	4	
	使い捨て式		DS3 又は DL3	10	
			DS2 又は DL2	10	
			DS1 又は DL1	4	
電動ファン付き呼吸用保護具	全面形面体	S 級	PS3 又は PL3	1,000	S 級，A 級及び B 級は，電動ファン付き呼吸用保護具の規格（平成 26 年厚生労働省告示第 455 号）第 1 条第 4 項の規定による区分であること。PS1，PS2，PS3，PL1，PL2 及び PL3 は，同条第 5 項の規定による区分であること。
		A 級	PS2 又は PL2	90	
		A 級又は B 級	PS1 又は PL1	19	
	半面形面体	S 級	PS3 又は PL3	50	
		A 級	PS2 又は PL2	33	
		A 級又は B 級	PS1 又は PL1	14	
	フード形又はフェイスシールド形	S 級	PS3 又は PL3	25	
		A 級		20	
		S 級又は A 級	PS2 又は PL2	20	
		S 級，A 級又は B 級	PS1 又は PL1	11	
その他の呼吸用保護具	循環式呼吸器	全面形面体	圧縮酸素形かつ陽圧形	10,000	
			圧縮酸素形かつ陰圧形	50	
			酸素発生形	50	
		半面形面体	圧縮酸素形かつ陽圧形	50	
			圧縮酸素形かつ陰圧形	10	
			酸素発生形	10	
	空気呼吸器	全面形面体	プレッシャデマンド形	10,000	
			デマンド形	50	
		半面形面体	プレッシャデマンド形	50	
			デマンド形	10	
	エアラインマスク	全面形面体	プレッシャデマンド形	1,000	
			デマンド形	50	
			一定流量形	1,000	
		半面形面体	プレッシャデマンド形	50	
			デマンド形	10	
			一定流量形	50	
		フード形又はフェイスシールド形	一定流量形	25	
	ホースマスク	全面形面体	電動送風機形	1,000	
			手動送風機形又は肺力吸引形	50	
		半面形面体	電動送風機形	50	
			手動送風機形又は肺力吸引形	10	
		フード形又はフェイスシールド形	電動送風機形	25	
半面形面体を有する電動ファン付き呼吸用保護具		S 級かつ PS3 又は PL3		300	S 級は，電動ファン付き呼吸用保護具の規格（平成 26 年厚生労働省告示第 455 号）第 1 条第 4 項，PS3 及び PL3 は，同条第 5 項の規定による区分であること。
フード形の電動ファン付き呼吸用保護具				1,000	
フェイスシールド形の電動ファン付き呼吸用保護具				300	
フード形のエアラインマスク		一定流量形		1,000	

（令和 2 年厚生労働省告示第 286 号別表第 1 ～ 4 より（参考資料 7，507 頁参照））

第３章　防じんマスク

防じんマスクは，必ず「防じんマスクの規格」（昭和63年労働省告示第19号）に基づいて行われる国家検定に合格したものを使用する。

1　防じんマスクの構造

防じんマスクには，**表 4-3**，**表 4-4** のような種類がある。

表 4-3　防じんマスクの種類

<table>
<tr><td rowspan="4">取替え式防じんマスク</td><td rowspan="2">吸気補助具付き防じんマスク</td><td>隔離式防じんマスク</td><td>吸気補助具，ろ過材，連結管，吸気弁，面体，排気弁およびしめひもからなり，かつ，ろ過材によって粉じんをろ過した清浄空気を吸気補助具の補助により連結管を通して吸気弁から吸入し，呼気は排気弁から外気中に排出するもの</td></tr>
<tr><td>直結式防じんマスク</td><td>吸気補助具，ろ過材，吸気弁，面体，排気弁およびしめひもからなり，かつ，ろ過材によって粉じんをろ過した清浄空気を吸気補助具の補助により吸気弁から吸入し，呼気は排気弁から外気中に排出するもの</td></tr>
<tr><td rowspan="2">吸気補助具付き防じんマスク以外のもの</td><td>隔離式防じんマスク</td><td>ろ過材，連結管，吸気弁，面体，排気弁およびしめひもからなり，かつ，ろ過材によって粉じんをろ過した清浄空気を連結管を通して吸気弁から吸入し，呼気は排気弁から外気中に排出するもの</td></tr>
<tr><td>直結式防じんマスク</td><td>ろ過材，吸気弁，面体，排気弁およびしめひもからなり，かつ，ろ過材によって粉じんをろ過した清浄空気を吸気弁から吸入し，呼気は排気弁から外気中に排出するもの</td></tr>
<tr><td colspan="3">使い捨て式防じんマスク</td><td>一体となったろ過材および面体ならびにしめひもからなり，かつ，ろ過材によって粉じんをろ過した清浄空気を吸入し，呼気はろ過材（排気弁を有するものにあっては排気弁を含む。）から外気中に排出するもの</td></tr>
</table>

表 4-4　防じんマスクの面体の種類

<table>
<tr><td rowspan="2">取替え式防じんマスク</td><td>全面形</td></tr>
<tr><td>半面形</td></tr>
<tr><td rowspan="2">使い捨て式防じんマスク</td><td>排気弁付き</td></tr>
<tr><td>排気弁なし</td></tr>
</table>

（1）取替え式防じんマスク

取替え式防じんマスクは，吸気補助具の付いていないものと，吸気補助具付きのものに分類される。基本的にはろ過材，吸気弁，排気弁，しめひもが取り替え部分となっており，容易に取り替えできる構造である。なお，吸気補助具付きのものは，吸気補助具の補助により，吸気弁から吸入し，呼気は排気弁から排出される。

【特徴】

- ろ過材，吸・排気弁等の部品交換をすることで，常に新品時の性能を担保することができる。
- 作業環境にあわせて面体の仕様，構造を選択することができる。
- 面体に耐久性のある素材を使用しているため，適正な保守管理によりくり返し使用できる。

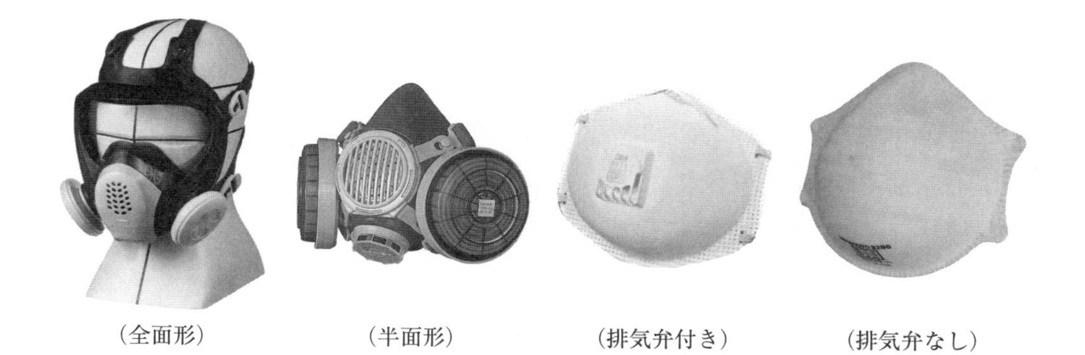

（全面形）　（半面形）　取替え式防じんマスク

（排気弁付き）　（排気弁なし）　使い捨て式防じんマスク

写真 4-1　防じんマスクの例

写真 4-2　吸気補助具付き防じんマスク

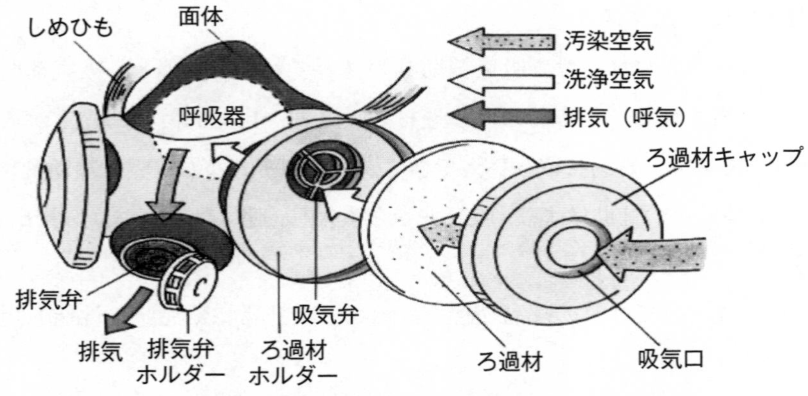

図 4-4　取替え式防じんマスク（半面形）の構造

- マスクを清潔に保つためには作業後，常に掃除する必要がある。
- 着用者自身が顔面と面体との密着性の良否の確認（シールチェック）を随時容易に行える。

取替え式防じんマスクの中で，多く使用されているのは，直結式の半面形である。眼も防護したい場合や，高い防護性能を期待したい場合には，顔面との密着性のよい全面形を選択する（第2章「3 防護係数，指定防護係数」226頁を参照）。

(2) 使い捨て式防じんマスク

【特徴】

- 使用限度時間になったら新しいものに交換する必要がある。
- 面体自体がろ過材なので軽量である。
- 使った後のマスクの清掃や部品交換が不要である。
- 着用者自身が，顔面と面体との密着性の良否を確認（シールチェック）することは難しい。

使用中に次に示すような状態になったら，マスク全体を廃棄し，新品と交換することを前提としている。

- 機能が減じたとき。
- 粉じんが堆積して息苦しくなったり，汚れがひどくなったとき（清浄化による再使用をしてはならない）。
- 変形したとき（顔面との密着性に不具合を感じたとき）。
- 表示してある使用限度時間を超えたとき。

写真 4-3　使い捨て式防じんマスクの構造例

2　防じんマスクの等級別記号

防じんマスクの等級別記号は，**表 4-5** に示すとおり粒子捕集効率および試験粒子の種類によって等級が分けられ，さらに，取替え式と使い捨て式の種類も含めて定められている。

等級別記号の意味は，次のとおりである。

R：取替え式（Replaceable の頭文字）

D：使い捨て式（Disposable の頭文字）

L：液体粒子による試験（Liquid の頭文字）

S：固体粒子による試験（Solid の頭文字）

1，2，3：粒子捕集効率によるランク

表 4-5　防じんマスクの等級別記号

種　　類	粒子捕集効率（%）	等級別記号	
		DOP[1] 粒子による試験	NaCl[2] 粒子による試験
取替え式防じんマスク	99.9 以上	RL3	RS3
	95.0 以上	RL2	RS2
	80.0 以上	RL1	RS1
使い捨て式防じんマスク	99.9 以上	DL3	DS3
	95.0 以上	DL2	DS2
	80.0 以上	DL1	DS1

注　1）DOP：dioctyl phthalate（フタル酸ジオクチル）
　　2）NaCl：sodium chloride（塩化ナトリウム）

3　粒子状物質の種類と防じんマスクの区分

粒子状物質の種類および作業内容ごとの使用すべき防じんマスクの区分を，**表4-6**に示す。防じんマスクを選択する際は，この表を参照すること。

S級のろ過材は，固体粒子に対しては有効であるが，オイルミスト等の粒子を捕集した場合，捕集効率が低下する。一方，L級のろ過材は，固体粒子とともにオイルミスト等に対しても有効なろ過材である。

4　防じんマスクの選択，使用および管理の方法

作業主任者は，防じんマスクを着用する作業者に対し，防じんマスクの取扱説明書等に基づき，適正な装着方法，使用方法，および顔面と面体の密着性の確認方法について十分な教育や訓練を行うとともに，作業者がそれらを実行していることを確認する。

(1) 防じんマスクの選択に当たっての留意点

防じんマスクの選択に当たっては，次の事項に留意する。

⑴ 防じんマスクは，機械等検定規則（昭和47年労働省令第45号）第14条の規定に基づき面体およびろ過材ごと（使い捨て式防じんマスクにあっては面体ごと）に付されている検定合格標章により型式検定合格品であることを確認する。

⑵ 次の事項について留意の上，防じんマスクの性能が記載されている取扱説明書等を参考に，それぞれの作業に適した防じんマスクを選ぶ。

① **表4-6**に基づき，作業環境中の粉じん等の種類，作業内容，粉じん等の発散状況，作業時のばく露の危険性の程度等を考慮した上で，適切な区分の防じんマスクを選ぶこと。特に，顔面とマスク面体の高い密着性が要求される有害性の高い物質を取り扱う作業については，取替え式防じんマスクを選ぶ。

② 作業環境中に粉じん等に混じってオイルミスト等が存在する場合にあっては，液体の試験粒子を用いた粒子捕集効率試験に合格した防じんマスク（RL 1，RL 2，RL 3，DL 1，DL 2およびDL 3）を選ぶ。

③ 作業内容，作業強度等を考慮し，防じんマスクの重量，吸気抵抗，排気抵抗等が当該作業に適したものを選ぶこと。具体的には，吸気抵抗および排気

表 4-6　粒子状物質および作業の種類と防じんマスクの区分

粉じん等の種類および作業内容	使用すべきマスクの区分
○　放射性物質がこぼれたとき等による汚染のおそれがある区域内の作業または緊急作業 ○　ダイオキシン類のばく露のおそれのある作業 ○　その他上記作業に準ずる作業	（オイルミスト等が混在しない場合） RS 3 RL 3 （オイルミスト等が混在する場合） RL 3
上記以外の粉じん作業のうち以下のもの ○　金属のヒューム（溶接ヒュームを含む）を発散する場所における作業 ○　管理濃度が 0.1 mg/m^3 以下の物質の粉じん等を発散する場所における作業 ○　その他上記作業に準ずる作業	（オイルミスト等が混在しない場合） RS 2，RS 3 DS 2，DS 3 RL 2，RL 3 DL 2，DL 3 （オイルミスト等が混在する場合） RL 2，RL 3，DL 2，DL 3
○　上記以外の粉じん作業	（オイルミスト等が混在しない場合） RS 1，RS 2，RS 3 DS 1，DS 2，DS 3 RL 1，RL 2，RL 3 DL 1，DL 2，DL 3 （オイルミスト等が混在する場合） RL 1，RL 2，RL 3 DL 1，DL 2，DL 3

抵抗が低いほど呼吸が楽にできることから，作業強度が強い場合にあっては，吸気抵抗および排気抵抗ができるだけ低いものを選ぶ（**表 4-7**）。

(3)　防じんマスクの顔面への密着性の確認

粒子捕集効率の高い防じんマスクであっても，着用者の顔面と防じんマスクの面体との密着が十分でなく漏れがあると，粉じんの吸入を防ぐ効果が低下するため，防じんマスクの面体は，着用者の顔面に合った形状および寸法の接顔部を有するものを選択すること。特にろ過材の粒子捕集効率が高くなるほど，粉じんの吸入を防ぐ効果を上げるためには，密着性を確保する必要がある。

その方法は作業時に着用する場合と同じように，防じんマスクを着用し，ま

表 4-7　防じんマスクの選定基準

項　　目	必　要　条　件
粒子捕集効率	高いものほどよい
吸気・排気抵抗	低いものほどよい
吸気抵抗上昇値	低いものほどよい
重　　　　量	軽いものほどよい
視　　　　野	広いものほどよい

た，保護帽，保護めがね等の着用が必要な作業にあっては，保護帽，保護めがね等も同時に着用させ，次のいずれかの方法により密着性を確認させる。

①　陰圧法（取替え式防じんマスク）

防じんマスクの面体を顔面に押しつけないように，フィットチェッカー等を用いて吸気口をふさぐ。息をゆっくり吸って，防じんマスクの面体と顔面の隙間から空気が面体内に漏れ込まず，苦しくなり，面体が顔面に吸いつけられるかどうかを確認する（**図4-5**）。

マスクを装着したときに，作業者の手で吸気口を遮断して，吸気したとき苦しくなり，面体が吸いつく（密着する）ことを確認する（**図4-6**）。

吸気口を手でふさいで吸ったとき漏れ込みを感じたら，もう一度正しく装着して再度漏れチェックする。押しすぎないように注意する。

②　陽圧法

(ア)　取替え式防じんマスク

防じんマスクの面体を顔面に押しつけないように，フィットチェッカー等を用いて排気口をふさぐ。息を吐いて，空気が面体内から流出せず，面体内に呼気が滞留することによって面体が膨張するかどうかを確認する。

図4-5　フィットチェッカーを用いたシールチェック
　吸気口にフィットチェッカーを取り付けて息を吸うとき，瞬間的に吸うのではなく，2～3秒の時間をかけてゆっくりと息を吸い，苦しくなれば，空気の漏れ込みが少ないことを示す。

図4-6　手のひらを用いた陰圧法によるシールチェック
　吸気口を手のひらでふさぐときは，押し付けて面体が押されないように，反対の手で面体を抑えながら息を吸い，苦しくなれば空気の漏れ込みが少ないことを示す。

(ｲ)　使い捨て式防じんマスク

使い捨て式防じんマスク全体を両手で覆い，息を吐く。使い捨て式防じんマスクと顔の接触部分から息が漏れていないか確認する。

(2) 防じんマスクの使用に当たっての留意点

防じんマスクの使用に当たっては，次の事項に留意する。

(1)　防じんマスクは，酸素濃度18％未満の場所では使用してはならない。このような場所では給気式呼吸用保護具を使用させる。また，防じんマスク（防臭の機能を有しているものを含む）は，有害なガスが存在する場所においては使用してはならない。このような場所では防毒マスク，有毒ガス用電動ファン付き呼吸用保護具または給気式呼吸用保護具を使用する。

(2)　防じんマスクを適正に使用するため，防じんマスクを着用する前には，その都度，着用者に次の事項について点検を行わせる。

①　面体，吸気弁，排気弁，しめひも等に破損，亀裂または著しい変形がないこと。

②　吸気弁，排気弁および弁座に粉じん等が付着していないこと。なお，排気弁に粉じん等が付着している場合には，相当の漏れ込みが考えられるので，陰圧法により密着性，排気弁の気密性等を十分に確認する。

③　吸気弁および排気弁が弁座に適切に固定され，排気弁の気密性が保たれていること。

④　ろ過材が適切に取り付けられていること。

⑤　ろ過材が破損したり，穴が開いていないこと。

⑥　ろ過材から異臭が出ていないこと。

⑦　予備の防じんマスクおよびろ過材を用意していること。

(3)　防じんマスクを適正に使用するため，顔面と面体の接顔部の位置，しめひもの位置および締め方等を適切にさせる。また，しめひもについては，耳にかけることなく，後頭部において固定させる。

(4)　着用後，防じんマスクの内部への空気の漏れ込みが少ないことをフィットチェッカー等を用いて確認させる。

(5)　次のような防じんマスクの着用は，粉じん等が面体の接顔部から面体内へ漏れ込むおそれがあるため，行わせてはならない。

①　タオル等を当てた上から防じんマスクを使用する。

②　面体の接顔部に「接顔メリヤス」等を使用する。ただし，防じんマスクの

着用により皮膚に湿しん等を起こすおそれがある場合で，かつ，面体と顔面との密着性が良好であるときは，この限りでない。

③　着用者のひげ，もみあげ，前髪等が面体の接顔部と顔面の間に入り込んだり，排気弁の作動を妨害するような状態で防じんマスクを使用する。

(6)　防じんマスクの使用中に息苦しさを感じた場合には，ろ過材を交換する。

なお，使い捨て式防じんマスクにあっては，当該マスクに表示されている使用限度時間に達した場合または使用限度時間内であっても，息苦しさを感じたり，著しい型くずれを生じた場合には廃棄する。

(3) 防じんマスクの保守管理上の留意点

防じんマスクの保守管理に当たっては，次の事項に留意する。

(1)　予備の防じんマスク，ろ過材その他の部品は常時備え付けておき，適時交換して使用できるようにする。

(2)　防じんマスクを常に有効かつ清潔に保持するため，使用後は粉じん等および湿気の少ない場所で，面体，吸気弁，排気弁，しめひも等の破損，亀裂，変形等の状況およびろ過材の固定不良，破損等の状況を点検するとともに，防じんマスクの各部を次の方法により手入れをさせる。ただし，取扱説明書等に特別な手入れ方法が記載されている場合は，その方法に従う。

①　面体，吸気弁，排気弁，しめひも等については，乾燥した布片または軽く水で湿らせた布片で，付着した粉じん，汗等を取り除く。また，汚れの著しいときは，ろ過材を取り外した上で面体を中性洗剤等により水洗する。

②　ろ過材については，よく乾燥させ，ろ過材上に付着した粉じん等が飛散しない程度に軽くたたいて粉じん等を払い落とす。ただし，砒(ひ)素，クロム等の有害性の高い粉じん等に対して使用したろ過材については，1回使用するごとに廃棄する。なお，ろ過材上に付着した粉じん等を圧縮空気等で吹き飛ばしたり，ろ過材を強くたたくなどの方法によるろ過材の手入れは，ろ過材を破損させる他，粉じん等を再飛散させることとなるので行わない。また，ろ過材には水洗して再使用できるものと，水洗すると性能が低下したり破損したりするものがあるので，取扱説明書等の記載内容を確認し，水洗が可能な旨の記載のあるもの以外は水洗してはならない。

③　取扱説明書等に記載されている防じんマスクの性能は，ろ過材が新品の場合のものであり，一度使用したろ過材を手入れして再使用（水洗して再使用することを含む）する場合は，新品時より粒子捕集効率が低下していないこ

とおよび吸気抵抗が上昇していないことを確認して使用する。

(3) 次のいずれかに該当する場合には，防じんマスクの部品を交換し，または防じんマスクを廃棄させる。

① ろ過材について破損した場合，穴が開いた場合または著しい変形を生じた場合

② 面体，吸気弁，排気弁等について破損，亀裂もしくは著しい変形を生じた場合または粘着性が認められた場合

③ しめひもについて破損した場合または弾性が失われ，伸縮不良の状態が認められた場合

④ 使い捨て式防じんマスクにあっては，使用限度時間に達した場合または使用限度時間内であっても，作業に支障をきたすような息苦しさを感じたり著しい型くずれを生じた場合

(4) 点検後，直射日光の当たらない，湿気の少ない清潔な場所に専用の保管場所を設け，管理状況が容易に確認できるように保管させる。なお，保管に当たっては，積み重ね，折り曲げ等により面体，連結管，しめひも等が，亀裂，変形等の異常を生じないようにする。

(5) 使用済みのろ過材および使い捨て式防じんマスクは，付着した粉じん等が再飛散しないように容器または袋に詰めた状態で廃棄させる。

第4章　防毒マスク

1　防毒マスクの構造と使用区分

防毒マスクは，その形状および使用の範囲により隔離式防毒マスク，直結式防毒マスクおよび直結式小型防毒マスクの3種類（**写真 4-4**）があり，さらに面体は，その形状により全面形，半面形に区分される。

防毒マスク用吸収缶（**写真 4-5**）の種類と使用の範囲については，「防毒マスクの規格」（平成2年労働省告示第68号）により**表 4-8**のとおりである。

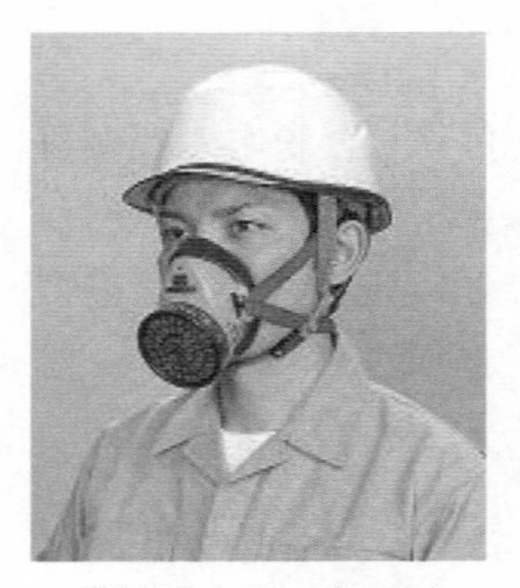

直結式小型・半面形

直結式・全面形

隔離式・全面形

写真 4-4　防毒マスクの例

直結式小型用

直結式用

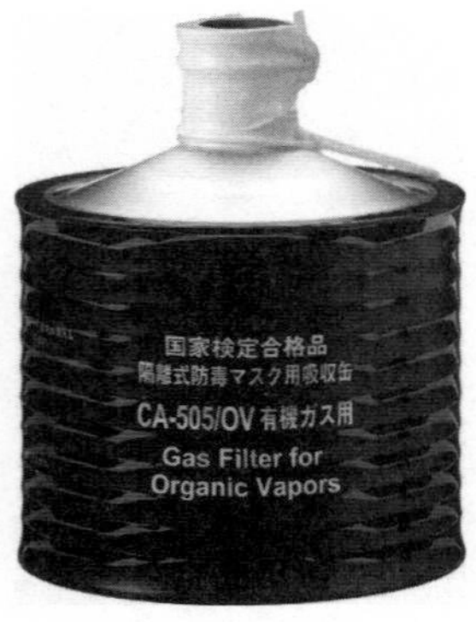

隔離式用

写真 4-5　防毒マスク用吸収缶の例

表4-8　防毒マスクの使用区分

種類	使用の範囲（ガスまたは蒸気の濃度）
隔離式	2%（アンモニアにあっては3%）以下の大気中で使用するもの
直結式	1%（アンモニアにあっては1.5%）以下の大気中で使用するもの
直結式小型	0.1%以下の大気中で使用する非緊急用のもの

注①　酸素濃度が18%に満たない場所で使用することは認められない。この場合は，送気マスクを使用する。
②　使用の範囲を超える濃度の場所では使用しないこと。
③　顔面と面体の接顔部は十分気密が保たれるように装着すること。装着の際，吸収缶の蓋を取り忘れないようにすること。
④　吸収缶の使用限度時間（破過時間）を超えて使用しないこと。
参考：0.1%は1,000ppmである。

吸収缶の能力は対応できても，作業者の顔とマスク面体との接顔部の間からの漏れやマスク排気弁からの漏れなど，ごくわずかな漏れであっても有害性の高い化学物質蒸気が高濃度で存在する場合は無視できない。そのため，防護係数（第2章3，226頁参照）も考慮して防毒マスクの使用範囲を決定する。

2　吸収缶

吸収缶は，その種類ごとに有効な適応ガスが定まっており，外部側面が**表4-9**のとおり色分けされるとともに，色分け以外の方法により，その種類が表示されている。

また，それぞれの種類ごとに，防じん機能を有しないもの（フィルタなし）と防じん機能を有するもの（フィルタ付き）があり，防じん機能を有する防毒マスクは，吸収缶のろ過材がある部分に白線が入っている。

ガスまたは蒸気状の有害物質が粉じん等と混在している作業環境中では，粉じん等を捕集する防じん機能を有する防毒マスクを使用させる。

防じん機能を有する防毒マスクの粒子捕集効率による区分と等級別記号を**表4-10**に示す。粒子捕集効率が高いほど，粉じん等をよく捕集できることを表している。

作業環境中の粉じん等の種類，発散状況，作業時のばく露の危険性の程度等を考慮した上で，適切な区分のものを選ぶ必要があり，一般の粉じんには固体の試験粒子を用いた粒子捕集効率試験に合格した吸収缶（S1，S2およびS3）を選び，粉じん等にオイルミスト等が混じって存在する場合は，液体の試験粒子を用いた粒子捕集効率試験に合格した吸収缶（L1，L2およびL3）を選ぶ。

表4-9　吸収缶と除毒能力

種類		*ハロゲンガス用	酸性ガス用	*有機ガス用	*一酸化炭素用	有機ガスおよび一酸化炭素用		*アンモニア用	*二酸化硫黄(亜硫酸ガス)用	シアン化水素用	硫化水素用	臭化メチル用	水銀用	ホルムアルデヒド用	リン化水素用	エチレンオキシド用	メタノール用
色[1]		灰黒	灰	黒	赤	赤	黒	緑	黄赤	青	黄	茶	オリーブ	オリーブ	オリーブ	オリーブ	オリーブ
試験ガス		塩素	塩化水素	シクロヘキサン	一酸化炭素	一酸化炭素	シクロヘキサン	アンモニア	二酸化硫黄	シアン化水素	硫化水素	臭化メチル	水銀蒸気	ホルムアルデヒド	リン化水素	エチレンオキシド	メタノール
隔離式	試験濃度 体積分率 %	0.5	0.5	0.5	1.0	1.0	0.5	2.0	0.5	0.5	0.5	0.5	—	—	0.1	—	—
	最高許容透過濃度[2] ppm	1	5	5	50	50	5	50	5	5	10	1	—	—	0.3	—	—
	破過時間[3] 分以上	60	100	100	180	60	30	40	50	50	50	50	—	—	50	—	—
直結式	試験濃度 体積分率 %	0.3	0.3	0.3	1.0	—	—	1.0	0.3	0.3	0.3	0.3	—	0.02	0.2	0.02	0.3
	最高許容透過濃度 ppm	1	5	5	50	—		50	5	5	10	1	—	0.1	0.3	1	200
	破過時間 分以上	15	80	30	30	—		10	15	20	20	15	—	45	100	10	30
直結式小型	試験濃度 体積分率 %	0.02	0.03	0.03	—	—	—	0.1	0.03	—	0.02	0.02	10 mg/m^3	0.002	0.02	0.002	0.03
	最高許容透過濃度 ppm	1	5	5	—	—		50	5	—	10	1	0.05 mg/m^3	0.1	0.3	1	200
	破過時間 分以上	40	80	50	—	—		40	35	—	35	35	480	85	200	15	60

注1）吸収缶の色は外側に一様に塗り，2色の場合は2層に分ける。1種類の吸収缶が複数のガスに適合する場合は，その種類をすべて表示する。

2）最高許容透過濃度とは，吸収缶に試験ガス含有空気を通した場合，吸気側における試験ガスの濃度が破過と判定されない最高の濃度をいう。

3）破過時間とは，最高許容透過濃度に達するまでの時間をいう。ただし，この破過時間は，表の「試験ガス」を用い，温度20℃，湿度50%の値を示していることから，作業現場の条件によって変わるので，現実の破過時間については保護具のメーカーに問い合わせること。

＊印は国家検定実施品。

表4-10　粒子捕集効率による区分と等級別記号

粒子捕集効率（%）	等級別記号	
	DOP[1] 粒子による試験	NaCl[2] 粒子による試験
99.9 以上	L3	S3
95.0 以上	L2	S2
80.0 以上	L1	S1

注　1）DOP：dioctyl phthalate（フタル酸ジオクチル）
　　2）NaCl：sodium chloride（塩化ナトリウム）

吸収缶の除毒能力には限界がある。吸収剤に有毒ガスが捕集されていくと，ある時間から捕集しきれなくなり，有毒ガスは吸収剤で捕集されずに通過してしまう。この状態を破過と呼ぶ。

吸収缶の破過時間（吸収缶が破過状態になるまでの時間）は，一般的に作業環境中のガス濃度に反比例し，高濃度の場合には短時間で能力を失ってしまう（**図 4-7**）。

有機ガス用防毒マスクの吸収缶には，シクロヘキサンに対する破過時間とガス濃度との関係を示す破過曲線図が添付されている（**図 4-7**）。作業環境中のガス濃度から吸収缶の使用できる時間を読み取り，その前に交換する。対象物質が異なるときは注意が必要である。

一般に沸点の低い化学物質については，試験ガス（シクロヘキサン）に比べて破過時間が短くなる。また，防毒マスクを使用する作業環境の温度，湿度によっても，

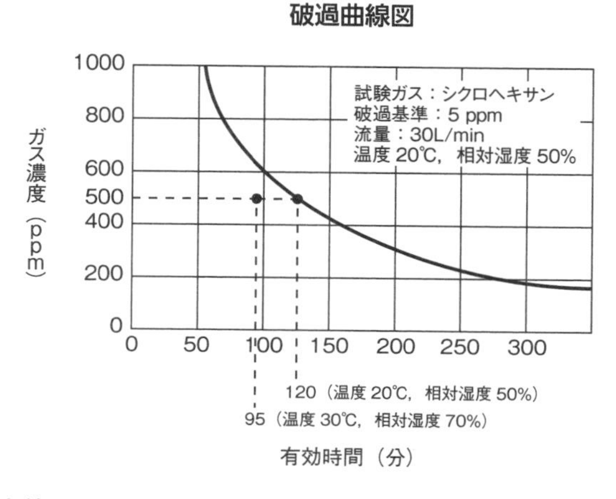

実線で示した温度20℃，相対湿度50%の有効時間に比べ，温度30℃，相対湿度70%になると，500 ppm のガス濃度で95分と短くなることを示している。

図 4-7　直結式小型吸収缶の破過曲線図の例

吸収缶の破過時間が短くなる場合がある。作業主任者は作業環境の温度，湿度の変化により吸収缶が有効に機能しなくなることがあることを理解しておく必要がある。

3　作業者の顔に密着性の良い面体の選定

防じんマスクと同様に，作業者によって顔の形状が異なるため，作業者の顔面に合う密着性の良い面体の防毒マスクを選定することが重要である。作業者がマスクを装着して吸入したとき，吸気時に面体内が陰圧（マイナス圧）となり，顔面との密着性が悪いマスクを選定すると，作業環境中の有害物蒸気が面体との隙間から侵入し，作業者は有害物蒸気のガスを吸入することになる。

マスク面体を選定する方法として，陰圧法による漏れ試験がある（第３章４(1)「(3)防じんマスクの顔面への密着性の確認」の項 233 頁参照）。

4　防毒マスクの使用と管理の方法

作業主任者は防毒マスクを着用する作業者に対し，当該防毒マスクの取扱説明書等に基づき，適正な装着方法，使用方法，および顔面と面体の密着性の確認方法について十分な教育や訓練を行うとともに作業者がそれらを実行していることを確認する。

防毒マスクの選択，使用等にあたっては，次に掲げる事項について特に留意する必要がある。

(1) 防毒マスクの選定にあたっての留意点

① 防毒マスクは型式検定合格標章により型式検定合格品であることを確認する。

② 防毒マスクの性能が記載されている取扱説明書等を参考にそれぞれの作業に適した防毒マスクを選ぶ。

③ 着用者の顔面と防毒マスクの面体との密着が十分でなく漏れがあると，有害物質の吸入を防ぐ効果が低下するため，防毒マスクの面体は，着用者の顔面に合った形状および寸法の接顔部を有するものを選択する。また，顔面への密着性の良否を確認する。顔面との密着性はフィットチェッカー等を用いて確認する。

(2) 防毒マスクの使用にあたっての留意点

① 防毒マスクは，酸素濃度18％未満の場所では使用してはならない。このような場所では給気式呼吸用保護具を使用させる。

② 防毒マスクを着用しての作業は，通常より呼吸器系等に負荷がかかることから，呼吸器系等に疾患がある者については，防毒マスクを着用しての作業が適当であるか否かについて，産業医等に確認する。

③ 防毒マスクを着用する前には，その都度，吸気弁や排気弁における亀裂，変形の有無等の点検を行わせる。

④ 防毒マスクの使用時間について，当該防毒マスクの取扱説明書等および破過曲線図，製造者への照会結果等に基づいて，作業場所における空気中に存在する有害物質の濃度ならびに作業場所における温度および湿度に対して余裕のある使用限度時間をあらかじめ設定し，その設定時間を限度に防毒マスクを使用させる。

⑤ 防毒マスクの使用中に有害物質の臭気等を感知した場合は，直ちに着用状態の確認を行い，必要に応じて吸収缶を交換させる。

⑥ 一度使用した吸収缶は，破過曲線図，使用時間記録カード等により，十分な除毒能力が残存していることを確認できるものについてのみ，再使用させる。

⑦ 顔面と面体の接顔部の位置，しめひもの位置および締め方等を適切に行わせる。

⑧ 着用後，防毒マスクの内部への空気の漏れ込みが少ないことをフィットチェッカー等で確認させる。

⑨ タオル等を当てたり，面体の接顔部に「接顔メリヤス」等を使用したり，着用者のひげ，もみあげ，前髪等が面体の接顔部と顔面の間に入り込んだり，排気弁の作動を妨害するような状態で防毒マスクを使用することは，有害物質が面体の接顔部から面体内へ漏れ込むおそれがあるので行わせてはならない。

⑩ 防じんマスクの使用が義務付けられている業務であって防毒マスクの使用が必要な場合には，防じん機能を有する防毒マスクを使用させる。

また，吹付け塗装作業等のように，防じんマスクの使用の義務付けがない業務であっても，有機溶剤の蒸気と塗料の粒子等とが混在している場合については，同様に，防じん機能を有する防毒マスクを使用させる。

(3) 防毒マスクの保守管理上の留意点

① 予備の防毒マスク，吸収缶その他の部品を常時備え付け，適時交換して使用

できるようにする。

② 使用後は有害物質および湿気の少ない場所で，面体，吸気弁，排気弁，しめひも等の破損，亀裂，変形等の状況および吸収缶の固定不良，破損等の状況を点検するとともに，手入れをさせる。

③ 破損，亀裂もしくは著しい変形を生じた場合または粘着性が認められた場合等には，部品を交換するか，廃棄させる。

④ 点検後，直射日光の当たらない，湿気の少ない清潔な場所に専用の保管場所を設け，管理状況が容易に確認できるように保管させる。なお，保管にあたっては，積み重ね，折り曲げ等により面体，連結管，しめひも等について，亀裂，変形等の異常を生じないようにする。

⑤ 吸収缶は，使用直前まで開封しない。使用後は上栓および下栓を閉めて保管させる。栓がないものにあっては，密封できる容器または袋に入れて保管させる。

⑥ 使用済みの吸収缶の廃棄にあたっては，吸収剤が飛散しないように容器または袋に詰めた状態で廃棄させる。

第5章　電動ファン付き呼吸用保護具（PAPR）

電動ファン付き呼吸用保護具（Powered Air Purifying Respirator　以下「PAPR」と記す）は，電動ファンにより，ろ過材で有害粉じんを除去した清浄な空気を面体内に供給する機能を持つ呼吸用保護具である（**図 4-8** 参照）。

PAPR の長所は電動ファンにより清浄空気が供給されるため，通常の使用においては防じんマスクより吸気抵抗が低く，呼吸が楽にできることである。また，面体等の内部が電動ファンにより陽圧になるため，面体と顔面との隙間から粉じんが入りにくく，高い防護性能が期待できる。さらに，フードおよびフェイスシールドは，保護めがねに準じた機能を備え，フェイスシールドには，保護帽の機能を備えるものもある。

PAPR は「電動ファン付き呼吸用保護具の規格」（平成 26 年厚生労働省告示第 455 号）に基づいた，国家検定が行われており，この国家検定に合格したものを使用する必要がある。

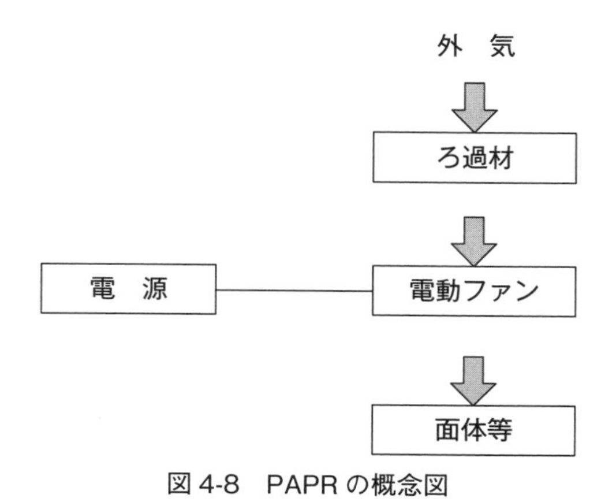

図 4-8　PAPR の概念図

1　PAPRの種類と性能

PAPRは，形状により次のように区分される（**図4-9**，**図4-10**）。

ア　面体形隔離式

電動ファンおよびろ過材により清浄化された空気を，連結管を通して面体内に送り，着用者の呼気および余剰な空気を排気弁から排出する。

面体には，眼，鼻および口辺を覆う全面形，ならびに鼻および口辺を覆う半面形がある。

イ　面体形直結式

電動ファンおよびろ過材により清浄化された空気を面体内に送り，着用者の呼気および余剰な空気を排気弁から排出する。

面体には，眼，鼻および口辺を覆う全面形，ならびに鼻および口辺を覆う半面形がある。

隔離式（全面形）

隔離式（半面形）

直結式（半面形）

(1)　面体形の例

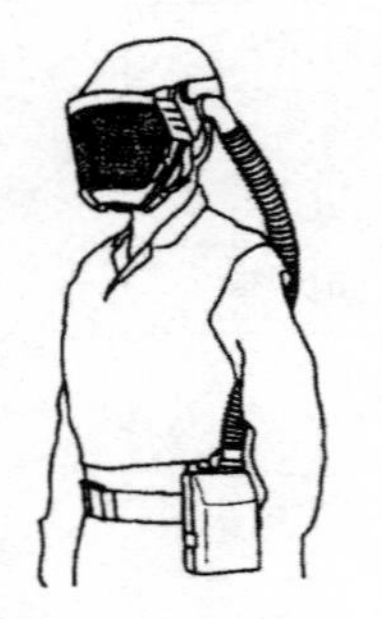

隔離式（フェイスシールド）

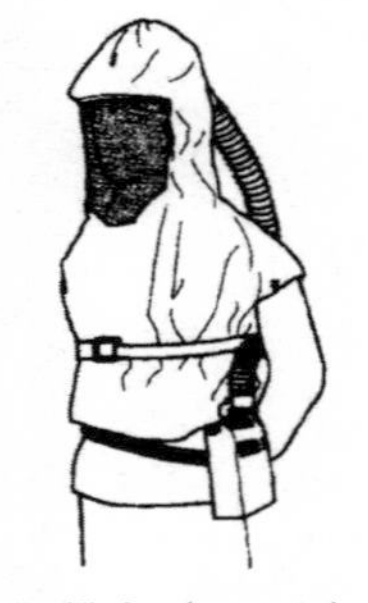

隔離式（フード）

(2)　ルーズフィット形の例

図4-9　PAPRの例

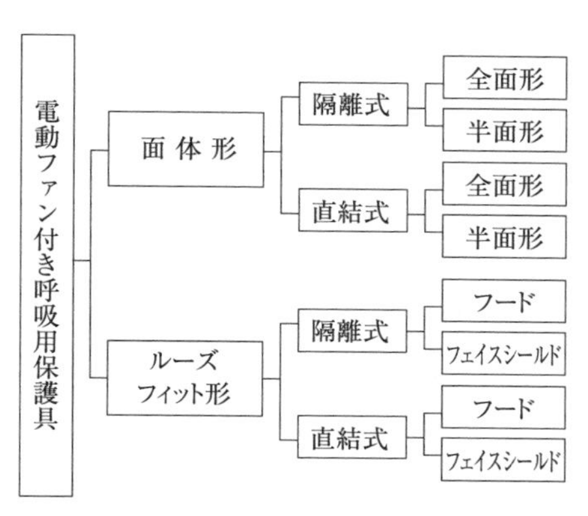

図 4-10　PAPR の形状による種類

表 4-11　PAPR の性能による区分

(1)　電動ファンの性能による区分

区分	呼吸模擬装置の作動条件
通常風量形	1.5 ± 0.075L／回 20 回／分
大風量形	1.6 ± 0.08L／回 25 回／分

（呼吸波形：正弦波，面体内圧（Pa）：$0 < P_F < 400$）

(2)　漏れ率に係る性能による区分

区分	漏れ率
S 級	0.1％以下
A 級	1.0％以下
B 級	5.0％以下

ウ　ルーズフィット形隔離式

電動ファンおよびろ過材により清浄化された空気を，連結管を通してフードまたはフェイスシールド内に送り，着用者の呼気および余剰な空気をフードの裾部またはフェイスシールドと顔面の隙間から排出する。

エ　ルーズフィット形直結式

電動ファンおよびろ過材により清浄化された空気を，フードまたはフェイスシールド内に送り，着用者の呼気および余剰な空気をフードの裾部またはフェイスシールドと顔面の隙間から排出する。

上記アとイは，面体と顔面に密着させて使用するため，外気の漏れ込みが少なく高い防護性能が期待できる。

上記ウとエはフェイスシールド等と顔面が密着していないため，防護性能を確保するためには，フェイスシールド等と顔面の隙間から絶え間なく送気が排出される十分な送風量が必要となる。

このほか，電動ファンの性能により，「通常風量形」と「大風量形」に区分され，また漏れ率に係る性能により，「S 級」「A 級」「B 級」に区分される（**表 4-11**）。

粒子状物質用 PAPR の性能は，次の 3 要素によって決まる。

①　ろ過材の捕集効率

②　面体と顔面との隙間，フェイスシールドやフードと人体との隙間からの漏れ率

③　連結管の接続部，フィルタの押さえ部などからの漏れ率

これらの要素のうち，①は，防じんマスクのろ過材の性能と同様に固体粒子（NaCl

表 4-12　ろ過材の性能による区分

区分		粒子捕集効率
試験粒子 DOP（フタル酸ジオクチル）	PL3	99.97％以上
	PL2	99.0％以上
	PL1	95.0％以上
試験粒子 NaCl（塩化ナトリウム）	PS3	99.97％以上
	PS2	99.0％以上
	PS1	95.0％以上

表 4-13　ルーズフィット形 PAPR の最低必要風量

電動ファンの性能区分	最低必要風量
通常風量形	104L/分
大風量形	138L/分

粒子での試験，種類別記号 S)，液体粒子（DOP 粒子での試験，種類別記号 L）で試験し，それぞれ，PS3 または PL3，PS2 または PL2，PS1 または PL1 の 3 段階に区分されている（**表 4-12**）。②および③は，送風量に依存する性能要素である。面体形 PAPR は，一定の呼吸条件において電動ファンからの送風によって面体内を陽圧に保つことができる性能および面体内部への外気の漏れ率によって性能が規定される。ルーズフィット形 PAPR は，内部が陽圧に保持されていることを確認するのは困難であるため，電動ファンの最低必要風量が規定される（**表 4-13**）。

近年においては，着用者の呼吸のパターンに合わせて送気量が変化する面体形 PAPR（呼吸レスポンス形）が多くの事業場で使用されている。これは，自然な呼吸ができるとともに，バッテリーの消耗や，ろ過材の寿命等のランニングコスト面の向上についても寄与している。

2　PAPR の選択

送風量が低下する原因は，次のとおりである。

①　粉じんなどの目づまりによるろ過材の通気抵抗の増大

②　電池の消耗による電圧低下

これらについて警報を発する装置が付属していれば，性能低下を知ることができる。ルーズフィット形を使う場合には，送風量低下警報装置の付いたものを使用すべきである。送風量低下警報装置が付属していない場合は，使用中に電池交換または充電の必要が生じたとき，着用者に電池の消耗を知らせる警報装置が必要となる。面体形は，万一送風が停止した場合でも，防じんマスクと同様に機能するので，必ずしも警報装置を必要としない。送風量低下警報装置を備えていない PAPR を使用する場合は，使用開始前に，メーカーが供給している風量計測器を用いて，作業時間中十分な送風量が得られることを確認する必要がある。

3　保守管理

①　定期的に点検および整備を行う。面体，連結管，ハーネスなどが劣化した場合は，新しいものと交換する。

②　使用後には次の点に留意する必要がある。

- ろ過材はよく乾燥させ，ろ過材上に付着した粉じん等が飛散しない程度に軽くたたいて粉じん等を払い落とす。
- 圧縮空気等を用いて付着した粉じんを吹き飛ばさない。
- ろ過材を傷つけたり，穴を開けたりしない。

③　充電式のバッテリーを使用したときは，充電を行って次の使用に備える。

- 寒いところで使用した場合，使用時間が短くなる。充電は必ず専用充電器を使用する。
- ショートさせない。
- 火の中に投げ込まない。

第6章　有毒ガス用電動ファン付き呼吸用保護具（G-PAPR）

有毒ガス用電動ファン付き呼吸用保護具（Powered Air Purifying Respirator for Toxic Gases　以下「G-PAPR」と記す）は，PAPR（第5章　参照）の有害粉じんを除去するろ過材を，有毒なガスもしくは蒸気またはこれらと混在する粒子状物質を除去する吸収缶に替えたものである。

現在，JIS T 8154 があるが，近い将来 PAPR 同様国家検定化される見込みである。

形状，性能等は，PAPR とほぼ同じであり，次の3点が違っている。

① 漏れ率の種類

表 4-14　漏れ率の種類（防じん機能なし）

区分	漏れ率［%以下］
Ⅰ級	0.1
Ⅱ級	1
Ⅲ級	4

表 4-15　漏れ率の種類（防じん機能付き）

区分	漏れ率［%以下］	全漏れ率［%以下］
ⅠS級	0.1	0.1
ⅠA級		1
ⅠB級		5
ⅡA級	1	1
ⅡB級		5
ⅢB級	4	5

② 吸収缶の種類[(1)]

表 4-16　吸収缶の種類

対応ガスの種類（表示色）	試験ガス	最高許容透過濃度[(2)]［ppm］	L級 試験濃度［%］	L級 規格値［分以上］	M級 試験濃度［%］	M級 規格値［分以上］	H級 試験濃度［%］	H級 規格値［分以上］
有機ガス用（黒）	シクロヘキサン	5	0.03	50	0.3	30	0.5	100
ハロゲンガス用（灰および黒）	塩素	1	0.02	40	0.3	15	0.5	60
アンモニア用（緑）	アンモニア	50	0.1	40	1.0	10	2.0	40
亜硫酸ガス用（黄赤）	亜硫酸ガス	5	0.03	35	0.3	15	0.5	50
酸性ガス用（灰）	塩化水素	5	0.03	80	0.3	80	0.5	100
硫化水素用（黄）	硫化水素	10	0.02	35	0.3	20	0.5	50

注(1)　G-PAPR の吸収缶を通して面体等の方向に流れる平均流量で試験。
(2)　最高許容透過濃度：吸収缶に試験ガス含有空気を通した場合，吸収缶を通過した空気中の試験ガスの濃度が破過と判定されない最高の濃度。

③　警報装置

送風量の低下を着用者に知らせる警報装置は，PAPR の場合特定の種類のものに必要であったが，G-PAPR はすべての種類に警報装置が必要となる。

（参考）

G-PAPR は令和５（2023）年春に国家検定化される予定である。国家検定品は次の二点が変わる見込みである。

①　名称が「防毒機能を有する電動ファン付き呼吸用保護具」になる。

②　吸収缶の種類が「ハロゲンガス」，「有毒ガス」，「アンモニアガス」，「亜硫酸ガス」の４種類になる。

第7章　送気マスク

送気マスクは，行動範囲は限られるが，軽くて連続使用時間が長く，一定の場所での長時間の作業に適している。また，酸素欠乏環境およびそのおそれがある場所でも使用することができる。

送気マスクには，自然の大気を空気源とするホースマスクと，圧縮空気を空気源とするエアラインマスクおよび複合式エアラインマスク（総称して「AL マスク」という。）がある（**写真 4-6，表 4-17**）。

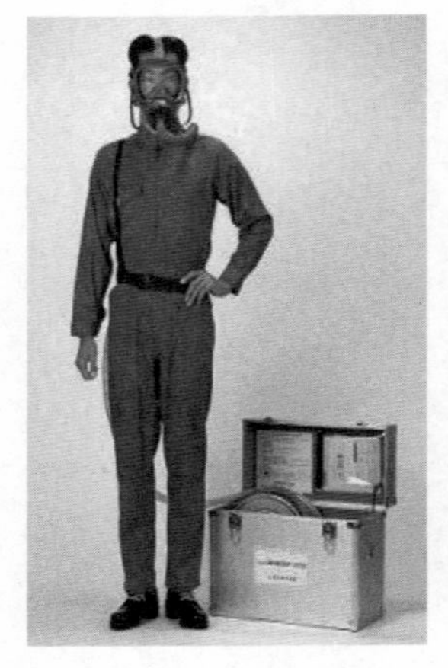
肺力吸引形ホースマスク

一定流量形エアラインマスク

複合式エアラインマスク
（プレッシャデマンド形）

写真 4-6　送気マスクの例

表 4-17　送気マスクの種類（JIS T 8153：2002）

<table>
<tr><th colspan="2">種類</th><th colspan="2">形式</th><th>使用する面体等の種類</th></tr>
<tr><td colspan="2" rowspan="3">ホースマスク</td><td colspan="2">肺力吸引形</td><td>面体</td></tr>
<tr><td rowspan="2">送風機形</td><td>電動</td><td>面体，フェイスシールド，フード</td></tr>
<tr><td>手動</td><td>面体</td></tr>
<tr><td rowspan="5">AL
マスク</td><td rowspan="3">エアライン
マスク</td><td colspan="2">一定流量形</td><td>面体，フェイスシールド，フード</td></tr>
<tr><td colspan="2">デマンド形</td><td>面体</td></tr>
<tr><td colspan="2">プレッシャデマンド形</td><td>面体</td></tr>
<tr><td rowspan="2">複合式エア
ラインマスク</td><td colspan="2">デマンド形</td><td>面体</td></tr>
<tr><td colspan="2">プレッシャデマンド形</td><td>面体</td></tr>
</table>

1　ホースマスク

① 肺力吸引形ホースマスク（**図 4-11**）は，ホースの末端の空気取入口を新鮮な空気のとれるところに固定し，ホース，面体を通じ，着用者の自己肺力によって吸気させる構造のもので，面体，連結管，ハーネス，ホース（原則として内径 19 mm 以上，長さ 10 m 以下のもの），空気取入口等から構成されている。

② 肺力吸引形ホースマスクは呼吸に伴ってホース，面体内が陰圧となるため，顔面と面体との接顔部，接手，排気弁等に漏れがあると有害物質が侵入するの

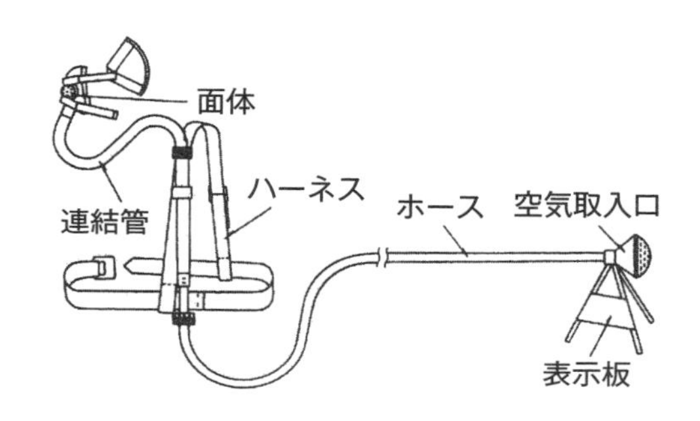

肺力吸引形ホースマスク

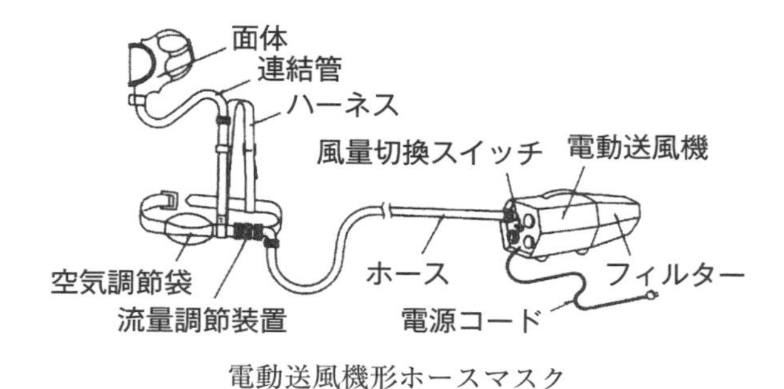

電動送風機形ホースマスク

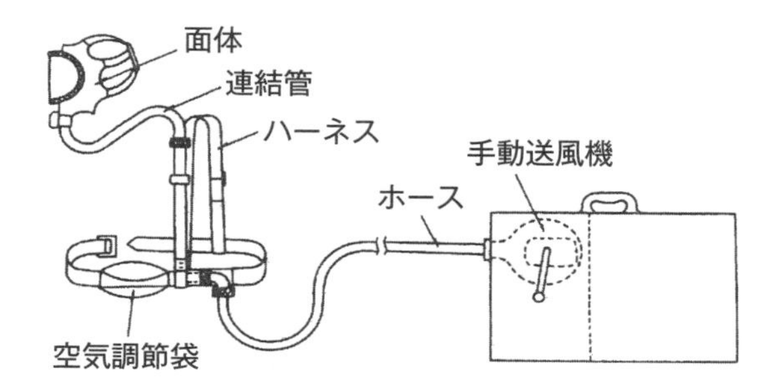

手動送風機形ホースマスク

図 4-11　ホースマスクの構造例

で，危険度の高いところでは使わないほうがよい。

③　肺力吸引形ホースマスクの空気取入口には目の粗い金網のフィルタしか入っていないので，酸素欠乏空気，有害ガス，悪臭，ほこり等が侵入するおそれのない場所に，ホースを引っ張っても簡単に倒れたり，外れたりしないようしっかりと固定して使用させる。

④　送風機形ホースマスク（**図 4-11**）は，手動または電動の送風機を新鮮な空気のあるところに固定し，ホース，面体等を通じて送気する構造で，中間に流量調節装置（手動送風機を用いる場合は空気調節袋で差し支えない）を備えている。

⑤　送風機は酸素欠乏空気，有害ガス，悪臭，ほこり等のない場所を選んで設置し，運転する。

⑥　電動送風機（**写真 4-7**）は長時間運転すると，フィルタにほこりが付着して通気抵抗が増え，送気量が減ったり，モーターが過熱することがあるから，フィルタは定期的に点検し，汚れていたら水でゆすぎ洗いし，乾燥させる。

⑦　電動送風機の使用中は，電源の接続を抜かれないように，コードのプラグには，「送気マスク運転中」の表示をする。

⑧　2つ以上のホースを同時に接続して使える電動送風機の場合，使用していない接続口には，付属のキャップをさせる。

　また，風量を変えられる型式の場合にはホースの数と長さに応じて適当な風量に調節して使用させる。

⑨　電動送風機の回転数を調節できない構造のもので，送気量が多すぎる場合は，ホースと連結管の中間の流量調節装置を回して送気量を調節し，呼吸しやすい送風量にして使用させる。

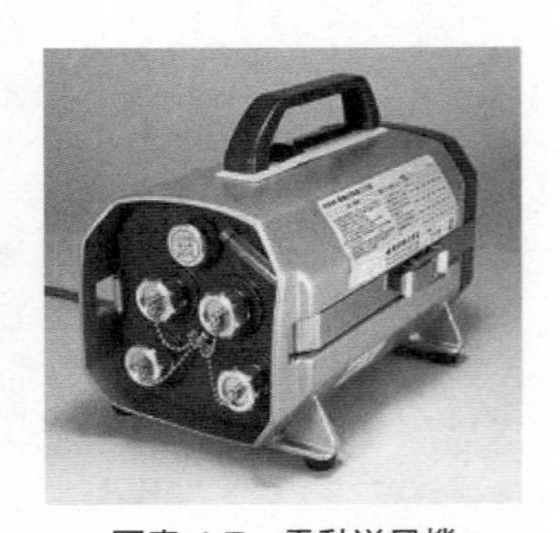

写真 4-7　電動送風機

⑩　電動送風機は一般に防爆構造ではないので，メタンガス，LPガス，その他の可燃性ガスの濃度が爆発下限界を超えるおそれのある危険区域に持ち込んで使用してはならない。

⑪　手動送風機を回す仕事は相当疲れるので，長時間連続使用する場合には2名以上で交代させて行う。

2　エアラインマスクおよび複合式エアラインマスク

①　一定流量形エアラインマスク（**図4-12**）は，圧縮空気管，高圧空気容器，

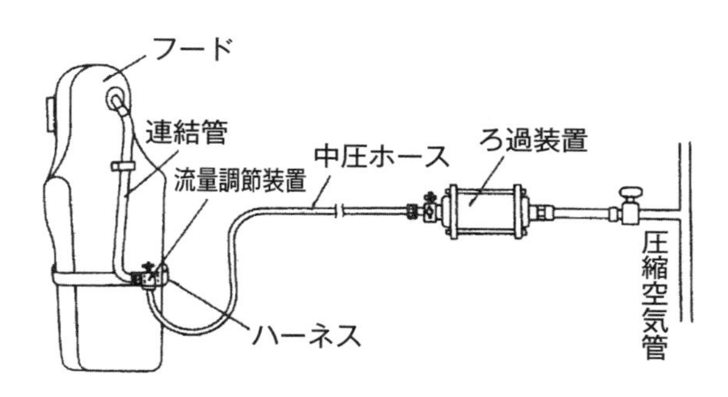

一定流量形エアラインマスク

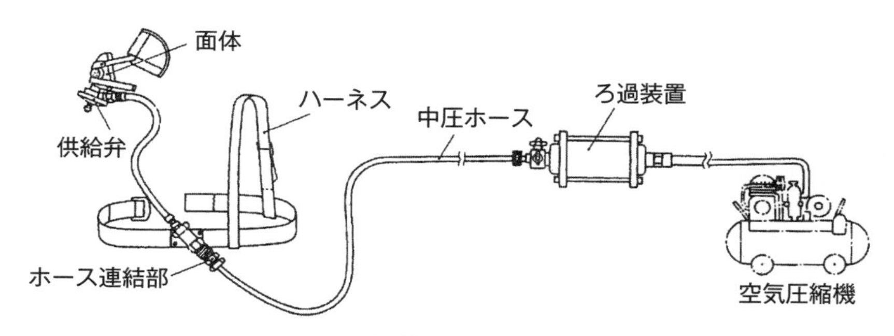

デマンド形エアラインマスク

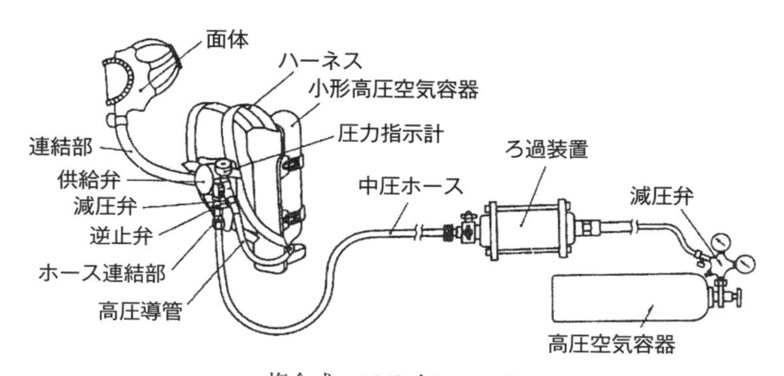

複合式エアラインマスク

図4-12　エアラインマスクの構造例

空気圧縮機等からの圧縮空気を，中圧ホース，面体等を通じて着用者に送気する構造のもので，中間に流量調節装置とろ過装置が設けられている。

② 一定流量形エアラインマスクで，連結管がよじれたりしてつまるとエアラインからの圧力が連結管にかかる欠点がある。使用中に連結管がよじれたため中圧ホースに圧力がかかって破裂した事故例がある。

③ デマンド形およびプレッシャデマンド形エアラインマスク（**図 4-12**）は，圧縮空気を送気する方式のもので，供給弁を設け，着用者の呼吸の需要量に応じて面体内に送気するものである。

④ 複合式エアラインマスクは，デマンド形エアラインマスクまたはプレッシャデマンド形エアラインマスクに，高圧空気容器を取り付けたもので，通常の状態では，デマンド形エアラインマスクまたはプレッシャデマンド形エアラインマスクとして使い，給気が途絶したような緊急時に携行した高圧空気容器からの給気を受け，退避することができる。きわめて危険度の高い場所ではこの方式がよい。

⑤ エアラインマスクの空気源としては，圧縮空気管，空気圧縮機，高圧空気容器等を使用する。空気は清浄な空気を使用する。空気の品質についてはJIS T 8150で示されている。

⑥ 送気マスクに使用する面体等には**写真 4-8**に示すような種々の形のものがある。一般には全面形面体が使用され，危険度が少ない場合には，全面形面体に比べ指定防護係数の小さい（第2章227頁，**表 4-2**参照）半面形面体，フード形，あるいはフェイスシールド形が使用される。

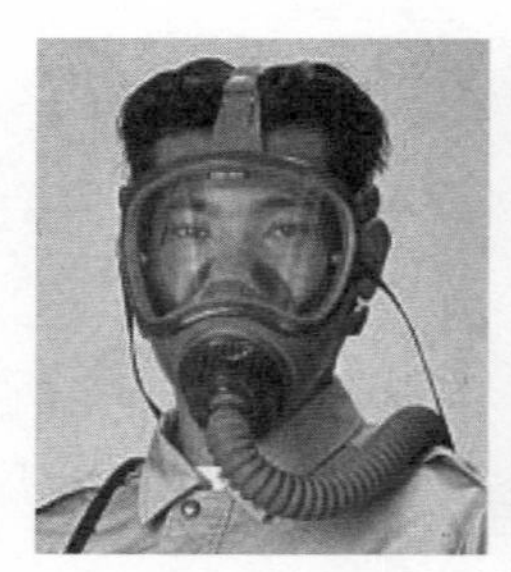
全面形面体

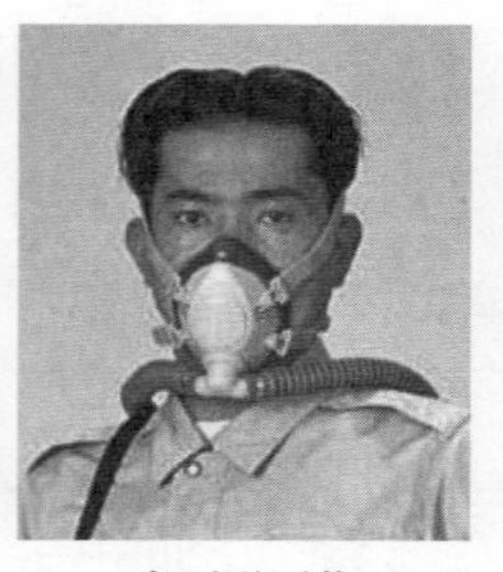
半面形面体

フェイスシールド

フード

写真 4-8　送気マスク用面体等の例

3　送気マスク使用の際の注意事項

送気マスクを使用するに当たっては，次の点に留意する必要がある。

① 使用前は面体から空気源に至るまで入念に点検させる。

② 監視者を選任する。監視者は専任とし，作業者と電源からホースまで十分に監視できる人員とする。原則として2名以上とし，監視分担を明記しておく。

③ 送風機の電源スイッチまたは電源コンセント等必要箇所には，「送気マスク使用中」の明瞭な標識を掲げておく。

④ 作業中の必要な合図を定め，作業者と監視者は熟知しておく。

⑤ タンク内または類似の作業をする場合には，墜落制止用器具の使用，あるいは救出の準備をしておく。

⑥ 空気源は常に清浄な空気が得られる安全な場所を選定する。

⑦ ホースは所定の長さ以上にせず，屈曲，切断，押しつぶれ等の事故がない場所を選定して設置させる。

⑧ マスクを装着したら面体の気密テストを行うとともに作業強度も加味して，送風量その他の再チェックをさせる。

⑨ マスクまたはフード内は陽圧になるように送気する（空気調節袋が常にふくらんでいること等を目安にする）。

⑩ 徐々に有害環境に入っていくように指導する。

⑪ 作業中に送気量の減少，ガス臭または油臭，水分の流入，送気の温度上昇等異常を感じたら，直ちに退避して点検させる（故障時の脱出方法や，その所要時間をあらかじめ考えておく）。

⑫ 空気圧縮機は故障その他による加熱で一酸化炭素を発生することがあるので，一酸化炭素検知警報装置を設置することが望ましい。

⑬ 送気マスクが使用されていたが，顔面と面体との間に隙間が生じていたことや空気供給量が少なかったことなどが原因と思われる労働災害が発生した（平成25年10月29日付け基安化発1029第1号「送気マスクの適正な使用等について」541頁）。厚生労働省は通達を通じて送気マスクの使用について指導する要請を行った。

(a) 送気マスクの防護性能（防護係数）に応じた適切な選択

使用する送気マスクの防護係数が作業場の濃度倍率（有害物質の濃度と許

容濃度等のばく露限界値との比）と比べ，十分大きいものであることを確認する。

(b)　面体等に供給する空気量の確保

作業に応じて呼吸しやすい空気供給量に調節することに加え，十分な防護性能を得るために，空気供給量を多めに調節する。

(c)　ホースの閉塞などへの対処

十分な強度を持つホースを選択すること。ホースの監視者（流量の確認，ホースの折れ曲がりを監視するとともに，ホースの引き回しの介助を行う者）を配置する。給気が停止した際の警報装置の設置，面体を持つ送気マスクでは，個人用警報装置付きのエアラインマスクを，空気源に異常が生じた際，自動的に空気源が切り替わる緊急時給気切替警報装置に接続したエアラインマスクの使用が望ましい。

(d)　作業時間の管理および巡視

長時間の連続作業を行わないよう連続作業時間に上限を定め，適宜休憩時間を設ける。

(e)　緊急時の連絡方法の確保

長時間の連続作業を単独で行う場合には，異常が発生した時に救助を求めるブザーや連絡用のトランシーバー等の連絡方法を備える。

(f)　送気マスクの使用方法に関する教育の実施

雇い入れ時または配置転換時に，送気マスクの正しい装着方法および顔面への密着性の確認方法について，作業者に教育を行う。

4　送気マスクの点検等

送気マスクは，使用前に必ず作業主任者が点検を行って，異常のないことを確認してから使用させること。また1カ月に1回定期点検，整備を行って常に正しく使用できる状態に保つことが望ましい。

5　空気呼吸器

空気呼吸器は自給式呼吸器の一種であり，災害時の救出作業等の緊急時に用いられる。清浄な空気をボンベにつめて背負って危険場所に携行して，その空気を呼吸しようとするのが空気呼吸器である。空気呼吸器についてはJIS T 8155がある。その構造の概要は**図4-13**に示す。空気呼吸器の種類は，デマンド形とプレッシャデマンド形の2種類があり，デマンドは吸気により開き，吸気を停止したときおよび排気のときは閉じる弁で，プレッシャデマンドは，外気圧より一定圧だけ常に面体内を陽圧になるように設計された弁で，面体内が一定陽圧以下になると作動する弁である。このため，プレッシャデマンド形の方が安全性が高く，現在，ほとんどがプレッシャデマンド形となっている。

空気呼吸器は以上の主要部のほか，ボンベ内の圧力を示す圧力指示計，使用限界を知らせる警報器，調整器故障の際の非常用のバイパス弁，ハーネス等により構成されている。有効使用時間はボンベの容量によって異なり約10～80分くらいまで各種類があるが，空気の消費量は使用者の体力や作業条件（作業強度）によって変わる。そのため同一機種の空気呼吸器でも条件によって有効使用時間が変わるので注意を要する。その他メーカーによっては通信装置，通話装置付きマスクや被災者救出用の予備マスクを備えたものもある。

自給式呼吸器は防毒マスクなどに比べて使用方法，保守管理方法が複雑である。救出作業用等として備えておく場合でも，その取扱方法について十分訓練を行い習熟しておくとともに，常に使用できる状態に管理しておくことが必要である。

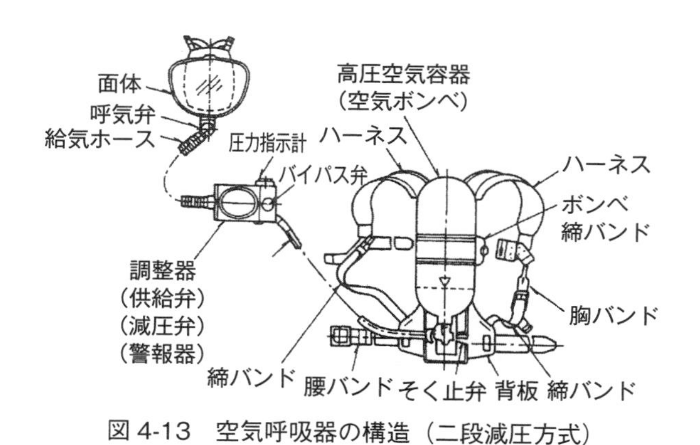

図4-13　空気呼吸器の構造（二段減圧方式）

第 8 章　特定化学物質・四アルキル鉛を取り扱う作業において使用する呼吸用保護具

(1) インジウム化合物（特化則第 38 条の 7）

インジウム化合物を製造・取り扱う屋内作業場では，**表 4-18** に従い，作業環境測定結果に応じた呼吸用保護具の使用が必要である。

(2) エチルベンゼン（特化則第 38 条の 8）

船体ブロック等内部（タンク等の内部）および発散面が広いなどの理由により局所排気装置の設置が困難な場所での作業では，防護係数の高いマスクである送気マスク，または全面形有機ガス用防毒マスクの使用が義務付けられている。また，吹付け塗装作業でエチルベンゼンの蒸気と塗料ミストが混在している場合では，防じん機能付き有機ガス用防毒マスクの使用が求められている（平成 24 年 10 月 26 日付け基発 1026 第 6 号通達）。

表 4-18　インジウム化合物を製造・取り扱う屋内作業場で使用する呼吸用保護具
（通達「平成 24 年 12 月 3 日付け基発 1203 第 1 号」をもとに作成）

作業環境測定結果※1	選定すべき呼吸用保護具（以下のもの，またはこれらと同等以上の性能を有するもの※2）
300 μg/m^3 以上	• 全面形プレッシャデマンド形空気呼吸器 • 全面形圧縮酸素形陽圧形酸素呼吸器
30 μg/m^3 以上	• 全面形電動ファン付き呼吸用保護具（粒子捕集効率 99.97% 以上） （規格による漏れ率が S 級であって，労働者ごとの防護係数が 1,000 以上であることが確認されている，大風量形のもの※3） • 全面形プレッシャデマンド形エアラインマスク
15 μg/m^3 以上	• 全面形電動ファン付き呼吸用保護具（粒子捕集効率 99.97% 以上） • 半面形電動ファン付き呼吸用保護具（粒子捕集効率 99.97% 以上） （規格による漏れ率が A 級以上であって，労働者ごとの防護係数が 100 以上であることが確認されている，大風量形のもの※3） • 全面形の一定流量形エアラインマスク
7.5 μg/m^3 以上	• 半面形電動ファン付き呼吸用保護具（粒子捕集効率 99.97% 以上，大風量形） • 全面形取替え式防じんマスク（粒子捕集効率 99.9% 以上）
3 μg/m^3 以上	• フード形またはフェイスシールド形の電動ファン付き呼吸用保護具（粒子捕集効率 99.97% 以上，大風量形）
0.3 μg/m^3 以上	• 半面形取替え式防じんマスク（粒子捕集効率 99.9% 以上）
0.3 μg/m^3 未満	定めなし

※1　作業環境測定結果は，作業環境評価基準に準じ算出した第 1 評価値または B 測定の最大値のいずれか高いほうを指す
※2　基本的に JIS 規格の指定防護係数が同等以上のもの（使い捨て式のものを除く）
※3　労働者ごとの防護係数の確認は，初めて使用させるとき，およびその後 6 カ月以内ごとに 1 回，定期に，JIS T 8150 で定める方法により行い，その確認の記録（労働者名・マスクの種類・年月日・防護係数の値）を 30 年間保存する

(3) リフラクトリーセラミックファイバー（特化則第38条の20）

リフラクトリーセラミックファイバー等を，窯，炉等に張り付けること等の断熱または耐火の措置を講ずる作業またはリフラクトリーセラミックファイバー等を用いて断熱または耐火の措置を講じた窯，炉等の補修，解体，破砕等の作業においては，防護係数が100以上であることが確認できる電動ファン付き呼吸用保護具と同等の性能を最低限有する呼吸用保護具を使用する（平成27年9月30日付け基発0930第9号，改正平成28年11月30日付け基発1130第4号，平成28年12月27日付け基安化発1227第1号）。

有効な呼吸用保護具とは，次のものである。

①　防護係数100以上の確認を要さず使用できる呼吸用保護具
- PAPR（粒子捕集効率99.97％以上，大風量形漏れ率A級以上）
- 全面形プレッシャデマンド形空気呼吸器
- 全面形プレッシャデマンド形エアラインマスク
- 全面形一定流量形エアラインマスク
- 全面形電動送風機形ホースマスク

②　防護係数100以上を確認すれば使用できる呼吸用保護具
- 半面形プレッシャデマンド形空気呼吸器
- 半面形プレッシャデマンド形エアラインマスク
- 半面形一定流量形エアラインマスク
- 半面形電動送風機形ホースマスク

(4) 溶接ヒューム（特化則第38条の21）

金属アーク溶接等作業（金属をアーク溶接する作業，アークを用いて金属を溶断し，またはガウジングする作業等）においては，作業を屋外作業場で行う場合，屋内作業場の毎回異なる場所で行う場合，屋内作業場で継続して行う場合，いずれも有効な呼吸用保護具（国家検定品のうち粒子捕集効率95％以上の防じんマスク（表4-5，231頁参照）等）の使用が必要である（特化則第38条の21第5項，424頁参照。平成17年基発第0207006号（参考資料13），537頁参照）。

〈金属アーク溶接等作業を継続して屋内作業場で行う場合〉

金属アーク溶接等作業を継続して行う屋内作業場では，個人ばく露測定により空気中の溶接ヒュームの濃度を測定し（第3編第10章6，200頁参照），その結果に応じて，以下の方法で「要求防護係数」に応じた呼吸用保護具の選択をする。

表 4-19　指定防護係数一覧（表 4-2 再掲）

呼吸用保護具の種類				指定防護係数	備考
防じんマスク	取替え式	全面形面体	RS3 又は RL3	50	RS1，RS2，RS3，RL1，RL2，RL3，DS1，DS2，DS3，DL1，DL2 及び DL3 は，防じんマスクの規格（昭和 63 年労働省告示第 19 号）第 1 条第 3 項の規定による区分であること。
			RS2 又は RL2	14	
			RS1 又は RL1	4	
		半面形面体	RS3 又は RL3	10	
			RS2 又は RL2	10	
			RS1 又は RL1	4	
	使い捨て式		DS3 又は DL3	10	
			DS2 又は DL2	10	
			DS1 又は DL1	4	
電動ファン付き呼吸用保護具	全面形面体	S 級	PS3 又は PL3	1,000	S 級，A 級及び B 級は，電動ファン付き呼吸用保護具の規格（平成 26 年厚生労働省告示第 455 号）第 1 条第 4 項の規定による区分であること。PS1，PS2，PS3，PL1，PL2 及び PL3 は，同条第 5 項の規定による区分であること。
		A 級	PS2 又は PL2	90	
		A 級又は B 級	PS1 又は PL1	19	
	半面形面体	S 級	PS3 又は PL3	50	
		A 級	PS2 又は PL2	33	
		A 級又は B 級	PS1 又は PL1	14	
	フード形又はフェイスシールド形	S 級	PS3 又は PL3	25	
		A 級		20	
		S 級又は A 級	PS2 又は PL2	20	
		S 級，A 級又は B 級	PS1 又は PL1	11	
その他の呼吸用保護具	循環式呼吸器	全面形面体	圧縮酸素形かつ陽圧形	10,000	
			圧縮酸素形かつ陰圧形	50	
			酸素発生形	50	
		半面形面体	圧縮酸素形かつ陽圧形	50	
			圧縮酸素形かつ陰圧形	10	
			酸素発生形	10	
	空気呼吸器	全面形面体	プレッシャデマンド形	10,000	
			デマンド形	50	
		半面形面体	プレッシャデマンド形	50	
			デマンド形	10	
	エアラインマスク	全面形面体	プレッシャデマンド形	1,000	
			デマンド形	50	
			一定流量形	1,000	
		半面形面体	プレッシャデマンド形	50	
			デマンド形	10	
			一定流量形	50	
		フード形又はフェイスシールド形	一定流量形	25	
	ホースマスク	全面形面体	電動送風機形	1,000	
			手動送風機形又は肺力吸引形	50	
		半面形面体	電動送風機形	50	
			手動送風機形又は肺力吸引形	10	
		フード形又はフェイスシールド形	電動送風機形	25	
半面形面体を有する電動ファン付き呼吸用保護具		S 級かつ PS3 又は PL3		300	S 級は，電動ファン付き呼吸用保護具の規格（平成 26 年厚生労働省告示第 455 号）第 1 条第 4 項，PS3 及び PL3 は，同条第 5 項の規定による区分であること。
フード形の電動ファン付き呼吸用保護具				1,000	
フェイスシールド形の電動ファン付き呼吸用保護具				300	
フード形のエアラインマスク		一定流量形		1,000	

（令和 2 年厚生労働省告示第 286 号別表第 1 ～ 4 より（参考資料 7，507 頁参照））

① 次の式で「要求防護係数」を算定する。

$$PFr = \frac{C}{0.05} \qquad PFr：要求防護係数$$

※ C = 溶接ヒュームの濃度測定結果のうち，マンガン濃度の最大の値を使用

※ 0.05 mg/m^3 = 要求防護係数の計算に際してのマンガンに係る基準値

② 指定防護係数一覧（**表 4-19**）から「要求防護係数」を上回る「指定防護係数」を有する呼吸用保護具を選択，使用する。ただし，溶接ヒュームの場合は RS2，RL2 以上もしくは DS2，DL2 以上の防じんマスクを使用しなければならない。

面体を有する呼吸用保護具を使用する場合は，1年以内ごとに1回，定期に，呼吸用保護具の適切な装着の確認として定量的フィットテストを行う。フィットテストは，十分な知識および経験を有する者により，JIS T 8150（呼吸用保護具の選択，使用及び保守管理方法）等による方法で実施し，その確認の記録を3年間保存する。

（定量的フィットテスト）（写真 4-9）

① 呼吸用保護具の外側と内側の濃度を測定

大気粉じんを用いる漏れ率測定装置（マスクフィッティングテスターなど）を使って，呼吸用保護具の内側と外側の測定対象物質の濃度を測定する。

② 「フィットファクタ」（当該労働者の呼吸用保護具が適切に装着されている程度を示す係数）を算出

次の式で「フィットファクタ」を算出する。

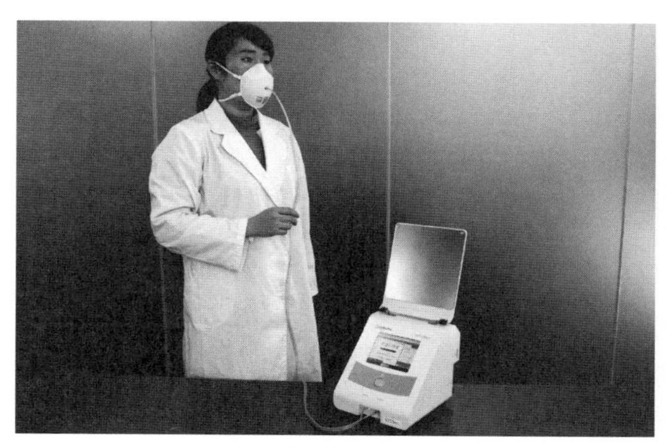

写真 4-9　定量的フィットテスト

$$\text{フィットファクタ} = \frac{\text{呼吸用保護具の外側の測定対象物質の濃度}}{\text{呼吸用保護具の内側の測定対象物質の濃度}}$$

③　「要求フィットファクタ」を上回っているか確認する

②の「フィットファクタ」が「要求フィットファクタ」を上回っているかを確認する（**表 4-20**）。上回っていれば呼吸用保護具は適切に装着されている。

表 4-20　要求フィットファクタ

呼吸用保護具の種類	要求フィットファクタ
全面形面体を有するもの	500
半面形面体を有するもの	100

（定性的フィットテスト）（**写真 4-10**）

①　人の味覚による試験。

一般的に甘味をもつサッカリンナトリウム（以下，「サッカリン」という。）の溶液を使用する。

②　被験者は呼吸用保護具の面体を着用し，頭部を覆うフィットテスト用フードを被り，規定の動作を行う間，計画的な時間間隔でフード内にサッカリン溶液を噴霧する。

最終的に被験者がサッカリンの甘味を感じなければ，その面体は被験者にフィットし，フィットファクタが100以上であると判定される。

③　定性的フィットテストが行えるのは，半面形面体だけである。

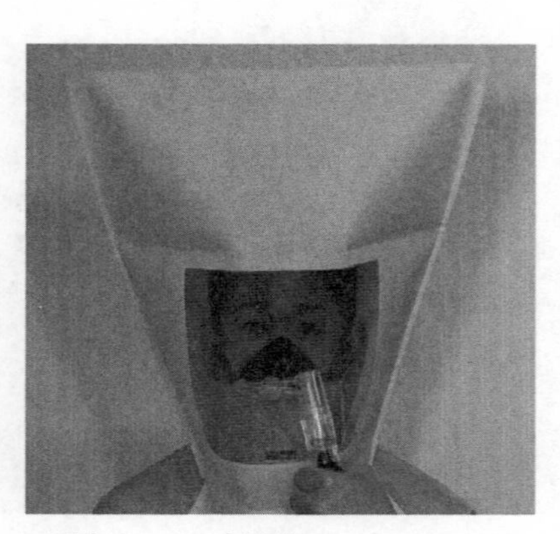

写真 4-10　定性的フィットテスト

（フィットテストの記録の方法）

確認を受けた者の氏名，確認の日時，装着の良否などと，外部に委託して行った場合は受託者の名称を記録する（**表 4-21**）。

(5) その他の物質に対して推奨する呼吸用保護具

有効な呼吸用保護具として本書が推奨する呼吸用保護具を**表 4-22** に整理した。

この表は，**図 4-3**，**表 4-6** および**表 4-9** をベースにして，物質の物理化学的性質，有害性等を考慮したものであり，以下の点に留意する必要がある。

① 沸点，蒸気圧等を考慮して，物質の浮遊状態が粒子状か，気体状かを推定する。加熱処理など使用する温度条件が異なる場合には，詳細な検討が必要である。

② 物質の浮遊状態が不明であったり，有害性が高い場合は，送気マスクの使用が望ましい。

③ 粒子状で浮遊している場合は，防じんマスクか電動ファン付き呼吸用保護具（PAPR）を，気体状で浮遊している場合は防毒マスクを，粒子状と気体状の両者が混在する場合には，防じん機能付き防毒マスクを使用する。

④ 第1類物質は製造許可物質であり，とりわけ有害性が高い。それ故，送気マスクの使用が最優先である。低濃度の際には，防じんマスク，防毒マスクの使用が可能であるが，粒子状で浮遊する物質に対しては，ろ過材の等級3（99.9%以上の粒子捕集効率）を有する取替え式防じんマスクの使用を推奨する。

⑤ 第2類物質のうち，浮遊状態が粒子状であるもので管理濃度，およびばく露限界（許容濃度，ACGIH　TLV-TWA）が 0.1 mg/m^3 以下のものは，ろ過材の等級2（粒子捕集効率 95.0%以上）以上の防じんマスクの使用を推奨する。

⑥ 第2類物質のうち管理濃度，およびばく露限度が 0.1 mg/m^3 を超えるものは，ろ過材の等級1（粒子捕集効率 80.0%以上）以上の防じんマスクの使用を推奨する。

⑦ ろ過材の等級については

等級別記号1以上のろ過材；DS1，DL1，RS1，RL1，PS1，PL1，DS2，DL2，RS2，RL2，PS2，PL2，DS3，DL3，RS3，RL3，PS3，PL3

表 4-21　フィットテストの記録例

確認を受けた者	確認の日時	装着の良否	備考
甲山一郎	12/8　10：00	良	○○社に委託して実施（以下同じ）
乙田次郎	12/8　10：30	否（1回目） 良（2回目）	最初のテストで不合格となったが，マスクの装着方法を改善し，2回目で合格となった。

表 4-22　特定化学物質等に対して推奨される呼吸用保護具（一覧）

特定化学物質等			沸点（℃）	蒸気圧（Pa）	浮遊状態		管理濃度	許容濃度			ACGIH − TLV	
				（20℃）	粒子状	気体状		ppm	mg/m^3	皮	TLV − TWA	TLV − STEL
第1類物質	1	ジクロルベンジジンおよびその塩	368	6×10^{-7}	○		−	−	−		注1)	−
	2	アルファ-ナフチルアミンおよびその塩	300.8	0.53	○	△	−	−	−		−	−
	3	塩素化ビフェニル	340 − 390	0.01	○	△	0.01mg/m^3	−	0.01	○	0.5，1mg/m^3（54，42%塩素含有率）	−
	4	オルト-トリジンおよびその塩	300	6.92×10^{-7}	○		−	−	−		−	−
	5	ジアニシジンおよびその塩	356	−	○		−	−	−		−	−
	6	ベリリウムおよびその化合物	2970	−	○		0.001mg/m^3	−	0.002		0.00005mg/m^3	−
	7	ベンゾトリクロリド	221	20		○	0.05ppm	−	−		−	−
第2類物質	1	アクリルアミド	192.6	1	○	△	0.1mg/m^3	−	0.1	○	0.03mg/m^3	−
	2	アクリロニトリル	77	11		○	2ppm	2	4.3	○	2ppm	−
	3	アルキル水銀化合物	159	479	△	○	0.01mg/m^3	−	−		0.01mg/m^3（Hgとして）	0.03mg/m^3
	3-2	インジウム化合物	−	−	○		−	−	−		0.1mg/m^3	−
	3-3	エチルベンゼン	136	0.9×10^3		○	20ppm	50	217		20ppm	−
	4	エチレンイミン	56	21.3×10^3		○	0.05ppm	00.5	0.09	○	0.05ppm	0.1ppm
	5	エチレンオキシド	11	146×10^3		○	1ppm	1	1.8		1ppm	−
	6	塩化ビニル	− 13	337×10^3		○	2ppm	−	−		1ppm	−
	7	塩素	− 34	673×10^3		○	0.5ppm	0.5	1.5		0.1ppm	0.4ppm
	8	オーラミン	−	1.72×10^{-4}	○		−	−	−		−	−
	8-2	オルト-トルイジン	200	34.5[注2)]	△	○	1ppm	1	4.4	○	2ppm	−
	9	オルト-フタロジニトリル	304.5	5.69×10^{-3}	○		0.01mg/m^3	−	0.01	○	1mg/m^3	−
	10	カドミウムおよびその化合物	765	5.52×10^{-7}	○		0.05mg/m^3	−	0.05		0.01mg/m^3（Cdとして）	−
	11	クロム酸およびその塩	−	−	○		0.05mg/m^3	−	0.05		0.0001 − 0.5mg/m^3（Crとして）	−
	11-2	クロロホルム	62	21.2×10^3		○	3ppm	3	14.7	○	10ppm	−
	12	クロロメチルメチルエーテル	59	22×10^3	○		−	−	−		注1)	−
	13	五酸化バナジウム	1750	0	○		0.03mg/m^3	−	0.05		0.05mg/m^3	−
	13-2	コバルト及びその無機化合物	−	−	○		0.02mg/m^3	−	0.05		0.02mg/m^3	−
	14	コールタール	−	−	○	△	0.2mg/m^3	−	−		0.2mg/m^3（ベンゼン可溶性成分として）	−
	15	酸化プロピレン	34	59×10^3		○	2ppm	−	−		2ppm	−
	15-2	三酸化二アンチモン	1550	130	○		0.1mg/m^3（Sbとして）	−	0.1※		0.02mg/m^3	
	16	シアン化カリウム	1625	−	○		3mg/m^3	−	5	○	−	−
	17	シアン化水素	25.7	82.6×10^3		○	3ppm	5	5.5	○	−	−
	18	シアン化ナトリウム	1496	133（817℃）	○	○	3mg/m^3	−	5	○	−	−
	18-2	四塩化炭素	76.5	12.2×10^3		○	5ppm	5	31	○	5ppm	10ppm
	18-3	1･4-ジオキサン	101	3.6×10^3		○	10ppm	1	3.6	○	20ppm	−
	18-4	1･2-ジクロロエタン	83.5	8.5×10^3		○	10ppm	10	40		10ppm	−
	19	3･3'-ジクロロ-4･4'-ジアミノジフェニルメタン	＞200	38.1×10^{-6}	○		0.005mg/m^3	−	0.005	○	0.01mg/m^3	−
	19-2	1･2-ジクロロプロパン	96	27.9×10^3		○	1ppm	1	4.6		10ppm	−
	19-3	ジクロロメタン	40	47.4×10^3		○	50ppm	50	170	○	50ppm	−
	19-4	ジメチル-2･2-ジクロロビニルホスフェイト	140℃（2.7kPa）	1.6	○	△	0.1mg/m^3	−	−		0.1mg/m^3	−
	19-5	1･1-ジメチルヒドラジン	63	16.4×10^3		○	0.01ppm	−	−		0.01ppm	−
	20	臭化メチル	4	189×10^3		○	1ppm	1	3.89	○	1ppm	−
	21	重クロム酸およびその塩	−	−	○		0.05mg/m^3	−	0.05		0.0001 − 0.5mg/m^3（Crとして）	−
	22	水銀およびその無機化合物	357	0.3	○		0.025mg/m^3	−	0.025		0.01mg/m^3（Hgとして）	0.03mg/m^3
	22-2	スチレン	145	0.7×10^3		○	20ppm	20	85	○	10ppm	20ppm
	22-3	1･1･2･2-テトラクロロエタン	146.5	0.6×10^3		○	1ppm	1	6.9	○	1ppm	−
	22-4	テトラクロロエチレン	121	1.9×10^3		○	25ppm	（検討中）		○	25ppm	100ppm
	22-5	トリクロロエチレン	87	7.8×10^3		○	10ppm	25	135		10ppm	25ppm
	23	トリレンジイソシアネート	251	1.3	○	○	0.005ppm	0.005	0.035		0.001ppm	0.005ppm
	23-2	ナフタレン	218	11	○	○	10ppm	−	−		10ppm	−
	23-3	ニッケル化合物（ニッケルカルボニルを除き，粉状の物に限る）	2,730（Ni）	−	○		0.1mg/m^3	−	0.01 − 0.1		0.1mg/m^3（可溶性），0.2mg/m^3（不溶性）	−
	24	ニッケルカルボニル	43	53×10^3		○	0.001ppm	0.001	0.007		−	−
	25	ニトログリコール	114	7		○	0.05ppm	0.05	0.31	○	0.05ppm	−
	26	パラ-ジメチルアミノアゾベンゼン	−	3×10^{-7}	○		−	−	−		−	−
	27	パラ-ニトロクロロベンゼン	242	2	○	○	0.6mg/m^3	0.1	0.64	○	0.1ppm	−
	27-2	砒素およびその化合物（アルシン及び砒化ガリウムを除く）	−	−	○		0.003mg/m^3	−	0.003 − 0.0003		0.01mg/m^3（Asとして）	−

※Sbとして，スチビンを除く　注1）すべての経路からのばく露をできるだけ低くするようコントロールすること。　注2）（25℃）

TLV－C	Skin	呼吸用保護具					特定化学物質等		
		送気マスク	防じんマスク，PAPR	ろ過材の等級（～以上）	防毒マスク（使用吸収缶名）	防じん機能付き防毒マスク（～以上）			
－		○	○	3			ジクロルベンジジンおよびその塩	1	第1類物質
－		○	○	3	△（有機ガス用）	○（S3，L3）	アルファ－ナフチルアミンおよびその塩	2	
－	○	○	○	3	△（有機ガス用）	○（S3，L3）	塩素化ビフェニル	3	
－	○	○	○	3			オルト－トリジンおよびその塩	4	
－		○	○	3			ジアニシジンおよびその塩	5	
－	○	○	○	3			ベリリウムおよびその化合物	6	
0.1ppm	○	○			○（有機ガス用）		ベンゾトリクロリド	7	
－	○	○	△	2	△（有機ガス用）	○（S2，L2）	アクリルアミド	1	第2類物質
－	○	○			○（有機ガス用）		アクリロニトリル	2	
－	○	○	△	2	○（水銀用）	○（S2，L2）	アルキル水銀化合物	3	
		247頁の表を参照					インジウム化合物	3-2	
－		○			○（有機ガス用）	○（S2，L2）[注3)]	エチルベンゼン	3-3	
－	○	○			○（有機ガス用）		エチレンイミン	4	
－		○			○（エチレンオキシド用）		エチレンオキシド	5	
－		○			○（有機ガス用）		塩化ビニル	6	
－		○			○（ハロゲンガス用）		塩素	7	
－		○	○	2			オーラミン	8	
－	○	○			○（有機ガス用）	○（S2，L2）	オルト－トルイジン	8-2	
－		○	○	2			オルト－フタロジニトリル	9	
－		○	○	2			カドミウムおよびその化合物	10	
－		○	○	2			クロム酸およびその塩	11	
－		○			○（有機ガス用）		クロロホルム	11-2	
－		○	－		－		クロロメチルメチルエーテル	12	
－		○	○	2			五酸化バナジウム	13	
－		○	○	2			コバルト及びその無機化合物	13-2	
－		○	○	1	△（有機ガス用）	○（S1，L1）	コールタール	14	
－		○	○	3	△（有機ガス用，破過時間短い）		酸化プロピレン	15	
		○	○	2			三酸化二アンチモン	15-2	
5mg/m³	○	○	○	1	△（シアン化水素用）	○（S1，L1）	シアン化カリウム	16	
4.7ppm	○	○			○（シアン化水素用）		シアン化水素	17	
5mg/m³	○	○	○	1	△（シアン化水素用）	○（S1，L1）	シアン化ナトリウム	18	
－	○	○			○（有機ガス用）		四塩化炭素	18-2	
－	○	○			○（有機ガス用）		1･4-ジオキサン	18-3	
－		○			○（有機ガス用）		1･2-ジクロロエタン	18-4	
－	○	○	○	2			3･3'-ジクロロ-4･4'-ジアミノジフェニルメタン	19	
－		○			○（有機ガス用）		1･2-ジクロロプロパン	19-2	
－		○			○（有機ガス用）（破過時間が短い）		ジクロロメタン	19-3	
－	○	○			○（有機ガス用）	○（S2，L2）	ジメチル-2･2-ジクロロビニルホスフェイト	19-4	
－	○	○			△（アンモニア用）		1･1-ジメチルヒドラジン	19-5	
－	○	○			○（臭化メチル用）		臭化メチル	20	
－		○	○	2			重クロム酸およびその塩	21	
－	○	○			○（水銀用）		水銀およびその無機化合物	22	
－		○			○（有機ガス用）		スチレン	22-2	
－	○	○			○（有機ガス用）		1･1･2･2-テトラクロロエタン	22-3	
－		○			○（有機ガス用）		テトラクロロエチレン	22-4	
－		○			○（有機ガス用）		トリクロロエチレン	22-5	
－		○	○	2	○（有機ガス用）	○（S2，L2）	トリレンジイソシアネート	23	
－	○	○			○（有機ガス用）	○（S1，L1）	ナフタレン	23-2	
－		○	○	2			ニッケル化合物（ニッケルカルボニルを除き，粉状の物に限る）	23-3	
0.05ppm（Niとして）		○					ニッケルカルボニル	24	
－	○	○			○（有機ガス用）		ニトログリコール	25	
－		○	○	2			パラ-ジメチルアミノアゾベンゼン	26	
－	○	○	○	1	○（有機ガス用）	○（S1，L1）	パラ-ニトロクロロベンゼン	27	
－		○	○	2			砒素およびその化合物（アルシン及び砒化ガリウムを除く）	27-2	

注3）塗装ミストの場合

表 4-22　特定化学物質等に対して推奨される呼吸用保護具（一覧・続き）

特定化学物質等			沸点（℃）	蒸気圧（Pa）	浮遊状態		管理濃度	許容濃度			ACGIH − TLV	
				（20℃）	粒子状	気体状		ppm	mg/m^3	皮	TLV − TWA	TLV − STEL
第2類物質	28	弗（ふっ）化水素	20	122×10^{3}		○	0.5ppm	3	2.5		0.5ppm	−
	29	ベーター-プロピオラクトン	155	0.3×10^{3}		○	0.5ppm	−	−		0.5ppm	−
	30	ベンゼン	80	10×10^{3}		○	1ppm	−	−	○	0.5ppm	2.5ppm
	31	ペンタクロルフェノールおよびそのナトリウム塩	310	0.02	○		0.5mg/m^3	−	0.5	○	0.5mg/m^3	1mg/m^3
	31-2	ホルムアルデヒド	− 19.5	519×10^{3}		○	0.1ppm	0.1	0.12		0.1ppm	0.3ppm
	32	マゼンタ	> 100	7.49×10^{-10}	○		−	−	−		−	−
	33	マンガンおよびその化合物	1962	−	○		0.05mg/m^3 注6)	−	0.2		0.02mg/m^3 注6) 0.1mg/m^3 注7)	−
	33-2	メチルイソブチルケトン	117	2.1×10^{3}		○	20ppm	50	200		20ppm	75ppm
	34	沃（よう）化メチル	42.5	50×10^{3}		○	2ppm	−	−		2ppm	−
	34-2	溶接ヒューム			○		−	−	−		−	−
	34-3	リフラクトリーセラミックファイバー	−	−	○		0.3 本 /cm^3	−	−		0.2 本 /cm^3	−
	35	硫化水素	− 60	18.8×10^{5}		○	1ppm	5	7		1ppm	5ppm
	36	硫酸ジメチル	188	95		○	0.1ppm	0.1	0.52	○	0.1ppm	−
第3類物質	1	アンモニア	− 33.5	857×10^{3}		○	−	25	17		25ppm	35ppm
	2	一酸化炭素	− 191.5	30.6×10^{3}		○	−	50	57		25ppm	−
	3	塩化水素	− 84	4.72×10^{6}		○	−	2	3.0		−	−
	4	硝酸	121	6.4×10^{3}	○	○	−	2	5.2		2ppm	4ppm
	5	二酸化硫黄	− 10	330×10^{3}		○	−	（検討中）			−	0.25ppm
	6	フェノール	182	47	○	○	−	5	19	○	5ppm	−
	7	ホスゲン	7.8	162×10^{3}		○	−	0.1	0.4		−	0.02ppm
	8	硫酸	340	6.7×10^{-3}	○		−	−	1		0.2mg/m^3	−
その他の物質		アクロレイン	53	29×10^{3}		○	−	0.1	0.23		−	−
		硫化ナトリウム	−	6.1×10^{-15}	○		−	−	−		−	−
		1･3-ブタジエン	− 4	245×10^{3}		○	−	−	−		2ppm	−
		1･4-ジクロロ-2-ブテン	156	400		○	−	0.002	−		0.005ppm	−
		硫酸ジエチル	209	20		○	−	−	−		−	−
		1･3-プロパンスルトン	112（4kPa）	1.3	○	△	−	−	−		注5)	−
		四アルキル鉛注4)	TEL200, TML110	TML3×10^{3}, TEL51		○	−	−	TEL0.075	○	TEL0.1mg/m^3, TML0.15mg/m^3（Pb として）	−

注4）TEL ＝テトラエチル鉛，TML ＝テトラメチル鉛　注5）すべての経路からのばく露をできるだけ低くするようコントロールすること　注6）Mn として（レスピラブル粒子）　注7）Mn として（インハラブル粒子）

TLV − C	Skin	呼吸用保護具 送気マスク	防じんマスク，PAPR	ろ過材の等級（〜以上）	防毒マスク（使用吸収缶名）	防じん機能付き防毒マスク（〜以上）	特定化学物質等		
2ppm	○	○			○（酸性ガス用）		弗（ふっ）化水素	28	第2類物質
−		○			○（有機ガス用）		ベーター-プロピオラクトン	29	
−	○	○			○（有機ガス用）		ベンゼン	30	
−	○	○	○	1			ペンタクロルフェノールおよびそのナトリウム塩	31	
−		○			○（ホルムアルデヒド用）		ホルムアルデヒド	31-2	
−		○	○	2			マゼンタ	32	
−		○	○	1			マンガンおよびその化合物	33	
−		○			○（有機ガス用）		メチルイソブチルケトン	33-2	
−	○	○			○（沃化メチル用）		沃（よう）化メチル	34	
−		248 頁参照					溶接ヒューム	34-2	
−		248 頁参照					リフラクトリーセラミックファイバー	34-3	
−		○			○（硫化水素用）		硫化水素	35	
−	○	○			○（有機ガス用）		硫酸ジメチル	36	
−		○			○（アンモニア用）		アンモニア	1	第3類物質
−		○			○（一酸化炭素用）		一酸化炭素	2	
2ppm		○			○（酸性ガス用）		塩化水素	3	
−		○			○（酸性ガス用）		硝酸	4	
−		○			○（亜硫酸ガス用）		二酸化硫黄	5	
−	○	○			○（有機ガス用）		フェノール	6	
−		○			○（ハロゲンガス用）		ホスゲン	7	
−		○	○	1	△（酸性ガス用）	○（S1，L1）	硫酸	8	
0.1ppm		○			○（有機ガス用）		アクロレイン		その他の物質
−		○	○	1	△（硫化水素用）	△（S1，L1）	硫化ナトリウム		
−		○			○（有機ガス用）		1･3-ブタジエン		
−	○	○			△（有機ガス用，全面形面体）		1･4-ジクロロ-2-ブテン		
−		○			○（有機ガス用）		硫酸ジエチル		
−		○			（有機ガス用，全面形面体）	○（S3，L3）	1･3-プロパンスルトン		
−	○	○			○（有機ガス用）		四アルキル鉛		

等級別記号2以上のろ過材：DS2，DL2，RS2，RL2，PS2，PL2，DS3，DL3，RS3，RL3，PS3，PL3

等級別記号3以上のろ過材：RS3, RL3，PS3，PL3

オイルミスト等が混在する場合はLのグレードを選択する。

⑧ 防毒マスクの吸収缶について，有機ガス用では対象物質に対し破過時間が短いものがあり，専用の吸収缶が開発，市販されているものは，専用吸収缶を推奨する。

⑨ その他，不明な点については，保護具メーカーに相談することが望ましい。

第９章　化学防護衣類等

化学防護衣類等は，化学物質が皮膚，眼に付着することによる障害，および皮膚から吸収されて起こす中毒を防ぐ目的で使用される（安衛則第 594 条）。

化学防護衣類等には，化学防護手袋，化学防護服，化学防護長靴および保護めがね等がある（**写真 4-11**）。

なお，四アルキル鉛用の化学防護衣類については，四アルキル鉛が付着した場合に直ちに判別できるよう白色が望ましい。

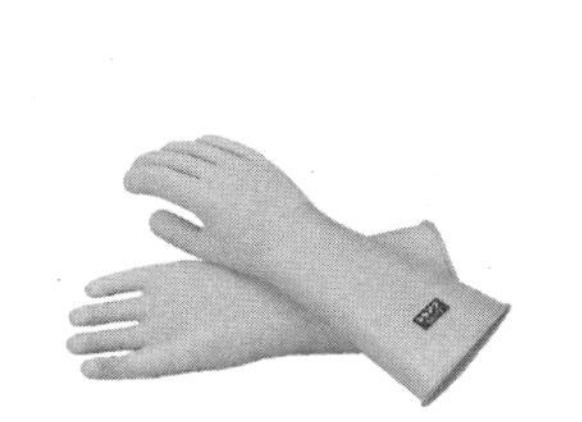
化学防護手袋

化学防護服

化学防護長靴

保護めがね

写真 4-11　化学防護衣類等の例

1　化学防護手袋，化学防護服，化学防護長靴等の選び方

化学防護衣類を正しく選定，使用するために，

・JIS 規格に適合する保護具を選ぶ

・使用する化学物質に対して，特に透過しにくい素材を選定する

・作業および作業者にあった保護具を選定する

・作業者への保護具の装着，使用，管理について教育，訓練を実施する

等が大切である。

(1) JIS 規格適合品とは

試験内容のうち，特に「耐劣化性」「耐浸透性」「耐透過性」を考慮することが必要である。

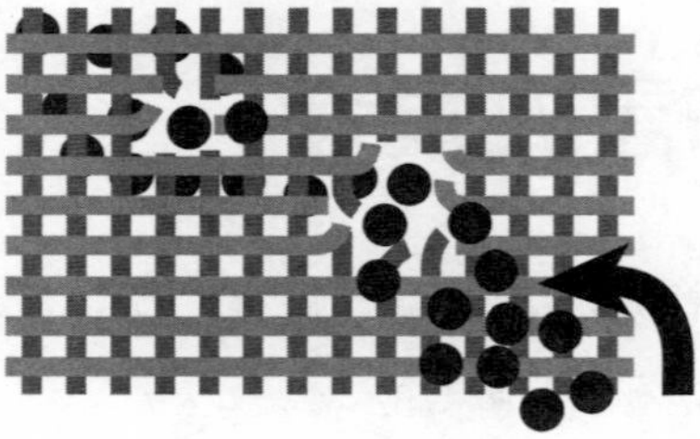

ピンホールや縫い目などの
不完全部を化学物質が通過

図 4-14　浸透の原理

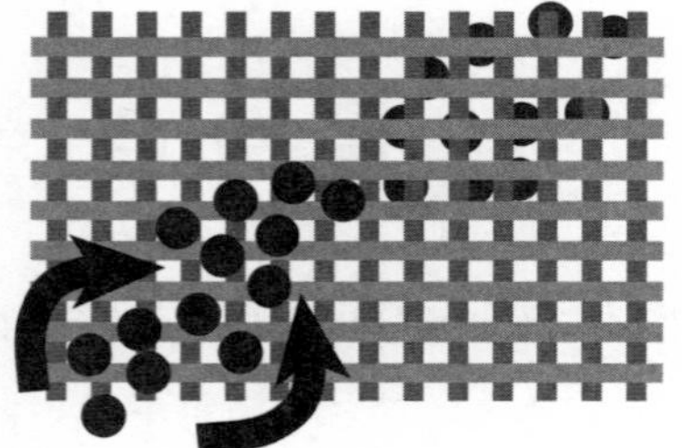

図 4-15　透過の原理

ア　耐劣化性

化学物質が保護具に接触することにより，素材に物理的変化が生じないこと（膨潤，硬化，穴あき，分解等）。

イ　耐浸透性

化学物質が液状で，素材に浸透しないこと（ピンホール，縫い目などからの侵入がないこと。**図 4-14**）。

ウ　耐透過性

化学物質が分子レベル（気体として）で，素材を透過しにくいこと。すなわち，「透過」とは，保護具に化学物質が接触・吸収され，内部に分子（ガス）の状態で拡散，移動をおこし，すり抜けるように素材の裏面（皮膚と接触する面）に到達してしまう現象をいう（**図 4-15**）。

（2）透過試験

透過試験は２つの隔室よりなり，隔室間に試験片を挟み，一方の隔室に試験物質を入れ，もう一方の隔室に一定流量で乾燥空気を導入し，出口側に透過してくる試験物質（気体）を経時的に測定し，基準の濃度（$0.1\ \mu g/cm^2/min$）が検出されるまでの時間を透過時間として求める。すなわち，「保護具の素材の単位表面積×１分間当たりに検出される量」が 0.1 μg，すなわち $0.1\ \mu g/cm^2/min$ に達するまでの時間を求めるものである（**図 4-16**）。

例えば，手袋着用で化学物質を取り扱い続けた場合，手袋内部に透過が始まる時間を求めることに相当する。透過時間を超過して使用すると，透過した化学物質が手の皮膚の部分と接触し，皮膚から経皮吸収が始まることを意味する大変重要な因子である。この透過性は眼で確認することができないため，やっかいである。そして，化学物質と手袋や服の素材ごとに異なるため，保護具を選定するためには大変重要な情報となる。その情報を得るためには，保護具メーカーに確認することが必要となる。

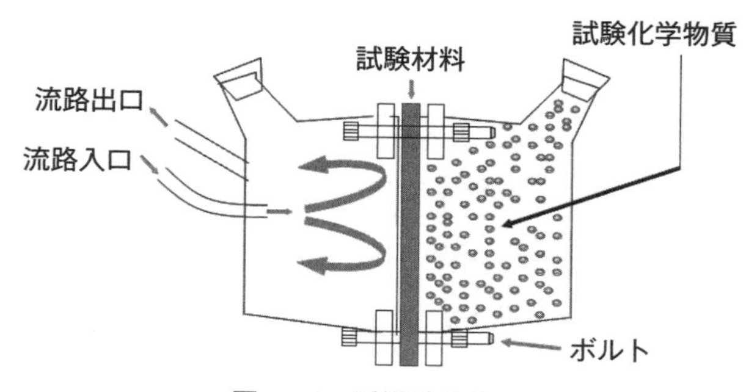

図4-16　透過試験装置

2　化学防護手袋

（1）化学防護手袋の種類

手袋の材質としては，ゴム製（天然ゴムまたは合成ゴム）とプラスチック製の2種類があり，代表的なものだけを挙げても，ゴム製（天然ゴム，シリコン製，ニトリル製，ブチル製，ネオプレン製，ポリウレタン製，バイトン製）やプラスチック製（ポリ塩化ビニル製，ポリエチレン製，ポリビニルアルコール（PVA）製，エチレン-ビニルアルコール共重合体（EVOH）製，複合素材製）など，多くの素材の手袋が市販されている。

（2）化学防護手袋の選択，使用および管理の方法

作業主任者は，化学防護手袋を着用する作業者に対し，当該化学防護手袋の取扱説明書等に基づき，化学防護手袋の適正な装着方法および使用方法について十分な教育や訓練を行うとともに，作業者がそれらを実行していることを確認する。

化学防護手袋の選択，使用等に当たっては，次に掲げる事項について特に留意する必要がある。

ア　化学防護手袋の選択について

使用化学物質に対して，耐劣化（性），耐浸透（性）および耐透過（性）をふまえて選定する。事業場で使用している化学物質が取扱い説明書等に記載されていないときは，製造者等に事業場で使用されている化学物質の組成，作業内容，作業時間等を伝え，適切な化学防護手袋の選択に関する助言を得て選ぶこと。特に化学防護手袋は素材によって，化学物質に対する透過時間が大きく異なるため，使用する化学物質に対する透過時間を確認することが望ましい。

手袋メーカーが公表している化学防護手袋による透過時間の一例を**表4-23**に示す。

表 4-23　（参考）化学防護手袋による透過時間例（分）

CAS番号：67-64-1 化学物質名：アセトン	〈Ansell製 2019年度〉					
	バリアー（PE-PA-PE）	＞480	ニトリル	＜10	ネオプレン	10
	ポリビニルアルコール	143	ポリ塩化ビニル	＜5	天然ゴム	10～30
	ネオプレン／天然ゴム	＜10	ブチルゴム	240～480	バイトン／ブチル	93
	〈North製 2013年度〉					
	シルバーシールド（PE-EVAL-PE）	＞480	バイトン	0	ブチルゴム	＞1020
			ニトリルラテックス	5	天然ゴム	5
	〈重松製作所 2018年度〉					
	フッ素ゴム	＜10	天然ゴム	31～60	ウレタン	＜10
	〈ダイヤゴム 2018年度〉					
	EVOH（PA-EVOH-PA）	＞480	ブチルゴム	＞480	フッ素ゴム	＜1
	〈ショウワグローブ 2019年度〉					
	クロロプレン	＞10	塩化ビニル	1～5		
	〈Micro Flex製（薄手）2019年度〉					
	ニトリル／ネオプレン	3	ニトリル	＜10		
CAS番号：67-66-3 化学物質名：クロロホルム	〈Ansell製 2019年度〉					
	バリアー（PE-PA-PE）	10～30	ニトリル	＜10	ネオプレン	＜10
	ポリビニルアルコール	240～480	ポリ塩化ビニル	＜10	天然ゴム	＜10
	ネオプレン／天然ゴム	＜10	ブチルゴム	＜10	バイトン／ブチル	120～240
	〈North製 2013年度〉					
	シルバーシールド（PE-EVAL-PE）	＞480	バイトン	570	ブチルゴム	
			ニトリルラテックス	4	天然ゴム	
	〈重松製作所 2018年度〉					
	フッ素ゴム		天然ゴム		ウレタン	
	〈ダイヤゴム 2018年度〉					
	EVOH（PA-EVOH-PA）	＞480	ブチルゴム		フッ素ゴム	
	〈ショウワグローブ 2019年度〉					
	クロロプレン	6～10	塩化ビニル			
	〈Micro Flex製（薄手）2019年度〉					
	ニトリル／ネオプレン	＜10	ニトリル	＜10		
CAS番号：75-09-2 化学物質名：ジクロロメタン	〈Ansell製 2019年度〉					
	バリアー（PE-PA-PE）	20	ニトリル	＜10	ネオプレン	＜10
	ポリビニルアルコール	＞480	ポリ塩化ビニル	＜10	天然ゴム	＜10
	ネオプレン／天然ゴム	＜10	ブチルゴム	＜10	バイトン／ブチル	36
	〈North製 2013年度〉					
	シルバーシールド（PE-EVAL-PE）	＞480	バイトン	60	ブチルゴム	
			ニトリルラテックス	4	天然ゴム	
	〈重松製作所 2018年度〉					
	フッ素ゴム	＜10	天然ゴム	＜10	ウレタン	＜10
	〈ダイヤゴム 2018年度〉					
	EVOH（PA-EVOH-PA）	＞480	ブチルゴム	＜10	フッ素ゴム	60
	〈ショウワグローブ 2019年度〉					
	クロロプレン	6～10	塩化ビニル	1～5		
	〈Micro Flex製（薄手）2019年度〉					
	ニトリル／ネオプレン	1	ニトリル	1		

（出典：田中茂著　保護具選定のためのケミカルインデックス（2018年版一部改変））

イ　化学防護手袋の使用，保守管理等について

①　化学防護手袋を着用する前には，その都度，傷，穴あき，亀裂等の外観上の問題がないことを確認するとともに，化学防護手袋の内側に空気を吹き込むなどにより，穴あきがないことを確認する。

②　使用する化学防護手袋の透過時間をふまえて，作業に対して余裕のある使用可能時間をあらかじめ設定し，その設定時間を限度に化学防護手袋を使用する。なお，化学防護手袋に付着した化学物質は透過が進行し続けるので，作業を中断しても使用可能時間は延長しないことに留意する。また，乾燥，洗浄等を行っても化学防護手袋の内部に侵入している化学物質は除去できないため，使用可能時間を超えた化学防護手袋は再使用しない。

③　化学防護手袋を脱ぐときは，付着している化学物質が，身体に付着しないよう，できるだけ化学物質の付着面が内側になるように外し，取り扱った化学物質の安全データシート（SDS），法令等に従って適切に廃棄する。

④　予備の化学防護手袋を常時備え付け，適時交換して使用できるようにすること。

⑤　化学防護手袋を保管する際は，直射日光や高温多湿を避け，冷暗所に保管する。

⑥　オゾンを発生する機器（モーター類，殺菌灯等）の近くに保管しない。

3　化学防護服

（1）化学防護服の種類

化学防護服は酸，アルカリ，有機薬品，その他の気体および液体並びに粒子状の化学物質を取り扱う作業に従事するときに着用する。JIS規格では，化学物質の透過および／または浸透の防止を目的として使用する防護服について規定している（**図4-17，写真4-12**）。

ア　気密服（タイプ1）

手，足および頭部を含め全身を防護する全身化学防護服で，服内部を気密に保つ構造の全身化学防護服。

①　自給式呼吸器内装形気密服（タイプ1a）

自給式呼吸器を服内に装着する気密服。

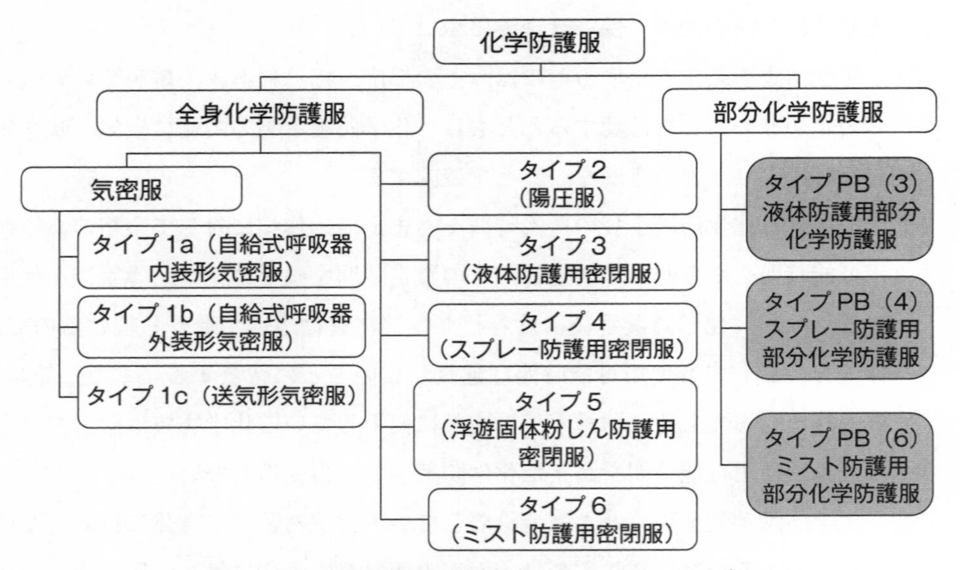

図 4-17　化学防護服の分類（JIS T 8115：2015）

自給式呼吸器内装形気密服（タイプ 1a）

送気形気密服（タイプ 1c）

液体防護用密閉服（タイプ 3）

写真 4-12　化学防護服の例

②　自給式呼吸器外装形気密服（タイプ 1b）

自給式呼吸器を服外に装着する気密服。

③　送気形気密服（タイプ 1c）

服外から呼吸用空気を取り入れる構造の気密服（呼吸用保護具併用形を含む）。

イ　陽圧服（タイプ 2）

手，足および頭部を含め全身を防護する全身化学防護服で，外部から服内部を陽圧に保つ呼吸用空気を取り入れる構造の非気密形全身化学防護服。

ウ　液体防護用密閉服（タイプ3）

液体化学物質から着用者を防護するため，服の異なる部分間，服と手袋間および服とフットウエア間が耐液体密閉接合した構造の全身化学防護服。

エ　スプレー防護用密閉服（タイプ4）

スプレー状液体化学物質から着用者を防護するため，服の異なる部分間，服と手袋および服とフットウエア間が耐スプレー密閉接合した構造の全身化学防護服。

オ　浮遊固体粉じん防護用密閉服（タイプ5）

浮遊固体粉じんから着用者を防護するための全身化学防護服。

カ　ミスト防護用密閉服（タイプ6）

ミスト状液体化学物質から着用者を防護するため，服の異なる部分間，服と手袋間および服とフットウエア間が耐ミスト密閉接合した構造の全身化学防護服。

(2) 部分化学防護服

化学防護服の素材を用いてガウンやエプロンなどが市販されている。作業性や使用化学物質の耐透過性のデータをふまえて使用を考える必要がある（**写真 4-13**）。

(3) 使用上，保守管理上の留意点

化学防護服を使用するときは熱中症対策品を使用するなど暑熱対策を実施する。

ア　着脱時の留意点

・時計，アクセサリー，ボールペン等，防護服を破損させるおそれのある物は外

ガウン

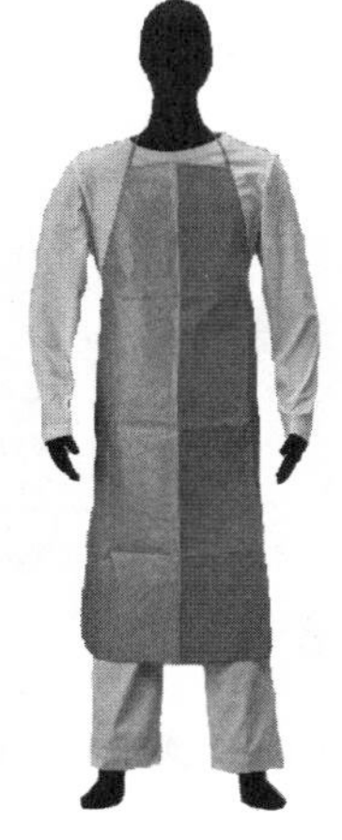

エプロン

写真 4-13　部分化学防護服の例

させる。

・介助者とともに着脱させる。

・メーカーが示す着脱手順を参照しながら着衣・脱衣させる。

・脱衣は，汚染物質が防護服外側に付着している可能性が高いため，二次汚染を起こさないよう，防護服の外側が内側になるよう丸め込みながら，静かに脱衣させる（丸め込めない場合は，できるだけ外側に触らないように慎重に脱ぐ）。

イ　保守・管理・廃棄の留意点

・高温多湿でなく日光が当たらない等，メーカーが推奨している保管条件が望ましい。

・再使用可能製品は洗濯表示内容を確認する。

・メーカーの推奨している保守基準，修理方法，汚染除去方法等をふまえる。

・二次汚染を起こさないような廃棄手順を行う。

・ばく露した物質に応じた国および自治体の廃棄基準をふまえて廃棄させる。

4　保護めがね等

特定化学物質等を取り扱う際に，飛沫が作業者の眼や顔に飛散することによるばく露を防止するために，保護めがね等を使用する。保護めがねの種類と顔面保護具を**写真 4-14** に示す。気体状物質は液体と気体によるばく露が予想されるためゴグル形が望ましい。作業によってはスペクタクル形（めがね脇からの侵入を防ぐサイドシールド付き），顔面保護具（防災面）も使用可能である。保護めがねは，作業者の顔に合うものを選ぶことが重要である。

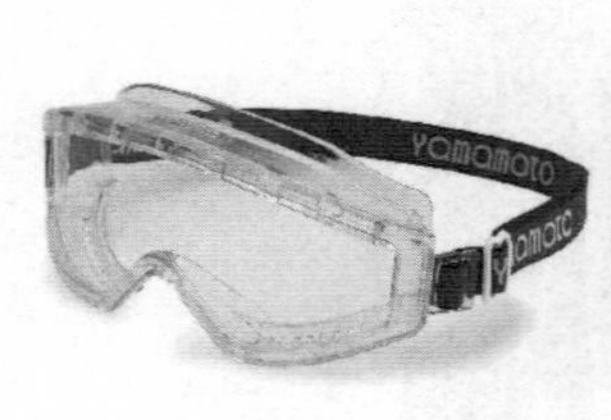

ゴグル形

スペクタクル形

顔面保護具

写真 4-14　保護めがね等（ゴグル形，スペクタクル形，顔面保護具）

参考文献

1)　田中茂『知っておきたい保護具のはなし』（第1版）中央労働災害防止協会，2017年

2)　田中茂『正しく着用 労働衛生保護具の使い方』中央労働災害防止協会，2011年

3)　日本保安用品協会編著『保護具ハンドブック』中央労働災害防止協会，2011年

4)　田中茂『2016－17年版 そのまま使える安全衛生保護具チェックリスト集』中央労働災害防止協会，2016年

5)　田中茂『皮膚からの吸収・ばく露を防ぐ！―オルト-トルイジンばく露による膀胱がん発生から学ぶ―』中央労働災害防止協会，2017年

6)　田中茂『皮膚からの吸収・ばく露を防ぐ！―化学防護手袋の適正使用を学ぶ―』中央労働災害防止協会，2018年

第5編
関　係　法　令

各章のポイント

【第１章】法令の意義

□　法律，政令，省令とは何かなど，関係法令を学ぶ上での基本事項についてまとめている。

【第２章】労働安全衛生法のあらまし

□　特定化学物質等に関する作業に関連する労働安全衛生法の概略を説明している。

【第３章】特定化学物質障害予防規則のあらまし

□　特定化学物質障害予防規則の概略を説明している。

【第４章】四アルキル鉛中毒予防規則のあらまし

□　四アルキル鉛中毒予防規則の概略を説明している。

【第５章】特定化学物質障害予防規則

□　特定化学物質障害予防規則の条文に必要な解説を加えている。

【第６章】四アルキル鉛中毒予防規則

□　四アルキル鉛中毒予防規則の条文に必要な解説を加えている。

〈法令名の略称について〉

- 安衛法，法　→　労働安全衛生法
- 安衛令，令　→　労働安全衛生法施行令
- 安衛則　→　労働安全衛生規則
- 特化則　→　特定化学物質障害予防規則
- 四アルキル則　→　四アルキル鉛中毒予防規則

第1章 法令の意義

〈第1章および第2章中の枠内の条文について〉

法　　律
政　　令
省　　令

1 法律，政令，省令

国民を代表する立法機関である国会が制定した「法律」と，法律の委任を受けて内閣が制定した「政令」および専門の行政機関が制定した「省令」などの「命令」を合わせて一般に「法令」と呼ぶ。

たとえば，工場や建設工事の現場などの事業場には，放置すれば労働災害の発生につながるような危険有害因子（リスク）が常に存在する。一例として，ある事業場で労働者に有害な化学物質を製造し，または取り扱う作業を行わせようとする場合に，もし労働者にそれらの化学物質の有害性や健康障害を防ぐ方法を教育しなかったり，正しい作業方法を守らせる指導監督を怠ったり，作業に使う設備に欠陥があったりするとそれらの化学物質による中毒や，化学物質によってはがん等の重篤な障害が発生する危険がある。そこで，このような危険を取り除いて労働者に安全で健康的な作業を行わせるために，事業場の最高責任者である事業者（法律上の事業者は会社そのものであるが，一般的には会社の代表者である社長が事業者の義務を負っているものと解釈される。）には，法令に定められたいろいろな対策を講じて労働災害を防止する義務がある。

事業者も国民であり，民主主義のもとで国民に義務を負わせるには，国民を代表する立法機関である国会が制定した「法律」によるべきであり，労働安全衛生に関する法律として「労働安全衛生法」がある。

しかしながら，たとえば技術的なことなどについては，日々変化する社会情勢，複雑化する行政内容，進歩する技術に関する事項をいちいち法律で定めていたのでは社会情勢の変化等に対応することはできない。むしろそうした専門的，技術的な事項については，それぞれ専門の行政機関に任せることが適当である。

そこで，法律を実施するための規定や，法律を補充したり規定を具体化したり，より詳細に解釈する権限が行政機関に与えられている。これを「法律」による「命令」への「委任」といい，政府の定める命令を「政令」，行政機関の長である大臣が定める命令を「省令」（厚生労働大臣が定める命令は「厚生労働省令」）と呼ぶ。

2　労働安全衛生法と政令，省令

労働安全衛生法については，政令としては「労働安全衛生法施行令」があり，労働安全衛生法の各条に定められた規定の適用範囲，用語の定義などを定めている。また，省令には，すべての事業場に適用される事項の詳細等を定める「労働安全衛生規則」の「第１編　通則」のようなものと，特定の設備や，特定の業務等を行う事業場だけに適用される「特別規則」がある。一定の化学物質を製造し，または取り扱う業務を行う事業場だけに適用される設備や管理に関する詳細な事項を定める「特別規則」の例が「特定化学物質障害予防規則」や「四アルキル鉛中毒予防規則」である。

3　告示，公示および通達

法律，政令，省令とともにさらに詳細な事項について具体的に定めて国民に知らせるものに「告示」あるいは「公示」がある。技術基準などは一般に告示として公表される。「指針」などは一般に公示として公表される。告示や公示は厳密には法令とは異なるが法令の一部を構成するものといえる。また，法令，告示／公示に関して，上級の行政機関が下級の機関に対し（たとえば厚生労働省労働基準局長が都道府県労働局長に対し）て，法令の内容を解説するとか，指示を与えるために発する通知を「通達」という。通達は法令ではないが，法令を正しく理解するためには「通達」も知る必要がある。法令，告示／公示の内容を解説する通達は「解釈例規」として公表されている。

4　特定化学物質作業主任者と法令

第1編で学んだように特定化学物質作業主任者が職務を行うためには，「特定化学物質障害予防規則」と関係する法令，告示／公示，通達についての理解が必要である。

ただし，法令は，社会情勢の変化や技術の進歩に応じて新しい内容が加えられるなどの改正が行われるものであるから，すべての条文を丸暗記することは意味がない。特定化学物質作業主任者は「特定化学物質障害予防規則」と関係法令の目的と必要な条文の意味をよく理解するとともに，今後の改正にも対応できるように「法(＝法律)」，「政令」，「省令」，「告示／公示」，「通達」の関係を理解し，作業者の指揮に応用することが重要である。

以下に例として，作業主任者の資格と選任に関係する「法」，「政令」，「省令」，「告示／公示」および「通達」について解説する。

(1) 法（労働安全衛生法）

法第14条は「作業主任者」に関して次のように定めている。

労働安全衛生法

（作業主任者）

第14条　事業者は，高圧室内作業その他の労働災害を防止するための管理を必要とする作業で，政令で定めるものについては，都道府県労働局長の免許を受けた者又は都道府県労働局長の登録を受けた者が行う技能講習を修了した者のうちから，厚生労働省令で定めるところにより，当該作業の区分に応じて，作業主任者を選任し，その者に当該作業に従事する労働者の指揮その他の厚生労働省令で定める事項を行わせなければならない。

法第14条は事業者に対して，労働災害を防止するための管理を必要とする作業のうち一定のものについて『作業主任者』を選任しなければならないことと「その者に当該作業に従事する労働者の指揮その他の事項を行わせなければならない」ことを定め，具体的に作業主任者の選任を要する作業は「政令」に委任している。また法では，政令で定められた作業主任者を選任しなければならない作業ごとに「作業主任者」となるべき者の資格を「都道府県労働局長の免許を受けた者」か「都道府県労働局長の登録を受けた者が行う技能講習を修了した者」のどちらかとしているが，そのどちらにするかは「厚生労働省令」で定めることとしている（最初の「厚生労働省令」)。さらに，「作業主任者」の職務も作業ごとにまちまちであるため，法では作業主任者としては，どの作業にも共通な「当該作業に従事する労働者の指揮」をすることを例示した上で，その他のそれぞれの作業に特有な必要とされる事項も合わせて「厚生労働省令」に委任して定めることとしている（後の「厚生労働省令」)。

(2) 政令（労働安全衛生法施行令）

作業主任者の選任を要する作業の範囲を定めた「政令」であるが，この場合の「政令」は，労働安全衛生法施行令で，具体的には同施行令第6条に作業主任者を選任しなければならない作業を列挙している。特定化学物質関係については，その第18号に，四アルキル鉛等については，第20号に次のように定められている。

労働安全衛生法施行令

（作業主任者を選任すべき作業）（抄）

第6条　法第14条の政令で定める作業は，次のとおりとする。

18　別表第3に掲げる特定化学物質を製造し，又は取り扱う作業（試験研究のため取り扱う作業及び同表第2号3の3，11の2，13の2，15，15の2，18の2から18の4まで，19の2から19の4まで，22の2から22の5まで，23の2，33の2若しくは34の3に掲げる物又は同号37に掲げる物で同号3の3，11の2，13の2，15，15の2，18の2から18の4まで，19の2から19の4まで，22の2から22の5まで，23の2，33の2若しくは34の3に係るものを製造し，又は取り扱う作業で厚生労働省令で定めるものを除く。)

20　別表第5第1号から第6号まで又は第8号に掲げる四アルキル鉛等業務（遠隔操作によつて行う隔離室におけるものを除くものとし，同表第6号に掲げる業務にあつては，ドラム缶その他の容器の積卸しの業務に限る。）に係る作業

（注）別表第3は，313頁に掲載。別表第5は，352頁に掲載。

なお，上記の条文中，別表第3は法規制の対象となる「特定化学物質」を定めたものであり，別表第5は法規制の対象となる「四アルキル鉛等業務」を定めている。また第20号は，別表第5の「四アルキル鉛等業務」のうち作業主任者を選任しなければならないものを，第1号から第6号までまたは第8号と特定している。

(3) 省令（厚生労働省令）

①　作業主任者の選任

上記（1）に述べた法第14条には2カ所の「厚生労働省令」がある。最初の「厚生労働省令」は，労働安全衛生規則（安衛則）第16条第1項（同規則別表第1）と特定化学物質障害予防規則（特化則）第27条，四アルキル則第14条に規定されている。まず，安衛則第16条には，政令により指定された作業主任者を選任しなければならない作業ごとに，当該作業主任者となりうる者の資

格および当該作業主任者の名称を定めている。特定化学物質関係については，作業主任者となるべき者の資格として「特定化学物質及び四アルキル鉛等作業主任者技能講習を修了した者」と定め，その名称を「特定化学物質作業主任者」としている。なお，特定化学物質のうち特別有機溶剤（316頁の12参照）に関しては「特別有機溶剤業務」のみが対象となり（322頁の(3)の①～③参照），その作業主任者となるべき者の資格を「有機溶剤作業主任者技能講習を修了した者」とし，その名称を「特定化学物質作業主任者（特別有機溶剤等関係）」としている。同様に四アルキル鉛等業務については，作業主任者となるべき者の資格としては，特定化学物質関係と同じ，「特定化学物質及び四アルキル鉛等作業主任者技能講習を修了した者」とし，その名称を「四アルキル鉛等作業主任者」としている。

労働安全衛生規則

（作業主任者の選任）（抄）

第16条　法第14条の規定による作業主任者の選任は，別表第1の上欄（編注:左欄）に掲げる作業の区分に応じて，同表の中欄に掲げる資格を有する者のうちから行なうものとし，その作業主任者の名称は，同表の下欄（編注：右欄）に掲げるとおりとする。

②　略

別表第1（第16条，第17条関係）（抄）

作業の区分	資格を有する者	名称
令第6条第18号の作業のうち，次の項に掲げる作業以外の作業	特定化学物質及び四アルキル鉛等作業主任者技能講習を修了した者	特定化学物質作業主任者
令第6条第18号の作業のうち，特別有機溶剤又は令別表第3第2号37に掲げる物で特別有機溶剤に係るものを製造し，又は取り扱う作業	有機溶剤作業主任者技能講習を修了した者	特定化学物質作業主任者（特別有機溶剤等関係）
令第6条第20号の作業	特定化学物質及び四アルキル鉛等作業主任者技能講習を修了した者	四アルキル鉛等作業主任者

安衛則第16条の規定は，政令に定められた作業主任者を選任しなければならない作業ごとに，作業主任者となるべき人の資格要件およびその作業主任者の名称を定めたのに対し，特化則第27条では，事業者に「特定化学物質作業主任者」選任の義務を定めたものである。四アルキル鉛中毒予防規則（四アルキル則）では，その第14条に同様の規定がある。

特定化学物質障害予防規則

（特定化学物質作業主任者の選任）

第27条　事業者は，令第6条第18号の作業については，特定化学物質及び四アルキル鉛等作業主任者技能講習（特別有機溶剤業務に係る作業にあつては，有機溶剤作業主任者技能講習）を修了した者のうちから，特定化学物質作業主任者を選任しなければならない。

四アルキル鉛中毒予防規則

（四アルキル鉛等作業主任者の選任）

第14条　事業者は，令第6条第20号の作業については，特定化学物質及び四アルキル鉛等作業主任者技能講習を修了した者のうちから，四アルキル鉛等作業主任者を選任しなければならない。

安衛則では，作業主任者に関して上記の第16条のほか，次の2条を置いている。

労働安全衛生規則

（作業主任者の職務の分担）

第17条　事業者は，別表第1の上欄に掲げる一の作業を同一の場所で行なう場合において，当該作業に係る作業主任者を2人以上選任したときは，それぞれの作業主任者の職務の分担を定めなければならない。

（作業主任者の氏名等の周知）

第18条　事業者は，作業主任者を選任したときは，当該作業主任者の氏名及びその者に行なわせる事項を作業場の見やすい箇所に掲示する等により関係労働者に周知させなければならない。

また，上記（2）に述べた令第6条第18号にも「厚生労働省令」がある。この「厚生労働省令」は，特化則第27条第2項に「令第6条第18号の厚生労働省令で定めるもの」として，「第2条の2各号に掲げる業務」および「第38条の8において準用する有機則第2条第1項及び第3条第1項の場合におけるこれらの項の業務（別表第1第37号に掲げる物に係るものに限る。）」と規定されている（386頁参照）。

②　作業主任者の職務

上記（1）に述べた法第14条の2カ所の「厚生労働省令」のうち，後の「厚生労働省令」は，法に定められている「当該作業に従事する労働者の指揮」をはじめ，それぞれの作業の作業主任者に必要な職務は「厚生労働省令」に委任している。特定化学物質関係では，特化則第28条に「特定化学物質作業主任者の職務」についての定めがある。具体的には，作業に従事する労働者が特定化学物質により汚染され，またはこれらを吸入しないように，作業の方法を決定し，労働者を指揮することや保護具の使用状況を監視することなどの職務について定められている（387頁参照）。同様に四アルキル則では第15条に作業主任者の職務が定められている(482頁参照)。これらについては第3章の5「管理」に述べる。

(4) 告示／公示

告示／公示は，法令の規定に基づき主に技術的な事項について各省大臣が発するもので，具体的には，たとえば法第65条第2項に「作業環境測定は，厚生労働大臣の定める作業環境測定基準に従つて行わなければならない。」と定められている。この「厚生労働大臣の定める作業環境測定基準」は，昭和51年労働省告示第46号（最終改正：令和2年厚生労働省告示第397号）として「作業環境測定基準」という告示が公布されている（520頁参照)。

(5) 通　達

通達は，本来，上級官庁から下級官庁に対して行政運営方針や法令の解釈・運用等を示す文書をいう。特化則・四アルキル則関係においても多くの解釈通達が出されている。特化則を正しく理解するためには，法・令・規則とともに通達にも留意する必要がある。

第２章　労働安全衛生法のあらまし

労働安全衛生法は，労働条件の最低基準を定めている労働基準法と相まって，

① 事業場内における安全衛生管理の責任体制の明確化

② 危害防止基準の確立

③ 事業者の自主的安全衛生活動の促進

等の措置を講ずる等の総合的，計画的な対策を推進することにより，労働者の安全と健康を確保し，さらに快適な職場環境の形成を促進することを目的として昭和47年に制定された。

その後何回も改正が行われて現在に至っている。

労働安全衛生法は，労働安全衛生法施行令，労働安全衛生規則等で適用の細部を定め，特定化学物質や四アルキル鉛等の製造・取扱い業務について事業者の講ずべき措置の基準を特定化学物質障害予防規則や四アルキル鉛中毒予防規則で細かく定めている。労働安全衛生法と関係法令のうち，労働衛生に係わる法令の関係を示すと**図 5-1** のようになる。

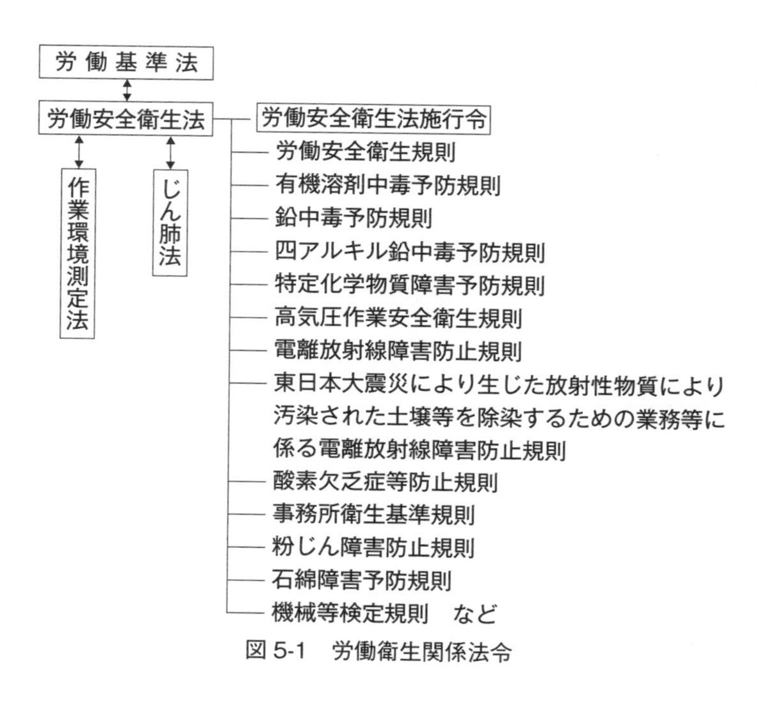

図 5-1　労働衛生関係法令

1 総則（第1条～第5条）

この法律の目的，法律に出てくる用語の定義，事業者の責務，労働者の協力，事業者に関する規定の適用について定めている。

> （目　的）
> **第1条**　この法律は，労働基準法（昭和22年法律第49号）と相まつて，労働災害の防止のための危害防止基準の確立，責任体制の明確化及び自主的活動の促進の措置を講ずる等その防止に関する総合的計画的な対策を推進することにより職場における労働者の安全と健康を確保するとともに，快適な職場環境の形成を促進することを目的とする。

安衛法は，昭和47年に従来の労働基準法（労基法）第5章，すなわち労働条件の1つである「安全及び衛生」を分離独立させて制定されたものである。本条は，労基法の賃金，労働時間，休日などの一般労働条件が労働災害と密接な関係があるため，安衛法と労基法は一体的な運用が図られる必要があることを明確にしながら，労働災害防止の目的を宣言したものである。

【労働基準法】

第5章　安全及び衛生

第42条　労働者の安全及び衛生に関しては，労働安全衛生法（昭和47年法律第57号）の定めるところによる。

> （定　義）
> **第2条**　この法律において，次の各号に掲げる用語の意義は，それぞれ当該各号に定めるところによる。
> 1　労働災害　労働者の就業に係る建設物，設備，原材料，ガス，蒸気，粉じん等により，又は作業行動その他業務に起因して，労働者が負傷し，疾病にかかり，又は死亡することをいう。
> 2　労働者　労働基準法第9条に規定する労働者（同居の親族のみを使用する事業又は事務所に使用される者及び家事使用人を除く。）をいう。
> 3　事業者　事業を行う者で，労働者を使用するものをいう。
> 3の2　化学物質　元素及び化合物をいう。
> 4　作業環境測定　作業環境の実態をは握するため空気環境その他の作業環境について行うデザイン，サンプリング及び分析（解析を含む。）をいう。

安衛法の「労働者」の定義は，労基法と同じである。すなわち，職業の種類を問わず，事業または事務所に使用されるもので，賃金を支払われる者である。

労基法は「使用者」を「事業主又は事業の経営担当者その他その事業の労働者に

関する事項について，事業主のために行為をするすべての者をいう。」（第10条）と定義しているのに対し，安衛法の「事業者」は，「事業を行う者で，労働者を使用するものをいう。」とし，労働災害防止に関する企業経営者の責務をより明確にしている。

（事業者等の責務）
第3条　事業者は，単にこの法律で定める労働災害の防止のための最低基準を守るだけでなく，快適な職場環境の実現と労働条件の改善を通じて職場における労働者の安全と健康を確保するようにしなければならない。また，事業者は，国が実施する労働災害の防止に関する施策に協力するようにしなければならない。
② 機械，器具その他の設備を設計し，製造し，若しくは輸入する者，原材料を製造し，若しくは輸入する者又は建設物を建設し，若しくは設計する者は，これらの物の設計，製造，輸入又は建設に際して，これらの物が使用されることによる労働災害の発生の防止に資するように努めなければならない。
③ 建設工事の注文者等仕事を他人に請け負わせる者は，施工方法，工期等について，安全で衛生的な作業の遂行をそこなうおそれのある条件を附さないように配慮しなければならない。

第1項は，第2条で定義された「事業者」，すなわち「事業を行う者で，労働者を使用するもの」の責務として，自社の労働者について法定の最低基準を順守するだけでなく，積極的に労働者の安全と健康を確保する施策を講ずべきことを規定し，第2項は，製造した機械，輸入した機械，建設物などについて，それぞれの者に，それらを使用することによる労働災害防止の努力義務を課している。さらに第3項は，建設工事の注文者などに施工方法や工期等で安全や衛生に配慮した条件で発注することを求めたものである。

第4条　労働者は，労働災害を防止するため必要な事項を守るほか，事業者その他の関係者が実施する労働災害の防止に関する措置に協力するように努めなければならない。

第4条では，当然のことであるが，労働者もそれぞれの立場で，労働災害の発生の防止のために必要な事項，作業主任者の指揮に従う，保護具の使用を命じられた場合には使用するなどを守らなければならないことを定めたものである。

2　労働災害防止計画（第6条～第9条）

労働災害の防止に関する総合的計画的な対策を図るために，厚生労働大臣が策定する「労働災害防止計画」の策定等について定めている。

3　安全衛生管理体制（第10条〜第19条の3）

企業の安全衛生活動を確立させ，的確に促進させるために安衛法では組織的な安全衛生管理体制について規定しており，安全衛生組織には次の2とおりのものがある。

(1) 労働災害防止のための一般的な安全衛生管理組織

これには ①総括安全衛生管理者，②安全管理者，③衛生管理者（衛生工学衛生管理者を含む），④安全衛生推進者（衛生推進者を含む），⑤産業医，⑥作業主任者があり，安全衛生に関する調査審議機関として，安全委員会および衛生委員会ならびに安全衛生委員会がある。

安衛法では，安全衛生管理が企業の生産ラインと一体的に運用されることを期待し，一定規模以上の事業場には当該事業の実施を統括管理する者をもって総括安全衛生管理者に充てることとしている。安衛法第10条には，総括安全衛生管理者には，安全管理者，衛生管理者等を指揮させるとともに，次の業務を統括管理することが規定されている。

① 労働者の危険または健康障害を防止するための措置に関すること
② 労働者の安全または衛生のための教育の実施に関すること
③ 健康診断の実施その他健康の保持増進のための措置に関すること
④ 労働災害の原因の調査および再発防止対策に関すること
⑤ 安全衛生に関する方針の表明に関すること
⑥ 危険性または有害性等の調査およびその結果に基づき講ずる措置に関すること（リスクアセスメント）
⑦ 安全衛生に関する計画の作成，実施，評価および改善に関すること

また，安全管理者および衛生管理者は，①から⑦までの業務の安全面および衛生面の実務管理者として位置付けられており，安全衛生推進者や産業医についても，その役割が明確に規定されている。

作業主任者については，安衛法第14条に規定されており，すでに第1章（4の(1)）に述べたとおりである。

(2) 1の場所において，請負契約関係下にある数事業場が混在して事業を行うことから生ずる労働災害防止のための安全衛生管理組織

これには，①統括安全衛生責任者，②元方安全衛生管理者，③店社安全衛生管理者および④安全衛生責任者があり，また，関係請負人を含めての協議組織がある。

統括安全衛生責任者は，当該場所においてその事業の実施を統括管理するものをもって充てることとし，その職務として当該場所において各事業場の労働者が混在して働くことによって生ずる労働災害を防止するための事項を統括管理することとされている（建設業および造船業）。

また，建設業の統括安全衛生責任者を選任した事業場は，元方安全衛生管理者を置き，統括安全衛生責任者の職務のうち技術的事項を管理させることとなっている。

統括安全衛生責任者および元方安全衛生管理者を選任しなくてもよい場合であっても，一定のもの（中小規模の建設現場）については，店社安全衛生管理者を選任し，当該場所において各事業場の労働者が混在して働くことによって生ずる労働災害を防止するための事項に関する必要な措置を担当する者に対し指導を行う，毎月1回建設現場を巡回するなどの業務を行わせることとされている。

さらに，下請事業における安全衛生管理体制を確立するため，統括安全衛生責任者を選任すべき事業場以外の請負人においては，安全衛生責任者を置き，統括安全衛生責任者からの指示，連絡等を受け，これを関係者に伝達する等の措置をとらなければならないこととなっている。

なお，安衛法第19条の2には，労働災害防止のための業務に従事する者に対し，その業務に関する能力の向上を図るための教育を受けさせるよう努めることが規定されている。特定化学物質作業主任者も，5年ごとの定期または随時（機械設備，取り扱う原材料，作業方法等に大幅な変更があったとき）に，この能力向上教育を受講することが望ましいとされている。

4　労働者の危険または健康障害を防止するための措置（第20条～第36条）

労働災害防止の基礎となる，いわゆる危害防止基準を定めたもので，①事業者の講ずべき措置，②厚生労働大臣による技術上の指針の公表，③元方事業者の講ずべき措置，④注文者の講ずべき措置，⑤機械等貸与者等の講ずべき措置，⑥建築物貸与者の講ずべき措置，⑦重量物の重量表示などが定められている。

これらのうち特定化学物質・四アルキル鉛等作業主任者に関係が深いのは，健康障害を防止するために必要な措置を定めた第22条である。

（事業者の講ずべき措置等）
第22条　事業者は，次の健康障害を防止するため必要な措置を講じなければならない。
1　原材料，ガス，蒸気，粉じん，酸素欠乏空気，病原体等による健康障害
2～3　略
4　排気，排液又は残さい物による健康障害

特化則第2章～第5章の2および第7章中の主な条文は，この安衛法第22条の規定を根拠として定められている。また，安衛法第27条第2項には，特化則等の省令においては公害防止にも配慮しなければならないことが定められており，特化則第3章（用後処理）の規定は，この条文にも配慮したものといえる。

なお，この規定による保護対象は，自社以外の労働者にも及ぶことから，作業を請け負わせる一人親方および同じ場所で作業を行う労働者以外の人も対象となる。

第26条　労働者は，事業者が第20条から第25条まで及び前条第1項の規定に基づき講ずる措置に応じて，必要な事項を守らなければならない。
第27条　第20条から第25条まで及び第25条の2第1項の規定により事業者が講ずべき措置及び前条の規定により労働者が守らなければならない事項は，厚生労働省令で定める。
②　前項の厚生労働省令を定めるに当たつては，公害（環境基本法（平成5年法律第91号）第2条第3項に規定する公害をいう。）その他一般公衆の災害で，労働災害と密接に関連するものの防止に関する法令の趣旨に反しないように配慮しなければならない。

化学物質等の危険性または有害性の調査（リスクアセスメント）を実施し，その結果に基づいて労働者への危険または健康障害を防止するための必要な措置を講ずることについては，安全衛生管理を進める上で今日的な重要事項となっている。これについては「参考資料19」（557頁）を参照すること。

安衛法第28条の2によりすべての化学物質についてリスクアセスメント実施の努力義務が課せられていたが，そのうち通知対象物（298頁③参照）については，平成26（2014）年6月25日公布の「労働安全衛生法の一部を改正する法律」（平成26年法律第82号）により，リスクアセスメントの実施が義務化された（法第57条の3の規定（298頁④参照））。

また，元方事業者について，関係請負人等が労働安全衛生法令に違反しないよう指導を行い，さらに特定化学設備等の改造作業に係る仕事の注文者は請負労働者が労働災害にあわないよう必要な措置を講じなければならないことが規定されている。

（事業者の行うべき調査等）

第28条の2　事業者は，厚生労働省令で定めるところにより，建設物，設備，原材料，ガス，蒸気，粉じん等による，又は作業行動その他業務に起因する危険性又は有害性等（第57条第1項の政令で定める物及び第57条の2第1項に規定する通知対象物による危険性又は有害性等を除く。）を調査し，その結果に基づいて，この法律又はこれに基づく命令の規定による措置を講ずるほか，労働者の危険又は健康障害を防止するため必要な措置を講ずるように努めなければならない。ただし，当該調査のうち，化学物質，化学物質を含有する製剤その他の物で労働者の危険又は健康障害を生ずるおそれのあるものに係るもの以外のものについては，製造業その他厚生労働省令で定める業種に属する事業者に限る。

② 厚生労働大臣は，前条第1項及び第3項に定めるもののほか，前項の措置に関して，その適切かつ有効な実施を図るため必要な指針を公表するものとする。

③ 厚生労働大臣は，前項の指針に従い，事業者又はその団体に対し，必要な指導，援助等を行うことができる。

（元方事業者の講ずべき措置等）

第29条　元方事業者は，関係請負人及び関係請負人の労働者が，当該仕事に関し，この法律又はこれに基づく命令の規定に違反しないよう必要な指導を行なわなければならない。

② 元方事業者は，関係請負人又は関係請負人の労働者が，当該仕事に関し，この法律又はこれに基づく命令の規定に違反していると認めるときは，是正のため必要な指示を行なわなければならない。

③ 前項の指示を受けた関係請負人又はその労働者は，当該指示に従わなければならない。

第31条の2　化学物質，化学物質を含有する製剤その他の物を製造し，又は取り扱う設備で政令で定めるものの改造その他の厚生労働省令で定める作業に係る仕事の注文者は，当該物について，当該仕事に係る請負人の労働者の労働災害を防止するため必要な措置を講じなければならない。

5　機械等ならびに危険物および有害物に関する規制（第37条～第58条）

機械等に関する安全を確保するためには，製造，流通段階において一定の基準を設けることが必要であり，①特に危険な作業を必要とする機械等（特定機械）の製造の許可，検査についての規制，②特定機械以外の機械等で危険な作業を必要とするものの規制，③機械等の検定，④定期自主検査の規定が設けられている。

また，危険有害物に関する規制では，①製造等の禁止，②製造の許可，③表示，④文書の交付，⑤化学物質のリスクアセスメント，⑥化学物質の有害性の調査の規定が置かれている。

（1）譲渡等の制限

機械，器具その他の設備による危険から労働災害を防止するためには，製造，流通段階において一定の基準により規制することが重要である。そこで安衛法では，危険もしくは有害な作業を必要とするもの，危険な場所において使用するものまたは危険または健康障害を防止するため使用するもののうち一定のものは，厚生労働大臣の定める規格または安全装置を具備しなければ譲渡し，貸与し，または設置してはならないこととしている。

（譲渡等の制限等）
第42条 特定機械等以外の機械等で，別表第2に掲げるものその他危険若しくは有害な作業を必要とするもの，危険な場所において使用するもの又は危険若しくは健康障害を防止するため使用するもののうち，政令で定めるものは，厚生労働大臣が定める規格又は安全装置を具備しなければ，譲渡し，貸与し，又は設置してはならない。

別表第2（第42条関係）
1～7 略
8 防じんマスク
9 防毒マスク
10～15 略
16 電動ファン付き呼吸用保護具

なお，安衛令第13条第5項では，安衛法別表第2第8号および第9号関係について，適用を除外されるものを，防じんマスクでは「ろ過材又は面体を有していない防じんマスク」とし，防毒マスクでは「ハロゲンガス用又は有機ガス用防毒マスクその他厚生労働省令で定めるもの以外の防毒マスク」としており，厚生労働省令で定めるものとして安衛則第26条に一酸化炭素用，アンモニア用および亜硫酸ガス用防毒マスクを定めている。すなわち，防じんマスクでは「ろ過材または面体を有する防じんマスク」，防毒マスクでは「ハロゲンガス用，有機ガス用，一酸化炭素用，アンモニア用および亜硫酸ガス用防毒マスク」が安衛法第42条の譲渡等の制限等の対象となる。

（2）型式検定・個別検定

（1）の機械等のうち，さらに一定のものについては個別検定または型式検定を受けなければならないこととされている。

特定化学物質の製造・取扱い業務に関連した器具としては，防じんマスクと防毒マスク，電動ファン付き呼吸用保護具がある。それらの物は厚生労働大臣の定める規格を具備し，型式検定に合格したものでなければならないこととされている。

なお，令和5（2023）年春に，防毒機能を有する電動ファン付き呼吸用保護具も型式検定の対象となる見込みである。

（型式検定）
第44条の2　第42条の機械等のうち，別表第4に掲げる機械等で政令で定めるものを製造し，又は輸入した者は，厚生労働省令で定めるところにより，厚生労働大臣の登録を受けた者（以下「登録型式検定機関」という。）が行う当該機械等の型式についての検定を受けなければならない。ただし，当該機械等のうち輸入された機械等で，その型式について次項の検定が行われた機械等に該当するものは，この限りでない。
②以下　略
別表第4（第44条の2関係）
1～4　略
5　防じんマスク
6　防毒マスク
7～12　略
13　電動ファン付き呼吸用保護具

（3）定期自主検査

一定の機械等について使用開始後一定の期間ごとに定期的に所定の機能を維持していることを確認するために検査を行わなければならないこととされている。

特定化学物質の製造・取扱い業務に関連した設備では，局所排気装置，プッシュプル型換気装置，除じん装置，排ガス処理装置，排液処理装置ならびに特定化学設備およびその附属設備が定期自主検査の対象とされており，具体的には特化則に定められている。

（4）危険物および化学物質に関する規制

①　製造禁止・許可

ベンジジン等労働者に重度の健康障害を生ずる物で政令で定められているものは，原則として製造し，輸入し，譲渡し，提供し，または使用してはならないこととされている。また，ジクロルベンジジン等，労働者に重度の健康障害を生ずるおそれのある物で政令で定められているものを製造しようとする者は，あらかじめ厚生労働大臣の許可を受けなければならないこととされている。

②　表示（表示対象物質）

爆発性の物，発火性の物，引火性の物その他の労働者に危険を生ずるおそれのある物もしくは健康障害を生ずるおそれのある物で一定のものを容器に入れ，または包装して，譲渡し，または提供する者は，その名称，人体への作用，取扱注意，絵表示等を表示しなければならないこととされている。

表示対象物質および③の通知対象物は674物質（令和5（2023）年4月現在）が対象とされている（それぞれの対象物ごとに裾切り値が定められている。通知対象物の裾切り値とは異なっているので注意）（「参考資料 19」557 頁参照）。なお，これらの対象は令和 6（2024）年 4 月には 903 物質となり，さらに数年後には約 2,900 物質になるとされている。

③　文書の交付等（通知対象物）

化学物質による労働災害には，その化学物質の有害性の情報が伝達されていないことや化学物質管理の方法が確立していないことが主な原因となって発生したものが多い現状にかんがみ，化学物質による労働災害を防止するためには，化学物質の有害性等の情報を確実に伝達し，この情報を基に労働現場において化学物質を適切に管理することが重要である。

そこで労働者に危険もしくは健康障害を生ずるおそれのある物で政令で定めるもの（対象物質は②の表示対象物質と同じであるが，含有物の裾切値の異なるものがある。）を譲渡し，または提供する者は，文書の交付その他の方法により，その名称，成分およびその含有量，物理的および化学的性質，人体におよぼす作用等の事項を，譲渡し，または提供する相手方に通知しなければならない。

なお，上記の表示対象物質，通知対象物以外の危険・有害とされる化学物質についても，同様の表示・文書の交付を行うよう努めなければならないこととされている。

④　通知対象物についてのリスクアセスメントの実施

化学物質のうち表示対象物質（上記②）および通知対象物（上記③）については，安衛法第 57 条の 3 に基づきリスクアセスメントの実施が義務付けられている（「参考資料 19」557 頁参照）。

なお，②の表示，③の文書の交付等および④の通知対象物についてのリスクアセスメントの実施は，化学物質の自律的な管理（307 頁参照）の中心をなすものである。

⑤　有害性調査

日本国内に今まで存在しなかった化学物質（新規化学物質）を新たに製造，輸入しようとする事業者は，事前に一定の有害性調査を行い，その結果を厚生労働大臣に届け出なければならないこととされている。

また，がん等重度の健康障害を労働者に生ずるおそれのある化学物質について，当該化学物質による労働者の健康障害を防止するため必要があるときは，厚生労働大臣は，当該化学物質を製造し，または使用している者等に対して一定の有害性調査を行い，その結果を報告することを指示できると定めている。

（表示等）

第57条　爆発性の物，発火性の物，引火性の物その他の労働者に危険を生ずるおそれのある物若しくはベンゼン，ベンゼンを含有する製剤その他の労働者に健康障害を生ずるおそれのある物で政令で定めるもの又は前条第1項の物を容器に入れ，又は包装して，譲渡し，又は提供する者は，厚生労働省令で定めるところにより，その容器又は包装（容器に入れ，かつ，包装して，譲渡し，又は提供するときにあつては，その容器）に次に掲げるものを表示しなければならない。ただし，その容器又は包装のうち，主として一般消費者の生活の用に供するためのものについては，この限りでない。

1　次に掲げる事項

イ　名称

ロ　人体に及ぼす作用

ハ　貯蔵又は取扱い上の注意

ニ　イからハまでに掲げるもののほか，厚生労働省令で定める事項

2　当該物を取り扱う労働者に注意を喚起するための標章で厚生労働大臣が定めるもの

②　前項の政令で定める物又は前条第1項の物を前項に規定する方法以外の方法により譲渡し，又は提供する者は，厚生労働省令で定めるところにより，同項各号の事項を記載した文書を，譲渡し，又は提供する相手方に交付しなければならない。

（文書の交付等）

第57条の2　労働者に危険若しくは健康障害を生ずるおそれのある物で政令で定めるもの又は第56条第1項の物（以下この条及び次条第1項において「通知対象物」という。）を譲渡し，又は提供する者は，文書の交付その他厚生労働省令で定める方法により通知対象物に関する次の事項（前条第2項に規定する者にあっては，同項に規定する事項を除く。）を，譲渡し，又は提供する相手方に通知しなければならない。ただし，主として一般消費者の生活の用に供される製品として通知対象物を譲渡し，又は提供する場合については，この限りでない。

1　名称

2　成分及びその含有量

3　物理的及び化学的性質

4　人体に及ぼす作用

5　貯蔵又は取扱い上の注意

6　流出その他の事故が発生した場合において講ずべき応急の措置

7　前各号に掲げるもののほか，厚生労働省令で定める事項

②　通知対象物を譲渡し，又は提供する者は，前項の規定により通知した事項に変更を行う必要が生じたときは，文書の交付その他厚生労働省令で定める方法により，変更後の同項各号の事項を，速やかに，譲渡し，又は提供した相手方に通知するよう努めなければならない。

③　前二項に定めるもののほか，前二項の通知に関し必要な事項は，厚生労働省令で定める。

（第57条第1項の政令で定める物及び通知対象物について事業者が行うべき調査等）

第57条の3　事業者は，厚生労働省令で定めるところにより，第57条第1項の政令

で定める物及び通知対象物による危険性又は有害性等を調査しなければならない。

② 事業者は，前項の調査の結果に基づいて，この法律又はこれに基づく命令の規定による措置を講ずるほか，労働者の危険又は健康障害を防止するため必要な措置を講ずるように努めなければならない。

③ 厚生労働大臣は，第28第1項及び第3項に定めるもののほか，前二項の措置に関して，その適切かつ有効な実施を図るため必要な指針を公表するものとする。

④ 厚生労働大臣は，前項の指針に従い，事業者又はその団体に対し，必要な指導，援助等を行うことができる。

（化学物質の有害性の調査）

第57条の4　化学物質による労働者の健康障害を防止するため，既存の化学物質として政令で定める化学物質（第3項の規定によりその名称が公表された化学物質を含む。）以外の化学物質（以下この条において「新規化学物質」という。）を製造し，又は輸入しようとする事業者は，あらかじめ，厚生労働省令で定めるところにより，厚生労働大臣の定める基準に従つて有害性の調査（当該新規化学物質が労働者の健康に与える影響についての調査をいう。以下この条において同じ。）を行い，当該新規化学物質の名称，有害性の調査の結果その他の事項を厚生労働大臣に届け出なければならない。ただし，次の各号のいずれかに該当するときその他政令で定める場合は，この限りでない。

1　当該新規化学物質に関し，厚生労働省令で定めるところにより，当該新規化学物質について予定されている製造又は取扱いの方法等からみて労働者が当該新規化学物質にさらされるおそれがない旨の厚生労働大臣の確認を受けたとき。

2　当該新規化学物質に関し，厚生労働省令で定めるところにより，既に得られている知見等に基づき厚生労働省令で定める有害性がない旨の厚生労働大臣の確認を受けたとき。

3　当該新規化学物質を試験研究のため製造し，又は輸入しようとするとき。

4　当該新規化学物質が主として一般消費者の生活の用に供される製品（当該新規化学物質を含有する製品を含む。）として輸入される場合で，厚生労働省令で定めるとき。

② 有害性の調査を行つた事業者は，その結果に基づいて，当該新規化学物質による労働者の健康障害を防止するため必要な措置を速やかに講じなければならない。

③ 厚生労働大臣は，第1項の規定による届出があつた場合（同項第2号の規定による確認をした場合を含む。）には，厚生労働省令で定めるところにより，当該新規化学物質の名称を公表するものとする。

④ 厚生労働大臣は，第1項の規定による届出があつた場合には，厚生労働省令で定めるところにより，有害性の調査の結果について学識経験者の意見を聴き，当該届出に係る化学物質による労働者の健康障害を防止するため必要があると認めるときは，届出をした事業者に対し，施設又は設備の設置又は整備，保護具の備付けその他の措置を講ずべきことを勧告することができる。

⑤ 前項の規定により有害性の調査の結果について意見を求められた学識経験者は，当該有害性の調査の結果に関して知り得た秘密を漏らしてはならない。ただし，労働者の健康障害を防止するためやむを得ないときは，この限りでない。

6　労働者の就業に当たっての措置（第59条～第63条）

労働災害を防止するためには，特に労働衛生関係の場合，労働者が有害原因にばく露されないように施設の整備をはじめ健康管理上のいろいろな措置を講ずることが必要であるが，併せて，作業に就く労働者に対する安全衛生教育の徹底等もきわめて重要なことである。このような観点から安衛法では，新規雇い入れ時のほか，作業内容変更時においても安全衛生教育を行うべきことを定め，また，危険有害業務に従事するものに対する安全衛生特別教育や，職長その他の現場監督者に対する安全衛生教育についても規定している。

なお，四アルキル則第21条には，四アルキル鉛等業務に労働者を従事させる場合の特別教育に関して定められている。

7　健康の保持増進のための措置（第64条～第71条）

（1）作業環境測定の実施

作業環境の実態を絶えず正確に把握しておくことは，職場における健康管理の第一歩として欠くべからざるものである。作業環境測定は，作業環境の現状を認識し，作業環境を改善する端緒となるとともに，作業環境の改善のためにとられた措置の効果を確認する機能を有するものであって作業環境管理の基礎的な要素である。安衛法第65条では有害な業務を行う屋内作業場その他の作業場で特に作業環境管理上重要なものについて事業者に作業環境測定の義務を課し（第1項），当該作業環境測定は作業環境測定基準に従って行わなければならない（第2項）こととされている。

（作業環境測定）
第65条　事業者は，有害な業務を行う屋内作業場その他の作業場で，政令で定めるものについて，厚生労働省令で定めるところにより，必要な作業環境測定を行い，及びその結果を記録しておかなければならない。
②　前項の規定による作業環境測定は，厚生労働大臣の定める作業環境測定基準に従つて行わなければならない。
③～⑤　略

安衛法第65条第1項により作業環境測定を行わなければならない作業場の範囲は安衛令第21条に定められている。特定化学物質関係については，その第7号に次のように定められている。

労働安全衛生法施行令

（作業環境測定を行うべき作業場）

第21条　法第65条第1項の政令で定める作業場は，次のとおりとする。

1～6　略

7　別表第3第1号若しくは第2号に掲げる特定化学物質（同号34の2に掲げる物及び同号37に掲げる物で同号34の2に係るものを除く。）を製造し，若しくは取り扱う屋内作業場（同号3の3，11の2，13の2，15，15の2，18の2から18の4まで，19の2から19の4まで，22の2から22の5まで，23の2，33の2若しくは34の3に掲げる物又は同号37に掲げる物で同号3の3，11の2，13の2，15，15の2，18の2から18の4まで，19の2から19の4まで，22の2から22の5まで，23の2，33の2若しくは34の3に係るものを製造し，又は取り扱う作業で厚生労働省令で定めるものを行うものを除く。），石綿等を取り扱い，若しくは試験研究のため製造する屋内作業場若しくは石綿分析用試料等を製造する屋内作業場又はコークス炉上において若しくはコークス炉に接してコークス製造の作業を行う場合の当該作業場

8～10　略

なお，安衛法第65条第1項の「厚生労働省令」は特化則に定められているし，第2項の「厚生労働大臣の定める作業環境測定基準」は「作業環境測定基準」という告示が出ている。それらは第3章に述べることとする。

(2) 作業環境測定結果の評価とそれに基づく環境管理

作業環境測定を実施した場合に，その結果を評価し，その評価に基づいて，労働者の健康を保持するために必要があると認められるときは，施設または設備の設置または整備，健康診断の実施等適切な措置をとらなければならないこととしている（第1項）。さらに第2項では，その評価は「厚生労働大臣の定める作業環境評価基準」に従って行うこととされている。

（作業環境測定の結果の評価等）

第65条の2　事業者は，前条第1項又は第5項の規定による作業環境測定の結果の評価に基づいて，労働者の健康を保持するため必要があると認められるときは，厚生労働省令で定めるところにより，施設又は設備の設置又は整備，健康診断の実施その他の適切な措置を講じなければならない。

②　事業者は，前項の評価を行うに当たつては，厚生労働省令で定めるところにより，厚生労働大臣の定める作業環境評価基準に従つて行わなければならない。

③　事業者は，前項の規定による作業環境測定の結果の評価を行つたときは，厚生労働省令で定めるところにより，その結果を記録しておかなければならない。

安衛法第65条の2第1項，第2項および第3項の「厚生労働省令」は特化則に定められているし，第2項の「厚生労働大臣の定める作業環境評価基準」は「作業環境評価基準」という告示が出ている（「参考資料11」526頁参照）。

（3）健康診断の実施

労働者の疾病の早期発見と予防を目的として安衛法第 66 条では，次のように定めて事業者に労働者を対象とする健康診断の実施を義務付けている。

（健康診断）
第 66 条 事業者は，労働者に対し，厚生労働省令で定めるところにより，医師による健康診断（第 66 条の 10 第１項に規定する検査を除く。以下この条及び次条において同じ。）を行なわなければならない。
② 事業者は，有害な業務で，政令で定めるものに従事する労働者に対し，厚生労働省令で定めるところにより，医師による特別の項目についての健康診断を行なわなければならない。有害な業務で，政令で定めるものに従事させたことのある労働者で，現に使用しているものについても，同様とする。
③ 事業者は，有害な業務で，政令で定めるものに従事する労働者に対し，厚生労働省令で定めるところにより，歯科医師による健康診断を行なわなければならない。
④ 都道府県労働局長は，労働者の健康を保持するため必要があると認めるときは，労働衛生指導医の意見に基づき，厚生労働省令で定めるところにより，事業者に対し，臨時の健康診断の実施その他必要な事項を指示することができる。
⑤ 労働者は，前各項の規定により事業者が行なう健康診断を受けなければならない。ただし，事業者の指定した医師又は歯科医師が行なう健康診断を受けることを希望しない場合において，他の医師又は歯科医師の行なうこれらの規定による健康診断に相当する健康診断を受け，その結果を証明する書面を事業者に提出したときは，この限りでない。

安衛法第 66 条に定められている健康診断には次のような種類がある。

① すべての労働者を対象とした「一般健康診断」（第１項）

② 有害業務に従事する労働者に対する「特殊健康診断」（第２項前段）

特定化学物質・四アルキル鉛関係では，特定化学物質の第１類物質・第２類物質を製造し，または取り扱う業務（第２類物質のうちエチレンオキシド，ホルムアルデヒドに関するものは除外されており，その他特化則の適用が除外される業務も除外），四アルキル鉛業務に常時従事している者が対象となる（安衛令第 22 条第１項第３号および第５号）。

③ 一定の有害業務に従事した後，配置転換した労働者に対する「特殊健康診断」（第２項後段）

④ 有害業務に従事する労働者に対する歯科医師による健康診断（第３項）

⑤ 都道府県労働局長が指示する臨時の健康診断（第４項）

（4）健康診断の事後措置

事業者は，健康診断の結果，所見があると診断された労働者について，その労働者の健康を保持するために必要な措置について，３月以内に医師または歯科医師の意見を聞かなければならないこととされ，その意見を勘案して必要があると認めるときは，その労働者の実情を考慮して，就業場所の変更等の措置を講じなければならないこととされている。

また，事業者は，健康診断を実施したときは，遅滞なく，労働者に結果を通知しなければならない。

(5) 面接指導等

脳血管疾患および虚血性心疾患等の発症が長時間労働との関連性が強いとする医学的知見を踏まえ，これらの疾病の発症を予防するため，事業者は，長時間労働を行う労働者に対して医師による面接指導を行わなければならないこととされている。

その他，安衛法第7章には保健指導，心理的な負担の程度を把握するための調査等（ストレスチェック制度），健康管理手帳，病者の就業禁止，受動喫煙の防止，健康教育等の規定がある。

(6) 健康管理手帳

職業がんやじん肺のように発症までの潜伏期間が長く，また，重篤な結果を起こす疾病にかかるおそれのある者に対しては (3) の③に述べたとおり，有害業務に従事したことのある労働者で現に使用しているものを対象とした特殊健康診断を実施することとしているが，そのうち，法令で定める要件に該当する者に対し健康管理手帳を交付し離職後も政府が健康診断を実施することとされている。

8 快適な職場環境の形成のための措置（第71条の2～第71条の4）

労働者がその生活時間の多くを過ごす職場について，疲労やストレスを感じることが少ない快適な職場環境を形成する必要がある。安衛法では，事業者が講ずる措置について規定するとともに，国は，快適な職場環境の形成のための指針を公表することとしている。

9 免許等（第72条～第77条）

危険・有害業務であり労働災害を防止するために管理を必要とする作業について選任を義務付けられている作業主任者や特殊な業務に就く者に必要とされる資格，技能講習，試験等についての規定がなされている。

10　事業場の安全または衛生に関する改善措置等（第78条～第87条）

労働災害の防止を図るため，総合的な改善措置を講ずる必要がある事業場については，都道府県労働局長が安全衛生改善計画の作成を指示し，その自主的活動によって安全衛生状態の改善を進めることが制度化されている。

この際，企業外の民間有識者の安全および労働衛生についての知識を活用し，企業における安全衛生についての診断や指導に対する需要に応じるため，労働安全・労働衛生コンサルタント制度が設けられている。

なお，平成26（2014）年6月25日公布の「労働安全衛生法の一部を改正する法律」（平成26年法律第82号）により，一定期間内に重大な労働災害を同一企業の複数の事業場で繰返し発生させた企業に対し，厚生労働大臣が特別安全衛生改善計画の策定を指示することができる制度が創設された。企業が計画の作成指示や変更指示に従わない場合や計画を実施しない場合には，厚生労働大臣が当該事業者に勧告を行い，勧告に従わない場合は企業名を公表する。

また，安全衛生改善計画を作成した事業場がそれを実施するため，改築費，代替機械の購入，設置費等の経費が要る場合には，その要する経費について，国は，金融上の措置，技術上の助言等の援助を行うように努めることになっている。

11　監督等，雑則および罰則（第88条～第123条）

（1）計画の届出

一定の機械等を設置し，もしくは移転し，またはこれらの主要構造部分を変更しようとする事業者には，当該計画を工事開始の日の30日前までに労働基準監督署長に届け出る義務を課し，事前に法令違反がないかどうかの審査が行われることとなっている。

計画の届出をすべき機械等の範囲は，安衛則第85条および同規則別表第7に規定されている。そのうち，特化則に係るものは，次のとおりである。

1　特定化学物質の第1類物質および特定第2類物質を製造する設備

2　特定化学設備およびその付属設備

3　特定第2類物質管理第2類物質のガス，蒸気または粉じんが発散する屋内作業場に設ける発散抑制の設備

4　アクロレインに係る排ガス処理設備

5　アルキル水銀化合物（アルキル基がメチル基またはエチル基であるもの），塩酸，硝酸，シアン化カリウム，シアン化ナトリウム，PCPおよびそのナトリウム塩，硫酸および硫化ナトリウムに係る廃液処理設備

6　1,3-ブタジエン等に係る発散抑制の設備

7　硫酸ジエチル等に係る発散抑制の設備

8　1,3-プロパンスルトン等を製造し，または取り扱う設備およびその付属設備

なお，参考までに特定化学物質である特別有機溶剤に適用される有機溶剤中毒予防規則に係るものとして，同規則の規定に基づいて設置する特別有機溶剤（有機溶剤を含む）の蒸気の発散源を密閉する設備，局所排気装置，プッシュプル型換気装置および全体換気装置がある。

この計画の届出について，事業者の自主的安全衛生活動の取組みを促進するため，労働安全衛生マネジメントシステムを踏まえて事業場における危険性・有害性の調査ならびに安全衛生計画の策定および当該計画の実施・評価・改善等の措置を適切に行っており，その水準が高いと所轄労働基準監督署長が認めた事業者に対しては計画の届出の義務が免除されることとされている。

建設業に属する仕事のうち，重大な労働災害を生ずるおそれがある，特に大規模な仕事に係わるものについては，その計画の届出を工事開始の日の30日前までに厚生労働大臣に行うこと，その他の一定の仕事については工事開始の日の14日前までに所轄労働基準監督署長に行うこと，およびそれらの工事または仕事のうち一定のものの計画については，その作成時に有資格者を参画させなければならないこととされている。

(2) 罰　則

安衛法は，その厳正な運用を担保するため，違反に対する罰則について12カ条の規定を置いている（第115条の3，第115条の4，第115条の5，第116条，第117条，第118条，第119条，第120条，第121条，第122条，第122条の2，第123条）。

また，同法は，事業者責任主義を採用し，その第122条で両罰規定を設けて各本条が定めた措置義務者（事業者）のほかに，法人の代表者，法人または人の代理人，使用人その他の従事者がその法人または人の業務に関して，それぞれの違反行為をしたときの従事者が実行行為者として罰されるほか，その法人または人に対しても，各本条に定める罰金刑を科すこととされている。なお，安衛法第20条から第25条に規定される事業者の講じた危害防止措置または救護措置等に関し，第26条により労働者は遵守義務を負い，これに違反した場合も罰金刑が科せられる。

（参考）労働安全衛生規則中の化学物質の自律的管理に関する規制の主なもの

令和4年5月に安衛則の改正が行われ，化学物質管理は物質ごとに定められたばく露防止措置を守る法令順守型から，リスクアセスメント結果をもとに事業者が管理方法を決定する自律的な管理へと手法を変えることが求められることとなった。

（1）化学物質管理者の選任（第12条の5）（令和6年4月1日施行）

①　選任が必要な事業場

安衛法第57条の2の通知対象物（以下，「リスクアセスメント対象物」という。）を製造，取扱い，または譲渡提供をする事業場（業種・規模要件なし）

- 個別の作業現場ごとではなく，工場，店社，営業所等事業場ごとに選任すれば可
- 一般消費者の生活の用に供される製品のみを取り扱う事業場は，対象外
- 事業場の状況に応じ，複数名を選任することもある

②　化学物質管理者の要件

- リスクアセスメント対象物の製造事業場：厚生労働省告示に定められた専門的講習（12時間）の修了者
- リスクアセスメント対象物を取り扱う事業場（製造事業場以外）：法令上の資格要件は定められていないが，厚生労働省通達に示された専門的講習に準ずる講習（6時間）を受講することが望ましい。

③　化学物質管理者の職務

- ラベル・SDS等の確認
- 化学物質に関わるリスクアセスメントの実施管理
- リスクアセスメント結果に基づくばく露防止措置の選択，実施の管理
- 化学物質の自律的な管理に関わる各種記録の作成・保存
- 化学物質の自律的な管理に関わる労働者への周知，教育
- ラベル・SDSの作成（リスクアセスメント対象物の製造事業場の場合）
- リスクアセスメント対象物による労働災害が発生した場合の対応

④　化学物質管理者を選任すべき事由が発生した日から14日以内に選任すること。

⑤　化学物質管理者を選任したときは，当該化学物質管理者の氏名を事業場の見やすい箇所に掲示すること等により関係労働者に周知させなければならない。

(2) 保護具着用管理責任者の選任（第12条の6）（令和6年4月1日施行）

① 選任が必要な事業場

リスクアセスメントに基づく措置として労働者に保護具を使用させる事業場

② 選任要件

法令上特に要件は定められていないが，化学物質の管理に関わる業務を適切に実施できる能力を有する者

厚生労働省の通達では，次の者および6時間の講習を受講した者が望ましいとしている。

ア 化学物質管理専門家の要件に該当する者

イ 作業環境管理専門家の要件に該当する者

ウ 労働衛生コンサルタント試験に合格した者

エ 第1種衛生管理者免許または衛生工学衛生管理者免許を受けた者

オ 作業主任者の資格を有する者（それぞれの作業）

カ 安全衛生推進者養成講習修了者

③ 職務

有効な保護具の選択，労働者の使用状況の管理その他保護具の管理に関わる業務

具体的には，

ア 保護具の適正な選択に関すること。

イ 労働者の保護具の適正な使用に関すること。

ウ 保護具の保守管理に関すること。

また，厚生労働省は，これらの職務を行うに当たっては，平成17年2月7日基発第0207006号「防じんマスクの選択，使用等について」（参考資料13, 537頁），平成17年2月7日基発第0207007号「防毒マスクの選択，使用等について」（参考資料12, 531頁）および平成29年1月12日基発0112第6号「化学防護手袋の選択，使用等について」（参考資料15, 545頁）に基づき対応する必要があることに留意することとしている。

④ 保護具着用管理責任者を選任したときは，当該保護具着用管理責任者の氏名を事業場の見やすい箇所に掲示すること等により関係労働者に周知させなければならない。

(3) 衛生委員会の付議事項（第22条）

（①：令和5年4月1日施行，②～④：令和6年4月1日施行）

衛生委員会の付議事項に，次の①～④の事項が追加され，化学物質の自律的な管理の実施状況の調査審議を行うことを義務付けられた。なお，衛生委員会の設置義務のない労働者数50人未満の事業場も，安衛則第23条の2に基づき，下記の事項について，関係労働者からの意見聴取の機会を設けなければならない。

① 労働者が化学物質にばく露される程度を最小限度にするために講ずる措置に関すること

② 濃度基準値の設定物質について，労働者がばく露される程度を濃度基準値以下とするために講ずる措置に関すること

③ リスクアセスメントの結果に基づき事業者が自ら選択して講ずるばく露防止措置の一環として実施した健康診断の結果とその結果に基づき講ずる措置に関すること

④ 濃度基準値設定物質について，労働者が濃度基準値を超えてばく露したおそれがあるときに実施した健康診断の結果とその結果に基づき講ずる措置に関すること

(4) 化学物質を事業場内で別容器で保管する場合の措置（第33条の2）

（令和5年4月1日施行）

安衛法第57条で譲渡・提供時のラベル表示が義務付けられている化学物質（ラベル表示対象物）について，譲渡・提供時以外も，次の場合は，ラベル表示・文書の交付その他の方法で，内容物の名称やその危険性・有害性情報を伝達しなければならない。

・ラベル表示対象物を，他の容器に移し替えて保管する場合

・自ら製造したラベル表示対象物を，容器に入れて保管する場合

(5) リスクアセスメントの結果等の記録の作成と保存（第34条の2の8）

（令和5年4月1日施行）

リスクアセスメントの結果と，その結果に基づき事業者が講ずる労働者の健康障害を防止するための措置の内容等は，関係労働者に周知するとともに，記録を作成し，次のリスクアセスメント実施までの期間（ただし，最低3年間）保存しなければならない。

(6) 労働災害発生事業場等への労働基準監督署長による指示（第34条の2の10）

（令和6年4月1日施行）

労働災害の発生またはそのおそれのある事業場について，労働基準監督署長が，その事業場で化学物質の管理が適切に行われていない疑いがあると判断した場合は，事業場の事業者に対し，改善を指示することがある。

改善の指示を受けた事業者は，化学物質管理専門家（参考資料4，500頁）から，リスクアセスメントの結果に基づき講じた措置の有効性の確認と望ましい改善措置に関する助言を受けた上で，1カ月以内に改善計画を作成し，労働基準監督署長に報告し，必要な改善措置を実施しなければならない。

(7) がん等の遅発性疾病の把握強化（第97条の2）（令和5年4月1日施行）

化学物質を製造し，または取り扱う同一事業場で，1年以内に複数の労働者が同種のがんに罹患したことを把握したときは，その罹患が業務に起因する可能性について医師の意見を聴かなければならない。

また，医師がその罹患が業務に起因するものと疑われると判断した場合は，遅滞なく，その労働者の従事業務の内容等を，所轄都道府県労働局長に報告しなければならない。

(8) リスクアセスメント対象物に関する事業者の義務（第577条の2，第577条の3）

（①ア，②の①アに関する部分，③：令和5年4月1日施行，
①イ，②の①イに関する部分：令和6年4月1日施行）

① 労働者がリスクアセスメント対象物にばく露される濃度の低減措置

ア 労働者がリスクアセスメント対象物にばく露される程度を，以下の方法等で最小限度にしなければならない。

i 代替物等を使用する。

ii 発散源を密閉する設備，局所排気装置または全体換気装置を設置し，稼働する。

iii 作業の方法を改善する。

iv 有効な呼吸用保護具を使用する。

イ リスクアセスメント対象物のうち，一定程度のばく露に抑えることで労働者に健康障害を生ずるおそれがない物質として厚生労働大臣が定める物質（濃度基準値設定物質）は，労働者がばく露される程度を，厚生労働大臣が定める濃度の基準（濃度基準値）以下としなければならない。

② ①に基づく措置の内容と労働者のばく露の状況についての労働者の意見聴

取，記録作成・保存

①に基づく措置の内容と労働者のばく露の状況を，労働者の意見を聴く機会を設け，記録を作成し，3年間保存しなければならない。

ただし，がん原性のある物質として厚生労働大臣が定めるもの（がん原性物質）は30年間保存する。

③　リスクアセスメント対象物以外の物質にばく露される濃度を最小限とする努力義務

①のアのリスクアセスメント対象物以外の物質も，労働者がばく露される程度を，①のアⅰ～ⅳの方法等で，最小限度にするように努めなければならない。

(9) 皮膚等障害物質等への直接接触の防止（第594条の2，第594条の3）

（①，②：令和5年4月1日施行（努力義務），①：令和6年4月1日施行（義務））

皮膚・眼刺激性，皮膚腐食性または皮膚から吸収され健康障害を引き起こしうる化学物質と当該物質を含有する製剤を製造し，または取り扱う業務に労働者を従事させる場合には，その物質の有害性に応じて，労働者に障害等防止用保護具を使用させなければならない。

①　健康障害を起こすおそれのあることが明らかな物質を製造し，または取り扱う業務に従事する労働者に対しては，保護めがね，不浸透性の保護衣，保護手袋または履物等適切な保護具を使用する。

②　健康障害を起こすおそれがないことが明らかなもの以外の物質を製造し，または取り扱う業務に従事する労働者（①の労働者を除く）に対しては，保護めがね，不浸透性の保護衣，保護手袋または履物等適切な保護具を使用する。

第３章　特定化学物質障害予防規則のあらまし

1950年代半ばから，わが国経済の発展とともに職場で製造・使用される化学物質の種類・量ともに急激に増加した。さらに1960年代に入ると，高度経済成長のひずみが顕在化し，工場・事業場から排出される排気・排液中に含まれる化学物質による公害問題が大きな社会問題となった。そのような中で，旧労働省は1970年に全国の労働基準監督官など労働基準関係職員を総動員して公害発生に関係の深い化学物質を製造・使用している全国の１万3,665の事業場の立入調査を実施した。

その調査の結果に基づき，昭和46（1971）年に職場で使用される化学物質による職業がん，その他の重度の障害を予防するために，その製造等に係る設備，排気・排液等の用後処理，漏えいの防止，適正な製造・取扱いのための管理，健康診断の実施などについて規制した「特定化学物質等障害予防規則」が制定された。その規則は，制定の翌年，昭和47（1972）年の安衛法の施行に伴い，同法に基づく労働省令となった。

その後，技術の進歩により新しい化学物質の職場への導入や化学物質の人体に与える影響の新しい知見の進歩などに基づき幾度かの規制内容の改正がなされてきた。

さらに「石綿」が同規則から分離独立して「石綿障害予防規則」とされたことに伴い，平成18（2006）年から同規則の名称から「等」が外され，「特定化学物質障害予防規則」（特化則）として現在に至っている。

１　第１章　総則（第１条～第２条の３）

（1）事業者の責務について（第１条）

特化則の第１条は，事業者の責務として，化学物質による労働者のがん，皮膚炎，神経障害その他の健康障害を予防するため，使用する物質の毒性の確認，代替物の使用，作業方法の確立，関係施設の改善，作業環境の整備，健康管理の徹底，その他必要な措置を講じ，もって，労働者の危険の防止の趣旨に反しない限りで，化学物質にばく露される労働者の人数ならびに労働者がばく露される期間および程度を最小限度にするよう努めなければならない旨定めている。

(2) 定義等（第2条）

特化則は，第2条に同規則の適用を明らかにするために，第1項において第1類物質，第2類物質，特定第2類物質，特別有機溶剤等，オーラミン等，管理第2類物質および第3類物質について安衛令との関係を定め，第2項および第3項において安衛令において「…に掲げる物を含有する製剤その他の物で，厚生労働省令で定めるもの」と定められている「厚生労働省令」，すなわち特化則適用上の「裾切り」を別表第1および別表第2に定めている（第1類物質については安衛令別表第3第1号の中で規定されている）。また，特化則では第2条のほか，同規則の各条文の中で「読み替え」の形で定義しているものもある。

具体的には，規制対象となる物質は，安衛令別表第3に「特定化学物質」として，次のように定められている。特化則はこれらの「特定化学物質」に関する製造・取扱いに関する規制を主たる内容としているほか，安衛法第55条により製造等の禁止されている物を試験研究のために製造・輸入・使用する場合の許可の要件，一定の物質の排気･排液の処理方法や特殊な作業に関わる規制等について規定している。

労働安全衛生法施行令

別表第3

特定化学物質（第6条，第9条の3，第17条，第18条，第18条の2，第21条および第22条関係）

1　第1類物質

1　ジクロルベンジジン及びその塩
2　アルフア-ナフチルアミン及びその塩
3　塩素化ビフエニル（別名PCB）
4　オルト-トリジン及びその塩
5　ジアニシジン及びその塩
6　ベリリウム及びその化合物
7　ベンゾトリクロリド
8　1から6までに掲げる物をその重量の1パーセントを超えて含有し，又は7に掲げる物をその重量の0.5パーセントを超えて含有する製剤その他の物（合金にあつては，ベリリウムをその重量の3パーセントを超えて含有するものに限る。）

2　第2類物質

1　アクリルアミド
2　アクリロニトリル
3　アルキル水銀化合物（アルキル基がメチル基又はエチル基である物に限る。）
3の2　インジウム化合物
3の3　エチルベンゼン
4　エチレンイミン

5 エチレンオキシド

6 塩化ビニル

7 塩素

8 オーラミン

8の2 オルト-トルイジン

9 オルト－フタロジニトリル

10 カドミウム及びその化合物

11 クロム酸及びその塩

11の2 クロロホルム

12 クロロメチルメチルエーテル

13 五酸化バナジウム

13の2 コバルト及びその無機化合物

14 コールタール

15 酸化プロピレン

15の2 三酸化二アンチモン

16 シアン化カリウム

17 シアン化水素

18 シアン化ナトリウム

18の2 四塩化炭素

18の3 1･4-ジオキサン

18の4 1･2-ジクロロエタン（別名二塩化エチレン）

19 3･3′-ジクロロ-4･4′-ジアミノジフエニルメタン

19の2 1･2-ジクロロプロパン

19の3 ジクロロメタン（別名二塩化メチレン）

19の4 ジメチル-2･2-ジクロロビニルホスフェイト（別名DDVP）

19の5 1･1-ジメチルヒドラジン

20 臭化メチル

21 重クロム酸及びその塩

22 水銀及びその無機化合物（硫化水銀を除く。）

22の2 スチレン

22の3 1･1･2･2-テトラクロロエタン（別名四塩化アセチレン）

22の4 テトラクロロエチレン（別名パークロルエチレン）

22の5 トリクロロエチレン

23 トリレンジイソシアネート

23の2 ナフタレン

23の3 ニツケル化合物（24に掲げる物を除き，粉状の物に限る。）

24 ニツケルカルボニル

25 ニトログリコール

26 パラ-ジメチルアミノアゾベンゼン

27 パラ-ニトロクロルベンゼン

27の2 砒素及びその化合物（アルシン及び砒化ガリウムを除く。）

28 弗化水素

29　ベーター-プロピオラクトン
30　ベンゼン
31　ペンタクロルフエノール（別名 PCP）及びそのナトリウム塩
31の2　ホルムアルデヒド
32　マゼンタ
33　マンガン及びその化合物
33の2　メチルイソブチルケトン
34　沃(よう)化メチル
34の2　溶接ヒューム
34の3　リフラクトリーセラミックファイバー
35　硫化水素
36　硫酸ジメチル
37　1から36までに掲げる物を含有する製剤その他の物で，厚生労働省令で定めるもの
3　第3類物質
1　アンモニア
2　一酸化炭素
3　塩化水素
4　硝酸
5　二酸化硫黄
6　フエノール
7　ホスゲン
8　硫酸
9　1から8までに掲げる物を含有する製剤その他の物で，厚生労働省令で定めるもの

安衛令別表第3第2号37および第3号9の「厚生労働省令で定めるもの」は，特化則別表第1および別表第2に定められている。

これらの特化則適用上の区分をまとめると**表5-1**のとおりである。

なお，安衛法および関係政省令に出てくる化学物質に関する主な用語で特化則を理解する上で必要なものをまとめて紹介することとする。

1　化学物質　　元素および化合物をいう。（安衛法第2条第3号の2）
2　既存の化学物質　①　元素
②　天然に産出される化学物質
③　放射性物質
④　厚生労働大臣がその名称等を公表した化学物質（安衛令第18条の3）
3　新規化学物質　物質の名称等が公表された化学物質（2の④）以外の化学物質（安衛法第57条の3）

4　化学物質等　　化学薬品（基礎化学工業薬品のみならず，それを原材料として作られる無機化合物または有機化合物），化学薬品を含有する製剤その他のもので，労働者に健康障害を生ずるおそれのあるすべての物質

5　禁止物質　　尿路系器官，血液，肺にがん等の腫瘍を発生させることが明らかな物質で，製造等が禁止されている物質（安衛法第55条，安衛令第16条――物質名は342頁安衛令第16条参照）

6　特定化学物質　　特化則の規制対象物質で慢性もしくは急性障害，がん等の腫瘍を発生させまたはそのおそれの大きいとされる物質および設備等からの漏えい防止措置を講ずべき物質（安衛令別表第3，特化則第2条第1項第7号）

7　第1類物質　　安衛法第56条により「製造の許可」の対象物質。
製造禁止物質と化学構造式からみて類似の物質で，尿路系器官，血液，肺にがん等の腫瘍を発生させることが疑われる物質，または難分解性物質で慢性障害をおこすおそれのある物質で，製造設備に厚生労働大臣の許可等を必要とするもの（安衛法第56条，安衛令別表第3第1号，特化則第2条第1項第1号）

8　第2類物質　　慢性障害またはがん等の遅発性障害の防止対策を講ずべき物質（安衛令別表第3第2号，特化則第2条第1項第2号）

9　第3類物質　　設備の維持管理上の措置等に伴う漏えい事故による急性障害または環境汚染を防止するための措置を講ずべき物質（安衛令別表第3第3号，特化則第2条第1項第6号）

10　管理第2類物質　　第2類物質のうち，特定第2類物質，特別有機溶剤等およびオーラミン等以外の物質で，慢性障害またはがん等の遅発性障害を発生するおそれのある物質（特化則第2条第1項第5号）

11　特定第2類物質　　慢性障害またはがん等遅発性障害を発生するおそれのある物質で，特に漏えいに留意すべき物質（特化則第2条第1項第3号）

12　特別有機溶剤　　従来「エチルベンゼン等」として規制されていた「エチルベンゼン」および「1·2ジクロロプロパン」に，有機溶剤

として従来有機則が適用されていた「クロロホルム」「四塩化炭素」「1･4−ジオキサン」「1･2−ジクロロエタン」「ジクロロメタン」「スチレン」「1･1･2･2−テトラクロロエタン」「テトラクロロエチレン」「トリクロロエチレン」および「メチルイソブチルケトン」の10物質が加わったもの（第2条第1項第3号の2）。いずれもヒトに対する発がん性が疑われている。

13　特別有機溶剤等　特別有機溶剤をその重量の1%を超えて含有するもの，および特別有機溶剤の含有量が1%以下のものであって特別有機溶剤と有機溶剤（安衛令別表第6の2）の含有量の合計が重量の5%を超えるものの総称（特化則第2条第1項第3号の3）。

14　クロロホルム等　特別有機溶剤等のうち，エチルベンゼンおよび1･2ジクロロプロパンに係るものを除いた，従来，有機溶剤とされていた10物質に係るもの（特化則第2条の2第1号イ）。

15　特別有機溶剤業務　クロロホルム等有機溶剤業務，エチルベンゼン塗装業務および1･2−ジクロロプロパン洗浄・払拭業務をいう（特化則第2条の2第1号）。

16　クロロホルム等有機溶剤業務　クロロホルム等を製造し，又は取り扱う業務のうち，屋内作業場において行う次の業務（特化則第2条の2第1号イ）

① クロロホルム等を製造する工程におけるクロロホルム等のろ過，混合，攪拌（かくはん），加熱又は容器若しくは設備への注入の業務

② 染料，医薬品，農薬，化学繊維，合成樹脂，有機顔料，油脂，香料，甘味料，火薬，写真薬品，ゴム若しくは可塑剤又はこれらのものの中間体を製造する工程におけるクロロホルム等のろ過，混合，攪拌（かくはん）又は加熱の業務

③ クロロホルム等を用いて行う印刷の業務

④ クロロホルム等を用いて行う文字の書込み又は描画の業務

⑤ クロロホルム等を用いて行うつや出し，防水その他物

表 5-1　特化則適用上の区分

		特定化学物質の名称	適用	適用除外		特化則上の分類													
						A	B	C	D	D_2	E	E_2	F	G	H	I	J	K	L
			令別表第3第1号8	特化則別表第1	特化則別表第2	特定化学物質（第2条第1項第7号）	第1類物質（第2条第1項第1号）	第2類物質（第2条第1項第2号）	特定第2類物質（第2条第1項第3号）	特別有機溶剤等（第2条第1項第3号の3）	オーラミン等（第2条第1項第4号）	クロロホルム等（第2条の2第1項第1号イ）	特定第2類物質等（第4条第1項）	管理第2類物質（第2条第1項第5号）	第3類物質（第2条第1項第6号）	第3類物質等（第13条）	特別管理物質（第38条の3）	臭化メチル等（第5条第1項）	クロム酸等（第36条第3項）
第1類物質	1	ジクロルベンジジン及びその塩	1% 超			○	○										○		
	2	アルファ-ナフチルアミン及びその塩	1% 超			○	○										○		
	3	塩素化ビフェニル（別名 PCB）	1% 超			○	○												
	4	オルト-トリジン及びその塩	1% 超			○	○										○		
	5	ジアニシジン及びその塩	1% 超			○	○										○		
	6	ベリリウム及びその化合物	1% 超（合金は3% 超）			○	○										○		
	7	ベンゾトリクロリド	0.5% 超			○	○										○		
第2類物質	1	アクリルアミド		1% 以下		○		○	○				○			○			
	2	アクリロニトリル		1% 以下		○		○	○				○			○			
	3	アルキル水銀化合物（アルキル基がメチル基またはエチル基）		1% 以下		○		○						○					
	3の2	インジウム化合物		1% 以下		○		○						○			○		
	3の3	エチルベンゼン		1% 以下		○		○		○							○		
	4	エチレンイミン		1% 以下		○		○	○				○			○	○		
	5	エチレンオキシド		1% 以下		○		○	○				○			○	○	○	
	6	塩化ビニル		1% 以下		○		○	○				○			○	○		
	7	塩素		1% 以下		○		○	○				○			○			
	8	オーラミン		1% 以下		○		○			○		○				○		
	8の2	オルト-トルイジン		1% 以下		○		○	○				○			○	○		
	9	オルト-フタロジニトリル		1% 以下		○		○						○					
	10	カドミウム及びその化合物		1% 以下		○		○						○					
	11	クロム酸及びその塩		1% 以下		○		○						○			○		○
	11の2	クロロホルム		1% 以下		○		○		○		○					○		
	12	クロロメチルメチルエーテル		1% 以下		○		○	○				○			○	○		
	13	五酸化バナジウム		1% 以下		○		○						○					
	13の2	コバルト及びその無機化合物		1% 以下		○		○						○			○		
	14	コールタール		5% 以下		○		○						○			○		
	15	酸化プロピレン		1% 以下		○		○	○				○			○	○	○	
	15の2	三酸化二アンチモン		1% 以下		○		○						○			○		
	16	シアン化カリウム		5% 以下		○		○						○					
	17	シアン化水素		1% 以下		○		○	○				○			○		○	
	18	シアン化ナトリウム		5% 以下		○		○						○					
	18の2	四塩化炭素		1% 以下		○		○		○		○					○		

（「特化則上の分類」の欄のA～Lの記号は本章の説明のため便宜的に付したものである）

		特定化学物質の名称	適用	適用除外		特化則上の分類													
			令別表第3第1号8	特化則別表第1	特化則別表第2	A 特定化学物質（第2条第1項第7号）	B 第1類物質（第2条第1項第1号）	C 第2類物質（第2条第1項第2号）	D 特定第2類物質（第2条第1項第3号）	D_2 特別有機溶剤等（第2条第1項第3号の3）	E オーラミン等（第2条第1項第4号）	E_2 クロロホルム等（第2条の2第1項第1号イ）	F 特定第2類物質等（第4条第1項）	G 管理第2類物質（第2条第1項第5号）	H 第3類物質（第2条第1項第6号）	I 第3類物質等（第13条）	J 特別管理物質（第38条の3）	K 臭化メチル等（第5条第1項）	L クロム酸等（第36条第3項）
第2類物質	18の3	1·4-ジオキサン		1%以下		○		○		○		○					○		
第2類物質	18の4	1·2-ジクロロエタン		1%以下		○		○		○		○					○		
第2類物質	19	3·3'-ジクロロ-4·4'-ジアミノジフェニルメタン		1%以下		○		○	○				○			○	○		
第2類物質	19の2	1·2-ジクロロプロパン		1%以下		○		○		○							○		
第2類物質	19の3	ジクロロメタン		1%以下		○		○		○		○					○		
第2類物質	19の4	ジメチル-2·2-ジクロロビニルホスフェイト		1%以下		○		○	○				○			○	○		
第2類物質	19の5	1·1-ジメチルヒドラジン		1%以下		○		○	○				○			○	○		
第2類物質	20	臭化メチル		1%以下		○		○	○				○			○		○	
第2類物質	21	重クロム酸及びその塩		1%以下		○		○						○			○		○
第2類物質	22	水銀及びその無機化合物（硫化水銀を除く）		1%以下		○		○						○					
第2類物質	22の2	スチレン		1%以下		○		○		○		○					○		
第2類物質	22の3	1·1·2·2-テトラクロロエタン		1%以下		○		○		○		○					○		
第2類物質	22の4	テトラクロロエチレン		1%以下		○		○		○		○					○		
第2類物質	22の5	トリクロロエチレン		1%以下		○		○		○		○					○		
第2類物質	23	トリレンジイソシアネート		1%以下		○		○	○				○			○			
第2類物質	23の2	ナフタレン		1%以下		○		○	○				○			○	○		
第2類物質	23の3	ニッケル化合物（ニッケルカルボニルを除き，粉状の物に限る）		1%以下		○		○						○			○		
第2類物質	24	ニッケルカルボニル		1%以下		○		○	○				○			○	○		
第2類物質	25	ニトログリコール		1%以下		○		○						○					
第2類物質	26	パラ-ジメチルアミノアゾベンゼン		1%以下		○		○	○				○			○	○		
第2類物質	27	パラ-ニトロクロルベンゼン		5%以下		○		○	○				○			○			
第2類物質	27の2	砒素及びその化合物（アルシン及び砒化ガリウムを除く）		1%以下		○		○						○			○		
第2類物質	28	弗化水素		5%以下		○		○	○				○			○			
第2類物質	29	ベータ-プロピオラクトン		1%以下		○		○	○				○			○	○		
第2類物質	30	ベンゼン		1%以下（容量）		○		○	○				○			○	○		

表 5-1 特化則適用上の区分（続き）

		特定化学物質の名称	適用	適用除外		特化則上の分類													
						A	B	C	D	D_2	E	E_2	F	G	H	I	J	K	L
			令別表第3第1号8	特化則別表第1	特化則別表第2	特定化学物質（第2条第1項第7号）	第1類物質（第2条第1項第1号）	第2類物質（第2条第1項第2号）	特定第2類物質（第2条第1項第3号）	特別有機溶剤等（第2条第1項第3号の3）	オーラミン等（第2条第1項第4号）	クロロホルム等（第2条の2第1項第1号イ）	特定第2類物質等（第4条第1項）	管理第2類物質（第2条第1項第5号）	第3類物質（第2条第1項第6号）	第3類物質等（第13条）	特別管理物質（第38条の3）	臭化メチル等（第5条第1項）	クロム酸等（第36条第3項）
第2類物質	31	ペンタクロルフェノール（別名PCP）及びそのナトリウム塩		1%以下		○		○						○					
	31の2	ホルムアルデヒド		1%以下		○		○	○				○			○	○	○	
	32	マゼンタ		1%以下		○		○			○		○				○		
	33	マンガン及びその化合物		1%以下		○		○						○					
	33の2	メチルイソブチルケトン		1%以下		○		○		○		○					○		
	34	沃化メチル		1%以下		○		○	○				○			○			
	34の2	溶接ヒューム		1%以下		○		○						○					
	34の3	リフラクトリーセラミックファイバー		1%以下		○		○						○			○		
	35	硫化水素		1%以下		○		○	○				○			○			
	36	硫酸ジメチル		1%以下		○		○	○				○			○			
第3類物質	1	アンモニア			1%以下	○									○	○			
	2	一酸化炭素			1%以下	○									○	○			
	3	塩化水素			1%以下	○									○	○			
	4	硝酸			1%以下	○									○	○			
	5	二酸化硫黄			1%以下	○									○	○			
	6	フェノール			5%以下	○									○	○			
	7	ホスゲン			1%以下	○									○	○			
	8	硫酸			1%以下	○									○	○			
その他		1･3-ブタジエン等	1%を超えるもの			製造し，若しくは取り扱う設備から試料を採取し，又は当該設備の保守点検を行う作業に適用される（特化則第38条の17）。													
		硫酸ジエチル等	1%を超えるもの			触媒として取り扱う作業に適用される（特化則第38条の18）。													
		1･3-プロパンスルトン等	1%を超えるもの			製造し，又は取り扱う作業に適用される（特化則第38条の19）。													

（注） 1 「適用」･「適用除外」欄は「ベンゼン」は容量パーセント，ベンゼン以外は重量パーセントである。

2 「適用」の欄は，「○○超」，「適用除外」の欄は，「△△以下」と表示されているが，令別表第3第1号8には「○○を超えて含有する製剤その他のもの」と規定されており，一方，特化則別表第1及び第2には「・・・・・・，ただし，□□の含有量が・・・・・△△以下のものを除く」と規定されるため表現を異にしたものである。要するに当該物質または当該物質を表示されているパーセントを超えて含有する製剤その他のものが特化物として適用されることになる。

3 特化則のなかで「……等」と総称されているものについては次のとおり。

① 「コバルト等」（第2条の2第2号），「酸化プロピレン等」（同第3号），「三酸化二アンチモン等（同第5号），「ナフタレン等」（同第7号），「リフラクトリーセラミックファイバー等」（同第8号），「塩素化ビフェニル等」（第3条第1項），「ベリリウム等」（第3条第2項），「インジウム化合物等」（第38条の7），「エチレンオキシド等」（第38条の10），「硫酸ジエチル等」（第38条の18）および「1,3-プロパンスルトン等」（第38条の19）は，当該物と当該物をその重量の1パーセントを超えて含有する製剤その他のものの総称である。

② 「ベンゼン等」（第5条第1項）は，ベンゼンとベンゼンをその容量の1%を超えて含有している製剤その他のものの総称である。

③ 「1･3-ブタジエン等」（第38条の17）は，1･3-ブタジエン若しくは1･4-ジクロロ-2-ブテン又はそれらのものをその重量の1%を超えて含有している製剤その他のものの総称である。

④ 「ジクロルベンジジン等」（第50条第1項）は，ジクロルベンジジン及びその塩，アルファ-ナフチルアミン及びその塩，塩素化ビフェニル（別名PCB），オルト-トリジン及びその塩，ジアニシジン及びその塩またはこれらをその重量の1パーセントを超えて含有している製剤その他のもの，またはベンゾトリクロリド及びベンゾトリクロリドをその重量の0.5パーセントを超えて含有している製剤その他のものの総称である。

の面の加工の業務
⑥　接着のためにするクロロホルム等の塗布の業務
⑦　接着のためにクロロホルム等を塗布された物の接着の業務
⑧　クロロホルム等を用いて行う洗浄（⑫に掲げる業務に該当する洗浄の業務を除く。）又は払拭の業務
⑨　クロロホルム等を用いて行う塗装の業務（⑫に掲げる業務に該当する塗装の業務を除く。）
⑩　クロロホルム等が付着している物の乾燥の業務
⑪　クロロホルム等を用いて行う試験又は研究の業務
⑫　クロロホルム等を入れたことのあるタンク（有機溶剤の蒸気の発散するおそれがないものを除く）の内部における業務

17　エチルベンゼン塗装業務　屋内作業場において，エチルベンゼンまたはエチルベンゼンを含有する物を用いて行う塗装の業務（特化則第2条の2第1号ロ）

18　1･2−ジクロロプロパン洗浄・払拭業務　屋内作業場において，1･2−ジクロロプロパンまたは1･2−ジクロロプロパンを含有する物を用いて行う洗浄又は払拭の業務（特化則第2条の2第1号ハ）

19　特定有機溶剤混合物　特別有機溶剤と有機溶剤を足して5%を超えて含有している製剤その他のもの（特化則第36条の5）

20　オーラミン等　尿路系器官にがん等の腫瘍（しゅよう）を発生するおそれのある物質で，オーラミンとマゼンタ（特化則第2条第1項第4号）

21　特定第2類物質等　特定第2類物質またはオーラミン等慢性障害またはがん等遅発性障害の発生の防止を図るため，製造する設備を密閉式の構造とすべき物質（特化則第4条第1項）

22　特別管理物質　第1類物質または第2類物質のうちがん原性物質またはその疑いのある物質で，測定結果，作業の記録および健康診断結果の記録を30年間保存および有害性の掲示を講ずべき物質（特化則第38条の3）

23　第3類物質等　特定第2類物質（ガス状または液状の物）および第3類物質で設備からの漏えい事故による急性中毒または環境汚染

を防止するための措置を講ずべき物質（特化則第13条）

(3) 適用の除外（第2条の2）

特化則第2条の2には，同規則全般の適用除外業務として，次の10種類の作業をあげている（特化則では①②および③が同条第1項に規定されている）。

① クロロホルム等については，(2) の16の「クロロホルム等有機溶剤業務」以外の業務→クロロホルム等有機溶剤業務は適用となる。

② エチルベンゼン（重量の1%を超えて含有するものを含む）については屋内作業場等における塗装の業務以外の業務→上記塗装の業務は適用となる。

③ 1･2-ジクロロプロパン（重量の1%を超えて含有するを含む）については，屋内作業場等における洗浄または払拭の業務以外の業務→上記洗浄または払拭の業務は適用となる。

④ コバルトおよびその無機化合物を触媒として取り扱う業務

⑤ 屋外において酸化プロピレン等（酸化プロピレンおよび酸化プロピレンを1%を超えて含有するもの）をタンクローリー，タンカー，タンクコンテナー等から貯蔵タンクに，または貯蔵タンクからタンクローリー，タンカー，タンクコンテナー等に直結式のホースを用いて注入する業務

⑥ 酸化プロピレン等を，貯蔵タンクから耐圧容器に直結式のホースを用いて注入する業務

⑦ 三酸化二アンチモン等を製造し，又は取り扱う業務のうち，樹脂等により固形化された物を取り扱う業務

⑧ ジメチル-2･2-ジクロロビニルホスフェイト（重量の1%を超えて含有するものを含む）については，成形し，加工し，または包装する業務以外の業務→成形し，加工しまたは包装する業務は適用になる。

⑨ 液体状のナフタレン等を製造し，または取り扱うための密閉式の設備からの試料の採取の業務，および当該設備から液体状のナフタレン等をタンク自動車等に直結式のホースを用いて注入する業務，液体状のナフタレン等を常温を超えない温度で取り扱う業務

⑩ リフラクトリーセラミックファイバー（RCF）等を製造し取り扱う業務のうち，バインダーにより固形化された物その他，RCF等の粉じんの発散を防止する処理が講じられた物を取り扱う業務（切断，穿孔，研磨等のRCF等の粉じんが発散するおそれのある業務を除く）

なお，安衛令第6条（作業主任者を選任すべき作業）第18号，第21条（作業環

境測定を行うべき作業場）第7号および第22条（健康診断を行うべき有害な業務）第1項並びに第2項中，当該規定の適用が除外される業務を定める「厚生労働省令」は，それぞれ特化則第27条第2項，第36条第4項および第39条第5項において，それぞれ本条（特化則第2条の2）であることを定めている。

なお，本条により適用除外とされる業務であっても，皮膚に障害を与え，または皮膚から吸収されることにより障害を起こすおそれのあるものについては，特化則第44条（保護衣等）および第45条（保護具の数等）の規定は適用される（第5編第5章431～433頁参照）。

(4)　特別有機溶剤等に係る規制

特別有機溶剤は特化則の規制対象であるが，特化則が適用される場合と有機則が準用される場合がある。**図5-2**に特別有機溶剤等に係る規制内容の概念を示す。**図5-2**の「特化則別表第1（第37号を除く）で示す範囲」については，発がん性に着目し，他の特定化学物質と同様の規制が適用されるが，発散抑制措置，呼吸用保護具等については有機則の規定が準用される。また，**図5-2**の「特化則別表第1第37号で示す範囲」については，有機溶剤と同様の規制が適用される。

図5-2は特化則による規制の概念を示したものであるから，有機溶剤については，いずれも「特別有機溶剤と有機溶剤との合計が5%」を超えるか否かで区別しているが，有機溶剤の含有量が5%を超える場合には特別有機溶剤の量に関係なく有機則の適用があることはいうまでもない。

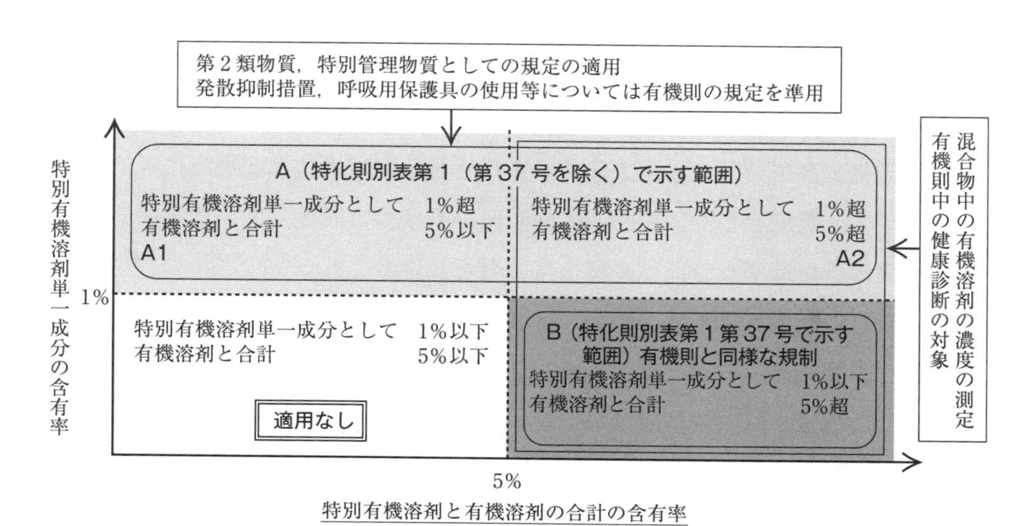

（注）平成24年10月26日付け基発1026第6号，雇児発1026第2号および平成25年8月27日付け基発0827第6号，平成26年9月24日付け基発0924第6号から作成

図5-2　特別有機溶剤等に係る規制内容の概念図

(5) 管理の水準が一定以上の事業場の適用除外（第2条の3）

特化則の対象となる化学物質に関わる管理の水準が一定以上であると所轄労働基準監督署長が認定した事業場は，第5章の2「特殊な作業等の管理」の一部の規定と健康診断および保護具に関する規定を除く特化則に定められた個別規制の適用が除外され，当該化学物質の管理を，事業者による自律的な管理（リスクアセスメントに基づく管理）に委ねられる。

2　第2章　製造等に係る措置（第3条～第8条）

第2章では，第1類物質の取扱い作業または第2類物質の製造・取扱い作業に労働者を従事させる場合におけるそれらの物質のガス・蒸気・粉じんによる作業場内の空気の汚染と当該物質による労働者の障害を防止するため，第1類物質または第2類物質の区分に応じた設備上の措置について規定するとともに，これらの設備上の措置についての適用除外について規定している。

(1) 第1類物質の取扱いに係る設備（第3条）

【表5-1の「特化則上の分類」の「B」の物質を取り扱う事業場に適用**】**

第1類物質（製造許可物質）の製造に関わる設備および製造事業場における取扱いに関する規制は，安衛法第56条に基づく製造許可基準として特化則第8章に規定されている。

特化則第3条の規定は，第1類物質の取扱いに係る設備について適用される。

① 第1類物質を容器に入れ，容器から取り出し，または反応槽等へ投入する作業（塩素化ビフェニル等**【表5-1**の（注）3の①参照**】**を取り扱う作業場所に局所排気装置を設けた場合を除く）を行うときは，当該作業場所に，第1類物質のガス，蒸気もしくは粉じんの発散源を密閉する設備，囲い式フードの局所排気装置またはプッシュプル型換気装置を設けること。

② ベリリウム等**【表5-1**の（注）3の①参照**】**を加工する作業を行うときは，当該作業場所に，ベリリウム等の粉じんの発散源を密閉する設備，局所排気装置またはプッシュプル型換気装置を設けること。

(2) 第2類物質の製造等に係る設備（第4条～第6条）

① 製造事業場に係る措置（第4条）

【表5-1の「特化則上の分類」の「F」（「D」＋「E」）の物質を取り扱う事業場に適用**】**

i　特定第2類物質等を製造する設備は，密閉式の構造のものとすること。

ii　粉状のものを湿潤な状態で取り扱うときを除き，製造する特定第2類物質等を労働者に取り扱わせるときは，隔離室での遠隔操作によること。

iii　特定第2類物質等を取扱う作業の一部を請負人に請け負わせるときは，当該請負人に対し，iiの方法による必要がある旨を周知させるとともに，当該請負人に対し，隔離室を使用させる等適切に遠隔操作による作業が行われるよう必要な配慮を行うこと。

iv　製造する特定第2類物質等を計量し，容器に入れ，または袋詰めする作業を行う場合において，iおよびiiによることが著しく困難であるときは，作業を特定第2類物質等が作業者の身体に直接接触しない方法により行い，かつ，当該作業を行う場所に囲い式フードの局所排気装置またはプッシュプル型換気装置を設けること。

v　ivの作業の一部を請負人に請け負わせるときは，当該請負人に対し，iiの方法による必要がある旨を周知させるとともに，当該請負人に対し，当該作業を当該特定第2類物質等が身体に直接接触しない方法により行う必要がある旨を周知させること。

②　ガス・蒸気・粉じんの発散する屋内作業場に係る措置（第4条・第5条）

【表5-1の「特化則上の分類」の「D」および「G」の物質に適用**】**

i　特定第2類物質（特定第2類物質等ではない）のガス・蒸気・粉じんを発散する屋内作業場（上記の①の場合，臭化メチル等**【表5-1**の「K」参照**】**を用いて燻（くん）蒸作業を行う場合の取扱いおよびベンゼン等**【表5-1**の（注）3の②参照**】**を溶剤等として取り扱う場合を除く），または管理第2類物質のガス・蒸気・粉じんを発散する屋内作業場における特定第2類物質または管理第2類物質のガス・蒸気・粉じんの発散源には，原則として，その発散源を密閉する設備，局所排気装置またはプッシュプル型換気装置等を設けること。

ii　iの密閉設備，局所排気装置もしくはプッシュプル型換気装置を設けることが困難なとき，または臨時の作業を行うときは，全体換気装置を設け，または当該物質を湿潤な状態にする等労働者の健康障害を予防するため必要な措置を講ずること。

③　適用除外（第6条）

屋内作業場の空気中における第2類物質のガス，蒸気または粉じんの濃度が常態として有害な程度になるおそれがないと労働基準監督署長が認定したときは適用除外とされる。

④ 多様な発散防止抑制措置の導入（第6条の2，第6条の3）

第2類物質の製造・使用等に係る設備の発散源対策は，原則として発散源を密閉する設備，局所排気装置またはプッシュプル型換気装置を設置することであるが，一定の条件のもとでは所轄労働基準監督署長の許可を受けて，原則以外の発散防止抑制措置の導入が認められている。

⑤ 特別有機溶剤等に関する規制

第2類物質である「特別有機溶剤等」**【表5-1**の「特化則上の分類」の「D_2」の物質**】**については，特別有機溶剤業務（316頁参照）が対象となり，設備等には特化則第5章の2第38条の8の規定により有機則の規定が準用される。

(3) 局所排気装置等の要件（第7条）

【表5-1の「特化則上の分類」の「B」および「C」の物質に適用**】**

局所排気装置については，次に定めるところに適合するものとしなければならない。また，プッシュプル型換気装置については次の②～⑤に定めるところに適合するものとしなければならない。

① フードは，第1類物質または第2類物質のガス，蒸気または粉じんの発散源ごとに設けられ，外付け式またはレシーバー式のフードにあっては，当該発散源にできるだけ近い位置に設けられていること。

② ダクトは，長さができるだけ短く，ベンドの数ができるだけ少なく，適当な箇所に掃除口（そうじ）が設けられている等掃除しやすい構造のものであること。

③ 吸引されたガス，蒸気または粉じんによる爆発のおそれがなく，かつ，ファンの腐食のおそれがないときを除き，除じん装置または排ガス処理装置を付設する局所排気装置またはプッシュプル型換気装置のファンは，除じんまたは排ガス処理をした後の空気が通る位置に設けられていること。

④ 排気口は，屋外に設けられていること。

⑤ 厚生労働大臣が定める性能を有するものであること。

局所排気装置に係る「厚生労働大臣が定める性能」は，昭和50年労働省告示第75号（最終改正：令和4年厚生労働省告示第335号）に，プッシュプル型換気装置に関する「厚生労働大臣が定める要件」は，平成15年厚生労働省告示第377号（最終改正：平成18年厚生労働省告示第58号）に定められている（「参考資料1」494頁，「参考資料2」497頁参照）。

(4) 局所排気装置等の稼働（第8条）

局所排気装置またはプッシュプル型換気装置については，第１類物質または第２類物質に係る作業が行われている間，厚生労働大臣が定める要件を満たすように稼働させなければならない。

なお，作業の一部を請負人に請け負わせるときは，当該請負人が当該作業に従事する間，同様な措置が取られるよう配慮しなければならない。

3　第３章　用後処理（第９条〜第 12 条の 2）

安衛法第 27 条第２項の趣旨に基づき第１類物質，第２類物質その他特に問題がある物質について，これらの物質のガス，蒸気または粉じんが局所排気装置，生産設備等から排出された場所を含め付近一帯の汚染または作業場の再汚染，およびこれらの物質を含有する排液による有害ガス等の発生または地下水等の汚染等による，労働者の障害を防止し，あわせて付近住民の障害の防止にも資するようそれぞれ有効な処理装置等を付設すべきこと等を規定したものであり，その順守によって公害の防止にも寄与することができるものとして規定されている。

（1）除じん（第９条）

【表 5-1 の「特化則上の分類」の「B」および「C」の物質に適用**】**

【表 5-6 の「除じん」の欄参照**】**

第２類物質の粉じんを含有する気体を排出する製造設備の排気筒または第１類物質もしくは第２類物質の粉じんを含有する気体を排出する局所排気装置またはプッシュプル型換気装置には，粉じんの粒径に応じて有効な方式の除じん装置を設け有効に稼働させなければならない。

（2）排ガス処理（第 10 条）

【表 5-6 の「排ガス」の欄参照**】**

アクロレイン，弗（ふっ）化水素，硫化水素，硫酸ジメチルのガスまたは蒸気を排出する製造設備の排気筒，局所排気装置またはプッシュプル型換気装置は，その種類に応じて有効な方式の排ガス処理装置を設けなければならない。

第２類物質のうちの弗（ふっ）化水素，硫化水素，硫酸ジメチル，アクロレインのガスまたは蒸気を含む排気について，それぞれ一定の処理方式またはこれと同等以上の性能を有する方式の処理装置を設置して処理すべきことを規定されている。一層有効な処理のためには，これらの方式の併用が望ましい。また，プッシュプル型換気装置に排ガス処理装置を設けるときは，吸込み側フードから吸引されたガスまたは蒸気を処理するためのものであることから，排気側に設けることが必要である。

(3) 排液処理（第11条）

【表5-6の「排液」の欄参照】

アルキル水銀化合物，塩酸，硝酸，シアン化カリウム，シアン化ナトリウム，ペンタクロルフェノールおよびそのナトリウム塩，硫酸，硫化ナトリウムを含む排液は，その種類に応じて有効な排液処理装置を設け有効に稼働しなければならない。

また，排液処理装置または当該装置に通じる排水溝もしくはピットにおいて塩酸等を含有する排液とシアン化カリウム等または硫化ナトリウムを含有する排液が混合することにより，シアン化水素，硫化水素が発生するおそれがあるときは，排液が混合しないような構造のものとしなければならない。

製造工程または取扱い工程から排出される排液のうち，有害性の大きいものおよび排水の流出経路において，他の物質と反応することにより有害なガス等を発生するおそれがあるものについて，それぞれ一定の処理方式またはこれと同等以上の性能を有する方式の処理装置を設置して処理すべきことおよび一定の化学物質の排液処理に係る排水溝等の構造について規定されている。

(4) 残さい物処理（第12条）

【表5-6の「残さい物処理」の欄参照】

アルキル水銀化合物を含有する残さい物については，除毒した後でなければ，廃棄してはならない。

アルキル水銀化合物の製造装置，収納容器等の清掃，用後処理等に際し，アルキル水銀化合物を含有する残さいスラッジを廃棄する場合には，分解その他の処理により除毒した後でなければ，廃棄してはならないことが規定されている。

なお，作業の一部を請負人に請け負わせるときは，当該請負人に対し，同様な措置を取らなければならない旨を周知させなければならない。

(5) ぼろ等の処理（第12条の2）

【表5-6の「ぼろ等の処理」の欄参照】

特定化学物質により汚染されたぼろ，紙くず等については，蓋または栓をした不浸透性の容器に納めておく等の措置を講じなければならない。

特定化学物質に汚染されたぼろ，紙くず等を作業場内に放置することにより労働者が特定化学物質により汚染され，またはこれらの物を廃棄する場合に運搬等の業務に従事する労働者が特定化学物質により汚染されることを防止するため，これらの物を一定の容器に納めておく等の措置を講ずべきことが定められている。

なお，作業の一部を請負人に請け負わせるときは，当該請負人に対し，同様な措置を講ずる必要がある旨を周知させなければならない。

4　第4章　漏えいの防止（第13条～第26条）

（1）特定化学設備に関する規制（第13条～第20条）

安衛令第9条の3第2項に定められた「特定化学設備」（第3類物質等【表5-1の「特化則上の分類」の「I」の物質】の製造及び取扱いに係る設備）について，構造その他の設備上の措置，維持管理上の措置および取扱い上の措置に伴う漏えい事故による急性中毒等の障害の予防を目的として規定されている。

労働安全衛生法施行令

（法第31条の2の政令で定める設備）

第9条の3　法第31条の2の政令で定める設備は，次のとおりとする。

1　略

2　特定化学設備（別表第3第2号に掲げる第2類物質のうち厚生労働省令で定めるもの又は同表第3号に掲げる第3類物質を製造し，又は取り扱う設備で，移動式以外のものをいう。第15条第1項第10号において同じ。）およびその附属設備

①　第3類物質等の接触部分の腐食を防ぐ措置を講ずること。

②　接合部からの漏えいを防止するための措置を講ずること。

③　バルブ，押しボタン等には，開閉方向の表示，色分け，形状の区分等を行うこと。ただし，色分けのみによるものであってはならない。

④　バルブ等は，耐久性のある材料で造り，しばしば開放したり取り外すことのあるストレーナ等と近接した特定化学設備との間には二重に設けること。

⑤　送給を誤ることによる漏えいを防止するため，労働者が見やすい位置に原材料その他の物の種類等必要な事項を表示すること。

⑥　設置建屋の避難階には2以上の出入口，避難階以外の階には避難階または地上に通じる避難用階段をそれぞれ2以上設けること。

⑦　発熱反応が行われる反応槽等で第3類物質等が大量に漏えいするおそれのあるもの（管理特定化学設備）については，異常化学反応等の発生を早期に把握するために，必要な温度計，圧力計等の計測装置を設けること。

⑧　第3類物質等を100リットル以上取り扱う作業場を含む設置作業場に警報用器具，監視人の設置，除害設備等を備えること。

⑨ 管理特定化学設備については，異常化学反応等による第3類物質の大量の漏えいを防止するため，原材料の送給をしゃ断し，または製品等を放出するための装置等，当該異常化学反応等に対処するための装置を設けること。この場合，製品等を放出するための装置は，密閉式の構造のものとし，または安全に処理することができる構造等とすること。

⑩ 管理特定化学設備等の設備，附属設備等に使用する動力源については，直ちに使用できる予備動力源を備え，バルブ，コック，スイッチ等については，施錠，色分け，形状の区分等を行うこと。ただし，色分けのみによるものであってはならない。

⑪ 漏えいを防ぐために所定の事項についての作業の要領を定め，これにより作業を行うこと。

なお，作業の一部を請負人に請け負わせるときは，当該請負人に対し，上記と同様な規定により作業を行う必要がある旨を周知させなければならない。

(2) 床についての規制（第21条）

第1類物質（**【表5-1**の「特化則上の分類」の「B」の物質**】**）を取り扱う作業場（第1類物質を製造する事業場における取扱いは，安衛法第56条に基づく製造許可基準として特化則第8章に規定されるため本条の対象から除かれる），オーラミン等（**【表5-1**の「特化則上の分類」の「E」の物質**】**）または管理第2類物質（**【表5-1**の「特化則上の分類」の「G」の物質**】**）を製造し，または取り扱う作業場および(1)の特定化学設備を設置する屋内作業場の床は不浸透性の材料で造らなければならない。

(3) 特定化学物質が滞留するおそれのある設備の改造等の作業（第22条）

【表5-1の「特化則上の分類」の「A」の物質に適用**】**

特定化学物質を製造し，取り扱い，もしくは貯蔵する設備，またはし尿，パルプ液等特定化学物質を発生させる物を入れたタンク等で，特定化学物質が滞留するおそれのあるものの改造，修理，清掃等で，これらの設備を分解する作業またはこれらの設備の内部に立ち入る作業を行うときは，第2種酸素欠乏危険作業等に該当するものを除き，次の措置を講じなければならない。

① 作業の方法および順序を決定し，あらかじめ，これを作業に従事する労働者に周知させること。

② 特定化学物質による労働者の健康障害の予防について必要な知識を有する者のうちから作業指揮者を選任し，その者に当該作業を指揮させること。

③　作業を行う設備から特定化学物質を確実に排出し，かつ，当該設備に接続しているすべての配管から作業箇所に特定化学物質が流入しないようバルブ，コック等を二重に閉止し，またはバルブ，コック等を閉止するとともに閉止板等を施すこと。

④　閉止したバルブ，コック等または閉止板等には，施錠をし，これらを開放してはならない旨を見やすい箇所に表示し，または監視人を置くこと。

⑤　作業を行う設備の開口部で，特定化学物質が当該設備に流入するおそれのないものをすべて開放すること。

⑥　換気装置により，作業を行う設備の内部を十分に換気すること。

⑦　測定その他の方法により，作業を行う設備内部について，特定化学物質により労働者が健康障害を受けるおそれのないことを確認すること。

⑧　③により施した閉止板等を取り外す場合に特定化学物質が流出するおそれのあるときは，あらかじめ，当該閉止板等とそれに最も近接したバルブ，コック等との間の特定化学物質の有無を確認し，必要な措置を講ずること。

⑨　非常の場合に，直ちに，作業を行う設備の内部の労働者を退避させるための器具その他の設備を備えること。

⑩　作業に従事する労働者に不浸透性（耐透過性）の保護衣，保護手袋，保護長靴，呼吸用保護具等必要な保護具を使用させること。

なお，作業の一部を請負人に請け負わせるときは，当該請負人に対し，上記③から⑥までの措置を講ずること等について配慮すること。また，上記⑦および⑧の措置を講ずる必要がある旨および上記⑩の保護具を使用する必要がある旨を周知させなければならない。

さらに，上記⑦の確認が行われていない設備については，当該設備の内部に頭部を入れてはならない旨を，あらかじめ，作業に従事する者に周知しなければならない。この場合の「作業に従事する者」には，自社の労働者のみならず，作業の一部を請負人に請け負わせるときは，当該請負人の労働者も含む趣旨である。

(4)設備の溶断等により特定化学物質を発生させるおそれのある作業（第22条の2）

【表5-1の「特化則上の分類」の「A」の物質に適用】

特定化学物質を製造し，取り扱い，もしくは貯蔵する設備のうち（3）を除く設備で溶断，研磨等により特定化学物質が発生するおそれのあるものの改造，修理，清掃等で，これらの設備を分解する作業またはこれらの設備の内部に立ち入る作業を行うときは，第2種酸素欠乏危険作業等に該当するものを除き，(3）の①，②，⑤，

⑥，⑨，⑩の措置を講じなければならない。

なお，作業の一部を請負人に請け負わせるときは，当該請負人に対し同様な措置を講ずること等について配慮すること。また，同様な保護具を使用する必要がある旨を周知させなければならない。

(5) その他（第23条～第26条）

① 第3類物質等（**【表5-1の「特化則上の分類」の「I」の物質】**）が漏えいした場合において作業に従事する者が健康障害を受けるおそれのあるときは，作業に従事する者を作業場等から退避させること。

なお，この場合の「作業に従事する者」には，自社の労働者のみならず，作業の一部を請負人に請け負わせるときは，当該請負人の労働者も含む趣旨である。

② 第1類物質（**【表5-1の「特化則上の分類」の「B」の物質】**）または第2類物質（**【表5-6の「立入禁止の措置」の欄参照】**）の製造，取扱い作業場（燻蒸作業を除く）には，関係者以外の者の立入りを禁止し，これを見やすい箇所に表示すること。

③ 特定化学物質（**【表5-1の「特化則上の分類」の「A」の物質】**）を運搬し，貯蔵するときは，堅固な容器，確実な包装のものとし，所要の表示をすること。また，これらの物質またはその空容器，使用済み包装は適切に保管すること。

④ 特定化学設備（4の（1）参照）設置作業場では，救護組織の確立，その組織の訓練等に努力すること。

5 第5章 管理（第27条～第38条の4）

（1）から（3）および（7）は，**【表5-1の「特化則上の分類」の「A」の物質】**に適用される。（4）から（6）は，**【表5-1の「特化則上の分類」の「B」および「C」の物質】**に適用される。

(1) 特定化学物質作業主任者の選任および職務（第27条および第28条）

特定化学物質作業主任者の選任および職務については，第1編第1章または本編第1章の4に述べたとおり，特定化学物質を製造し，または取り扱う作業（試験研究のため取り扱う場合および第2条の2に定められた作業（322頁参照）を除く）には，特定化学物質および四アルキル鉛等作業主任者技能講習を修了した者のうちから「特定化学物質作業主任者」を選任し，特化則第28条に定められた職務を行わせなければならないこととされている。

なお，特別有機溶剤業務では，「有機溶剤作業主任者技能講習」を修了した者のうちから，「特定化学物質作業主任者」を選任することとされている（第27条第１項）。

特定化学物質障害予防規則

（特定化学物質作業主任者の職務）

第28条　事業者は，特定化学物質作業主任者に次の事項を行わせなければならない。

１　作業に従事する労働者が特定化学物質により汚染され，又はこれらを吸入しないように，作業の方法を決定し，労働者を指揮すること。

２　局所排気装置，プッシュプル型換気装置，除じん装置，排ガス処理装置，排液処理装置その他労働者が健康障害を受けることを予防するための装置を１月を超えない期間ごとに点検すること。

３　保護具の使用状況を監視すること。

４　タンクの内部において特別有機溶剤業務に労働者が従事するときは，第38条の８において準用する有機則第26条各号に定める措置が講じられていることを確認すること。

特化則第28条第１号の「作業の方法」は，専ら労働者の健康障害の予防に必要な事項に限るものであり，たとえば，関係装置の起動，停止，監視，調整等の要領，対象物質の送給，取り出し，サンプリング等の方法，対象物質についての洗浄，掃除等の汚染除去および廃棄処理の方法，その他相互間の連絡，合図の方法等がある。

第２号の「その他労働者が健康障害を受けることを予防するための装置」には，全体換気装置，密閉式の構造の製造装置，安全弁またはこれに代わる装置等がある。

また，同じく第２号の「点検する」とは，関係装置について，第２章で述べた製造等に係る措置および第３章で述べた除じん装置，排ガス処理装置および排液処理装置について，障害予防の措置に係る事項を中心に点検することをいい，その主な内容として，装置の主要部分の損傷，脱落，腐食，異常音等の有無，局所排気装置その他の排出処理のための装置等の効果の確認等である。

さらに，第３号の「保護具の使用状況を監視」とは，労働者が必要に応じて適切な保護具を正しく使用しているかどうかを監視するものである。

（2）定期自主検査（第29条～第32条・第35条）

定期自主検査について，次の定めによらなければならない。また，自主検査の結果，異常を認めた場合は，直ちに，補修等の措置を講じなければならない。

①　局所排気装置，プッシュプル型換気装置，除じん装置，排ガス処理装置および排液処理装置については，１年以内ごとに１回，定期的にそれぞれ所定の事項について自主検査を行い，その結果を記録し，３年間保存すること。

② 特定化学設備またはその附属設備については，2年以内ごとに1回，定期的にそれぞれに所定の事項について自主検査を行い，その結果を記録し，3年間保存すること。

(3) 点検（第33条～第35条）

局所排気装置，プッシュプル型換気装置，除じん装置，排ガス処理装置，排液処理装置および特定化学設備またはその附属設備をはじめて使用するとき，分解して改造もしくは修理を行ったとき等には，定期自主検査の項目と同じ項目について点検を行い，その結果を記録し，3年間保存しなければならない。また，異常を認めた場合は，直ちに補修等の措置を講じなければならない。

(4) 測定および記録（第36条）

コークス炉上，コークス炉に接してコークス製造の作業を行う場合の作業場を含む第1類物質および第2類物質である特定化学物質を製造し，または取り扱う屋内作業場（第2条の2に定められた作業（322頁参照）を除く）については，6月以内ごとに1回，定期に，特定化学物質の空気中における濃度の測定を実施し，所定の事項について記録し，これを3年間，または一定の物質については30年間保存しなければならない。

なお，特別有機溶剤業務を行う屋内作業場に係る作業環境測定およびその結果の保存については，それぞれ**図5-2**（323頁参照）のAまたはBの場合により，**表5-2**のとおりである。

(5) 測定結果の評価（第36条の2）

第1類物質および第2類物質のうち，一定の物に係る屋内作業場について，作業環境測定を行ったときは，その都度，速やかに作業環境評価基準に従って，作業環境の管理状態に応じ，第1管理区分，第2管理区分または第3管理区分に区分する

表5-2　特別有機溶剤業務に関する作業環境測定

	A（特別有機溶剤単一成分として1%超）		B（特別有機溶剤と有機溶剤の合計5%超）
	A1　特別有機溶剤と有機溶剤の合計5%以下	A2　特別有機溶剤と有機溶剤の合計5%超	
特別有機溶剤の測定	○（30年）	○（30年）	×
混合物中の各有機溶剤の測定	×	○（3年）	○（3年）

有機溶剤との合計5%超の場合は，有機則で測定が義務づけられている有機溶剤についても測定
（　）は測定と評価の記録の保存期間

ことにより当該測定の結果の評価を行い，所定の事項を記録し，３年間，または一定の物質については30年間保存しなければならない。

(6) 評価の結果に基づく措置（第36条の３および第36条の４）

① 評価の結果，第３管理区分に区分された場所については，直ちに施設，設備，作業工程または作業方法の点検を行い，その結果に基づき，施設または設備の設置または整備，作業工程または作業方法の改善その他作業環境を改善するため必要な措置を講じ，当該場所の管理区分が第１管理区分または第２管理区分となるようにし，その効果を確認するため，当該特定化学物質の濃度を測定し，およびその結果の評価を行わなければならない。

また，第１管理区分に区分された場所において作業に従事する自社の労働者以外の者に対しても，有効な呼吸用保護具を使用する必要がある旨を周知させなければならない。

② 評価の結果，第２管理区分に区分された場所については，施設，設備，作業工程または作業方法の点検を行い，その結果に基づき，施設・設備の設置や整備，作業工程や作業方法の改善その他作業環境を改善するため必要な措置を講ずるよう努めなければならない。

③ 測定の結果が第２管理区分または第３管理区分と評価された作業場所については，評価の結果と改善のために講じた措置を掲示等の方法で作業者に周知させなければならない。

(7) 作業環境測定の評価結果が第３管理区分に区分された場合の義務

（第36条の３の２）（令和６年４月１日施行）

① 作業環境測定の評価結果が第３管理区分に区分された場合は，次の措置を取らなければならない。

ア　当該作業場所の作業環境の改善の可否と，改善できる場合の改善方策について，外部の作業環境管理専門家の意見を聴くこと。

イ　アの結果，当該場所の作業環境の改善が可能な場合，必要な改善措置を講じ，その効果を確認するための濃度測定を行い，結果を評価すること。

② ①のアで作業環境管理専門家が改善困難と判断した場合と①のイの測定評価の結果が第３管理区分に区分された場合は，次の措置を取らなければならない。

ア　個人サンプリング測定等による化学物質の濃度測定を行い，その結果に応じて労働者に有効な呼吸用保護具を使用させること。

イ　アの呼吸用保護具が適切に装着されていることを確認すること。

ウ　保護具着用管理責任者を選任し，アおよびイの管理，特定化学物質作業主任者の職務に対する指導（いずれも呼吸用保護具に関する事項に限る。）等を担当させること。

エ　①のアの作業環境管理専門家の意見の概要と，①のイの措置と評価の結果を労働者に周知すること。

オ　上記措置を講じたときは，遅滞なくこの措置の内容を所轄労働基準監督署に届け出ること。

③　②の場所の評価結果が改善するまでの間の義務

ア　6カ月以内ごとに1回，定期に，個人サンプリング測定等による化学物質の濃度測定を行い，その結果に応じて労働者に有効な呼吸用保護具を使用させること。

イ　1年以内ごとに1回，定期に，呼吸用保護具が適切に装着されていることを確認すること。

④　その他

ア　作業環境測定の結果，第3管理区分に区分され，上記①および②の措置を講ずるまでの間の応急的な呼吸用保護具についても，有効な呼吸用保護具を使用させること。

イ　②のアおよび③のアで実施した個人サンプリング測定等による測定結果，測定結果の評価結果を3年間保存すること（特別管理物質に関わるものは30年間）。

ウ　②のイおよび③のイで実施した呼吸用保護具の装着確認結果を3年間保存すること。

(8) 特定有機溶剤混合物の測定等（第36条の5）

特定有機溶剤混合物（321頁の19参照）を製造し，または取り扱う作業場に係る作業環境測定（実質的には**表5-2**の特別有機溶剤業務等に関する作業環境測定のうち，混合物中の各有機溶剤の測定）については，有機則第28条（第1項を除く）から第28条の4までの規定によって作業環境測定の実施，結果の記録，測定結果の評価および評価の結果に基づく措置をとることになる。

(9) その他（第37条～第38条の4）

①　第1類物質または第2類物質の製造，取扱い作業に労働者を従事させるときは，作業場以外の場所に休憩室を設け，適切な洗眼，洗身またはうがいの設備，更衣設備および洗たくのための設備を備えること。また，作業に従事する労働

者の身体が第1類物質または第2類物質により汚染されたときは，速やかに労働者の身体を洗浄させ，汚染を除去しなければならない。なお，作業の一部を請負人に請け負わせるときは，当該請負人に対し，同様な措置をとる必要がある旨を周知させなければならない。

② 作業場内で労働者が喫煙し，または飲食することを禁止し，この旨を表示しなければならない。また，取り扱う物質が粉状である場合には，休憩室の入口には湿らせたマットを置く等により足部に付着した物を除去できる設備を設けるとともに衣服用ブラシを備え，また，休憩室の床を容易に掃除できる構造にしたうえで毎日1回以上掃除しなければならない。

　この場合，作業の一部を請負人に請け負わせるときは，当該請負人に対し，同様な措置を取る必要がある旨を周知させなければならない。

③ 特別管理物質を製造し，または取り扱う作業場には，当該物質の名称等所定の事項を見やすい箇所に掲示しなければならない。

④ 特別管理物質を製造し，または取り扱う作業場において常時作業に従事する労働者について，1月を超えない期間ごとに作業に関する所定の事項を記録し，これを30年間保存しなければならない（**表5-3**を参照）。

6　第5章の2　特殊な作業等の管理（第38条の5～第38条の21）

塩素化ビフェニル，インジウム化合物，特別有機溶剤等，エチレンオキシド等，コバルト等，コークス炉（コールタール等），三酸化二アンチモン等，燻（くん）蒸作業（臭化メチル等），ニトログリコール，ベンゼン等，1･3-ブタジエン等，硫酸ジエチル等，1･3-プロパンスルトン等，リフラクトリーセラミックファイバー等および金属アーク溶接等作業にかかる措置を定めている。

（編注）「臭化メチル等」にはエチレンオキシド，酸化プロピレン，シアン化水素およびホルムアルデヒドを，「1･3-ブタジエン等」には1･4-ジクロロ-2-ブテンをそれぞれ含む。

表5-3　作業記録の例

例1　事業場ごとに月別で作成したもの　　　　○○工業株式会社○○工場　　　年　　月分

労働者の氏名	従事した作業の概要	当該作業に従事した期間	特別管理物質により著しく汚染される事態の有無	著しく汚染される事態がある場合，その概要及び事業者が講じた応急の措置の概要
○○○○	作業内容：金属部品の自動洗浄作業 作業時間：1日当たり○時間 取扱温度：25℃（洗浄槽内40℃） 洗浄剤の消費量：1日当たり○リットル 洗浄剤の成分：ジクロロメタン100％含有 換気状況：密閉設備 保護具：ゴム手袋，有機ガス用防毒マスク	○月○日 ～○月○日	有り ○月○日 午前○時○分頃	洗浄作業場で洗浄剤をタンクに補充中，左足に約2リットルかかる。水洗後医師へ受診。
●●●●	作業内容：金属部品の手吹塗装作業 作業時間：1日当たり○時間 取扱温度：25℃ 塗料の消費量：1日当たり○リットル 塗料の成分：メチルイソブチルケトン10％含有 換気状況：局所排気装置（排気量○ m^3/分） 保護具：ゴム手袋，有機ガス用防毒マスク	○月○日 ～○月○日	無し	

例2　事業場ごとに作業者別で作成したもの　　　○○工業株式会社○○工場　労働者の氏名　○○　○○
年　　月　　日～　　　年　　月　　日分

作業年月日	従事した作業の概要	特別管理物質により著しく汚染される事態の有無	著しく汚染される事態がある場合，その概要及び事業者が講じた応急の措置の概要
○月○日	作業内容：金属部品の自動洗浄作業 作業時間：1日当たり○時間 取扱温度：25℃（洗浄槽内40℃） 洗浄剤の消費量：1日当たり○リットル 洗浄剤の成分：ジクロロメタン100％含有 換気状況：密閉設備 保護具：ゴム手袋，有機ガス用防毒マスク	有り ○月●日 午前○時○分頃	洗浄作業場で洗浄剤をタンクに補充中，左足に約2リットルかかる。水洗後医師へ受診。
○月○日	同上	無し	—
○月○日	同上	無し	—
○月○日	作業内容：金属部品の手吹塗装作業 作業時間：1日当たり○時間 取扱温度：25℃ 塗料の消費量：1日当たり○リットル 塗料の成分：メチルイソブチルケトン10％含有 換気状況：局所排気装置（排気量○ m^3/分） 保護具：ゴム手袋，有機ガス用防毒マスク	無し	—

7　第6章　健康診断（第39条～第42条）

(1) 健康診断（第39条および第40条）

第1類物質**【表5-1**の「特化則上の分類」の「B」の物質**】**または第2類物質**【表5-1**の「特化則上の分類」の「C」の物質**】**の製造または取扱いの作業（第2条の2に定められた作業を除く）および製造禁止物質を試験研究のため製造または使用する業務に常時従事する労働者に対し，雇入れ時，配置替えして就業させる際およびその後定期に（6月以内ごと，一部は1年以内ごと）一定項目の検診または検査による健康診断を行わなければならない。また，過去にその事業場で，ベンジジン，ベーター-ナフチルアミンおよびビス（クロロメチル）エーテル（9の（1）参照）ならびに特別管理物質**【表5-1**の「特化則上の分類」の「J」の物質**】**の取扱い作業（ジクロロメタン洗浄・払拭業務以外のクロロホルム等有機溶剤業務を除く）に従事した在職労働者に対しても定期に一定項目の健康診断を行わなければならない。

なお，健康診断の結果を記録し，これを5年間（特別管理物質に係る健康診断の結果の記録は30年間）保存しなければならない。

特別有機溶剤業務に常時従事する労働者に対する健康診断については，**図5-2**のAまたはBの場合により，**表5-4**のとおり特化則に定められた特殊健診，有機則に定められた特殊健診またはその両方を行わなければならない。

(2) ばく露の程度が低い場合における健康診断の実施頻度の緩和（第39条第4項）

特別管理物質を除く特定化学物質に関する特殊健康診断の実施頻度について，作業環境測定やばく露防止対策が適切に実施されている場合には，通常6月以内ごとに1回実施することとされている当該健康診断を1年以内ごとに1回に緩和できる。

(3) 健康診断の結果についての医師からの意見聴取（第40条の2）

特定化学物質健康診断の結果に基づく安衛法第66条の4の規定による医師からの意見聴取は，次に定めるところにより行わなければならない。

① 特定化学物質健康診断が行われた日（安衛法第66条第5項ただし書の場合にあっては，当該労働者が健康診断の結果を証明する書面を事業者に提出した日）から3月以内に行うこと。

② 聴取した医師の意見を特定化学物質健康診断個人票に記載すること。

(4) 健康診断の結果の通知（第40条の3）

健康診断を行ったときは，当該労働者に対し，遅滞なく，健康診断の結果を通知

表 5-4 特別有機溶剤業務に関する健康診断

	A（特別有機溶剤単一成分として1%超）		B（特別有機溶剤と有機溶剤の合計5%超）
	A1 特別有機溶剤と有機溶剤の合計5%以下	A2 特別有機溶剤と有機溶剤の合計5%超	
特別有機溶剤の特殊健診	○（30年）	○（30年）	×
有機則に定める特殊健診	×	○（5年）	○（5年）
過去に特別有機溶剤業務に従事させたことのある労働者の特別有機溶剤特殊健診*	○（30年）	○（30年）	×
緊急診断	○	○	○

（ ）は健康診断の結果の記録の保存期間

* エチルベンゼン塗装業務および1･2-ジクロロプロパン洗浄･払拭業務，ジクロロメタン洗浄･払拭業務に限る。

特殊健康診断の健診項目を大幅改正

労働衛生関係の特別規則の上での特殊健康診断の制度は，昭和35（1960）年の有機溶剤中毒予防規則，昭和42（1967）年の鉛中毒予防規則，続く昭和46（1971）年の特定化学物質障害予防規則の制定であった。それらの規則は，昭和47（1972）年の労働安全衛生法の施行に伴い，同法に基づく省令となり，同法の体系に則った省令となったが，規制内容は基本的に制定当時のものが踏襲されていた。その後，昭和50（1975）年には特化則の大改正，昭和53（1978）年には有機則の大改正が行われた。また，昭和63（1988）年には，特殊健康診断にバイオロジカルモニタリングの手法が導入される等の改正が行われてきた。しかし，安衛法の施行から40年以上が経過し，その間，医学的知見の進歩，化学物質の使用状況の変化，労働災害の発生状況など，化学物質による健康障害に関する事情は大きく変化してきた。

そのため，厚生労働省において専門家による検討会が設置され，日本産業衛生学会，国際がん研究機関（IARC），米国衛生管理者会議（ACGIH）等，国内外の研究文献等の最新の知見を踏まえて化学物質取扱業務従事者に係る特殊健康診断の健診項目の見直しについての検討が行われた。その結果を踏まえ，令和2（2020）年3月3日に「労働安全衛生規則等の一部を改正する省令」（令和2年厚生労働省令第20号）が公布され，安衛法第66条第2項の特殊健康診断の健康診断の項目が大幅に改正され，同年7月1日から施行されることとなった。（60頁参照）

しなければならない。

(5) 健康診断結果報告（第41条）

定期の健康診断を行ったときは，遅滞なく，特定化学物質健康診断結果報告書を所轄労働基準監督署長に提出しなければならない。

(6) 緊急診断（第42条）

特定化学物質が漏えいした場合で，労働者がこれらに汚染され，吸入したときは，医師による診察または処置を受けさせなければならない。

なお，作業の一部を請負人に請け負わせるときは，当該請負人に対し，同様な措置を取る必要がある旨を周知させなければならない。

8　第7章　保護具（第43条～第45条）

特定化学物質**【表5-1**の「特化則上の分類」の「A」の物質**】**の製造等の業務においての，保護具等の備付けについては次によらなければならない。

① ガス，蒸気または粉じんを吸入することによる労働者の健康障害を防止するため必要な呼吸用保護具を備えること。

② 皮膚障害または経皮侵入を防ぐために不浸透性（耐透過性）の保護衣等および塗布剤を備えること。

③ 作業の一部を請負人に請け負わせるときは，当該請負人に対し，②の保護衣等を備え付けておくこと等により当該保護衣等を使用することができるようにする必要がある旨周知させなければならない。

④ 皮膚に障害を与え，または皮膚から吸収されることにより障害をおこすおそれのあるものに係る作業のうち一定のものについて，事業者は当該作業に従事する労働者に保護めがねならびに不浸透性の保護衣，保護手袋および保護長靴を使用させなければならないこととされている。労働者も使用を命じられたときは使用しなければならない。

また，作業の一部を請負人に請け負わせるときは，当該請負人に対し，同様な措置を取らなければならない旨を周知させなければならない。

⑤ これらの保護具は必要な数量を備え，有効かつ清潔に保持すること。

なお，特化則第38条の7第1項第2号の規定に基づく呼吸用保護具については，505頁を参照。

9　第8章　製造許可等（第46条～第50条の2）

(1) 禁止物質の製造等に係る基準（第47条）

安衛法第55条で「製造等の禁止」として，次のように規定されている。

労働安全衛生法

（製造等の禁止）

第55条　黄りんマッチ，ベンジジン，ベンジジンを含有する製剤その他の労働者に重度の健康障害を生ずる物で，政令で定めるものは，製造し，輸入し，譲渡し，提供し，又は使用してはならない。ただし，試験研究のため製造し，輸入し，又は使用する場合で，政令で定める要件に該当するときは，この限りでない。

製造等が禁止される有害物等は，安衛令第16条第1項に定められている。

労働安全衛生法施行令

（製造等が禁止される有害物等）

第16条　法第55条の政令で定める物は，次のとおりとする。

1　黄りんマッチ
2　ベンジジン及びその塩
3　4-アミノジフエニル及びその塩
4　石綿（次に掲げる物で厚生労働省令で定めるものを除く。）
　イ　石綿の分析のための試料の用に供される石綿
　ロ　石綿の使用状況の調査に関する知識又は技能の習得のための教育の用に供される石綿
　ハ　イ又はロに掲げる物の原料又は材料として使用される石綿
5　4-ニトロジフエニル及びその塩
6　ビス（クロロメチル）エーテル
7　ベーターナフチルアミン及びその塩
8　ベンゼンを含有するゴムのりで，その含有するベンゼンの容量が当該ゴムのりの溶剤（希釈剤を含む。）の5パーセントを超えるもの
9　第2号，第3号若しくは第5号から第7号までに掲げる物をその重量の1パーセントを超えて含有し，又は第4号に掲げる物をその重量の0.1パーセントを超えて含有する製剤その他の物

さらに，安衛法第55条ただし書きにより，「試験研究のため製造し，輸入し，又は使用する場合で，政令で定める要件」として，安衛令第16条第2項に次のように定められている。

労働安全衛生法施行令

（製造等が禁止される有害物等）

第16条

② 法第55条ただし書の政令で定める要件は，次のとおりとする。

1　製造，輸入又は使用について，厚生労働省令で定めるところにより，あらかじめ，都道府県労働局長の許可を受けること。この場合において，輸入貿易管理令（昭和24年政令第414号）第9条第1項の規定による輸入割当てを受けるべき物の輸入については，同項の輸入割当てを受けたことを証する書面を提出しなければならない。

2　厚生労働大臣が定める基準に従つて製造し，又は使用すること。

特化則第47条の規定は，安衛令第16条第2項第2号の「厚生労働大臣が定める基準」を定めたものである。黄りんマッチ，ベンジジン，4-アミノジフェニル，石綿，4-ニトロジフェニル，ビス（クロロメチル）エーテル，ベーター-ナフチルアミン，ベンゼンゴムのりの禁止物質を特例によって試験研究で製造などを行う場合には，設備を密閉構造とするほか，設備の設置場所の床を水洗によって容易に掃除できる構造とすること，従事者は必要な知識をもつこと，容器は堅固なものとし，見やすい箇所に成分の表示をすること，一定の場所に保管すること，取扱いには適切な保護手袋等を用いること，関係者以外立入禁止とすること等が定められている。

表 5-5　禁止物質の製造等に係る基準

（右の欄の1号から7号は，特化則第47条の号別を示す）

禁止物質
- 製造等の禁止の解除手続（特化則第46条）
- 製造等に係る基準（特化則第47条）
  - 製造事業場
  - 使用事業場

事業場	項目	基準	号
製造事業場	製造する設備	原則——密閉式	1号
		困難な場合——ドラフトチェンバー	
	設備を設置する場所	床は水洗可能な構造	2号
		立入禁止措置および表示	7号
	容　　器	堅固な容器	4号
		成分表示	
	保　　管	場所の特定	5号
		表示	
使用事業場	作業者の要件	健康障害防止の知識	3号
	労働衛生保護具	不浸透性の保護前掛，保護手袋	6号

（2） 製造許可の基準（第50条および第50条の2）

【表5-1の「特化則上の分類」の「B」の物質**】**の製造事業場に適用される。

特定化学物質のうち第1類物質を製造しようとする場合の，厚生労働大臣の定める製造許可基準は，次のとおりである。

① 製造許可を要するジクロルベンジジン等（第1類物質のうちベリリウム等を除いたもの）を，試験研究以外のために製造する場合には，取扱い場所を他と隔離することなどのほか，設備を密閉構造とすること。反応槽やふるい分け機，真空ろ過機などを適切な構造とすること。粉状物質の取扱いなどは囲い式フードの局所排気装置またはプッシュプル型換気装置を設けるなどの方法によること。排気筒には除じん装置を設けること。排液は適切に処理すること，サンプリングは適切な方法によること。取扱いには作業衣や保護手袋等を用いること等が定められている。

② 製造許可を要するベリリウム等を，試験研究以外のために製造する場合には，焼結し，または煆焼する設備と他を隔離することなどのほか，設備を密閉構造とすること，所要の場所等に局所排気装置またはプッシュプル型換気装置を設けること。粉状のベリリウムの取扱いは遠隔操作とすること。作業規程を定め，これにより作業を行うこと。取扱いには作業衣や保護手袋等を用いること等が定められている。

③ 製造許可を要するジクロルベンジジン等，ベリリウム等を試験研究のため製造する場合には，設備を密閉構造とするほか，床を水洗によって容易に掃除できる構造とすること。従事者は必要な知識をもつこと。取扱いなどには適切な保護手袋等を用いること等が定められている。

10 第9章 特定化学物質及び四アルキル鉛等作業主任者技能講習（第51条）

特定化学物質及び四アルキル鉛等作業主任者技能講習は，都道府県労働局長またはその登録する登録教習機関が行い，特定化学物質および四アルキル鉛等に係る次の科目について行う。

① 健康障害およびその予防措置に関する知識

② 作業環境の改善方法に関する知識

③ 保護具に関する知識

④　関係法令

11　第10章　報告（第53条）

特別管理物質【**表5-1**の「特化則上の分類」の「J」の物質】の製造または取り扱う事業を廃止しようとするときは，作業環境測定および作業の記録，特定化学物質健康診断個人票またはこれらの写しを添えて，所轄労働基準監督署長に提出する。

表5-6に「特定化学物質障害予防規則による規制内容一覧」を，**表5-7**に特化則第38条の8の規定により準用される「特別有機溶剤等に係る有機溶剤中毒予防規則の準用整理表」を示す。

（参考）

表 5-6　特定化学物質障害予防規則による規制内容一覧

法令	条	規制内容	製造禁止物質								第1類物質							第2類物質									
		令区分	1	2	3	4	5	6	7	8	1	2	3	4	5	6	7	1	2	3	3の2	3の3	4	5	6	7	8
		物質名	黄りんマッチ	ベンジジン及びその塩	4-アミノジフェニル及びその塩	石綿（石綿分析試料等を除く）	4-ニトロジフェニル及びその塩	ビス(クロロメチル)エーテル	ベータ-ナフチルアミン及びその塩	ベンゼンゴムのり	ジクロルベンジジン及びその塩	アルファ-ナフチルアミン及びその塩	塩素化ビフェニル（PCB）	オルト-トリジン及びその塩	ジアニシジン及びその塩	ベリリウム及びその化合物	ベンゾトリクロリド	アクリルアミド	アクリロニトリル	アルキル水銀化合物	インジウム化合物	エチルベンゼン	エチレンイミン	エチレンオキシド	塩化ビニル	塩素	オーラミン
労働安全衛生法	55	製造等の禁止	○	○	○	○	○	○	○	○																	
	56	製造の許可									○	○	○	○	○	○	○										
	57～57の3	表示等・通知・リスクアセスメント									○	○	○	○	○	○	○	○	○	○	○	○	○	○	○	○	○
	59	労働衛生教育（雇入れ時）									○	○	○	○	○	○	○	○	○	○	○	○	○	○	○	○	○
	67	健康管理手帳　対象		○		○		○	○						○	○	○								○		
		健康管理手帳　要件		3ヵ月		注1		3年	3ヵ月						3ヵ月	注1	3年								4年		
特定化学物質障害予防規則	3	第1類物質の取扱い設備				石綿障害予防規則による					○	○	○	○	○	○	○										
	4	特定第2類物質等の製造等に係る設備　密閉式																○	○			第38条の8により有機則の準用	○	○	○	○	○
		特定第2類物質等の製造等に係る設備　局排																○	○				○	○	○	○	○
		特定第2類物質等の製造等に係る設備　プッシュプル																○	○				○	○	○	○	○
	5	特定第2類物質又は管理第2類物質に係る設備　密閉式																○	○	○	○		○	○	○	○	
		特定第2類物質又は管理第2類物質に係る設備　局排																○	○	○	○		○	○	○	○	
		特定第2類物質又は管理第2類物質に係る設備　プッシュプル																○	○	○	○		○	○	○	○	
	7	局排の性能									制	制	0.01mg	制	制	0.001mg	0.05cm^3	0.1mg	2cm^3	0.01mg	制		0.05cm^3	1.8mg又は1cm^3	2cm^3	0.5cm^3	制
	9～12	用後処理装置の設備　除じん									○	○	○	○	○	○		○			○						○
		用後処理装置の設備　排ガス																									
		用後処理装置の設備　排液																		○							
		用後処理装置の設備　残さい物処理																		○							
	12の2	ぼろ等の処理									○	○	○	○	○	○	○	○	○	○	○		○	○	○	○	○
	第4章	漏えいの防止																○	○				○	○	○	○	
	21	床の構造									○	○	○	○	○	○	○	○	○	○	○		○	○	○	○	○
	24	立入禁止の措置									○	○	○	○	○	○	○	○	○	○	○	○	○	○	○	○	○
	25	容器等									○	○	○	○	○	○	○	○	○	○	○	○	○	○	○	○	○
	27	特定化学物質作業主任者の選任									○	○	○	○	○	○	○	○	○	○	○	有	○	○	○	○	○
	36	作業環境測定　実施									○	○	○	○	○	○	○	○	○	○	○	○	○	○	○	○	○
		作業環境測定　記録の保存									30	30	3	30	30	30	30	3	3	3	30	30	30	30	30	3	30
	36の2	作業環境測定の結果の評価　実施											○			○	○	○	○	○		○	○	○	○	○	
		作業環境測定の結果の評価　記録の保存											3			30	30	3	3	3		30	30	30	30	3	
	37	休憩室									○	○	○	○	○	○	○	○	○	○	○	○	○	○	○	○	○
	38	洗浄設備									○	○	○	○	○	○	○	○	○	○	○	○	○	○	○	○	○
	38の2	喫煙等の禁止									○	○	○	○	○	○	○	○	○	○	○	○	○	○	○	○	○
	38の3	掲示									○	○		○	○	○	○				○	○	○	○	○		○
	38の4	作業記録									○	○		○	○	○	○				○	○	○	○	○		○
	第5章の2	特別規定											○								○	有機則の準用		○			
	39・40	健康診断　雇入，定期		○	○		○	○	○		○	○	○	○	○	○*	○	○	○	○	○	○	○	§	○	○	○
		健康診断　配転後		○				○	○		○	○		○	○	○	○				○	○	○		○		○
		健康診断　記録の保存		5	5		5	5	5		30	30	5	30	30	30	30	5	5	5	30	30	30	5	30	5	30
	42	緊急診断									○	○	○	○	○	○	○	○	○	○	○	○	○	○	○	○	○
	53	記録の報告									○	○		○	○	○	○				○	○	○	○	○		○

第2類物質																																		
8の2	9	10	11	11の2	12	13	13の2	14	15	15の2	16	17	18	18の2	18の3	18の4	19	19の2	19の3	19の4	19の5	20	21	22	22の2	22の3	22の4	22の5	23	23の2	23の3	24	25	26
オルト-トルイジン	オルト-フタロジニトリル	カドミウム及びその化合物	クロム酸及びその塩	クロロホルム	クロロメチルメチルエーテル	五酸化バナジウム	コバルト及びその無機化合物	コールタール	酸化プロピレン	三酸化二アンチモン	シアン化カリウム	シアン化水素	シアン化ナトリウム	四塩化炭素	1・4-ジオキサン	1・2-ジクロロエタン	3・3'-ジクロロ-4・4'-ジアミノジフェニルメタン	1・2-ジクロロプロパン	ジクロロメタン	ジメチル-2・2-ジクロロビニルホスフェイト（DDVP）	1・1-ジメチルヒドラジン	臭化メチル	重クロム酸及びその塩	水銀及びその無機化合物	スチレン	1・1・2・2-テトラクロロエタン	テトラクロロエチレン	トリクロロエチレン	トリレンジイソシアネート	ナフタレン	ニッケル化合物	ニッケルカルボニル	ニトログリコール	パラ-ジメチルアミノアゾベンゼン
○	○	○	○	○	○	○	○	○	○	○	○	○	○	○	○	○	○	○	○	○	○	○	○	○	○	○	○	○	○	○	○	○	○	○
○	○	○	○	○	○	○	○	○	○	○	○	○	○	○	○	○	○	○	○	○	○	○	○	○	○	○	○	○	○	○	○	○	○	○
○			○					○										○					○											
5年			注1					注1										注1					注1											
				第38条の8により有機則の準用										第38条の8により有機則の準用				第38条の8により有機則の準用							第38条の8により有機則の準用									
○					○				○			○					○			○	○	○							○	○		○		○
○					○				○			○					○			○	○	○							○	○		○		○
○					○				○			○					○			○	○	○							○	○		○		○
○	○	○	○		○	○	○	○	○	○	○	○	○				○			○	○	○	○	○					○	○	○	○	○	○
○	○	○	○		○	○	○	○	○	○	○	○	○				○			○	○	○	○	○					○	○	○	○	○	○
○	○	○	○		○	○	○	○	○	○	○	○	○				○			○	○	○	○	○					○	○	○	○	○	○
1㎤	0.01mg	0.05mg	0.05mg		制	0.03mg	0.02mg	0.2mg	2㎤	0.1mg	3mg	3㎤	3mg				0.005mg			0.1mg	0.01㎤	1㎤	0.05mg	0.025mg					0.005㎤	10㎤	0.1mg	0.007mg又は0.001㎤	0.05㎤	制
	○	○	○			○	○	○		○	○		○				○						○	○						○	○			○
											○		○																					
○	○	○	○		○	○	○	○	○	○	○	○	○				○			○	○	○	○	○					○	○	○	○	○	○
○					○				○			○					○			○	○	○							○	○		○		○
○	○	○	○		○	○	○	○	○	○	○	○	○				○			○	○	○	○	○					○	○	○	○	○	○
○	○	○	○		○	○	○	○	○	○	○	○	○				○	○		○	○	○	○	○					○	○	○	○	○	○
○	○	○	○	○	○	○	○	○	○	○	○	○	○	○	○	○	○	○	○	○	○	○	○	○	○	○	○	○	○	○	○	○	○	○
○	○	○	○	有	○	○	○	○	○	○	○	○	○	有	有	有	○	有	有	○	○	○	○	○	有	有	有	有	○	○	○	○	○	○
○	○	○	○	○	○	○	○	○	○	○	○	○	○	○	○	○	○	○	○	○	○	○	○	○	○	○	○	○	○	○	○	○	○	○
30	3	3	30	30	30	3	30	30	30	30	3	3	3	30	30	30	30	30	30	30	30	3	30	3	30	30	30	30	3	30	30	30	3	30
○	○	○	○	○		○	○	○	○	○	○	○	○	○	○	○	○	○	○	○	○	○	○	○	○	○	○	○	○	○	○	○	○	
30	3	3	30	30		3	30	30	30	30	3	3	3	30	30	30	30	30	30	30	30	3	30	3	30	30	30	30	3	30	30	30	3	
○	○	○	○		○	○	○	○	○	○	○	○	○				○	○		○	○	○	○	○					○	○	○	○	○	○
○	○	○	○	○	○	○	○	○	○	○	○	○	○	○	○	○	○	○	○	○	○	○	○	○	○	○	○	○	○	○	○	○	○	○
○	○	○	○		○	○	○	○	○	○	○	○	○				○	○		○	○	○	○	○					○	○	○	○	○	○
○			○	○	○		○	○	○	○				○	○	○	○	○	○	○	○		○		○	○	○	○		○	○	○		○
○			○	○	○		○	○	○	○				○	○	○	○	○	○	○	○		○		○	○	○	○		○	○	○		○
				有機則の準用			○	○	○	○		○		有機則の準用				有機則の準用				○			有機則の準用								○	
○	○	○	○	○	○	○	○	○	○	○	○	○	○	○	○	○	○	○	○	○	○	○	○	○	○	○	○	○	○	○	○	○*	○	○
○			○		○		○	○	○	○							○	○	○	○	○		○							○	○	○		○
30	5	5	30	30	30	5	30	30	30	30	5	5	5	30	30	30	30	30	30	30	30	5	30	5	30	30	30	30	5	30	30	30	5	30
○	○	○	○	○	○	○	○	○	○	○	○	○	○	○	○	○	○	○	○	○	○	○	○	○	○	○	○	○	○	○	○	○	○	○
○			○	○	○		○	○	○	○				○	○	○	○	○	○	○	○		○		○	○	○	○		○	○	○		○

法令	条	規制内容		27 パラ-ニトロクロルベンゼン	27の2 砒素及びその化合物	28 弗化水素	29 ベータ-プロピオラクトン	30 ベンゼン	31 ペンタクロルフェノール及びそのナトリウム塩	31の2 ホルムアルデヒド	32 マゼンタ	33 マンガン及びその化合物	33の2 メチルイソブチルケトン	34 沃化メチル	34の2 溶接ヒューム	34の3 リフラクトリーセラミックファイバー	35 硫化水素	36 硫酸ジメチル	1 アンモニア	2 一酸化炭素	3 塩化水素	4 硝酸	5 二酸化硫黄	6 フェノール	7 ホスゲン	8 硫酸	— アクロレイン	— 硫化ナトリウム
分類				第2類物質															第3類物質									
労働安全衛生法	55	製造等の禁止																										
	56	製造の許可																										
	57～57の3	表示等・通知・リスクアセスメント		○	○	○	○	○	○	○	○	○	○	○		○	○	○	○	○	○	○	○	○	○	○	○	○
	59	労働衛生教育（雇入れ時）		○	○	○	○	○	○	○	○	○	○	○	○	○	○	○	○	○	○	○	○	○	○	○	○	○
	67	健康管理手帳	対象		○																							
			要件		注1																							
特定化学物質障害予防規則	3	第1類物質の取扱い設備																										
	4	特定第2類物質等の製造等に係る設備	密閉式	○		○	○	○		○	○		第38条の8により有機則の準用	○			○	○										
			局排	○		○	○	○		○	○			○			○	○										
			プッシュプル	○		○	○	○		○	○			○			○	○										
	5	特定第2類物質又は管理第2類物質に係る設備	密閉式	○	○	○	○	○	○	○		○		○		○	○	○										
			局排	○	○	○	○	○	○	○		○		○		○	○	○										
			プッシュプル	○	○	○	○	○	○	○		○		○		○	○	○										
	7	局排の性能		0.6mg	0.003mg	0.5㎤	0.5㎤	1㎤	0.5mg	0.1㎤	制	0.05mg		2㎤		0.3本/㎤	1㎤	0.1㎤										
	9～12	用後処理装置の設備	除じん	○	○				○		○	○				○												
			排ガス			○											○	○									○	
			排液						○												○	○				○		○
			残さい物処理																									
	12の2	ぼろ等の処理		○	○	○	○	○	○	○	○	○		○	○	○	○	○	○	○	○	○	○	○	○	○		
	第4章	漏えいの防止		○		○	○	○		○				○			○	○	○	○	○	○	○	○	○	○		
	21	床の構造		○	○	○	○	○	○	○	○	○		○	○	○	○	○	○	○	○	○	○	○	○	○		
	24	立入禁止の措置		○	○	○	○	○	○	○	○	○		○	○	○	○	○	○	○	○	○	○	○	○	○		
	25	容器等		○	○	○	○	○	○	○	○	○	○	○	○	○	○	○	○	○	○	○	○	○	○	○		
	27	特定化学物質作業主任者の選任		○	○	○	○	○	○	○	○	○	有	○	○	○	○	○	○	○	○	○	○	○	○	○		
	36	作業環境測定	実施	○	○	○	○	○	○	○	○	○	○	○		○	○	○										
			記録の保存	3	30	3	30	30	3	30	30	3	30	3		30	3	3										
	36の2	作業環境測定の結果の評価	実施	○	○	○	○	○	○	○		○	○	○		○	○	○										
			記録の保存	3	30	3	30	30	3	30		3	30	3		30	3	3										
	37	休憩室		○	○	○	○	○	○	○	○	○		○	○	○	○	○										
	38	洗浄設備		○	○	○	○	○	○	○	○	○	○	○	○	○	○	○										
	38の2	喫煙等の禁止		○	○	○	○	○	○	○	○	○		○	○	○	○	○										
	38の3	掲示			○		○	○		○	○		○			○												
	38の4	作業記録			○		○	○		○	○		○			○												
	第5章の2	特別規定						○		○			有機則の準用		○	○												
	39・40	健康診断	雇入，定期	○	○	○	○	○	○	§	○	○	○	○	○	○	○	○										
			配転後		○		○	○			○					○												
			記録の保存	5	30	5	30	30	5	5	30	5	30	5	5	30	5	5										
	42	緊急診断		○	○	○	○	○	○	○	○	○	○	○	○	○	○	○	○	○	○	○	○	○	○	○		
	53	記録の報告			○		○	○		○	○		○			○												

その他の物質			
—	—	—	—
1·3-ブタジエン	1·4-ジクロロ-2-ブテン	硫酸ジエチル	1·3-プロパンスルトン
○	○	○	○
○	○	○	○
			◆
◆	◆	◆	
◆	◆	◆	
◆	◆	◆	
制	0.005 cm^3	制	
			◆
			一部◆
			◆
			◆
			◆
◆	◆	◆	◆
◆	◆	◆	◆
◆	◆	◆	◆
◆	◆	◆	◆

注1　「健康管理手帳」の「要件」欄は次のとおり。

①「3カ月」「3年」等の期間は，健康管理手帳の交付要件としての当該業務の従事期間を示す。

②「石綿」の要件は，

(1) 両肺野に石綿による不整形陰影があり，または石綿による胸膜肥厚があること（これについては石綿を製造し，または取り扱う業務以外の周辺業務の場合も含む。），

(2) 石綿等の製造作業，石綿等が使用されている保温材，耐火被覆材等の張付け，補修，除去の作業，石綿等の吹付けの作業または石綿等が吹き付けられた建築物，工作物等の解体，破砕等の作業に1年以上従事した経験を有し，かつ初めて石綿等の粉じんにばく露した日から10年以上を経過していること，

(3) 石綿等を取り扱う作業（(2) の作業を除く）に10年以上従事した経験を有していること，

等のいずれかに該当すること。

③「ベリリウム及びその化合物」の要件は，両肺野にベリリウムによるび慢性の結節性陰影があること。

④「クロム酸及びその塩」の要件は，これら（重量の1%を超えて含有するものを含む）を鉱石から製造する事業場で製造・取扱業務に4年以上従事した者。

⑤「コールタール」の要件は，コークス炉上において，もしくはコークス炉に接して，またはガス発生炉上の業務に5年以上従事した者。

⑥「1,2-ジクロロプロパン」の要件は，屋内作業場等における印刷機その他の設備の清掃の業務に2年以上従事した経験を有すること。

⑦「重クロム酸及びその塩」の要件は，これら（重量の1%を超えて含有するものを含む）を鉱石から製造する事業場で製造・取扱業務に4年以上従事した者。

⑧「砒素及びその化合物」の要件は，無機砒素化合物（アルシン，砒化ガリウムを除く）の製造工程で粉砕し，三酸化砒素の製造工程で煤焼もしくは精製し，または砒素を3%を超えて含有する鉱石をポット法，グリナワルド法で精錬する業務に5年以上従事した者。

2　「局排の性能」の欄中，数字は「厚生労働大臣が定める値」（空気1㎥当たりに占める重量，容積）を示し，「制」とあるのは「厚生労働大臣が定める値」で，ガス状の物質は制御風速0.5 m／sec，粒子状の物質は1.0 m／secである。

3　「特定化学物質作業主任者の選任」欄の「有」は有機溶剤作業主任者技能講習修了者から選任。「マンガン及びその化合物」のうち「塩基性酸化マンガン」および「溶接ヒューム」に係る作業主任者の選任は，令和4年4月1日から適用。

4　「作業環境測定」および「健康診断」の「記録の保存」の欄中の数字は，保存年数を示す。

5　定期健康診断の○印は6月以内ごとに1回行う。＊印は1年以内ごとに1回胸部エックス線直接撮影による検査も行う。

6　「エチルベンゼン」に係る作業は屋内作業場等における塗装の業務のみ対象。

7　健康診断の欄の§印（エチレンオキシド，ホルムアルデヒド）については，特化則健康診断はないが，安衛則第45条に基づき一般定期健康診断を6月以内ごとに1回行う必要がある。

8　「クロロホルム等」（317頁14参照）に係る作業は，クロロホルム等有機溶剤業務（317頁16参照）のみ適用。

9　「コバルト及びその無機化合物」を触媒として取り扱う業務は適用が除外される。

10　「酸化プロピレン」に係る作業のうち一定のものは適用が除外される（322頁参照）。

11　「三酸化二アンチモン」に係る作業のうち，樹脂等により固形化されたものを取り扱う業務は適用が除外される。

12　「1·2-ジクロロプロパン」に係る作業は，屋内作業場等における洗浄または払拭の業務のみ適用。

13　「ジメチル-2·2-ジクロロビニルホスフェイト」に係る作業は，成形し，加工し，または包装する業務のみ適用。

14　◆印は安衛令別表第3に定められた特定化学物質ではないが，それぞれ該当条文と同様の内容が特別規定（特化則第38条の17～第38条の19）で定められていることを示す。

表 5-7　特別有機溶剤等に係る有機溶剤中毒予防規則の準用整理表

条文		内容	特別有機溶剤等（特別有機溶剤の含有量が1%超）	特別有機溶剤等（特別有機溶剤の含有量が1%以下）（注）
第1章 総則	1	定義	●	●
	2	適用除外（許容消費量）	●（※1）	●（※3）
	3・4	適用除外（署長認定）	●（※2）	●（※4）
第2章 設備	5	第1種有機溶剤等，第2種有機溶剤等に係る設備	●	
	6	第3種有機溶剤等に係る設備	●	
	7～13の3	第5条，第6条の措置の適用除外	●	
第3章 換気装置の性能等	14～17	局所排気装置等の要件	●	
	18	局所排気装置等の稼働時の要件	●	
	18の2・18の3	局所排気装置等の稼働の特例許可	●	
第4章 管理	19・19の2	作業主任者の選任，職務	×	
	20～23	定期自主検査，点検，補修	●	
	24	掲示	●	
	25	区分の表示	●	
	26	タンク内作業	●	
	27	事故時の退避等	●	
第5章 測定	28～28の4	作業環境測定	●（※5・6）	●（※6）
第6章 健康診断	29～30の3	健康診断	●（※5・7）	●（※7）
	30の4	緊急診断	×	
	31	健康診断の特例	●（※5）	●
第7章 保護具	32～34	送気マスク等の使用，保護具の備え付け等	●	
第8章 貯蔵と空容器の処理	35・36	貯蔵，空容器の処理	×	
第9章 技能講習	37	有機溶剤作業主任者技能講習	●（特化則第27条により適用）	

(注) 特別有機溶剤及び有機溶剤の含有量の合計が重量の5%を超えるものに限る。
※1　第2章，第3章，第4章（第27条を除く。），第7章について適用除外
※2　第2章，第3章，第4章（第27条を除く。），第5章，第6章，第7章及び特化則第42条第2項について適用除外
※3　第2章，第3章，第4章（第27条を除く。），第7章及び特化則第27条について適用除外
※4　第2章，第3章，第4章（第27条を除く。），第5章，第6章，第7章及び特化則第27条，第42条第2項について適用除外
※5　特別有機溶剤及び有機溶剤の含有量が5%以下のものを除く。
※6・7　作業環境測定に係る保存義務は3年間，健康診断に係る保存義務は5年間。

第４章　四アルキル鉛中毒予防規則のあらまし

四アルキル鉛は，古くからガソリンのアンチノック剤として広く利用されてきた猛毒な物質である。そのため，四アルキル鉛中毒予防のための法規制の歴史は古い。

最初の規制は，第２次世界大戦後のわが国の石油精製事業再開許可条件として，連合国総司令部（GHQ）からの指示により昭和26（1951）年に当時の労働基準法に基づく省令として「四エチル鉛危害防止規則」（昭和26年労働省令第12号）が制定された。

昭和33（1958）年７月に横浜市小柴の米軍基地石油貯蔵タンク清掃作業に従事していた作業者29人が四エチル鉛中毒にかかり，うち８人が死亡するという事故が発生した。この事故の教訓を生かして前記省令は昭和35年労働省令第３号をもって一部改正された。

その後，昭和36（1960）年には，四エチル鉛と同様にガソリンのアンチノック剤として使われるようになった四メチル鉛，三エチル・メチル鉛，二エチル・二メチル鉛および一エチル・三メチル鉛を規制対象に加えた「四エチル鉛等危害防止規則」（昭和36年労働省令第14号）が制定された。

さらに，昭和42（1967）年10月に四エチル鉛等に汚染されていた船倉の清掃中の作業者８人が死亡，20人が中毒するという大事故（ぼすとん丸事件）が発生したのを機に前記省令は全面的に改められ，新たに「四アルキル鉛中毒予防規則」（昭和43年労働省令第４号）として公布された。

昭和47（1972）年10月の安衛法の施行とともに，従来の労働基準法に基づく省令から，安衛法に基づく省令とされて現在に至っている。

四アルキル鉛は，ガソリンのアンチノック剤として広く使用されてきたが，昭和45（1970）年５月，東京都新宿区柳町交差点付近における大気汚染（ガソリンのアンチノック剤として使用されていたアルキル鉛による可能性が大きいこと）が大きくマスコミに取り上げられたことを契機にガソリンの無鉛化が進み，現在では特殊な用途以外には使用されなくなった。

1 総則（第1章）関係

(1) 定義等（第1条関係）

四アルキル鉛中毒予防規則の適用等を明らかにするため次のとおり定義されている。

① 四アルキル鉛とは…労働安全衛生法施行令（以下「安衛令」という）別表第5第1号の四アルキル鉛をいい，次のものがある。

四メチル鉛，四エチル鉛，一メチル・三エチル鉛，二メチル・二エチル鉛および三メチル・一エチル鉛ならびにこれらを含有するアンチノック剤

② 加鉛ガソリンとは…安衛令別表第5第4号の加鉛ガソリンをいい，四アルキル鉛を含有するガソリンである。

③ 四アルキル鉛等とは…四アルキル鉛および加鉛ガソリンをいう。

④ タンクとは…四アルキル鉛等によりその内部が汚染されており，または汚染されているおそれのあるタンクその他の設備をいう。これは主として四アルキル鉛等を入れたことのあるタンク等である。

⑤ 四アルキル鉛等業務とは…安衛令別表第5にあげられている業務をいう。なお，四アルキル鉛業務であっても遠隔操作によって行う隔離室における業務は，一部の条項を除き適用が除外されている。

⑥ 装置等とは…四アルキル鉛を製造する業務またはガソリンに混入する業務に用いる機械または装置をいう。

労働安全衛生法施行令

別表第5

四アルキル鉛等業務（第6条，第22条関係）

1 四アルキル鉛（四メチル鉛，四エチル鉛，一メチル・三エチル鉛，二メチル・二エチル鉛及び三メチル・一エチル鉛並びにこれらを含有するアンチノック剤をいう。以下同じ。）を製造する業務（四アルキル鉛が生成する工程以後の工程に係るものに限る。）

2 四アルキル鉛をガソリンに混入する業務（四アルキル鉛をストレージタンクに注入する業務を含む。）

3 前二号に掲げる業務に用いる機械又は装置の修理，改造，分解，解体，破壊又は移動を行なう業務（次号に掲げる業務に該当するものを除く。）

4 四アルキル鉛及び加鉛ガソリン（四アルキル鉛を含有するガソリンをいう。）（以下「四アルキル鉛等」という。）によりその内部が汚染されており，又は汚染されているおそれのあるタンクその他の設備の内部における業務

5　四アルキル鉛等を含有する残さい物（廃液を含む。以下同じ。）を取り扱う業務
6　四アルキル鉛が入つているドラムかんその他の容器を取り扱う業務
7　四アルキル鉛を用いて研究を行なう業務
8　四アルキル鉛等により汚染されており，又は汚染されているおそれのある物又は場所の汚染を除去する業務（第2号又は第4号に掲げる業務に該当するものを除く。）

2　四アルキル鉛等業務に係る措置（第２章）関係

四アルキル鉛等業務を行うためには，それぞれの態様に応じて措置が定められている。その概要は次のとおりである。

なお，事業者は，業務の一部を請負人に請け負わせるときは，当該請負人に対し，自社の労働者が作業する場合に取るべき措置と同様な措置を取らなければならない旨を周知しなければならない。

①　四アルキル鉛の製造に係る措置（第２条関係）

②　四アルキル鉛の混入に係る措置（第４条関係）

③　装置等の修理等に係る措置（第５条関係）

四アルキル鉛の製造または混入した装置等の修理等に労働者を従事させる場合は，次の措置を講じなければならない。

i　作業のはじめに装置等の汚染を除去すること。

ii　作業（汚染除去作業を除く）に従事する労働者に不浸透性（耐透過性）の保護前掛け，保護手袋および保護長靴ならびに有機ガス用防毒マスクを使用させること。

④　タンク内業務に係る措置（第６条および第７条関係）

四アルキル鉛用および加鉛ガソリン用のタンクの内部における業務に労働者を従事させる場合は，次の措置を講じなければならない。

i　四アルキル鉛をタンクから排出し，かつ，四アルキル鉛がタンクの内部に流入しない措置がとられていること。

ii　タンク内をガソリン，灯油等を用いて洗浄し，除毒剤を用いて除毒し，水または水蒸気を用いて洗浄した後，これらに用いたものをタンクから排出すること。

iii　タンク内を十分換気すること。

iv　退避設備または器具を備えること。

v　監視人を置くこと。

vi　作業に従事する労働者に不浸透性（耐透過性）の保護衣，保護手袋，保護長靴，帽子および送風マスクまたは有機ガス用防毒マスクを使用させること。

vii　以上のほか，加鉛ガソリン用タンク内作業を行う場合は，（iiiの換気目標）ガソリンの濃度が0.1 mg/L以下になるまで換気すること。

⑤　残さい物の取扱いに係る措置（第8条関係）

四アルキル鉛等を含有する残さい物を取り扱う業務に労働者を従事させる場合は，次の措置を講じなければならない。

i　残さい物を運搬し，または一時ためておく容器は，蓋または栓をした堅固な容器を用いること。

ii　残さい物を廃棄するときは，残さい物を焼却し，または除毒剤を十分注いだ後露出しないように処理すること。

iii　廃液を一時ためておくときは堅固な容器またはピットを用い，廃液を廃棄するときは，希釈その他の方法により十分除毒した後処理すること。

iv　作業に従事する労働者に不浸透性（耐透過性）の保護衣，保護手袋および保護長靴を使用させること。

⑥　ドラム缶等の取扱いに係る措置（第9条関係）

四アルキル鉛が入っているドラム缶等を取り扱う業務に労働者を従事させる場合は，次の措置を講じなければならない。

i　作業のはじめに，ドラム缶等およびこれらを置いてある場所を点検すること。

ii　点検の労働者に不浸透性（耐透過性）の保護衣，保護手袋および保護長靴を使用させ，有機ガス用防毒マスクを携帯させること。

iii　取扱い労働者に不浸透性（耐透過性）の保護手袋を使用させること。

⑦　研究に係る措置（第10条関係）

⑧　汚染除去に係る措置（第11条関係）

四アルキル鉛等の汚染を除去する業務に労働者を従事させる場合は，次の措置を講じなければならない。

i　地下室，船倉，ピット内部等であって自然換気の不十分なところにおいては，

- 退避設備または器具を備えること。
- 作業場所を十分換気すること。

- 監視人を置くこと。
- 作業に従事する労働者に不浸透性（耐透過性）の保護衣，保護手袋，保護長靴，帽子および送風マスクまたは有機ガス用防毒マスクを使用させること。

ⅱ　ⅰ以外のところにおいては，

- 作業場所に有機ガス用防毒マスクを備えること。
- 作業に従事する労働者に不浸透性（耐透過性）の保護衣，保護手袋および保護長靴を使用させること。

汚染除去作業を終了しようとするときに，四アルキル鉛の濃度の測定等により当該汚染が除去されたことを確認すること。

⑨　加鉛ガソリンの使用に係る措置（第12条および第13条関係）

四アルキル鉛等業務には該当しないが，特に危険性が憂慮されるため規定されたもので，加鉛ガソリンを使用する業務に労働者を従事させる場合は，次の措置を講じなければならない。

ⅰ　作業場所に囲い式の局所排気装置を設け，かつ，作業中これを稼働させること。

ⅱ　作業に従事する労働者に不浸透性（耐透過性）の保護手袋を使用させること。

ⅲ　労働者に加鉛ガソリンを用いて手足等を洗わせてはならないこと。

⑩　四アルキル鉛等作業主任者の選任（第14条関係）

四アルキル鉛等業務（労働安全衛生法施行令別表第5の業務のうち第1号から第6号までまたは第8号の業務）を行う場合は，作業場所ごとに四アルキル鉛等作業主任者を選任しなければならない。

⑪　薬品等の備付け（第17条関係）

四アルキル鉛等業務を行う作業場所ごとに所定の薬品等を備えなければならない。

⑫　立入禁止（第19条関係）

四アルキル鉛等業務を行う作業場所または四アルキル鉛を入れたタンク，ドラム缶等がある場所に関係者以外の者の立入りを禁止する旨を見やすい箇所に表示しなければならない。

⑬　事故の場合の退避等（第20条関係）

次の場合は，直ちに作業を中止し，作業に従事する者を退避させなければならない。

ⅰ　装置等が故障等によりその機能を失った場合

ⅱ　換気装置が作業中故障等によりその機能を失った場合

ⅲ　四アルキル鉛が漏れ，またはこぼれた場合

ⅳ　ⅰ～ⅲに掲げる場合のほか，作業場所等が四アルキル鉛またはその蒸気により著しく汚染される事態が生じた場合

⑭　特別の教育（第21条関係）

四アルキル鉛等業務に労働者を就かせる場合には，特別の教育を行わなければならない。

⑮　掲示（第21条の2関係）

四アルキル鉛等業務に労働者を従事させるときは，定められた事項を見やすい箇所に掲示しなければならない。

3　健康管理（第3章）関係

(1) 四アルキル鉛等健康診断（第22条～第24条関係）

四アルキル鉛等業務に常時従事する労働者については，雇入れの際，当該業務へ配置替えの際およびその後は6月以内ごとに1回，所定の項目について医師による健康診断を行わなければならない。

この健康診断については，主目的を短期の大量ばく露による急性中毒の予防から，長期的ばく露による健康障害の予防とすることとされ，令和2年7月に健診項目を改正するとともに，実施時期も「3月以内ごとに1回」から「6月以内ごとに1回」とされた。

また，健康診断の結果を記録し，これを5年間保存しなければならない。健康診断の結果，診断項目に異常の所見があると診断された労働者がいる場合には，その労働者の健康を保持するために必要な措置について，事業者は，医師または歯科医師の意見を聴き，その意見を健康診断個人票に記載しなければならない。

さらに，健康診断の結果は，遅滞なく，健康診断を受けた労働者に通知しなければならない。

なお，上記健康診断を実施したときは，遅滞なくその結果報告書を所轄の労働基準監督署に提出しなければならない。

作業環境測定の評価結果について一定の要件を満たす場合には，健康診断の実施

頻度を緩和することができる。

4　特定化学物質及び四アルキル鉛等作業主任者技能講習（第27条）関係

特定化学物質及び四アルキル鉛等作業主任者技能講習については，特化則第51条に定められているが，都道府県労働局長またはその登録する登録教習機関が行い，特定化学物質および四アルキル鉛等に係る次の科目について行う。

① 健康障害および予防措置に関する知識

② 作業環境改善方法に関する知識

③ 保護具に関する知識

④ 関係法令

技能講習修了証について

特定化学物質及び四アルキル鉛等作業主任者技能講習を修了すると，その講習を実施した登録教習機関より，技能講習修了証が交付される。この修了証は，当該技能講習を修了したことを証明する書面となるので，大事に保管しておく。

もしも，修了証を紛失するなど滅失・損傷してしまった場合には，修了証の交付を受けた登録教習機関に技能講習修了証再交付申込書など必要書類を提出して，再交付を受けなければならない。（安衛則第82条第1項）

また，氏名を変更した場合には，技能講習修了証書替申込書など必要書類を同様の登録教習機関に提出し，書き替えを受ける（安衛則第82条第2項）。

なお，修了証の交付を受けた登録教習機関が技能講習の業務を廃止していた場合は，厚生労働大臣が指定する指定保存交付機関である「技能講習修了証明書 発行事務局」（電話03-3452-3371）に帳簿が引き渡されている場合のみ，同事務局より技能講習修了証明書が交付される。また，技能講習を行った登録教習機関がわからなくなってしまった場合も，同様に帳簿が引き渡されていれば同事務局に資格照会をすることで判明する場合もあるので，問い合わせてみる。

(参考)

表5-8 四アルキル鉛中毒予防規則による規制内容一覧

規制内容等 ＼ 業務	設備											作業方法	保護具							管理・健康診断等								届出等
	装置等の密閉構造	3側面開放	作業場所の隔離	不浸透性の床	専用の洗面設備・洗浄用灯油槽・シャワー	専用の休憩室	更衣用ロッカー	ドラフト	囲い式またはブース式局所排気装置	換気装置	退避用設備および器具	作業方法	送風マスク	防毒マスク	保護前掛	保護衣	保護手袋	保護長靴	帽子	作業主任者の選任	薬品等の備付け	洗身	立入禁止	特別教育	健康診断および記録ならびに報告	技能講習	容器等	計画の届出
混入	●	●	●	●	●	●	●					①ドラム缶中の四アルキル鉛は，残らず吸引すること。 ②吸引後のドラム缶は直ちに密栓し，その外部の汚染を除去すること。		●	●		●	●		●	●	●	●	●	●	●		●
装置等の修理等												作業のはじめに，四アルキル鉛等の汚染を除去すること。この場合汚染除去業務に係る措置をとること。		●	●		●	●		●	●	●	●	●	●	●		●
タンク内										●	●	①タンク内部洗浄等の事前措置をとること。 ②監視者を配置すること。 ③換気装置を作業前および作業中稼働すること。 ④換気効果を確認すること。	●			●	●	●	●	●	●	●	●	●	●	●		
残さい物の取扱い												①残さい物の廃棄は，焼却等によること。 ②廃液の廃棄は希釈その他の方法により十分除毒した後処理すること。				●	●	●		●	●	●	●	●	●	●	●	
ドラム缶等の取扱い												作業のはじめにドラム缶等容器およびこれらが置いてある場所を点検すること。		●		●	●	●		●	●	●(手洗いで可)	●	●	●	●		
研究								●							●		●				●	●(手洗いで可)	●	●	●			
汚染除去 通気不十分な場所										●	●	①監視者を配置すること。 ②換気装置を作業前および作業中稼働すること。 ③作業終了後，汚染除去の確認をすること。	●			●	●	●	●	●	●	●	●	●	●	●		
汚染除去 上記以外の場所														●備付		●	●	●		●	●	●	●	●	●	●		
加鉛ガソリンの使用									●								●											

(注) 計画の届出に関する規定については，平成6年7月1日より，本規則から労働安全衛生規則へ統合された。

第５章　特定化学物質障害予防規則

（昭和 47 年９月 30 日労働省令第 39 号）
（最終改正：令和５年１月 18 日厚生労働省令第５号）
（下線部分については，令和６年４月１日から施行。）

目　次

第１章　総　則

（事業者の責務）

第１条　事業者は，化学物質による労働者のがん，皮膚炎，神経障害その他の健康障害を予防するため，使用する物質の毒性の確認，代替物の使用，作業方法の確立，関係施設の改善，作業環境の整備，健康管理の徹底その他必要な措置を講じ，もつて，労働者の危険の防止の趣旨に反しない限りで，化学物質にばく露される労働者の人数並びに労働者がばく露される期間及び程度を最小限度にするよう努めなければならない。

解　　説

本条は，事業者の責務として，ILOの「1974年の職業がん条約」にもうたわれているように化学物質による労働者の健康障害を予防するため必要な措置を講じ，化学物質にばく露される労働者の人数ならびにばく露される期間および程度を最小限度にするよう努めなければならないことを定めている。

（定義等）

第2条　この省令において，次の各号に掲げる用語の定義は，当該各号に定めるところによる。

1　第1類物質　労働安全衛生法施行令（以下「令」という。）別表第3第1号に掲げる物をいう。

2　第2類物質　令別表第3第2号に掲げる物をいう。

3　特定第2類物質　第2類物質のうち，令別表第3第2号1，2，4から7まで，8の2，12，15，17，19，19の4，19の5，20，23，23の2，24，26，27，28から30まで，31の2，34，35及び36に掲げる物並びに別表第1第1号，第2号，第4号から第7号まで，第8号の2，第12号，第15号，第17号，第19号，第19号の4，第19号の5，第20号，第23号，第23号の2，第24号，第26号，第27号，第28号から第30号まで，第31号の2，第34号，第35号及び第36号に掲げる物をいう。

3の2　特別有機溶剤　第2類物質のうち，令別表第3第2号3の3，11の2，18の2から18の4まで，19の2，19の3，22の2から22の5まで及び33の2に掲げる物をいう。

3の3　特別有機溶剤等　特別有機溶剤並びに別表第1第3号の3，第11号の2，第18号の2から第18号の4まで，第19号の2，第19号の3，第22号の2から第22号の5まで，第33号の2及び第37号に掲げる物をいう。

4　オーラミン等　第2類物質のうち，令別表第3第2号8及び32に掲げる物並びに別表第1第8号及び第32号に掲げる物をいう。

5　管理第2類物質　第2類物質のうち，特定第2類物質，特別有機溶剤等及びオーラミン等以外の物をいう。

6　第3類物質　令別表第3第3号に掲げる物をいう。

7　特定化学物質　第1類物質，第2類物質及び第3類物質をいう。

②　令別表第3第2号37の厚生労働省令で定める物は，別表第1に掲げる物とする。

③　令別表第3第3号9の厚生労働省令で定める物は，別表第2に掲げる物とする。

解　説

特化則の適用を明らかにするために，本条第１項では第１類物質，第２類物質，特定第２類物質，特別有機溶剤等，オーラミン等，管理第２類物質および第３類物質について定義している。また，第２項および第３項により特定化学物質を含有する物の法令が適用される限度（裾切り）が別表第１および別表第2に示されている。なお，第１項第２号の第２類物質には別表第１のものも含まれ，第１項第６号の第３類物質には別表第２のものも含まれる（第１項第１号の第１類物質については安衛令別表第３第１号の中に示されている。）。

（適用の除外）

第２条の２　この省令は，事業者が次の各号のいずれかに該当する業務に労働者を従事させる場合は，当該業務については，適用しない。ただし，令別表第3第2号11の2，18の2，18の3，19の3，19の4，22の2から22の4まで若しくは23の2に掲げる物又は別表第1第11号の2，第18号の2，第18号の3，第19号の3，第19号の4，第22号の2から第22号の4まで，第23号の2若しくは第37号（令別表第3第2号11の2，18の2，18の3，19の3又は22の2から22の4までに掲げる物を含有するものに限る。）に掲げる物を製造し，又は取り扱う業務に係る第44条及び第45条の規定の適用については，この限りでない。

1　次に掲げる業務（以下「特別有機溶剤業務」という。）以外の特別有機溶剤等を製造し，又は取り扱う業務

イ　クロロホルム等有機溶剤業務（特別有機溶剤等（令別表第3第2号11の2，18の2から18の4まで，19の3，22の2から22の5まで又は33の2に掲げる物及びこれらを含有する製剤その他の物（以下「クロロホルム等」という。）に限る。）を製造し，又は取り扱う業務のうち，屋内作業場等（屋内作業場及び有機溶剤中毒予防規則（昭和47年労働省令第36号。以下「有機則」という。）第1条第2項各号に掲げる場所をいう。以下この号及び第39条第7項第2号において同じ。）において行う次に掲げる業務をいう。）

(1)　クロロホルム等を製造する工程におけるクロロホルム等のろ過，混合，攪拌，加熱又は容器若しくは設備への注入の業務

(2)　染料，医薬品，農薬，化学繊維，合成樹脂，有機顔料，油脂，香料，甘味料，火薬，写真薬品，ゴム若しくは可塑剤又はこれらのものの中間体を製造する工程におけるクロロホルム等のろ過，混合，攪拌（かくはん）又は加熱の業務

(3)　クロロホルム等を用いて行う印刷の業務

(4)　クロロホルム等を用いて行う文字の書込み又は描画の業務

⑸ クロロホルム等を用いて行うつや出し，防水その他物の面の加工の業務

⑹ 接着のためにするクロロホルム等の塗布の業務

⑺ 接着のためにクロロホルム等を塗布された物の接着の業務

⑻ クロロホルム等を用いて行う洗浄（⑿に掲げる業務に該当する洗浄の業務を除く。）又は払拭の業務

⑼ クロロホルム等を用いて行う塗装の業務（⑿に掲げる業務に該当する塗装の業務を除く。）

⑽ クロロホルム等が付着している物の乾燥の業務

⑾ クロロホルム等を用いて行う試験又は研究の業務

⑿ クロロホルム等を入れたことのあるタンク（令別表第3第2号11の2，18の2から18の4まで，19の3，22の2から22の5まで又は33の2に掲げる物の蒸気の発散するおそれがないものを除く。）の内部における業務

ロ　エチルベンゼン塗装業務（特別有機溶剤等（令別表第3第2号3の3に掲げる物及びこれを含有する製剤その他の物に限る。）を製造し，又は取り扱う業務のうち，屋内作業場等において行う塗装の業務をいう。以下同じ。）

ハ　1･2-ジクロロプロパン洗浄・払拭業務（特別有機溶剤等（令別表第3第2号19の2に掲げる物及びこれを含有する製剤その他の物に限る。）を製造し，又は取り扱う業務のうち，屋内作業場等において行う洗浄又は払拭の業務をいう。以下同じ。）

2　令別表第3第2号13の2に掲げる物又は別表第1第13号の2に掲げる物（第38条の11において「コバルト等」という。）を触媒として取り扱う業務。

3　令別表第3第2号15に掲げる物又は別表第1第15号に掲げる物（以下「酸化プロピレン等」という。）を屋外においてタンク自動車等から貯蔵タンクに又は貯蔵タンクからタンク自動車等に注入する業務（直結できる構造のホースを用いて相互に接続する場合に限る。）

4　酸化プロピレン等を貯蔵タンクから耐圧容器に注入する業務（直結できる構造のホースを用いて相互に接続する場合に限る。）

5　令別表第3第2号15の2に掲げる物又は別表第1第15号の2に掲げる物（以下この号及び第38条の13において「三酸化二アンチモン等」という。）を製造し，又は取り扱う業務のうち，樹脂等により固形化された物を取り扱う業務

6　令別表第3第2号19の4に掲げる物又は別表第1第19号の4に掲げる物を

製造し，又は取り扱う業務のうち，これらを成形し，加工し，又は包装する業務以外の業務

7　令別表第3第2号23の2に掲げる物又は別表第1第23号の2に掲げる物(以下この号において「ナフタレン等」という。）を製造し，又は取り扱う業務のうち，次に掲げる業務

イ　液体状のナフタレン等を製造し，又は取り扱う設備（密閉式の構造のものに限る。ロにおいて同じ。）からの試料の採取の業務

ロ　液体状のナフタレン等を製造し，又は取り扱う設備から液体状のナフタレン等をタンク自動車等に注入する業務（直結できる構造のホースを用いて相互に接続する場合に限る。）

ハ　液体状のナフタレン等を常温を超えない温度で取り扱う業務（イ及びロに掲げる業務を除く。）

8　令別表第3第2号34の3に掲げる物又は別表第1第34号の3に掲げる物(以下この号及び第38条の20において「リフラクトリーセラミックファイバー等」という。）を製造し，又は取り扱う業務のうち，バインダーにより固形化された物その他のリフラクトリーセラミックファイバー等の粉じんの発散を防止する処理が講じられた物を取り扱う業務（当該物の切断，穿(せん)孔，研磨等のリフラクトリーセラミックファイバー等の粉じんが発散するおそれのある業務を除く。）

解　説

平成23年の改正前の特化則の規定は，原則として「特定化学物質を製造し，または取り扱う作業」の全般に適用されていた。

平成23年の改正以降に新たに特化則の規制対象とされる物質および当該物質に関わる業務は，厚労省に設けられた「化学物質のリスク評価委員会」において，リスクが高いと判断されたものとされた。本条は，それに伴う適用除外の業務が示されたものであり，本条各号に定められた業務は特化則の適用が除外されることになる。ただし，日本産業衛生学会において，皮膚と接触することにより，経皮的に吸収される量が全身への健康影響または吸収量からみて無視できない程度に達することがあると勧告がなされている物質若しくはACGIHにおいて皮膚吸収があると勧告がなされている物質およびこれらを含有する製剤その他の物を製造し，もしくは取り扱う作業またはこれらの周辺で行われる作業であって，皮膚に障害を与え，または皮膚から吸収されることにより障害をおこすおそれがあるものについては，本条に規定される適用除外業務であっても，保護衣等に係る特化則第44条および第45条の規定は適用となる。例えば，次の物質を製造し，若しくは取り扱う作業が対象とされている。

・クロロホルム
・四塩化炭素
・1, 4-ジオキサン
・ジクロロメタン（別名二塩化メチレン）
・ジメチル-2, 2-ジクロロビニルホスフェイト（別名DDVP）
・スチレン
・1, 1, 2, 2-テトラクロロエタン（別名四塩化アセチレン）
・テトラクロロエチレン（別名パークロルエチレン）
・ナフタレン

なお，新たに規制対象とされた物質の規制対象とされた業務以外の業務は，「労働安全衛生法第28条第3項の規定に基づく健康障害を防止するための指針」，いわゆる「がん原性指針」の対象とされている。

第2条の3 この省令（第22条，第22条の2，第38条の8（有機則第7章の規定を準用する場合に限る。），第38条の13第3項から第5項まで，第38条の14，第38条の20第2項から第4項まで及び第7項，第6章並びに第7章の規定を除く。）は，事業場が次の各号（令第22条第1項第3号の業務に労働者が常時従事していない事業場については，第4号を除く。）に該当すると当該事業場の所在地を管轄する都道府県労働局長（以下この条において「所轄都道府県労働局長」という。）が認定したときは，第36条の2第1項に掲げる物（令別表第3第1号3，6又は7に掲げる物を除く。）を製造し，又は取り扱う作業又は業務（前条の規定により，この省令が適用されない業務を除く。）については，適用しない。

1　事業場における化学物質の管理について必要な知識及び技能を有する者として厚生労働大臣が定めるもの（第5号において「化学物質管理専門家」という。）であつて，当該事業場に専属の者が配置され，当該者が当該事業場における次に掲げる事項を管理していること。

イ　特定化学物質に係る労働安全衛生規則（昭和47年労働省令第32号）第34条の2の7第1項に規定するリスクアセスメントの実施に関すること。

ロ　イのリスクアセスメントの結果に基づく措置その他当該事業場における特定化学物質による労働者の健康障害を予防するため必要な措置の内容及びその実施に関すること。

2　過去3年間に当該事業場において特定化学物質による労働者が死亡する労働災害又は休業の日数が4日以上の労働災害が発生していないこと。

3　過去3年間に当該事業場の作業場所について行われた第36条の2第1項の規定による評価の結果が全て第1管理区分に区分されたこと。

4　過去3年間に当該事業場の労働者について行われた第39条第1項の健康診断の結果，新たに特定化学物質による異常所見があると認められる労働者が発見されなかつたこと。

5　過去3年間に1回以上，労働安全衛生規則第34条の2の8第1項第3号及び第4号に掲げる事項について，化学物質管理専門家（当該事業場に属さない者に限る。）による評価を受け，当該評価の結果，当該事業場において特定化学物質による労働者の健康障害を予防するため必要な措置が適切に講じられていると認められること。

6　過去3年間に事業者が当該事業場について労働安全衛生法（以下「法」という。）及びこれに基づく命令に違反していないこと。

② 前項の認定（以下この条において単に「認定」という。）を受けようとする事業場の事業者は，特定化学物質障害予防規則適用除外認定申請書（様式第1号）により，当該認定に係る事業場が同項第1号及び第3号から第5号までに該当することを確認できる書面を添えて，所轄都道府県労働局長に提出しなければならない。

③ 所轄都道府県労働局長は，前項の申請書の提出を受けた場合において，認定をし，又はしないことを決定したときは，遅滞なく，文書で，その旨を当該申請書を提出した事業者に通知しなければならない。

④ 認定は，3年ごとにその更新を受けなければ，その期間の経過によつて，その効力を失う。

⑤ 第1項から第3項までの規定は，前項の認定の更新について準用する。

⑥ 認定を受けた事業者は，当該認定に係る事業場が第1項第1号から第5号までに掲げる事項のいずれかに該当しなくなつたときは，遅滞なく，文書で，その旨を所轄都道府県労働局長に報告しなければならない。

⑦ 所轄都道府県労働局長は，認定を受けた事業者が次のいずれかに該当するに至つたときは，その認定を取り消すことができる。

1　認定に係る事業場が第1項各号に掲げる事項のいずれかに適合しなくなつたと認めるとき。

2　不正の手段により認定又はその更新を受けたとき。

3　特定化学物質に係る法第22条及び第57条の3第2項の措置が適切に講じられていないと認めるとき。

⑧ 前三項の場合における第1項第3号の規定の適用については，同号中「過去3年間に当該事業場の作業場所について行われた第36条の2第1項の規定による評価の結果が全て第1管理区分に区分された」とあるのは，「過去3年間の当該事業場の作業場所に係る作業環境が第36条の2第1項の第一管理区分に相当する水準にある」とする。

解　説

第2条の3第1項は，事業者による化学物質の自律的な管理を促進するという考え方に基づき，作業環境測定の対象となる化学物質を取り扱う業務等について，化学物質管理の水準が一定以上であると所轄都道府県労働局長が認める事業場に対して，当該化学物質に適用される特化則等の特別則の規定の一部の適用を除外することを定めたものである。適用除外の対象とならない規定は，特殊健康診断に係る規定及び保護具の使用に係る規定である。なお，作業環境測定の対象となる化学物質以外の化学物質に係る業務等については，本規定による適用除外の対象とならない。
また，所轄都道府県労働局長が特化則等で示す適用除外の要件のいずれかを満たさないと認めるときには，適用除外の認定は取消しの対象となる。適用除外が取り消された場合，適用除外となっていた当該化学物質に係る業務等に対する特化則等の規定が再び適用される。
第２条の３第１項第１号の化学物質管理専門家については，作業場の規模や取り扱う化学物質の種類，量に応じた必要な人数が事業場に専属の者として配置されている必要がある。
第２条の３第１項第２号の「過去３年間」とは，申請時を起点として遡った３年間をいう。
第２条の３第１項第３号については，申請に係る事業場において，申請に係る特化則等において作業環境測定が義務付けられている全ての化学物質等について特化則等の規定に基づき作業環境測定を実施し，作業環境の測定結果に基づく評価が第一管理区分であることを過去３年間維持している必要がある。
第２条の３第１項第４号については，申請に係る事業場において，申請に係る特化則等において健康診断の実施が義務付けられている全ての化学物質等について，過去３年間の健康診断で異常所見がある労働者が１人も発見されないことが求められる。なお，安衛則に基づく定期健康診断の項目だけでは，特定化学物質等による異常所見かどうかの判断が困難であるため，安衛則の定期健康診断における異常所見については，適用除外の要件とはしないこと。
第２条の３第１項第５号については，客観性を担保する観点から，認定を申請する事業場に属さない化学物質管理専門家から，安衛則第34条の２の８第１項第３号及び第４号に掲げるリスクアセスメントの結果やその結果に基づき事業者が講ずる労働者の危険又は健康障害を防止するため必要な措置の内容に対する評価を受けた結果，当該事業場における化学物質による健康障害防止措置が適切に講じられていると認められることを求めるものである。なお，本規定の評価については，ISO（JISQ）45001の認証等の取得を求める趣旨ではない。
第２条の３第１項第６号については，過去３年間に事業者が当該事業場について法及びこれに基づく命令に違反していないことを要件とするが，軽微な違反まで含む趣旨ではない。なお，法及びそれに基づく命令の違反により送検されている場合，労働基準監督機関から使用停止等命令を受けた場合，又は労働基準監督機関から違反の是正の勧告を受けたにもかかわらず期限までに是正措置を行わなかった場合は，軽微な違反には含まれない。
第２条の３第５項から第７項までの場合における第２条の３第１項第３号の規定の適用については，過去３年の期間，申請に係る当該物質に係る作業環境測定の結果に基づく評価が，第１管理区分に相当する水準を維持していることを何らかの手段で評価し，その評価結果について，当該事業場に属さない化学物質管理専門家の評価を受ける必要がある。なお，第１管理区分に相当する水準を維持していることを評価する方法には，個人ばく露測定の結果による評価，作業環境測定の結果による評価又は数理モデルによる評価が含まれる。これらの評価の方法については，別途示すところに留意する必要がある。

第２章　製造等に係る措置

（第１類物質の取扱いに係る設備）

第３条　事業者は，第１類物質を容器に入れ，容器から取り出し，又は反応槽等へ投入する作業（第１類物質を製造する事業場において当該第１類物質を容器に入れ，容器から取り出し，又は反応槽等へ投入する作業を除く。）を行うときは，当該作業場所に，第１類物質のガス，蒸気若しくは粉じんの発散源を密閉する設備，囲い式フードの局所排気装置又はプッシュプル型換気装置を設けなければならない。ただし，令別表第３第１号３に掲げる物又は同号８に掲げる物で同号３に係るもの（以下「塩素化ビフエニル等」という。）を容器に入れ，又は容器から取り出す作業を行う場合で，当該作業場所に局所排気装置を設けたときは，この限りでない。

② 事業者は，令別表第３第１号６に掲げる物又は同号８に掲げる物で同号６に係るもの（以下「ベリリウム等」という。）を加工する作業（ベリリウム等を容器に入れ，容器から取り出し，又は反応槽等へ投入する作業を除く。）を行うときは，当該作業場所に，ベリリウム等の粉じんの発散源を密閉する設備，局所排気装置又はプッシュプル型換気装置を設けなければならない。

解　説

本条の規定は，第１類物質（製造許可物質）の製造事業場以外の事業場での取扱いに係る設備について定められたもので，原則として発散源を密閉する設備，囲い式フードの局所排気装置またはプッシュプル型換気装置とすべきことが定められている。

第２項のベリリウム等を加工する作業は，当該物質の性質上，ほかの第１類物質と取扱方法が異なるため，囲い式フードの局所排気装置とすることが困難なことが多い。そのため，局所排気装置のフードの型式が特定されていない。

「囲い式フード」とは，作業に支障のない範囲でできる限り発生源を覆うようにし，その開口部をできるだけ狭くした型式のフードである。

なお，第１類物質の製造に関わる設備および製造事業場における取扱いに関する規制は，安衛法第56条に基づく製造許可基準として特化則第８章に規定されている。

（第２類物質の製造等に係る設備）

第４条　事業者は，特定第２類物質又はオーラミン等（以下「特定第２類物質等」という。）を製造する設備については，密閉式の構造のものとしなければならない。

② 事業者は，その製造する特定第２類物質等を労働者に取り扱わせるときは，隔離室での遠隔操作によらなければならない。ただし，粉状の特定第２類物質等を湿潤な状態にして取り扱わせるときは，この限りでない。

③ 事業者は，その製造する特定第２類物質等を取り扱う作業の一部を請負人に請け負わせるときは，当該請負人に対し，隔離室での遠隔操作による必要がある旨を周知させるとともに，当該請負人に対し隔離室を使用させる等適切に遠隔操作による作業が行われるよう必要な配慮をしなければならない。ただし，粉状の特定第２類物質等を湿潤な状態にして取り扱うときは，この限りでない。

④ 事業者は，その製造する特定第２類物質等を計量し，容器に入れ，又は袋詰め

する作業を行う場合において，第1項及び第2項の規定によることが著しく困難であるときは，当該作業を当該特定第2類物質等が作業中の労働者の身体に直接接触しない方法により行い，かつ，当該作業を行う場所に囲い式フードの局所排気装置又はプッシュプル型換気装置を設けなければならない。

⑤　事業者は，前項の作業の一部を請負人に請け負わせる場合において，第1項の規定によること及び隔離室での遠隔操作によること又は粉状の特定第2類物質等を湿潤な状態にして取り扱うことが著しく困難であるときは，当該請負人に対し，当該作業を当該特定第2類物質等が身体に直接接触しない方法により行う必要がある旨を周知させなければならない。

第5条　事業者は，特定第2類物質のガス，蒸気若しくは粉じんが発散する屋内作業場（特定第2類物質を製造する場合，特定第2類物質を製造する事業場において当該特定第2類物質を取り扱う場合，燻蒸作業を行う場合において令別表第3第2号5，15，17，20若しくは31の2に掲げる物又は別表第1第5号，第15号，第17号，第20号若しくは第31号の2に掲げる物（以下「臭化メチル等」という。）を取り扱うとき，及び令別表第3第2号30に掲げる物又は別表第1第30号に掲げる物（以下「ベンゼン等」という。）を溶剤（希釈剤を含む。第38条の16において同じ。）として取り扱う場合に特定第2類物質のガス，蒸気又は粉じんが発散する屋内作業場を除く。）又は管理第2類物質のガス，蒸気若しくは粉じんが発散する屋内作業場については，当該特定第2類物質若しくは管理第2類物質のガス，蒸気若しくは粉じんの発散源を密閉する設備，局所排気装置又はプッシュプル型換気装置を設けなければならない。ただし，当該特定第2類物質若しくは管理第2類物質のガス，蒸気若しくは粉じんの発散源を密閉する設備，局所排気装置若しくはプッシュプル型換気装置の設置が著しく困難なとき，又は臨時の作業を行うときは，この限りでない。

②　事業者は，前項ただし書の規定により特定第2類物質若しくは管理第2類物質のガス，蒸気若しくは粉じんの発散源を密閉する設備，局所排気装置又はプッシュプル型換気装置を設けない場合には，全体換気装置を設け，又は当該特定第2類物質若しくは管理第2類物質を湿潤な状態にする等労働者の健康障害を予防するため必要な措置を講じなければならない。

解　説

①　製造事業場に係る措置（第４条）

特定第２類物質等を製造する設備は，密閉式の構造とし，労働者に取り扱わせるときは，隔離室での遠隔操作によること。計量や袋詰め作業で，これらの措置が著しく困難であるときは，作業を特定第２類物質等が作業者の身体に直接接触しない方法により行い，かつ，当該作業を行う場所に囲い式フードの局所排気装置またはプッシュプル型換気装置を設ける。

なお，「密閉式の構造」とは，原料の投入口・製品の取出し口以外から，特定第２類物質等の蒸気または粉じんが装置外に発散しないようにした構造をいう。

② ガス・蒸気・粉じんの発散する屋内作業場に係る措置（第４条・第５条）

特定第２類物質（特定第２類物質等ではない）のガス・蒸気・粉じんを発散する屋内作業場（上記の①の場合，臭化メチル等を用いて燻蒸作業を行う場合の取扱いおよびベンゼン等を溶剤等として取り扱う場合を除く），または管理第２類物質のガス・蒸気・粉じんを発散する屋内作業場における特定第２類物質または管理第２類物質のガス・蒸気・粉じんの発散源には，原則として，その発散源を密閉する設備，局所排気装置またはプッシュプル型換気装置等を設ける。これらの措置が困難なとき，または臨時の作業を行うときは，全体換気装置を設け，または当該物質を湿潤な状態にする，有効な呼吸用保護具を使用する等，労働者の健康障害を予防するため必要な措置を講ずる。

③ 特別有機溶剤等に関する規制

第２類物質である「特別有機溶剤等」については，特別有機溶剤業務（313 頁参照）が対象となり，設備等には特化則第５章の２第 38 条の８の規定により有機則の規定が準用される。

第６条　前二条の規定は，作業場の空気中における第２類物質のガス，蒸気又は粉じんの濃度が常態として有害な程度になるおそれがないと当該事業場の所在地を管轄する労働基準監督署長（以下「所轄労働基準監督署長」という。）が認定したときは，適用しない。

② 前項の規定による認定を受けようとする事業者は，特定化学物質障害予防規則一部適用除外認定申請書（様式第１号の２）に作業場の見取図を添えて，所轄労働基準監督署長に提出しなければならない。

③ 所轄労働基準監督署長は，前項の申請書の提出をうけた場合において，第１項の規定による認定をし，又は認定をしないことを決定したときは，遅滞なく，文書で，その旨を当該申請者に通知しなければならない。

④ 第１項の規定による認定を受けた事業者は，第２項の申請書又は作業場の見取図に記載された事項を変更したときは，遅滞なく，その旨を所轄労働基準監督署長に報告しなければならない。

⑤ 所轄労働基準監督署長は，第１項の規定による認定をした作業場の空気中における第２類物質のガス，蒸気又は粉じんの濃度が同項の規定に適合すると認められなくなつたときは，遅滞なく，当該認定を取り消すものとする。

第６条の２　事業者は，第４条第４項及び第５条第１項の規定にかかわらず，次条第１項の発散防止抑制措置（第２類物質のガス，蒸気又は粉じんの発散を防止し，又は抑制する設備又は装置を設置することその他の措置をいう。以下この条及び次条において同じ。）に係る許可を受けるために同項に規定する第２類物質のガス，蒸気又は粉じんの濃度の測定を行うときは，次の措置を講じた上で，第２類物質のガス，蒸気又は粉じんの発散源を密閉する設備，局所排気装置及びプッシュプル型換気装置を設けないことができる。

1　次の事項を確認するのに必要な能力を有すると認められる者のうちから確認者を選任し，その者に，あらかじめ，次の事項を確認させること。

イ　当該発散防止抑制措置により第２類物質のガス，蒸気又は粉じんが作業場へ拡散しないこと。

ロ　当該発散防止抑制措置が第２類物質を製造し，又は取り扱う業務（臭化メチル等を用いて行う燻（くん）蒸作業を除く。以下同じ。）に従事する労働者に危険を及ぼし，又は労働者の健康障害を当該措置により生ずるおそれのないものであること。

2　当該発散防止抑制措置に係る第２類物質を製造し，又は取り扱う業務に従事する労働者に有効な呼吸用保護具を使用させること。

3　前号の業務の一部を請負人に請け負わせるときは，当該請負人に対し，有効な呼吸用保護具を使用する必要がある旨を周知させること。

②　労働者は，事業者から前項第２号の保護具の使用を命じられたときは，これを使用しなければならない。

第６条の３　事業者は，第４条第４項及び第５条第１項の規定にかかわらず，発散防止抑制措置を講じた場合であつて，当該発散防止抑制措置に係る作業場の第２類物質のガス，蒸気又は粉じんの濃度の測定（当該作業場の通常の状態において，法第65条第２項及び作業環境測定法施行規則（昭和50年労働省令第20号）第３条の規定に準じて行われるものに限る。以下この条において同じ。）の結果を第36条の２第１項の規定に準じて評価した結果，第１管理区分に区分されたときは，所轄労働基準監督署長の許可を受けて，当該発散防止抑制措置を講ずることにより，第２類物質のガス，蒸気又は粉じんの発散源を密閉する設備，局所排気装置及びプッシュプル型換気装置を設けないことができる。

②　前項の許可を受けようとする事業者は，発散防止抑制措置特例実施許可申請書（様式第１号の３）に申請に係る発散防止抑制措置に関する次の書類を添えて，所轄労働基準監督署長に提出しなければならない。

1　作業場の見取図

2　当該発散防止抑制措置を講じた場合の当該作業場の第2類物質のガス，蒸気又は粉じんの濃度の測定の結果及び第36条の2第1項の規定に準じて当該測定の結果の評価を記載した書面

3　前条第1項第1号の確認の結果を記載した書面

4　当該発散防止抑制措置の内容及び当該措置が第2類物質のガス，蒸気又は粉じんの発散の防止又は抑制について有効である理由を記載した書面

5　その他所轄労働基準監督署長が必要と認めるもの

③　所轄労働基準監督署長は，前項の申請書の提出を受けた場合において，第1項の許可をし，又はしないことを決定したときは，遅滞なく，文書で，その旨を当該事業者に通知しなければならない。

④　第1項の許可を受けた事業者は，第2項の申請書及び書類に記載された事項に変更を生じたときは，遅滞なく，文書で，その旨を所轄労働基準監督署長に報告しなければならない。

⑤　第1項の許可を受けた事業者は，当該許可に係る作業場についての第36条第1項の測定の結果の評価が第36条の2第1項の第1管理区分でなかつたとき及び第1管理区分を維持できないおそれがあるときは，直ちに，次の措置を講じなければならない。

1　当該評価の結果について，文書で，所轄労働基準監督署長に報告すること。

2　当該許可に係る作業場について，当該作業場の管理区分が第1管理区分となるよう，施設，設備，作業工程又は作業方法の点検を行い，その結果に基づき，施設又は設備の設置又は整備，作業工程又は作業方法の改善その他作業環境を改善するため必要な措置を講ずること。

3　当該許可に係る作業場については，労働者に有効な呼吸用保護具を使用させること。

4　当該許可に係る作業場において作業に従事する者（労働者を除く。）に対し，有効な呼吸用保護具を使用する必要がある旨を周知させること。

⑥　第1項の許可を受けた事業者は，前項第2号の規定による措置を講じたときは，その効果を確認するため，当該許可に係る作業場について当該第2類物質の濃度を測定し，及びその結果の評価を行い，並びに当該評価の結果について，直ちに，文書で，所轄労働基準監督署長に報告しなければならない。

⑦　所轄労働基準監督署長は，第1項の許可を受けた事業者が第5項第1号及び前項の報告を行わなかつたとき，前項の評価が第1管理区分でなかつたとき並びに

第1項の許可に係る作業場についての第36条第1項の測定の結果の評価が第36条の2第1項の第1管理区分を維持できないおそれがあると認めたときは，遅滞なく，当該許可を取り消すものとする。

解　説

① 適用除外（第6条）
屋内作業場の空気中における第2類物質のガス，蒸気または粉じんの濃度が常態として有害な程度になるおそれがないと労働基準監督署長が認定したときは適用除外とされる。その場合，安衛則第577条の規定も適用されない。

② 多様な発散防止抑制措置の導入（第6条の2，第6条の3）
第2類物質の製造・使用等に係る設備の発散源対策は，原則として発散源を密閉する設備，局所排気装置またはプッシュプル型換気装置を設置することであるが，一定の条件のもとでは所轄労働基準監督署長の許可を受けて，原則以外の発散防止抑制措置の導入が認められている。

（局所排気装置等の要件）

第7条　事業者は，第3条，第4条第4項又は第5条第1項の規定により設ける局所排気装置（第3条第1項ただし書の局所排気装置を含む。次条第1項において同じ。）については，次に定めるところに適合するものとしなければならない。

1　フードは，第1類物質又は第2類物質のガス，蒸気又は粉じんの発散源ごとに設けられ，かつ，外付け式又はレシーバー式のフードにあつては，当該発散源にできるだけ近い位置に設けられていること。

2　ダクトは，長さができるだけ短く，ベンドの数ができるだけ少なく，かつ，適当な箇所に掃除口が設けられている等掃除しやすい構造のものであること。

3　除じん装置又は排ガス処理装置を付設する局所排気装置のファンは，除じん又は排ガス処理をした後の空気が通る位置に設けられていること。ただし，吸引されたガス，蒸気又は粉じんによる爆発のおそれがなく，かつ，ファンの腐食のおそれがないときは，この限りでない。

4　排気口は，屋外に設けられていること。

5　厚生労働大臣が定める性能を有するものであること。

②　事業者は，第3条，第4条第4項又は第5条第1項の規定により設けるプッシュプル型換気装置については，次に定めるところに適合するものとしなければならない。

1　ダクトは，長さができるだけ短く，ベンドの数ができるだけ少なく，かつ，適当な箇所に掃除口が設けられている等掃除しやすい構造のものであること。

2　除じん装置又は排ガス処理装置を付設するプッシュプル型換気装置のファン

は，除じん又は排ガス処理をした後の空気が通る位置に設けられていること。ただし，吸引されたガス，蒸気又は粉じんによる爆発のおそれがなく，かつ，ファンの腐食のおそれがないときは，この限りでない。

３　排気口は，屋外に設けられていること。

４　厚生労働大臣が定める要件を具備するものであること。

解　説

本条は，局所排気装置およびプッシュプル型換気装置に関し，有効な稼働効果を確保するための構造上の要件および能力について規定している。

第１項第５項の局所排気装置に係る「厚生労働大臣が定める性能」は，昭和50年労働省告示第75号（最終改正；令和４年厚生労働省告示第335号）に，第２項第４項のプッシュプル型換気装置に関する「厚生労働大臣が定める要件」は，平成15年厚生労働省告示第377号（最終改正：平成18年厚生労働省告示第58号）に定められている。

（局所排気装置等の稼働）

第８条　事業者は，第３条，第４条第４項又は第５条第１項の規定により設ける局所排気装置又はプッシュプル型換気装置については，労働者が第１類物質又は第２類物質に係る作業に従事している間，厚生労働大臣が定める要件を満たすように稼働させなければならない。

②　事業者は，前項の作業の一部を請負人に請け負わせるときは，当該請負人が当該作業に従事する間（労働者が当該作業に従事するときを除く。），同項の局所排気装置又はプッシュプル型換気装置を同項の厚生労働大臣が定める要件を満たすように稼働させること等について配慮しなければならない。

③　事業者は，前二項の局所排気装置又はプッシュプル型換気装置の稼働時においては，バッフルを設けて換気を妨害する気流を排除する等当該装置を有効に稼働させるため必要な措置を講じなければならない。

解　説

第１項の「厚生労働大臣が定める要件」は，平成15年厚生労働省告示第378号（最終改正；令和４年厚生労働省告示第335号）に定められている。

第３章　用後処理

（除じん）

第９条　事業者は，第２類物質の粉じんを含有する気体を排出する製造設備の排気筒又は第１類物質若しくは第２類物質の粉じんを含有する気体を排出する第３条，

第4条第4項若しくは第5条第1項の規定により設ける局所排気装置若しくはプッシュプル型換気装置には，次の表の上欄（編注：左欄）に掲げる粉じんの粒径に応じ，同表の下欄（編注：右欄）に掲げるいずれかの除じん方式による除じん装置又はこれらと同等以上の性能を有する除じん装置を設けなければならない。

粉じんの粒径 （単位マイクロメートル）	除 じ ん 方 式
5未満	ろ過除じん方式 電気除じん方式
5以上20未満	スクラバによる除じん方式 ろ過除じん方式 電気除じん方式
20以上	マルチサイクロン（処理風量が毎分20立方メートル以内ごとに1つのサイクロンを設けたものをいう。）による除じん方式 スクラバによる除じん方式 ろ過除じん方式 電気除じん方式
備考 この表における粉じんの粒径は，重量法で測定した粒径分布において最大頻（ひん）度を示す粒径をいう。	

② 事業者は，前項の除じん装置には，必要に応じ，粒径の大きい粉じんを除去するための前置き除じん装置を設けなければならない。

③ 事業者は，前二項の除じん装置を有効に稼働させなければならない。

解 説

本条の「粉じん」は，ヒューム，ミスト等を含む粒子状物質をいい，ベンゾトリクロリドを除く第1類物質の粉じんならびに第2類物質中のアクリルアミド，インジウム化合物，オーラミン，オルト-フタロジニトリル，カドミウムおよびその化合物，クロム酸およびその塩，五酸化バナジウム，コバルトおよびその無機化合物，コールタール，三酸化二アンチモン，シアン化カリウム，シアン化ナトリウム，3・3′-ジクロロ-4・4′-ジアミノジフェニルメタン，重クロム酸およびその塩，水銀の無機化合物，ニッケル化合物，パラ-ジメチルアミノアゾベンゼン，パラ-ニトロクロルベンゼン，砒素およびその化合物，ペンタクロルフェノールおよびそのナトリウム塩，マゼンタ，マンガンおよびその化合物，ナフタレン，リフラクトリーセラミックファイバー等の粉じんが該当する。

（排ガス処理）

第10条 事業者は，次の表の上欄（編注：左欄）に掲げる物のガス又は蒸気を含有する気体を排出する製造設備の排気筒又は第4条第4項若しくは第5条第1項の規定により設ける局所排気装置若しくはプッシュプル型換気装置には，同表の下欄（編注：右欄）に掲げるいずれかの処理方式による排ガス処理装置又はこれらと同等以上の性能を有する排ガス処理装置を設けなければならない。

物	処　理　方　式
アクロレイン	吸収方式　　直接燃焼方式
弗(ふっ)化水素	吸収方式　　吸着方式
硫化水素	吸収方式　　酸化・還元方式
硫酸ジメチル	吸収方式　　直接燃焼方式

②　事業者は，前項の排ガス処理装置を有効に稼働させなければならない。

解　説

有害物質を含む排気を排出する局所排気装置等については，原則として排気処理装置を設けなければならないこととされている（安衛則第579条）が，本条に規定されている４物質については，その処理方式が定められたものである。なお，一層有効な排ガス処理のためには，本条に規定されているこれらの方式の併用が望ましい。また，プッシュプル型換気装置に排ガス処理装置を設けるときは，吸込み側フードから吸引されたガスまたは蒸気を処理するためのものであることから，排気側に設けることが必要である。

（排液処理）

第11条　事業者は，次の表の上欄（編注：左欄）に掲げる物を含有する排液（第１類物質を製造する設備からの排液を除く。）については，同表の下欄（編注：右欄）に掲げるいずれかの処理方式による排液処理装置又はこれらと同等以上の性能を有する排液処理装置を設けなければならない。

物	処　理　方　式
アルキル水銀化合物（アルキル基がメチル基又はエチル基である物に限る。以下同じ。）	酸化・還元方式
塩　酸	中和方式
硝　酸	中和方式
シアン化カリウム	酸化・還元方式 活性汚泥(でい)方式
シアン化ナトリウム	酸化・還元方式 活性汚泥(でい)方式
ペンタクロルフエノール（別名PCP）及びそのナトリウム塩	凝集沈でん方式
硫　酸	中和方式
硫化ナトリウム	酸化・還元方式

②　事業者は，前項の排液処理装置又は当該排液処理装置に通じる排水溝若しくはピットについては，塩酸，硝酸又は硫酸を含有する排液とシアン化カリウム若しくはシアン化ナトリウム又は硫化ナトリウムを含有する排液とが混合することに

より，シアン化水素又は硫化水素が発生するおそれのあるときは，これらの排液が混合しない構造のものとしなければならない。

③　事業者は，第1項の排液処理装置を有効に稼働させなければならない。

解　　説

前条と同様，有害物を含む排液は，原則として排液処理をしなければならない（安衛則第580条）こととされているが，本条では，製造工程または取扱い工程から排出される排液のうち，有害性の大きいものおよび排水の流出経路において，他の物質と反応することにより有害なガス等を発生するおそれがあるものについて，それぞれ一定の処理方式またはこれと同等以上の性能を有する方式の処理装置を設置して処理すべきことおよび一定の化学物質の排液処理に係る排水溝等の構造について規定されている。なお「混合しない構造」には，異なる排水溝もしくは，ピットを通じ，排水をそれぞれの処理装置へ送る構造がある。

（残さい物処理）

第12条　事業者は，アルキル水銀化合物を含有する残さい物については，除毒した後でなければ，廃棄してはならない。

②　事業者は，アルキル水銀化合物を製造し，又は取り扱う業務の一部を請負人に請け負わせるときは，当該請負人に対し，アルキル水銀化合物を含有する残さい物については，除毒した後でなければ，廃棄してはならない旨を周知させなければならない。

解　　説

本条では，アルキル水銀化合物の製造装置，収納容器等の清掃，用後処理等に際し，アルキル水銀化合物を含有する残さいスラッジを廃棄する場合には，分解その他の処理により除毒した後でなければ，廃棄してはならないことが規定されている。

（ぼろ等の処理）

第12条の2　事業者は，特定化学物質（クロロホルム等及びクロロホルム等以外のものであつて別表第1第37号に掲げる物を除く。次項，第22条第1項，第22条の2第1項，第25条第2項及び第3項並びに第43条において同じ。）により汚染されたぼろ，紙くず等については，労働者が当該特定化学物質により汚染されることを防止するため，蓋又は栓をした不浸透性の容器に納めておく等の措置を講じなければならない。

②　事業者は，特定化学物質を製造し，又は取り扱う業務の一部を請負人に請け負わせるときは，当該請負人に対し，特定化学物質により汚染されたぼろ，紙くず等については，前項の措置を講ずる必要がある旨を周知させなければならない。

解　説

本条では，特定化学物質により汚染されたぼろ，紙くず，除毒または処理に用いられた薬剤，おがくずまたは廃棄される塩素化ビフェニルが塗布された感圧紙等については，蓋または栓をした不浸透性の容器に納めておく等の措置を講じなければならないことが規定されている。

第4章　漏えいの防止

（腐食防止措置）

第13条　事業者は，特定化学設備（令第15条第1項第10号の特定化学設備をいう。以下同じ。）（特定化学設備のバルブ又はコックを除く。）のうち特定第2類物質又は第3類物質（以下この章において「第3類物質等」という。）が接触する部分については，著しい腐食による当該物質の漏えいを防止するため，当該物質の種類，温度，濃度等に応じ，腐食しにくい材料で造り，内張りを施す等の措置を講じなければならない。

解　説

「特定化学設備」は具体的には，反応器，蒸留塔，吸収塔，抽出器，混合器，沈でん分離器，熱交換器，計量タンク，貯蔵タンク等の容器本体ならびにこれらの容器本体に付属するバルブおよびコック，これらの容器本体の内部に設けられた管，たな，ジャケット等の部分および容器本体を連結する配管をいう。

「内張りを施す等」とは，不銹鋼，チタン，ガラス，陶磁器，ゴム，合成樹脂等腐食しにくい材料を用いてライニングすることのほか，防食塗料の塗布，酸化皮膜による処理，電気防食による処理等に加え，構成部分の耐用期間を適切に定め，その期間ごとにその部分を確実に切り替えることが含まれる。

（接合部の漏えい防止措置）

第14条　事業者は，特定化学設備のふた板，フランジ，バルブ，コツク等の接合部については，当該接合部から第3類物質等が漏えいすることを防止するため，ガスケットを使用し，接合面を相互に密接させる等の措置を講じなければならない。

解　説

「接合部」とは，つぎ合わせ，重ね合わせ，かん合等の方法により接合されている部分をいい，溶接により接合されている部分は含まれない。

また，本条にいう「ガスケット」とは，JIS B 0116「パッキン及びガスケット用語」に定められた用語例による。

（バルブ等の開閉方向の表示等）

第15条　事業者は，特定化学設備のバルブ若しくはコック又はこれらを操作するためのスイッチ，押しボタン等については，これらの誤操作による第3類物質等の漏えいを防止するため，次の措置を講じなければならない。

1　開閉の方向を表示すること。

2　色分け，形状の区分等を行うこと。

②　前項第2号の措置は，色分けのみによるものであつてはならない。

（バルブ等の材質等）

第16条　事業者は，特定化学設備のバルブ又はコックについては，次に定めるところによらなければならない。

1　開閉のひん度及び製造又は取扱いに係る第3類物質等の種類，温度，濃度等に応じ，耐久性のある材料で造ること。

2　特定化学設備の使用中にしばしば開放し，又は取り外すことのあるストレーナ等とこれらに最も近接した特定化学設備（配管を除く。第20条を除き，以下この章において同じ。）との間には，二重に設けること。ただし，当該ストレーナ等と当該特定化学設備との間に設けられるバルブ又はコックが確実に閉止していることを確認することができる装置を設けるときは，この限りでない。

（送給原材料等の表示）

第17条　事業者は，特定化学設備に原材料その他の物を送給する者が当該送給を誤ることによる第3類物質等の漏えいを防止するため，見やすい位置に，当該原材料その他の物の種類，当該送給の対象となる設備その他必要な事項を表示しなければならない。

解　説

①　第15条第1項の「押しボタン等」には，遠隔操作用のコック，レバー等が含まれ，「形状の区分等」には，操作部の大きさによる区分，操作様式（動作の方向，変位の量等）の区分が含まれる。

②　第16条第2号の二重に設けられるバルブまたはコックは，その間隔をできるだけ近づけ，ストレーナ等を目視できる位置に設けることが望ましい。

③　第17条の「その他必要な事項」とは，バルブ，コック等についての操作順序，開閉の度合等をいう。なお「表示」については，略称，記号または色彩により表示してさしつかえない。

（出入口）

第18条　事業者は，特定化学設備を設置する屋内作業場及び当該作業場を有する建築物の避難階（直接地上に通ずる出入口のある階をいう。以下同じ。）には，当該特定化学設備から第３類物質等が漏えいした場合に容易に地上の安全な場所に避難することができる２以上の出入口を設けなければならない。

② 事業者は，前項の作業場を有する建築物の避難階以外の階については，その階から避難階又は地上に通ずる２以上の直通階段又は傾斜路を設けなければならない。この場合において，それらのうちの一については，すべり台，避難用はしご，避難用タラップ等の避難用器具をもつて代えることができる。

③ 前項の直通階段又は傾斜路のうちの一は，屋外に設けられたものでなければならない。ただし，すべり台，避難用はしご，避難用タラップ等の避難用器具が設けられている場合は，この限りでない。

（計測装置の設置）

第18条の２ 事業者は，特定化学設備のうち発熱反応が行われる反応槽等で，異常化学反応等により第３類物質等が大量に漏えいするおそれのあるもの（以下「管理特定化学設備」という。）については，異常化学反応等の発生を早期には握するために必要な温度計，流量計，圧力計等の計測装置を設けなければならない。

解　説

「管理特定化学設備」とは，化学反応，蒸留等の化学的または物理的処理が行われる特定化学設備であって，次のいずれかに該当するものをいう。

① 発熱反応が行われる反応器

② 蒸留器であって，蒸留される第３類物質等の爆発範囲内で操作するものまたは加熱する熱媒等の温度が蒸留される第３類物質等の分解温度または発火点より高いもの。

③ ①および②以外のもので，爆発性物質を生成するおそれがあるもの等異常化学反応等により第３類物質等の漏えいのおそれのあるもの。

（警報設備等）

第19条 事業者は，特定化学設備を設置する作業場又は特定化学設備を設置する作業場以外の作業場で，第３類物質等を合計100リットル（気体である物にあつては，その容積１立方メートルを２リットルとみなす。次項及び第24条第２号において同じ。）以上取り扱うものには，第３類物質等が漏えいした場合に関係者にこれを速やかに知らせるための警報用の器具その他の設備を備えなければならない。

② 事業者は，管理特定化学設備（製造し，又は取り扱う第３類物質等の量が合計100リットル以上のものに限る。）については，異常化学反応等の発生を早期には握するために必要な自動警報装置を設けなければならない。

③ 事業者は，前項の自動警報装置を設けることが困難なときは，監視人を置き，

当該管理特定化学設備の運転中はこれを監視させる等の措置を講じなければならない。

④ 事業者は，第1項の作業場には，第3類物質等が漏えいした場合にその除害に必要な薬剤又は器具その他の設備を備えなければならない。

（緊急しや断装置の設置等）

第19条の2 事業者は，管理特定化学設備については，異常化学反応等による第3類物質等の大量の漏えいを防止するため，原材料の送給をしや断し，又は製品等を放出するための装置，不活性ガス，冷却用水等を送給するための装置等当該異常化学反応等に対処するための装置を設けなければならない。

② 前項の装置に設けるバルブ又はコツクについては，次に定めるところによらなければならない。

1 確実に作動する機能を有すること。

2 常に円滑に作動できるような状態に保持すること。

3 安全かつ正確に操作することのできるものとすること。

③ 事業者は，第1項の製品等を放出するための装置については，労働者が当該装置から放出される特定化学物質により汚染されることを防止するため，密閉式の構造のものとし，又は放出される特定化学物質を安全な場所へ導き，若しくは安全に処理することができる構造のものとしなければならない。

（予備動力源等）

第19条の3 事業者は，管理特定化学設備，管理特定化学設備の配管又は管理特定化学設備の附属設備に使用する動力源については，次に定めるところによらなければならない。

1 動力源の異常による第3類物質等の漏えいを防止するため，直ちに使用することができる予備動力源を備えること。

2 バルブ，コツク，スイッチ等については，誤操作を防止するため，施錠，色分け，形状の区分等を行うこと。

② 前項第2号の措置は，色分けのみによるものであつてはならない。

解　説

① 第19条の「特定化学設備を設置する作業場以外の作業場」には，タンク，自動車，タンク車，ボンベ，ドラムかん等の移動式容器に第3類物質等を移注する作業，第3類物質等の入ったこれらの移動式容器の運搬，積みおろし，貯蔵等を行う作業，第3類物質等の入ったこれらの移動式容器を置いて第3類物質等を使用する作業等を行う場所がある。

② 第19条の2第1項は，管理特定化学

設備から第３類物質等が漏えいするまでに至らないようにするため，緊急しゃ断装置の設置等について定めたものであり，通常の生産に用いられる冷却装置等はこれに該当しない。なお，これらの装置は，一般的には温度計，圧力計等の計測装置とインターロックすることが望ましい。

③　第19条の３第１項の「附属設備」の主なものとしては，動力装置，圧縮装置，給水装置，計測装置，安全装置等がある。また「動力源」には，電気，圧縮空気，油圧，蒸気等があり，その故障の場合に，直ちに故障箇所等が把握できる設備（例えば，圧縮空気を動力源とする場合における圧力計，圧力警報装置等）を設けることが望ましい。

（作業規程）

第20条　事業者は，特定化学設備又はその附属設備を使用する作業に労働者を従事させるときは，当該特定化学設備又はその附属設備に関し，次の事項について，第３類物質等の漏えいを防止するため必要な規程を定め，これにより作業を行わなければならない。

1　バルブ，コック等（特定化学設備に原材料を送給するとき，及び特定化学設備から製品等を取り出すときに使用されるものに限る。）の操作
2　冷却装置，加熱装置，攪拌装置及び圧縮装置の操作
3　計測装置及び制御装置の監視及び調整
4　安全弁，緊急遮断装置その他の安全装置及び自動警報装置の調整
5　蓋板，フランジ，バルブ，コック等の接合部における第３類物質等の漏えいの有無の点検
6　試料の採取
7　管理特定化学設備にあつては，その運転が一時的又は部分的に中断された場合の運転中断中及び運転再開時における作業の方法
8　異常な事態が発生した場合における応急の措置
9　前各号に掲げるもののほか，第３類物質等の漏えいを防止するため必要な措置

②　事業者は，前項の作業の一部を請負人に請け負わせるときは，当該請負人に対し，同項の規程により作業を行う必要がある旨を周知させなければならない。

解　説

作業規程を定めるにあたっては，次の事項に留意する必要がある。

①　第１号については，運転開始時，運転停止時および運転中の特に必要な場合におけるバルブ，コック等の操作に関し，開閉の時期，順序および度合，送給時間等について定めること。

②　第２号については，運転開始時，運転停止時および運転中の特に必要な場合におけるそれぞれの装置の操作に関し，操

作の時期，順序および運転状態（攪拌装置の攪拌軸，攪拌翼等の作動状態，冷却装置の冷媒の温度，量等の状態，圧縮装置の吸入圧力および吐出温度の状態等）の適正保持等に必要な事項を定めること。

③　第３号については，監視の時期，監視結果の記録，調整の方法，時期等について必要な事項を定めること。

④　第４号については，運転開始時および運転中の特に必要な場合における安全装置の調整に関し，調整の時期，作動テスト等について定めること。

⑤　第５号については，点検を行う箇所，時期，点検の方法，点検結果の記録等について定めること。

⑥　第６号については，試料の採取の時期，方法等について定めること。

⑦　第７号については，管理特定化学設備の運転を停電等により一時的に中断したり，内部に原材料等を保有したまま運転を中断すると，異常化学反応等が発生するおそれがあること等から，これによる第３類物質等の漏えいを防止するために必要な作業の方法を定めること。

⑧　第８号については，緊急調整または緊急停止を行う場合における原材料，不活性ガス等の供給装置，電源装置，動力装置等の運転操作の時期および順序，関係部署への緊急連絡，安全を保持するための要員の配置等について定めること。

⑨　第９号には，運転開始時および運転停止時における関連設備相互間の連絡調整等に関する事項が含まれる。

（床）

第21条　事業者は，第１類物質を取り扱う作業場（第１類物質を製造する事業場において当該第１類物質を取り扱う作業場を除く。），オーラミン等又は管理第２類物質を製造し，又は取り扱う作業場及び特定化学設備を設置する屋内作業場の床を不浸透性の材料で造らなければならない。

解　説

本条の「不浸透性の材料」には，コンクリート，陶製タイル，合成樹脂の床材，鉄板等がある。

（設備の改造等の作業）

第22条　事業者は，特定化学物質を製造し，取り扱い，若しくは貯蔵する設備又は特定化学物質を発生させる物を入れたタンク等で，当該特定化学物質が滞留するおそれのあるものの改造，修理，清掃等で，これらの設備を分解する作業又はこれらの設備の内部に立ち入る作業（酸素欠乏症等防止規則（昭和47年労働省令第42号。以下「酸欠則」という。）第２条第８号の第２種酸素欠乏危険作業及び酸欠則第25条の２の作業に該当するものを除く。）に労働者を従事させるときは，次の措置を講じなければならない。

1　作業の方法及び順序を決定し，あらかじめ，これを作業に従事する労働者に周知させること。

２　特定化学物質による労働者の健康障害の予防について必要な知識を有する者のうちから指揮者を選任し，その者に当該作業を指揮させること。

３　作業を行う設備から特定化学物質を確実に排出し，かつ，当該設備に接続している全ての配管から作業箇所に特定化学物質が流入しないようバルブ，コック等を二重に閉止し，又はバルブ，コック等を閉止するとともに閉止板等を施すこと。

４　前号により閉止したバルブ，コック等又は施した閉止板等には，施錠をし，これらを開放してはならない旨を見やすい箇所に表示し，又は監視人を置くこと。

５　作業を行う設備の開口部で，特定化学物質が当該設備に流入するおそれのないものを全て開放すること。

６　換気装置により，作業を行う設備の内部を十分に換気すること。

７　測定その他の方法により，作業を行う設備の内部について，特定化学物質により健康障害を受けるおそれのないことを確認すること。

８　第３号により施した閉止板等を取り外す場合において，特定化学物質が流出するおそれのあるときは，あらかじめ，当該閉止板等とそれに最も近接したバルブ，コック等との間の特定化学物質の有無を確認し，必要な措置を講ずること。

９　非常の場合に，直ちに，作業を行う設備の内部の労働者を退避させるための器具その他の設備を備えること。

10　作業に従事する労働者に不浸透性の保護衣，保護手袋，保護長靴，呼吸用保護具等必要な保護具を使用させること。

②　事業者は，前項の作業の一部を請負人に請け負わせるときは，当該請負人に対し，同項第３号から第６号までの措置を講ずること等について配慮しなければならない。

③　事業者は，前項の請負人に対し，第１項第７号及び第８号の措置を講ずる必要がある旨並びに同項第10号の保護具を使用する必要がある旨を周知させなければならない。

④　事業者は，第１項第７号の確認が行われていない設備については，当該設備の内部に頭部を入れてはならない旨を，あらかじめ，作業に従事する者に周知させなければならない。

⑤　労働者は，事業者から第１項第10号の保護具の使用を命じられたときは，これを使用しなければならない。

解　説

第22条第4項は，測定その他の方法により，設備の内部で作業を行っても労働者が特定化学物質により健康障害を受けるおそれのないことが確認されていない設備には，労働者を当該設備の中に立ち入らせることはもとより，頭部をも入れてはならないことを周知させることを定めている。

第22条の2 事業者は，特定化学物質を製造し，取り扱い，若しくは貯蔵する設備等の設備（前条第1項の設備及びタンク等を除く。以下この条において同じ。）の改造，修理，清掃等で，当該設備を分解する作業又は当該設備の内部に立ち入る作業（酸欠則第2条第8号の第2種酸素欠乏危険作業及び酸欠則第25条の2の作業に該当するものを除く。）に労働者を従事させる場合において，当該設備の溶断，研磨等により特定化学物質を発生させるおそれのあるときは，次の措置を講じなければならない。

1　作業の方法及び順序を決定し，あらかじめ，これを作業に従事する労働者に周知させること。

2　特定化学物質による労働者の健康障害の予防について必要な知識を有する者のうちから指揮者を選任し，その者に当該作業を指揮させること。

3　作業を行う設備の開口部で，特定化学物質が当該設備に流入するおそれのないものを全て開放すること。

4　換気装置により，作業を行う設備の内部を十分に換気すること。

5　非常の場合に，直ちに，作業を行う設備の内部の労働者を退避させるための器具その他の設備を備えること。

6　作業に従事する労働者に不浸透性の保護衣，保護手袋，保護長靴，呼吸用保護具等必要な保護具を使用させること。

②　事業者は，前項の作業の一部を請負人に請け負わせる場合において，同項の設備の溶断，研磨等により特定化学物質を発生させるおそれのあるときは，当該請負人に対し，同項第3号及び第4号の措置を講ずること等について配慮するとともに，当該請負人に対し，同項第6号の保護具を使用する必要がある旨を周知させなければならない。

③　労働者は，事業者から第1項第6号の保護具の使用を命じられたときは，これを使用しなければならない。

（退避等）

第23条 事業者は，第3類物質等が漏えいした場合において健康障害を受けるおそれのあるときは，作業に従事する者を作業場等から退避させなければならない。

② 事業者は，前項の場合には，第３類物質等による健康障害を受けるおそれのないことを確認するまでの間，作業場等に関係者以外の者が立ち入ることについて，禁止する旨を見やすい箇所に表示することその他の方法により禁止するとともに，表示以外の方法により禁止したときは，当該作業場等が立入禁止である旨を見やすい箇所に表示しなければならない。

解　説

第23条第２項の「関係者」とは，被害者の救出，緊急時の物品等の持ち出し汚染除去または修理等の作業のため，やむをえず事故現場内などに立ち入る者をいう。

（立入禁止措置）

第24条 事業者は，次の作業場に関係者以外の者が立ち入ることについて，禁止する旨を見やすい箇所に表示することその他の方法により禁止するとともに，表示以外の方法により禁止したときは，当該作業場が立入禁止である旨を見やすい箇所に表示しなければならない。

１　第１類物質又は第２類物質（クロロホルム等及びクロロホルム等以外のものであつて別表第１第37号に掲げる物を除く。第37条及び第38条の２において同じ。）を製造し，又は取り扱う作業場（臭化メチル等を用いて燻蒸作業を行う作業場を除く。）

２　特定化学設備を設置する作業場又は特定化学設備を設置する作業場以外の作業場で第３類物質等を合計100リットル以上取り扱うもの

（容器等）

第25条 事業者は，特定化学物質を運搬し，又は貯蔵するときは，当該物質が漏れ，こぼれる等のおそれがないように，堅固な容器を使用し，又は確実な包装をしなければならない。

② 事業者は，前項の容器又は包装の見やすい箇所に当該物質の名称及び取扱い上の注意事項を表示しなければならない。

③ 事業者は，特定化学物質の保管については，一定の場所を定めておかなければならない。

④ 事業者は，特定化学物質の運搬，貯蔵等のために使用した容器又は包装については，当該物質が発散しないような措置を講じ，保管するときは，一定の場所を定めて集積しておかなければならない。

⑤　事業者は，特別有機溶剤等を屋内に貯蔵するときは，その貯蔵場所に，次の設備を設けなければならない。

1　当該屋内で作業に従事する者のうち貯蔵に関係する者以外の者がその貯蔵場所に立ち入ることを防ぐ設備

2　特別有機溶剤又は令別表第6の2に掲げる有機溶剤（第36条の5及び別表第1第37号において単に「有機溶剤」という。）の蒸気を屋外に排出する設備

解　説

第25条第5項の特別有機溶剤の「クロロホルム等」のうち，別表第1第37号の物についても，特化則第25条第1項および第4項の規定など，有機則においても規定されている蒸気による中毒の予防のための措置を適用すること。なお，第2号の「設備」とは，窓，排気管等をいい，必ずしも動力により特別有機溶剤等の蒸気を排出することを要しない。

（救護組織等）

第26条　事業者は，特定化学設備を設置する作業場については，第3類物質等が漏えいしたときに備え，救護組織の確立，関係者の訓練等に努めなければならない。

第5章　管　　理

（特定化学物質作業主任者の選任）

第27条　事業者は，令第6条第18号の作業については，特定化学物質及び四アルキル鉛等作業主任者技能講習（特別有機溶剤業務に係る作業にあつては，有機溶剤作業主任者技能講習）を修了した者のうちから，特定化学物質作業主任者を選任しなければならない。

②　令第6条第18号の厚生労働省令で定めるものは，次に掲げる業務とする。

1　第2条の2各号に掲げる業務

2　第38条の8において準用する有機則第2条第1項及び第3条第1項の場合におけるこれらの項の業務（別表第1第37号に掲げる物に係るものに限る。）

解　説

本条は，令第6条第18号の規定に基づき，特定化学物質を製造し，または取り扱う作業について適用されるものであるが，これらの物質を「取り扱う作業」には，次のような，特定化学物質のガス，蒸気，粉じん等に労働者の身体がばく露されるおそれがない作業は含まれない。

イ　隔離された室内において，リモートコントロール等により監視またはコントロールを行う作業

ロ　亜硫酸ガス，一酸化炭素等を排煙脱硫装置等により処理する作業のうち，当該

装置からの漏えい物によりばく露されるおそれがないもの。
また，特定化学物質作業主任者は，作業の区分に応じて選任が必要だが，具体的には，各作業場ごと（必ずしも単位作業室ごとでなく，職務の遂行が可能な範囲ごと）に選任し，配置する。

（特定化学物質作業主任者の職務）

第28条　事業者は，特定化学物質作業主任者に次の事項を行わせなければならない。

1　作業に従事する労働者が特定化学物質により汚染され，又はこれらを吸入しないように，作業の方法を決定し，労働者を指揮すること。

2　局所排気装置，プッシュプル型換気装置，除じん装置，排ガス処理装置，排液処理装置その他労働者が健康障害を受けることを予防するための装置を１月を超えない期間ごとに点検すること。

3　保護具の使用状況を監視すること。

4　タンクの内部において特別有機溶剤業務に労働者が従事するときは，第38条の8において準用する有機則第26条各号（第２号，第４号及び第７号を除く。）に定める措置が講じられていることを確認すること。

解　説

本条第１号の「作業の方法」には，たとえば，関係装置の起動，停止，監視，調整等の要領，対象物質の送給，取り出し，サンプリング等の方法，対象物質についての洗浄，掃除等の汚染除去および廃棄処理の方法，その他相互間の連絡，合図の方法等がある。
第２号の「その他労働者が健康障害を受けることを予防するための装置」には，全体換気装置，密閉式の構造の製造装置，安全弁またはこれに代わる装置等がある。
また，同じく第２号の「点検する」とは，関係装置について，第２章で述べた製造等に係る措置および第３章で述べた除じん装置，排ガス処理装置および排液処理装置についてに点検することをいい，その主な内容は，装置の主要部分の損傷，脱落，腐食，異常音等の有無，局所排気装置その他の排出処理のための装置等の効果の確認等である。

（定期自主検査を行うべき機械等）

第29条　令第15条第１項第９号の厚生労働省令で定める局所排気装置，プッシュプル型換気装置，除じん装置，排ガス処理装置及び排液処理装置（特定化学物質（特別有機溶剤等を除く。）その他この省令に規定する物に係るものに限る。）は，次のとおりとする。

1　第３条，第４条第４項，第５条第１項，第38条の12第１項第２号，第38

条の17第1項第1号若しくは第38条の18第1項第1号の規定により，又は第50条第1項第6号若しくは第50条の2第1項第1号，第5号，第9号若しくは第12号の規定に基づき設けられる局所排気装置（第3条第1項ただし書及び第38条の16第1項ただし書の局所排気装置を含む。）

2　第3条，第4条第4項，第5条第1項，第38条の12第1項第2号，第38条の17第1項第1号若しくは第38条の18第1項第1号の規定により，又は第50条第1項第6号若しくは第50条の2第1項第1号，第5号，第9号若しくは第12号の規定に基づき設けられるプッシュプル型換気装置（第38条の16第1項ただし書のプッシュプル型換気装置を含む。）

3　第9条第1項，第38条の12第1項第3号若しくは第38条の13第4項第1号イの規定により，又は第50条第1項第7号ハ若しくは第8号（これらの規定を第50条の2第2項において準用する場合を含む。）の規定に基づき設けられる除じん装置

4　第10条第1項の規定により設けられる排ガス処理装置

5　第11条第1項の規定により，又は第50条第1項第10号（第50条の2第2項において準用する場合を含む。）の規定に基づき設けられる排液処理装置

（定期自主検査）

第30条　事業者は，前条各号に掲げる装置については，1年以内ごとに1回，定期に，次の各号に掲げる装置の種類に応じ，当該各号に掲げる事項について自主検査を行わなければならない。ただし，1年を超える期間使用しない同項の装置の当該使用しない期間においては，この限りでない。

1　局所排気装置

イ　フード，ダクト及びファンの摩耗，腐食，くぼみ，その他損傷の有無及びその程度

ロ　ダクト及び排風機におけるじんあいのたい積状態

ハ　ダクトの接続部における緩みの有無

ニ　電動機とファンを連結するベルトの作動状態

ホ　吸気及び排気の能力

ヘ　イからホまでに掲げるもののほか，性能を保持するため必要な事項

2　プッシュプル型換気装置

イ　フード，ダクト及びファンの摩耗，腐食，くぼみ，その他損傷の有無及びその程度

ロ　ダクト及び排風機におけるじんあいのたい積状態

ハ　ダクトの接続部における緩みの有無

ニ　電動機とファンを連結するベルトの作動状態

ホ　送気，吸気及び排気の能力

ヘ　イからホまでに掲げるもののほか，性能を保持するため必要な事項

３　除じん装置，排ガス処理装置及び排液処理装置

イ　構造部分の摩耗，腐食，破損の有無及びその程度

ロ　除じん装置又は排ガス処理装置にあつては，当該装置内におけるじんあいのたい積状態

ハ　ろ過除じん方式の除じん装置にあつては，ろ材の破損又はろ材取付部等の緩みの有無

ニ　処理薬剤，洗浄水の噴出量，内部充てん物等の適否

ホ　処理能力

ヘ　イからホまでに掲げるもののほか，性能を保持するため必要な事項

②　事業者は，前項ただし書の装置については，その使用を再び開始する際に同項各号に掲げる事項について自主検査を行なわなければならない。

第31条　事業者は，特定化学設備又はその附属設備については，２年以内ごとに１回，定期に，次の各号に掲げる事項について自主検査を行わなければならない。ただし，２年を超える期間使用しない特定化学設備又はその附属設備の当該使用しない期間においては，この限りでない。

１　特定化学設備又は附属設備（配管を除く。）については，次に掲げる事項

イ　設備の内部にあつてその損壊の原因となるおそれのある物の有無

ロ　内面及び外面の著しい損傷，変形及び腐食の有無

ハ　ふた板，フランジ，バルブ，コック等の状態

ニ　安全弁，緊急しや断装置その他の安全装置及び自動警報装置の機能

ホ　冷却装置，加熱装置，攪拌装置，圧縮装置，計測装置及び制御装置の機能

ヘ　予備動力源の機能

ト　イからヘまでに掲げるもののほか，特定第２類物質又は第３類物質の漏えいを防止するため必要な事項

２　配管については，次に掲げる事項

イ　溶接による継手部の損傷，変形及び腐食の有無

ロ　フランジ，バルブ，コック等の状態

ハ　配管に近接して設けられた保温のための蒸気パイプの継手部の損傷，変形及び腐食の有無

② 事業者は，前項ただし書の設備については，その使用を再び開始する際に同項各号に掲げる事項について自主検査を行なわなければならない。

（定期自主検査の記録）

第32条　事業者は，前二条の自主検査を行なつたときは，次の事項を記録し，これを3年間保存しなければならない。

1　検査年月日
2　検査方法
3　検査箇所
4　検査の結果
5　検査を実施した者の氏名
6　検査の結果に基づいて補修等の措置を講じたときは，その内容

解　説

法第45条の規定に基づき，一定時期ごとに主要構造や機能の状況について，事業者自らが行う特定化学物質に係る定期自主検査について，第29条では令第15条第1項第9号により厚生労働省令により定めることとされている対象となる設備を規定し，第30条および第31条では検査すべき事項を，第32条では検査結果の記録について規定している。

（点検）

第33条　事業者は，第29条各号に掲げる装置を初めて使用するとき，又は分解して改造若しくは修理を行つたときは，当該装置の種類に応じ第30条第1項各号に掲げる事項について，点検を行わなければならない。

第34条　事業者は，特定化学設備又はその附属設備をはじめて使用するとき，分解して改造若しくは修理を行なつたとき，又は引続き1月以上使用を休止した後に使用するときは，第31条第1項各号に掲げる事項について，点検を行なわなければならない。

② 事業者は，前項の場合のほか，特定化学設備又はその附属設備（配管を除く。）の用途の変更（使用する原材料の種類を変更する場合を含む。以下この項において同じ。）を行なつたときは，第31条第1項第1号イ，ニ及びホに掲げる事項並びにその用途の変更のために改造した部分の異常の有無について，点検を行なわ

なければならない。

（点検の記録）

第34条の2　事業者は，前二条の点検を行つたときは，次の事項を記録し，これを３年間保存しなければならない。

1　点検年月日

2　点検方法

3　点検箇所

4　点検の結果

5　点検を実施した者の氏名

6　点検の結果に基づいて補修等の措置を講じたときは，その内容

（補修等）

第35条　事業者は，第30条若しくは第31条の自主検査又は第33条若しくは第34条の点検を行つた場合において，異常を認めたときは，直ちに補修その他の措置を講じなければならない。

解　説

局所排気装置，プッシュプル型換気装置，除じん装置，排ガス処理装置，排液処理装置および特定化学設備またはその附属設備をはじめて使用するとき，分解して改造・修理を行ったとき等には，定期自主検査の項目と同じ項目について点検を行い，その結果を記録し，３年間保存しなければならない。また，異常を認めた場合は，直ちに補修等の措置を講じなければならない。

なお「はじめて使用するとき」とは，新設時のほか，既存の設備を特定化学設備またはその附属設備に用途変更して最初に使用する場合をいう。

（測定及びその記録）

第36条　事業者は，令第21条第７号の作業場（石綿等（石綿障害予防規則（平成17年厚生労働省令第21号。以下「石綿則」という。）第２条第１項に規定する石綿等をいう。以下同じ。）に係るもの及び別表第１第37号に掲げる物を製造し，又は取り扱うものを除く。）について，６月以内ごとに１回，定期に，第１類物質（令別表第３第１号８に掲げる物を除く。）又は第２類物質（別表第１に掲げる物を除く。）の空気中における濃度を測定しなければならない。

②　事業者は，前項の規定による測定を行つたときは，その都度次の事項を記録し，これを３年間保存しなければならない。

1　測定日時

2　測定方法

3　測定箇所

4　測定条件

5　測定結果

6　測定を実施した者の氏名

7　測定結果に基づいて当該物質による労働者の健康障害の予防措置を講じたときは，当該措置の概要

③　事業者は，前項の測定の記録のうち，令別表第3第1号1，2若しくは4から7までに掲げる物又は同表第2号3の2から6まで，8，8の2，11の2，12，13の2から15の2まで，18の2から19の5まで，22の2から22の5まで，23の2から24まで，26，27の2，29，30，31の2，32，33の2若しくは34の3に掲げる物に係る測定の記録並びに同号11若しくは21に掲げる物又は別表第1第11号若しくは第21号に掲げる物（以下「クロム酸等」という。）を製造する作業場及びクロム酸等を鉱石から製造する事業場においてクロム酸等を取り扱う作業場について行つた令別表第3第2号11又は21に掲げる物に係る測定の記録については，30年間保存するものとする。

④　令第21条第7号の厚生労働省令で定めるものは，次に掲げる業務とする。

1　第2条の2各号に掲げる業務

2　第38条の8において準用する有機則第3条第1項の場合における同項の業務（別表第1第37号に掲げる物に係るものに限る。）

3　第38条の13第3項第2号イ及びロに掲げる作業（同条第4項各号に規定する措置を講じた場合に行うものに限る。）

解　説

①　本条の「測定」は，作業環境測定基準（昭和51年労働省告示第46号）に従って，作業環境測定士が行う。具体的な実施については，（公社）日本作業環境測定協会発行の『作業環境測定ガイドブック』が参考となる。

②　令第21条第7号により，作業環境測定の実施が義務付けられる特定化学物質を製造し，または取り扱う作業場のうち，当該測定の義務が除外されるものが厚生労働省令により定められることとされている。本条第4項は，その測定の免除される場合を定めている。具体的には，作業環境測定の目的が，作業環境の実態を把握し，その結果を作業環境改善に結びつけるものであることから，法令に基づく局所排気装置，プッシュプル型換気装置の設置など作業環境管理のための発散防止抑制措置の規定が適用されない業務である。

第1号は，特化則の適用されない業務であるから，同規則に基づく作業環境管理のための発散防止抑制措置の規定は適用されない。

第2号は，特化則第38条の8の規定により準用される有機則第3条第1項の規定により所轄労働基準監督署長の認定を得ると，同規則に定められた設備の規

定の適用が除外されるから，当該業務を行う場合に作業環境管理のための発散防止抑制措置の規定は適用されない。
　第3号は，特化則第38条の13第3項の規定により，所定のばく露防止対策を講じたときには第5条第1項の作業環境管理のための局所排気装置等の規定の適用が除外されるものである。

（測定結果の評価）

第36条の2　事業者は，令別表第3第1号3，6若しくは7に掲げる物又は同表第2号1から3まで，3の3から7まで，8の2から11の2まで，13から25まで，27から31の2まで若しくは33から36までに掲げる物に係る屋内作業場について，前条第1項又は法第65条第5項の規定による測定を行つたときは，その都度，速やかに，厚生労働大臣の定める作業環境評価基準に従つて，作業環境の管理の状態に応じ，第1管理区分，第2管理区分又は第3管理区分に区分することにより当該測定の結果の評価を行わなければならない。

②　事業者は，前項の規定による評価を行つたときは，その都度次の事項を記録して，これを3年間保存しなければならない。

1　評価日時
2　評価箇所
3　評価結果
4　評価を実施した者の氏名

③　事業者は，前項の評価の記録のうち，令別表第3第1号6若しくは7に掲げる物又は同表第2号3の3から6まで，8の2，11の2，13の2から15の2まで，18の2から19の5まで，22の2から22の5まで，23の2から24まで，27の2，29，30，31の2，33の2若しくは34の3に掲げる物に係る評価の記録並びにクロム酸等を製造する作業場及びクロム酸等を鉱石から製造する事業場においてクロム酸等を取り扱う作業場について行つた令別表第3第2号11又は21に掲げる物に係る評価の記録については，30年間保存するものとする。

解　説

　第1管理区分から第3管理区分までの区分の方法は，作業環境評価基準（昭和63年厚生労働省告示第79号）により定められている。
　なお測定対象物質のうち評価対象となっていない物質については，作業場の気中濃度を可能な限り低いレベルにとどめる等，ばく露の機会を極力減少させることを基本として管理すべきである。

（評価の結果に基づく措置）

第36条の3　事業者は，前条第1項の規定による評価の結果，第3管理区分に区分された場所については，直ちに，施設，設備，作業工程又は作業方法の点検を行い，その結果に基づき，施設又は設備の設置又は整備，作業工程又は作業方法の改善その他作業環境を改善するため必要な措置を講じ，当該場所の管理区分が第1管理区分又は第2管理区分となるようにしなければならない。

② 事業者は，前項の規定による措置を講じたときは，その効果を確認するため，同項の場所について当該特定化学物質の濃度を測定し，及びその結果の評価を行わなければならない。

③ 事業者は，第1項の場所については，労働者に有効な呼吸用保護具を使用させるほか，健康診断の実施その他労働者の健康の保持を図るため必要な措置を講ずるとともに，前条第2項の規定による評価の記録，第1項の規定に基づき講ずる措置及び前項の規定に基づく評価の結果を次に掲げるいずれかの方法によつて労働者に周知させなければならない。

1　常時各作業場の見やすい場所に掲示し，又は備え付けること。

2　書面を労働者に交付すること。

3　磁気ディスク，光ディスクその他の記録媒体に記録し，かつ，各作業場に労働者が当該記録の内容を常時確認できる機器を設置すること。

④ 事業者は，第1項の場所において作業に従事する者（労働者を除く。）に対し，有効な呼吸用保護具を使用する必要がある旨を周知させなければならない。

第36条の3の2　事業者は，前条第2項の規定による評価の結果，第3管理区分に区分された場所（同条第1項に規定する措置を講じていないこと又は当該措置を講じた後同条第2項の評価を行つていないことにより，第1管理区分又は第2管理区分となつていないものを含み，第5項各号の措置を講じているものを除く。）については，遅滞なく，次に掲げる事項について，事業場における作業環境の管理について必要な能力を有すると認められる者（当該事業場に属さない者に限る。以下この条において「作業環境管理専門家」という。）の意見を聴かなければならない。

1　当該場所について，施設又は設備の設置又は整備，作業工程又は作業方法の改善その他作業環境を改善するために必要な措置を講ずることにより第1管理区分又は第2管理区分とすることの可否

2　当該場所について，前号において第1管理区分又は第2管理区分とすること

が可能な場合における作業環境を改善するために必要な措置の内容

②　事業者は，前項の第3管理区分に区分された場所について，同項第1号の規定により作業環境管理専門家が第1管理区分又は第2管理区分とすることが可能と判断した場合は，直ちに，当該場所について，同項第2号の事項を踏まえ，第1管理区分又は第2管理区分とするために必要な措置を講じなければならない。

③　事業者は，前項の規定による措置を講じたときは，その効果を確認するため，同項の場所について当該特定化学物質の濃度を測定し，及びその結果を評価しなければならない。

④　事業者は，第1項の第3管理区分に区分された場所について，前項の規定による評価の結果，第3管理区分に区分された場合又は第1項第1号の規定により作業環境管理専門家が当該場所を第1管理区分若しくは第2管理区分とすることが困難と判断した場合は，直ちに，次に掲げる措置を講じなければならない。

1　当該場所について，厚生労働大臣の定めるところにより，労働者の身体に装着する試料採取器等を用いて行う測定その他の方法による測定（以下この条において「個人サンプリング測定等」という。）により，特定化学物質の濃度を測定し，厚生労働大臣の定めるところにより，その結果に応じて，労働者に有効な呼吸用保護具を使用させること（当該場所において作業の一部を請負人に請け負わせる場合にあつては，労働者に有効な呼吸用保護具を使用させ，かつ，当該請負人に対し，有効な呼吸用保護具を使用する必要がある旨を周知させること。）。ただし，前項の規定による測定（当該測定を実施していない場合（第1項第1号の規定により作業環境管理専門家が当該場所を第1管理区分又は第2管理区分とすることが困難と判断した場合に限る。）は，前条第2項の規定による測定）を個人サンプリング測定等により実施した場合は，当該測定をもつて，この号における個人サンプリング測定等とすることができる。

2　前号の呼吸用保護具（面体を有するものに限る。）について，当該呼吸用保護具が適切に装着されていることを厚生労働大臣の定める方法により確認し，その結果を記録し，これを3年間保存すること。

3　保護具に関する知識及び経験を有すると認められる者のうちから保護具着用管理責任者を選任し，次の事項を行わせること。

イ　前二号及び次項第1号から第3号までに掲げる措置に関する事項（呼吸用保護具に関する事項に限る。）を管理すること。

ロ　特定化学物質作業主任者の職務（呼吸用保護具に関する事項に限る。）について必要な指導を行うこと。

ハ　第1号及び次項第2号の呼吸用保護具を常時有効かつ清潔に保持すること。

4　第1項の規定による作業環境管理専門家の意見の概要，第2項の規定に基づき講ずる措置及び前項の規定に基づく評価の結果を，前条第3項各号に掲げるいずれかの方法によつて労働者に周知させること。

⑤　事業者は，前項の措置を講ずべき場所について，第1管理区分又は第2管理区分と評価されるまでの間，次に掲げる措置を講じなければならない。

1　6月以内ごとに1回，定期に，個人サンプリング測定等により特定化学物質の濃度を測定し，前項第1号に定めるところにより，その結果に応じて，労働者に有効な呼吸用保護具を使用させること。

2　前号の呼吸用保護具（面体を有するものに限る。）を使用させるときは，1年以内ごとに1回，定期に，当該呼吸用保護具が適切に装着されていることを前項第2号に定める方法により確認し，その結果を記録し，これを3年間保存すること。

3　当該場所において作業の一部を請負人に請け負わせる場合にあつては，当該請負人に対し，第1号の呼吸用保護具を使用する必要がある旨を周知させること。

⑥　事業者は，第4項第1号の規定による測定（同号ただし書の測定を含む。）又は前項第1号の規定による測定を行つたときは，その都度，次の事項を記録し，これを3年間保存しなければならない。

1　測定日時

2　測定方法

3　測定箇所

4　測定条件

5　測定結果

6　測定を実施した者の氏名

7　測定結果に応じた有効な呼吸用保護具を使用させたときは，当該呼吸用保護具の概要

⑦　第36条第3項の規定は，前項の測定の記録について準用する。

⑧　事業者は，第4項の措置を講ずべき場所に係る前条第2項の規定による評価及び第3項の規定による評価を行つたときは，次の事項を記録し，これを3年間保存しなければならない。

1　評価日時

2　評価箇所

3　評価結果

4　評価を実施した者の氏名

⑨　第36条の2第3項の規定は，前項の評価の記録について準用する。

第36条の3の3　事業者は，前条第4項各号に掲げる措置を講じたときは，遅滞なく，第3管理区分措置状況届（様式第1号の4）を所轄労働基準監督署長に提出しなければならない。

第36条の4　事業者は，第36条の2第1項の規定による評価の結果，第2管理区分に区分された場所については，施設，設備，作業工程又は作業方法の点検を行い，その結果に基づき，施設又は設備の設置又は整備，作業工程又は作業方法の改善その他作業環境を改善するため必要な措置を講ずるよう努めなければならない。

②　前項に定めるもののほか，事業者は同項の場所については，第36条の2第2項の規定による評価の記録及び前項の規定に基づき講ずる措置を次に掲げるいずれかの方法によつて労働者に周知させなければならない。

1　常時各作業場の見やすい場所に掲示し，又は備え付けること。

2　書面を労働者に交付すること。

3　磁気ディスク，光ディスクその他の記録媒体に記録し，かつ，各作業場に労働者が当該記録の内容を常時確認できる機器を設置すること。

解　説

第36条の3第1項の「直ちに」とは，施設，設備，作業工程または作業方法の点検および点検結果に基づく改善措置を直ちに行う趣旨であるが，改善措置については，これに要する合理的な時間については考慮される。「労働者に有効な呼吸用保護具を使用させる」のは，第1項の規定による措置を講ずるまでの応急的なもので，呼吸用保護具の使用をもって当該措置に代えることはできない。

第36条の3，第36条の4の「周知」の対象となる労働者には，直接雇用関係にある産業保健スタッフ，派遣労働者が含まれ，直接雇用関係にない産業保健スタッフに対しても周知を行うことが望ましい。また，周知に当たっては，可能な限り作業環境の評価結果の周知と同じ時期に労働者に作業環境を改善するため必要な措置について説明を併せて行うことが望ましい。

（特定有機溶剤混合物に係る測定等）

第36条の5　特別有機溶剤又は有機溶剤を含有する製剤その他の物（特別有機溶剤又は有機溶剤の含有量（これらの物を二以上含む場合にあつては，それらの含有量の合計）が重量の5パーセント以下のもの及び有機則第1条第1項第2号に規定する有機溶剤含有物（特別有機溶剤を含有するものを除く。）を除く。第41条の2において「特定有機溶剤混合物」という。）を製造し，又は取り扱う作業場（第38条の8において準用する有機則第3条第1項の場合における同項の業務を行う作業場を除く。）については，有機則第28条（第1項を除く。）から第28条の4までの規定を準用する。この場合において，第28条第2項中「当該有機溶剤の濃度」とあるのは「特定有機溶剤混合物（特定化学物質障害予防規則（昭和47年労働省令第39号）第36条の5に規定する特定有機溶剤混合物をいう。以下同じ。）に含有される同令第2条第3号の2に規定する特別有機溶剤（以下「特別有機溶剤」という。）又は令別表第6の2第1号から第47号までに掲げる有機溶剤の濃度（特定有機溶剤混合物が令別表第6の2第1号から第47号までに掲げる有機溶剤を含有する場合にあつては，特別有機溶剤及び当該有機溶剤の濃度。第28条の3第2項において同じ。）」と，同条第3項第7号及び第28条の3第2項中「有機溶剤」とあるのは「特定有機溶剤混合物に含有される特別有機溶剤又は令別表第6の2第1号から第47号までに掲げる有機溶剤」と読み替えるものとする。

解　説

特定有機溶剤混合物（321頁の19参照）を製造し，または取り扱う作業場に係る作業環境測定（実質的には表5-2の特別有機溶剤業務等に関する作業環境測定のうち，混合物中の各有機溶剤の測定）については，有機則第28条（第1項を除く）から第28条の4までの規定によって作業環境測定の実施，結果の記録，測定結果の評価および評価の結果に基づく措置をとることになる。

（休憩室）

第37条　事業者は，第1類物質又は第2類物質を常時，製造し，又は取り扱う作業に労働者を従事させるときは，当該作業を行う作業場以外の場所に休憩室を設けなければならない。

②　事業者は，前項の休憩室については，同項の物質が粉状である場合は，次の措置を講じなければならない。

1　入口には，水を流し，又は十分湿らせたマットを置く等労働者の足部に付着した物を除去するための設備を設けること。

2　入口には，衣服用ブラシを備えること。

3　床は，真空掃除機を使用して，又は水洗によつて容易に掃除できる構造のものとし，毎日1回以上掃除すること。

③　第1項の作業に従事した者は，同項の休憩室に入る前に，作業衣等に付着した物を除去しなければならない。

（洗浄設備）

第38条　事業者は，第1類物質又は第2類物質を製造し，又は取り扱う作業に労働者を従事させるときは，洗眼，洗身又はうがいの設備，更衣設備及び洗濯のための設備を設けなければならない。

②　事業者は，労働者の身体が第1類物質又は第2類物質により汚染されたときは，速やかに，労働者に身体を洗浄させ，汚染を除去させなければならない。

③　事業者は，第1項の作業の一部を請負人に請け負わせるときは，当該請負人に対し，身体が第1類物質又は第2類物質により汚染されたときは，速やかに身体を洗浄し，汚染を除去する必要がある旨を周知させなければならない。

④　労働者は，第2項の身体の洗浄を命じられたときは，その身体を洗浄しなければならない。

解　説

本条の「洗身の設備」とは，シャワー，入浴設備等の体の汚染した部分を洗うための設備をいう。なお，化学物質の飛散等により労働者の身体が汚染された場合，速やかにシャワー等の洗浄設備により労働者の身体を洗浄するように義務付けられた。洗浄は，水や石けん等で皮膚を洗浄するなど，安全データシートに記載されている方法を参考に行い，衣服が汚染された場合は，洗浄の際にあわせて更衣する。

また，「クロロホルム等」及び「クロロホルム等以外のものであつて別表第1第37号に掲げる物」についても，洗浄設備に係る第38条各項の条文が適用される。

（喫煙等の禁止）

第38条の2　事業者は，第1類物質又は第2類物質を製造し，又は取り扱う作業場における作業に従事する者の喫煙又は飲食について，禁止する旨を当該作業場の見やすい箇所に表示することその他の方法により禁止するとともに，表示以外の方法により禁止したときは，当該作業場において喫煙又は飲食が禁止されている旨を当該作業場の見やすい箇所に表示しなければならない。

②　前項の作業場において作業に従事する者は，当該作業場で喫煙し，又は飲食してはならない。

（掲示）

第38条の3　事業者は，第1類物質（塩素化ビフェニル等を除く。）又は令別表第3第2号3の2から6まで，8，8の2，11から12まで，13の2から15の2まで，18の2から19の5まで，21，22の2から22の5まで，23の2から24まで，

26，27の2，29，30，31の2，32，33の2若しくは34の3に掲げる物若しくは別表第1第3号の2から第6号まで，第8号，第8号の2，第11号から第12号まで，第13号の2から第15号の2まで，第18号の2から第19号の5まで，第21号，第22号の2から第22号の5まで，第23号の2から第24号まで，第26号，第27号の2，第29号，第30号，第31号の2，第32号，第33号の2若しくは第34号の3に掲げる物（以下「特別管理物質」と総称する。）を製造し，又は取り扱う作業場（クロム酸等を取り扱う作業場にあつては，クロム酸等を鉱石から製造する事業場においてクロム酸等を取り扱う作業場に限る。次条において同じ。）には，次の事項を，見やすい箇所に掲示しなければならない。

1　特別管理物質の名称

2　特別管理物質により生ずるおそれのある疾病の種類及びその症状

3　特別管理物質の取扱い上の注意事項

4　次に掲げる場所にあつては，有効な保護具等を使用しなければならない旨及び使用すべき保護具等

イ　第6条の3第1項の許可に係る作業場であつて，第36条第1項の測定の結果の評価が第36条の2第1項の第1管理区分でなかつた作業場及び第1管理区分を維持できないおそれがある作業場

ロ　第36条の3第1項の場所

ハ　第36条の3の2第4項及び第5項の規定による措置を講ずべき場所

ニ　第38条の7第1項第2号の規定により，労働者に有効な呼吸用保護具を使用させる作業場

ホ　第38条の13第3項第2号に該当する場合において，同条第4項の措置を講ずる作業場

ヘ　第38条の20第2項各号に掲げる作業を行う作業場

ト　第38条の21第1項に規定する金属アーク溶接等作業を行う作業場

チ　第38条の21第7項の規定により，労働者に有効な呼吸用保護具を使用させる作業場

解　説

「特別管理物質」は，人体に対する発がん性が疫学調査の結果明らかとなった物，動物実験の結果発がんの認められたことが学会等で報告された物等人体に遅発性効果の健康障害を与える，または治ゆが著しく困難であるという有害性に着目し，特別の管理を必要とするものを定めたものとされている。

（作業の記録）

第38条の4　事業者は，特別管理物質を製造し，又は取り扱う作業場において常時作業に従事する労働者について，1月を超えない期間ごとに次の事項を記録し，これを30年間保存するものとする。

1　労働者の氏名

2　従事した作業の概要及び当該作業に従事した期間

3　特別管理物質により著しく汚染される事態が生じたときは，その概要及び事業者が講じた応急の措置の概要

解　説

本条の記録は，第36条の作業環境測定結果の記録および第40条の健康診断の結果の記録とあわせて，特別管理物質による被ばく状況を把握し，健康管理に資するものとされている。

本条による作業の記録には，たとえば個人別出勤簿に所要事項を記載する方法がある。

第３号の「その概要」とは，汚染の程度（ばく露期間，濃度等），汚染により生じた健康障害等をいう。

第５章の２　特殊な作業等の管理

（塩素化ビフェニル等に係る措置）

第38条の5　事業者は，塩素化ビフェニル等を取り扱う作業に労働者を従事させるときは，次に定めるところによらなければならない。

1　その日の作業を開始する前に，塩素化ビフェニル等が入つている容器の状態及び当該容器が置いてある場所の塩素化ビフェニル等による汚染の有無を点検すること。

2　前号の点検を行つた場合において，異常を認めたときは，当該容器を補修し，漏れた塩素化ビフェニル等を拭き取る等必要な措置を講ずること。

3　塩素化ビフェニル等を容器に入れ，又は容器から取り出すときは，当該塩素化ビフェニル等が漏れないよう，当該容器の注入口又は排気口に直結できる構造の器具を用いて行うこと。

②　事業者は，前項の作業の一部を請負人に請け負わせるときは，当該請負人に対し，同項第３号に定めるところによる必要がある旨を周知させなければならない。

第38条の6　事業者は，塩素化ビフエニル等の運搬，貯蔵等のために使用した容器で，塩素化ビフエニル等が付着しているものについては，当該容器の見やすい箇所にその旨を表示しなければならない。

（インジウム化合物等に係る措置）

第38条の7　事業者は，令別表第3第2号3の2に掲げる物又は別表第1第3号の2に掲げる物（第3号において「インジウム化合物等」という。）を製造し，又は取り扱う作業に労働者を従事させる時は，次に定めるところによらなければならない。

1　当該作業を行う作業場の床等は，水洗等によつて容易に掃除できる構造のものとし，水洗する等粉じんの飛散しない方法によつて，毎日1回以上掃除すること。

2　厚生労働大臣の定めるところにより，当該作業場についての第36条第1項又は法第65条第5項の規定による測定の結果に応じて，労働者に有効な呼吸用保護具を使用させること。

3　当該作業に使用した器具，工具，呼吸用保護具等について，付着したインジウム化合物等を除去した後でなければ作業場外に持ち出さないこと。ただし，インジウム加工物等の粉じんが発散しないように当該器具，工具，呼吸用保護具等を容器等に梱包したときは，この限りでない。

②　事業者は，前項の作業の一部を請負人に請け負わせるときは，当該請負人に対し，同項第2号の呼吸用保護具を使用する必要がある旨を周知させるとともに，当該作業に使用した器具，工具，呼吸用保護具等であつて，インジウム化合物等の粉じんが発散しないように容器等に梱包されていないものについては，付着したインジウム化合物等を除去した後でなければ作業場外に持ち出してはならない旨を周知させなければならない。

③　労働者は，事業者から第1項第2号の呼吸用保護具の使用を命じられたときは，これを使用しなければならない。

解　説

インジウム化合物は，特に有害性が高く，労働者へのばく露の程度を低減する必要がある。第1項第2号の呼吸用保護具は，平成24年厚生労働省告示第579号で示されている。

インジウム化合物の製造・取扱い作業を行う労働者には，日本産業規格JIS T 8115に定める規格に適合する浮遊固体粉じん防護用密閉服，日本産業規格JIS T 8118に定める規格に適合する静電気帯電防止用作業服等を使用させることが望ましいとされている。

（特別有機溶剤等に係る措置）

第38条の8　事業者が特別有機溶剤業務に労働者を従事させる場合には，有機則第1章から第3章まで，第4章（第19条及び第19条の2を除く。）及び第7章の規定を準用する。この場合において，次の表の上欄（編注：左欄）に掲げる有機則の規定中同表の中欄に掲げる字句は，それぞれ同表の下欄（編注：右欄）に掲げる字句と読み替えるものとする。

第１条第１項第１号	労働安全衛生法施行令（以下「令」という。）	労働安全衛生法施行令（以下「令」という。）別表第３第２号３の３，11の２，18の２から18の４まで，19の２，19の３，22の２から22の５まで若しくは33の２に掲げる物（以下「特別有機溶剤」という。）又は令
第１条第１項第２号	５パーセントを超えて含有するもの	５パーセントを超えて含有するもの（特別有機溶剤を含有する混合物にあつては，有機溶剤の含有量が重量の５パーセント以下の物で，特別有機溶剤のいずれか１つを重量の１パーセントを超えて含有するものを含む。）
第１条第１項第３号イ	令別表第６の２	令別表第３第２号11の２，18の２，18の４，22の３若しくは22の５に掲げる物又は令別表第６の２
	又は	若しくは
第１条第１項第３号ハ	５パーセントを超えて含有するもの	５パーセントを超えて含有するもの（令別表第３第２号11の２，18の２，18の４，22の３又は22の５に掲げる物を含有する混合物にあつては，イに掲げる物の含有量が重量の５パーセント以下の物で，同号11の２，18の２，18の４，22の３又は22の５に掲げる物のいずれか１つを重量の１パーセントを超えて含有するものを含む。）
第１条第１項第４号イ	令別表第６の２	令別表第３第２号３の３，18の３，19の２，19の３，22の２，22の４若しくは33の２に掲げる物又は令別表第６の２
	又は	若しくは
第１条第１項第４号ハ	５パーセントを超えて含有するもの	５パーセントを超えて含有するもの（令別表第３第２号３の３，18の３，19の２，19の３，22の２，22の４又は33の２に掲げる物を含有する混合物にあつては，イに掲げる物又は前号イに掲げる物の含有量が重量の５パーセント以下の物で，同表第２号３の３，18の３，19の２，19の３，22の２，22の４又は33の２に掲げる物のいずれか１つを重量の１パーセントを超えて含有するものを含む。）
第４条の２第１項	第28条第１項の業務（第２条第１項の規定により，第２章，第３章，第４章中第19条，第19条の２及び第24条から第26条まで，第７章並びに第９章の規定が適用されない業務を除く。）	特定化学物質障害予防規則（昭和47年労働省令第39号）第２条の２第１号に掲げる業務

第33条第1項	有機ガス用防毒マスク	有機ガス用防毒マスク（タンク等の内部において第4号に掲げる業務を行う場合にあつては，全面形のものに限る。次項において同じ。）

解　説

エチルベンゼン等，1・2-ジクロロプロパン等およびクロロホルム等（特別有機溶剤）については，その含有する有機溶剤の有無，種類および量によって有機則第1条第1項第3号の「第1種有機溶剤等」，同項第4号の「第2種有機溶剤等」または同項第5号の「第3種有機溶剤等」に相当する場合があり，それに応じて，準用される有機則の規定が適用される。

また，特別有機溶剤を勘案しない場合に「第3種有機溶剤等」に区分される物であっても，本条において準用される有機則第1条第1項の規定により「第1種有機溶剤等」または「第2種有機溶剤等」に相当することとなる場合，有機則第25条の有機溶剤等の区分の表示の適用に際し，それぞれ「第1種有機溶剤等」または「第2種有機溶剤等」として取り扱うとされている。

なお，有機溶剤の蒸気の発散面が広いため，局所排気装置の設置が困難なため全体換気装置を設けたタンク等の内部で特別有機溶剤に係る業務に従事する労働者に使用させる有機ガス用防毒マスクは，全面形のものに限るとされている。

吹付けによる塗装作業等で，有機溶剤（特別有機溶剤等を含む）の蒸気と塗料の粒子等の粉じんとが混在する作業に従事する労働者には，防じん機能を有する防毒マスクを使用させる。

第38条の9　削除

（エチレンオキシド等に係る措置）

第38条の10　事業者は，令別表第3第2号5に掲げる物及び同号37に掲げる物で同号5に係るもの（以下この条において「エチレンオキシド等」という。）を用いて行う滅菌作業に労働者を従事させる場合において，次に定めるところによるときは，第5条の規定にかかわらず，局所排気装置又はプッシュプル型換気装置を設けることを要しない。

1　労働者がその中に立ち入ることができない構造の滅菌器を用いること。

2　滅菌器には，エアレーション（エチレンオキシド等が充塡された滅菌器の内部を減圧した後に大気に開放することを繰り返すこと等により，滅菌器の内部のエチレンオキシド等の濃度を減少させることをいう。第4号において同じ。）を行う設備を設けること。

3　滅菌器の内部にエチレンオキシド等を充塡する作業を開始する前に，滅菌器の扉等が閉じていることを点検すること。

4　エチレンオキシド等が充塡された滅菌器の扉等を開く前に労働者が行うエアレーションの手順を定め，これにより作業を行うこと。

５　当該滅菌作業を行う屋内作業場については，十分な通気を行うため，全体換気装置の設置その他必要な措置を講ずること。

６　当該滅菌作業の一部を請負人に請け負わせる場合においては，当該請負人に対し，第３号の点検をする必要がある旨及び第４号の手順により作業を行う必要がある旨を周知させること。

（コバルト等に係る措置）

第 38 条の 11　事業者は，コバルト等を製造し，又は取り扱う作業に労働者を従事させるときは，当該作業を行う作業場の床等は，水洗等によつて容易に掃除できる構造のものとし，水洗する等粉じんの飛散しない方法によつて，毎日１回以上掃除しなければならない。

（コークス炉に係る措置）

第 38 条の 12　事業者は，コークス炉上において又はコークス炉に接して行うコークス製造の作業に労働者を従事させるときは，次に定めるところによらなければならない。

１　コークス炉に石炭等を送入する装置，コークス炉からコークスを押し出す装置，コークスを消火車に誘導する装置又は消火車については，これらの運転室の内部にコークス炉等から発散する特定化学物質のガス，蒸気又は粉じん（以下この項において「コークス炉発散物」という。）が流入しない構造のものとすること。

２　コークス炉の石炭等の送入口及びコークス炉からコークスが押し出される場所に，コークス炉発散物を密閉する設備，局所排気装置又はプッシュプル型換気装置を設けること。

３　前号の規定により設ける局所排気装置若しくはプッシュプル型換気装置又は消火車に積み込まれたコークスの消火をするための設備には，スクラバによる除じん方式若しくはろ過除じん方式による除じん装置又はこれらと同等以上の性能を有する除じん装置を設けること。

４　コークス炉に石炭等を送入する時のコークス炉の内部の圧力を減少させるため，上昇管部に必要な設備を設ける等の措置を講ずること。

５　上昇管と上昇管のふた板との接合部からコークス炉発散物が漏えいすることを防止するため，上昇管と上昇管のふた板との接合面を密接させる等の措置を講ずること。

６　コークス炉に石炭等を送入する場合における送入口の蓋の開閉は，労働者がコークス炉発散物により汚染されることを防止するため，隔離室での遠隔操作によること。

7 コークス炉上において，又はコークス炉に接して行うコークス製造の作業に関し，次の事項について，労働者がコークス炉発散物により汚染されることを防止するために必要な作業規程を定め，これにより作業を行うこと。

イ コークス炉に石炭等を送入する装置の操作

ロ 第4号の上昇管部に設けられた設備の操作

ハ ふたを閉じた石炭等の送入口と当該ふたとの接合部及び上昇管と上昇管のふた板との接合部におけるコークス炉発散物の漏えいの有無の点検

ニ 石炭等の送入口のふたに付着した物の除去作業

ホ 上昇管の内部に付着した物の除去作業

ヘ 保護具の点検及び管理

ト イからヘまでに掲げるもののほか，労働者がコークス炉発散物により汚染されることを防止するために必要な措置

② 事業者は，前項の作業の一部を請負人に請け負わせるときは，当該請負人に対し，次に掲げる措置を講じなければならない。

1 コークス炉に石炭等を送入する場合における送入口の蓋の開閉を当該請負人が行うときは，当該請負人がコークス炉発散物により汚染されることを防止するため，隔離室での遠隔操作による必要がある旨を周知させるとともに，隔離室を使用させる等適切に遠隔操作による作業が行われるよう必要な配慮を行うこと。

2 コークス炉上において，又はコークス炉に接して行うコークス製造の作業に関し，前項第7号の事項について，同号の作業規程により作業を行う必要がある旨を周知させること。

③ 第7条第1項第1号から第3号まで及び第8条の規定は第1項第2号の局所排気装置について，第7条第2項第1号及び第2号並びに第8条の規定は第1項第2号のプッシュプル型換気装置について準用する。

（三酸化二アンチモン等に係る措置）

第38条の13 事業者は，三酸化二アンチモン等を製造し，又は取り扱う作業に労働者を従事させるときは，次に定めるところによらなければならない。

1 当該作業を行う作業場の床等は，水洗等によつて容易に掃除できる構造のものとし，水洗する等粉じんの飛散しない方法によつて，毎日1回以上掃除する

こと。

２　当該作業に使用した器具，工具，呼吸用保護具等について，付着した三酸化二アンチモン等を除去した後でなければ作業場外に持ち出さないこと。ただし，三酸化二アンチモン等の粉じんが発散しないように当該器具，工具，呼吸用保護具等を容器等に梱包したときは，この限りでない。

②　事業者は，三酸化二アンチモン等を製造し，又は取り扱う作業の一部を請負人に請け負わせるときは，当該請負人に対し，当該作業に使用した器具，工具，呼吸用保護具等であつて，三酸化二アンチモン等の粉じんが発散しないように容器等に梱包されていないものについては，付着した三酸化二アンチモン等を除去した後でなければ作業場外に持ち出してはならない旨を周知させなければならない。

③　事業者は，三酸化二アンチモン等を製造し，又は取り扱う作業に労働者を従事させる場合において，次の各号のいずれかに該当するときは，第５条の規定にかかわらず，三酸化二アンチモン等のガス，蒸気若しくは粉じんの発散源を密閉する設備，局所排気装置又はプッシュプル型換気装置を設けることを要しない。

１　粉状の三酸化二アンチモン等を湿潤な状態にして取り扱わせるとき（三酸化二アンチモン等を製造し，又は取り扱う作業の一部を請負人に請け負わせる場合にあつては，労働者に，粉状の三酸化二アンチモン等を湿潤な状態にして取り扱わせ，かつ，当該請負人に対し，粉状の三酸化二アンチモン等を湿潤な状態にして取り扱う必要がある旨を周知させるとき）

２　次のいずれかに該当する作業に労働者を従事させる場合において，次項に定める措置を講じたとき

イ　製造炉等に付着した三酸化二アンチモン等のかき落としの作業

ロ　製造炉等からの三酸化二アンチモン等の湯出しの作業

④　事業者が講ずる前項第２号の措置は，次の各号に掲げるものとする。

１　次に定めるところにより，全体換気装置を設け，労働者が前項第２号イ及びロに掲げる作業に従事する間，これを有効に稼働させること。

イ　当該全体換気装置には，第９条第１項の表の上欄に掲げる粉じんの粒径に応じ，同表の下欄に掲げるいずれかの除じん方式による除じん装置又はこれらと同等以上の性能を有する除じん装置を設けること。

ロ　イの除じん装置には，必要に応じ，粒径の大きい粉じんを除去するための前置き除じん装置を設けること。

ハ　イ及びロの除じん装置を有効に稼働させること。

2　前項第2号イ及びロに掲げる作業の一部を請負人に請け負わせるときは，当該請負人が当該作業に従事する間（労働者が当該作業に従事するときを除く。），前号の全体換気装置を有効に稼働させること等について配慮すること。

3　労働者に有効な呼吸用保護具及び作業衣又は保護衣を使用させること。

4　第2号の請負人に対し，有効な呼吸用保護具及び作業衣又は保護衣を使用する必要がある旨を周知させること。

5　前項第2号イ及びロに掲げる作業を行う場所に当該作業に従事する者以外の者（有効な呼吸用保護具及び作業衣又は保護衣を使用している者を除く。）が立ち入ることについて，禁止する旨を見やすい箇所に表示することその他の方法により禁止するとともに，表示以外の方法により禁止したときは，当該場所が立入禁止である旨を見やすい箇所に表示すること。

⑤　労働者は，事業者から前項第3号の保護具等の使用を命じられたときは，これらを使用しなければならない。

解　説

①　三酸化二アンチモン等に係る作業主任者においては，更衣時飛散した三酸化二アンチモン等を吸入しないよう，作業方法を決定し，労働者を指揮する必要がある。

②　第1項第1号の「水洗等」，「水洗する等」の「等」には，超高性能（HEPA）フィルター付きの真空掃除機による清掃が含まれるが，当該真空掃除機を用いる際には，フィルターの交換作業等による粉じんの再飛散に注意する必要がある。

③　第1項第2号の「器具，工具，呼吸用保護具等」の「等」には，作業場内において使用され，粉じんが付着したすべての物が含まれる趣旨であり，作業衣，ぼろ等が含まれる。

④　第1項第2号の「付着した物を除去」する方法は，三酸化二アンチモン等を製造し，又は取り扱う作業を行う作業場を他の作業場と隔離し，作業場間にエアシャワー室を設ける方法，付着物を拭き取る方法，作業場の出入り口に粘着性マットを設ける方法等汚染の程度に応じて適切な方法を用いる。また，フィルター等の付着した物の除去が困難な物は，廃棄物として処分する。

⑤　第3項第1号の「湿潤な状態」には，スラリー化したもの，溶媒に溶解させたものが含まれる。

⑥　第3項第2号については，かき落としの作業等に係る発散源について特化則第5条の適用除外を設ける趣旨であり，製造炉等が稼働しているか否かにかかわらず，同号のイ又はロの作業が行われているときには，全体換気装置の有効な稼働，立入禁止措置の実施等，特化則第38条の13第3項各号に基づく措置を講じた場合には，特化則第5条の局所排気装置等を設けることを要しないとされている。

⑦　第4項第3号の「作業衣」は粉じんの付着しにくいものとする。また，「保護衣」は，日本産業規格JIS T 8115に定める規格に適合する浮遊固体粉じん防護用密閉服を含むとされている。

（燻蒸作業に係る措置）

第38条の14　事業者は，臭化メチル等を用いて行う燻蒸作業に労働者を従事させるときは，次に定めるところによらなければならない。

1　燻蒸に伴う倉庫，コンテナー，船倉等の燻蒸する場所における空気中のエチレンオキシド，酸化プロピレン，シアン化水素，臭化メチル又はホルムアルデヒドの濃度の測定は，当該倉庫，コンテナー，船倉等の燻蒸する場所の外から行うことができるようにすること。

2　投薬作業は，倉庫，コンテナー，船倉等の燻蒸しようとする場所の外から行うこと。ただし，倉庫燻蒸作業又はコンテナー燻蒸作業を行う場合において，投薬作業を行う労働者に送気マスク，空気呼吸器又は隔離式防毒マスクを使用させたとき，及び投薬作業の一部を請負人に請け負わせる場合において当該請負人に対し送気マスク，空気呼吸器又は隔離式防毒マスクを使用する必要がある旨を周知させたときは，この限りでない。。

3　倉庫，コンテナー，船倉等の燻蒸中の場所からの臭化メチル等の漏えいの有無を点検すること。

4　前号の点検を行つた場合において，異常を認めたときは，直ちに目張りの補修その他必要な措置を講ずること。

5　倉庫，コンテナー，船倉等の燻蒸中の場所に作業に従事する者が立ち入ることについて，禁止する旨を見やすい箇所に表示することその他の方法により禁止するとともに，表示以外の方法により禁止したときは，当該場所が立入禁止である旨を見やすい箇所に表示すること。ただし，燻蒸の効果を確認する場合において，労働者に送気マスク，空気呼吸器又は隔離式防毒マスクを使用させ，及び当該確認を行う者（労働者を除く。）が送気マスク，空気呼吸器若しくは隔離式防毒マスクを使用していることを確認し，かつ，監視人を置いたときは，当該労働者及び当該確認を行う者（労働者を除く。）を，当該燻蒸中の場所に立ち入らせることができる。

6　倉庫，コンテナー，船倉等の燻蒸中の場所の扉，ハッチボード等を開放するときは，当該場所から流出する臭化メチル等による労働者の汚染を防止するため，風向を確認する等必要な措置を講ずること。

7　倉庫燻蒸作業又はコンテナー燻蒸作業にあつては，次に定めるところによること。

イ　倉庫又はコンテナーの燻蒸しようとする場所は，臭化メチル等の漏えいを防止するため，目張りをすること。

ロ　投薬作業を開始する前に，目張りが固着していること及び倉庫又はコンテナーの燻蒸しようとする場所から投薬作業以外の作業に従事する者が退避したことを確認すること。

ハ　倉庫の一部を燻蒸するときは，当該倉庫内の燻蒸が行われていない場所に当該倉庫内で作業に従事する者のうち燻蒸に関係する者以外の者が立ち入ることについて，禁止する旨を見やすい箇所に表示することその他の方法により禁止するとともに，表示以外の方法により禁止したときは，当該場所が立入禁止である旨を見やすい箇所に表示すること。

ニ　倉庫若しくはコンテナーの燻蒸した場所に扉等を開放した後初めて作業に従事する者を立ち入らせる場合又は一部を燻蒸中の倉庫内の燻蒸が行われていない場所に作業に従事する者を立ち入らせる場合には，あらかじめ，当該倉庫若しくはコンテナーの燻蒸した場所又は当該燻蒸が行われていない場所における空気中のエチレンオキシド，酸化プロピレン，シアン化水素，臭化メチル又はホルムアルデヒドの濃度を測定すること。この場合において，当該燻蒸が行われていない場所に係る測定は，当該場所の外から行うこと。

8　天幕燻蒸作業にあつては，次に定めるところによること。

イ　燻蒸に用いる天幕は，臭化メチル等の漏えいを防止するため，網，ロープ等で確実に固定し，かつ，当該天幕の裾を土砂等で押えること。

ロ　投薬作業を開始する前に，天幕の破損の有無を点検すること。

ハ　ロの点検を行つた場合において，天幕の破損を認めたときは，直ちに補修その他必要な措置を講ずること。

ニ　投薬作業を行うときは，天幕から流出する臭化メチル等による労働者の汚染を防止するため，風向を確認する等必要な措置を講ずること。

9　サイロ燻蒸作業にあつては，次に定めるところによること。

イ　燻蒸しようとするサイロは，臭化メチル等の漏えいを防止するため，開口部等を密閉すること。ただし，開口部等を密閉することが著しく困難なときは，この限りでない。

ロ　投薬作業を開始する前に，燻蒸しようとするサイロが密閉されていることを確認すること。

ハ　臭化メチル等により汚染されるおそれのないことを確認するまでの間，燻蒸したサイロに作業に従事する者が立ち入ることについて，禁止する旨を見やすい箇所に表示することその他の方法により禁止するとともに，表示以外の方法により禁止したときは，当該サイロが立入禁止である旨を見やすい箇所に表示すること。

10　はしけ燻蒸作業にあつては，次に定めるところによること。

イ　燻蒸しようとする場所は，臭化メチル等の漏えいを防止するため，天幕で覆うこと。

ロ　燻蒸しようとする場所に隣接する居住室等は，臭化メチル等が流入しない構造のものとし，又は臭化メチル等が流入しないように目張りその他の必要な措置を講じたものとすること。

ハ　投薬作業を開始する前に，天幕の破損の有無を点検すること。

ニ　ハの点検を行つた場合において，天幕の破損を認めたときは，直ちに補修その他必要な措置を講ずること。

ホ　投薬作業を開始する前に，居住室等に臭化メチル等が流入することを防止するための目張りが固着していることその他の必要な措置が講じられていること及び燻蒸する場所から作業に従事する者が退避したことを確認すること。

ヘ　燻蒸した場所若しくは当該燻蒸した場所に隣接する居住室等に天幕を外した直後に作業に従事する者を立ち入らせる場合又は燻蒸中の場所に隣接する居住室等に作業に従事する者を立ち入らせる場合には，当該場所又は居住室等における空気中のエチレンオキシド，酸化プロピレン，シアン化水素，臭化メチル又はホルムアルデヒドの濃度を測定すること。この場合において，当該居住室等に係る測定は，当該居住室等の外から行うこと。

11　本船燻蒸作業にあつては，次に定めるところによること。

イ　燻蒸しようとする船倉は，臭化メチル等の漏えいを防止するため，ビニルシート等で開口部等を密閉すること。

ロ　投薬作業を開始する前に，燻蒸しようとする船倉がビニルシート等で密閉されていることを確認し，及び当該船倉から投薬作業以外の作業に従事する者が退避したことを確認すること。

ハ　燻蒸した船倉若しくは当該燻蒸した船倉に隣接する居住室等にビニルシート等を外した後初めて作業に従事する者を立ち入らせる場合又は燻蒸中の船倉に隣接する居住室等に作業に従事する者を立ち入らせる場合には，当該船倉又は居住室等における空気中のエチレンオキシド，酸化プロピレン，シアン化水素，臭化メチル又はホルムアルデヒドの濃度を測定すること。この場合において，当該居住室等に係る測定は，労働者に送気マスク，空気呼吸器若しくは隔離式防毒マスクを使用させるとき，又は当該測定を行う者（労働者を除く。）に対し送気マスク，空気呼吸器若しくは隔離式防毒マスクを使用する必要がある旨を周知させるときのほか，当該居住室等の外から行うこと。

12　第7号ニ，第10号ヘ又は前号ハの規定による測定の結果，当該測定に係る場所における空気中のエチレンオキシド，酸化プロピレン，シアン化水素，臭化メチル又はホルムアルデヒドの濃度が，次の表の上欄（編注：左欄）に掲げる物に応じ，それぞれ同表の下欄（編注：右欄）に掲げる値を超えるときは，当該場所に作業に従事する者が立ち入ることについて，禁止する旨を見やすい箇所に表示することその他の方法により禁止しなければならない。ただし，エチレンオキシド，酸化プロピレン，シアン化水素，臭化メチル又はホルムアルデヒドの濃度を当該値以下とすることが著しく困難な場合であつて当該場所の排気を行う場合において，労働者に送気マスク，空気呼吸器又は隔離式防毒マスクを使用させ，及び作業に従事する者（労働者を除く。）が送気マスク，空気呼吸器若しくは隔離式防毒マスクを使用していることを確認し，かつ，監視人を置いたときは，当該労働者及び当該保護具を使用している作業に従事する者（労働者を除く。）を，当該場所に立ち入らせることができる。

物	値
エチレンオキシド	2ミリグラム又は1立方センチメートル
酸化プロピレン	5ミリグラム又は2立方センチメートル
シアン化水素	3ミリグラム又は3立方センチメートル
臭化メチル	4ミリグラム又は1立方センチメートル
ホルムアルデヒド	0.1ミリグラム又は0.1立方センチメートル
備考　この表の値は，温度25度，1気圧の空気1立方メートル当たりに占める当該物の重量又は容積を示す。	

②　事業者は，倉庫，コンテナー，船倉等の臭化メチル等を用いて燻蒸した場所若しくは当該場所に隣接する居住室等又は燻蒸中の場所に隣接する居住室等において燻蒸作業以外の作業に労働者を従事させようとするときは，次に定めるところによらなければならない。ただし，労働者が臭化メチル等により汚染されるおそれのないことが明らかなときは，この限りでない。

1　倉庫，コンテナー，船倉等の燻蒸した場所若しくは当該場所に隣接する居住室等又は燻蒸中の場所に隣接する居住室等における空気中のエチレンオキシド，酸化プロピレン，シアン化水素，臭化メチル又はホルムアルデヒドの濃度を測定すること。

2　前号の規定による測定の結果，当該測定に係る場所における空気中のエチレンオキシド，酸化プロピレン，シアン化水素，臭化メチル又はホルムアルデヒドの濃度が前項第12号の表の上欄（編注：左欄）に掲げる物に応じ，それぞれ同表の下欄（編注：右欄）に掲げる値を超えるときは，当該場所に作業に従事する者が立ち入ることについて，禁止する旨を見やすい箇所に表示することその他の方法により禁止すること。

解　説

第１項第３号の臭化メチル等の漏えいの有無の点検は，臭化メチルにあっては炎色反応もしくは検知管法またはこれらと同等以上の性能を有する方法により，シアン化水素にあっては検知管またはこれらと同等以上の性能を有する方法により実施する。

第１項第７号ニ，第10号へ，第11号ハまたは第２項第１号の規定による空気中のシアン化水素，臭化メチルまたはホルムアルデヒドの濃度の測定については，法第65条に定める作業環境測定には該当しないので，作業環境測定士による測定は必要としないが，できるだけ作業環境測定士による測定が望ましいとされている。

第１項第11号ハの「労働者に送気マスク，空気呼吸器若しくは隔離式防毒マスクを使用させるとき，又は当該測定を行う者（労働者を除く。）に対し送気マスク，空気呼吸器若しくは隔離式防毒マスクを使用する必要がある旨を周知させるときのほか，当該居住室等の外から行うこと」とは，労働者に送気マスク，空気呼吸器又は隔離式防毒マスクを使用させるとき（労働者以外の者が測定を行うときは，当該者に対し，送気マスク，空気呼吸器又は隔離式防毒マスクを使用する必要がある旨を周知させるとき）以外は，当該居住室等の外から測定を行う必要があることをいうこと。

（ニトログリコールに係る措置）

第38条の15　事業者は，ダイナマイトを製造する作業に労働者を従事させるときは，次に定めるところによらなければならない。

1　薬（ニトログリコールとニトログリセリンとを硝化綿に含浸させた物及び当該含浸させた物と充填剤等とを混合させた物をいう。以下この条において同じ。）を圧伸包装し，又は塡薬する場合は，次の表の上欄（編注：左欄）に掲げる区分に応じ，それぞれニトログリコールの配合率（ニトログリコールの重量とニトログリセリンの重量とを合計した重量中に占めるニトログリコールの重量の比率をいう。）が同表の下欄（編注：右欄）に掲げる値以下である薬を用いること。

<table>
<tr><th colspan="3">区　　分</th><th>値（単位　パーセント）</th></tr>
<tr><td rowspan="3">夏季において塡薬する場合</td><td rowspan="2">隔離室での遠隔操作によらないで塡薬する場合</td><td>薬の温度が28度を超える場合</td><td>20</td></tr>
<tr><td>薬の温度が28度以下である場合</td><td>25</td></tr>
<tr><td colspan="2">隔離室での遠隔操作により塡薬する場合</td><td>30</td></tr>
<tr><td colspan="3">夏季において手作業により圧伸包装する場合</td><td>30</td></tr>
<tr><td colspan="3">その他の場合</td><td>38</td></tr>
<tr><td colspan="4">備考　夏季とは，北海道においては7月及び8月の2月，その他の地域においては5月から9月までの5月をいう。</td></tr>
</table>

2　次の表の上欄（編注：左欄）に掲げる作業場におけるニトログリコール及び薬の温度は，それぞれ同表の下欄（編注：右欄）に掲げる値以下とすること。ただし，隔離室での遠隔操作により作業を行う場合は，この限りでない。

作業場	値（単位　度）
硝化する作業場	22
洗浄する作業場	
配合する作業場	
その他の作業場	32

3　手作業により塡薬する場合には，作業場の床等に薬がこぼれたときは，速やかに，あらかじめ指名した者に掃除させること。

4　ニトログリコール又は薬が付着している器具は，使用しないときは，ニトログリコールの蒸気が漏れないように蓋又は栓をした堅固な容器に納めておくこと。この場合において，当該容器は，通風がよい一定の場所に置くこと。

②　事業者は，前項の作業の一部を請負人に請け負わせるときは，当該請負人に対し，同項第1号から第3号までに定めるところによる必要がある旨を周知させなければならない。

（ベンゼン等に係る措置）

第38条の16　事業者は，ベンゼン等を溶剤として取り扱う作業に労働者を従事させてはならない。ただし，ベンゼン等を溶剤として取り扱う設備を密閉式の構造のものとし，又は当該作業を作業中の労働者の身体にベンゼン等が直接接触しない方法により行わせ，かつ，当該作業を行う場所に囲い式フードの局所排気装置又はプッシュプル型換気装置を設けたときは，この限りでない。

②　事業者は，前項の作業の一部を請負人に請け負わせるときは，当該請負人に対し，当該作業を身体にベンゼン等が直接接触しない方法により行う必要がある旨を周知させなければならない。ただし，ベンゼン等を溶剤として取り扱う設備を

密閉式の構造のものとするときは，この限りでない。

③　第6条の2及び第6条の3の規定は第1項ただし書の局所排気装置及びプッシュプル型換気装置について，第7条第1項及び第8条の規定は第1項ただし書の局所排気装置について，第7条第2項及び第8条の規定は第1項ただし書のプッシュプル型換気装置について準用する。

(1･3–ブタジエン等に係る措置)

第38条の17　事業者は，1･3–ブタジエン若しくは1･4–ジクロロ–2–ブテン又は1･3–ブタジエン若しくは1･4–ジクロロ–2–ブテンをその重量の1パーセントを超えて含有する製剤その他の物(以下この条において「1･3–ブタジエン等」という。)を製造し，若しくは取り扱う設備から試料を採取し，又は当該設備の保守点検を行う作業に労働者を従事させるときは，次に定めるところによらなければならない。

1　1･3–ブタジエン等を製造し，若しくは取り扱う設備から試料を採取し，又は当該設備の保守点検を行う作業場所に，1･3–ブタジエン等のガスの発散源を密閉する設備，局所排気装置又はプッシュプル型換気装置を設けること。ただし，1･3–ブタジエン等のガスの発散源を密閉する設備，局所排気装置若しくはプッシュプル型換気装置の設置が著しく困難な場合又は臨時の作業を行う場合において，全体換気装置を設け，又は労働者に呼吸用保護具を使用させ，及び作業に従事する者（労働者を除く。）に対し呼吸用保護具を使用する必要がある旨を周知させる等健康障害を予防するため必要な措置を講じたときは，この限りでない。

2　1･3–ブタジエン等を製造し，若しくは取り扱う設備から試料を採取し，又は当該設備の保守点検を行う作業場所には，次の事項を，見やすい箇所に掲示すること。ただし，前号の規定により1･3–ブタジエン等のガスの発散源を密閉する設備，局所排気装置若しくはプッシュプル型換気装置を設けるとき，又は同号ただし書の規定により全体換気装置を設けるときは，ニの事項については，この限りでない。

イ　1･3–ブタジエン等を製造し，若しくは取り扱う設備から試料を採取し，又は当該設備の保守点検を行う作業場所である旨

ロ　1･3–ブタジエン等により生ずるおそれのある疾病の種類及びその症状

ハ　1･3–ブタジエン等の取扱い上の注意事項

ニ　当該作業場所においては呼吸用保護具を使用する必要がある旨及び使用す

べき呼吸用保護具

3　1･3-ブタジエン等を製造し，若しくは取り扱う設備から試料を採取し，又は当該設備の保守点検を行う作業場所において常時作業に従事する労働者について，1月を超えない期間ごとに次の事項を記録し，これを30年間保存すること。

イ　労働者の氏名

ロ　従事した作業の概要及び当該作業に従事した期間

ハ　1･3-ブタジエン等により著しく汚染される事態が生じたときは，その概要及び事業者が講じた応急の措置の概要

4　1･3-ブタジエン等を製造し，若しくは取り扱う設備から試料を採取し，又は当該設備の保守点検を行う作業に労働者を従事させる事業者は，事業を廃止しようとするときは，特別管理物質等関係記録等報告書（様式第11号）に前号の作業の記録を添えて，所轄労働基準監督署長に提出すること。

②　第7条第1項及び第8条の規定は前項第1号の局所排気装置について，第7条第2項及び第8条の規定は同号のプッシュプル型換気装置について準用する。ただし，前項第1号の局所排気装置が屋外に設置されるものである場合には第7条第1項第4号及び第5号の規定，前項第1号のプッシュプル型換気装置が屋外に設置されるものである場合には同条第2項第3号及び第4号の規定は，準用しない。

解　説

1･3-ブタジエンおよび1･4-ジクロロ-2-ブテンについては，動物実験の結果がん原性が認められているため，特別管理物質に準じ掲示，作業の記録および記録の提出が義務付けられている。

屋外等で発散抑制の設備を設けることが困難な場合で，1･3-ブタジエン等を製造し，または取り扱う設備から試料を採取し，または当該設備の保守点検を行う作業に従事する労働者に呼吸用保護具を使用させる際は，送気マスクを採用することが望ましい。やむを得ず防毒マスクを使用する場合は，その有害性に鑑み有機ガス用防毒マスクの着用を必須とし，リスクアセスメントを行った上で，指定防護係数を考慮して全面形マスクを選択するなど適切な保護具を使用する。

さらに，皮膚からの吸収の危険性も指摘されており，全面形マスクまたは保護眼鏡ならびに不浸透性の保護衣，保護手袋および保護長靴の使用が望ましいとされている。

（硫酸ジエチル等に係る措置）

第38条の18　事業者は，硫酸ジエチル又は硫酸ジエチルをその重量の1パーセントを超えて含有する製剤その他の物（以下この条において「硫酸ジエチル等」という。）を触媒として取り扱う作業に労働者を従事させるときは，次に定めるところによらなければならない。

1　硫酸ジエチル等を触媒として取り扱う作業場所に，硫酸ジエチル等の蒸気の発散源を密閉する設備，局所排気装置又はプッシュプル型換気装置を設けること。ただし，硫酸ジエチル等の蒸気の発散源を密閉する設備，局所排気装置若しくはプッシュプル型換気装置の設置が著しく困難な場合又は臨時の作業を行う場合において，全体換気装置を設け，又は労働者に呼吸用保護具を使用させ，及び作業に従事する者（労働者を除く。）に対し呼吸用保護具を使用する必要がある旨を周知させる等健康障害を予防するため必要な措置を講じたときは，この限りでない。

2　硫酸ジエチル等を触媒として取り扱う作業場所には，次の事項を，見やすい箇所に掲示すること。ただし，前号の規定により硫酸ジエチル等の蒸気の発散源を密閉する設備，局所排気装置若しくはプッシュプル型換気装置を設けるとき，又は同号ただし書の規定により全体換気装置を設けるときは，ニの事項については，この限りでない。

イ　硫酸ジエチル等を触媒として取り扱う作業場所である旨

ロ　硫酸ジエチル等により生ずるおそれのある疾病の種類及びその症状

ハ　硫酸ジエチル等の取扱い上の注意事項

ニ　当該作業場所においては呼吸用保護具を使用しなければならない旨及び使用すべき呼吸用保護具

3　硫酸ジエチル等を触媒として取り扱う作業場所において常時作業に従事する労働者について，1月を超えない期間ごとに次の事項を記録し，これを30年間保存すること。

イ　労働者の氏名

ロ　従事した作業の概要及び当該作業に従事した期間

ハ　硫酸ジエチル等により著しく汚染される事態が生じたときは，その概要及び事業者が講じた応急の措置の概要

4　硫酸ジエチル等を触媒として取り扱う作業に労働者を従事させる事業者は，事業を廃止しようとするときは，特別管理物質等関係記録等報告書（様式第11号）に前号の作業の記録を添えて，所轄労働基準監督署長に提出すること。

②　第7条第1項及び第8条の規定は前項第1号の局所排気装置について，第7条第2項及び第8条の規定は同号のプッシュプル型換気装置について準用する。ただし，前項第1号の局所排気装置が屋外に設置されるものである場合には第7条第1項第4号及び第5号の規定，前項第1号のプッシュプル型換気装置が屋外に

設置されるものである場合には同条第2項第3号及び第4号の規定は，準用しない。

解　説

「触媒として取り扱う作業」とは，樹脂の合成工程等における混合，攪拌，混練，加熱等の作業で，硫酸ジエチル等を触媒として使用する作業をいう。硫酸ジエチル等を単にエチル化剤等として化成品の合成原料等として使用する作業は含まれない。

（1･3-プロパンスルトン等に係る措置）

第38条の19　事業者は，1･3-プロパンスルトン又は1･3-プロパンスルトンをその重量の1パーセントを超えて含有する製剤その他の物（以下この条において「1･3-プロパンスルトン等」という。）を製造し，又は取り扱う作業に労働者を従事させるときは，次に定めるところによらなければならない。

1　1･3-プロパンスルトン等を製造し，又は取り扱う設備については，密閉式の構造のものとすること。

2　1･3-プロパンスルトン等により汚染されたぼろ，紙くず等については，労働者が1･3-プロパンスルトン等により汚染されることを防止するため，蓋又は栓をした不浸透性の容器に納めておき，廃棄するときは焼却その他の方法により十分除毒すること。

3　1･3-プロパンスルトン等を製造し，又は取り扱う設備（当該設備のバルブ又はコックを除く。）については，1･3-プロパンスルトン等の漏えいを防止するため堅固な材料で造り，当該設備のうち1･3-プロパンスルトン等が接触する部分については，著しい腐食による1･3-プロパンスルトン等の漏えいを防止するため，1･3-プロパンスルトン等の温度，濃度等に応じ，腐食しにくい材料で造り，内張りを施す等の措置を講ずること。

4　1･3-プロパンスルトン等を製造し，又は取り扱う設備の蓋板，フランジ，バルブ，コック等の接合部については，当該接合部から1･3-プロパンスルトン等が漏えいすることを防止するため，ガスケットを使用し，接合面を相互に密接させる等の措置を講ずること。

5　1･3-プロパンスルトン等を製造し，又は取り扱う設備のバルブ若しくはコック又はこれらを操作するためのスイッチ，押しボタン等については，これらの誤操作による1･3-プロパンスルトン等の漏えいを防止するため，次の措置を講ずること。

　イ　開閉の方向を表示すること。

ロ　色分け，形状の区分等を行うこと。ただし，色分けのみによるものであってはならない。

6　1·3−プロパンスルトン等を製造し，又は取り扱う設備のバルブ又はコックについては，次に定めるところによること。

イ　開閉の頻度及び製造又は取扱いに係る1·3−プロパンスルトン等の温度，濃度等に応じ，耐久性のある材料で造ること。

ロ　1·3−プロパンスルトン等を製造し，又は取り扱う設備の使用中にしばしば開放し，又は取り外すことのあるストレーナ等とこれらに最も近接した1·3−プロパンスルトン等を製造し，又は取り扱う設備（配管を除く。次号，第9号及び第10号において同じ。）との間には，二重に設けること。ただし，当該ストレーナ等と当該設備との間に設けられるバルブ又はコックが確実に閉止していることを確認することができる装置を設けるときは，この限りでない。

7　1·3−プロパンスルトン等を製造し，又は取り扱う設備に原材料その他の物を送給する者が当該送給を誤ることによる1·3−プロパンスルトン等の漏えいを防止するため，見やすい位置に，当該原材料その他の物の種類，当該送給の対象となる設備その他必要な事項を表示すること。

8　1·3−プロパンスルトン等を製造し，又は取り扱う作業を行うときは，次の事項について，1·3−プロパンスルトン等の漏えいを防止するため必要な規程を定め，これにより作業を行うこと。

イ　バルブ，コック等（1·3−プロパンスルトン等を製造し，又は取り扱う設備又は容器に原材料を送給するとき，及び当該設備又は容器から製品等を取り出すときに使用されるものに限る。）の操作

ロ　冷却装置，加熱装置，攪拌装置及び圧縮装置の操作

ハ　計測装置及び制御装置の監視及び調整

ニ　安全弁その他の安全装置の調整

ホ　蓋板，フランジ，バルブ，コック等の接合部における1·3−プロパンスルトン等の漏えいの有無の点検

ヘ　試料の採取及びそれに用いる器具の処理

ト　容器の運搬及び貯蔵

チ　設備又は容器の保守点検及び洗浄並びに排液処理

リ　異常な事態が発生した場合における応急の措置

ヌ　保護具の装着，点検，保管及び手入れ

ル　その他1·3-プロパンスルトン等の漏えいを防止するため必要な措置

9　1·3-プロパンスルトン等を製造し，又は取り扱う作業場及び1·3-プロパンスルトン等を製造し，又は取り扱う設備を設置する屋内作業場の床を不浸透性の材料で造ること。

10　1·3-プロパンスルトン等を製造し，又は取り扱う設備を設置する作業場又は当該設備を設置する作業場以外の作業場で1·3-プロパンスルトン等を合計100リットル以上取り扱うものに関係者以外の者が立ち入ることについて，禁止する旨を見やすい箇所に表示することその他の方法により禁止するとともに，表示以外の方法により禁止したときは，当該作業場が立入禁止である旨を見やすい箇所に表示すること。

11　1·3-プロパンスルトン等を運搬し，又は貯蔵するときは，1·3-プロパンスルトン等が漏れ，こぼれる等のおそれがないように，堅固な容器を使用し，又は確実な包装をすること。

12　前号の容器又は包装の見やすい箇所に1·3-プロパンスルトン等の名称及び取扱い上の注意事項を表示すること。

13　1·3-プロパンスルトン等の保管については，一定の場所を定めておくこと。

14　1·3-プロパンスルトン等の運搬，貯蔵等のために使用した容器又は包装については，1·3-プロパンスルトン等が発散しないような措置を講じ，保管するときは，一定の場所を定めて集積しておくこと。

15　その日の作業を開始する前に，1·3-プロパンスルトン等を製造し，又は取り扱う設備及び1·3-プロパンスルトン等が入つている容器の状態並びに当該設備又は容器が置いてある場所の1·3-プロパンスルトン等による汚染の有無を点検すること。

16　前号の点検を行つた場合において，異常を認めたときは，当該設備又は容器を補修し，漏れた1·3-プロパンスルトン等を拭き取る等必要な措置を講ずること。

17　1·3-プロパンスルトン等を製造し，若しくは取り扱う設備若しくは容器に1·3-プロパンスルトン等を入れ，又は当該設備若しくは容器から取り出すときは，1·3-プロパンスルトン等が漏れないよう，当該設備又は容器の注入口又は排気口に直結できる構造の器具を用いて行うこと。

18　1·3-プロパンスルトン等を製造し，又は取り扱う作業場には，次の事項を，作業に従事する労働者が見やすい箇所に掲示すること。

イ　1･3-プロパンスルトン等を製造し，又は取り扱う作業場である旨

ロ　1･3-プロパンスルトン等により生ずるおそれのある疾病の種類及びその症状

ハ　1･3-プロパンスルトン等の取扱い上の注意事項

ニ　当該作業場においては有効な保護具を使用しなければならない旨及び使用すべき保護具

19　1･3-プロパンスルトン等を製造し，又は取り扱う作業場において常時作業に従事する労働者について，１月を超えない期間ごとに次の事項を記録し，これを30年間保存すること。

イ　労働者の氏名

ロ　従事した作業の概要及び当該作業に従事した期間

ハ　1･3-プロパンスルトン等により著しく汚染される事態が生じたときは，その概要及び事業者が講じた応急の措置の概要

20　1･3-プロパンスルトン等による皮膚の汚染防止のため，保護眼鏡並びに不浸透性の保護衣，保護手袋及び保護長靴を使用させること。

21　事業を廃止しようとするときは，特別管理物質等関係記録等報告書（様式第11号）に第19号の作業の記録を添えて，所轄労働基準監督署長に提出すること。

②　事業者は，前項の作業の一部を請負人に請け負わせるときは，当該請負人に対し，同項第２号及び第17号の措置を講ずる必要がある旨，同項第８号の規程により作業を行う必要がある旨並びに1･3-プロパンスルトン等による皮膚の汚染防止のため，同項第20号の保護具を使用する必要がある旨を周知させなければならない。

③　労働者は，事業者から第１項第20号の保護具の使用を命じられたときは，これを使用しなければならない。

解　説

1･3-プロパンスルトンは，吸入ばく露のリスクが低いため，呼吸用保護具の使用等は義務付けられていないが，経皮ばく露の防止に加え，万一の際の吸入ばく露リスクへの備えのため，保護めがねの代わりに全面形防じん機能付き防毒マスクを採用することが望ましいとされている。

経皮ばく露の防止については，接触防止のため設備の漏えい防止を含む安全性評価に重点を置いたセーフティ・アセスメントが重要であるため，平成12年３月21日付け基発第149号「化学プラントにかかるセーフティ・アセスメントについて」を参考として取り組むことが望ましい。また，動物実験の単回皮膚投与において，極めて強い発がん性が認められることなどから，保護具の使用による防護対策を一層徹底するため，労働者に対し，保護具の使用義務が課されている。

（リフラクトリーセラミックファイバー等に係る措置）

第38条の20　事業者は，リフラクトリーセラミックファイバー等を製造し，又は取り扱う作業に労働者を従事させるときは，当該作業を行う作業場の床等は，水洗等によつて容易に掃除できる構造のものとし，水洗する等粉じんの飛散しない方法によつて，毎日一回以上掃除しなければならない。

②　事業者は，次の各号のいずれかに該当する作業に労働者を従事させるときは，次項に定める措置を講じなければならない。

1　リフラクトリーセラミックファイバー等を窯，炉等に張り付けること等の断熱又は耐火の措置を講ずる作業

2　リフラクトリーセラミックファイバー等を用いて断熱又は耐火の措置を講じた窯，炉等の補修の作業（前号及び次号に掲げるものを除く。）

3　リフラクトリーセラミックファイバー等を用いて断熱又は耐火の措置を講じた窯，炉等の解体，破砕等の作業（リフラクトリーセラミックファイバー等の除去の作業を含む。）

③　事業者が講ずる前項の措置は，次の各号に掲げるものとする。

1　前項各号に掲げる作業を行う作業場所を，それ以外の作業を行う作業場所から隔離すること。ただし，隔離することが著しく困難である場合において，前項各号に掲げる作業以外の作業に従事する者がリフラクトリーセラミックファイバー等にばく露することを防止するため必要な措置を講じたときは，この限りでない。

2　労働者に有効な呼吸用保護具及び作業衣又は保護衣を使用させること。

④　事業者は，第2項各号のいずれかに該当する作業の一部を請負人に請け負わせるときは，当該請負人に対し，次の事項を周知させなければならない。ただし，前項第1号ただし書の措置を講じたときは，第1号の事項については，この限りでない。

1　当該作業を行う作業場所を，それ以外の作業を行う作業場所から隔離する必要があること

2　前項第2号の保護具等を使用する必要があること

⑤　事業者は，第2項第3号に掲げる作業に労働者を従事させるときは，第1項から第3項までに定めるところによるほか，次に定めるところによらなければならない。

1　リフラクトリーセラミックファイバー等の粉じんを湿潤な状態にする等の措置を講ずること。

２　当該作業を行う作業場所に，リフラクトリーセラミックファイバー等の切りくず等を入れるための蓋のある容器を備えること。

⑥　事業者は，第２項第３号に掲げる作業の一部を請負人に請け負わせるときは，当該請負人に対し，前項各号に定めるところによる必要がある旨を周知させなければならない。

⑦　労働者は，事業者から第３項第２号の保護具等の使用を命じられたときは，これらを使用しなければならない。

解　説

第３項第１号の「必要な措置」には以下のものが含まれる。

①　前項各号に掲げる作業を行う作業場所からのリフラクトリーセラミックファイバー（以下「RCF」という。）の粉じんにばく露するおそれがある作業場所において作業に従事する労働者に適切な呼吸用保護具および作業衣または保護衣を着用させる

②　可能なら RCF を湿潤な状態とする

第３項第２号の「有効な呼吸用保護具」とは，各部の破損，脱落，弛み，湿気の付着，変形，耐用年数の超過等保護具の性能に支障をきたしていない状態となっており，かつ，100 以上の防護係数が確保できるもので，具体的には，①電動ファン付き呼吸用保護具の規格（平成 26 年厚生労働省告示第 455 号）に定める粒子捕集効率が 99.97％以上かつ漏れ率が 1％以下の電動ファン付き呼吸用保護具，②送気マスク（日本産業規格 JIS T 8153）のうち，いずれも全面形面体を有するプレッシャデマンド形エアラインマスク，一定流量形エアラインマスク又は電動送風機形ホースマスク，③空気呼吸器（日本産業規格 JIS T 8155）のうち，全面形面体を有するプレッシャデマンド形空気呼吸器，がある。

また，労働者ごとに防護係数が 100 以上であることの確認を行うことにより有効な呼吸用保護具となるものとしては，①送気マスク（日本産業規格 JIS T 8153）のうち，半面形面体を有するプレッシャデマンド形エアラインマスク，一定流量形エアラインマスク（全面形面体を有するものを除く。）又は電動送風機形ホースマスク（同），②空気呼吸器（日本産業規格 JIS T 8155）のうち，半面形面体を有するプレッシャデマンド形空気呼吸器，がある。

なお，事業者は，当該確認を行ったときは，労働者の氏名，呼吸用保護具の種類，確認を行った年月日および防護係数の値を記録し，これを 30 年間保存する。

（金属アーク溶接等作業に係る措置）

第38条の21　事業者は，金属をアーク溶接する作業，アークを用いて金属を溶断し，又はガウジングする作業その他の溶接ヒュームを製造し，又は取り扱う作業（以下この条において「金属アーク溶接等作業」という。）を行う屋内作業場については，当該金属アーク溶接等作業に係る溶接ヒュームを減少させるため，全体換気装置による換気の実施又はこれと同等以上の措置を講じなければならない。この場合において，事業者は，第５条の規定にかかわらず，金属アーク溶接等作業において発生するガス，蒸気若しくは粉じんの発散源を密閉する設備，局所排気

装置又はプッシュプル型換気装置を設けることを要しない。

② 事業者は，金属アーク溶接等作業を継続して行う屋内作業場において，新たな金属アーク溶接等作業の方法を採用しようとするとき，又は当該作業の方法を変更しようとするときは，あらかじめ，厚生労働大臣の定めるところにより，当該金属アーク溶接等作業に従事する労働者の身体に装着する試料採取機器等を用いて行う測定により，当該作業場について，空気中の溶接ヒュームの濃度を測定しなければならない。

③ 事業者は，前項の規定による空気中の溶接ヒュームの濃度の測定の結果に応じて，換気装置の風量の増加その他必要な措置を講じなければならない。

④ 事業者は，前項に規定する措置を講じたときは，その効果を確認するため，第２項の作業場について，同項の規定により，空気中の溶接ヒュームの濃度を測定しなければならない。

⑤ 事業者は，金属アーク溶接等作業に労働者を従事させるときは，当該労働者に有効な呼吸用保護具を使用させなければならない。

⑥ 事業者は，金属アーク溶接等作業の一部を請負人に請け負わせるときは，当該請負人に対し，有効な呼吸用保護具を使用する必要がある旨を周知させなければならない。

⑦ 事業者は，金属アーク溶接等作業を継続して行う屋内作業場において当該金属アーク溶接等作業に労働者を従事させるときは，厚生労働大臣の定めるところにより，当該作業場についての第２項及び第４項の規定による測定の結果に応じて，当該労働者に有効な呼吸用保護具を使用させなければならない。

⑧ 事業者は，金属アーク溶接等作業を継続して行う屋内作業場において当該金属アーク溶接等作業の一部を請負人に請け負わせるときは，当該請負人に対し，前項の測定の結果に応じて，有効な呼吸用保護具を使用する必要がある旨を周知させなければならない。

⑨ 事業者は，第７項の呼吸用保護具（面体を有するものに限る。）を使用させるときは，１年以内ごとに１回，定期に，当該呼吸用保護具が適切に装着されていることを厚生労働大臣の定める方法により確認し，その結果を記録し，これを３年間保存しなければならない。

⑩ 事業者は，第２項又は第４項の規定による測定を行つたときは，その都度，次の事項を記録し，これを当該測定に係る金属アーク溶接等作業の方法を用いなくなつた日から起算して３年を経過する日まで保存しなければならない。

1　測定日時
2　測定方法
3　測定箇所
4　測定条件
5　測定結果
6　測定を実施した者の氏名
7　測定結果に応じて改善措置を講じたときは，当該措置の概要
8　測定結果に応じた有効な呼吸用保護具を使用させたときは，当該呼吸用保護具の概要

⑪　事業者は，金属アーク溶接等作業に労働者を従事させるときは，当該作業を行う屋内作業場の床等を，水洗等によつて容易に掃除できる構造のものとし，水洗等粉じんの飛散しない方法によつて，毎日1回以上掃除しなければならない。

⑫　労働者は，事業者から第5項又は第7項の呼吸用保護具の使用を命じられたときは，これを使用しなければならない。

解　説

①　第1項の「金属アーク溶接等作業」には，作業場所が屋内または屋外であることにかかわらず，アークを熱源とする溶接，溶断，ガウジングのすべてが含まれ，燃焼ガス，レーザービーム等を熱源とする溶接，溶断，ガウジングは含まれない。なお，自動溶接を行う場合では，「金属アーク溶接等作業」には，自動溶接機による溶接中に溶接機のトーチ等に近付く等，溶接ヒュームにばく露するおそれのある作業が含まれ，溶接機のトーチ等から離れた操作盤の作業，溶接作業に付帯する材料の搬入・搬出作業，片付け作業等は含まれない。

②　第1項の「全体換気装置による換気の実施又はこれと同等以上の措置」の「同等以上の措置」には，プッシュプル型換気装置および局所排気装置が含まれる。

③　第2項の溶接ヒューム濃度の測定は，屋内作業場における作業環境改善のための測定でもあることから，金属アーク溶接等作業を継続して行う屋内作業場に限定して義務付けられる。なお，この「屋内作業場」には，建築中の建物内部等で当該建築工事等に付随する金属アーク溶接等作業であって，同じ場所で繰り返し行われないものを行う屋内作業場は含まれない。

なお，「溶接ヒュームの濃度の測定方法」は，令和2年厚生労働省告示第286号（507頁）に示されている。

④　第2項の「変更しようとするとき」には，溶接方法が変更された場合，および溶接材料，母材や溶接作業場所の変更が溶接ヒュームの濃度に大きな影響を与える場合が含まれる。

⑤　第3項の「その他必要な措置」には，溶接方法，母材もしくは溶接材料等の変更による溶接ヒューム発生量の低減，集じん装置による集じんまたは移動式送風機による送風の実施が含まれる。

⑥　第3項の規定は，第2項の測定結果がマンガンとして0.05 mg/m³ を下回る場合，または同一事業場における類似の金属アーク溶接等作業を継続して行う屋内作業場において，当該作業場に係る第2項の測定結果に応じて換気装置の風量の増加等の措置を十分に検討した場合であって，その結果を踏まえた必要な措置をあらかじめ実施しているときに，さら

なる改善措置を求める趣旨ではない。

⑦　金属アーク溶接等作業に労働者を従事させるときには，作業場所が屋内または屋外であることにかかわらず，当該労働者に有効な呼吸用保護具を使用させなければならない。

なお，「有効な呼吸用保護具の選択基準」は，令和２年厚生労働省告示第286号（507頁）に示されている。

⑧　第９項の規定により記録の対象となる確認の「結果」には，確認を受けた者の氏名，確認の日時および装着の良否，当該確認を外部に委託して行った場合は受託者の名称等が含まれる。

なお，「確認の方法」については，令和２年厚生労働省告示第286号（507頁）に示されている。

⑨　第11項の「水洗等」の「等」には，超高性能（HEPA）フィルター付きの真空掃除機による清掃が含まれるが，当該真空掃除機を用いる際には，粉じんの再飛散に注意する。

第６章　健康診断

（健康診断の実施）

第39条　事業者は，令第22条第１項第３号の業務（石綿等の取扱い若しくは試験研究のための製造又は石綿分析用試料等（石綿則第２条第４項に規定する石綿分析用試料等をいう。）の製造に伴い石綿の粉じんを発散する場所における業務及び別表第１第37号に掲げる物を製造し，又は取り扱う業務を除く。）に常時従事する労働者に対し，別表第３（編注：449頁参照）の上欄（編注：左欄）に掲げる業務の区分に応じ，雇入れ又は当該業務への配置替えの際及びその後同表の中欄に掲げる期間以内ごとに１回，定期に，同表の下欄（編注：右欄）に掲げる項目について医師による健康診断を行わなければならない。

②　事業者は，令第22条第２項の業務（石綿等の製造又は取扱いに伴い石綿の粉じんを発散する場所における業務を除く。）に常時従事させたことのある労働者で，現に使用しているものに対し，別表第３の上欄（編注：左欄）に掲げる業務のうち労働者が常時従事した同項の業務の区分に応じ，同表の中欄に掲げる期間以内ごとに１回，定期に，同表の下欄（編注：右欄）に掲げる項目について医師による健康診断を行わなければならない。

③　事業者は，前二項の健康診断（シアン化カリウム（これをその重量の５パーセントを超えて含有する製剤その他の物を含む。），シアン化水素（これをその重量の１パーセントを超えて含有する製剤その他の物を含む。）及びシアン化ナトリウム（これをその重量の５パーセントを超えて含有する製剤その他の物を含む。）を製造し，又は取り扱う業務に従事する労働者に対し行われた第１項の健康診断を除く。）の結果，他覚症状が認められる者，自覚症状を訴える者その他異常の疑いがある者で，医師が必要と認めるものについては，別表第４（編注：462頁

参照）の上欄（編注:左欄）に掲げる業務の区分に応じ,それぞれ同表の下欄（編注：右欄）に掲げる項目について医師による健康診断を行わなければならない。

④　第1項の業務（令第16条第1項各号に掲げる物（同項第4号に掲げる物及び同項第9号に掲げる物で同項第4号に係るものを除く。）及び特別管理物質に係るものを除く。）が行われる場所について第36条の2第1項の規定による評価が行われ，かつ，次の各号のいずれにも該当するときは，当該業務に係る直近の連続した3回の第1項の健康診断（当該健康診断の結果に基づき，前項の健康診断を実施した場合については，同項の健康診断）の結果，新たに当該業務に係る特定化学物質による異常所見があると認められなかつた労働者については，当該業務に係る第1項の健康診断に係る別表第3の規定の適用については，同表中欄中「6月」とあるのは，「1年」とする。

1　当該業務を行う場所について，第36条の2第1項の規定による評価の結果，直近の評価を含めて連続して3回，第1管理区分に区分された（第2条の3第1項の規定により，当該場所について第36条の2第1項の規定が適用されない場合は，過去1年6月の間，当該場所の作業環境が同項の第1管理区分に相当する水準にある）こと。

2　当該業務について，直近の第1項の規定に基づく健康診断の実施後に作業方法を変更（軽微なものを除く。）していないこと。

⑤　令第22条第2項第24号の厚生労働省令で定める物は，別表第5に掲げる物とする。

⑥　令第22条第1項第3号の厚生労働省令で定めるものは,次に掲げる業務とする。

1　第2条の2各号に掲げる業務

2　第38条の8において準用する有機則第3条第1項の場合における同項の業務(別表第1第37号に掲げる物に係るものに限る。次項第3号において同じ。)

⑦　令第22条第2項の厚生労働省令で定めるものは，次に掲げる業務とする。

1　第2条の2各号に掲げる業務

2　第2条の2第1号イに掲げる業務(ジクロロメタン(これをその重量の1パーセントを超えて含有する製剤その他の物を含む。）を製造し，又は取り扱う業務のうち，屋内作業場等において行う洗浄又は払拭の業務を除く。)

3　第38条の8において準用する有機則第3条第1項の場合における同項の業務

解　説

①　本条第１項の「当該業務への配置替えの際」とは，その事業場において，他の作業から本条に規定する受診対象作業に配置転換する直前を指す。

第２項の「これらの業務に常時従事させたことのある労働者で，現に使用しているもの」（以下「配置転換後労働者」という。）には，退職者までを含む趣旨ではないとされる。また通常，法令改正により新たに対象とされた業務に，当該改正法令の施行日前に常時従事させ，施行日以降には当該業務に従事させていない労働者でも，現に使用しているものは「配置転換後労働者」に含まれる。

②　第２条の２第５号により，三酸化二アンチモン等を製造し又は取り扱う業務のうち「樹脂等により固形化された物」を取り扱う業務については，特化則に基づく特殊健康診断の実施義務はないが，皮膚への接触による健康障害のおそれがあることから，一般健康診断における「自覚症状及び他覚症状の有無の検査」の中で，アンチモン皮疹等の皮膚症状について確認することが望ましい，とされている。

③　金属アーク溶接等作業に係る健康診断は，作業場所が屋内または屋外であることにかかわらず，医師による特殊健康診断を行うことが義務付けられる。

④　金属アーク溶接等作業については，従来，じん肺法（昭和35年法律第30号）に基づくじん肺健康診断が義務付けられていることに留意する。なお，同法の解釈（昭和53年４月28日付け基発第250号）では，「常時粉じん作業に従事する」とは，労働者が業務の常態として粉じん作業に従事することをいうが，必ずしも労働日の全部について粉じん作業に従事することを要件とするものではないと示されており，特化則に基づく健康診断に係る対象者についても，作業頻度のみならず，個々の作業内容や取扱量等を踏まえて個別に判断する必要がある。

⑤　本条第４項は，労働者の化学物質のばく露の程度が低い場合は健康障害のリスクが低いと考えられることから，作業環境測定の評価結果等について一定の要件を満たす場合に健康診断の実施頻度を緩和できることとしたものである。

本規定による健康診断の実施頻度の緩和は，事業者が労働者ごとに行う必要がある。

本規定の「健康診断の実施後に作業方法を変更（軽微なものを除く。）していないこと」とは，ばく露量に大きな影響を与えるような作業方法の変更がないことであり，例えば，リスクアセスメント対象物の使用量又は使用頻度に大きな変更がない場合等をいう。

事業者が健康診断の実施頻度を緩和するに当たっては，労働衛生に係る知識又は経験のある医師等の専門家の助言を踏まえて判断することが望ましい。

本規定による健康診断の実施頻度の緩和は，本規定施行後の直近の健康診断実施日以降に，本規定に規定する要件を全て満たした時点で，事業者が労働者ごとに判断して実施すること。なお，特殊健康診断の実施頻度の緩和に当たって，所轄労働基準監督署や所轄都道府県労働局に対して届出等を行う必要はない。

（健康診断の結果の記録）

第40条　事業者は，前条第１項から第３項までの健康診断（法第66条第５項ただし書の場合において当該労働者が受けた健康診断を含む。次条において「特定化学物質健康診断」という。）の結果に基づき，特定化学物質健康診断個人票（様式第２号）を作成し，これを５年間保存しなければならない。

②　事業者は，特定化学物質健康診断個人票のうち，特別管理物質を製造し，又は

取り扱う業務（クロム酸等を取り扱う業務にあつては，クロム酸等を鉱石から製造する事業場においてクロム酸等を取り扱う業務に限る。）に常時従事し，又は従事した労働者に係る特定化学物質健康診断個人票については，これを30年間保存するものとする。

（健康診断の結果についての医師からの意見聴取）

第40条の2　特定化学物質健康診断の結果に基づく法第66条の４の規定による医師からの意見聴取は，次に定めるところにより行わなければならない。

１　特定化学物質健康診断が行われた日（法第66条第５項ただし書の場合にあつては，当該労働者が健康診断の結果を証明する書面を事業者に提出した日）から３月以内に行うこと。

２　聴取した医師の意見を特定化学物質健康診断個人票に記載すること。

②　事業者は，医師から，前項の意見聴取を行う上で必要となる労働者の業務に関する情報を求められたときは，速やかに，これを提供しなければならない。

解　説

医師からの意見聴取は，労働者の健康状態から緊急に法第66条の５第１項の措置を講ずべき必要がある場合には，できるだけ速やかに行う必要がある。

また意見聴取は，事業者が意見を述べる医師に対し，健康診断の個人票の様式の「医師の意見欄」に当該意見を記載させ，これを確認する。

（健康診断の結果の通知）

第40条の3　事業者は，第39条第１項から第３項までの健康診断を受けた労働者に対し，遅滞なく，当該健康診断の結果を通知しなければならない。

解　説

「遅滞なく」とは，事業者が，健康診断を実施した医師，健康診断機関等から結果を受け取った後，速やかにという趣旨である。

（健康診断結果報告）

第41条　事業者は，第39条第１項から第３項までの健康診断（定期のものに限る。）を行つたときは，遅滞なく，特定化学物質健康診断結果報告書（様式第３号）を所轄労働基準監督署長に提出しなければならない。

解　説

「健康診断結果報告書」は，労働者数のいかんを問わず第39条により健康診断を行ったすべての事業場が提出する必要がある。所轄労働基準監督署長に遅滞なく（健康診断完了後おおむね１カ月以内に）提出する。

（特定有機溶剤混合物に係る健康診断）

第41条の2　特定有機溶剤混合物に係る業務（第38条の8において準用する有機則第3条第1項の場合における同項の業務を除く。）については，有機則第29条（第1項，第3項，第4項及び第6項を除く。）から第30条の3まで及び第31条の規定を準用する。

（緊急診断）

第42条　事業者は，特定化学物質（別表第1第37号に掲げる物を除く。以下この項及び次項において同じ。）が漏えいした場合において，労働者が当該特定化学物質により汚染され，又は当該特定化学物質を吸入したときは，遅滞なく，当該労働者に医師による診察又は処置を受けさせなければならない。

② 事業者は，特定化学物質を製造し，又は取り扱う業務の一部を請負人に請け負わせる場合において，当該請負人に対し，特定化学物質が漏えいした場合であつて，当該特定化学物質により汚染され，又は当該特定化学物質を吸入したときは，遅滞なく医師による診察又は処置を受ける必要がある旨を周知させなければならない。

③ 第1項の規定により診察又は処置を受けさせた場合を除き，事業者は，労働者が特別有機溶剤等により著しく汚染され，又はこれを多量に吸入したときは，速やかに，当該労働者に医師による診察又は処置を受けさせなければならない。

④ 第2項の診察又は処置を受けた場合を除き，事業者は，特別有機溶剤等を製造し，又は取り扱う業務の一部を請負人に請け負わせる場合において，当該請負人に対し，特別有機溶剤等により著しく汚染され，又はこれを多量に吸入したときは，速やかに医師による診察又は処置を受ける必要がある旨を周知させなければならない。

⑤ 前二項の規定は，第38条の8において準用する有機則第3条第1項の場合における同項の業務については適用しない。

解　説

緊急診断は，それぞれの対象物質の種類，性状，汚染または吸入の程度等に応じ，急性中毒，皮膚障害等について診断を行う。

なお，救援活動その他により関係労働者以外の者が受ける障害も予想されるので，第26条の救護組織の活動の一環としても，これらの者に対する緊急診断を行う。

第7章　保護具

（呼吸用保護具）

第43条　事業者は，特定化学物質を製造し，又は取り扱う作業場には，当該物質のガス，蒸気又は粉じんを吸入することによる労働者の健康障害を予防するため必要な呼吸用保護具を備えなければならない。

解　説

本条の「呼吸用保護具」とは，送気マスク等給気式呼吸用保護具（簡易救命器および酸素発生式自己救命器を除く。），防毒マスク，防じんマスク並びに面体形およびルーズフィット形の電動ファン付き呼吸用保護具をいい，これらのうち，防じんマスク，一定の防毒マスクおよび電動ファン付き呼吸用保護具については，国家検定に合格したものでなければならないとされている。

（保護衣等）

第44条　事業者は，特定化学物質で皮膚に障害を与え，若しくは皮膚から吸収されることにより障害をおこすおそれのあるものを製造し，若しくは取り扱う作業又はこれらの周辺で行われる作業に従事する労働者に使用させるため，不浸透性の保護衣，保護手袋及び保護長靴並びに塗布剤を備え付けなければならない。

② 事業者は，前項の作業の一部を請負人に請け負わせるときは，当該請負人に対し，同項の保護衣等を備え付けておくこと等により当該保護衣等を使用することができるようにする必要がある旨を周知させなければならない。

③ 事業者は，令別表第3第1号1，3，4，6若しくは7に掲げる物若しくは同号8に掲げる物で同号1，3，4，6若しくは7に係るもの若しくは同表第2号1から3まで，4，8の2，9，11の2，16からの18の3まで，19，19の3から20まで，22から22の4まで，23，23の2，25，27，28，30，31（ペンタクロルフエノール（別名PCP）に限る。），33（シクロペンタジエニルトリカルボニルマンガン又は2–メチルシクロペンタジエニルトリカルボニルマンガンに限る。），34若しくは36に掲げる物若しくは別表第1第1号から第3号まで，第4号，第8号の2，第9号，第11号の2，第16号から第18号の3まで，第19号，第19号の3から第20号まで，第22号から第22号の4まで，第23号，第23号の2，第25号，第27号，第28号，第30号，第31号（ペンタクロルフエノール（別名PCP）に係るものに限る。），第33号（シクロペンタジエニルトリカルボニルマンガン又は2–メチルシクロペンタジエニルトリカルボニルマンガンに係るものに限る。），第34号若しくは第36号に掲げる物を製造し，若しくは取り扱う作

業又はこれらの周辺で行われる作業であつて，皮膚に障害を与え，又は皮膚から吸収されることにより障害をおこすおそれがあるものに労働者を従事させるときは，当該労働者に保護眼鏡並びに不浸透性の保護衣，保護手袋及び保護長靴を使用させなければならない。

④ 事業者は，前項の作業の一部を請負人に請け負わせるときは，当該請負人に対し，同項の保護具を使用する必要がある旨を周知させなければならない。

⑤ 労働者は，事業者から第3項の保護具の使用を命じられたときは，これを使用しなければならない。

解説

① 本条の「皮膚に障害を与え」とは，硝酸，硫酸，ペンタクロルフェノールのようなものにより，皮膚に腐食性の障害を受けることをいい，「皮膚から吸収されることにより障害をおこす」とは，塩素化ビフェニル，アクリルアミド，硫酸ジメチルのようなものが皮膚から体内に吸収されることにより中毒等の障害を受けることをいう。

② 本条の「これらの周辺で行われる作業」とは，特定化学物質を直接取り扱ってはいないが，これらの物質の飛散等により汚染されるおそれがある場所における作業をいうこととされている。

③ クロロホルム等およびクロロホルム等以外のものであって別表第1第37号に掲げる物には，特化則第44条および第45条が適用されることとされている。

④ 特化則第2条の2の規定による適用除外の対象とされていた業務のうち，日本産業衛生学会において，皮膚と接触することにより，経皮的に吸収される量が全身への健康影響または吸収量からみて無視できない程度に達することがあると考えられると勧告がなされている物質若しくはACGIHにおいて皮膚吸収があると勧告がなされている物質およびこれらを含有する製剤その他の物を製造し，若しくは取り扱う作業またはこれらの周辺で行われる作業であって，皮膚に障害を与え，または皮膚から吸収されることにより障害をおこすおそれがあるものについては，保護衣等に係る特化則第44条および第45条の規定の対象とすることとされている。例えば，次の物質を製造し，若しくは取り扱う作業が対象となる。

・クロロホルム
・四塩化炭素
・1，4-ジオキサン
・ジクロロメタン（別名二塩化メチレン）
・ジメチル-2，2-ジクロロビニルホスフェイト（別名DDVP）
・スチレン
・1，1，2，2-テトラクロロエタン（別名四塩化アセチレン）
・テトラクロロエチレン（別名パークロルエチレン）
・ナフタレン

⑤ 特化則第44条第3項の対象作業に関して，「皮膚に障害を与え，又は皮膚から吸収されることにより障害をおこすおそれがあるもの」には，特定化学物質に直接触れる作業，特定化学物質を手作業で激しくかき混ぜることにより身体に飛散することが常態として予想される作業等が含まれる。一方で，突発的に特定化学物質の液体等が飛散することがある作業，特定化学設備に係る作業であって特定化学設備を開放等しないで行う作業を含まないこと。

⑥ 本条の「不浸透性」とは，有害物等と直接接触することがないような性能を有することを指すものであり，保護衣，保護手袋等の労働衛生保護具に係る日本工業規格における「浸透」しないことおよび「透過」しないことのいずれも含む概念である。

（保護具の数等）

第45条　事業者は，前二条の保護具については，同時に就業する労働者の人数と同数以上を備え，常時有効かつ清潔に保持しなければならない。

第8章　製造許可等

（製造等の禁止の解除手続）

第46条　令第16条第2項第1号の許可（石綿等に係るものを除く。以下同じ。）を受けようとする者は，様式第4号による申請書を，同条第1項各号に掲げる物（石綿等を除く。以下「製造等禁止物質」という。）を製造し，又は使用しようとする場合にあつては当該製造等禁止物質を製造し，又は使用する場所を管轄する労働基準監督署長を経由して当該場所を管轄する都道府県労働局長に，製造等禁止物質を輸入しようとする場合にあつては当該輸入する製造等禁止物質を使用する場所を管轄する労働基準監督署長を経由して当該場所を管轄する都道府県労働局長に提出しなければならない。

②　都道府県労働局長は，令第16条第2項第1号の許可をしたときは，申請者に対し，様式第4号の2による許可証を交付するものとする。

解　説

法第55条ただし書の規定による製造は，試験研究する者が直接行うべきものであり，他に委託して製造することは認められないとされている。ただし，輸入にあたり，輸入事務の代行を商社等が行うことはさしつかえないが，商社等があらかじめ禁止物質を輸入しておき，試験研究者の要請によって提供することは認められず，したがって，輸入する場合も試験研究に必要な最小限度の量（おおむね３年間程度）であることが必要であるとされている。

（禁止物質の製造等に係る基準）

第47条　令第16条第2項第2号の厚生労働大臣が定める基準（石綿等に係るものを除く。）は，次のとおりとする。

1　製造等禁止物質を製造する設備は，密閉式の構造のものとすること。ただし，密閉式の構造とすることが作業の性質上著しく困難である場合において，ドラフトチエンバー内部に当該設備を設けるときは，この限りでない。

2　製造等禁止物質を製造する設備を設置する場所の床は，水洗によつて容易にそうじできる構造のものとすること。

3　製造等禁止物質を製造し，又は使用する者は，当該物質による健康障害の予防について，必要な知識を有する者であること。

4　製造等禁止物質を入れる容器については，当該物質が漏れ，こぼれる等のおそれがないように堅固なものとし，かつ，当該容器の見やすい箇所に，当該物質の成分を表示すること。

5　製造等禁止物質の保管については，一定の場所を定め，かつ，その旨を見やすい箇所に表示すること。

6　製造等禁止物質を製造し，又は使用する者は，不浸透性の保護前掛及び保護手袋を使用すること。

7　製造等禁止物質を製造する設備を設置する場所には，当該物質の製造作業中関係者以外の者が立ち入ることを禁止し，かつ，その旨を見やすい箇所に表示すること。

解　説

本条は，ベンジジン等の禁止物質（石綿等を除く。）を試験・研究のため製造する時の設備基準等を規定したものである。

第1号の「作業の性質上著しく困難である場合」とは，禁止物質を製造するにあたって，その量が少量であるため，工業的な製造設備を設けることが困難であることから，製造装置の密閉化ができず，手動によって操作しなければならない場合をいう。

（製造の許可）

第48条　法第56条第1項の許可は，令別表第3第1号に掲げる物ごとに，かつ，当該物を製造するプラントごとに行なうものとする。

解　説

本条は，製造の許可の単位について規定したものである。同一の事業場において，2種類の物質が製造されている場合には，それぞれが許可の対象となり，また，1種類の物質について，2系列で製造されている場合にも，それぞれの系列別に許可を受ける必要がある。

（許可手続）

第49条　法第56条第1項の許可を受けようとする者は，様式第5号による申請書に摘要書（様式第6号）を添えて，当該許可に係る物を製造する場所を管轄する労働基準監督署長を経由して厚生労働大臣に提出しなければならない。

②　厚生労働大臣は，法第56条第1項の許可をしたときは，申請者に対し，様式第7号による許可証（以下この条において「許可証」という。）を交付するものとする。

③　許可証の交付を受けた者は，これを滅失し，又は損傷したときは，様式第8号

による申請書を第１項の労働基準監督署長を経由して厚生労働大臣に提出し，許可証の再交付を受けなければならない。

④　許可証の交付を受けた者は，氏名（法人にあつては，その名称）を変更したときは，様式第８号による申請書を第１項の労働基準監督署長を経由して厚生労働大臣に提出し，許可証の書替えを受けなければならない。

解　説

法第56条第１項の製造の許可を受けた者がその工程について，設備等の一部を変更しようとする場合（主要構造部分について変更しようとする場合を除く。）または作業方法を変更しようとする場合には，あらかじめ，次の事項を記載した書面を許可申請書を提出した労働基準監督署長に提出しなければならないとされている。

イ　変更の目的

ロ　変更しようとする機械等または作業方法

ハ　変更後の構造または作業方法

なお，法第56条第１項の製造の許可を受けた者が，製造工程を変更しようとする場合，許可物質の生産量を増加しようとする場合等には，再び同項の許可を受けなければならないとされている。

（製造許可の基準）

第50条　第１類物質のうち，令別表第３第１号１から５まで及び７に掲げる物並びに同号８に掲げる物で同号１から５まで及び７に係るもの（以下この条において「ジクロルベンジジン等」という。）の製造（試験研究のためのジクロルベンジジン等の製造を除く。）に関する法第56条第２項の厚生労働大臣の定める基準は，次のとおりとする。

１　ジクロルベンジジン等を製造する設備を設置し，又はその製造するジクロルベンジジン等を取り扱う作業場所は，それ以外の作業場所と隔離し，かつ，その場所の床及び壁は，不浸透性の材料で造ること。

２　ジクロルベンジジン等を製造する設備は，密閉式の構造のものとし，原材料その他の物の送給，移送又は運搬は，当該作業を行う労働者の身体に当該物が直接接触しない方法により行うこと。

３　反応槽については，発熱反応又は加熱を伴う反応により，攪拌機等のグランド部からガス又は蒸気が漏えいしないようガスケット等により接合部を密接させ，かつ，異常反応により原材料，反応物等が溢出しないようコンデンサーに十分な冷却水を通しておくこと。

４　ふるい分け機又は真空ろ過機で，その稼動中その内部を点検する必要があるものについては，その覆いは，密閉の状態で内部を観察できる構造のものとし，必要がある場合以外は当該覆いが開放できないようにするための施錠等を設けること。

5　ジクロルベンジジン等を労働者に取り扱わせるときは，隔離室での遠隔操作によること。ただし，粉状のジクロルベンジジン等を湿潤な状態にして取り扱わせるときは，この限りでない。

6　ジクロルベンジジン等を計量し，容器に入れ，又は袋詰めする作業を行う場合において，前号に定めるところによることが著しく困難であるときは，当該作業を作業中の労働者の身体に当該物が直接接触しない方法により行い，かつ，当該作業を行う場所に囲い式フードの局所排気装置又はプッシュプル型換気装置を設けること。

7　前号の局所排気装置については，次に定めるところによること。

イ　フードは，ジクロルベンジジン等のガス，蒸気又は粉じんの発散源ごとに設けること。

ロ　ダクトは，長さができるだけ短く，ベンドの数ができるだけ少なく，かつ，適当な箇所に掃除口が設けられている等掃除しやすい構造とすること。

ハ　ジクロルベンジジン等の粉じんを含有する気体を排出する局所排気装置にあつては，第9条第1項の表の上欄（編注：左欄）に掲げる粉じんの粒径に応じ，同表の下欄（編注：右欄）に掲げるいずれかの除じん方式による除じん装置又はこれらと同等以上の性能を有する除じん装置を設けること。この場合において，当該除じん装置には，必要に応じ，粒径の大きい粉じんを除去するための前置き除じん装置を設けること。

ニ　ハの除じん装置を付設する局所排気装置のファンは，除じんをした後の空気が通る位置に設けること。ただし，吸引された粉じんによる爆発のおそれがなく，かつ，ハの除じん装置を付設する局所排気装置のファンの腐食のおそれがないときは，この限りでない。

ホ　排気口は，屋外に設けること。

ヘ　厚生労働大臣が定める性能を有するものとすること。

8　第6号のプッシュプル型換気装置については，次に定めるところによること。

イ　ダクトは，長さができるだけ短く，ベンドの数ができるだけ少なく，かつ，適当な箇所に掃除口が設けられている等掃除しやすい構造とすること。

ロ　ジクロルベンジジン等の粉じんを含有する気体を排出するプッシュプル型換気装置にあつては，第9条第1項の表の上欄（編注：左欄）に掲げる粉じんの粒径に応じ，同表の下欄（編注：右欄）に掲げるいずれかの除じん方式による除じん装置又はこれらと同等以上の性能を有する除じん装置を設けること。この場合において，当該除じん装置には，必要に応じ，粒径の大きい粉じんを除去するための前置き除じん装置を設けること。

ハ　ロの除じん装置を付設するプッシュプル型換気装置のファンは，除じんをした後の空気が通る位置に設けること。ただし，吸引された粉じんによる爆発のおそれがなく，かつ，ロの除じん装置を付設するプッシュプル型換気装置のファンの腐食のおそれがないときは，この限りでない。

ニ　排気口は，屋外に設けること。

ホ　厚生労働大臣が定める要件を具備するものとすること。

9　ジクロルベンジジン等の粉じんを含有する気体を排出する製造設備の排気筒には，第７号ハ又は前号ロの除じん装置を設けること。

10　第６号の局所排気装置及びプッシュプル型換気装置は，ジクロルベンジジン等に係る作業が行われている間，厚生労働大臣が定める要件を満たすように稼動させること。

11　第７号ハ，第８号ロ及び第９号の除じん装置は，ジクロルベンジジン等に係る作業が行われている間，有効に稼動させること。

12　ジクロルベンジジン等を製造する設備からの排液で，第11条第１項の表の上欄（編注:左欄）に掲げる物を含有するものについては，同表の下欄（編注:右欄）に掲げるいずれかの処理方式による排液処理装置又はこれらと同等以上の性能を有する排液処理装置を設け，当該装置を有効に稼動させること。

13　ジクロルベンジジン等を製造し，又は取り扱う作業に関する次の事項について，ジクロルベンジジン等の漏えい及び労働者の汚染を防止するため必要な作業規程を定め，これにより作業を行うこと。

イ　バルブ，コック等（ジクロルベンジジン等を製造し，又は取り扱う設備に原材料を送給するとき，及び当該設備から製品等を取り出すときに使用されるものに限る。）の操作

ロ　冷却装置，加熱装置，攪拌装置及び圧縮装置の操作

ハ　計測装置及び制御装置の監視及び調整

ニ　安全弁，緊急しや断装置その他の安全装置及び自動警報装置の調整

ホ　ふた板，フランジ，バルブ，コック等の接合部におけるジクロルベンジジン等の漏えいの有無の点検

ヘ　試料の採取及びそれに用いる器具の処理

ト　異常な事態が発生した場合における応急の措置

チ　保護具の装着，点検，保管及び手入れ

リ　その他ジクロルベンジジン等の漏えいを防止するため必要な措置

14　ジクロルベンジジン等を製造する設備から試料を採取するときは，次に定めるところによること。

イ　試料の採取に用いる容器等は，専用のものとすること。

ロ　試料の採取は，あらかじめ指定された箇所において，試料が飛散しないように行うこと。

ハ　試料の採取に用いた容器等は，温水で十分洗浄した後，定められた場所に保管しておくこと。

15　ジクロルベンジジン等を取り扱う作業に労働者を従事させるときは，当該労働者に作業衣並びに不浸透性の保護手袋及び保護長靴を着用させること。

②　試験研究のためジクロルベンジジン等の製造に関する法第56条第2項の厚生労働大臣の定める基準は，次のとおりとする。

1　ジクロルベンジジン等を製造する設備は，密閉式の構造のものとすること。ただし，密閉式の構造とすることが作業の性質上著しく困難である場合において，ドラフトチエンバー内部に当該設備を設けるときは，この限りでない。

2　ジクロルベンジジン等を製造する装置を設置する場所の床は，水洗によつて容易に掃除できる構造のものとすること。

3　ジクロルベンジジン等を製造する者は，ジクロルベンジジン等による健康障害の予防について，必要な知識を有する者であること。

4　ジクロルベンジジン等を製造する者は，不浸透性の保護前掛及び保護手袋を使用すること。

第50条の2　ベリリウム等の製造（試験研究のためのベリリウム等の製造を除く。）に関する法第56条第2項の厚生労働大臣の定める基準は，次項によるほか，次のとおりとする。

1　ベリリウム等を焼結し，又は煆焼する設備（水酸化ベリリウムから高純度酸化ベリリウムを製造する工程における設備を除く。次号において同じ。）は他の作業場所と隔離された屋内の場所に設置し，かつ，当該設備を設置した場所に局所排気装置又はプッシュプル型換気装置を設けること。

2　ベリリウム等を製造する設備（ベリリウム等を焼結し，又は煆焼する設備，アーク炉等により溶融したベリリウム等からベリリウム合金を製造する工程における設備及び水酸化ベリリウムから高純度酸化ベリリウムを製造する工程における設備を除く。）は，密閉式の構造のものとし，又は上方，下方及び側方に覆い等を設けたものとすること。

３　前号の規定により密閉式の構造とし，又は上方，下方及び側方に覆い等を設けたベリリウム等を製造する設備で，その稼動中内部を点検する必要があるものについては，その設備又は覆い等は，密閉の状態又は上方，下方及び側方が覆われた状態で内部を観察できるようにすること。その設備の外板等又は覆い等には必要がある場合以外は開放できないようにするための施錠等を設けること。

４　ベリリウム等を製造し，又は取り扱う作業場の床及び壁は，不浸透性の材料で造ること。

５　アーク炉等により溶融したベリリウム等からベリリウム合金を製造する工程において次の作業を行う場所に，局所排気装置又はプッシュプル型換気装置を設けること。

イ　アーク炉上等において行う作業

ロ　アーク炉等からの湯出しの作業

ハ　溶融したベリリウム等のガス抜きの作業

ニ　溶融したベリリウム等から浮渣（さ）を除去する作業

ホ　溶融したベリリウム等の鋳込の作業

６　アーク炉については，電極を挿入する部分の間隙を小さくするため，サンドシール等を使用すること。

７　水酸化ベリリウムから高純度酸化ベリリウムを製造する工程における設備については，次に定めるところによること。

イ　熱分解炉は，他の作業場所と隔離された屋内の場所に設置すること。

ロ　その他の設備は，密閉式の構造のものとし，上方，下方及び側方に覆い等を設けたものとし，又はふたをすることができる形のものとすること。

８　焼結，煆焼等を行つたベリリウム等は，吸引することにより匣鉢から取り出すこと。

９　焼結，煆焼等に使用した匣鉢の破砕は他の作業場所と隔離された屋内の場所で行い，かつ，当該破砕を行う場所に局所排気装置又はプッシュプル型換気装置を設けること。

10　ベリリウム等の送給，移送又は運搬は，当該作業を行う労働者の身体にベリリウム等が直接接触しない方法により行うこと。

11　粉状のベリリウム等を労働者に取り扱わせるとき（送給し，移送し，又は運搬するときを除く。）は，隔離室での遠隔操作によること。

12　粉状のベリリウム等を計量し，容器に入れ，容器から取り出し，又は袋詰めする作業を行う場合において，前号に定めるところによることが著しく困難であるときは，当該作業を行う労働者の身体にベリリウム等が直接接触しない方法により行い，かつ，当該作業を行う場所に囲い式フードの局所排気装置又はプッシュプル型換気装置を設けること。

13　ベリリウム等を製造し，又は取り扱う作業に関する次の事項について，ベリリウム等の粉じんの発散及び労働者の汚染を防止するために必要な作業規程を定め，これにより作業を行うこと。

イ　容器へのベリリウム等の出し入れ

ロ　ベリリウム等を入れてある容器の運搬

ハ　ベリリウム等の空気輸送装置の点検

ニ　ろ過集じん方式の集じん装置（ろ過除じん方式の除じん装置を含む。）のろ材の取替え

ホ　試料の採取及びそれに用いる器具の処理

ヘ　異常な事態が発生した場合における応急の措置

ト　保護具の装着，点検，保管及び手入れ

チ　その他ベリリウム等の粉じんの発散を防止するために必要な措置

14　ベリリウム等を取り扱う作業に労働者を従事させるときは，当該労働者に作業衣及び保護手袋（湿潤な状態のベリリウム等を取り扱う作業に従事する労働者に着用させる保護手袋にあつては，不浸透性のもの）を着用させること。

②　前条第1項第7号から第12号まで及び第14号の規定は，前項のベリリウム等の製造に関する法第56条第2項の厚生労働大臣の定める基準について準用する。この場合において，前条第1項第7号中「前号」とあるのは「第50条の2第1項第1号，第5号，第9号及び第12号」と，「ジクロルベンジジン等」とあるのは「ベリリウム等」と，同項第8号中「第6号」とあるのは「第50条の2第1項第1号，第5号，第9号及び第12号」と，「ジクロルベンジジン等」とあるのは「ベリリウム等」と，同項第9号中「ジクロルベンジジン等」とあるのは「ベリリウム等」と，同項第10号中「第6号」とあるのは「第50条の2第1項第1号，第5号，第9号及び第12号」と，「ジクロルベンジジン等」とあるのは「ベリリウム等」と，同項第11号，第12号及び第14号中「ジクロルベンジジン等」と

あるのは「ベリリウム等」と読み替えるものとする。

③　前条第2項の規定は，試験研究のためのベリリウム等の製造に関する法第56条第2項の厚生労働大臣の定める基準について準用する。この場合において，前条第2項各号中「ジクロルベンジジン等」とあるのは「ベリリウム等」と読み替えるものとする。

解　説

第50条および第50条の2の基準は，製造設備および作業方法について規定したものであるが，第1類物質の製造については，これらの許可基準のほか，許可基準を除く本則（たとえば，第22条（設備の改造等の作業），第24条（立入禁止措置），第25条（容器等），第27条（作業主任者の選任）等）の適用があることに留意する。

第9章　特定化学物質及び四アルキル鉛等作業主任者技能講習

第51条　特定化学物質及び四アルキル鉛等作業主任者技能講習は，学科講習によつて行う。

②　学科講習は，特定化学物質及び四アルキル鉛に係る次の科目について行う。

1　健康障害及びその予防措置に関する知識

2　作業環境の改善方法に関する知識

3　保護具に関する知識

4　関係法令

③　労働安全衛生規則第80条から第82条の2まで及び前二項に定めるもののほか，特定化学物質及び四アルキル鉛等作業主任者技能講習の実施について必要な事項は，厚生労働大臣が定める。

第10章　報告

第52条　削除

第53条　特別管理物質を製造し，又は取り扱う事業者は，事業を廃止しようとするときは，特別管理物質等関係記録等報告書（様式第11号）に次の記録及び特定化学物質健康診断個人票又はこれらの写しを添えて，所轄労働基準監督署長に提出するものとする。

1　第36条第3項の測定の記録

2　第38条の4の作業の記録

3　第40条第2項の特定化学物質健康診断個人票

附　則（令和2年12月25日厚生労働省令第208号）　抄

（施行期日）

第1条　この省令は，公布の日から施行する。

附　則（令和3年1月26日厚生労働省令第12号）　抄

この省令は，公布の日から施行する。

附　則（令和4年2月24日厚生労働省令第25号）　抄

この省令は，労働安全衛生法施行令の一部を改正する政令（令和4年政令第51号）の施行の日（令和5年4月1日）から施行する。

附　則（令和4年4月15日厚生労働省令第82号）　抄

1　この省令は，令和5年4月1日から施行する。

附　則（令和4年5月31日厚生労働省令第91号）　抄

（施行期日）

第1条　この省令は，公布の日から施行する。ただし，次の各号に掲げる規定は，当該各号に定める日から施行する。

1　第2条，第4条，第6条，第8条，第10条，第12条及び第14条の規定　令和5年4月1日

2　第3条，第5条，第7条，第9条，第11条，第13条及び第15条の規定　令和6年4月1日

（様式に関する経過措置）

第4条　この省令（附則第1条第1号に掲げる規定については，当該規定（第4条及び第8条に限る。）。以下同じ。）の施行の際現にあるこの省令による改正前の様式による用紙については，当分の間，これを取り繕って使用することができる。

（罰則に関する経過措置）

第5条　附則第1条各号に掲げる規定の施行前にした行為に対する罰則の適用については，なお従前の例による。

附　則（令和5年1月18日厚生労働省令第5号）　抄

（施行期日）

１　この省令は，公布の日から施行する。

（経過措置）

２　この省令の施行の際現にあるこの省令による改正前の様式による用紙は，当分の間，これを取り繕って使用することができる。

別表第１（第２条，第２条の２，第５条，第12条の２，第24条，第25条，第27条，第36条，第38条の３，第38条の７，第39条関係）

１　アクリルアミドを含有する製剤その他の物。ただし，アクリルアミドの含有量が重量の１パーセント以下のものを除く。

２　アクリロニトリルを含有する製剤その他の物。ただし，アクリロニトリルの含有量が重量の１パーセント以下のものを除く。

３　アルキル水銀化合物を含有する製剤その他の物。ただし，アルキル水銀化合物の含有量が重量の１パーセント以下のものを除く。

３の２　インジウム化合物を含有する製剤その他の物。ただし，インジウム化合物の含有量が重量の１パーセント以下のものを除く。

３の３　エチルベンゼンを含有する製剤その他の物。ただし，エチルベンゼンの含有量が重量の１パーセント以下のものを除く。

４　エチレンイミンを含有する製剤その他の物。ただし，エチレンイミンの含有量が重量の１パーセント以下のものを除く。

５　エチレンオキシドを含有する製剤その他の物。ただし，エチレンオキシドの含有量が重量の１パーセント以下のものを除く。

６　塩化ビニルを含有する製剤その他の物。ただし，塩化ビニルの含有量が重量の１パーセント以下のものを除く。

７　塩素を含有する製剤その他の物。ただし，塩素の含有量が重量の１パーセント以下のものを除く。

８　オーラミンを含有する製剤その他の物。ただし，オーラミンの含有量が重量の１パーセント以下のものを除く。

８の２　オルト-トルイジンを含有する製剤その他の物。ただし，オルト-トルイジンの含有量が重量の１パーセント以下のものを除く。

９　オルト-フタロジニトリルを含有する製剤その他の物。ただし，オルト-フタロジニトリルの含有量が重量の１パーセント以下のものを除く。

10　カドミウム又はその化合物を含有する製剤その他の物。ただし，カドミウム又はその化合物の含有量が重量の１パーセント以下のものを除く。

11　クロム酸又はその塩を含有する製剤その他の物。ただし，クロム酸又はその塩の含有量が重量の１パーセント以下のものを除く。

11の２　クロロホルムを含有する製剤その他の物。ただし，クロロホルムの含有量が重量の１パーセント以下のものを除く。

12　クロロメチルメチルエーテルを含有する製剤その他の物。ただし，クロロメチルメチルエーテルの含有量が重量の１パーセント以下のものを除く。

13　五酸化バナジウムを含有する製剤その他の物。ただし，五酸化バナジウムの含有量が重量の１パーセント以下のものを除く。

13の２　コバルト又はその無機化合物を含有する製剤その他の物。ただし，コバルト又はその無機化合物の含有量が重量の１パーセント以下のものを除く。

14　コールタールを含有する製剤その他の物。ただし，コールタールの含有量が重量の５パーセント以下のものを除く。

15　酸化プロピレンを含有する製剤その他の物。ただし，酸化プロピレンの含有量が重量の１パーセント以下のものを除く。

15の２　三酸化二アンチモンを含有する製剤その他の物。ただし，三酸化二アンチモンの含有量が重量の１パーセント以下のものを除く。

16　シアン化カリウムを含有する製剤その他の物。ただし，シアン化カリウムの含有量が重量の５パーセント以下のものを除く。

17　シアン化水素を含有する製剤その他の物。ただし，シアン化水素の含有量が重量の１パーセント以下のものを除く。

18　シアン化ナトリウムを含有する製剤その他の物。ただし，シアン化ナトリウムの含有量が重量の５パーセント以下のものを除く。

18の２　四塩化炭素を含有する製剤その他の物。ただし，四塩化炭素の含有量が重量の１パーセント以下のものを除く。

18の３　1·4−ジオキサンを含有する製剤その他の物。ただし，1·4−ジオキサンの含有量が重量の１パーセント以下のものを除く。

18の４　1·2−ジクロロエタンを含有する製剤その他の物。ただし，1·2−ジクロロエタンの含有量が重量の１パーセント以下のものを除く

19　3·3′−ジクロロ−4·4′−ジアミノジフェニルメタンを含有する製剤その他の物。ただし，3·3′−ジクロロ−4·4′−ジアミノジフェニルメタンの含有量が重量の１パーセント以下のものを除く。

19の2　1･2−ジクロロプロパンを含有する製剤その他の物。ただし，1･2−ジクロロプロパンの含有量が重量の1パーセント以下のものを除く。

19の3　ジクロロメタンを含有する製剤その他の物。ただし，ジクロロメタンの含有量が重量の1パーセント以下のものを除く。

19の4　ジメチル−2･2−ジクロロビニルホスフェイトを含有する製剤その他の物。ただし，ジメチル−2･2−ジクロロビニルホスフェイトの含有量が重量の1パーセント以下のものを除く。

19の5　1･1−ジメチルヒドラジンを含有する製剤その他の物。ただし，1･1−ジメチルヒドラジンの含有量が重量の1パーセント以下のものを除く。

20　臭化メチルを含有する製剤その他の物。ただし，臭化メチルの含有量が重量の1パーセント以下のものを除く。

21　重クロム酸又はその塩を含有する製剤その他の物。ただし，重クロム酸又はその塩の含有量が重量の1パーセント以下のものを除く。

22　水銀又はその無機化合物（硫化水銀を除く。以下同じ。）を含有する製剤その他の物。ただし，水銀又はその無機化合物の含有量が重量の1パーセント以下のものを除く。

22の2　スチレンを含有する製剤その他の物。ただし，スチレンの含有量が重量の1パーセント以下のものを除く。

22の3　1･1･2･2−テトラクロロエタンを含有する製剤その他の物。ただし，1･1･2･2−テトラクロロエタンの含有量が重量の1パーセント以下のものを除く。

22の4　テトラクロロエチレンを含有する製剤その他の物。ただし，テトラクロロエチレンの含有量が重量の1パーセント以下のものを除く。

22の5　トリクロロエチレンを含有する製剤その他の物。ただし，トリクロロエチレンの含有量が重量の1パーセント以下のものを除く。

23　トリレンジイソシアネートを含有する製剤その他の物。ただし，トリレンジイソシアネートの含有量が重量の1パーセント以下のものを除く。

23の2　ナフタレンを含有する製剤その他の物。ただし，ナフタレンの含有量が重量の1パーセント以下のものを除く。

23の3　ニッケル化合物（ニッケルカルボニルを除き，粉状の物に限る。以下同じ。）を含有する製剤その他の物。ただし，ニッケル化合物の含有量が重量の1パーセント以下のものを除く。

24　ニッケルカルボニルを含有する製剤その他の物。ただし，ニッケルカルボニルの含有量が重量の１パーセント以下のものを除く。

25　ニトログリコールを含有する製剤その他の物。ただし，ニトログリコールの含有量が重量の１パーセント以下のものを除く。

26　パラ-ジメチルアミノアゾベンゼンを含有する製剤その他の物。ただし，パラ-ジメチルアミノアゾベンゼンの含有量が重量の１パーセント以下のものを除く。

27　パラ-ニトロクロルベンゼンを含有する製剤その他の物。ただし，パラ-ニトロクロルベンゼンの含有量が重量の５パーセント以下のものを除く。

27の２　砒素又はその化合物（アルシン及び砒化ガリウムを除く。以下同じ。）を含有する製剤その他の物。ただし，砒素又はその化合物の含有量が重量の１パーセント以下のものを除く。

28　弗化水素を含有する製剤その他の物。ただし，弗化水素の含有量が重量の５パーセント以下のものを除く。

29　ベータ-プロピオラクトンを含有する製剤その他の物。ただし，ベータ-プロピオラクトンの含有量が重量の１パーセント以下のものを除く。

30　ベンゼンを含有する製剤その他の物。ただし，ベンゼンの含有量が容量の１パーセント以下のものを除く。

31　ペンタクロルフエノール（別名PCP）又はそのナトリウム塩を含有する製剤その他の物。ただし，ペンタクロルフエノール又はそのナトリウム塩の含有量が重量の１パーセント以下のものを除く。

31の２　ホルムアルデヒドを含有する製剤その他の物。ただし，ホルムアルデヒドの含有量が重量の１パーセント以下のものを除く。

32　マゼンタを含有する製剤その他の物。ただし，マゼンタの含有量が重量の１パーセント以下のものを除く。

33　マンガン又はその化合物を含有する製剤その他の物。ただし，マンガン又はその化合物の含有量が重量の１パーセント以下のものを除く。

33の２　メチルイソブチルケトンを含有する製剤その他の物。ただし，メチルイソブチルケトンの含有量が重量の１パーセント以下のものを除く。

34　沃化メチルを含有する製剤その他の物。ただし，沃化メチルの含有量が重量の１パーセント以下のものを除く。

34の２　溶接ヒュームを含有する製剤その他の物。ただし，溶接ヒュームの含有量が重量の１パーセント以下のものを除く。

34の３　リフラクトリーセラミックファイバーを含有する製剤その他の物。ただし，リフラクトリーセラミックファイバーの含有量が重量の1パーセント以下のものを除く。

35　硫化水素を含有する製剤その他の物。ただし，硫化水素の含有量が重量の1パーセント以下のものを除く。

36　硫酸ジメチルを含有する製剤その他の物。ただし，硫酸ジメチルの含有量が重量の1パーセント以下のものを除く。

37　エチルベンゼン，クロロホルム，四塩化炭素，1・4−ジオキサン，1・2−ジクロロエタン，1・2−ジクロロプロパン，ジクロロメタン，スチレン，1・1・2・2−テトラクロロエタン，テトラクロロエチレン，トリクロロエチレン，メチルイソブチルケトン又は有機溶剤を含有する製剤その他の物。ただし，次に掲げるものを除く。

イ　第3号の3，第11号の2，第18号の2から第18号の4まで，第19号の2，第19号の3，第22号の2から第22号の5まで又は第33号の2に掲げる物

ロ　エチルベンゼン，クロロホルム，四塩化炭素，1・4−ジオキサン，1・2−ジクロロエタン，1・2−ジクロロプロパン，ジクロロメタン，スチレン，1・1・2・2−テトラクロロエタン，テトラクロロエチレン，トリクロロエチレン，メチルイソブチルケトン又は有機溶剤の含有量（これらの物が二以上含まれる場合には，それらの含有量の合計）が重量の5パーセント以下のもの（イに掲げるものを除く。）

ハ　有機則第1条第1項第2号に規定する有機溶剤含有物（イに掲げるものを除く。）

別表第2（第2条関係）

1　アンモニアを含有する製剤その他の物。ただし，アンモニアの含有量が重量の1パーセント以下のものを除く。

2　一酸化炭素を含有する製剤その他の物。ただし，一酸化炭素の含有量が重量の1パーセント以下のものを除く。

3　塩化水素を含有する製剤その他の物。ただし，塩化水素の含有量が重量の1パーセント以下のものを除く。

4　硝酸を含有する製剤その他の物。ただし，硝酸の含有量が重量の1パーセント以下のものを除く。

5　二酸化硫黄を含有する製剤その他の物。ただし，二酸化硫黄の含有量が重量の1パーセント以下のものを除く。

6　フエノールを含有する製剤その他の物。ただし，フエノールの含有量が重量の

5パーセント以下のものを除く。

7　ホスゲンを含有する製剤その他の物。ただし，ホスゲンの含有量が重量の1パーセント以下のものを除く。

8　硫酸を含有する製剤その他の物。ただし，硫酸の含有量が重量の1パーセント以下のものを除く。

別表第３（第39条関係）

業務		期間	項目
(1)	ベンジジン及びその塩（これらの物をその重量の１パーセントを超えて含有する製剤その他の物を含む。）を製造し，又は取り扱う業務	６月	１　業務の経歴の調査（当該業務に常時従事する労働者に対して行う健康診断におけるものに限る。） ２　作業条件の簡易な調査（当該業務に常時従事する労働者に対して行う健康診断におけるものに限る。） ３　ベンジジン及びその塩による血尿，頻尿，排尿痛等の他覚症状又は自覚症状の既往歴の有無の検査 ４　血尿，頻尿，排尿痛等の他覚症状又は自覚症状の有無の検査 ５　皮膚炎等の皮膚所見の有無の検査（当該業務に常時従事する労働者に対して行う健康診断におけるものに限る。） ６　尿中の潜血検査 ７　医師が必要と認める場合は，尿沈渣検鏡の検査又は尿沈渣のパパニコラ法による細胞診の検査
(2)	ビス（クロロメチル）エーテル（これをその重量の１パーセントを超えて含有する製剤その他の物を含む。）を製造し，又は取り扱う業務	６月	１　業務の経歴の調査（当該業務に常時従事する労働者に対して行う健康診断におけるものに限る。） ２　作業条件の簡易な調査（当該業務に常時従事する労働者に対して行う健康診断におけるものに限る。） ３　ビス（クロロメチル）エーテルによるせき，たん，胸痛，体重減少等の他覚症状又は自覚症状の既往歴の有無の検査 ４　せき，たん，胸痛，体重減少等の他覚症状又は自覚症状の有無の検査 ５　当該業務に３年以上従事した経験を有する場合は，胸部のエックス線直接撮影による検査
(3)	ベーター-ナフチルアミン及びその塩（これらの物をその重量の１パーセントを超えて含有する製剤その他の物を含む。）を製造し，又は取り扱う業務	６月	１　業務の経歴の調査（当該業務に常時従事する労働者に対して行う健康診断におけるものに限る。） ２　作業条件の簡易な調査（当該業務に常時従事する労働者に対して行う健康診断におけるものに限る。） ３　ベーター-ナフチルアミン及びその塩による頭痛，悪心，めまい，昏迷，呼吸器の刺激症状，眼の刺激症状，顔面蒼白，チアノーゼ，運動失調，尿の着色，血尿，頻尿，排尿痛等の他覚症状又は自覚症状の既往歴の有無の検査 ４　頭痛，悪心，めまい，昏迷，呼吸器の刺激症状，眼の刺激症状，顔面蒼白，チアノーゼ，運動失調，尿の着色，血尿，頻尿，排尿痛等の他覚症状又は自覚症状の有無の検査 ５　皮膚炎等の皮膚所見の有無の検査（当該業務に常時従事する労働者に対して行う健康診断におけるものに限る。） ６　尿中の潜血検査 ７　医師が必要と認める場合は，尿沈渣検鏡の検査又は尿沈渣のパパニコラ法による細胞診の検査
(4)	ジクロルベンジジン及びその塩（これらの物をその重量の１パーセントを超えて含有する製剤その他の物を含む。）を製造し，又は取り扱う業務	６月	１　業務の経歴の調査（当該業務に常時従事する労働者に対して行う健康診断におけるものに限る。） ２　作業条件の簡易な調査（当該業務に常時従事する労働者に対して行う健康診断におけるものに限る。） ３　ジクロルベンジジン及びその塩による頭痛，めまい，せき，呼吸器の刺激症状，咽頭痛，血尿，頻尿，排尿痛等の他覚症状又は自覚症状の既往歴の有無の検査 ４　頭痛，めまい，せき，呼吸器の刺激症状，咽頭痛，血尿，頻尿，排尿痛等の他覚症状又は自覚症状の有無の検査 ５　皮膚炎等の皮膚所見の有無の検査（当該業務に常時従事する労働者に対して行う健康診断におけるものに限る。） ６　尿中の潜血検査 ７　医師が必要と認める場合は，尿沈渣検鏡の検査又は尿沈渣のパパニコラ法による細胞診の検査

(5)	アルフアーナフチルアミン及びその塩（これらの物をその重量の1パーセントを超えて含有する製剤その他の物を含む。）を製造し，又は取り扱う業務	6月	1　業務の経歴の調査（当該業務に常時従事する労働者に対して行う健康診断におけるものに限る。） 2　作業条件の簡易な調査（当該業務に常時従事する労働者に対して行う健康診断におけるものに限る。） 3　アルフアーナフチルアミン及びその塩による頭痛，悪心，めまい，昏迷，倦怠感，呼吸器の刺激症状，眼の刺激症状，顔面蒼白，チアノーゼ，運動失調，尿の着色，血尿，頻尿，排尿痛等の他覚症状又は自覚症状の既往歴の有無の検査 4　頭痛，悪心，めまい，昏迷，倦怠感，呼吸器の刺激症状，眼の刺激症状，顔面蒼白，チアノーゼ，運動失調，尿の着色，血尿，頻尿，排尿痛等の他覚症状又は自覚症状の有無の検査 5　皮膚炎等の皮膚所見の有無の検査（当該業務に常時従事する労働者に対して行う健康診断におけるものに限る。） 6　尿中の潜血検査 7　医師が必要と認める場合は，尿沈渣検鏡の検査又は尿沈渣のパパニコラ法による細胞診の検査
(6)	塩素化ビフエニル等を製造し，又は取り扱う業務	6月	1　業務の経歴の調査 2　作業条件の簡易な調査 3　塩素化ビフエニルによる皮膚症状，肝障害等の既往歴の有無の検査 4　食欲不振，脱力感等の他覚症状又は自覚症状の有無の検査 5　毛嚢性痤瘡，皮膚の黒変等の皮膚所見の有無の検査
(7)	オルトートリジン及びその塩（これらの物をその重量の1パーセントを超えて含有する製剤その他の物を含む。）を製造し，又は取り扱う業務	6月	1　業務の経歴の調査（当該業務に常時従事する労働者に対して行う健康診断におけるものに限る。） 2　作業条件の簡易な調査（当該業務に常時従事する労働者に対して行う健康診断におけるものに限る。） 3　オルトートリジン及びその塩による眼の刺激症状，血尿，頻尿，排尿痛等の他覚症状又は自覚症状の既往歴の有無の検査 4　眼の刺激症状，血尿，頻尿，排尿痛等の他覚症状又は自覚症状の有無の検査 5　尿中の潜血検査 6　医師が必要と認める場合は，尿沈渣検鏡の検査又は尿沈渣のパパニコラ法による細胞診の検査
(8)	ジアニシジン及びその塩（これらの物をその重量の1パーセントを超えて含有する製剤その他の物を含む。）を製造し，又は取り扱う業務	6月	1　業務の経歴の調査（当該業務に常時従事する労働者に対して行う健康診断におけるものに限る。） 2　作業条件の簡易な調査（当該業務に常時従事する労働者に対して行う健康診断におけるものに限る。） 3　ジアニシジン及びその塩による皮膚の刺激症状，粘膜刺激症状，血尿，頻尿，排尿痛等の他覚症状又は自覚症状の既往歴の有無の検査 4　皮膚の刺激症状，粘膜刺激症状，血尿，頻尿，排尿痛等の他覚症状又は自覚症状の有無の検査 5　皮膚炎等の皮膚所見の有無の検査（当該業務に常時従事する労働者に対して行う健康診断におけるものに限る。） 6　尿中の潜血検査 7　医師が必要と認める場合は，尿沈渣検鏡の検査又は尿沈渣のパパニコラ法による細胞診の検査
(9)	ベリリウム等を製造し，又は取り扱う業務	6月	1　業務の経歴の調査（当該業務に常時従事する労働者に対して行う健康診断におけるものに限る。） 2　作業条件の簡易な調査（当該業務に常時従事する労働者に対して行う健康診断におけるものに限る。） 3　ベリリウム又はその化合物による呼吸器症状，アレルギー症状等の既往歴の有無の検査 4　乾性せき，たん，咽頭痛，喉のいらいら，胸痛，胸部不安感，息切れ，動悸，息苦しさ，倦怠感，食欲不振，体重減少等の他覚症状又は自覚症状の有無の検査 5　皮膚炎等の皮膚所見の有無の検査 6　肺活量の測定
		1年	胸部のエツクス線直接撮影による検査

(10)	ベンゾトリクロリド(これをその重量の0.5パーセントを超えて含有する製剤その他の物を含む。）を製造し，又は取り扱う業務	６月	１　業務の経歴の調査（当該業務に常時従事する労働者に対して行う健康診断におけるものに限る。） ２　作業条件の簡易な調査（当該業務に常時従事する労働者に対して行う健康診断におけるものに限る。） ３　ベンゾトリクロリドによるせき，たん，胸痛，鼻汁，鼻出血，嗅覚脱失，副鼻腔炎，鼻ポリープ等の他覚症状又は自覚症状の既往歴の有無の検査 ４　せき，たん，胸痛，鼻汁，鼻出血，嗅覚脱失，副鼻腔炎，鼻ポリープ，頸部等のリンパ節の肥大等の他覚症状又は自覚症状の有無の検査 ５　ゆうぜい，色素沈着等の皮膚所見の有無の検査 ６　令第23条第９号の業務に３年以上従事した経験を有する場合は，胸部のエックス線直接撮影による検査
(11)	アクリルアミド（これをその重量の１パーセントを超えて含有する製剤その他の物を含む。）を製造し，又は取り扱う業務	６月	１　業務の経歴の調査 ２　作業条件の簡易な調査 ３　アクリルアミドによる手足のしびれ，歩行障害，発汗異常等の他覚症状又は自覚症状の既往歴の有無の検査 ４　手足のしびれ，歩行障害，発汗異常等の他覚症状又は自覚症状の有無の検査 ５　皮膚炎等の皮膚所見の有無の検査
(12)	アクリロニトリル（これをその重量の１パーセントを超えて含有する製剤その他の物を含む。）を製造し，又は取り扱う業務	６月	１　業務の経歴の調査 ２　作業条件の簡易な調査 ３　アクリロニトリルによる頭重，頭痛，上気道刺激症状，全身倦怠感，易疲労感，悪心，嘔吐，鼻出血等の他覚症状又は自覚症状の既往歴の有無の検査 ４　頭重，頭痛，上気道刺激症状，全身倦怠感，易疲労感，悪心，嘔吐，鼻出血等の他覚症状又は自覚症状の有無の検査
(13)	アルキル水銀化合物（これをその重量の１パーセントを超えて含有する製剤その他の物を含む。）を製造し，又は取り扱う業務	６月	１　業務の経歴の調査 ２　作業条件の簡易な調査 ３　アルキル水銀化合物による頭重，頭痛，口唇又は四肢の知覚異常，関節痛，不眠，嗜眠，抑鬱感，不安感，歩行失調，手指の振戦，体重減少等の他覚症状又は自覚症状の既往歴の有無の検査 ４　頭重，頭痛，口唇又は四肢の知覚異常，関節痛，不眠，歩行失調，手指の振戦，体重減少等の他覚症状又は自覚症状の有無の検査 ５　皮膚炎等の皮膚所見の有無の検査
(14)	インジウム化合物（これをその重量の１パーセントを超えて含有する製剤その他の物を含む。）を製造し，又は取り扱う業務	６月	１　業務の経歴の調査（当該業務に常時従事する労働者に対して行う健康診断におけるものに限る。） ２　作業条件の簡易な調査（当該業務に常時従事する労働者に対して行う健康診断におけるものに限る。） ３　インジウム化合物によるせき，たん，息切れ等の他覚症状又は自覚症状の既往歴の有無の検査 ４　せき，たん，息切れ等の他覚症状又は自覚症状の有無の検査 ５　血清インジウムの量の測定 ６　血清シアル化糖鎖抗原 KL-6 の量の測定 ７　胸部のエックス線直接撮影又は特殊なエックス線撮影による検査（雇入れ又は当該業務への配置替えの際に行う健康診断におけるものに限る。）
(15)	エチルベンゼン（これをその重量の１パーセントを超えて含有する製剤その他の物を含む。）を製造し，又は取り扱う業務	６月	１　業務の経歴の調査（当該業務に常時従事する労働者に対して行う健康診断におけるものに限る。） ２　作業条件の簡易な調査（当該業務に常時従事する労働者に対して行う健康診断におけるものに限る。） ３　エチルベンゼンによる眼の痛み，発赤，せき，咽頭痛，鼻腔刺激症状，頭痛，倦怠感等の他覚症状又は自覚症状の既往歴の有無の検査 ４　眼の痛み，発赤，せき，咽頭痛，鼻腔刺激症状，頭痛，倦怠感等の他覚症状又は自覚症状の有無の検査 ５　尿中のマンデル酸の量の測定（当該業務に常時従事する労働者に対して行う健康診断におけるものに限る。）

(16)	エチレンイミン（これをその重量の1パーセントを超えて含有する製剤その他の物を含む。）を製造し，又は取り扱う業務	6月	1　業務の経歴の調査（当該業務に常時従事する労働者に対して行う健康診断におけるものに限る。） 2　作業条件の簡易な調査（当該業務に常時従事する労働者に対して行う健康診断におけるものに限る。） 3　エチレンイミンによる頭痛，せき，たん，胸痛，嘔吐，粘膜刺激症状等の他覚症状又は自覚症状の既往歴の有無の検査 4　頭痛，せき，たん，胸痛，嘔吐，粘膜刺激症状等の他覚症状又は自覚症状の有無の検査 5　皮膚炎等の皮膚所見の有無の検査
(17)	塩化ビニル（これをその重量の1パーセントを超えて含有する製剤その他の物を含む。）を製造し，又は取り扱う業務	6月	1　業務の経歴の調査（当該業務に常時従事する労働者に対して行う健康診断におけるものに限る。） 2　作業条件の簡易な調査（当該業務に常時従事する労働者に対して行う健康診断におけるものに限る。） 3　塩化ビニルによる全身倦怠感，易疲労感，食欲不振，不定の上腹部症状，黄疸，黒色便，手指の蒼白，疼痛又は知覚異常等の他覚症状又は自覚症状の既往歴及び肝疾患の既往歴の有無の検査 4　頭痛，めまい，耳鳴り，全身倦怠感，易疲労感，不定の上腹部症状，黄疸，黒色便，手指の疼痛又は知覚異常等の他覚症状又は自覚症状の有無の検査 5　肝又は脾の腫大の有無の検査 6　血清ビリルビン，血清グルタミツクオキサロアセチツクトランスアミナーゼ（GOT），血清グルタミツクピルビツクトランスアミナーゼ（GPT），アルカリホスフアターゼ等の肝機能検査 7　当該業務に10年以上従事した経験を有する場合は，胸部のエツクス線直接撮影による検査
(18)	塩素（これをその重量の1パーセントを超えて含有する製剤その他の物を含む。）を製造し，又は取り扱う業務	6月	1　業務の経歴の調査 2　作業条件の簡易な調査 3　塩素による呼吸器症状，眼の症状等の既往歴の有無の検査 4　せき，たん，上気道刺激症状，流涙，角膜の異常，視力障害，歯の変化等の他覚症状又は自覚症状の有無の検査
(19)	オーラミン（これをその重量の1パーセントを超えて含有する製剤その他の物を含む。）を製造し，又は取り扱う業務	6月	1　業務の経歴の調査（当該業務に常時従事する労働者に対して行う健康診断におけるものに限る。） 2　作業条件の簡易な調査（当該業務に常時従事する労働者に対して行う健康診断におけるものに限る。） 3　オーラミンによる血尿，頻尿，排尿痛等の他覚症状又は自覚症状の既往歴の有無の検査 4　血尿，頻尿，排尿痛等の他覚症状又は自覚症状の有無の検査 5　尿中の潜血検査 6　医師が必要と認める場合は，尿沈渣検鏡の検査又は尿沈渣のパパニコラ法による細胞診の検査
(20)	オルト-トルイジン（これをその重量の1パーセントを超えて含有する製剤その他の物を含む。）を製造し，又は取り扱う業務	6月	1　業務の経歴の調査（当該業務に常時従事する労働者に対して行う健康診断におけるものに限る。） 2　作業条件の簡易な調査（当該業務に常時従事する労働者に対して行う健康診断におけるものに限る。） 3　オルト-トルイジンによる頭重，頭痛，めまい，疲労感，倦怠感，顔面蒼白，チアノーゼ，心悸亢進，尿の着色，血尿，頻尿，排尿痛等の他覚症状又は自覚症状の既往歴の有無の検査（頭重，頭痛，めまい，疲労感，倦怠感，顔面蒼白，チアノーゼ，心悸亢進，尿の着色等の急性の疾患に係る症状にあつては，当該業務に常時従事する労働者に対して行う健康診断におけるものに限る。） 4　頭重，頭痛，めまい，疲労感，倦怠感，顔面蒼白，チアノーゼ，心悸亢進，尿の着色，血尿，頻尿，排尿痛等の他覚症状又は自覚症状の有無の検査（頭重，頭痛，めまい，疲労感，倦怠感，顔面蒼白，チアノーゼ，心悸亢進，尿の着色等の急性の疾患に係る症状にあつては，当該業務に常時従事する労働者に対して行う健康診断におけるものに限る。） 5　尿中の潜血検査 6　医師が必要と認める場合は，尿中のオルト-トルイジンの量の測定，尿沈渣検鏡の検査又は尿沈渣のパパニコラ法による細胞診の検査（尿中のオルト-トルイジンの量の測定にあつては，当該業務に常時従事する労働者に対して行う健康診断におけるものに限る。）

(21)	オルト-フタロジニトリル（これをその重量の１パーセントを超えて含有する製剤その他の物を含む。）を製造し，又は取り扱う業務	６月	１　業務の経歴の調査 ２　作業条件の簡易な調査 ３　てんかん様発作の既往歴の有無の検査 ４　頭重，頭痛，もの忘れ，不眠，倦怠感，悪心，食欲不振，顔面蒼白，手指の振戦等の他覚症状又は自覚症状の有無の検査
(22)	カドミウム又はその化合物（これらの物をその重量の１パーセントを超えて含有する製剤その他の物を含む。）を製造し，又は取り扱う業務	６月	１　業務の経歴の調査 ２　作業条件の簡易な調査 ３　カドミウム又はその化合物によるせき，たん，喉のいらいら，鼻粘膜の異常，息切れ，食欲不振，悪心，嘔吐，反復性の腹痛又は下痢，体重減少等の他覚症状又は自覚症状の既往歴の有無の検査 ４　せき，たん，のどのいらいら，鼻粘膜の異常，息切れ，食欲不振，悪心，嘔吐，反復性の腹痛又は下痢，体重減少等の他覚症状又は自覚症状の有無の検査 ５　血液中のカドミウムの量の測定 ６　尿中のベータ２-ミクログロブリンの量の測定
(23)	クロム酸等を製造し，又は取り扱う業務	６月	１　業務の経歴の調査（当該業務に常時従事する労働者に対して行う健康診断におけるものに限る。） ２　作業条件の簡易な調査（当該業務に常時従事する労働者に対して行う健康診断におけるものに限る。） ３　クロム酸若しくは重クロム酸又はこれらの塩によるせき，たん，胸痛，鼻腔の異常，皮膚症状等の他覚症状又は自覚症状の既往歴の有無の検査 ４　せき，たん，胸痛等の他覚症状又は自覚症状の有無の検査 ５　鼻粘膜の異常，鼻中隔穿孔等の鼻腔の所見の有無の検査 ６　皮膚炎，潰瘍等の皮膚所見の有無の検査 ７　令第23条第４号の業務に４年以上従事した経験を有する場合は，胸部のエックス線直接撮影による検査
(24)	クロロホルム（これをその重量の１パーセントを超えて含有する製剤その他の物を含む。）を製造し，又は取り扱う業務	６月	１　業務の経歴の調査 ２　作業条件の簡易な調査 ３　クロロホルムによる頭重，頭痛，めまい，食欲不振，悪心，嘔吐，知覚異常，眼の刺激症状，上気道刺激症状，皮膚又は粘膜の異常等の他覚症状又は自覚症状の既往歴の有無の検査 ４　頭重，頭痛，めまい，食欲不振，悪心，嘔吐，知覚異常，眼の刺激症状，上気道刺激症状，皮膚又は粘膜の異常等の他覚症状又は自覚症状の有無の検査 ５　血清グルタミックオキサロアセチックトランスアミナーゼ（GOT），血清グルタミックピルビックトランスアミナーゼ（GPT）及び血清ガンマ-グルタミルトランスペプチダーゼ（γ-GTP）の検査
(25)	クロロメチルメチルエーテル（これをその重量の１パーセントを超えて含有する製剤その他の物を含む。）を製造し，又は取り扱う業務	６月	１　業務の経歴の調査（当該業務に常時従事する労働者に対して行う健康診断におけるものに限る。） ２　作業条件の簡易な調査（当該業務に常時従事する労働者に対して行う健康診断におけるものに限る。） ３　クロロメチルメチルエーテルによるせき，たん，胸痛，体重減少等の他覚症状又は自覚症状の既往歴の有無の検査 ４　せき，たん，胸痛，体重減少等の他覚症状又は自覚症状の有無の検査 ５　胸部のエックス線直接撮影による検査
(26)	五酸化バナジウム（これをその重量の１パーセントを超えて含有する製剤その他の物を含む。）を製造し，又は取り扱う業務	６月	１　業務の経歴の調査 ２　作業条件の簡易な調査 ３　五酸化バナジウムによる呼吸器症状等の他覚症状又は自覚症状の既往歴の有無の検査 ４　せき，たん，胸痛，呼吸困難，手指の振戦，皮膚の蒼白，舌の緑着色，指端の手掌部の角化等の他覚症状又は自覚症状の有無の検査 ５　肺活量の測定 ６　血圧の測定

(27)	コバルト又はその無機化合物（これらの物をその重量の1パーセントを超えて含有する製剤その他の物を含む。）を製造し，又は取り扱う業務	6月	1　業務の経歴の調査（当該業務に常時従事する労働者に対して行う健康診断におけるものに限る。） 2　作業条件の簡易な調査（当該業務に常時従事する労働者に対して行う健康診断におけるものに限る。） 3　コバルト又はその無機化合物によるせき，息苦しさ，息切れ，喘鳴，皮膚炎等の他覚症状又は自覚症状の既往歴の有無の検査 4　せき，息苦しさ，息切れ，喘鳴，皮膚炎等の他覚症状又は自覚症状の有無の検査
(28)	コールタール（これをその重量の5パーセントを超えて含有する製剤その他の物を含む。）を製造し，又は取り扱う業務	6月	1　業務の経歴の調査（当該業務に常時従事する労働者に対して行う健康診断におけるものに限る。） 2　作業条件の簡易な調査（当該業務に常時従事する労働者に対して行う健康診断におけるものに限る。） 3　コールタールによる胃腸症状，呼吸器症状，皮膚症状等の既往歴の有無の検査 4　食欲不振，せき，たん，眼の痛み等の他覚症状又は自覚症状の有無の検査 5　露出部分の皮膚炎，にきび様変化，黒皮症，いぼ，潰瘍，ガス斑等の皮膚所見の有無の検査 6　令第23条第6号の業務に5年以上従事した経験を有する場合は，胸部のエックス線直接撮影による検査
(29)	酸化プロピレン（これをその重量の1パーセントを超えて含有する製剤その他の物を含む。）を製造し，又は取り扱う業務	6月	1　業務の経歴の調査（当該業務に常時従事する労働者に対して行う健康診断におけるものに限る。） 2　作業条件の簡易な調査（当該業務に常時従事する労働者に対して行う健康診断におけるものに限る。） 3　酸化プロピレンによる眼の痛み，せき，咽頭痛，皮膚の刺激等の他覚症状又は自覚症状の既往歴の有無の検査 4　眼の痛み，せき，咽頭痛等の他覚症状又は自覚症状の有無の検査 5　皮膚炎等の皮膚所見の有無の検査
(30)	三酸化二アンチモン（これをその重量の1パーセントを超えて含有する製剤その他の物を含む。）を製造し，又は取り扱う業務	6月	1　業務の経歴の調査（当該業務に常時従事する労働者に対して行う健康診断におけるものに限る。） 2　作業条件の簡易な調査（当該業務に常時従事する労働者に対して行う健康診断におけるものに限る。） 3　三酸化二アンチモンによるせき，たん，頭痛，嘔吐，腹痛，下痢，アンチモン皮疹等の皮膚症状等の他覚症状又は自覚症状の既往歴の有無の検査（頭痛，嘔吐，腹痛，下痢，アンチモン皮疹等の皮膚症状等の急性の疾患に係る症状にあつては，当該業務に常時従事する労働者に対して行う健康診断におけるものに限る。） 4　せき，たん，頭痛，嘔吐，腹痛，下痢，アンチモン皮疹等の皮膚症状等の他覚症状又は自覚症状の有無の検査（頭痛，嘔吐，腹痛，下痢，アンチモン皮疹等の皮膚症状等の急性の疾患に係る症状にあつては，当該業務に常時従事する労働者に対して行う健康診断におけるものに限る。） 5　医師が必要と認める場合は，尿中のアンチモンの量の測定又は心電図検査（尿中のアンチモンの量の測定にあつては，当該業務に常時従事する労働者に対して行う健康診断におけるものに限る。）
(31)	次の物を製造し，又は取り扱う業務 1　シアン化カリウム 2　シアン化水素 3　シアン化ナトリウム 4　第1号又は第3号に掲げる物をその重量の5パーセントを超えて含有する製剤その他の物 5　第2号に掲げる物をその重量の1パーセントを超えて含有する製剤その他の物	6月	1　業務の経歴の調査 2　作業条件の調査 3　シアン化カリウム，シアン化水素又はシアン化ナトリウムによる頭重，頭痛，疲労感，倦怠感，結膜充血，異味，胃腸症状等の他覚症状又は自覚症状の既往歴の有無の検査 4　頭重，頭痛，疲労感，倦怠感，結膜充血，異味，胃腸症状等の他覚症状又は自覚症状の有無の検査

(32)	四塩化炭素（これをその重量の1パーセントを超えて含有する製剤その他の物を含む。）を製造し，又は取り扱う業務	6月	1　業務の経歴の調査 2　作業条件の簡易な調査 3　四塩化炭素による頭重，頭痛，めまい，食欲不振，悪心，嘔(おう)吐，眼の刺激症状，皮膚の刺激症状，皮膚又は粘膜の異常等の他覚症状又は自覚症状の既往歴の有無の検査 4　頭重，頭痛，めまい，食欲不振，悪心，嘔(おう)吐，眼の刺激症状，皮膚の刺激症状，皮膚又は粘膜の異常等の他覚症状又は自覚症状の有無の検査 5　皮膚炎等の皮膚所見の有無の検査 6　血清グルタミツクオキサロアセチツクトランスアミナーゼ(GOT)，血清グルタミツクピルビツクトランスアミナーゼ(GPT)及び血清ガンマ－グルタミルトランスペプチダーゼ（γ-GTP)の検査
(33)	1･4-ジオキサン（これをその重量の1パーセントを超えて含有する製剤その他の物を含む。）を製造し，又は取り扱う業務	6月	1　業務の経歴の調査 2　作業条件の簡易な調査 3　1･4-ジオキサンによる頭重，頭痛，めまい，悪心，嘔(おう)吐，けいれん，眼の刺激症状，皮膚又は粘膜の異常等の他覚症状又は自覚症状の既往歴の有無の検査 4　頭重，頭痛，めまい，悪心，嘔(おう)吐，けいれん，眼の刺激症状，皮膚又は粘膜の異常等の他覚症状又は自覚症状の有無の検査 5　血清グルタミツクオキサロアセチツクトランスアミナーゼ(GOT)，血清グルタミツクピルビツクトランスアミナーゼ(GPT)及び血清ガンマ－グルタミルトランスペプチダーゼ（γ-GTP)の検査
(34)	1･2-ジクロロエタン（これをその重量の1パーセントを超えて含有する製剤その他の物を含む。）を製造し，又は取り扱う業務	6月	1　業務の経歴の調査 2　作業条件の簡易な調査 3　1･2-ジクロロエタンによる頭重，頭痛，めまい，悪心，嘔(おう)吐，傾眠，眼の刺激症状，上気道刺激症状，皮膚又は粘膜の異常等の他覚症状又は自覚症状の既往歴の有無の検査 4　頭重，頭痛，めまい，悪心，嘔(おう)吐，傾眠，眼の刺激症状，上気道刺激症状，皮膚又は粘膜の異常等の他覚症状又は自覚症状の有無の検査 5　皮膚炎等の皮膚所見の有無の検査 6　血清グルタミツクオキサロアセチツクトランスアミナーゼ(GOT)，血清グルタミツクピルビツクトランスアミナーゼ(GPT)及び血清ガンマ－グルタミルトランスペプチダーゼ（γ-GTP)の検査
(35)	3･3′-ジクロロ-4･4′-ジアミノジフェニルメタン（これをその重量の1パーセントを超えて含有する製剤その他の物を含む。）を製造し，又は取り扱う業務	6月	1　業務の経歴の調査（当該業務に常時従事する労働者に対して行う健康診断におけるものに限る。） 2　作業条件の簡易な調査（当該業務に常時従事する労働者に対して行う健康診断におけるものに限る。） 3　3･3′-ジクロロ-4･4′-ジアミノジフェニルメタンによる上腹部の異常感，倦(けん)怠感，せき，たん，胸痛，血尿，頻尿，排尿痛等の他覚症状又は自覚症状の既往歴の有無の検査 4　上腹部の異常感，倦(けん)怠感，せき，たん，胸痛，血尿，頻尿，排尿痛等の他覚症状又は自覚症状の有無の検査 5　尿中の潜血検査 6　医師が必要と認める場合は，尿中の3･3′-ジクロロ-4･4′-ジアミノジフェニルメタンの量の測定，尿沈渣(さ)検鏡の検査，尿沈渣(さ)のパパニコラ法による細胞診の検査，肝機能検査又は腎機能検査（尿中の3･3′-ジクロロ-4･4′-ジアミノジフェニルメタンの量の測定にあつては，当該業務に常時従事する労働者に対して行う健康診断におけるものに限る。）

(36)	1·2-ジクロロプロパン（これをその重量の1パーセントを超えて含有する製剤その他の物を含む。）を製造し，又は取り扱う業務	6月	1　業務の経歴の調査（当該業務に常時従事する労働者に対して行う健康診断におけるものに限る。） 2　作業条件の簡易な調査（当該業務に常時従事する労働者に対して行う健康診断におけるものに限る。） 3　1·2-ジクロロプロパンによる眼の痛み，発赤，せき，咽頭痛，鼻腔刺激症状，皮膚炎，悪心，嘔吐，黄疸，体重減少，上腹部痛等の他覚症状又は自覚症状の既往歴の有無の検査（眼の痛み，発赤，せき等の急性の疾患に係る症状にあつては，当該業務に常時従事する労働者に対して行う健康診断におけるものに限る。） 4　眼の痛み，発赤，せき，咽頭痛，鼻腔刺激症状，皮膚炎，悪心，嘔吐，黄疸，体重減少，上腹部痛等の他覚症状又は自覚症状の有無の検査（眼の痛み，発赤，せき等の急性の疾患に係る症状にあつては，当該業務に常時従事する労働者に対して行う健康診断におけるものに限る。） 5　血清総ビリルビン，血清グルタミツクオキサロアセチツクトランスアミナーゼ（GOT），血清グルタミツクピルビツクトランスアミナーゼ（GPT），ガンマ-グルタミルトランスペプチダーゼ（γ-GTP）及びアルカリホスフアターゼの検査
(37)	ジクロロメタン（これをその重量の1パーセントを超えて含有する製剤その他の物を含む。）を製造し，又は取り扱う業務	6月	1　業務の経歴の調査（当該業務に常時従事する労働者に対して行う健康診断におけるものに限る。） 2　作業条件の簡易な調査（当該業務に常時従事する労働者に対して行う健康診断におけるものに限る。） 3　ジクロロメタンによる集中力の低下，頭重，頭痛，めまい，易疲労感，倦怠感，悪心，嘔吐，黄疸，体重減少，上腹部痛等の他覚症状又は自覚症状の既往歴の有無の検査（集中力の低下，頭重，頭痛等の急性の疾患に係る症状にあつては，当該業務に常時従事する労働者に対して行う健康診断におけるものに限る。） 4　集中力の低下，頭重，頭痛，めまい，易疲労感，倦怠感，悪心，嘔吐，黄疸，体重減少，上腹部痛等の他覚症状又は自覚症状の有無の検査（集中力の低下，頭重，頭痛等の急性の疾患に係る症状にあつては，当該業務に常時従事する労働者に対して行う健康診断におけるものに限る。） 5　血清総ビリルビン，血清グルタミツクオキサロアセチツクトランスアミナーゼ（GOT），血清グルタミツクピルビツクトランスアミナーゼ（GPT），血清ガンマ-グルタミルトランスペプチダーゼ（γ-GTP）及びアルカリホスフアターゼの検査
(38)	ジメチル-2·2-ジクロロビニルホスフェイト（これをその重量の1パーセントを超えて含有する製剤その他の物を含む。）を製造し，又は取り扱う業務	6月	1　業務の経歴の調査（当該業務に常時従事する労働者に対して行う健康診断におけるものに限る。） 2　作業条件の簡易な調査（当該業務に常時従事する労働者に対して行う健康診断におけるものに限る。） 3　ジメチル-2·2-ジクロロビニルホスフェイトによる皮膚炎，縮瞳，流涙，唾液分泌過多，めまい，筋線維束れん縮，悪心，下痢等の他覚症状又は自覚症状の既往歴の有無の検査（皮膚炎，縮瞳，流涙等の急性の疾患に係る症状にあつては，当該業務に常時従事する労働者に対して行う健康診断におけるものに限る。） 4　皮膚炎，縮瞳，流涙，唾液分泌過多，めまい，筋線維束れん縮，悪心，下痢等の他覚症状又は自覚症状の有無の検査（皮膚炎，縮瞳，流涙等の急性の疾患に係る症状にあつては，当該業務に常時従事する労働者に対して行う健康診断におけるものに限る。） 5　血清コリンエステラーゼ活性値の測定（当該業務に常時従事する労働者に対して行う健康診断におけるものに限る。）
(39)	1·1-ジメチルヒドラジン（これをその重量の1パーセントを超えて含有する製剤その他の物を含む。）を製造し，又は取り扱う業務	6月	1　業務の経歴の調査（当該業務に常時従事する労働者に対して行う健康診断におけるものに限る。） 2　作業条件の簡易な調査（当該業務に常時従事する労働者に対して行う健康診断におけるものに限る。） 3　1·1-ジメチルヒドラジンによる眼の痛み，せき，咽頭痛等の他覚症状又は自覚症状の既往歴の有無の検査 4　眼の痛み，せき，咽頭痛等の他覚症状又は自覚症状の有無の検査

(40)	臭化メチル（これをその重量の1パーセントを超えて含有する製剤その他の物を含む。）を製造し，又は取り扱う業務	6月	1　業務の経歴の調査 2　作業条件の簡易な調査 3　臭化メチルによる頭重，頭痛，めまい，流涙，鼻炎，咽喉痛，せき，食欲不振，悪心，嘔吐，腹痛，下痢，四肢のしびれ，視力低下，記憶力低下，発語障害，腱反射亢進，歩行困難等の他覚症状又は自覚症状の既往歴の有無の検査 4　頭重，頭痛，めまい，食欲不振，四肢のしびれ，視力低下，記憶力低下，発語障害，腱反射亢進，歩行困難等の他覚症状又は自覚症状の有無の検査 5　皮膚所見の有無の検査
(41)	水銀又はその無機化合物（これらの物をその重量の1パーセントを超えて含有する製剤その他の物を含む。）を製造し，又は取り扱う業務	6月	1　業務の経歴の調査 2　作業条件の簡易な調査 3　水銀又はその無機化合物による頭痛，不眠，手指の振戦，乏尿，多尿，歯肉炎，口内炎等の他覚症状又は自覚症状の既往歴の有無の検査 4　頭痛，不眠，手指の振戦，乏尿，多尿，歯肉炎，口内炎等の他覚症状又は自覚症状の有無の検査 5　尿中の潜血及び蛋白の有無の検査
(42)	スチレン（これをその重量の1パーセントを超えて含有する製剤その他の物を含む。）を製造し，又は取り扱う業務	6月	1　業務の経歴の調査 2　作業条件の簡易な調査 3　スチレンによる頭重，頭痛，めまい，悪心，嘔吐，眼の刺激症状，皮膚又は粘膜の異常，頸部等のリンパ節の腫大の有無等の他覚症状又は自覚症状の既往歴の有無の検査 4　頭重，頭痛，めまい，悪心，嘔吐，眼の刺激症状，皮膚又は粘膜の異常，頸部等のリンパ節の腫大の有無等の他覚症状又は自覚症状の有無の検査 5　尿中のマンデル酸及びフェニルグリオキシル酸の総量の測定 6　白血球数及び白血球分画の検査 7　血清グルタミツクオキサロアセチツクトランスアミナーゼ（GOT），血清グルタミツクピルビツクトランスアミナーゼ（GPT）及び血清ガンマ－グルタミルトランスペプチダーゼ（γ-GTP）の検査
(43)	1·1·2·2-テトラクロロエタン（これをその重量の1パーセントを超えて含有する製剤その他の物を含む。）を製造し，又は取り扱う業務	6月	1　業務の経歴の調査 2　作業条件の簡易な調査 3　1·1·2·2-テトラクロロエタンによる頭重，頭痛，めまい，悪心，嘔吐，上気道刺激症状，皮膚又は粘膜の異常等の他覚症状又は自覚症状の既往歴の有無の検査 4　頭重，頭痛，めまい，悪心，嘔吐，上気道刺激症状，皮膚又は粘膜の異常等の他覚症状又は自覚症状の有無の検査 5　皮膚炎等の皮膚所見の有無の検査 6　血清グルタミツクオキサロアセチツクトランスアミナーゼ（GOT），血清グルタミツクピルビツクトランスアミナーゼ（GPT）及び血清ガンマ－グルタミルトランスペプチダーゼ（γ-GTP）の検査
(44)	テトラクロロエチレン（これをその重量の1パーセントを超えて含有する製剤その他の物を含む。）を製造し，又は取り扱う業務	6月	1　業務の経歴の調査 2　作業条件の簡易な調査 3　テトラクロロエチレンによる頭重，頭痛，めまい，悪心，嘔吐，傾眠，振顫，知覚異常，眼の刺激症状，上気道刺激症状，皮膚又は粘膜の異常等の他覚症状又は自覚症状の既往歴の有無の検査 4　頭重，頭痛，めまい，悪心，嘔吐，傾眠，振顫，知覚異常，眼の刺激症状，上気道刺激症状，皮膚又は粘膜の異常等の他覚症状又は自覚症状の有無の検査 5　皮膚炎等の皮膚所見の有無の検査 6　尿中のトリクロル酢酸又は総三塩化物の量の測定 7　血清グルタミツクオキサロアセチツクトランスアミナーゼ（GOT），血清グルタミツクピルビツクトランスアミナーゼ（GPT）及び血清ガンマ－グルタミルトランスペプチダーゼ（γ-GTP）の検査 8　尿中の潜血検査

(45)	トリクロロエチレン（これをその重量の1パーセントを超えて含有する製剤その他の物を含む。）を製造し，又は取り扱う業務	6月	1 業務の経歴の調査 2 作業条件の簡易な調査 3 トリクロロエチレンによる頭重，頭痛，めまい，悪心，嘔吐，傾眠，振顫，知覚異常，皮膚又は粘膜の異常，頸部等のリンパ節の腫大の有無等の他覚症状又は自覚症状の既往歴の有無の検査 4 頭重，頭痛，めまい，悪心，嘔吐，傾眠，振顫，知覚異常，皮膚又は粘膜の異常，頸部等のリンパ節の腫大の有無等の他覚症状又は自覚症状の有無の検査 5 皮膚炎等の皮膚所見の有無の検査 6 尿中のトリクロル酢酸又は総三塩化物の量の測定 7 血清グルタミツクオキサロアセチツクトランスアミナーゼ（GOT），血清グルタミツクピルビツクトランスアミナーゼ（GPT）及び血清ガンマ－グルタミルトランスペプチダーゼ（γ-GTP）の検査 8 医師が必要と認める場合は，尿中の潜血検査又は腹部の超音波による検査，尿路造影検査等の画像検査
(46)	トリレンジイソシアネート（これをその重量の1パーセントを超えて含有する製剤その他の物を含む。）を製造し，又は取り扱う業務	6月	1 業務の経歴の調査 2 作業条件の簡易な調査 3 トリレンジイソシアネートによる頭重，頭痛，眼の痛み，鼻の痛み，咽頭痛，咽頭部異和感，せき，たん，胸部圧迫感，息切れ，胸痛，呼吸困難，全身倦怠感，眼，鼻又は咽頭の粘膜の炎症，体重減少，アレルギー性喘息等の他覚症状又は自覚症状の既往歴の有無の検査 4 頭重，頭痛，眼の痛み，鼻の痛み，咽頭痛，咽頭部異和感，せき，たん，胸部圧迫感，息切れ，胸痛，呼吸困難，全身倦怠感，眼，鼻又は咽頭の粘膜の炎症，体重減少，アレルギー性喘息等の他覚症状又は自覚症状の有無の検査 5 皮膚炎等の皮膚所見の有無の検査
(47)	ナフタレン（これをその重量の1パーセントを超えて含有する製剤その他の物を含む。）を製造し，又は取り扱う業務	6月	1 業務の経歴の調査（当該業務に常時従事する労働者に対して行う健康診断におけるものに限る。） 2 作業条件の簡易な調査（当該業務に常時従事する労働者に対して行う健康診断におけるものに限る。） 3 ナフタレンによる眼の痛み，流涙，眼のかすみ，羞明，視力低下，せき，たん，咽頭痛，頭痛，食欲不振，悪心，嘔吐，皮膚の刺激等の他覚症状又は自覚症状の既往歴の有無の検査（眼の痛み，流涙，せき，たん，咽頭痛，頭痛，食欲不振，悪心，嘔吐，皮膚の刺激等の急性の疾患に係る症状にあつては，当該業務に常時従事する労働者に対して行う健康診断におけるものに限る。） 4 眼の痛み，流涙，眼のかすみ，羞明，視力低下，せき，たん，咽頭痛，頭痛，食欲不振，悪心，嘔吐等の他覚症状又は自覚症状の有無の検査（眼の痛み，流涙，せき，たん，咽頭痛，頭痛，食欲不振，悪心，嘔吐等の急性の疾患に係る症状にあつては，当該業務に常時従事する労働者に対して行う健康診断におけるものに限る。） 5 皮膚炎等の皮膚所見の有無の検査（当該業務に常時従事する労働者に対して行う健康診断におけるものに限る。） 6 尿中の潜血検査（当該業務に常時従事する労働者に対して行う健康診断におけるものに限る。）
(48)	ニツケル化合物（これをその重量の1パーセントを超えて含有する製剤その他の物を含む。）を製造し，又は取り扱う業務	6月	1 業務の経歴の調査（当該業務に常時従事する労働者に対して行う健康診断におけるものに限る。） 2 作業条件の簡易な調査（当該業務に常時従事する労働者に対して行う健康診断におけるものに限る。） 3 ニツケル化合物による皮膚，気道等に係る他覚症状又は自覚症状の既往歴の有無の検査 4 皮膚，気道等に係る他覚症状又は自覚症状の有無の検査 5 皮膚炎等の皮膚所見の有無の検査

(49)	ニツケルカルボニル（これをその重量の1パーセントを超えて含有する製剤その他の物を含む。）を製造し，又は取り扱う業務	6月	1　業務の経歴の調査（当該業務に常時従事する労働者に対して行う健康診断におけるものに限る。） 2　作業条件の簡易な調査（当該業務に常時従事する労働者に対して行う健康診断におけるものに限る。） 3　ニツケルカルボニルによる頭痛，めまい，悪心，嘔吐，せき，胸痛，呼吸困難，皮膚掻痒感，鼻粘膜の異常等の他覚症状又は自覚症状の既往歴の有無の検査 4　頭痛，めまい，悪心，嘔吐，せき，胸痛，呼吸困難，皮膚掻痒感，鼻粘膜の異常等の他覚症状又は自覚症状の有無の検査
		1年	胸部のエツクス線直接撮影による検査
(50)	ニトログリコール（これをその重量の1パーセントを超えて含有する製剤その他の物を含む。）を製造し，又は取り扱う業務	6月	1　業務の経歴の調査 2　作業条件の簡易な調査 3　ニトログリコールによる頭痛，胸部異和感，心臓症状，四肢末端のしびれ感，冷感，神経痛，脱力感等の他覚症状又は自覚症状の既往歴の有無の検査 4　頭重，頭痛，肩こり，胸部異和感，心臓症状，四肢末端のしびれ感，冷感，神経痛，脱力感，胃腸症状等の他覚症状又は自覚症状の有無の検査 5　血圧の測定 6　赤血球数等の赤血球系の血液検査
(51)	パラ-ジメチルアミノアゾベンゼン（これをその重量の1パーセントを超えて含有する製剤その他の物を含む。）を製造し，又は取り扱う業務	6月	1　業務の経歴の調査（当該業務に常時従事する労働者に対して行う健康診断におけるものに限る。） 2　作業条件の簡易な調査（当該業務に常時従事する労働者に対して行う健康診断におけるものに限る。） 3　パラ-ジメチルアミノアゾベンゼンによるせき，咽頭痛，喘鳴，呼吸器の刺激症状，眼の刺激症状，血尿，頻尿，排尿痛等の他覚症状又は自覚症状の既往歴の有無の検査 4　せき，咽頭痛，喘鳴，呼吸器の刺激症状，眼の刺激症状，血尿，頻尿，排尿痛等の他覚症状又は自覚症状の有無の検査 5　皮膚炎等の皮膚所見の有無の検査（当該業務に常時従事する労働者に対して行う健康診断におけるものに限る。） 6　尿中の潜血検査 7　医師が必要と認める場合は，尿沈渣検鏡の検査又は尿沈渣のパパニコラ法による細胞診の検査
(52)	パラ-ニトロクロルベンゼン（これをその重量の5パーセントを超えて含有する製剤その他の物を含む。）を製造し，又は取り扱う業務	6月	1　業務の経歴の調査 2　作業条件の簡易な調査 3　パラ-ニトロクロルベンゼンによる頭重，頭痛，めまい，倦怠感，疲労感，顔面蒼白，チアノーゼ，貧血，心悸亢進，尿の着色等の他覚症状又は自覚症状の既往歴の有無の検査 4　頭重，頭痛，めまい，倦怠感，疲労感，顔面蒼白，チアノーゼ，貧血，心悸亢進，尿の着色等の他覚症状又は自覚症状の有無の検査
(53)	砒素又はその化合物（これらの物をその重量の1パーセントを超えて含有する製剤その他の物を含む。）を製造し，又は取り扱う業務	6月	1　業務の経歴の調査（当該業務に常時従事する労働者に対して行う健康診断におけるものに限る。） 2　作業条件の簡易な調査（当該業務に常時従事する労働者に対して行う健康診断におけるものに限る。） 3　砒素又はその化合物による鼻粘膜の異常，呼吸器症状，口内炎，下痢，便秘，体重減少，知覚異常等の他覚症状又は自覚症状の既往歴の有無の検査 4　せき，たん，食欲不振，体重減少，知覚異常等の他覚症状又は自覚症状の有無の検査 5　鼻粘膜の異常，鼻中隔穿孔等の鼻腔の所見の有無の検査 6　皮膚炎，色素沈着，色素脱失，角化等の皮膚所見の有無の検査 7　令第23条第5号の業務に5年以上従事した経験を有する場合は，胸部のエツクス線直接撮影による検査
(54)	弗化水素（これをその重量の5パーセントを超えて含有する製剤その他の物を含む。）を製造し，又は取り扱う業務	6月	1　業務の経歴の調査 2　作業条件の簡易な調査 3　弗化水素による呼吸器症状，眼の症状等の他覚症状又は自覚症状の既往歴の有無の検査 4　眼，鼻又は口腔の粘膜の炎症，歯牙の変色等の他覚症状又は自覚症状の有無の検査 5　皮膚炎等の皮膚所見の有無の検査

(55)	ベーター-プロピオラクトン（これをその重量の1パーセントを超えて含有する製剤その他の物を含む。）を製造し，又は取り扱う業務	6月	1　業務の経歴の調査（当該業務に常時従事する労働者に対して行う健康診断におけるものに限る。） 2　作業条件の簡易な調査（当該業務に常時従事する労働者に対して行う健康診断におけるものに限る。） 3　ベーター-プロピオラクトンによるせき，たん，胸痛，体重減少等の他覚症状又は自覚症状の既往歴の有無の検査 4　せき，たん，胸痛，体重減少等の他覚症状又は自覚症状の有無の検査 5　露出部分の皮膚炎等の皮膚所見の有無の検査 6　胸部のエックス線直接撮影による検査
(56)	ベンゼン等を製造し，又は取り扱う業務	6月	1　業務の経歴の調査（当該業務に常時従事する労働者に対して行う健康診断におけるものに限る。） 2　作業条件の簡易な調査（当該業務に常時従事する労働者に対して行う健康診断におけるものに限る。） 3　ベンゼンによる頭重，頭痛，めまい，心悸亢進，倦怠感，四肢のしびれ，食欲不振，出血傾向等の他覚症状又は自覚症状の既往歴の有無の検査 4　頭重，頭痛，めまい，心悸亢進，倦怠感，四肢のしびれ，食欲不振等の他覚症状又は自覚症状の有無の検査 5　赤血球数等の赤血球系の血液検査 6　白血球数の検査
(57)	ペンタクロルフエノール（別名PCP）又はそのナトリウム塩（これらの物をその重量の1パーセントを超えて含有する製剤その他の物を含む。）を製造し，又は取り扱う業務	6月	1　業務の経歴の調査 2　作業条件の簡易な調査 3　ペンタクロルフエノール又はそのナトリウム塩によるせき，たん，咽頭痛，のどのいらいら，頭痛，めまい，易疲労感，倦怠感，食欲不振等の胃腸症状，甘味嗜好，多汗，発熱，心悸亢進，眼の痛み，皮膚搔痒感等の他覚症状又は自覚症状の既往歴の有無の検査 4　せき，たん，咽頭痛，のどのいらいら，頭痛，めまい，易疲労感，倦怠感，食欲不振等の胃腸症状，甘味嗜好，多汗，眼の痛み，皮膚搔痒感等の他覚症状又は自覚症状の有無の検査 5　皮膚炎等の皮膚所見の有無の検査 6　血圧の測定 7　尿中の糖の有無の検査
(58)	マゼンタ（これをその重量の1パーセントを超えて含有する製剤その他の物を含む。）を製造し，又は取り扱う業務	6月	1　業務の経歴の調査（当該業務に常時従事する労働者に対して行う健康診断におけるものに限る。） 2　作業条件の簡易な調査（当該業務に常時従事する労働者に対して行う健康診断におけるものに限る。） 3　マゼンタによる血尿，頻尿，排尿痛等の他覚症状又は自覚症状の既往歴の有無の検査 4　血尿，頻尿，排尿痛等の他覚症状又は自覚症状の有無の検査 5　尿中の潜血検査 6　医師が必要と認める場合は，尿沈渣検鏡の検査又は尿沈渣のパパニコラ法による細胞診の検査
(59)	マンガン又はその化合物（これらの物をその重量の1パーセントを超えて含有する製剤その他の物を含む。）を製造し，又は取り扱う業務	6月	1　業務の経歴の調査 2　作業条件の簡易な調査 3　マンガン又はその化合物によるせき，たん，仮面様顔貌，膏顔，流涎，発汗異常，手指の振戦，書字拙劣，歩行障害，不随意性運動障害，発語異常等のパーキンソン症候群様症状の既往歴の有無の検査 4　せき，たん，仮面様顔貌，膏顔，流涎，発汗異常，手指の振戦，書字拙劣，歩行障害，不随意性運動障害，発語異常等のパーキンソン症候群様症状の有無の検査 5　握力の測定
(60)	メチルイソブチルケトン（これをその重量の1パーセントを超えて含有する製剤その他の物を含む。）を製造し，又は取り扱う業務	6月	1　業務の経歴の調査 2　作業条件の簡易な調査 3　メチルイソブチルケトンによる頭重，頭痛，めまい，悪心，嘔吐，眼の刺激症状，上気道刺激症状，皮膚又は粘膜の異常等の他覚症状又は自覚症状の既往歴の有無の検査 4　頭重，頭痛，めまい，悪心，嘔吐，眼の刺激症状，上気道刺激症状，皮膚又は粘膜の異常等の他覚症状又は自覚症状の有無の検査 5　医師が必要と認める場合は，尿中のメチルイソブチルケトンの量の測定

(61)	沃化メチル（これをその重量の１パーセントを超えて含有する製剤その他の物を含む。）を製造し，又は取り扱う業務	６月	1　業務の経歴の調査 2　作業条件の簡易な調査 3　沃化メチルによる頭重，めまい，眠気，悪心，嘔吐，倦怠感，目のかすみ等の他覚症状又は自覚症状の既往歴の有無の検査 4　頭重，めまい，眠気，悪心，嘔吐，倦怠感，目のかすみ等の他覚症状又は自覚症状の有無の検査 5　皮膚炎等の皮膚所見の有無の検査
(62)	溶接ヒューム（これをその重量の１パーセントを超えて含有する製剤その他の物を含む。）を製造し，又は取り扱う業務	６月	1　業務の経歴の調査 2　作業条件の簡易な調査 3　溶接ヒュームによるせき，たん，仮面様顔貌，膏顔，流涎，発汗異常，手指の振顫，書字拙劣，歩行障害，不随意性運動障害，発語異常等のパーキンソン症候群様症状の既往歴の有無の検査 4　せき，たん，仮面様顔貌，膏顔，流涎，発汗異常，手指の振顫，書字拙劣，歩行障害，不随意性運動障害，発語異常等のパーキンソン症候群様症状の有無の検査 5　握力の測定
(63)	リフラクトリーセラミックファイバー（これをその重量の１パーセントを超えて含有する製剤その他の物を含む。）を製造し，又は取り扱う業務	６月	1　業務の経歴の調査（当該業務に常時従事する労働者に対して行う健康診断におけるものに限る。） 2　作業条件の簡易な調査（当該業務に常時従事する労働者に対して行う健康診断におけるものに限る。） 3　喫煙歴及び喫煙習慣の状況に係る調査 4　リフラクトリーセラミックファイバーによるせき，たん，息切れ，呼吸困難，胸痛，呼吸音の異常，眼の痛み，皮膚の刺激等についての他覚症状又は自覚症状の既往歴の有無の検査（眼の痛み，皮膚の刺激等の急性の疾患に係る症状にあつては，当該業務に常時従事する労働者に対して行う健康診断におけるものに限る。） 5　せき，たん，息切れ，呼吸困難，胸痛，呼吸音の異常，眼の痛み等についての他覚症状又は自覚症状の有無の検査（眼の痛み等の急性の疾患に係る症状にあつては，当該業務に常時従事する労働者に対して行う健康診断におけるものに限る。） 6　皮膚炎等の皮膚所見の有無の検査（当該業務に常時従事する労働者に対して行う健康診断におけるものに限る。） 7　胸部のエックス線直接撮影による検査
(64)	硫化水素（これをその重量の１パーセントを超えて含有する製剤その他の物を含む。）を製造し，又は取り扱う業務	６月	1　業務の経歴の調査 2　作業条件の簡易な調査 3　硫化水素による呼吸器症状，眼の症状等の他覚症状又は自覚症状の既往歴の有無の検査 4　頭痛，不眠，易疲労感，めまい，易興奮性，悪心，せき，上気道刺激症状，胃腸症状，結膜及び角膜の異常，歯牙の変化等の他覚症状又は自覚症状の有無の検査
(65)	硫酸ジメチル（これをその重量の１パーセントを超えて含有する製剤その他の物を含む。）を製造し，又は取り扱う業務	６月	1　業務の経歴の調査 2　作業条件の簡易な調査 3　硫酸ジメチルによる呼吸器症状，眼の症状，皮膚症状等の他覚症状又は自覚症状の既往歴の有無の検査 4　せき，たん，嗄声，流涙，結膜及び角膜の異常，脱力感，胃腸症状等の他覚症状又は自覚症状の有無の検査 5　皮膚炎等の皮膚所見の有無の検査 6　尿中の蛋白の有無の検査
(66)	4-アミノジフエニル及びその塩（これらの物をその重量の１パーセントを超えて含有する製剤その他の物を含む。）を試験研究のために製造し，又は使用する業務	６月	1　業務の経歴の調査 2　作業条件の簡易な調査 3　4-アミノジフエニル及びその塩による頭痛，めまい，眠気，倦怠感，呼吸器の刺激症状，疲労感，顔面蒼白，チアノーゼ，運動失調，尿の着色，血尿，頻尿，排尿痛等の他覚症状又は自覚症状の既往歴の有無の検査 4　頭痛，めまい，眠気，倦怠感，呼吸器の刺激症状，疲労感，顔面蒼白，チアノーゼ，運動失調，尿の着色，血尿，頻尿，排尿痛等の他覚症状又は自覚症状の有無の検査 5　尿中の潜血検査 6　医師が必要と認める場合は，尿沈渣検鏡の検査又は尿沈渣のパパニコラ法による細胞診の検査

(67)	4-ニトロジフエニル及びその塩（これらの物をその重量の1パーセントを超えて含有する製剤その他の物を含む。）を試験研究のために製造し，又は使用する業務	6月	1 業務の経歴の調査 2 作業条件の簡易な調査 3 4-ニトロジフエニル及びその塩による頭痛，めまい，眠気，倦怠感，呼吸器の刺激症状，眼の刺激症状，疲労感，顔面蒼白，チアノーゼ，運動失調，尿の着色，血尿，頻尿，排尿痛等の他覚症状又は自覚症状の既往歴の有無の検査 4 頭痛，めまい，眠気，倦怠感，呼吸器の刺激症状，眼の刺激症状，疲労感，顔面蒼白，チアノーゼ，運動失調，尿の着色，血尿，頻尿，排尿痛等の他覚症状又は自覚症状の有無の検査 5 尿中の潜血検査 6 医師が必要と認める場合は，尿沈渣検鏡の検査又は尿沈渣のパパニコラ法による細胞診の検査

別表第4（第39条関係）

	業 務	項 目
(1)	次の物を製造し，又は取り扱う業務 1 ベンジジン及びその塩 2 ジクロルベンジジン及びその塩 3 オルトートリジン及びその塩 4 ジアニシジン及びその塩 5 オーラミン 6 パラ-ジメチルアミノアゾベンゼン 7 マゼンタ 8 前各号に掲げる物をその重量の1パーセントを超えて含有する製剤その他の物	1 作業条件の調査（当該業務に常時従事する労働者に対して行う健康診断におけるものに限る。） 2 医師が必要と認める場合は，膀胱鏡検査又は腹部の超音波による検査，尿路造影検査等の画像検査
(2)	ビス（クロロメチル）エーテル（これをその重量の1パーセントを超えて含有する製剤その他の物を含む。）を製造し，又は取り扱う業務	1 作業条件の調査（当該業務に常時従事する労働者に対して行う健康診断におけるものに限る。） 2 医師が必要と認める場合は，胸部の特殊なエツクス線撮影による検査，喀痰の細胞診又は気管支鏡検査
(3)	次の物を製造し，又は取り扱う業務 1 ベータ-ナフチルアミン及びその塩 2 アルフア-ナフチルアミン及びその塩 3 オルト-トルイジン 4 前三号に掲げる物をその重量の1パーセントを超えて含有する製剤その他の物	1 作業条件の調査（当該業務に常時従事する労働者に対して行う健康診断におけるものに限る。） 2 医師が必要と認める場合は，膀胱鏡検査，腹部の超音波による検査，尿路造影検査等の画像検査又は赤血球数，網状赤血球数，メトヘモグロビンの量等の赤血球系の血液検査（赤血球数，網状赤血球数，メトヘモグロビンの量等の赤血球系の血液検査にあつては，当該業務に常時従事する労働者に対して行う健康診断におけるものに限る。）
(4)	塩素化ビフエニル等を製造し，又は取り扱う業務	1 作業条件の調査 2 赤血球数等の赤血球系の血液検査 3 白血球数の検査 4 肝機能検査
(5)	ベリリウム等を製造し，又は取り扱う業務	1 作業条件の調査（当該業務に常時従事する労働者に対して行う健康診断におけるものに限る。） 2 胸部理学的検査 3 肺換気機能検査 4 医師が必要と認める場合は，肺拡散機能検査，心電図検査，尿中若しくは血液中のベリリウムの量の測定，皮膚貼布試験又はヘマトクリット値の測定
(6)	ベンゾトリクロリド（これをその重量の0.5パーセントを超えて含有する製剤その他の物を含む。）を製造し，又は取り扱う業務	1 作業条件の調査（当該業務に常時従事する労働者に対して行う健康診断におけるものに限る。） 2 医師が必要と認める場合は，特殊なエツクス線撮影による検査，喀痰の細胞診，気管支鏡検査，頭部のエツクス線撮影等による検査，血液検査（血液像を含む。），リンパ節の病理組織学的検査又は皮膚の病理組織学的検査
(7)	アクリルアミド（これをその重量の1パーセントを超えて含有する製剤その他の物を含む。）を製造し，又は取り扱う業務	1 作業条件の調査 2 末梢神経に関する神経学的検査
(8)	アクリロニトリル（これをその重量の1パーセントを超えて含有する製剤その他の物を含む。）を製造し，又は取り扱う業務	1 作業条件の調査 2 血漿コリンエステラーゼ活性値の測定 3 肝機能検査

(9)	インジウム化合物（これをその重量の１パーセントを超えて含有する製剤その他の物を含む。）を製造し，又は取り扱う業務	１　作業条件の調査（当該業務に常時従事する労働者に対して行う健康診断におけるものに限る。） ２　医師が必要と認める場合は，胸部のエックス線直接撮影若しくは特殊なエックス線撮影による検査（雇入れ又は当該業務への配置替えの際に行う健康診断におけるものを除く。），血清サーファクタントプロテインＤ（血清SP-D）の検査等の血液化学検査，肺機能検査，喀痰の細胞診又は気管支鏡検査
(10)	エチルベンゼン（これをその重量の１パーセントを超えて含有する製剤その他の物を含む。）を製造し，又は取り扱う業務	１　作業条件の調査（当該業務に常時従事する労働者に対して行う健康診断におけるものに限る。） ２　医師が必要と認める場合は，神経学的検査，肝機能検査又は腎機能検査
(11)	アルキル水銀化合物（これをその重量の１パーセントを超えて含有する製剤その他の物を含む。）を製造し，又は取り扱う業務	１　作業条件の調査 ２　血液中及び尿中の水銀の量の測定 ３　視野狭窄の有無の検査 ４　聴力の検査 ５　知覚異常，ロンベルグ症候，拮抗運動反復不能症候等の神経学的検査 ６　神経学的異常所見のある場合で，医師が必要と認めるときは，筋電図検査又は脳波検査
(12)	エチレンイミン（これをその重量の１パーセントを超えて含有する製剤その他の物を含む。）を製造し，又は取り扱う業務	１　作業条件の調査（当該業務に常時従事する労働者に対して行う健康診断におけるものに限る。） ２　骨髄性細胞の算定 ３　医師が必要と認める場合は，胸部のエックス線直接撮影若しくは特殊なエックス線撮影による検査，喀痰の細胞診，気管支鏡検査又は腎機能検査
(13)	塩化ビニル（これをその重量の１パーセントを超えて含有する製剤その他の物を含む。）を製造し，又は取り扱う業務	１　作業条件の調査（当該業務に常時従事する労働者に対して行う健康診断におけるものに限る。） ２　肝又は脾の腫大を認める場合は，血小板数，ガンマ-グルタミルトランスペプチダーゼ（γ-GTP）及びクンケル反応（ZTT）の検査 ３　医師が必要と認める場合は，ジアノグリーン法（ICG）の検査，血清乳酸脱水素酵素（LDH）の検査，血清脂質等の検査，特殊なエックス線撮影による検査，肝若しくは脾のシンチグラムによる検査又は中枢神経系の神経学的検査
(14)	塩素（これをその重量の１パーセントを超えて含有する製剤その他の物を含む。）を製造し，又は取り扱う業務	１　作業条件の調査 ２　胸部理学的検査又は胸部のエックス線直接撮影による検査 ３　呼吸器に係る他覚症状又は自覚症状がある場合は，肺換気機能検査
(15)	オルト-フタロジニトリル（これをその重量の１パーセントを超えて含有する製剤その他の物を含む。）を製造し，又は取り扱う業務	１　作業条件の調査 ２　赤血球数等の赤血球系の血液検査 ３　てんかん様発作等の脳神経系の異常所見が認められる場合は，脳波検査 ４　胃腸症状がある場合で，医師が必要と認めるときは，肝機能検査又は尿中のフタル酸の量の測定
(16)	カドミウム又はその化合物（これらの物をその重量の１パーセントを超えて含有する製剤その他の物を含む。）を製造し，又は取り扱う業務	１　作業条件の調査 ２　医師が必要と認める場合は，尿中のカドミウムの量の測定，尿中のアルファ１-ミクログロブリンの量若しくはN-アセチルグルコサミニターゼの量の測定，腎機能検査，胸部エックス線直接撮影若しくは特殊なエックス線撮影による検査又は喀痰の細胞診 ３　呼吸器に係る他覚症状又は自覚症状がある場合は，肺換気機能検査
(17)	クロム酸等を製造し，又は取り扱う業務	１　作業条件の調査（当該業務に常時従事する労働者に対して行う健康診断におけるものに限る。） ２　医師が必要と認める場合は，エックス線直接撮影若しくは特殊なエックス線撮影による検査，喀痰の細胞診，気管支鏡検査又は皮膚の病理学的検査
(18)	次の物を製造し，又は取り扱う業務 １　クロロホルム ２　1･4-ジオキサン ３　前二号に掲げる物をその重量の１パーセントを超えて含有する製剤その他の物	１　作業条件の調査 ２　医師が必要と認める場合は，神経学的検査，肝機能検査（血清グルタミックオキサロアセチックトランスアミナーゼ（GOT），血清グルタミックピルビックトランスアミナーゼ（GPT）及び血清ガンマ-グルタミルトランスペプチダーゼ（γ-GTP）の検査を除く。）又は腎機能検査

(19)	クロロメチルメチルエーテル（これをその重量の1パーセントを超えて含有する製剤その他の物を含む。）を製造し，又は取り扱う業務	1 作業条件の調査（当該業務に常時従事する労働者に対して行う健康診断におけるものに限る。） 2 医師が必要と認める場合は，胸部の特殊なエックス線撮影による検査，喀痰の細胞診又は気管支鏡検査
(20)	コバルト又はその無機化合物（これらの物をその重量の1パーセントを超えて含有する製剤その他の物を含む。）を製造し，又は取り扱う業務	1 作業条件の調査（当該業務に常時従事する労働者に対して行う健康診断におけるものに限る。） 2 尿中のコバルトの量の測定 3 医師が必要と認める場合は，胸部のエックス線直接撮影若しくは特殊なエックス線撮影による検査，肺機能検査，心電図検査又は皮膚貼布試験
(21)	五酸化バナジウム（これをその重量の1パーセントを超えて含有する製剤その他の物を含む。）を製造し，又は取り扱う業務	1 作業条件の調査 2 視力の検査 3 胸部理学的検査又は胸部のエックス線直接撮影による検査 4 医師が必要と認める場合は，肺換気機能検査，血清コレステロール若しくは血清トリグリセライドの測定又は尿中のバナジウムの量の測定
(22)	コールタール（これをその重量の5パーセントを超えて含有する製剤その他の物を含む。）を製造し，又は取り扱う業務	1 作業条件の調査（当該業務に常時従事する労働者に対して行う健康診断におけるものに限る。） 2 医師が必要と認める場合は，胸部のエックス線直接撮影若しくは特殊なエックス線撮影による検査，喀痰の細胞診，気管支鏡検査又は皮膚の病理学的検査
(23)	酸化プロピレン（これをその重量の1パーセントを超えて含有する製剤その他の物を含む。）を製造し，又は取り扱う業務	1 作業条件の調査（当該業務に常時従事する労働者に対して行う健康診断におけるものに限る。） 2 医師が必要と認める場合には，上気道の病理学的検査又は耳鼻科学的検査
(24)	三酸化二アンチモン（これをその重量の1パーセントを超えて含有する製剤その他の物を含む。）を製造し，又は取り扱う業務	1 作業条件の調査（当該業務に常時従事する労働者に対して行う健康診断におけるものに限る。） 2 医師が必要と認める場合は，胸部のエックス線直接撮影若しくは特殊なエックス線撮影による検査，喀痰の細胞診又は気管支鏡検査
(25)	次の物を製造し，又は取り扱う業務 1 四塩化炭素 2 1･2-ジクロロエタン 3 前二号に掲げる物をその重量の1パーセントを超えて含有する製剤その他の物	1 作業条件の調査 2 医師が必要と認める場合は，腹部の超音波による検査等の画像検査，CA19-9等の血液中の腫瘍マーカーの検査，神経学的検査，肝機能検査（血清グルタミツクオキサロアセチツクトランスアミナーゼ（GOT），血清グルタミツクピルビツクトランスアミナーゼ（GPT）及び血清ガンマ-グルタミルトランスペプチダーゼ（γ-GTP）の検査を除く。）又は腎機能検査
(26)	3･3′-ジクロロ-4･4′-ジアミノジフェニルメタン（これをその重量の1パーセントを超えて含有する製剤その他の物を含む。）を製造し，又は取り扱う業務	1 作業条件の調査（当該業務に常時従事する労働者に対して行う健康診断におけるものに限る。） 2 医師が必要と認める場合は，膀胱鏡検査，腹部の超音波による検査，尿路造影検査等の画像検査，胸部のエックス線直接撮影若しくは特殊なエックス線撮影による検査，喀痰の細胞診又は気管支鏡検査
(27)	1･2-ジクロロプロパン（これをその重量の1パーセントを超えて含有する製剤その他の物を含む。）を製造し，又は取り扱う業務	1 作業条件の調査（当該業務に常時従事する労働者に対して行う健康診断におけるものに限る。） 2 医師が必要と認める場合は，腹部の超音波による検査等の画像検査，CA19-9等の血液中の腫瘍マーカーの検査，赤血球数等の赤血球系の血液検査又は血清間接ビリルビンの検査（赤血球系の血液検査及び血清間接ビリルビンの検査にあつては，当該業務に常時従事する労働者に対して行う健康診断におけるものに限る。）
(28)	ジクロロメタン（これをその重量の1パーセントを超えて含有する製剤その他の物を含む。）を製造し，又は取り扱う業務	1 作業条件の調査（当該業務に常時従事する労働者に対して行う健康診断におけるものに限る。） 2 医師が必要と認める場合は，腹部の超音波による検査等の画像検査，CA19-9等の血液中の腫瘍マーカーの検査，血液中のカルボキシヘモグロビンの量の測定又は呼気中の一酸化炭素の量の測定（血液中のカルボキシヘモグロビンの量の測定及び呼気中の一酸化炭素の量の測定にあつては，当該業務に常時従事する労働者に対して行う健康診断におけるものに限る。）

(29)	ジメチル−2･2−ジクロロビニルホスフェイト（これをその重量の１パーセントを超えて含有する製剤その他の物を含む。）を製造し，又は取り扱う業務	1　作業条件の調査（当該業務に常時従事する労働者に対して行う健康診断におけるものに限る。） 2　赤血球コリンエステラーゼ活性値の測定（当該業務に常時従事する労働者に対して行う健康診断におけるものに限る。） 3　肝機能検査（当該業務に常時従事する労働者に対して行う健康診断におけるものに限る。） 4　白血球数及び白血球分画の検査 5　神経学的検査（当該業務に常時従事する労働者に対して行う健康診断におけるものに限る。）
(30)	1･1−ジメチルヒドラジン（これをその重量の１パーセントを超えて含有する製剤その他の物を含む。）を製造し，又は取り扱う業務	1　作業条件の調査（当該業務に常時従事する労働者に対して行う健康診断におけるものに限る。） 2　肝機能検査
(31)	臭化メチル（これをその重量の１パーセントを超えて含有する製剤その他の物を含む。）を製造し，又は取り扱う業務	1　作業条件の調査 2　医師が必要と認める場合は，運動機能の検査，視力の精密検査及び視野の検査又は脳波検査
(32)	水銀又はその無機化合物（これらの物をその重量の１パーセントを超えて含有する製剤その他の物を含む。）を製造し，又は取り扱う業務	1　作業条件の調査 2　神経学的検査 3　尿中の水銀の量の測定及び尿沈渣検鏡の検査
(33)	スチレン（これをその重量の１パーセントを超えて含有する製剤その他の物を含む。）を製造し，又は取り扱う業務	1　作業条件の調査 2　医師が必要と認める場合は，血液像その他の血液に関する精密検査，聴力低下の検査等の耳鼻科学的検査，色覚検査等の眼科的検査，神経学的検査，肝機能検査（血清グルタミックオキサロアセチックトランスアミナーゼ（GOT），血清グルタミックピルビックトランスアミナーゼ（GPT）及び血清ガンマ−グルタミルトランスペプチダーゼ（γ-GTP）の検査を除く。），特殊なエックス線撮影による検査又は核磁気共鳴画像診断装置による画像検査
(34)	1･1･2･2−テトラクロロエタン（これをその重量の１パーセントを超えて含有する製剤その他の物を含む。）を製造し，又は取り扱う業務	1　作業条件の調査 2　医師が必要と認める場合は，白血球数及び白血球分画の検査，神経学的検査，赤血球数等の赤血球系の血液検査又は肝機能検査（血清グルタミックオキサロアセチックトランスアミナーゼ（GOT），血清グルタミックピルビックトランスアミナーゼ（GPT）及び血清ガンマ−グルタミルトランスペプチダーゼ（γ-GTP）の検査を除く。）
(35)	テトラクロロエチレン（これをその重量の１パーセントを超えて含有する製剤その他の物を含む。）を製造し，又は取り扱う業務	1　作業条件の調査 2　医師が必要と認める場合は，尿沈渣検鏡の検査，尿沈渣のパパニコラ法による細胞診の検査，膀胱鏡検査，腹部の超音波による検査，尿路造影検査等の画像検査，神経学的検査，肝機能検査（血清グルタミックオキサロアセチックトランスアミナーゼ（GOT），血清グルタミックピルビックトランスアミナーゼ（GPT）及び血清ガンマ−グルタミルトランスペプチダーゼ（γ-GTP）の検査を除く。）又は腎機能検査
(36)	トリクロロエチレン（これをその重量の１パーセントを超えて含有する製剤その他の物を含む。）を製造し，又は取り扱う業務	1　作業条件の調査 2　医師が必要と認める場合は，白血球数及び白血球分画の検査，血液像その他の血液に関する精密検査，CA19-9等の血液中の腫瘍マーカーの検査，神経学的検査，肝機能検査（血清グルタミックオキサロアセチックトランスアミナーゼ（GOT），血清グルタミックピルビックトランスアミナーゼ（GPT）及び血清ガンマ−グルタミルトランスペプチダーゼ（γ-GTP）の検査を除く。），腎機能検査，特殊なエックス線撮影による検査又は核磁気共鳴画像診断装置による画像検査
(37)	トリレンジイソシアネート（これをその重量の１パーセントを超えて含有する製剤その他の物を含む。）を製造し，又は取り扱う業務	1　作業条件の調査 2　呼吸器に係る他覚症状又は自覚症状のある場合は，胸部理学的検査，胸部のエックス線直接撮影による検査又は閉塞性呼吸機能検査 3　医師が必要と認める場合は，肝機能検査，腎機能検査又はアレルギー反応の検査

(38)	ナフタレン（これをその重量の1パーセントを超えて含有する製剤その他の物を含む。）を製造し，又は取り扱う業務	1 作業条件の調査（当該業務に常時従事する労働者に対して行う健康診断におけるものに限る。） 2 医師が必要と認める場合は，尿中のヘモグロビンの有無の検査，尿中の1-ナフトール及び2-ナフトールの量の測定，視力検査等の眼科検査，赤血球数等の赤血球系の血液検査又は血清間接ビリルビンの検査（尿中のヘモグロビンの有無の検査，尿中の1-ナフトール及び2-ナフトールの量の測定，赤血球数等の赤血球系の血液検査並びに血清間接ビリルビンの検査にあつては，当該業務に常時従事する労働者に対して行う健康診断におけるものに限る。）
(39)	ニツケル化合物（これをその重量の1パーセントを超えて含有する製剤その他の物を含む。）を製造し，又は取り扱う業務	1 作業条件の調査（当該業務に常時従事する労働者に対して行う健康診断におけるものに限る。） 2 医師が必要と認める場合は，尿中のニツケルの量の測定，胸部のエツクス線直接撮影若しくは特殊なエツクス線撮影による検査，喀痰の細胞診，皮膚貼布試験，皮膚の病理学的検査，血液免疫学的検査，腎尿細管機能検査又は鼻腔の耳鼻科学的検査
(40)	ニツケルカルボニル（これをその重量の1パーセントを超えて含有する製剤その他の物を含む。）を製造し，又は取り扱う業務	1 作業条件の調査（当該業務に常時従事する労働者に対して行う健康診断におけるものに限る。） 2 肺換気機能検査 3 胸部理学的検査 4 医師が必要と認める場合は，尿中又は血液中のニツケルの量の測定
(41)	ニトログリコール（これをその重量の1パーセントを超えて含有する製剤その他の物を含む。）を製造し，又は取り扱う業務	1 作業条件の調査 2 尿中又は血液中のニトログリコールの量の測定 3 心電図検査 4 医師が必要と認める場合は，自律神経機能検査（薬物によるものを除く。），肝機能検査又は循環機能検査
(42)	パラ-ニトロクロルベンゼン（これをその重量の5パーセントを超えて含有する製剤その他の物を含む。）を製造し，又は取り扱う業務	1 作業条件の調査 2 赤血球数，網状赤血球数，メトヘモグロビン量，ハインツ小体の有無等の赤血球系の血液検査 3 尿中の潜血検査 4 肝機能検査 5 神経学的検査 6 医師が必要と認める場合は，尿中のアニリン若しくはパラ-アミノフエノールの量の測定又は血液中のニトロソアミン及びヒドロキシアミン，アミノフエノール，キノソイミン等の代謝物の量の測定
(43)	砒素又はその化合物（これらの物をその重量の1パーセントを超えて含有する製剤その他の物を含む。）を製造し，又は取り扱う業務	1 作業条件の調査（当該業務に常時従事する労働者に対して行う健康診断におけるものに限る。） 2 医師が必要と認める場合は，胸部のエツクス線直接撮影若しくは特殊なエツクス線撮影による検査，尿中の砒素化合物（砒酸，亜砒酸及びメチルアルソン酸に限る。）の量の測定，肝機能検査，赤血球系の血液検査，喀痰の細胞診，気管支鏡検査又は皮膚の病理学的検査
(44)	弗化水素（これをその重量の5パーセントを超えて含有する製剤その他の物を含む。）を製造し，又は取り扱う業務	1 作業条件の調査 2 胸部理学的検査又は胸部のエツクス線直接撮影による検査 3 赤血球数等の赤血球系の血液検査 4 医師が必要と認める場合は，出血時間測定，長管骨のエツクス線撮影による検査，尿中の弗素の量の測定又は血液中の酸性ホスフアターゼ若しくはカルシウムの量の測定
(45)	ベーター-プロピオラクトン（これをその重量の1パーセントを超えて含有する製剤その他の物を含む。）を製造し，又は取り扱う業務	1 作業条件の調査（当該業務に常時従事する労働者に対して行う健康診断におけるものに限る。） 2 医師が必要と認める場合は，胸部の特殊なエツクス線撮影による検査，喀痰の細胞診，気管支鏡検査又は皮膚の病理学的検査
(46)	ベンゼン等を製造し，又は取り扱う業務	1 作業条件の調査（当該業務に常時従事する労働者に対して行う健康診断におけるものに限る。） 2 血液像その他の血液に関する精密検査 3 神経学的検査

(47)	ペンタクロルフエノール（別名PCP）又はそのナトリウム塩（これらの物をその重量の1パーセントを超えて含有する製剤その他の物を含む。）を製造し，又は取り扱う業務	1　作業条件の調査 2　呼吸器に係る他覚症状又は自覚症状がある場合は，胸部理学的検査及び胸部のエックス線直接撮影による検査 3　肝機能検査 4　白血球数の検査 5　医師が必要と認める場合は，尿中のペンタクロルフエノールの量の測定
(48)	マンガン又はその化合物（これらの物をその重量の1パーセントを超えて含有する製剤その他の物を含む。）を製造し，又は取り扱う業務	1　作業条件の調査 2　呼吸器に係る他覚症状又は自覚症状がある場合は，胸部理学的検査及び胸部のエックス線直接撮影による検査 3　パーキンソン症候群様症状に関する神経学的検査 4　医師が必要と認める場合は，尿中又は血液中のマンガンの量の測定
(49)	メチルイソブチルケトン（これをその重量の1パーセントを超えて含有する製剤その他の物を含む。）を製造し，又は取り扱う業務	1　作業条件の調査 2　医師が必要と認める場合は，神経学的検査又は腎機能検査
(50)	沃(よう)化メチル（これをその重量の1パーセントを超えて含有する製剤その他の物を含む。）を製造し，又は取り扱う業務	1　作業条件の調査 2　医師が必要と認める場合は，視覚検査，運動神経機能検査又は神経学的検査
(51)	溶接ヒューム（これをその重量の1パーセントを超えて含有する製剤その他の物を含む。）を製造し，又は取り扱う業務	1　作業条件の調査 2　呼吸器に係る他覚症状又は自覚症状がある場合は，胸部理学的検査及び胸部のエックス線直接撮影による検査 3　パーキンソン症候群様症状に関する神経学的検査 4　医師が必要と認める場合は，尿中又は血液中のマンガンの量の測定
(52)	リフラクトリーセラミックファイバー（これをその重量の1パーセントを超えて含有する製剤その他の物を含む。）を製造し，又は取り扱う業務	1　作業条件の調査（当該業務に常時従事する労働者に対して行う健康診断におけるものに限る。） 2　医師が必要と認める場合は，特殊なエックス線撮影による検査，肺機能検査，血清シアル化糖鎖抗原KL-6の量の測定若しくは血清サーフアクタントプロテインD（血清SP-D）の検査等の血液生化学検査，喀痰(かくたん)の細胞診又は気管支鏡検査
(53)	硫化水素（これをその重量の1パーセントを超えて含有する製剤その他の物を含む。）を製造し，又は取り扱う業務	1　作業条件の調査 2　胸部理学的検査又は胸部のエックス線直接撮影による検査
(54)	硫酸ジメチル（これをその重量の1パーセントを超えて含有する製剤その他の物を含む。）を製造し，又は取り扱う業務	1　作業条件の調査 2　胸部理学的検査又は胸部のエックス線直接撮影による検査 3　医師が必要と認める場合は，腎機能検査又は肺換気機能検査
(55)	次の物を試験研究のために製造し，又は使用する業務 1　4-アミノジフエニル及びその塩 2　4-ニトロジフエニル及びその塩 3　前二号に掲げる物をその重量の1パーセントを超えて含有する製剤その他の物	1　作業条件の調査 2　医師が必要と認める場合は，膀胱(ぼうこう)鏡検査，腹部の超音波による検査，尿路造影検査等の画像検査又は赤血球数，網状赤血球数，メトヘモグロビンの量等の赤血球系の血液検査

別表第5（第39条関係）

1　インジウム化合物を含有する製剤その他の物。ただし，インジウム化合物の含有量が重量の1パーセント以下のものを除く。

1の2　エチルベンゼンを含有する製剤その他の物。ただし，エチルベンゼンの含有量が重量の1パーセント以下のものを除く。

1の3　エチレンイミンを含有する製剤その他の物。ただし，エチレンイミンの含有量が重量の1パーセント以下のものを除く。

2　塩化ビニルを含有する製剤その他の物。ただし，塩化ビニルの含有量が重量の1パーセント以下のものを除く。

3　オーラミンを含有する製剤その他の物。ただし，オーラミンの含有量が重量の1パーセント以下のものを除く。

3の2　オルト-トルイジンを含有する製剤その他の物。ただし，オルト-トルイジンの含有量が重量の1パーセント以下のものを除く。

4　クロム酸又はその塩を含有する製剤その他の物。ただし，クロム酸又はその塩の含有量が重量の1パーセント以下のものを除く。

5　クロロメチルメチルエーテルを含有する製剤その他の物。ただし，クロロメチルメチルエーテルの含有量が重量の1パーセント以下のものを除く。

5の2　コバルト又はその無機化合物を含有する製剤その他の物。ただし，コバルト又はその無機化合物の含有量が重量の1パーセント以下のものを除く。

6　コールタールを含有する製剤その他の物。ただし，コールタールの含有量が重量の5パーセント以下のものを除く。

6の2　酸化プロピレンを含有する製剤その他の物。ただし，酸化プロピレンの含有量が重量の1パーセント以下のものを除く。

6の3　三酸化二アンチモンを含有する製剤その他の物。ただし，三酸化二アンチモンの含有量が重量の1パーセント以下のものを除く。

7　3·3′-ジクロロ-4·4′-ジアミノジフェニルメタンを含有する製剤その他の物。ただし，3·3′-ジクロロ-4·4′-ジアミノジフェニルメタンの含有量が重量の1パーセント以下のものを除く。

7の2　1·2-ジクロロプロパンを含有する製剤その他の物。ただし，1·2-ジクロロプロパンの含有量が重量の1パーセント以下のものを除く。

7の3　ジクロロメタンを含有する製剤その他の物。ただし，ジクロロメタンの含有量が重量の1パーセント以下のものを除く。

7の4　ジメチル-2·2-ジクロロビニルホスフェイトを含有する製剤その他の物。ただし，ジメチル-2·2-ジクロロビニルホスフェイトの含有量が重量の1パーセント以下のものを除く。

7の5　1·1-ジメチルヒドラジンを含有する製剤その他の物。ただし，1·1-ジメチルヒドラジンの含有量が重量の1パーセント以下のものを除く。

8　重クロム酸又はその塩を含有する製剤その他の物。ただし，重クロム酸又はその塩の含有量が重量の1パーセント以下のものを除く。

8の2　ナフタレンを含有する製剤その他の物。ただし，ナフタレンの含有量が重量の1パーセント以下のものを除く。

9　ニツケル化合物を含有する製剤その他の物。ただし，ニツケル化合物の含有量が重量の1パーセント以下のものを除く。

10　ニツケルカルボニルを含有する製剤その他の物。ただし，ニツケルカルボニルの含有量が重量の1パーセント以下のものを除く。

11　パラ-ジメチルアミノアゾベンゼンを含有する製剤その他の物。ただし，パラ-ジメチルアミノアゾベンゼンの含有量が重量の1パーセント以下のものを除く。

12　砒(ひ)素又はその化合物を含有する製剤その他の物。ただし，砒(ひ)素又はその化合物の含有量が重量の1パーセント以下のものを除く。

13　ベータ-プロピオラクトンを含有する製剤その他の物。ただし，ベータ-プロピオラクトンの含有量が重量の1パーセント以下のものを除く。

14　ベンゼンを含有する製剤その他の物。ただし，ベンゼンの含有量が容量の1パーセント以下のものを除く。

15　マゼンタを含有する製剤その他の物。ただし，マゼンタの含有量が重量の1パーセント以下のものを除く。

16　リフラクトリーセラミックファイバーを含有する製剤その他の物。ただし，リフラクトリーセラミックファイバーの含有量が重量の1パーセント以下のものを除く。

様式第２号（第40条関係）（表面）

特定化学物質健康診断個人票

氏名		生年月日	年　月　日	雇入年月日	年　月　日
		性　別	男・女		
業務名					
健康診断の時期（雇入れ・配置替え・定期）					
第一次健康診断	健診年月日	年　月　日	年　月　日	年　月　日	年　月　日
	作業条件の簡易な調査の結果				
	既往歴				
	検診又は検査の項目				
	医師の診断及び第二次健康診断の要否				
	健康診断を実施した医師の氏名				
	備考				
第二次健康診断	健診年月日	年　月　日	年　月　日	年　月　日	年　月　日
	作業条件の調査の結果				
	検診又は検査の項目				
	医師の診断				
	健康診断を実施した医師の氏名				
	備考				
医師の意見					
意見を述べた医師の氏名					

様式第2号（第40条関係）（裏面）

<table>
<tr><th colspan="8">業　務　の　経　歴</th></tr>
<tr><td rowspan="7">現在の勤務先にくる前</td><td>業務等</td><td>期間</td><td>年数</td><td rowspan="7">現在の勤務先に来てから</td><td>業務名</td><td>期間</td><td>年数</td></tr>
<tr><td>事業場名
業務名</td><td>年　月から
年　月まで</td><td>年　月</td><td></td><td>年　月から
年　月まで</td><td>年　月</td></tr>
<tr><td>事業場名
業務名</td><td>年　月から
年　月まで</td><td>年　月</td><td></td><td>年　月から
年　月まで</td><td>年　月</td></tr>
<tr><td>事業場名
業務名</td><td>年　月から
年　月まで</td><td>年　月</td><td></td><td>年　月から
年　月まで</td><td>年　月</td></tr>
<tr><td>事業場名
業務名</td><td>年　月から
年　月まで</td><td>年　月</td><td></td><td>年　月から
年　月まで</td><td>年　月</td></tr>
<tr><td>事業場名
業務名</td><td>年　月から
年　月まで</td><td>年　月</td><td rowspan="2"></td><td rowspan="2">年　月から
年　月まで</td><td rowspan="2">年　月</td></tr>
<tr><td colspan="2">業務に従事した期間の合計</td><td>年　月</td></tr>
</table>

備考

1　第一次健康診断及び第二次健康診断の「検診又は検査の項目」の欄は，業務ごとに定められた項目についての検診又は検査をした結果を記載すること。

2「医師の診断」の欄は，異常なし，要精密検査，要治療等の医師の診断を記入すること。

3「医師の意見」の欄は，健康診断の結果，異常の所見があると診断された場合に，就業上の措置について医師の意見を記入すること。

第6章　四アルキル鉛中毒予防規則

（昭和47年9月30日労働省令第38号）

（最終改正：令和4年5月31日厚生労働省令第91号）

目　次

第1章　総則

（定義等）

第1条　この省令において，次の各号に掲げる用語の意義は，当該各号に定めるところによる。

1　四アルキル鉛　労働安全衛生法施行令（昭和47年政令第318号。以下「令」という。）別表第5第1号の四アルキル鉛をいう。

2　加鉛ガソリン　令別表第5第4号の加鉛ガソリンをいう。

3　四アルキル鉛等　四アルキル鉛及び加鉛ガソリンをいう。

4　タンク　四アルキル鉛等によりその内部が汚染されており，又は汚染されているおそれのあるタンクその他の設備をいう。

5　四アルキル鉛等業務　令別表第5に掲げる四アルキル鉛等業務をいう。

6　装置等　令別表第5第1号又は第2号に掲げる業務に用いる機械又は装置をいう。

②　この省令（第12条，第13条，第20条及び第25条の規定を除く。）は，遠隔操作によつて行う隔離室における四アルキル鉛等業務については，適用しない。

解　説

①　第1号の「四アルキル鉛」とは，4個のアルキル基（C_nH_{2n+1}）と1個の鉛とを組成成分とした化合物である四アルキル鉛のうち，アルキル基がメチル基およびエチル基であるものに限る。製造過程において生成される高濃度のもののほか，一般に「メチル液」「エチル液」と呼称され，二塩化エタン，二臭化エタン等の気筒清浄剤，トルエン等の溶剤および染料（オレンジ色を基調とする自動車用ガソリン，ブルーを基調とする航空機関…）等を全重量の40％前後の割合で混合されたものをいう。

なお，第1号の「四アルキル鉛」，第2号の「加鉛ガソリン」はともに，毒物及び劇物取締法（昭和25年12月28日法律第303号）および同法に基づく政令に取扱い基準等が定められている。

②　第2号の加鉛ガソリンとは，ガソリンにアンチノック剤として，前記の「メチル液」「エチル液」等をガソリン1リットル当たり最高（主に航空機用）1.3cc以内の範囲で添加したものをいう。

第2章　四アルキル鉛等業務に係る措置

（四アルキル鉛の製造に係る措置）

第2条　事業者は，令別表第5第1号に掲げる業務に労働者を従事させるときは，次の措置を講じなければならない。

1　装置等を密閉式の構造のものとすること。ただし，装置等の部分で密閉式の構造のものとすることが当該部分に係る作業の性質上著しく困難であるものについて，当該作業を行う場所に囲い式フードの局所排気装置を設け，かつ，当該作業中に当該局所排気装置を稼動させるときは，この限りでない。

2　作業場所をそれ以外の作業場所その他関係者が立ち入る場所から隔離すること。

3　作業場所の床を，不浸透性の材料で造り，かつ，四アルキル鉛による汚染を容易に除去できる構造のものとすること。

4　作業場所以外の場所に，作業に従事する労働者のための休憩室並びに当該労働者の専用に供するための洗面設備，洗浄用灯油槽及びシャワー（シャワーを設けない場合にあつては，浴槽）を設けること。

5　装置等を毎日1回以上点検し，四アルキル鉛又はその蒸気が漏れ，又は漏れるおそれのあることが判明したときは，必要な処置を行うこと。

6　作業に従事する労働者に不浸透性の保護衣，保護手袋及び保護長靴を使用させること。ただし，当該作業に従事する労働者が四アルキル鉛によつて汚染されるおそれのないときは，この限りでない。

7　作業に従事する労働者に有機ガス用防毒マスクを携帯させること。

8　四アルキル鉛を入れるドラム缶等の容器を堅固で四アルキル鉛が漏れるおそれのないものとし，かつ，当該容器に四アルキル鉛用の容器である旨の表示をすること。

② 前項の業務に従事する労働者は，当該業務に従事する間，同項第６号の保護具を使用し，及び同項第７号の保護具を携帯しなければならない。ただし，同項第６号ただし書の場合は，同号の保護具の使用については，この限りでない。

③ 事業者は，第１項の業務の一部を請負人に請け負わせるときは，当該請負人に対し，次の事項を周知させなければならない。ただし，当該請負人が四アルキル鉛によつて汚染されるおそれのないときは，第１号の事項については，この限りでない。

1　第１項第６号の保護具を使用する必要があること

2　第１項第７号の保護具を携帯する必要があること

3　第１項第８号の措置を講ずる必要があること

解　説

① 第１項第１号の「密閉式の構造」とは，反応釜については，回転軸にメカニカルシールを施し，装置間の移送についてはパイプによって行い，パイプはフランジによる接合を極力少なくする等，四アルキル鉛またはその蒸気の漏えいのない構造をいう。

② 第１項第４号の「作業場所以外の場所」には，製造を行う作業場所と同一棟内であっても隔壁等により遮断されている場所を含む。なお，「休憩室」は，四アルキル鉛の製造に従事する労働者の専用とすることが望ましいとされている。

③ 第１項第６号の「不浸透性」の材料とは，ポリエチレン，ポリ塩化ビニル，ゴムその他四アルキル鉛が浸透しないものをいう。なお，それらの色は，四アルキル鉛が付着した場合に直ちに判別できるよう白色とすることが望ましいとされている。

④ 第１項第８号の「四アルキル鉛用の容器である旨の表示」とは，毒物及び劇物取締法に規定されており，「医薬用外」および赤字に白色をもって「毒物」の文字を表示し，かつ「四アルキル鉛」および「四アルキル鉛の成分およびその含量」を表示することで足りるとされている。

第３条　削除

（四アルキル鉛の混入に係る措置）

第４条　事業者は，令別表第５第２号に掲げる業務に労働者を従事させるときは，次の措置を講じなければならない。

1　装置等を作業に従事する労働者が四アルキル鉛によつて汚染され，又はその蒸気を吸入するおそれのない構造のものとすること。

2　作業場所の建築物を換気が十分に行われるように少なくともその三側面を開放したものとすること。

3　ドラム缶中の四アルキル鉛を装置等に吸引する作業により当該ドラム缶を空

にしようとするときは，その内部に四アルキル鉛が残らないように吸引すること。

4　ドラム缶中の四アルキル鉛を装置等に吸引する作業を終了したときは，直ちに，当該ドラム缶を密栓し，かつ，その外面の四アルキル鉛による汚染を除去すること。

5　作業に従事する労働者に不浸透性の保護前掛け，保護手袋及び保護長靴並びに有機ガス用防毒マスクを使用させること。

6　第2条第1項第2号から第5号までに掲げる措置

② 前項の業務に従事する労働者は，当該業務に従事する間，同項第5号の保護具を使用しなければならない。

③ 事業者は，第1項の業務の一部を請負人に請け負わせるときは，当該請負人に対し，次の事項を周知させなければならない。

1　第1項第3号及び第4号の措置を講ずる必要があること

2　第1項第5号の保護具を使用する必要があること

解　説

① 第1項第2号の「開放した」とは，壁その他の障壁を設けないことをいうが，立入禁止のための金網等をもうけたものは「開放した」ものとみなされる。

② 第1項第4号の「吸引する作業を終了したとき」には，からにした場合のほか，四アルキル鉛をドラムかん内に一部残し，その後再度それを吸引する作業を行う場合も含まれる。

③ 第1項第5号の保護具の色は，白色とすることが望ましいとされている。

（装置等の修理等に係る措置）

第5条　事業者は，令別表第5第3号に掲げる業務に労働者を従事させるときは，次の措置を講じなければならない。

1　作業のはじめに四アルキル鉛等によつて汚染されている装置等の汚染を除去すること。ただし，作業のはじめに当該装置等の汚染を除去する作業を行うことが当該作業の性質上著しく困難であるときは，この限りでない。

2　作業（前号の汚染を除去する作業を除く。）に従事する労働者に不浸透性の保護前掛け，保護手袋及び保護長靴並びに有機ガス用防毒マスクを使用させること。ただし，当該作業に従事する労働者が四アルキル鉛中毒にかかるおそれのないときは，この限りでない。

② 前項の業務（同項第1号の汚染を除去する作業に係るものを除く。）に従事する労働者は，当該業務に従事する間，同項第2号の保護具を使用しなければなら

ない。ただし，同号ただし書の場合は，この限りでない。

③　事業者は，第1項の業務の一部を請負人に請け負わせるときは，当該請負人に対し，次の事項を周知させなければならない。ただし，同項第1号ただし書の場合は，第1号の事項について，当該請負人が四アルキル鉛中毒にかかるおそれのないときは，第2号の事項については，この限りでない。

1　第1項第1号の措置を講ずる必要があること

2　第1項第1号の汚染を除去する作業に従事するときを除き，同項第2号の保護具を使用する必要があること

解　説

第1項第1号のただし書の規定は，装置等の修理を行う場合には基本的には装置等の汚染を除去することが必要だが，分解作業についてはその措置が困難であること，また移動作業について装置等の容量が大きい場合には，製造または混入に係る作業場で汚染除去作業を行うことが困難であり，かつ当該作業での汚染を拡大させるおそれがあること等のため，かかる場合が除かれている。

なお，「汚染を除去する」作業は，安衛令別表第5第8号の業務に該当するので，留意することとされている。

（タンク内業務に係る措置）

第6条　事業者は，令別表第5第4号に掲げる業務のうち四アルキル鉛用のタンクに係るものに労働者を従事させるときは，次の措置を講じなければならない。この場合において，第1号から第5号までに掲げる措置は，作業開始前に，当該各号列記の順に行うものとする。

1　四アルキル鉛をタンクから排出し，かつ，タンクに接続しているすべての配管についてそこから四アルキル鉛がタンクの内部に流入しないようにすること。

2　ガソリン，燈油等を用いてタンクの内部を洗浄した後，当該ガソリン，燈油等をタンクから排出すること。

3　5パーセント過マンガン酸カリウム溶液等（以下「除毒剤」という。）を用いてタンクの内部を十分に除毒した後，当該除毒剤をタンクから排出すること。

4　タンクのマンホール，ドレンノズルその他四アルキル鉛がタンクの内部に流入するおそれのない開口部をすべて開放すること。

5　除毒剤を用い，かつ，水又は水蒸気を用いてタンクの内部を洗浄した後，当該除毒剤及び水又は水蒸気を排出すること。

6　作業開始前に換気装置によりタンクの内部を十分に換気し，かつ，作業中も当該装置により換気を続けること。

7　非常の場合に直ちにタンクの内部の労働者を退避させることができる設備又は器具等を整備しておくこと。

8　タンクの内部を見やすい箇所に，作業の状況を監視し，異常があつたときに直ちにその旨を四アルキル鉛等作業主任者その他関係者に通報する者を１人以上置くこと。

9　作業に従事する労働者に不浸透性の保護衣，保護手袋，保護長靴及び帽子並びに送風マスクを使用させること。

10　第１号から第５号までの措置に係る作業及び第８号の措置に係る監視の作業（タンクの内部において行う場合を除く。）に従事する労働者に不浸透性の保護衣，保護手袋及び保護長靴並びに有機ガス用防毒マスクを使用させること。ただし，当該作業に従事する労働者が四アルキル鉛によつて汚染され，又はその蒸気を吸入するおそれのないときは，この限りでない。

②　前項の業務に従事する労働者は，当該業務に従事する間，同項第９号の保護具を使用しなければならない。

③　第１項第１号から第５号までの措置に係る作業及び同項第８号の措置に係る監視の作業（タンクの内部において行う場合を除く。）に従事する労働者は，当該作業に従事する間，同項第10号の保護具を使用しなければならない。ただし，同号ただし書の場合は，この限りでない。

④　事業者は，第１項の業務の一部を請負人に請け負わせる場合（労働者が当該業務に従事するときを除く。）は，同項第１号から第６号まで及び第８号に掲げる措置を講ずること等について配慮するとともに，同項第１号から第５号までに掲げる措置は，当該各号列記の順に行われるよう配慮しなければならない。

⑤　事業者は，前項の請負人に対し，次の事項を周知させなければならない。ただし，当該請負人が四アルキル鉛によつて汚染され，又はその蒸気を吸入するおそれのないときは，第２号の事項については，この限りでない。

1　第１項の業務に従事するときは，同項第９号の保護具を使用する必要があること

2　第１項第１号から第５号までに掲げる措置に係る作業に従事するときは，同項第10号の保護具を使用する必要があること

第７条　前条の規定（第１項第２号，第３号及び第６号の規定を除く。）は，令別表第５第４号に掲げる業務（加鉛ガソリン用のタンクに係るものに限る。）に労働者を従事させる場合及び当該業務の一部を請負人に請け負わせる場合に準用す

る。この場合において，前条第1項及び第3項から第5項まで中「第1号から第5号まで」とあるのは，「第1号，第4号及び第5号」と，同条第4項中「第1号から第6号まで」とあるのは「第1号，第4号，第5号」と読み替えるものとする。

② 事業者は，前項の業務に労働者を従事させるときは，作業開始前に換気装置によりタンクの内部の空気中におけるガソリンの濃度が0.1ミリグラム毎リットル以下になるまで換気し，かつ，作業中も当該装置により換気を続けなければならない。

③ 事業者は，第1項の業務の一部を請負人に請け負わせる場合（労働者が当該業務に従事するときを除く。）は，当該請負人が作業を開始する前に，前項の換気を行うこと等について配慮しなければならない。

解　説

① 第6条第1項第3号の過マンガン酸カリ溶液による除毒の場合にあっては，当該物質と四アルキル鉛との反応は緩慢であり，かつ両液の接触した部分にのみ限られるので，同溶液を数回タンク内に注入することが必要になる。

② 第6条第1項第6号の「十分に換気し」とは，タンクの内部の空気を当該タンクの大きさ等を勘案して全体にわたり数回置換すること等をいい，気中四アルキル鉛濃度を測定する場合には，四アルキル鉛濃度が鉛量に換算して0.075mg/m^{3}以下となった場合をいう。

③ 第7条第2項のガソリン濃度の測定は，一般に普及している比較的簡易なガソリン濃度の測定により，四アルキル鉛の濃度を間接に推定するものであり，鉛量の測定により四アルキル鉛濃度を間接に測定する場合は，0.075mg/m^{3}以下となった場合に作業を実施することができる。

（残さい物の取扱いに係る措置）

第8条 事業者は，令別表第5第5号に掲げる業務に労働者を従事させるときは，次の措置を講じなければならない。

1 残さい物（廃液を除く。）を運搬し，又は一時ためておくときは，蓋又は栓をした堅固な容器で，当該残さい物が漏れ，又はこぼれるおそれのないものを用いること。

2 残さい物（廃液を除く。）を廃棄するときは，当該残さい物を焼却し，又は当該残さい物に除毒剤を十分に注いだ後それが露出しないように処理すること。

3 廃液を一時ためておくときは廃液が漏れ，又はこぼれるおそれのない堅固な容器又はピットを用い，廃液を廃棄するときは希釈その他の方法により十分除毒した後処理すること。

4 作業に従事する労働者に不浸透性の保護衣，保護手袋及び保護長靴を使用させること。

② 前項の業務に従事する労働者は，当該業務に従事する間，同項第4号の保護具を使用しなければならない。

③ 事業者は，第1項の業務の一部を請負人に請け負わせるときは，当該請負人に対し，次の事項を周知させなければならない。

1 第1項第1号から第3号までの措置を講ずる必要があること

2 第1項第4号の保護具を使用する必要があること

解 説

排液を除く残さい物の取扱いは，これを運搬する作業が主体であり，容器に出し入れする作業はまれであるため，有機ガス用防毒マスクの使用は義務付けられていないが，その物の物理的性質上空気と接触する機会が多く，残さい物中に浸透している四アルキル鉛が気中に拡散する危険性が大きいので，これを容器に入れ，または取り出すときには，有機ガス用防毒マスクを使用することが望ましいとされている。

（ドラム缶等の取扱いに係る措置）

第9条 事業者は，令別表第5第6号に掲げる業務に労働者を従事させるときは，次の措置を講じなければならない。

1 作業のはじめに，ドラム缶等及びこれらを置いてある場所を点検し，四アルキル鉛が漏れ，又は漏れるおそれのあるドラム缶等について補修その他の必要な処置を行い，かつ，四アルキル鉛により汚染されているドラム缶等及び場所の汚染を除去すること。

2 前号の措置に係る作業（汚染を除去する作業を除く。）に従事する労働者に不浸透性の保護衣，保護手袋及び保護長靴を使用させ，並びに有機ガス用防毒マスクを携帯させること。

3 第1号の措置に係る作業以外の作業に従事する労働者に不浸透性の保護手袋を使用させること。

② 前項第1号の措置に係る作業（汚染を除去する作業を除く。）に従事する労働者は，当該作業に従事する間，同項第2号の保護具（有機ガス用防毒マスクを除く。）を使用し，及び有機ガス用防毒マスクを携帯しなければならない。

③ 第1項第1号の措置に係る作業以外の作業に従事する労働者は，当該作業に従事する間，同項第3号の保護具を使用しなければならない。

④ 事業者は，第1項の業務の一部を請負人に請け負わせるときは，当該請負人に対し，次の事項を周知させなければならない。

1 第1項第1号の措置を講ずる必要があること

2　第1項第1号の措置に係る作業（汚染を除去する作業を除く。）に従事するときは，不浸透性の保護衣，保護手袋及び保護長靴を使用し，並びに有機ガス用防毒マスクを携帯する必要があること

3　第1項第1号の措置に係る作業以外の作業に従事するときは，同項第3号の保護具を使用する必要があること

解　説

第1項第1号の「点検し」には，測定器による濃度測定の方法，臭気または色により判別する方法がある。

点検の結果，ドラムかん等が破損している場合で，破損が漏れまたはしみ出る程度のものであるときは，鉄セメントまたは一酸化鉛とグリセリンとを練り合わせたものにより補修を行い，補修が困難である程度に破損しているときは，適当な中毒予防措置を講じて廃棄する。

（研究に係る措置）

第10条　事業者は，令別表第5第7号に掲げる業務に労働者を従事させるときは，次の措置を講じなければならない。

1　四アルキル鉛の蒸気の発生源ごとにその蒸気を十分に吸引できるドラフトを設けること。

2　作業に従事する労働者に不浸透性の保護前掛け及び保護手袋を使用させること。

②　前項の業務に従事する労働者は，当該業務に従事する間，同項第2号の保護具を使用しなければならない。

③　事業者は，第1項の業務の一部を請負人に請け負わせるときは，当該請負人に対し，同項第2号の保護具を使用する必要がある旨を周知させなければならない。

解　説

第1項第1号の「吸引できるドラフト」とは，四アルキル鉛の蒸気が発散するおそれがある機械，器具の上方，側方および下方を，研究操作の実施に必要な開口部および排気口を除き，しゃへい壁等をもって四アルキル鉛の蒸気が漏えいしないように区画し，当該区画内に発散する四アルキル鉛の蒸気が労働者の身体に触れないよう屋外に排出しうる施設をいう。

「吸引」の方法については動力によることおよびドラフトから吸引した気体については直接屋外に排出せず，いったん除毒剤を入れた除毒槽を通して除毒した後排出する。

（汚染除去に係る措置）

第11条　事業者は，地下室，船倉又はピットの内部その他の場所であつて自然換気の不十分なところにおいて，令別表第5第8号に掲げる業務に労働者を従事さ

せるときは，次の措置を講じなければならない。

1　非常の場合に直ちに作業場所の労働者を退避させることができる設備又は器具等を整備しておくこと。

2　作業のはじめに換気装置により作業場所を十分に換気し，かつ，作業中も当該装置により換気を続けること。

3　作業場所を見やすい箇所に，作業の状況を監視し，異常があつたときに直ちにその旨を四アルキル鉛等作業主任者その他関係者に通報する者を1人以上置くこと。

4　第2号の換気の作業（動力による換気の作業を除く。）に従事する労働者に不浸透性の保護衣，保護手袋，保護長靴及び帽子並びに送風マスク又は有機ガス用防毒マスクを使用させること。

5　第2号の換気の作業以外の作業（第3号の措置に係る監視の作業を含む。）に従事する労働者に不浸透性の保護衣，保護手袋，保護長靴及び帽子並びに送風マスク（加鉛ガソリンによる汚染を除去する作業にあつては，送風マスク又は有機ガス用防毒マスク）を使用させること。

② 事業者は，前項の場所において，同項の業務の一部を請負人に請け負わせる場合は，次の措置を講じなければならない。

1　労働者が作業に従事するときを除き，前項第2号及び第3号の措置を講ずること等について配慮すること。

2　当該請負人に対し，次に掲げる措置を講ずる必要がある旨を周知させること。

イ　前項第2号の換気の作業（動力による換気の作業を除く。）に従事する場合は，同項第4号の保護具を使用すること。

ロ　前項第2号の換気の作業以外の作業に従事する場合は，同項第5号の保護具を使用すること。

③ 事業者は，令別表第5第8号に掲げる業務に労働者を従事させるとき（第1項に規定する場合を除く。）は，次の措置を講じなければならない。

1　作業場所に有機ガス用防毒マスクを備えること。

2　作業に従事する労働者に不浸透性の保護衣，保護手袋及び保護長靴を使用させること。

④ 事業者は，前項の業務の一部を請負人に請け負わせるとき（第2項に規定する場合を除く。）は，当該請負人に対し，次の事項を周知させなければならない。

1　作業場所に前項第1号の保護具を備える必要があること

２　前項第２号の保護具を使用する必要があること

⑤　事業者は，四アルキル鉛等による汚染を除去する作業を終了しようとするときは，四アルキル鉛の濃度の測定その他の方法により，当該汚染が除去されたことを確認しなければならない。

⑥　令別表第５第８号に掲げる業務に従事する労働者は，当該業務に従事する間，第１項の場合で，同項第２号の換気の作業（動力による換気の作業を除く。）に従事するときは同項第４号の保護具を，同項の場合で同項第２号の換気の作業以外の作業に従事するときは同項第５号の保護具を，第３項の場合は同項第２号の保護具を，それぞれ使用しなければならない。

解　説

①　第１項本文の「その他の場所」には，暗渠，坑等がある。なお，地下室や船倉等の場所は，本来，自然換気の不十分なところだが，当該場所の出入り口付近等で自然換気の十分なところがあった場合，かかる場所に限定して汚染の除去を行う業務については，第３項の規定によることとされている。

②　第１項第３号の「通報する者」は，本来，四アルキル鉛等の蒸気を吸入するおそれがない通期の良好な箇所に置くことが望ましいが，汚染除去に係る作業場所の構造が複雑である場合，または作業場所が広い場合等のため１人で作業の状況を監視することが困難である場合には，２人以上の通報する者を配置し，かつ，それらの者が直ちに伝達できる電話等を設置することが望ましいとされている。

（加鉛ガソリンの使用に係る措置）

第12条　事業者は，加鉛ガソリンを洗浄用その他内燃機関の燃料用以外の用途に使用する業務に労働者を従事させるときは，次の措置を講じなければならない。

１　作業場所に囲い式フードの局所排気装置を設け，かつ，作業中当該装置を稼動させること。

２　作業に従事する労働者に不浸透性の保護手袋を使用させること。

②　前項の業務に従事する労働者は，当該業務に従事する間，同項第２号の保護具を使用しなければならない。

③　事業者は，第１項の業務の一部を請負人に請け負わせるときは，次の措置を講じなければならない。

１　第１項第１号の規定により局所排気装置を設けた場合において，当該請負人が当該業務に従事する間（労働者が当該業務に従事するときを除く。），当該装置を稼働させること等について配慮すること。

２　当該請負人に対し，第１項第２号の保護具を使用する必要がある旨を周知させること。

第13条　事業者は，労働者に加鉛ガソリンを用いて手足等を洗わせてはならない。

② 労働者は，加鉛ガソリンを用いて手足等を洗つてはならない。

③ 事業者は，四アルキル鉛等業務の一部を請負人に請け負わせるときは，当該請負人に対し，加鉛ガソリンを用いて手足等を洗つてはならない旨を周知させなければならない。

解　説

ガソリンによる洗浄は，加鉛しないもので行うことが望ましい。

なお，加鉛ガソリンは有機則に掲げる「第三種有機溶剤」に該当するので，本条は同規則の規定に加えて適用される。「掲示」「表示」「空容器の処理」等も，有機則により規制される。ばく露される労働者の人数ならびにばく露される期間および程度を最小限度にするよう努めなければならない旨定めている。

（四アルキル鉛等作業主任者の選任）

第14条　事業者は，令第6条第20号の作業については，特定化学物質及び四アルキル鉛等作業主任者技能講習を修了した者のうちから，四アルキル鉛等作業主任者を選任しなければならない。

解　説

改正前の労働安全衛生法別表第18第24号に掲げる四アルキル鉛等作業主任者技能講習を修了した者は，四アルキル鉛等作業主任者となる資格を有する。

（四アルキル鉛等作業主任者の職務）

第15条　事業者は，四アルキル鉛等作業主任者に次の事項を行なわせなければならない。

1　作業に従事する労働者が四アルキル鉛により汚染され，又はその蒸気を吸入しないように，作業の方法を決定し，労働者を指揮すること。

2　その日の作業を開始する前に，第6条第1項第6号，第7条第2項又は第11条第1項第2号の換気装置を点検すること。

3　保護具の使用状況を監視すること。

4　第20条第1項各号のいずれかに掲げる場合において労働者が四アルキル鉛中毒にかかるおそれのあるとき，又は作業に従事する労働者が異常な症状を訴え，若しくは当該労働者について異常な症状を発見した場合において当該労働者が四アルキル鉛中毒にかかつているおそれのあるときは，直ちに労働者を当該作業場所から退避させること。

5　作業に従事する労働者の身体又は衣類が四アルキル鉛によつて汚染されていることを発見したときは，直ちに過マンガン酸カリウム溶液により，又は洗浄用灯油及び石けん等により汚染を除去させること。

（汚染の除去に係る周知）

第15条の2　事業者は，四アルキル鉛等業務の一部を請負人に請け負わせるときは，当該請負人に対し，身体又は衣類が四アルキル鉛によつて汚染されたときは，直ちに過マンガン酸カリウム溶液により，又は洗浄用灯油及び石けん等により汚染を除去する必要がある旨を周知させなければならない。

（保護具等の管理）

第16条　事業者は，四アルキル鉛等業務に労働者を従事させるときは，その日の作業を開始する前に，保護具について次の措置を講じなければならない。

1　保護具を点検し，異常のあるものを補修し，又は取り替えること。

2　使用時間の合計が破過時間の２分の１をこえた有機ガス用防毒マスクの吸収かんを取り替えること。

②　事業者は，四アルキル鉛等業務の一部を請負人に請け負わせるときは，当該請負人に対し，その日の作業を開始する前に保護具について前項各号の措置を講ずる必要がある旨を周知させなければならない。

③　事業者は，四アルキル鉛等業務に労働者を従事させたときは，作業終了後，速やかに，当該労働者が使用した保護具，作業衣，器具等を点検し，四アルキル鉛等により汚染されているものについては，焼却その他の方法により廃棄し，又は当該汚染を除去すること。

④　事業者は，四アルキル鉛等業務の一部を請負人に請け負わせるときは，当該請負人に対し，作業終了後，速やかに，使用した保護具，作業衣，器具等を点検し，四アルキル鉛等により汚染されているものについては，焼却その他の方法により廃棄し，又は当該汚染を除去する必要がある旨を周知させなければならない。

⑤　事業者は，令別表第５第１号，第２号又は第７号に掲げる業務に労働者を従事させるときは，当該労働者ごとに２つの更衣用ロッカーを当該業務を行う作業場所から隔離された場所に設け，そのうち１つを金属製で保護具及び作業衣を格納するためのものとしなければならない。

⑥　事業者は，前項の業務の一部を請負人に請け負わせるときは，当該請負人に対し，当該業務に従事する者（労働者を除く。）ごとに２つの更衣用ロッカーを当該業務を行う作業場所から隔離された場所に設け，そのうち１つを金属製で保護具及び作業衣を格納するためのものとする必要がある旨を周知させなければならない。ただし，次項の規定に基づく措置として当該請負人に更衣用ロッカーを使

用させる場合は，この限りでない。

⑦　事業者は，前項の請負人に対し，第5項の規定により設けた更衣用ロッカーを使用させる等保護具及び作業衣が適切に格納されるよう必要な配慮をしなければならない。

解　説

①　第1項第1号の「点検し」とは，破損または汚染箇所等の有無の検査並びに特に防毒マスクの吸収缶については使用時間の確認等により，その有効性を確認することをいう。

②　第1項第2号の「破過時間」は，作業場所の気中四アルキル鉛濃度より求めることが必要である。また「2分の1」と規定されているのは，有機ガス用防毒マスクの吸収缶の吸着剤として使用されている活性炭に対する四アルキル鉛の吸着速度は，他の有機ガスのそれと比較して遅くなる傾向にあるので，早期に取り換えることが必要であるためである。

（薬品等の備付け）

第17条　事業者は，四アルキル鉛等業務を行なう作業場所ごとに次の薬品等（令別表第5第4号に掲げる業務を行なう作業場所については，第4号の補修材を除く。）を備えなければならない。

1　洗身用過マンガン酸カリウム溶液並びに洗浄用灯油及び石けん等

2　洗眼液，吸着剤その他の救急薬

3　除毒剤及び活性白土その他の拡散防止材

4　鉄セメントその他の補修材

解　説

①　第1号に掲げるものは，身体，衣服，保護具に付着した四アルキル鉛を除去するためのものである。「等」には中性洗剤等がある。過マンガン酸カリ溶液の濃度は，できる限り飽和溶液（5%）に近いものが望ましい。また，四アルキル鉛等が皮膚に付着した場合は，1分以内に当該箇所の汚染を除去する。

②　第2号の「洗眼液」は，眼に触れた四アルキル鉛等を洗い流すためのもので，生理的食塩水や1～2%硼酸水等がある。「吸着剤」は飲み込んだ四アルキル鉛等を吸着し吐出させるためのもので，獣炭末，珪酸アルミニウム製剤，活性白土等がある。「その他」には，Ca-EDTA等の救急用のキレート剤がある。

③　第3号は漏えいした四アルキル鉛が拡大しないように散布するもので，活性炭やオガクズ等がある。

④　第4号はドラムかん等が破損した場合に，当該破損部分を密閉するためのもので，一酸化鉛等がある。

（洗身）

第18条　事業者は，四アルキル鉛等業務に労働者を従事させたときは，作業終了後，速やかに，当該労働者に洗身（令別表第5第6号又は第7号に掲げる業務については，手洗。次項において同じ。）をさせなければならない。

② 事業者は，四アルキル鉛等業務の一部を請負人に請け負わせるときは，当該請負人に対し，作業終了後，速やかに洗身をする必要がある旨を周知させなければならない。

（立入禁止）

第19条 事業者は，四アルキル鉛等業務を行う作業場所又は四アルキル鉛を入れたタンク，ドラム缶等がある場所に関係者以外の者が立ち入ることについて，禁止する旨を見やすい箇所に表示することその他の方法により禁止するとともに，表示以外の方法により禁止したときは，これらの場所が立入禁止である旨を見やすい箇所に表示しなければならない。

（事故の場合の退避等）

第20条 事業者は，次の各号のいずれかに掲げる場合において四アルキル鉛中毒にかかるおそれのあるときは，直ちに，作業を中止し，作業に従事する者を作業場所等から退避させなければならない。

1 装置等が故障等によりその機能を失つた場合

2 第6条第1項第6号，第7条第2項又は第11条第1項第2号の換気装置が作業中故障等によりその機能を失つた場合

3 四アルキル鉛が漏れ，又はこぼれた場合

4 前三号に掲げる場合のほか，作業場所等が四アルキル鉛又はその蒸気により著しく汚染される事態が生じた場合

② 事業者は，前項各号のいずれかに掲げる場合には，作業場所等において四アルキル鉛中毒にかかるおそれのないことを確認するまでの間，当該作業場所等に関係者以外の作業に従事する者が立ち入ることについて，禁止する旨を見やすい箇所に表示することその他の方法により禁止するとともに，表示以外の方法により禁止したときは，当該作業場所等が立入禁止である旨を見やすい箇所に表示しなければならない。

③ 事業者は，四アルキル鉛等業務の一部を請負人に請け負わせる場合において，当該請負人が異常な症状を訴え，又は当該請負人について異常な症状を発見したときであつて当該請負人が四アルキル鉛中毒にかかつているおそれのあるときには，直ちに当該請負人を作業場所等から退避させなければならない。

解　　説

① 第１項第１号の「機能を失つた」とは，故障等により四アルキル鉛が逆流し，噴出し，漏えいしまたは湧出した場合のほか，それらのおそれがある場合も含まれる。

② 第１項第２号の「機能を失つた」とは，排気能力が低下した場合または第７条の加鉛ガソリン用タンクに係る換気装置については，作業中，気中ガソリン濃度が0.1mg/L以上になった場合をいう。

③ 第２項の「四アルキル鉛中毒にかかるおそれがないことを確認するまで」とは，第１項第１号および第２号に該当する場合にあっては，装置等または換気装置の修理等を修了したとき，並びに第３号および第４号に該当する場合にあっては，汚染除去の確認を終了したとき等をいう。

④ 第２項に規定する「関係者以外の作業に従事する者」の「関係者」とは，被害者の救出，緊急時の物品等の持ち出し，汚染除去又は修理等の作業のためにやむを得ず事故現場内等に立ち入る者をいい，「作業に従事する者」とは，作業の内容如何に関わらず，その場所で何らかの作業（危険有害な作業に限らず，現場監督，記録のための写真撮影，荷物の搬入等も含まれる。）に従事する者をいうこと。

（特別の教育）

第21条　事業者は，四アルキル鉛等業務に労働者をつかせるときは，当該労働者に対し，次の科目について，当該業務に関する衛生のための特別の教育を行なわなければならない。

1　四アルキル鉛の毒性
2　作業の方法
3　保護具の使用方法
4　洗身等清潔の保持の方法
5　事故の場合の退避及び救急処置の方法
6　前各号に掲げるもののほか，四アルキル鉛中毒の予防に関し必要な事項

②　労働安全衛生規則（昭和47年労働省令第32号。以下「安衛則」という。）第37条及び第38条並びに前項に定めるもののほか，同項の特別の教育の実施について必要な事項は，厚生労働大臣が定める。

解　　説

第２項の「特別の教育の実施について必要な事項」は，「四アルキル鉛等業務特別教育規程」（昭和47年労働省告示第125号）に規定されている。

（掲示）

第21条の2　事業者は，四アルキル鉛等業務に労働者を従事させるときは，次の事項を，見やすい箇所に掲示しなければならない。

1　四アルキル鉛等業務を行う作業場である旨
2　四アルキル鉛等により生ずるおそれのある疾病の種類及びその症状
3　四アルキル鉛等の取扱い上の注意事項
4　令別表第5第1号及び第6号に掲げる業務を行う作業場においては有機ガス用防毒マスクを携帯しなければならない旨
5　次に掲げる業務又は作業を行う作業場においては，有効な保護具等を使用しなければならない旨及び使用すべき保護具等
イ　令別表第5第1号に掲げる業務
ロ　令別表第5第2号に掲げる業務
ハ　令別表第5第3号に掲げる業務（第5条第1項第1号の汚染を除去する作業を除く。）（第5条第1項第2号ただし書の場合を除く。）
ニ　令別表第5第4号に掲げる業務（四アルキル鉛用及び加鉛ガソリン用のタンクに係るものに限る。）
ホ　第6条第1項第1号から第5号までの措置に係る作業及び同項第8号の措置に係る監視の作業（タンクの内部において行うものを除く。）（第7条第1項の規定により準用する場合を含み，第6条第1項第10号ただし書（第7条第1項の規定により準用する場合を含む。）の場合を除く。）
ヘ　令別表第5第5号に掲げる業務
ト　令別表第5第6号に掲げる業務（第9条第1項第1号の措置に係る作業（汚染を除去する作業に限る。）を除く。）
チ　令別表第5第7号に掲げる業務
リ　令別表第5第8号に掲げる業務
ヌ　第12条第1項の業務

第3章　健康管理

（健康診断）

第22条　事業者は，令第22条第1項第5号に掲げる業務に常時従事する労働者に対し，雇入れの際，当該業務への配置替えの際及びその後6月以内ごとに1回，定期に，次の項目について医師による健康診断を行わなければならない。
1　業務の経歴の調査
2　作業条件の簡易な調査
3　四アルキル鉛による自覚症状及び他覚症状の既往歴の有無の検査並びに第5

号及び第6号に掲げる項目についての既往の検査結果の調査

4　いらいら，不眠，悪夢，食欲不振，顔面蒼白，倦怠感，盗汗，頭痛，振顫，四肢の腱反射亢進，悪心，嘔吐，腹痛，不安，興奮，記憶障害その他の神経症状又は精神症状の自覚症状又は他覚症状の有無の検査

5　血液中の鉛の量の検査

6　尿中のデルタアミノレブリン酸の量の検査

② 前項の健康診断（定期のものに限る。）は，前回の健康診断において同項第5号及び第6号に掲げる項目について健康診断を受けた者については，医師が必要でないと認めるときは，同項の規定にかかわらず，当該項目を省略することができる。

③ 事業者は，令第22条第1項第5号に掲げる業務に常時従事する労働者で医師が必要と認めるものについては，第1項の規定により健康診断を行わなければならない項目のほか，次の項目の全部又は一部について医師による健康診断を行わなければならない。

1　作業条件の調査

2　貧血検査

3　赤血球中のプロトポルフィリンの量の検査

4　神経学的検査

④ 第1項の業務について，直近の同項の規定に基づく健康診断の実施後に作業方法を変更（軽微なものを除く。）していないときは，当該業務に係る直近の連続した3回の同項の健康診断の結果（前項の規定により行われる項目に係るものを含む。），新たに当該業務に係る四アルキル鉛による異常所見があると認められなかつた労働者については，第1項の健康診断（定期のものに限る。）は，同項の規定にかかわらず，1年以内ごとに1回，定期に，行えば足りるものとする。

解　説

第1項の「当該業務への配置換えの際」とは，その事業場において他の業務から四アルキル鉛業務に配置転換される直前を指す。

第4項は，労働者の化学物質のばく露の程度が低い場合は健康障害のリスクが低いと考えられることから，作業環境測定の評価結果等について一定の要件を満たす場合に健康診断の実施頻度を緩和できることとしたものである。

本規定による健康診断の実施頻度の緩和は，事業者が労働者ごとに行う必要がある。

本規定の「健康診断の実施後に作業方法を変更（軽微なものを除く。）していないこと」とは，ばく露量に大きな影響を与えるような作業方法の変更がないことであり，例えば，リスクアセスメント対象物の使用量又は使用頻度に大きな変更がない場

合等をいう。
事業者が健康診断の実施頻度を緩和するに当たっては，労働衛生に係る知識又は経験のある医師等の専門家の助言を踏まえて判断することが望ましい。
本規定による健康診断の実施頻度の緩和は，本規定施行後の直近の健康診断実施日以降に，本規定に規定する要件を全て満たした時点で，事業者が労働者ごとに判断して実施すること。なお，特殊健康診断の実施頻度の緩和に当たって，所轄労働基準監督署や所轄都道府県労働局に対して届出等を行う必要はない。

（健康診断の結果）

第23条　事業者は，前条の健康診断（労働安全衛生法（以下「法」という。）第66条第5項ただし書の場合において当該労働者が受けた健康診断を含む。次条において「四アルキル鉛健康診断」という。）の結果に基づき，四アルキル鉛健康診断個人票（様式第2号）を作成して，これを5年間保存しなければならない。

（健康診断の結果についての医師からの意見聴取）

第23条の2　四アルキル鉛健康診断の結果に基づく法第66条の4の規定による医師からの意見聴取は，次に定めるところにより行わなければならない。

1　四アルキル鉛健康診断が行われた日（法第66条第5項ただし書の場合にあつては，当該労働者が健康診断の結果を証明する書面を事業者に提出した日）から3月以内に行うこと。

2　聴取した医師の意見を四アルキル鉛健康診断個人票に記載すること。

②　事業者は，医師から，前項の意見聴取を行う上で必要となる労働者の業務に関する情報を求められたときは，速やかに，これを提供しなければならない。

解　説

①　医師からの意見聴取は，労働者の健康状況から緊急に安衛法第66条の5第1項の措置を講ずべき必要がある場合には，できるだけ速やかに行う必要がある。

②　意見聴取は，事業者が意見を述べる医師に対し，健康診断の個人票の様式の「医師の意見」欄に当該意見を記載させ，それを確認する。

（健康診断の結果の通知）

第23条の3　事業者は，第22条の健康診断を受けた労働者に対し，遅滞なく，当該健康診断の結果を通知しなければならない。

解　説

「遅滞なく」とは，事業者が，健康診断を実施した医師，健康診断機関等から結果を受け取った後，速やかにという趣旨である。

（健康診断結果報告）

第24条　事業者は，第22条の健康診断（定期のものに限る。）を行なつたときは，遅滞なく，四アルキル鉛健康診断結果報告書（様式第3号）を所轄労働基準監督署長に提出しなければならない。

（診断）

第25条　事業者は，次の各号のいずれかに掲げる労働者に，遅滞なく，医師の診断を受けさせなければならない。

1　身体が四アルキル鉛等により汚染された労働者（加鉛ガソリンにより汚染された労働者で四アルキル鉛中毒にかかるおそれのないものを除く。）

2　四アルキル鉛等を飲み込んだ労働者

3　四アルキル鉛の蒸気を吸入し，又は加鉛ガソリンの蒸気を多量に吸入した労働者

4　四アルキル鉛等業務に従事した労働者で，第22条第1項第4号に掲げる症状が認められ，又は当該症状を訴えたもの

②　事業者は，前項の診断の結果，異常が認められなかつた労働者にも，その後2週間，医師による観察を受けさせなければならない。

③　事業者は，四アルキル鉛等業務の一部を請負人に請け負わせるときは，当該請負人に対し，次の各号のいずれかに掲げる場合には，遅滞なく医師の診断を受ける必要がある旨を周知させなければならない。

1　身体が四アルキル鉛等により汚染されたとき（加鉛ガソリンにより汚染された場合であつて，四アルキル鉛中毒にかかるおそれのないときを除く。）

2　四アルキル鉛等を飲み込んだとき

3　四アルキル鉛の蒸気を吸入し，又は加鉛ガソリンの蒸気を多量に吸入したとき

4　四アルキル鉛等業務に従事した場合であつて，第22条第1項第4号に掲げる症状が認められるとき

④　事業者は，前項の請負人に対し，同項の診断の結果，異常が認められなかつたときも，その後2週間，医師による観察を受ける必要がある旨を周知させなければならない。

解　説

①　本条は，四アルキル鉛中毒のうち，急性または亜急性中毒にかかる危険性が大きいものについて，第1項各号に該当した場合には速やかに医師の診断を受け，

適切な医療措置を受けることを期待して設けられた。なお，本条の労働者には，四アルキル鉛等業務に従事する労働者以外の労働者も含む。
②　四アルキル鉛を含有する残さい物によって汚染され，またはそれを飲みこんだものについても，本条の診断を受けさせる。
③　第1項第1号に該当した者には，直ちに過マンガン酸カリ溶液または洗浄用灯油により汚染部分を清拭し，石鹸等をもって完全に洗浄した後，本条の診断を受けさせる。

（四アルキル鉛中毒にかかつている労働者等の就業禁止）

第26条　事業者は，四アルキル鉛中毒にかかつている労働者及び第22条の健康診断又は前条第1項の診断の結果，四アルキル鉛等業務に従事することが健康の保持のために適当でないと医師が認めた労働者を，四アルキル鉛等業務に従事させてはならない。

②　事業者は，四アルキル鉛等業務の一部を請負人に請け負わせるときは，当該請負人に対し，四アルキル鉛中毒にかかつている場合又は医師の診断の結果，四アルキル鉛等業務に従事することが健康の保持のために適当でないと医師が認めた場合は，四アルキル鉛等業務に従事してはならない旨を周知させなければならない。

第4章　特定化学物質及び四アルキル鉛等作業主任者技能講習

第27条　特定化学物質及び四アルキル鉛等作業主任者技能講習の科目その他必要な事項については，特定化学物質障害予防規則（昭和47年労働省令第39号）の定めるところによる。

附　則（令和2年12月25日厚生労働省令第208号）　抄

（施行期日）

第1条　この省令は，公布の日から施行する。

附　則（令和4年4月15日厚生労働省令第82号）抄

（施行期日）

1　この省令は，令和5年4月1日から施行する。

附　則（令和4年5月31日厚生労働省令第91号）抄

（施行期日）

第1条 この省令は，公布の日から施行する。ただし，次の各号に掲げる規定は，当該各号に定める日から施行する。

1 第2条，第4条，第6条，第8条，第10条，第12条及び第14条の規定 令和5年4月1日

（罰則に関する経過措置）

第5条 附則第1条各号に掲げる規定の施行前にした行為に対する罰則の適用については，なお従前の例による。

参 考 資 料

1　特定化学物質障害予防規則の規定に基づく厚生労働大臣が定める性能
2　特定化学物質障害予防規則第７条第２項第４号及び第 50 条第１項第８号ホの厚生労働大臣が定める要件
3　特定化学物質障害予防規則第８条第１項の厚生労働大臣が定める要件
4　労働安全衛生規則第 34 条の２の 10 第２項，有機溶剤中毒予防規則第４条の２第１項第１号，鉛中毒予防規則第３条の２第１項第１号及び特定化学物質障害予防規則第２条の３第１項第１号の規定に基づき厚生労働大臣が定める者
5　第３管理区分に区分された場所に係る有機溶剤等の濃度の測定の方法等(抄)
6　インジウム化合物等を製造し，又は取り扱う作業場において労働者に使用させなければならない呼吸用保護具
7　金属アーク溶接等作業を継続して行う屋内作業場に係る溶接ヒュームの濃度の測定の方法等
8　化学物質等による危険性又は有害性等の調査等に関する指針
9　化学物質等の危険性又は有害性等の表示又は通知等の促進に関する指針
10　作業環境測定基準（抄）
11　作業環境評価基準（抄）
12　防毒マスクの選択，使用等について
13　防じんマスクの選択，使用等について
14　送気マスクの適正な使用等について
15　化学防護手袋の選択，使用等について
16　化学物質関係作業主任者技能講習規程
17　金属アーク溶接等作業について
18　リフラクトリーセラミックファイバー取扱い作業について
19　化学物質等の表示制度とリスクアセスメント・リスク低減措置

【参考資料1】

特定化学物質障害予防規則の規定に基づく厚生労働大臣が定める性能

(昭和50年9月30日労働省告示第75号)

(最終改正 令和4年11月17日厚生労働省告示第335号)

特定化学物質障害予防規則(昭和47年労働省令第39号)第7条第1項第5号(第38条の16第3項,第38条の17第2項及び第38条の18第2項において準用する場合を含む。)及び第50条第1項第7号へ(第50条の2第2項において準用する場合を含む。)の厚生労働大臣が定める性能を次のとおりとする。

1 労働安全衛生法施行令(昭和47年政令第318号。以下「令」という。)別表第3第1号3,6若しくは7に掲げる物若しくは同号8に掲げる物で同号3,6若しくは7に係るもの,同表第2号1から3まで,4から7まで,8の2から11まで,13から18まで,19,19の4から22まで,23から25まで,27から31の2まで,33,34若しくは34の3から36までに掲げる物若しくは特定化学物質障害予防規則別表第1第1号から第3号まで,第4号から第7号まで,第8号の2から第11号まで,第13号から第18号まで,第19号,第19号の4から第22号まで,第23号から第25号まで,第27号から第31号の2まで,第33号,第34号若しくは第34号の3から第36号までに掲げる物又は1·4-ジクロロ-2-ブテン若しくは1·4-ジクロロ-2-ブテンを重量の1パーセントを超えて含有する製剤その他の物のガス,蒸気又は粉じんが発散する作業場に設ける局所排気装置にあつては,そのフードの外側における令別表第3第1号3,6若しくは7に掲げる物,同表第2号1から3まで,4から7まで,8の2から11まで,13から18まで,19,19の4から22まで,23から25まで,27から31の2まで,33,34若しくは34の3から36までに掲げる物又は1·4-ジクロロ-2-ブテンの濃度が,次の表の上欄(編注:左欄)に掲げる物の種類に応じ,それぞれ同表の下欄(編注:右欄)に定める値を超えないものとすること。

物の種類	値
塩素化ビフエニル(別名PCB)	0.01ミリグラム
ベリリウム及びその化合物	ベリリウムとして0.001ミリグラム
ベンゾトリクロリド	0.05立方センチメートル
アクリルアミド	0.1ミリグラム
アクリロニトリル	2立方センチメートル
アルキル水銀化合物(アルキル基がメチル基又はエチル基である物に限る。)	水銀として0.01ミリグラム
エチレンイミン	0.05立方センチメートル
エチレンオキシド	1.8ミリグラム又は1立方センチメートル
塩化ビニル	2立方センチメートル
塩素	0.5立方センチメートル
オルト-トルイジン	1立方センチメートル
オルト-フタロジニトリル	0.01ミリグラム
カドミウム及びその化合物	カドミウムとして0.05ミリグラム
クロム酸及びその塩	クロムとして0.05ミリグラム
五酸化バナジウム	バナジウムとして0.03ミリグラム

コバルト及びその無機化合物	コバルトとして0.02ミリグラム
コールタール	ベンゼン可溶性成分として0.2ミリグラム
酸化プロピレン	2立方センチメートル
三酸化二アンチモン	アンチモンとして0.1ミリグラム
シアン化カリウム	シアンとして3ミリグラム
シアン化水素	3立方センチメートル
シアン化ナトリウム	シアンとして3ミリグラム
3・3-ジクロロ-4・4-ジアミノジフェニルメタン	0.005ミリグラム
1・4-ジクロロ-2-ブテン	0.005立方センチメートル
ジメチル-2・2-ジクロロビニルホスフェイト（別名DDVP）	0.1ミリグラム
1・1-ジメチルヒドラジン	0.01立方センチメートル
臭化メチル	1立方センチメートル
重クロム酸及びその塩	クロムとして0.05ミリグラム
水銀及びその無機化合物（硫化水銀を除く。）	水銀として0.025ミリグラム
トリレンジイソシアネート	0.005立方センチメートル
ナフタレン	10立方センチメートル
ニツケル化合物（ニツケルカルボニルを除き，粉状の物に限る。）	ニツケルとして0.1ミリグラム
ニツケルカルボニル	0.007ミリグラム又は0.001立方センチメートル
ニトログリコール	0.05立方センチメートル
パラ-ニトロクロルベンゼン	0.6ミリグラム
砒（ひ）素及びその化合物（アルシン及び砒（ひ）化ガリウムを除く。）	砒（ひ）素として0.003ミリグラム
弗（ふっ）化水素	0.5立方センチメートル
ベータ-プロピオラクトン	0.5立方センチメートル
ベンゼン	1立方センチメートル
ペンタクロルフエノール（別名PCP）及びそのナトリウム塩	ペンタクロルフエノールとして0.5ミリグラム
ホルムアルデヒド	0.1立方センチメートル
マンガン及びその化合物	マンガンとして0.05ミリグラム
沃（よう）化メチル	2立方センチメートル
リフラクトリーセラミックファイバー	0.3
硫化水素	1立方センチメートル
硫酸ジメチル	0.1立方センチメートル

備考　この表の値は，リフラクトリーセラミックファイバーにあつては1気圧の空気1立方センチメートル当たりに占める5マイクロメートル以上の繊維の数を，リフラクトリーセラミックファイバー以外の物にあつては温度25度，1気圧の空気1立方メートル当たりに占める当該物の重量又は容積を示す。

2　令別表第3第1号1，2，4若しくは5に掲げる物若しくは同号8に掲げる物で同号1，2，4若しくは5に係るもの，同表第2号3の2，8，12，26若しくは32に掲げる物若しくは特定化学物質障害予防規則別表第1第3号の2，第8号，第12号，第26号若しくは第32号に掲げる物又は1・3-ブタジエン若しくは1・3-ブタジエンを重量の1パーセントを超えて含有する製剤その他の物若しくは硫酸ジエチル若しくは硫酸ジエチルを重量の1パーセントを超えて含有する製剤その他の物のガス，蒸気又は粉じんが発散する作業場に設ける局所排気装置にあつては，次の表の上欄（編注:左欄）に掲げる物の状態に応じ，それぞれ同表の下欄（編注：右欄）に定める制御風速を出し得ること。

物の状態	制御風速（単位　1秒当たりメートル）
ガス状	0.5
粒子状	1.0

備考
1　この表における制御風速は，局所排気装置のすべてのフードを開放した場合の風速をいう。
2　この表における制御風速は，フードの型式に応じて，それぞれ次に掲げる風速をいう。
イ　囲い式フード又はブース式フードにあつては，フードの開口面における最小風速
ロ　外付け式フード又はレシーバー式フードにあつては，当該フードにより第1類物質又は第2類物質のガス，蒸気又は粉じんを吸引しようとする範囲内における当該フードの開口面から最も離れた作業位置の風速

附則（略）

【参考資料2】

特定化学物質障害予防規則第7条第2項第4号及び第50条第1項第8号ホの厚生労働大臣が定める要件

（平成15年12月10日厚生労働省告示第377号）
（最終改正　平成18年2月16日厚生労働省告示第58号）

特定化学物質障害予防規則第7条第2項第4号及び第50条第1項第8号ホの厚生労働大臣が定める要件は，次のとおりとする。

1　密閉式プッシュプル型換気装置（ブースを有するプッシュプル型換気装置であって，送風機により空気をブース内へ供給し，かつ，ブースについて，フードの開口部を除き，天井，壁及び床が密閉されているもの並びにブース内へ空気を供給する開口部を有し，かつ，ブースについて，当該開口部及び吸込み側フードの開口部を除き，天井，壁及び床が密閉されているものをいう。以下同じ。）は，次に定めるところに適合するものであること。

イ　排風機によりブース内の空気を吸引し，当該空気をダクトを通して排気口から排出するものであること。

ロ　ブース内に下向きの気流（以下「下降気流」という。）を発生させること，第1類物質又は第2類物質のガス，蒸気又は粉じんの発散源にできるだけ近い位置に吸込み側フードを設けること等により，第1類物質又は第2類物質のガス，蒸気又は粉じんの発散源から吸込み側フードへ流れる空気を第1類物質又は第2類物質に係る作業に従事する労働者が吸入するおそれがない構造のものであること。

ハ　捕捉面（吸込み側フードから最も離れた位置の第1類物質又は第2類物質のガス，蒸気又は粉じんの発散源を通り，かつ，気流の方向に垂直な平面（ブース内に発生させる気流が下降気流であって，ブース内に第1類物質又は第2類物質に係る作業に従事する労働者が立ち入る構造の密閉式プッシュプル型換気装置にあっては，ブースの床上1.5メートルの高さの水平な平面）をいう。以下ハにおいて同じ。）における気流が次に定めるところに適合するものであること。

$$\sum_{i=1}^{n}\frac{V_i}{n} \geqq 0.2$$

$$\frac{3}{2}\sum_{i=1}^{n}\frac{V_i}{n} \geqq V_1 \geqq \frac{1}{2}\sum_{i=1}^{n}\frac{V_i}{n}$$

$$\frac{3}{2}\sum_{i=1}^{n}\frac{V_i}{n} \geqq V_2 \geqq \frac{1}{2}\sum_{i=1}^{n}\frac{V_i}{n}$$

・・・・・・・・・・・・・・・

$$\frac{3}{2}\sum_{i=1}^{n}\frac{V_i}{n} \geqq V_n \geqq \frac{1}{2}\sum_{i=1}^{n}\frac{V_i}{n}$$

これらの式において，n及びV_1，V_2，・・・，V_nは，それぞれ次の値を表すものとする。

n　捕捉面を16以上の等面積の四辺形（一辺の長さが2メートル以下であるものに限る。）に分けた場合における当該四辺形（当該四辺形の面積が0.25平方メートル以下の場合は，捕捉面を6以上の等面積の四辺形に分けた場合における当該四辺形。以下ハにおいて「四辺形」という。）の総数

V_1，V_2，・・・，V_n　ブース内に作業の対象物が存在しない状態での，各々の四辺形の中心点における捕捉面に垂直な方向の風速（単位　メートル毎秒）

2　開放式プッシュプル型換気装置（密閉式プッシュプル型換気装置以外のプッシュプル型換気装置をいう。以下同じ。）は，次

のいずれかに適合するものであること。

イ　次に掲げる要件を満たすものであること。

(1)　送風機により空気を供給し，かつ，排風機により当該空気を吸引し，当該空気をダクトを通して排気口から排出するものであること。

(2)　第１類物質又は第２類物質のガス，蒸気又は粉じんの発散源が換気区域（吹出し側フードの開口部の任意の点と吸込み側フードの開口部の任意の点を結ぶ線分が通ることのある区域をいう。以下イにおいて同じ。）の内部に位置するものであること。

(3)　換気区域内に下降気流を発生させること，第１類物質又は第２類物質のガス，蒸気又は粉じんの発散源にできるだけ近い位置に吸込み側フードを設けること等により，第１類物質又は第２類物質のガス，蒸気又は粉じんの発散源から吸込み側フードへ流れる空気を第１類物質又は第２類物質に係る作業に従事する労働者が吸入するおそれがない構造のものであること。

(4)　捕捉面（吸込み側フードから最も離れた位置の第１類物質又は第２類物質のガス，蒸気又は粉じんの発散源を通り，かつ，気流の方向に垂直な平面（換気区域内に発生させる気流が下降気流であって，換気区域内に第１類物質又は第２類物質に係る作業に従事する労働者が立ち入る構造の開放式プッシュプル型換気装置にあっては，換気区域の床上1.5メートルの高さの水平な平面）をいう。以下同じ。）における気流が，次に定めるところに適合するものであること。

$$\sum_{i=1}^{n}\frac{V_i}{n} \geqq 0.2$$

$$\frac{3}{2}\sum_{i=1}^{n}\frac{V_i}{n} \geqq V_1 \geqq \frac{1}{2}\sum_{i=1}^{n}\frac{V_i}{n}$$

$$\frac{3}{2}\sum_{i=1}^{n}\frac{V_i}{n} \geqq V_2 \geqq \frac{1}{2}\sum_{i=1}^{n}\frac{V_i}{n}$$

・・・・・・・・・・・・・・・

$$\frac{3}{2}\sum_{i=1}^{n}\frac{V_i}{n} \geqq V_n \geqq \frac{1}{2}\sum_{i=1}^{n}\frac{V_i}{n}$$

（これらの式において，n及びV_1，V_2，・・・，V_nは，それぞれ次の値を表すものとする。

n　捕捉面を16以上の等面積の四辺形（一辺の長さが２メートル以下であるものに限る。）に分けた場合における当該四辺形（当該四辺形の面積が0.25平方メートル以下の場合は，捕捉面を６以上の等面積の四辺形に分けた場合における当該四辺形。以下(4)において「四辺形」という。）の総数

V_1，V_2，・・・，V_n　換気区域内に作業の対象物が存在しない状態での，各々の四辺形の中心点における捕捉面に垂直な方向の風速（単位　メートル毎秒））

(5)　換気区域と換気区域以外の区域との境界におけるすべての気流が，吸込み側フードの開口部に向かうものであること。

ロ　次に掲げる要件を満たすものであること。

(1)　イ(1)に掲げる要件

(2)　第１類物質又は第２類物質のガス，蒸気又は粉じんの発散源が換気区域（吹出し側フードの開口部から吸込み側フードの開口部に向かう気流が発生する区域をいう。以下ロにおいて同じ。）の内部に位置するものであること。

(3)　イ(3)に掲げる要件

(4)　イ(4)に掲げる要件

【参考資料３】

特定化学物質障害予防規則第８条第１項の厚生労働大臣が定める要件

（平成 15 年 12 月 10 日厚生労働省告示第 378 号）

（最終改正　令和 4 年 11 月 17 日厚生労働省告示第 335 号）

特定化学物質障害予防規則（昭和 47 年労働省令第 39 号。以下「特化則」という。）第８条第１項（第 38 条の 12 第３項，第 38 条の 16 第３項，第 38 条の 17 第２項及び第 38 条の 18 第２項において準用する場合を含む。）の厚生労働大臣が定める要件は，次のとおりとする。

１　特化則第３条，第４条第４項又は第５条第１項の規定により設ける局所排気装置（同令第３条第１項ただし書の局所排気装置を含む。）にあっては，次に定めるところによること。

イ　特定化学物質障害予防規則の規定に基づく厚生労働大臣が定める性能（昭和50年労働省告示第75号。以下「性能告示」という。）第１号に規定する局所排気装置にあっては，そのフードの外側における労働安全衛生法施行令（昭和 47 年政令第 318 号）別表第３第１号３，６若しくは７に掲げる物，同表第２号１から３まで，４から７まで，８の２から 11 まで，13 から 18 まで，19，19 の４から 22 まで，23 から 25 まで，27 から 31 の２まで，33，34 若しくは 34 の３から 36 までに掲げる物又は 1･4-ジクロロ-2-ブテン若しくは 1･4-ジクロロ-2-ブテンを重量の１パーセントを超えて含有する製剤その他の物の濃度が，性能告示第１号の表の上欄に掲げる物の種類に応じ，それぞれ同表の下欄に定める値を常態として超えないように稼働させること。

ロ　性能告示第２号に規定する局所排気装置にあっては，同号の表の上欄に掲げる物の状態に応じ，それぞれ同表の下欄に定める制御風速以上の制御風速で稼働させること。

２　特化則第３条，第４条第４項又は第５条第１項の規定により設けるプッシュプル型換気装置にあっては，次に定めるところによること。

イ　特定化学物質障害予防規則第７条第２項第４号及び第 50 条第１項第８号ホの厚生労働大臣が定める要件（平成 15 年厚生労働省告示第 377 号。以下「要件告示」という。）第１号に規定する密閉式プッシュプル型換気装置にあっては，同号ハに規定する捕捉面における気流が同号ハに定めるところに適合するように稼働させること。

ロ　要件告示第２号に規定する開放式プッシュプル型換気装置にあっては，次に掲げる要件を満たすように稼働させること。

(1)　要件告示第２号イの要件を満たす開放式プッシュプル型換気装置にあっては，同号イ(4)の捕捉面における気流が同号イ(4)に定めるところに適合した状態を保つこと。

(2)　要件告示第２号ロの要件を満たす開放式プッシュプル型換気装置にあっては，同号イ(4)の捕捉面における気流が同号ロ(4)に定めるところに適合した状態を保つこと。

【参考資料 4】
労働安全衛生規則第 34 条の 2 の 10 第 2 項，有機溶剤中毒予防規則第 4 条の 2 第 1 項第 1 号，鉛中毒予防規則第 3 条の 2 第 1 項第 1 号及び特定化学物質障害予防規則第 2 条の 3 第 1 項第 1 号の規定に基づき厚生労働大臣が定める者

（令和 4 年 9 月 7 日厚生労働省告示第 274 号）

（下線部分については令和 6 年 4 月 1 日から施行。）

1　有機溶剤中毒予防規則（昭和 47 年労働省令第 36 号）第 4 条の 2 第 1 項第 1 号，鉛中毒予防規則（昭和 47 年労働省令第 37 号）第 3 条の 2 第 1 項第 1 号及び特定化学物質障害予防規則（昭和 47 年労働省令第 39 号）第 2 条の 3 第 1 項第 1 号の厚生労働大臣が定める者は，次のイからニまでのいずれかに該当する者とする。

イ　労働安全衛生法（昭和 47 年法律第 57 号。以下「安衛法」という。）第 83 条第 1 項の労働衛生コンサルタント試験（その試験の区分が労働衛生工学であるものに限る。）に合格し，安衛法第 84 条第 1 項の登録を受けた者で，5 年以上化学物質の管理に係る業務に従事した経験を有するもの

ロ　安衛法第 12 条第 1 項の規定による衛生管理者のうち，衛生工学衛生管理者免許を受けた者で，その後 8 年以上安衛法第 10 条第 1 項各号の業務のうち衛生に係る技術的事項で衛生工学に関するものの管理の業務に従事した経験を有するもの

ハ　作業環境測定法（昭和 50 年法律第 28 号）第 7 条の登録を受けた者（以下「作業環境測定士」という。）で，その後 6 年以上作業環境測定士としてその業務に従事した経験を有し，かつ，厚生労働省労働基準局長が定める講習を修了したもの

ニ　イからハまでに掲げる者と同等以上の能力を有すると認められる者

2　<u>労働安全衛生規則（昭和 47 年労働省令第 32 号）第 34 条の 2 の 10 第 2 項の厚生労働大臣が定める者は，前号イからニまでのいずれかに該当する者とする。</u>

【参考資料5】

第3管理区分に区分された場所に係る有機溶剤等の濃度の測定の方法等（抄）

（令和4年11月30日厚生労働省告示第341号）

（下線部分については令和6年4月1日から施行。）

（有機溶剤の濃度の測定の方法等）

第3条　有機則第28条の3の2第4項第2号の厚生労働大臣の定める方法は，同項第1号の呼吸用保護具（面体を有するものに限る。）を使用する労働者について，日本産業規格T8150（呼吸用保護具の選択，使用及び保守管理方法）に定める方法又はこれと同等の方法により当該労働者の顔面と当該呼吸用保護具の面体との密着の程度を示す係数（以下この条において「フィットファクタ」という。）を求め，当該フィットファクタが要求フィットファクタを上回っていることを確認する方法とする。

② フィットファクタは，次の式により計算するものとする。

$$FF=\frac{C_{out}}{C_{in}}$$

（この式においてFF，C_{out}，及びC_{in}は，それぞれ次の値を表すものとする。

FF　フィットファクタ

C_{out}　呼吸用保護具の外側の測定対象物の濃度

C_{in}　呼吸用保護具の内側の測定対象物の濃度）

③ 第1項の要求フィットファクタは，呼吸用保護具の種類に応じ，次に掲げる値とする。

1　全面形面体を有する呼吸用保護具　500

2　半面形面体を有する呼吸用保護具　100

（特定化学物質の濃度の測定の方法等）

第7条　特化則第36条の3の2第4項第1号の規定による測定は，次の各号に掲げる区分に応じ，それぞれ当該各号に定めるところによらなければならない。

1　令別表第3第1号6又は同表第2号9から11まで，13，13の2，19，21，22，23，27の2若しくは33に掲げる物（以下この条において「特定低管理濃度特定化学物質」という。）の濃度の測定測定基準（編注：測定基準とは「作業環境測定基準」のこと。以下同様。）第10条第5項各号に定める方法

2　令別表第3第1号3，6若しくは7に掲げる物又は同表第2号1から3まで，3の3から7まで，8の2から11の2まで，13から25まで，27から31の2まで若しくは33から36までに掲げる物(以下第8条において「特定化学物質」という。）であって，前号に掲げる物以外のものの濃度の測定 測定基準第10条第4項において読み替えて準用する測定基準第2条第1項第1号から第3号までに定める方法

② 前項の規定にかかわらず，特定低管理濃度特定化学物質の濃度の測定は，次に定めるところによることができる。

1　試料空気の採取は，特化則第36条の3の2第4項柱書に規定する第3管理区分に区分された場所において作業に従事する労働者の身体に装着する試料採取機器を用いる方法により行うこと。この場合において，当該試料採取機器の採取口は，当該労働者の呼吸する空気中の特定低管理濃度特定化学物質の濃度を測定するために最も適切な部位に装着しなければならない。

2　前号の規定による試料採取機器の装着は，同号の作業のうち労働者にばく露される特定低管理濃度特定化学物質の量が

ほぼ均一であると見込まれる作業ごとに，それぞれ，適切な数（2以上に限る。）の労働者に対して行うこと。ただし，当該作業に従事する一の労働者に対して，必要最小限の間隔をおいた2以上の作業日において試料採取機器を装着する方法により試料空気の採取が行われたときは，この限りでない。

3　試料空気の採取の時間は，当該採取を行う作業日ごとに，労働者が第1号の作業に従事する全時間とすること。

③　前二項に定めるところによる測定は，測定基準別表第1の上欄（編注：520頁）に掲げる物の種類に応じ，それぞれ同表の中欄に掲げる試料採取方法又はこれと同等以上の性能を有する試料採取方法及び同表の下欄に掲げる分析方法又はこれと同等以上の性能を有する分析方法によらなければならない。

第8条　特化則第36条の3の2第4項第1号に規定する呼吸用保護具（第5項において単に「呼吸用保護具」という。）は，要求防護係数を上回る指定防護係数を有するものでなければならない。

②　前項の要求防護係数は，次の式により計算するものとする。

$$PFr = \frac{C}{C_0}$$

この式において，PFr，C及びC_0は，それぞれ次の値を表すものとする。

PFr　要求防護係数

C　特定化学物質の濃度の判定の結果得られた値

C_0　評価基準別表の上欄に掲げる物の種類に応じ，それぞれ同表の下欄に掲げる管理濃度

③　前項の特定化学物質の濃度の測定の結果得られた値は，次の各号に掲げる場合の区分に応じ，それぞれ当該各号に定める値とする。

1　C測定（測定基準第10条第5項第1号から第4号までの規定により行う測定をいう。次号において同じ。）を行った場合又はA測定（測定基準第10条第4項において読み替えて準用する測定基準第2条第1項第1号から第2号までの規定により行う測定をいう。次号において同じ。）を行った場合（次号に掲げる場合を除く。）空気中の特定化学物質の濃度の第1評価値

2　C測定及びD測定（測定基準第10条第5項第5号及び第6号の規定により行う測定をいう。以下この号において同じ。）を行った場合又はA測定及びB測定（測定基準第10条第4項において読み替えて準用する測定基準第2条第1項第2号の2の規定により行う測定をいう。以下この号において同じ。）を行った場合　空気中の特定化学物質の濃度の第1評価値又はB測定若しくはD測定の測定値（2以上の測定点においてB測定を行った場合又は2以上の者に対してD測定を行った場合には，それらの測定値のうちの最大の値）のうちいずれか大きい値

3　前条第2項に定めるところにより測定を行った場合　当該測定における特定化学物質の濃度の測定値のうち最大の値

④　第1項の指定防護係数は，別表第1から別表第4までの上欄（編注：左欄）に掲げる呼吸用保護具の種類に応じ，それぞれ同表の下欄に掲げる値とする。ただし，別表第5の上欄（編注：左欄）に掲げる呼吸用保護具を使用した作業における当該呼吸用保護具の外側及び内側の特定化学物質の濃度の測定又はそれと同等の測定の結果により得られた当該呼吸用保護具に係る防護係

数が同表の下欄に掲げる指定防護係数を上回ることを当該呼吸用保護具の製造者が明らかにする書面が，当該呼吸用保護具に添付されている場合は，同表の上欄（編注：左欄）に掲げる呼吸用保護具の種類に応じ，それぞれ同表の下欄（編注：右欄）に掲げる値とすることができる。

5　呼吸用保護具は，ガス状の特定化学物質を製造し，又は取り扱う作業場においては，当該特定化学物質の種類に応じ，十分な除毒能力を有する吸収缶を備えた防毒マスク又は別表第4に規定する呼吸用保護具でなければならない。

6　前項の吸収缶は，使用時間の経過により破過したものであってはならない。

第9条　第3条の規定は，特化則第36条の3の2第4項第2項の厚生労働大臣の定める方法に準用する。

別表第1（第8関係）

防じんマスクの種類			指定防護係数
取替え式	全面形面体	S3 又は RL3	50
		RS2 又は RL2	14
		RS1 又は RL1	4
	半面形面体	RS3 又は RL3	10
		RS2 又は RL2	10
		RS1 又は RL1	4
使い捨て式		DS3 又は DL3	10
		DS2 又は DL2	10
		DS1 又は DL1	4
備考　RS1，RS2，RS3，RL1，RL2，RL3，DS1，DS2，DS3，DL1，DL2及びDL3は，防じんマスクの規格（昭和63年労働省告示第19号）第1条第3項の規定による区分であること。			

別表第2（第8条関係）

防毒マスクの種類	指定防護係数
全面形面体	50
半面形面体	10

別表第3（第8条関係）

電動ファン付き呼吸用保護具の種類			指定防護係数
全面形面体	S級	PS3 又は PL3	1,000
	A級	PS2 又は PL2	90
	A級又はB級	PS1 又は PL1	19
半面形面体	S級	PS3 又は PL3	50
	A級	PS2 又は PL2	33
	A級又はB級	PS1 又は PL1	14
フード形又は フェイスシールド形	S級	PS3 又は PL3	25
	A級		20
	S級又はA級	PS2 又は PL2	20
	S級，A級又はB級	PS1 又は PL1	11
備考　S級，A級及びB級は，電動ファン付き呼吸用保護具の規格（平成26年厚生労働省告示第455号）第1条第4項の規定による区分（別表第5において同じ。）であること。PS1，PS2，PS3，PL1，PL2及びPL3は，同条第5項の規定による区分（別表第5において同じ。）であること。			

別表第４（第８条関係）

その他の呼吸用保護具の種類			指定防護係数
循環式呼吸器	全面形面体	圧縮酸素形かつ陽圧形	10,000
		圧縮酸素形かつ陰圧形	50
		酸素発生形	50
	半面形面体	圧縮酸素形かつ陽圧形	50
		圧縮酸素形かつ陰圧形	10
		酸素発生形	10
空気呼吸器	全面形面体	プレッシャデマンド形	10,000
		デマンド形	50
	半面形面体	プレッシャデマンド形	50
		デマンド形	10
エアラインマスク	全面形面体	プレッシャデマンド形	1,000
		デマンド形	50
		一定流量形	1,000
	半面形面体	プレッシャデマンド形	50
		デマンド形	10
		一定流量形	50
	フード形又は フェイスシールド形	一定流量形	25
ホースマスク	全面形面体	電動送風機形	1,000
		手動送風機形又は肺力吸引形	50
	半面形面体	電動送風機形	50
		手動送風機形又は肺力吸引形	10
	フード形又は フェイスシールド形	電動送風機形	25

別表第５（第８条関係）

呼吸用保護具の種類		指定防護係数
半面形面体を有する電動ファン付呼吸用保護具	S級かつPS3又はPL3	300
フード形の電動ファン付き呼吸用保護具		1,000
フェイスシールド形の電動ファン付き呼吸用保護具		300
フード形のエアラインマスク	一定流量形	1,000

【参考資料6】

インジウム化合物等を製造し，又は取り扱う作業場において労働者に使用させなければならない呼吸用保護具

（平成24年12月3日厚生労働省告示第579号）

（最終改正　令和2年1月27日厚生労働省告示第18号）

1　事業者は，労働安全衛生法施行令（昭和47年政令第318号）別表第3第2号3の2に掲げる物又は特定化学物質障害予防規則別表第1第3号の2に掲げる物を製造し，又は取り扱う作業に労働者を従事させるときは，次の表の上欄（編注・左欄）に掲げる単位作業場所（作業環境測定基準（昭和51年労働省告示第46号）第2条第1項第1号に規定する単位作業場所をいう。）についての空気中のインジウム化合物の濃度に係る特定化学物質障害予防規則第36条第1項又は労働安全衛生法（昭和47年法律第57号）第65条第5項の規定による測定の結果から得られた値の区分に応じて，それぞれ同表の下欄（編注・右欄）に掲げる呼吸用保護具又はこれと同等以上の性能を有する呼吸用保護具を使用させなければならない。

区　分	呼吸用保護具
0.3 μg/m³以上 3 μg/m³未満	半面形の面体を有する取替え式防じんマスク（粒子捕集効率が99.9％以上のものに限る。）
3 μg/m³以上 7.5 μg/m³未満	フード形又はフェイスシールド形の電動ファン付き呼吸用保護具（粒子捕集効率が99.97％以上のものに限る。）
7.5 μg/m³以上 15 μg/m³未満	全面形の面体を有する取替え式防じんマスク（粒子捕集効率が99.9％以上のものに限る。）
15 μg/m³以上 30 μg/m³未満	全面形の面体を有する電動ファン付き呼吸用保護具（粒子捕集効率が99.97％以上のものに限る。）又は全面形の面体を有する一定流量形のエアラインマスク
30 μg/m³以上 300 μg/m³未満	全面形の面体を有するプレッシャデマンド形のエアラインマスク
300 μg/m³以上	全面形の面体を有するプレッシャデマンド形の空気呼吸器又は全面形の面体を有する圧縮酸素形で，かつ，陽圧形の酸素呼吸器

2　前号の値は，次のイ又はロに掲げる場合に応じて，それぞれ当該イ又はロに掲げるものとする。

イ　A測定（作業環境測定基準第10条第4項において準用する作業環境測定基準第2条第1項第1号から第2号までの規定により行う測定をいう。以下同じ。）のみを行った場合空気中のインジウムの濃度の第一評価値（作業環境評価基準（昭和63年労働省告示第79号）第2条第1項の第一評価値をいう。以下同じ。）

ロ　A測定及びB測定（作業環境測定基準第10条第4項において準用する作業環境測定基準第2条第1項第2号の2の規定により行う測定をいう。以下同じ。）を行った場合空気中のインジウムの濃度の第一評価値又はB測定の測定値（二以上の測定点においてB測定を実施した場合には，そのうちの最大値）のうちいずれか大きい値

3　前号の規定は，C測定（作業環境測定基準第10条第5項第1号から第4号までの規定により行う測定をいう。）及びD測定（作業環境測定基準第10条第5項第5号及び第6号の規定により行う測定をいう。）について準用する。この場合において，前号イ中「A測定（作業環境測定基準第10条第4項において準用する作業環境測定基準第2条第1項第1号から第2号までの規定により行う測定をいう。以下同じ。）」と

あるのは「C測定（作業環境基準第10条第5項第1号から第4号までの規定により行う測定をいう。以下同じ。)」と，「作業環境評価基準（昭和63年労働省告示第79号）第2条第1項」とあるのは「作業環境評価基準（昭和63年労働省告示第79号）第4条において読み替えて準用する作業環境評価基準第2条第1項」と，同号ロ中「A測定」とあるのは「C測定」と，「B測定（作業環境測定基準第10条第4項において準用する作業環境測定基準第2条第1項第2号の2の規定により行う測定をいう。以下同じ。)」とあるのは「D測定（作業環境測定基準第10条第5項第5号及び第6号の規定により行う測定をいう。以下同じ。)」と，「B測定の測定値（二以上の測定点においてB測定を実施した場合には，そのうちの最大値)」とあるのは「D測定の測定値（2人以上の者に対してD測定を実施した場合には，そのうちの最大値)」と，それぞれ読み替えるものとする。

4　第1号の表の粒子捕集効率のうち，防じんマスクに係るものについては，防じんマスクの規格(昭和63年労働省告示第19号）第6条に規定する試験方法により，電動ファン付き呼吸用保護具に係るものについては，電動ファン付き呼吸用保護具の規格（平成26年厚生労働省告示第455号）第6条に規定する試験方法により測定しなければならない。

【参考資料 7】

金属アーク溶接等作業を継続して行う屋内作業場に係る溶接ヒュームの濃度の測定の方法等

（令和 2 年 7 月 31 日厚生労働省告示第 286 号）
（最終改正　令和 4 年 11 月 17 日厚生労働省告示第 335 号）

特定化学物質障害予防規則（昭和 47 年労働省令第 39 号）第 38 条の 21 第 2 項，第 6 項及び第 7 項の規定に基づき，金属アーク溶接等作業を継続して行う屋内作業場に係る溶接ヒュームの濃度の測定の方法等を次のように定める。

金属アーク溶接等作業を継続して行う屋内作業場に係る溶接ヒュームの濃度の測定の方法等

（溶接ヒュームの濃度の測定）

第 1 条　特定化学物質障害予防規則（昭和 47 年労働省令第 39 号。以下「特化則」という。）第 38 条の 21 第 2 項の規定による溶接ヒュームの濃度の測定は，次に定めるところによらなければならない。

1　試料空気の採取は，特化則第 38 条の 21 第 1 項に規定する金属アーク溶接等作業（次号及び第 3 号において「金属アーク溶接等作業」という。）に従事する労働者の身体に装着する試料採取機器を用いる方法により行うこと。この場合において，当該試料採取機器の採取口は，当該労働者の呼吸する空気中の溶接ヒュームの濃度を測定するために最も適切な部位に装着しなければならない。

2　前号の規定による試料採取機器の装着は，金属アーク溶接等作業のうち労働者にばく露される溶接ヒュームの量がほぼ均一であると見込まれる作業（以下この号において「均等ばく露作業」という。）ごとに，それぞれ，適切な数（2 以上に限る。）の労働者に対して行うこと。ただし，均等ばく露作業に従事する 1 の労働者に対して，必要最小限の間隔をおいた 2 以上の作業日において試料採取機器を装着する方法により試料空気の採取が行われたときは，この限りでない。

3　試料空気の採取の時間は，当該採取を行う作業日ごとに，労働者が金属アーク溶接等作業に従事する全時間とすること。

4　溶接ヒュームの濃度の測定は，次に掲げる方法によること。

イ　作業環境測定基準（昭和 51 年労働省告示第 46 号）第 2 条第 2 項の要件に該当する分粒装置を用いるろ過捕集方法又はこれと同等以上の性能を有する試料採取方法

ロ　吸光光度分析方法若しくは原子吸光分析方法又はこれらと同等以上の性能を有する分析方法

（呼吸用保護具の使用）

第 2 条　特化則第 38 条の 21 第 7 項に規定する呼吸用保護具は，当該呼吸用保護具に係る要求防護係数を上回る指定防護係数を有するものでなければならない。

②　前項の要求防護係数は，次の式により計算するものとする。

$$PF_r = \frac{C}{0.05}$$

（この式において，PF_r 及び C は，それぞれ次の値を表すものとする。
PF_r　要求防護係数
C　前条の測定における溶接ヒューム中のマンガンの濃度の測定値のうち最大のもの（単位　ミリグラム毎立方メートル））

③　第 1 項の指定防護係数は，別表第 1 から

別表第３までの上欄（編注・左欄）に掲げる呼吸用保護具の種類に応じ，それぞれ同表の下欄（編注･右欄）に掲げる値とする。ただし，別表第４の上欄（編注・左欄）に掲げる呼吸用保護具を使用した作業における当該呼吸用保護具の外側及び内側の溶接ヒュームの濃度の測定又はそれと同等の測定の結果により得られた当該呼吸用保護具に係る防護係数が同表の下欄（編注･右欄）に掲げる指定防護係数を上回ることを当該呼吸用保護具の製造者が明らかにする書面が当該呼吸用保護具に添付されている場合は，同表の上欄（編注・左欄）に掲げる呼吸用保護具の種類に応じ，それぞれ同表の下欄（編注・右欄）に掲げる値とすることができる。

（呼吸用保護具の装着の確認）

第３条　特化則第38条の21第９項の厚生労働大臣が定める方法は，同条第７項の呼吸用保護具（面体を有するものに限る。）を使用する労働者について，日本産業規格Ｔ8150（呼吸用保護具の選択，使用及び保守管理方法）に定める方法又はこれと同等の方法により当該労働者の顔面と当該呼吸用保護具の面体との密着の程度を示す係数（以下この項及び次項において「フィットファクタ」という。）を求め，当該フィットファクタが呼吸用保護具の種類に応じた要求フィットファクタを上回っていることを確認する方法とする。

②　フィットファクタは，次の式により計算するものとする。

$$FF = \frac{C_{out}}{C_{in}}$$

（この式において，FF，C_{out}及びC_{in}は，それぞれ次の値を表すものとする。

FF　フィットファクタ

C_{out}　呼吸用保護具の外側の測定対象物の濃度

C_{in}　呼吸用保護具の内側の測定対象物の濃度）

③　第１項の要求フィットファクタは，呼吸用保護具の種類に応じ，次に掲げる値とする。

１　全面形面体を有する呼吸用保護具500

２　半面形面体を有する呼吸用保護具100

附則

この告示は，令和３年４月１日から施行する。ただし，令和４年３月31日までの間は，第２条及び第３条の規定は，適用しない。

別表第１（第２条関係）

防じんマスクの種類			指定防護係数
取替え式	全面形面体	RS3又はRL3	50
		RS2又はRL2	14
		RS1又はRL1	4
	半面形面体	RS3又はRL3	10
		RS2又はRL2	10
		RS1又はRL1	4
使い捨て式		DS3又はDL3	10
		DS2又はDL2	10
		DS1又はDL1	4
備考　RS1，RS2，RS3，RL1，RL2，RL3，DS1，DS2，DS3，DL1，DL2及びDL3は，防じんマスクの規格（昭和63年労働省告示第19号）第１条第３項の規定による区分であること。			

別表第２（第２条関係）

電動ファン付き呼吸用保護具の種類			指定防護係数
全面形面体	S 級	PS3 又は PL3	1,000
	A 級	PS2 又は PL2	90
	A 級又は B 級	PS1 又は PL1	19
半面形面体	S 級	PS3 又は PL3	50
	A 級	PS2 又は PL2	33
	A 級又は B 級	PS1 又は PL1	14
フード形又はフェイスシールド形	S 級	PS3 又は PL3	25
	A 級		20
	S 級又は A 級	PS2 又は PL2	20
	S 級，A 級又は B 級	PS1 又は PL1	11

備考　S 級，A 級及び B 級は，電動ファン付き呼吸用保護具の規格（平成 26 年厚生労働省告示第 455 号）第 1 条第 4 項の規定による区分（別表第 4 において同じ。）であること。PS1，PS2，PS3，PL1，PL2 及び PL3 は，同条第 5 項の規定による区分（同表において同じ。）であること。

別表第３（第２条関係）

その他の呼吸用保護具の種類			指定防護係数
循環式呼吸器	全面形面体	圧縮酸素形かつ陽圧形	10,000
		圧縮酸素形かつ陰圧形	50
		酸素発生形	50
	半面形面体	圧縮酸素形かつ陽圧形	50
		圧縮酸素形かつ陰圧形	10
		酸素発生形	10
空気呼吸器	全面形面体	プレッシャデマンド形	10,000
		デマンド形	50
	半面形面体	プレッシャデマンド形	50
		デマンド形	10
エアラインマスク	全面形面体	プレッシャデマンド形	1,000
		デマンド形	50
		一定流量形	1,000
	半面形面体	プレッシャデマンド形	50
		デマンド形	10
		一定流量形	50
	フード形又はフェイスシールド形	一定流量形	25
ホースマスク	全面形面体	電動送風機形	1,000
		手動送風機形又は肺力吸引形	50
	半面形面体	電動送風機形	50
		手動送風機形又は肺力吸引形	10
	フード形又はフェイスシールド形	電動送風機形	25

別表第４（第２条関係）

<table>
<tr><th colspan="2">呼吸用保護具の種類</th><th>指定防護係数</th></tr>
<tr><td>半面形面体を有する電動ファン付き呼吸用保護具</td><td rowspan="3">S級かつPS3又はPL3</td><td>300</td></tr>
<tr><td>フード形の電動ファン付き呼吸用保護具</td><td>1,000</td></tr>
<tr><td>フェイスシールド形の電動ファン付き呼吸用保護具</td><td>300</td></tr>
<tr><td>フード形のエアラインマスク</td><td>一定流量形</td><td>1,000</td></tr>
</table>

【参考資料８】

化学物質等による危険性又は有害性等の調査等に関する指針

（平成27年9月18日危険性又は有害性等の調査等に関する指針公示第3号）

1　趣旨等

本指針は，労働安全衛生法（昭和47年法律第57号。以下「法」という。）第57条の3第3項の規定に基づき，事業者が，化学物質，化学物質を含有する製剤その他の物で労働者の危険又は健康障害を生ずるおそれのあるものによる危険性又は有害性等の調査（以下「リスクアセスメント」という。）を実施し，その結果に基づいて労働者の危険又は健康障害を防止するため必要な措置（以下「リスク低減措置」という。）が各事業場において適切かつ有効に実施されるよう，リスクアセスメントからリスク低減措置の実施までの一連の措置の基本的な考え方及び具体的な手順の例を示すとともに，これらの措置の実施上の留意事項を定めたものである。

また，本指針は，「労働安全衛生マネジメントシステムに関する指針」（平成11年労働省告示第53号）に定める危険性又は有害性等の調査及び実施事項の特定の具体的実施事項としても位置付けられるものである。

2　適用

本指針は，法第57条の3第1項の規定に基づき行う「第57条第1項の政令で定める物及び通知対象物」（以下「化学物質等」という。）に係るリスクアセスメントについて適用し，労働者の就業に係る全てのものを対象とする。

3　実施内容

事業者は，法第57条の3第1項に基づくリスクアセスメントとして，(1)から(3)までに掲げる事項を，労働安全衛生規則（昭和47年労働省令第32号。以下「安衛則」という。）第34条の2の8に基づき(5)に掲げる事項を実施しなければならない。また，法第57条の3第2項に基づき，法令の規定による措置を講ずるほか(4)に掲げる事項を実施するよう努めなければならない。

(1)　化学物質等による危険性又は有害性の特定

(2)　(1)により特定された化学物質等による危険性又は有害性並びに当該化学物質等を取り扱う作業方法，設備等により業務に従事する労働者に危険を及ぼし，又は当該労働者の健康障害を生ずるおそれの程度及び当該危険又は健康障害の程度（以下「リスク」という。）の見積り

(3)　(2)の見積りに基づくリスク低減措置の内容の検討

(4)　(3)のリスク低減措置の実施

(5)　リスクアセスメント結果の労働者への周知

4　実施体制等

(1)　事業者は，次に掲げる体制でリスクアセスメント及びリスク低減措置（以下「リスクアセスメント等」という。）を実施するものとする。

ア　総括安全衛生管理者が選任されている場合には，当該者にリスクアセスメント等の実施を統括管理させること。総括安全衛生管理者が選任されていない場合には，事業の実施を統括管理する者に統括管理させること。

イ　安全管理者又は衛生管理者が選任されている場合には，当該者にリスクアセスメント等の実施を管理させること。安全管理者又は衛生管理者が選任されていない場合には，職長その他の当該作業に従事する労働者を直接指導し，又は監督する者としての地位にあるものにリスクアセスメント等の実施を管理させること。

ウ　化学物質等の適切な管理について必要

な能力を有する者のうちから化学物質等の管理を担当する者（以下「化学物質管理者」という。）を指名し，この者に，上記イに掲げる者の下でリスクアセスメント等に関する技術的業務を行わせることが望ましいこと。

エ　安全衛生委員会，安全委員会又は衛生委員会が設置されている場合には，これらの委員会においてリスクアセスメント等に関することを調査審議させ，また，当該委員会が設置されていない場合には，リスクアセスメント等の対象業務に従事する労働者の意見を聴取する場を設けるなど，リスクアセスメント等の実施を決定する段階において労働者を参画させること。

オ　リスクアセスメント等の実施に当たっては，化学物質管理者のほか，必要に応じ，化学物質等に係る危険性及び有害性や，化学物質等に係る機械設備，化学設備，生産技術等についての専門的知識を有する者を参画させること。

カ　上記のほか，より詳細なリスクアセスメント手法の導入又はリスク低減措置の実施に当たっての，技術的な助言を得るため，労働衛生コンサルタント等の外部の専門家の活用を図ることが望ましいこと。

(2)　事業者は，(1)のリスクアセスメントの実施を管理する者，技術的業務を行う者等（カの外部の専門家を除く。）に対し，リスクアセスメント等を実施するために必要な教育を実施するものとする。

5　実施時期

(1)　事業者は，安衛則第34条の2の7第1項に基づき，次のアからウまでに掲げる時期にリスクアセスメントを行うものとする。

ア　化学物質等を原材料等として新規に採用し，又は変更するとき。

イ　化学物質等を製造し，又は取り扱う業務に係る作業の方法又は手順を新規に採用し，又は変更するとき。

ウ　化学物質等による危険性又は有害性等について変化が生じ，又は生ずるおそれがあるとき。具体的には，化学物質等の譲渡又は提供を受けた後に，当該化学物質等を譲渡し，又は提供した者が当該化学物質等に係る安全データシート（以下「SDS」という。）の危険性又は有害性に係る情報を変更し，その内容が事業者に提供された場合等が含まれること。

(2)　事業者は，(1)のほか，次のアからウまでに掲げる場合にもリスクアセスメントを行うよう努めること。

ア　化学物質等に係る労働災害が発生した場合であって，過去のリスクアセスメント等の内容に問題がある場合

イ　前回のリスクアセスメント等から一定の期間が経過し，化学物質等に係る機械設備等の経年による劣化，労働者の入れ替わり等に伴う労働者の安全衛生に係る知識経験の変化，新たな安全衛生に係る知見の集積等があった場合

ウ　既に製造し，又は取り扱っていた物質がリスクアセスメントの対象物質として新たに追加された場合など，当該化学物質等を製造し，又は取り扱う業務について過去にリスクアセスメント等を実施したことがない場合

(3)　事業者は，(1)のア又はイに掲げる作業を開始する前に，リスク低減措置を実施することが必要であることに留意するものとする。

(4)　事業者は，(1)のア又はイに係る設備改修等の計画を策定するときは，その計画策定段階においてもリスクアセスメント等を実施することが望ましいこと。

6　リスクアセスメント等の対象の選定

事業者は，次に定めるところにより，リスクアセスメント等の実施対象を選定するものとする。

(1)　事業場における化学物質等による危険性又は有害性等をリスクアセスメント等の対象とすること。

(2)　リスクアセスメント等は，対象の化学物質等を製造し，又は取り扱う業務ごとに行うこと。ただし，例えば，当該業務に複数の作業工程がある場合に，当該工程を１つの単位とする，当該業務のうち同一場所において行われる複数の作業を１つの単位とするなど，事業場の実情に応じ適切な単位で行うことも可能であること。

(3)　元方事業者にあっては，その労働者及び関係請負人の労働者が同一の場所で作業を行うこと（以下「混在作業」という。）によって生ずる労働災害を防止するため，当該混在作業についても，リスクアセスメント等の対象とすること。

7　情報の入手等

(1)　事業者は，リスクアセスメント等の実施に当たり，次に掲げる情報に関する資料等を入手するものとする。

入手に当たっては，リスクアセスメント等の対象には，定常的な作業のみならず，非定常作業も含まれることに留意すること。

また，混在作業等複数の事業者が同一の場所で作業を行う場合にあっては，当該複数の事業者が同一の場所で作業を行う状況に関する資料等も含めるものとすること。

ア　リスクアセスメント等の対象となる化学物質等に係る危険性又は有害性に関する情報（SDS 等）

イ　リスクアセスメント等の対象となる作業を実施する状況に関する情報（作業標準，作業手順書等，機械設備等に関する情報を含む。）

(2)　事業者は，(1)のほか，次に掲げる情報に関する資料等を，必要に応じ入手するものとすること。

ア　化学物質等に係る機械設備等のレイアウト等，作業の周辺の環境に関する情報

イ　作業環境測定結果等

ウ　災害事例，災害統計等

エ　その他，リスクアセスメント等の実施に当たり参考となる資料等

(3)　事業者は，情報の入手に当たり，次に掲げる事項に留意するものとする。

ア　新たに化学物質等を外部から取得等しようとする場合には，当該化学物質等を譲渡し，又は提供する者から，当該化学物質等に係る SDS を確実に入手すること。

イ　化学物質等に係る新たな機械設備等を外部から導入しようとする場合には，当該機械設備等の製造者に対し，当該設備等の設計・製造段階においてリスクアセスメントを実施することを求め，その結果を入手すること。

ウ　化学物質等に係る機械設備等の使用又は改造等を行おうとする場合に，自らが当該機械設備等の管理権原を有しないときは，管理権原を有する者等が実施した当該機械設備等に対するリスクアセスメントの結果を入手すること。

(4)　元方事業者は，次に掲げる場合には，関係請負人におけるリスクアセスメントの円滑な実施に資するよう，自ら実施したリスクアセスメント等の結果を当該業務に係る関係請負人に提供すること。

ア　複数の事業者が同一の場所で作業する場合であって，混在作業における化学物質等による労働災害を防止するために元方事業者がリスクアセスメント等を実施したとき。

イ　化学物質等にばく露するおそれがある場所等，化学物質等による危険性又は有害性がある場所において，複数の事業者が作業を行う場合であって，元方事業者が当該場所に関するリスクアセスメント等を実施したとき。

８　危険性又は有害性の特定

事業者は，化学物質等について，リスクアセスメント等の対象となる業務を洗い出した上で，原則としてア及びイに即して危険性又は有害性を特定すること。また，必要に応じ，ウに掲げるものについても特定することが望ましいこと。

ア　国際連合から勧告として公表された「化学品の分類及び表示に関する世界調和システム（GHS）」（以下「GHS」という。）又は日本工業規格 Z7252 に基づき分類された化学物質等の危険性又は有害性（SDS を入手した場合には，当該 SDS に記載されている GHS 分類結果）

イ　日本産業衛生学会の許容濃度又は米国産業衛生専門家会議（ACGIH）の TLV-TWA 等の化学物質等のばく露限界（以下「ばく露限界」という。）が設定されている場合にはその値（SDS を入手した場合には，当該 SDS に記載されているばく露限界）

ウ　ア又はイによって特定される危険性又は有害性以外の，負傷又は疾病の原因となるおそれのある危険性又は有害性。この場合，過去に化学物質等による労働災害が発生した作業，化学物質等による危険又は健康障害のおそれがある事象が発生した作業等により事業者が把握している情報があるときには，当該情報に基づく危険性又は有害性が必ず含まれるよう留意すること。

９　リスクの見積り

(1)　事業者は，リスク低減措置の内容を検討するため，安衛則第 34 条の 2 の 7 第 2 項に基づき，次に掲げるいずれかの方法（危険性に係るものにあっては，ア又はウに掲げる方法に限る。）により，又はこれらの方法の併用により化学物質等によるリスクを見積もるものとする。

ア　化学物質等が当該業務に従事する労働者に危険を及ぼし，又は化学物質等により当該労働者の健康障害を生ずるおそれの程度（発生可能性）及び当該危険又は健康障害の程度（重篤度）を考慮する方法。具体的には，次に掲げる方法があること。

(ア)　発生可能性及び重篤度を相対的に尺度化し，それらを縦軸と横軸とし，あらかじめ発生可能性及び重篤度に応じてリスクが割り付けられた表を使用してリスクを見積もる方法

(イ)　発生可能性及び重篤度を一定の尺度によりそれぞれ数値化し，それらを加算又は乗算等してリスクを見積もる方法

(ウ)　発生可能性及び重篤度を段階的に分岐していくことによりリスクを見積もる方法

(エ)　ILO の化学物質リスク簡易評価法（コントロール・バンディング）等を用いてリスクを見積もる方法

(オ)　化学プラント等の化学反応のプロセス等による災害のシナリオを仮定して，その事象の発生可能性と重篤度を考慮する方法

イ　当該業務に従事する労働者が化学物質等にさらされる程度（ばく露の程度）及び当該化学物質等の有害性の程度を考慮する方法。具体的には，次に掲げる方法があるが，このうち，アの方法を採ることが望ましいこと。

(ア)　対象の業務について作業環境測定等

により測定した作業場所における化学物質等の気中濃度等を，当該化学物質等のばく露限界と比較する方法

(イ) 数理モデルを用いて対象の業務に係る作業を行う労働者の周辺の化学物質等の気中濃度を推定し，当該化学物質のばく露限界と比較する方法

(ウ) 対象の化学物質等への労働者のばく露の程度及び当該化学物質等による有害性を相対的に尺度化し，それらを縦軸と横軸とし，あらかじめばく露の程度及び有害性の程度に応じてリスクが割り付けられた表を使用してリスクを見積もる方法

ウ　ア又はイに掲げる方法に準ずる方法。具体的には，次に掲げる方法があること。

(ア) リスクアセスメントの対象の化学物質等に係る危険又は健康障害を防止するための具体的な措置が労働安全衛生法関係法令（主に健康障害の防止を目的とした有機溶剤中毒予防規則（昭和47年労働省令第36号），鉛中毒予防規則（昭和47年労働省令第37号），四アルキル鉛中毒予防規則（昭和47年労働省令第38号）及び特定化学物質障害予防規則（昭和47年労働省令第39号）の規定並びに主に危険の防止を目的とした労働安全衛生法施行令（昭和47年政令第318号）別表第1に掲げる危険物に係る安衛則の規定）の各条項に規定されている場合に，当該規定を確認する方法。

(イ) リスクアセスメントの対象の化学物質等に係る危険を防止するための具体的な規定が労働安全衛生法関係法令に規定されていない場合において，当該化学物質等のSDSに記載されている危険性の種類（例えば「爆発物」など）を確認し，当該危険性と同種の危険性を有し，かつ，具体的措置が規定されている物に係る当該規定を確認する方法

(2) 事業者は，(1)のア又はイの方法により見積りを行うに際しては，用いるリスクの見積り方法に応じて，7で入手した情報等から次に掲げる事項等必要な情報を使用すること。

ア　当該化学物質等の性状

イ　当該化学物質等の製造量又は取扱量

ウ　当該化学物質等の製造又は取扱い（以下「製造等」という。）に係る作業の内容

エ　当該化学物質等の製造等に係る作業の条件及び関連設備の状況

オ　当該化学物質等の製造等に係る作業への人員配置の状況

カ　作業時間及び作業の頻度

キ　換気設備の設置状況

ク　保護具の使用状況

ケ　当該化学物質等に係る既存の作業環境中の濃度若しくはばく露濃度の測定結果又は生物学的モニタリング結果

(3) 事業者は，(1)のアの方法によるリスクの見積りに当たり，次に掲げる事項等に留意するものとする。

ア　過去に実際に発生した負傷又は疾病の重篤度ではなく，最悪の状況を想定した最も重篤な負傷又は疾病の重篤度を見積もること。

イ　負傷又は疾病の重篤度は，傷害や疾病等の種類にかかわらず，共通の尺度を使うことが望ましいことから，基本的に，負傷又は疾病による休業日数等を尺度として使用すること。

ウ　リスクアセスメントの対象の業務に従事する労働者の疲労等の危険性又は有害性への付加的影響を考慮することが望ましいこと。

(4)　事業者は，一定の安全衛生対策が講じられた状態でリスクを見積もる場合には，用いるリスクの見積り方法における必要性に応じて，次に掲げる事項等を考慮すること。

ア　安全装置の設置，立入禁止措置，排気・換気装置の設置その他の労働災害防止のための機能又は方策（以下「安全衛生機能等」という。）の信頼性及び維持能力

イ　安全衛生機能等を無効化する又は無視する可能性

ウ　作業手順の逸脱，操作ミスその他の予見可能な意図的・非意図的な誤使用又は危険行動の可能性

エ　有害性が立証されていないが，一定の根拠がある場合における当該根拠に基づく有害性

10　リスク低減措置の検討及び実施

(1)　事業者は，法令に定められた措置がある場合にはそれを必ず実施するほか，法令に定められた措置がない場合には，次に掲げる優先順位でリスク低減措置の内容を検討するものとする。ただし，法令に定められた措置以外の措置にあっては，9(1)イの方法を用いたリスクの見積り結果として，ばく露濃度等がばく露限界を相当程度下回る場合は，当該リスクは，許容範囲内であり，リスク低減措置を検討する必要がないものとして差し支えないものであること。

ア　危険性又は有害性のより低い物質への代替，化学反応のプロセス等の運転条件の変更，取り扱う化学物質等の形状の変更等又はこれらの併用によるリスクの低減

イ　化学物質等に係る機械設備等の防爆構造化，安全装置の二重化等の工学的対策又は化学物質等に係る機械設備等の密閉化，局所排気装置の設置等の衛生工学的対策

ウ　作業手順の改善，立入禁止等の管理的対策

エ　化学物質等の有害性に応じた有効な保護具の使用

(2)　(1)の検討に当たっては，より優先順位の高い措置を実施することにした場合であって，当該措置により十分にリスクが低減される場合には，当該措置よりも優先順位の低い措置の検討まで要するものではないこと。また，リスク低減に要する負担がリスク低減による労働災害防止効果と比較して大幅に大きく，両者に著しい不均衡が発生する場合であって，措置を講ずることを求めることが著しく合理性を欠くと考えられるときを除き，可能な限り高い優先順位のリスク低減措置を実施する必要があるものとする。

(3)　死亡，後遺障害又は重篤な疾病をもたらすおそれのあるリスクに対して，適切なリスク低減措置の実施に時間を要する場合は，暫定的な措置を直ちに講ずるほか，(1)において検討したリスク低減措置の内容を速やかに実施するよう努めるものとする。

(4)　リスク低減措置を講じた場合には，当該措置を実施した後に見込まれるリスクを見積もることが望ましいこと。

11　リスクアセスメント結果等の労働者への周知等

(1)　事業者は，安衛則第34条の2の8に基づき次に掲げる事項を化学物質等を製造し，又は取り扱う業務に従事する労働者に周知するものとする。

ア　対象の化学物質等の名称

イ　対象業務の内容

ウ　リスクアセスメントの結果

(ア)　特定した危険性又は有害性

(イ)　見積もったリスク

エ　実施するリスク低減措置の内容

(2)　(1)の周知は，次に掲げるいずれかの方法によること。

ア　各作業場の見やすい場所に常時掲示し，又は備え付けること

イ　書面を労働者に交付すること

ウ　磁気テープ，磁気ディスクその他これらに準ずる物に記録し，かつ，各作業場に労働者が当該記録の内容を常時確認できる機器を設置すること

(3)　法第59条第1項に基づく雇入れ時教育及び同条第2項に基づく作業変更時教育においては，安衛則第35条第1項第1号，第2号及び第5号に掲げる事項として，(1)に掲げる事項を含めること。

なお，5の(1)に掲げるリスクアセスメント等の実施時期のうちアからウまでについては，法第59条第2項の「作業内容を変更したとき」に該当するものであること。

(4)　リスクアセスメントの対象の業務が継続し(1)の労働者への周知等を行っている間は，事業者は(1)に掲げる事項を記録し，保存しておくことが望ましい。

12　その他

表示対象物又は通知対象物以外のものであって，化学物質，化学物質を含有する製剤その他の物で労働者に危険又は健康障害を生ずるおそれのあるものについては，法第28条の2に基づき，この指針に準じて取り組むよう努めること。

【参考資料9】

化学物質等の危険性又は有害性等の表示又は通知等の促進に関する指針

（平成24年3月16日厚生労働省告示第133号）

（最終改正　令和4年5月31日厚生労働省告示第190号）

（目的）

第1条　この指針は，危険有害化学物質等（労働安全衛生規則（以下「則」という。）第24条の14第1項に規定する危険有害化学物質等をいう。以下同じ。）及び特定危険有害化学物質等（則第24条の15第1項に規定する特定危険有害化学物質等をいう。以下同じ。）の危険性又は有害性等についての表示及び通知に関し必要な事項を定めるとともに，労働者に対する危険又は健康障害を生ずるおそれのある物（危険有害化学物質等並びに労働安全衛生法施行令（昭和47年政令第318号）第18条各号及び同令別表第3第1号に掲げる物をいう。以下「化学物質等」という。）に関する適切な取扱いを促進し，もって化学物質等による労働災害の防止に資することを目的とする。

（譲渡提供者による表示）

第2条　危険有害化学物質等を容器に入れ，又は包装して，譲渡し，又は提供する者は，その容器又は包装（容器に入れ，かつ，包装して，譲渡し，又は提供する場合にあっては，その容器）に，則第24条の14第1項各号に掲げるもの（以下「表示事項等」という。）を表示するものとする。ただし，その容器又は包装のうち，主として一般消費者の生活の用に供するためのものについては，この限りでない。

②　前項の規定による表示は，同項の容器又は包装に，表示事項等を印刷し，又は表示事項等を印刷した票箋を貼り付けて行うものとする。ただし，当該容器又は包装に表示事項等の全てを印刷し，又は表示事項等の全てを印刷した票箋を貼り付けることが困難なときは，当該表示事項等（則第24条の14第1項第1号イに掲げるものを除く。）については，これらを印刷した票箋を当該容器又は包装に結びつけることにより表示することができる。

③　危険有害化学物質等を譲渡し，又は提供した者は，譲渡し，又は提供した後において，当該危険有害化学物質等に係る表示事項等に変更が生じた場合には，当該変更の内容について，譲渡し，又は提供した相手方に，速やかに，通知するものとする。

④　前三項の規定にかかわらず，危険有害化学物質等に関し表示事項等の表示について法令に定めがある場合には，当該表示事項等の表示については，その定めによることができる。

（譲渡提供者による通知等）

第3条　特定危険有害化学物質等を譲渡し，又は提供する者は，則第24条の15第1項に規定する方法により同項各号の事項を，譲渡し，又は提供する相手方に通知するものとする。ただし，主として一般消費者の生活の用に供される製品として特定危険有害化学物質等を譲渡し，又は提供する場合については，この限りではない。

（事業者による表示及び文書の作成等）

第4条　事業者（化学物質等を製造し，又は輸入する事業者及び当該物の譲渡又は提供を受ける相手方の事業者をいう。以下同じ。）は，容器に入れ，又は包装した化学物質等を労働者に取り扱わせるときは，当該容器又は包装（容器に入れ，かつ，包装した化学物質等を労働者に取り扱わせる場合にあっては，当該容器。第3項において「容器等」という。）に，表示事項等を表示するものとする。

② 第2条第2項の規定は，前項の表示について準用する。

③ 事業者は，前項において準用する第2条第2項の規定による表示をすることにより労働者の化学物質等の取扱いに支障が生じるおそれがある場合又は同項ただし書の規定による表示が困難な場合には，次に掲げる措置を講ずることにより表示することができる。

1 当該容器等に名称及び人体に及ぼす作用を表示し，必要に応じ，労働安全衛生規則第24条の14第1項第2号の規定に基づき厚生労働大臣が定める標章（平成24年厚生労働省告示第151号）において定める絵表示を併記すること。

2 表示事項等を，当該容器等を取り扱う労働者が容易に知ることができるよう常時作業場の見やすい場所に掲示し，若しくは表示事項等を記載した一覧表を当該作業場に備え置くこと，又は表示事項等を，磁気ディスク，光ディスクその他の記録媒体に記録し，かつ，当該容器等を取り扱う作業場に当該容器等を取り扱う労働者が当該記録の内容を常時確認できる機器を設置すること。

④ 事業者は，化学物質等を第1項に規定する方法以外の方法により労働者に取り扱わせるときは，当該化学物質等を専ら貯蔵し，又は取り扱う場所に，表示事項等を掲示するものとする。

⑤ 事業者（化学物質等を製造し，又は輸入する事業者に限る。）は，化学物質等を労働者に取り扱わせるときは，当該化学物質等に係る則第24条の15第1項各号に掲げる事項を記載した文書を作成するものとする。

⑥ 事業者は，第2条第3項又は則第24条の15第3項の規定により通知を受けたとき，第1項の規定により表示（第2項の規定により準用する第2条第2項ただし書の場合における表示及び第3項の規定により講じる措置を含む。以下この項において同じ。）をし，若しくは第4項の規定により掲示をした場合であって当該表示若しくは掲示に係る表示事項等に変更が生じたとき，又は前項の規定により文書を作成した場合であって当該文書に係る則第24条の15第1項各号に掲げる事項に変更が生じたときは，速やかに，当該通知，当該表示事項等の変更又は当該各号に掲げる事項の変更に係る事項について，その書換えを行うものとする。

（安全データシートの掲示等）

第5条 事業者は，化学物質等を労働者に取り扱わせるときは，第3条第1項の規定により通知された事項又は前条第5項の規定により作成された文書に記載された事項（以下この条においてこれらの事項が記載された文書等を「安全データシート」という。）を，常時作業場の見やすい場所に掲示し，又は備え付ける等の方法により労働者に周知するものとする。

② 事業者は，労働安全衛生法第28条の2第1項又は第57条の3第1項の調査を実施するに当たっては，安全データシートを活用するものとする。

③ 事業者は，化学物質等を取り扱う労働者について当該化学物質等による労働災害を防止するための教育その他の措置を講ずるに当たっては，安全データシートを活用するものとする。

（細目）

第6条 この指針に定める事項に関し必要な細目は，厚生労働省労働基準局長が定める。

【参考資料 10】

作業環境測定基準（抄）

（昭和 51 年 4 月 22 日労働省告示第 46 号）

（最終改正　令和 2 年 12 月 25 日厚生労働省告示第 397 号）

労働安全衛生法（昭和 47 年法律第 57 号）第 65 条第 2 項の規定に基づき，作業環境測定基準を次のように定め，作業環境測定法（昭和 50 年法律第 28 号）附則第 4 条のうち労働安全衛生法第 65 条の改正規定中同条に 4 項を加える部分の施行の日から適用する。

（特定化学物質の濃度の測定）

第 10 条　令第 21 条第 7 号に掲げる作業場（石綿等（令第 6 条第 23 号に規定する石綿等をいう。以下同じ。）を取り扱い，又は試験研究のため製造する屋内作業場，石綿分析用試料等（令第 6 条第 23 号に規定する石綿分析用試料等をいう。以下同じ。）を製造する屋内作業場及び特定化学物質障害予防規則（昭和 47 年労働省令第 39 号。第 3 項及び第 13 条において「特化則」という。）別表第 1 第 37 号に掲げる物を製造し，又は取り扱う屋内作業場を除く。）における空気中の令別表第 3 第 1 号 1 から 7 までに掲げる物又は同表第 2 号 1 から 36 までに掲げる物（同号 34 の 2 に掲げる物を除く。）の濃度の測定は，別表第 1 の上欄（編注・左欄）に掲げる物の種類に応じて，それぞれ同表の中欄に掲げる試料採取方法又はこれと同等以上の性能を有する試料採取方法及び同表の下欄（編注・右欄）に掲げる分析方法又はこれと同等以上の性能を有する分析方法によらなければならない。

② 前項の規定にかかわらず，空気中の次に掲げる物の濃度の測定は，検知管方式による測定機器又はこれと同等以上の性能を有する測定機器を用いる方法によることができる。ただし，空気中の次の各号のいずれかに掲げる物の濃度を測定する場合において，当該物以外の物が測定値に影響を及ぼすおそれのあるときは，この限りでない。

1　アクリロニトリル
2　エチレンオキシド
3　塩化ビニル
4　塩素
5　クロロホルム
6　シアン化水素
7　四塩化炭素
8　臭化メチル
9　スチレン
10　テトラクロロエチレン（別名パークロルエチレン）
11　トリクロロエチレン
12　弗化水素
13　ベンゼン
14　ホルムアルデヒド
15　硫化水素

③ 前二項の規定にかかわらず，前項各号に掲げる物又は令別表第 3 第 2 号 3 の 3，18 の 3，18 の 4，19 の 2，19 の 3，22 の 3 若しくは 33 の 2（前項第 5 号，第 7 号又は第 9 号から第 11 号までに掲げる物のいずれかを主成分とする混合物として製造され，又は取り扱われる場合に限る。）について，特化則第 36 条の 2 第 1 項の規定による測定結果の評価が 2 年以上行われ，その間，当該評価の結果，第 1 管理区分に区分されることが継続した単位作業場所については，当該単位作業場所に係る事業場の所在地を管轄する労働基準監督署長（以下「所轄労働基準監督署長」という。）の許可を受けた場合には，当該特定化学物質の濃度の測定は，検知管方式による測定機器又はこれと同等以上の性能を有する測定機器

を用いる方法によることができる。この場合において，当該単位作業場所における一以上の測定点において第１項に掲げる方法を同時に行うものとする。

④　第２条第１項第１号から第３号までの規定は，前三項に規定する測定について準用する。この場合において，同条第１項第１号，第１号の２及び第２号の２中「土石，岩石，鉱物，金属又は炭素の粉じん」とあるのは，「令別表第３第１号１から７までに掲げる物又は同表第２号１から36までに掲げる物（同号34の２に掲げる物を除く。）」と，同項第３号ただし書中「相対濃度指示方法」とあるのは「直接捕集方法又は検知管方式による測定機器若しくはこれと同等以上の性能を有する測定機器を用いる方法」と読み替えるものとする。

⑤　前項の規定にかかわらず，第１項に規定する測定のうち，令別表第３第１号６又は同表第２号３の２，９から11まで，13，13の２，19，21，22，23，27の２若しくは33に掲げる物（以下この項において「低管理濃度特定化学物質」という。）の濃度の測定は，次に定めるところによることができる。

１　試料空気の採取等は，単位作業場所において作業に従事する労働者の身体に装着する試料採取機器等を用いる方法により行うこと。

２　前号の規定による試料採取機器等の装着は，単位作業場所において，労働者にばく露される低管理濃度特定化学物質の量がほぼ均一であると見込まれる作業ごとに，それぞれ，適切な数の労働者に対して行うこと。ただし，その数は，それぞれ５人を下回つてはならない。

３　第１号の規定による試料空気の採取等の時間は，前号の労働者が一の作業日のうち単位作業場所において作業に従事する全時間とすること。ただし，当該作業に従事する時間が２時間を超える場合であつて，同一の作業を反復する等労働者にばく露される低管理濃度特定化学物質の濃度がほぼ均一であることが明らかなときは，２時間を下回らない範囲内において当該試料空気の採取等の時間を短縮することができる。

４　単位作業場所において作業に従事する労働者の数が５人を下回る場合にあつては，第２号ただし書及び前号本文の規定にかかわらず，一の労働者が一の作業日のうち単位作業場所において作業に従事する時間を分割し，２以上の第１号の規定による試料空気の採取等が行われたときは，当該試料空気の採取等は，当該二以上の採取された試料空気の数と同数の労働者に対して行われたものとみなすことができること。

５　低管理濃度特定化学物質の発散源に近接する場所において作業が行われる単位作業場所にあつては，前各号に定めるところによるほか，当該作業が行われる時間のうち，空気中の低管理濃度特定化学物質の濃度が最も高くなると思われる時間に，試料空気の採取等を行うこと。

６　前号の規定による試料空気の採取等の時間は，15分間とすること。

⑥　第３項の許可を受けようとする事業者は，作業環境測定特例許可申請書（様式第１号）（編注・略）に作業環境測定結果摘要書（様式第２号）（編注・略）及び次の図面を添えて，所轄労働基準監督署長に提出しなければならない。

１　作業場の見取図

２　単位作業場所における測定対象物の発散源の位置，主要な設備の配置及び測定点の位置を示す図面

⑦　所轄労働基準監督署長は，前項の申請書の提出を受けた場合において，第３項の許

可をし，又はしないことを決定したときは，遅滞なく，文書で，その旨を当該事業者に通知しなければならない。

⑧ 第３項の許可を受けた事業者は，当該単位作業場所に係るその後の測定の結果の評価により当該単位作業場所が第１管理区分でなくなつたときは，遅滞なく，文書で，その旨を所轄労働基準監督署長に報告しなければならない。

⑨ 所轄労働基準監督署長は，前項の規定による報告を受けた場合及び事業場を臨検した場合において，第３項の許可に係る単位作業場所について第１管理区分を維持していないと認めたとき又は維持することが困難であると認めたときは，遅滞なく，当該許可を取り消すものとする。

別表第１（第10条関係）

物の種類	試料採取方法	分析方法
ジクロルベンジジン及びその塩	液体捕集方法	吸光光度分析方法
アルファ－ナフチルアミン及びその塩	液体捕集方法	吸光光度分析方法又は蛍光光度分析方法
塩素化ビフェニル（別名PCB）	液体捕集方法又は固体捕集方法	ガスクロマトグラフ分析方法
オルト－トリジン及びその塩	液体捕集方法	吸光光度分析方法
ジアニシジン及びその塩	液体捕集方法	吸光光度分析方法
ベリリウム及びその化合物	ろ過捕集方法	吸光光度分析方法，原子吸光分析方法又は蛍光光度分析方法
ベンゾトリクロリド	固体捕集方法又は直接捕集方法	ガスクロマトグラフ分析方法
アクリルアミド	固体捕集方法及びろ過捕集方法	ガスクロマトグラフ分析方法
アクリロニトリル	液体捕集方法，固体捕集方法又は直接捕集方法	１ 液体捕集方法にあつては，吸光光度分析方法 ２ 固体捕集方法又は直接捕集方法にあつては，ガスクロマトグラフ分析方法
アルキル水銀化合物（アルキル基がメチル基又はエチル基である物に限る。）	液体捕集方法	吸光光度分析方法，ガスクロマトグラフ分析方法又は原子吸光分析方法
インジウム化合物	第２条第２項の規定による要件に該当する分粒装置を用いるろ過捕集方法	誘導結合プラズマ質量分析方法
エチルベンゼン	固体捕集方法又は直接捕集方法	ガスクロマトグラフ分析方法
エチレンイミン	液体捕集方法	吸光光度分析方法又は高速液体クロマトグラフ分析方法
エチレンオキシド	固体捕集方法	ガスクロマトグラフ分析方法
塩化ビニル	直接捕集方法	ガスクロマトグラフ分析方法
塩素	液体捕集方法	吸光光度分析方法

オーラミン	ろ過捕集方法	吸光光度分析方法
オルトートルイジン	固体捕集方法	ガスクロマトグラフ分析方法
オルトーフタロジニトリル	固体捕集方法及びろ過捕集方法	ガスクロマトグラフ分析方法
カドミウム及びその化合物	ろ過捕集方法	吸光光度分析方法又は原子吸光分析方法
クロム酸及びその塩	液体捕集方法又はろ過捕集方法	吸光光度分析方法又は原子吸光分析方法
クロロホルム	液体捕集方法，固体捕集方法又は直接捕集方法	1　液体捕集方法にあつては，吸光光度分析方法
		2　固体捕集方法又は直接捕集方法にあつては，ガスクロマトグラフ分析方法
クロロメチルメチルエーテル	液体捕集方法	吸光光度分析方法
五酸化バナジウム	ろ過捕集方法	吸光光度分析方法又は原子吸光分析方法
コバルト及びその無機化合物	ろ過捕集方法	原子吸光分析方法
コールタール	ろ過捕集方法	重量分析方法
酸化プロピレン	固体捕集方法	ガスクロマトグラフ分析方法
三酸化二アンチモン	ろ過捕集方法	原子吸光分析方法
シアン化カリウム	液体捕集方法	吸光光度分析方法
シアン化水素	液体捕集方法	吸光光度分析方法
シアン化ナトリウム	液体捕集方法	吸光光度分析方法
四塩化炭素	液体捕集方法又は固体捕集方法	1　液体捕集方法にあつては，吸光光度分析方法
		2　固体捕集方法にあつては，ガスクロマトグラフ分析方法
1・4-ジオキサン	固体捕集方法又は直接捕集方法	ガスクロマトグラフ分析方法
1・2-ジクロロエタン（別名二塩化エチレン）	液体捕集方法，固体捕集方法又は直接捕集方法	1　液体捕集方法にあつては，吸光光度分析方法
		2　固体捕集方法又は直接捕集方法にあつては，ガスクロマトグラフ分析方法
3・3′-ジクロロ-4・4′-ジアミノジフェニルメタン	固体捕集方法	ガスクロマトグラフ分析方法
1・2-ジクロロプロパン	固体捕集方法	ガスクロマトグラフ分析方法
ジクロロメタン（別名二塩化メチレン）	固体捕集方法又は直接捕集方法	ガスクロマトグラフ分析方法
ジメチル-2・2-ジクロロビニルホスフェイト（別名DDVP）	固体捕集方法	ガスクロマトグラフ分析方法
1・1-ジメチルヒドラジン	固体捕集方法	高速液体クロマトグラフ分析方法
臭化メチル	液体捕集方法，固体捕集方法又は直接捕集方法	1　液体捕集方法，固体捕集方法にあつては，吸光光度分析方法
		2　固体捕集方法又は直接捕集方法にあつては，ガスクロマトグラフ分析方法

重クロム酸及びその塩	液体捕集方法又はろ過捕集方法	吸光光度分析方法又は原子吸光分析方法
水銀及びその無機化合物（硫化水銀を除く。）	液体捕集方法又は固体捕集方法	1　液体捕集方法にあつては，吸光光度分析方法又は原子吸光分析方法 2　固体捕集方法にあつては，原子吸光分析方法
スチレン	液体捕集方法，固体捕集方法又は直接捕集方法	1　液体捕集方法にあつては，吸光光度分析方法 2　固体捕集方法又は直接捕集方法にあつては，ガスクロマトグラフ分析方法
1·1·2·2-テトラクロロエタン（別名四塩化アセチレン）	液体捕集方法又は固体捕集方法	1　液体捕集方法にあつては，吸光光度分析方法 2　固体捕集方法にあつては，ガスクロマトグラフ分析方法
テトラクロロエチレン（別名パークロルエチレン）	固体捕集方法又は直接捕集方法	ガスクロマトグラフ分析方法
トリクロロエチレン	液体捕集方法，固体捕集方法又は直接捕集方法	1　液体捕集方法にあつては，吸光光度分析方法 2　固体捕集方法又は直接捕集方法にあつては，ガスクロマトグラフ分析方法
トリレンジイソシアネート	液体捕集方法又は固体捕集方法	1　液体捕集方法にあつては，吸光光度分析方法 2　固体捕集方法にあつては，高速液体クロマトグラフ分析方法
ナフタレン	固体捕集方法	ガスクロマトグラフ分析方法
ニッケル化合物（ニッケルカルボニルを除き，粉状の物に限る。）	ろ過捕集方法	原子吸光分析方法
ニッケルカルボニル	液体捕集方法又は固体捕集方法	1　液体捕集方法にあつては，吸光光度分析方法又は原子吸光分析方法 2　固体捕集方法にあつては，原子吸光分析方法
ニトログリコール	液体捕集方法	吸光光度分析方法
パラ－ジメチルアミノアゾベンゼン	ろ過捕集方法	吸光光度分析方法
パラ－ニトロクロルベンゼン	液体捕集方法又は固体捕集方法	1　液体捕集方法にあつては，吸光光度分析方法又はガスクロマトグラフ分析方法 2　固体捕集方法にあつては，ガスクロマトグラフ分析方法
砒（ひ）素及びその化合物（アルシン及び砒（ひ）化ガリウムを除く。）	ろ過捕集方法	吸光光度分析方法又は原子吸光分析方法
弗（ふつ）化水素	液体捕集方法	吸光光度分析方法又は高速液体クロマトグラフ分析方法

<table>
<tr><td>ベータープロピオラクトン</td><td>直接捕集方法又は固体捕集方法</td><td>ガスクロマトグラフ分析方法</td></tr>
<tr><td rowspan="2">ベンゼン</td><td rowspan="2">液体捕集方法，固体捕集方法又は直接捕集方法</td><td>1　液体捕集方法にあつては，吸光光度分析方法</td></tr>
<tr><td>2　固体捕集方法又は直接捕集方法にあつては，ガスクロマトグラフ分析方法</td></tr>
<tr><td>ペンタクロルフェノール（別名 PCP）及びそのナトリウム塩</td><td>液体捕集方法</td><td>吸光光度分析方法</td></tr>
<tr><td>ホルムアルデヒド</td><td>固体捕集方法</td><td>ガスクロマトグラフ分析方法又は高速液体クロマトグラフ分析方法</td></tr>
<tr><td>マゼンタ</td><td>ろ過捕集方法</td><td>吸光光度分析方法</td></tr>
<tr><td>マンガン及びその化合物</td><td>第２条第２項の規定による要件に該当する分粒装置を用いるろ過捕集方法</td><td>吸光光度分析方法又は原子吸光分析方法</td></tr>
<tr><td rowspan="2">メチルイソブチルケトン</td><td rowspan="2">液体捕集方法，固体捕集方法又は直接捕集方法</td><td>1　液体捕集方法にあつては，吸光光度分析方法</td></tr>
<tr><td>2　固体捕集方法又は直接捕集方法にあつては，ガスクロマトグラフ分析方法</td></tr>
<tr><td>沃（よう）化メチル</td><td>直接捕集方法</td><td>ガスクロマトグラフ分析方法</td></tr>
<tr><td>リフラクトリーセラミックファイバー</td><td>ろ過捕集方法</td><td>計数方法</td></tr>
<tr><td rowspan="2">硫化水素</td><td rowspan="2">液体捕集方法又は直接捕集方法</td><td>1　液体捕集方法にあつては，吸光光度分析方法</td></tr>
<tr><td>2　直接捕集方法にあつては，ガスクロマトグラフ分析方法</td></tr>
<tr><td rowspan="2">硫酸ジメチル</td><td rowspan="2">液体捕集方法又は固体捕集方法</td><td>1　液体捕集方法にあつては，吸光光度分析方法</td></tr>
<tr><td>2　固体捕集方法にあつては，ガスクロマトグラフ分析方法</td></tr>
</table>

【参考資料 11】

作業環境評価基準（抄）

（昭和 63 年 9 月 1 日労働省告示第 79 号）

（最終改正　令和 2 年 4 月 22 日厚生労働省告示第 192 号）

（適用）

第 1 条　この告示は，労働安全衛生法第 65 条第 1 項の作業場のうち，労働安全衛生法施行令（昭和 47 年政令第 318 号）第 21 条第 1 号，第 7 号，第 8 号及び第 10 号に掲げるものについて適用する。

（測定結果の評価）

第 2 条　労働安全衛生法第 65 条の 2 第 1 項の作業環境測定の結果の評価は，単位作業場所（作業環境測定基準（昭和 51 年労働省告示第 46 号）第 2 条第 1 項第 1 号に規定する単位作業場所をいう。以下同じ。）ごとに，次の各号に掲げる場合に応じ，それぞれ当該各号の表の下欄に掲げるところにより，第 1 管理区分から第 3 管理区分までに区分することにより行うものとする。

1　A 測定（作業環境測定基準第 2 条第 1 項第 1 号から第 2 号までの規定により行う測定（作業環境測定基準第 10 条第 4 項，第 10 条の 2 第 2 項，第 11 条第 2 項及び第 13 条第 4 項において準用する場合を含む。）をいう。以下同じ。）のみを行つた場合

管理区分	評価値と測定対象物に係る別表に掲げる管理濃度との比較の結果
第 1 管理区分	第 1 評価値が管理濃度に満たない場合
第 2 管理区分	第 1 評価値が管理濃度以上であり，かつ，第 2 評価値が管理濃度以下である場合
第 3 管理区分	第 2 評価値が管理濃度を超える場合

2　A 測定及び B 測定（作業環境測定基準第 2 条第 1 項第 2 号の 2 の規定により行う測定（作業環境測定基準第 10 条第 4 項，第 10 条の 2 第 2 項，第 11 条第 2 項及び第 13 条第 4 項において準用する場合を含む。）をいう。以下同じ。）を行つた場合

管理区分	評価値又は B 測定の測定値と測定対象物に係る別表に掲げる管理濃度との比較の結果
第 1 管理区分	第 1 評価値及び B 測定の測定値（2 以上の測定点において B 測定を実施した場合には，そのうちの最大値。以下同じ。）が管理濃度に満たない場合
第 2 管理区分	第 2 評価値が管理濃度以下であり，かつ，B 測定の測定値が管理濃度の 1.5 倍以下である場合（第 1 管理区分に該当する場合を除く。）
第 3 管理区分	第 2 評価値が管理濃度を超える場合又は B 測定の測定値が管理濃度の 1.5 倍を超える場合

②　測定対象物の濃度が当該測定で採用した試料採取方法及び分析方法によつて求められる定量下限の値に満たない測定点がある単位作業場所にあつては，当該定量下限の値を当該測定点における測定値とみなして，前項の区分を行うものとする。

③　測定値が管理濃度の 10 分の 1 に満たない測定点がある単位作業場所にあつては，管理濃度の 10 分の 1 を当該測定点における測定値とみなして，第 1 項の区分を行うことができる。

④　労働安全衛生法施行令別表第 6 の 2 第 1 号から第 47 号までに掲げる有機溶剤（特定化学物質障害予防規則（昭和 47 年労働省令第 39 号）第 36 条の 5 において準用する有機溶剤中毒予防規則（昭和 47 年労働省令第 36 号）第 28 条の 2 第 1

項の規定による作業環境測定の結果の評価にあつては，エチルベンゼン及び1･2-ジクロロプロパンを含む。以下この項において同じ。）を２種類以上含有する混合物に係る単位作業場所にあつては，測定点ごとに，次の式により計算して得た換算値を当該測定点における測定値とみなして，第１項の区分を行うものとする。この場合において，管理濃度に相当する値は，１とするものとする。

$$C = \frac{C_1}{E_1} + \frac{C_2}{E_2} + \cdots$$

この式において，C，C_1，C_2……及びE_1，E_2……は，それぞれ次の値を表すものとする。
C　換算値
C_1，C_2……有機溶剤の種類ごとの測定値
E_1，E_2……有機溶剤の種類ごとの管理濃度

（評価値の計算）

第３条　前条第１項の第１評価値及び第２評価値は，次の式により計算するものとする。

$$\log EA_1 = \log M_1 + 1.645\sqrt{\log^2\sigma_1 + 0.084}$$
$$\log EA_2 = \log M_1 + 1.151(\log^2\sigma_1 + 0.084)$$

これらの式において，EA_1，M_1，σ_1及びEA_2は，それぞれ次の値を表すものとする。
EA_1　第１評価値
M_1　A測定の測定値の幾何平均値
σ_1　A測定の測定値の幾何標準偏差
EA_2　第２評価値

②　前項の規定にかかわらず，連続する２作業日（連続する２作業日について測定を行うことができない合理的な理由がある場合にあつては，必要最小限の間隔を空けた２作業日）に測定を行つたときは，第１評価値及び第２評価値は，次の式により計算することができる。

$$\log EA_1 = \frac{1}{2}(\log M_1 + \log M_2) + 1.645\sqrt{\frac{1}{2}(\log^2\sigma_1 + \log^2\sigma_2) + \frac{1}{2}(\log M_1 - \log M_2)^2}$$
$$\log EA_2 = \frac{1}{2}(\log M_1 + \log M_2) + 1.151\left\{\frac{1}{2}(\log^2\sigma_1 + \log^2\sigma_2) + \frac{1}{2}(\log M_1 - \log M_2)^2\right\}$$

これらの式において，EA_1，M_1，M_2，σ_1，σ_2及びEA_2は，それぞれ次の値を表すものとする。
EA_1　第１評価値
M_1　１日目のA測定の測定値の幾何平均値
M_2　２日目のA測定の測定値の幾何平均値
σ_1　１日目のA測定の測定値の幾何標準偏差
σ_2　２日目のA測定の測定値の幾何標準偏差
EA_2　第２評価値

第４条　前二条の規定は，C測定（作業環境測定基準第10条第５項第１号から第４号までの規定により行う測定（作業環境測定基準第11条第３項及び第13条第５項において準用する場合を含む。）をいう。）及びD測定（作業環境測定基準第10条第５項第５号及び第６号の規定により行う測定（作業環境測定基準第11条第３項及び第13条第５項において準用する場合を含む。）をいう。）について準用する。この場合において，第２条第１項第１号中「A測定（作業環境測定基準第２条第１項第１号から第２号までの規定により行う測定（作業環境測定基準第10条第４項，第10条の２第２項，第11条第２項及び

第13条第４項において準用する場合を含む。）をいう。以下同じ。）」とあるのは「Ｃ測定（作業環境測定基準第10条第５項第１号から第４号までの規定により行う測定（作業環境測定基準第11条第３項及び第13条第５項において準用する場合を含む。）をいう。以下同じ。）」と，同項第２号中「Ａ測定及びＢ測定（作業環境測定基準第２条第１項第２号の２の規定により行う測定（作業環境測定基準第10条第４項，第10条の２第２項，第11条第２項及び第13条第４項において準用する場合を含む。）をいう。以下同じ。）」とあるのは「Ｃ測定及びＤ測定（作業環境測定基準第10条第５項第５号及び第６号の規定により行う測定（作業環境測定基準第11条第３項及び第13条第５項において準用する場合を含む。）をいう。以下同じ。）」と，「Ｂ測定の測定値」とあるのは「Ｄ測定の測定値」と，「（二以上の測定点においてＢ測定を実施した場合には，そのうちの最大値。以下同じ。）」とあるのは「（２人以上の者に対してＤ測定を実施した場合には，そのうちの最大値。以下同じ。）」と，同条第２項及び第３項中「測定点がある単位作業場所」とあるのは「測定値がある単位作業場所」と，同条第２項から第４項までの規定中「測定点における測定値」とあるのは「測定値」と，同条第４項中「測定点ごとに」とあるのは「測定値ごとに」と，前条中「$\log EA_1$」とあるのは「$\log EC_1$」と，「$\log EA_2$」とあるのは「$\log EC_2$」と,「EA_1」とあるのは「EC_1」と，「EA_2」とあるのは「EC_2」と，「Ａ測定の測定値」とあるのは「Ｃ測定の測定値」と，それぞれ読み替えるものとする。

別表（第２条関係）（抄）

物の種類	管理濃度
（中略）	
2　アクリルアミド	0.1mg/m^3
3　アクリロニトリル	2ppm
4　アルキル水銀化合物（アルキル基がメチル基又はエチル基である物に限る。）	水銀として 0.01mg/m^3
4の2　エチルベンゼン	20ppm
5　エチレンイミン	0.05ppm
6　エチレンオキシド	1ppm
7　塩化ビニル	2ppm
8　塩素	0.5ppm
9　塩素化ビフェニル（別名PCB）	0.01mg/m^3
9の2　オルト-トルイジン	1ppm
9の3　オルト-フタロジニトリル	0.01mg/m^3
10　カドミウム及びその化合物	カドミウムとして 0.05mg/m^3
11　クロム酸及びその塩	クロムとして 0.05mg/m^3
11の2　クロロホルム	3ppm
12　五酸化バナジウム	バナジウムとして 0.03mg/m^3

物の種類	管理濃度
12の2　コバルト及びその無機化合物	コバルトとして0.02mg/m^3
13　コールタール	ベンゼン可溶性成分として0.2mg/m^3
13の2　酸化プロピレン	2ppm
13の3　三酸化二アンチモン	アンチモンとして0.1mg/m^3
14　シアン化カリウム	シアンとして3mg/m^3
15　シアン化水素	3ppm
16　シアン化ナトリウム	シアンとして3mg/m^3
16の2　四塩化炭素	5ppm
16の3　1·4-ジオキサン	10ppm
16の4　1·2-ジクロロエタン（別名二塩化エチレン）	10ppm
17　3·3′-ジクロロ-4·4′-ジアミノジフェニルメタン	0.005mg/m^3
17の2　1·2-ジクロロプロパン	1ppm
17の3　ジクロロメタン（別名二塩化メチレン）	50ppm
17の4　ジメチル-2·2-ジクロロビニルホスフェイト（別名DDVP）	0.1mg/m^3
17の5　1·1-ジメチルヒドラジン	0.01ppm
18　臭化メチル	1ppm
19　重クロム酸及びその塩	クロムとして0.05mg/m^3
20　水銀及びその無機化合物(硫化水銀を除く。)	水銀として0.025mg/m^3
20の2　スチレン	20ppm
20の3　1·1·2·2-テトラクロロエタン（別名四塩化アセチレン）	1ppm
20の4　テトラクロロエチレン（別名パークロルエチレン）	25ppm
20の5　トリクロロエチレン	10ppm
21　トリレンジイソシアネート	0.005ppm
21の2　ナフタレン	10ppm
21の3　ニッケル化合物（ニッケルカルボニルを除き，粉状の物に限る。）	ニッケルとして0.1mg/m^3
22　ニッケルカルボニル	0.001ppm
23　ニトログリコール	0.05ppm
24　パラ-ニトロクロルベンゼン	0.6mg/m^3
24の2　砒（ひ）素及びその化合物（アルシン及び砒（ひ）化ガリウムを除く。）	砒（ひ）素として0.003mg/m^3
25　弗（ふっ）化水素	0.5ppm
26　ベータ-プロピオラクトン	0.5ppm
27　ベリリウム及びその化合物	ベリリウムとして0.001mg/m^3

物の種類	管理濃度
28　ベンゼン	1ppm
28の2　ベンゾトリクロリド	0.05ppm
29　ペンタクロルフェノール（別名PCP）及びそのナトリウム塩	ペンタクロルフェノールとして0.5mg/m^3
29の2　ホルムアルデヒド	0.1ppm
30　マンガン及びその化合物	マンガンとして0.05mg/m^3
30の2　メチルイソブチルケトン	20ppm
31　沃化メチル	2ppm
31の2　リフラクトリーセラミックファイバー	5マイクロメートル以上の繊維として0.3本/cm^3
32　硫化水素	1ppm
33　硫酸ジメチル	0.1ppm
（中略）	
備考　この表の下欄（編注：右欄）の値は，温度25度，1気圧の空気中における濃度を示す。	

【参考資料12】

防毒マスクの選択，使用等について

（平成17年2月7日基発第0207007号）
（最終改正　平成30年4月26日基発0426第5号）

防毒マスクは，有毒なガス，蒸気等の吸入により生じる人体への影響を防止するために使用されるものであり，その規格については，防毒マスクの規格（平成2年労働省告示第68号）において定められているが，その適正な使用等を図るため，平成8年8月6日付け基発第504号「防毒マスクの選択，使用等について」により，その選択，使用等について指示してきたところである。

防毒マスクの規格については，その後，平成12年9月11日に公示され，同年11月15日から適用された「防じんマスクの規格及び防毒マスクの規格の一部を改正する告示（平成12年労働省告示第88号）」において一部が改正されたが，改正前の防毒マスクの規格（以下「旧規格」という。）に基づく型式検定に合格した防毒マスクであって，当該型式の型式検定合格証の有効期間（5年）が満了する日までに製造されたものについては，改正後の防毒マスクの規格（以下「新規格」という。）に基づく型式検定に合格したものとみなすこととしていたことから，改正後も引き続き，新規格に基づく防毒マスクと併せて，旧規格に基づく防毒マスクが使用されていたところである。

しかしながら，最近，新規格に基づく防毒マスクが大部分を占めることとなってきた現状にかんがみ，今般，新規格に基づく防毒マスクの選択，使用等の留意事項について下記のとおり定めたので，了知の上，今後の防毒マスクの選択，使用等の適正化を図るための指導等に当たって遺憾なきを期されたい。

なお，平成8年8月6日付け基発第504号「防毒マスクの選択，使用等について」は，本通達をもって廃止する。

記

第1　事業者が留意する事項

1　全体的な留意事項

事業者は防毒マスクの選択，使用等に当たって，次に掲げる事項について特に留意すること。

(1)　事業者は，衛生管理者，作業主任者等の労働衛生に関する知識及び経験を有する者のうちから，各作業場ごとに防毒マスクを管理する保護具着用管理責任者を指名し，防毒マスクの適正な選択，着用及び取扱方法について必要な指導を行わせるとともに，防毒マスクの適正な保守管理に当たらせること。

(2)　事業者は，作業に適した防毒マスクを選択し，防毒マスクを着用する労働者に対し，当該防毒マスクの取扱説明書，ガイドブック，パンフレット等（以下「取扱説明書等」という。）に基づき，防毒マスクの適正な装着方法，使用方法及び顔面と面体の密着性の確認方法について十分な教育や訓練を行うこと。

2　防毒マスクの選択に当たっての留意事項

防毒マスクの選択に当たっては，次の事項に留意すること。

(1)　防毒マスクは，機械等検定規則（昭和47年労働省令第45号）第14条の規定に基づき吸収缶（ハロゲンガス用，有機ガス用，一酸化炭素用，アンモニア用及び亜硫酸ガス用のものに限る。）及び面体ごとに付されている型式検定合格標章により，型式検定合格品であることを確認すること。

(2)　次の事項について留意の上，防毒マスクの性能が記載されている取扱説明書等を参考に，それぞれの作業に適した防毒マスクを選ぶこと。

ア　作業内容，作業強度等を考慮し，防毒マスクの重量，吸気抵抗，排気抵抗等が当該作業に適したものを選ぶこと。具体的には，吸気抵抗及び排気抵抗が低いほど呼吸が楽にできることから，作業強度が強い場合にあっては，吸気抵抗及び排気抵抗ができるだけ低いものを選ぶこと。

イ　作業環境中の有害物質（防毒マスクの規格第１条の表下欄に掲げる有害物質をいう。以下同じ。）の種類，濃度及び粉じん等の有無に応じて，面体及び吸収缶の種類を選ぶこと。その際，次の事項について留意すること。

(ア)　作業環境中の有害物質の種類，発散状況，濃度，作業時のばく露の危険性の程度を着用者に理解させること。

(イ)　作業環境中の有害物質の濃度に対して除毒能力に十分な余裕のあるものであること。

なお，除毒能力の高低の判断方法としては，防毒マスク及び防毒マスク用吸収缶に添付されている破過曲線図から，一定のガス濃度に対する破過時間（吸収缶が除毒能力を喪失するまでの時間）の長短を比較する方法があること。

例えば，次の図に示す吸収缶A及び同Bの破過曲線図では，ガス濃度1%の場合を比べると，破過時間はAが30分，Bが55分となり，Aに比べてBの除毒能力が高いことがわかること。

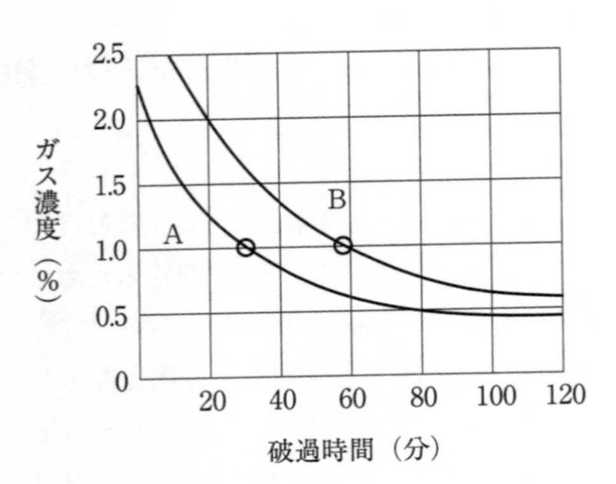

(ウ)　有機ガス用防毒マスクの吸収缶は，有機ガスの種類により防毒マスクの規格第７条に規定される除毒能力試験の試験用ガスと異なる破過時間を示す場合があること。

特に，メタノール，ジクロルメタン，二硫化炭素，アセトン等については，試験用ガスに比べて破過時間が著しく短くなるので注意すること。

(エ)　使用する環境の温度又は湿度によっては，吸収缶の破過時間が短くなる場合があること。

有機ガス用防毒マスクの吸収缶は，使用する環境の温度又は湿度が高いほど破過時間が短くなる傾向があり，沸点の低い物質ほど，その傾向が顕著であること。また，一酸化炭素用防毒マスクの吸収缶は，使用する環境の湿度が高いほど破過時間が短くなる傾向にあること。

(オ)　防毒マスクの吸収缶の破過時間を推定する必要があるときには，当該吸収缶の製造者等に照会すること。

(カ)　ガス又は蒸気状の有害物質が粉じん等と混在している作業環境中では，粉じん等を捕集する防じん機能を有する防毒マスクを選択すること。その際，次の事項について留意すること。

(i) 防じん機能を有する防毒マスクの吸収缶は，作業環境中の粉じん等の種類，発散状況，作業時のばく露の危険性の程度等を考慮した上で，適切な区分のものを選ぶこと。なお，作業環境中に粉じん等に混じってオイルミスト等が存在する場合にあっては，液体の試験粒子を用いた粒子捕集効率試験に合格した吸収缶（L1，L2及びL3）を選ぶこと。また，粒子捕集効率が高いほど，粉じん等をよく捕集できること。

(ii) 吸収缶の破過時間に加え，捕集する作業環境中の粉じん等の種類，粒径，発散状況及び濃度が使用限度時間に影響するので，これらの要因を考慮して選択すること。なお，防じん機能を有する防毒マスクの吸収缶の取扱説明書等には，吸気抵抗上昇値が記載されているが，これが高いものほど目詰まりが早く，より短時間で息苦しくなることから，使用限度時間は短くなること。

(iii) 防じん機能を有する防毒マスクの吸収缶のろ過材は，一般に粉じん等を捕集するに従って吸気抵抗が高くなるが，S1，S2又はS3のろ過材では，オイルミスト等が堆積した場合に吸気抵抗が変化せずに急激に粒子捕集効率が低下するもの，また，L1，L2又はL3のろ過材でも多量のオイルミスト等の堆積により粒子捕集効率が低下するものがあるので，吸気抵抗の上昇のみを使用限度の判断基準にしないこと。

(キ) 2種類以上の有害物質が混在する作業環境中で防毒マスクを使用する場合には次によること。

(i) 作業環境中に混在する2種類以上の有害物質についてそれぞれ合格した吸収缶を選定すること。

(ii) この場合の吸収缶の破過時間については，当該吸収缶の製造者等に照会すること。

(3) 防毒マスクの顔面への密着性の確認

着用者の顔面と防毒マスクの面体との密着が十分でなく漏れがあると有害物質の吸入を防ぐ効果が低下するため，防毒マスクの面体は，着用者の顔面に合った形状及び寸法の接顔部を有するものを選択すること。そのため，以下の方法又はこれと同等以上の方法により，各着用者に顔面への密着性の良否を確認させること。

まず，作業時に着用する場合と同じように，防毒マスクを着用させる。なお，保護帽，保護眼鏡等の着用が必要な作業にあっては，保護帽，保護眼鏡等も同時に着用させる。その後，いずれかの方法により密着性を確認させること。

ア　陰圧法

防毒マスクの面体を顔面に押しつけないように，フィットチェッカー等を用いて吸気口をふさぐ。息を吸って，防毒マスクの面体と顔面との隙間から空気が面体内に漏れ込まず，面体が顔面に吸いつけられるかどうかを確認する。

イ　陽圧法

防毒マスクの面体を顔面に押しつけないように，フィットチェッカー等を用いて排気口をふさぐ。息を吐いて，空気が面体内から流出せず，面体内に呼気が滞留することによって面体が膨張するかどうかを確認する。

3　防毒マスクの使用に当たっての留意事項

防毒マスクの使用に当たっては，次の事項に留意すること。

(1)　防毒マスクは，酸素濃度18%未満の場所では使用してはならないこと。このような場所では給気式呼吸用保護具を使用させること。

(2)　防毒マスクを着用しての作業は，通常より呼吸器系等に負荷がかかることから，呼吸器系等に疾患がある者については，防毒マスクを着用しての作業が適当であるか否かについて，産業医等に確認すること。

(3)　防毒マスクを適正に使用するため，防毒マスクを着用する前には，その都度，着用者に次の事項について点検を行わせること。

ア　吸気弁，面体，排気弁，しめひも等に破損，亀裂又は著しい変形がないこと。

イ　吸気弁，排気弁及び弁座に粉じん等が付着していないこと。

なお，排気弁に粉じん等が付着している場合には，相当の漏れ込みが考えられるので，陰圧法により密着性，排気弁の気密性等を十分に確認すること。

ウ　吸気弁及び排気弁が弁座に適切に固定され，排気弁の気密性が保たれていること。

エ　吸収缶が適切に取り付けられていること。

オ　吸収缶に水が侵入したり，破損又は変形していないこと。

カ　吸収缶から異臭が出ていないこと。

キ　ろ過材が分離できる吸収缶にあっては，ろ過材が適切に取り付けられていること。

ク　未使用の吸収缶にあっては，製造者が指定する保存期限を超えていないこと。また，包装が破損せず気密性が保たれていること。

ケ　予備の防毒マスク及び吸収缶を用意していること。

(4)　防毒マスクの使用時間について，当該防毒マスクの取扱説明書等及び破過曲線図，製造者等への照会結果等に基づいて，作業場所における空気中に存在する有害物質の濃度並びに作業場所における温度及び湿度に対して余裕のある使用限度時間をあらかじめ設定し，その設定時間を限度に防毒マスクを使用させること。

また，防毒マスク及び防毒マスク用吸収缶に添付されている使用時間記録カードには，使用した時間を必ず記録させ，使用限度時間を超えて使用させないこと。

なお，従来から行われているところの，防毒マスクの使用中に臭気等を感知した場合を使用限度時間の到来として吸収缶の交換時期とする方法は，有害物質の臭気等を感知できる濃度がばく露限界濃度より著しく小さい物質に限り行っても差し支えないこと。以下に例を掲げる。

アセトン（果実臭）
クレゾール（クレゾール臭）
酢酸イソブチル（エステル臭）
酢酸イソプロピル（果実臭）
酢酸エチル（マニュキュア臭）
酢酸ブチル（バナナ臭）
酢酸プロピル（エステル臭）
スチレン（甘い刺激臭）
1-ブタノール（アルコール臭）
2-ブタノール（アルコール臭）
メチルイソブチルケトン（甘い刺激臭）
メチルエチルケトン（甘い刺激臭）

(5)　防毒マスクの使用中に有害物質の臭気

等を感知した場合は，直ちに着用状態の確認を行わせ，必要に応じて吸収缶を交換させること。

(6)　一度使用した吸収缶は，破過曲線図，使用時間記録カード等により，十分な除毒能力が残存していることを確認できるものについてのみ，再使用させて差し支えないこと。

ただし，メタノール，二硫化炭素等破過時間が試験用ガスの破過時間よりも著しく短い有害物質に対して使用した吸収缶は，吸収缶の吸収剤に吸着された有害物質が時間と共に吸収剤から微量ずつ脱着して面体側に漏れ出してくることがあるため，再使用させないこと。

(7)　防毒マスクを適正に使用させるため，顔面と面体の接顔部の位置，しめひもの位置及び締め方等を適切にさせること。また，しめひもについては，耳にかけることなく，後頭部において固定させること。

(8)　着用後，防毒マスクの内部への空気の漏れ込みがないことをフィットチェッカー等を用いて確認させること。

なお，密着性の確認方法は，上記2の(3)に記載したいずれかの方法によること。

(9)　次のような防毒マスクの着用は，有害物質が面体の接顔部から面体内へ漏れ込むおそれがあるため，行わせないこと。

ア　タオル等を当てた上から防毒マスクを使用すること。

イ　面体の接顔部に「接顔メリヤス」等を使用すること。

ウ　着用者のひげ，もみあげ，前髪等が面体の接顔部と顔面の間に入り込んだり，排気弁の作動を妨害するような状態で防毒マスクを使用すること。

(10)　防じんマスクの使用が義務付けられている業務であって防毒マスクの使用が必要な場合には，防じん機能を有する防毒マスクを使用させること。

また，吹付け塗装作業等のように，防じんマスクの使用の義務付けがない業務であっても，有機溶剤の蒸気と塗料の粒子等の粉じんとが混在している場合については，同様に，防じん機能を有する防毒マスクを使用させること。

4　防毒マスクの保守管理上の留意事項

防毒マスクの保守管理に当たっては，次の事項に留意すること。

(1)　予備の防毒マスク，吸収缶その他の部品を常時備え付け，適時交換して使用できるようにすること。

(2)　防毒マスクを常に有効かつ清潔に保持するため，使用後は有害物質及び湿気の少ない場所で，吸気弁，面体，排気弁，しめひも等の破損，亀裂，変形等の状況及び吸収缶の固定不良，破損等の状況を点検するとともに，防毒マスクの各部について次の方法により手入れを行うこと。ただし，取扱説明書等に特別な手入れ方法が記載されている場合は，その方法に従うこと。

ア　吸気弁，面体，排気弁，しめひも等については，乾燥した布片又は軽く水で湿らせた布片で，付着した有害物質，汗等を取り除くこと。

また，汚れの著しいときは，吸収缶を取り外した上で面体を中性洗剤等により水洗すること。

イ　吸収缶については，吸収缶に充塡されている活性炭等は吸湿又は乾燥により能力が低下するものが多いため，使用直前まで開封しないこと。

また，使用後は上栓及び下栓を閉めて保管すること。栓がないものにあっては，密封できる容器又は袋に入れて保管すること。

(3)　次のいずれかに該当する場合には，防毒マスクの部品を交換し，又は防毒マスクを廃棄すること。

ア　吸収缶について，破損若しくは著しい変形が認められた場合又はあらかじめ設定した使用限度時間に達した場合

イ　吸気弁，面体，排気弁等について，破損，亀裂若しくは著しい変形を生じた場合又は粘着性が認められた場合

ウ　しめひもについて，破損した場合又は弾性が失われ，伸縮不良の状態が認められた場合

(4)　点検後，直射日光の当たらない，湿気の少ない清潔な場所に専用の保管場所を設け，管理状況が容易に確認できるように保管すること。なお，保管に当たっては，積み重ね，折り曲げ等により面体，連結管，しめひも等について，き裂，変形等の異常を生じないようにすること。

なお，一度使用した吸収缶を保管すると，一度吸着された有害物質が脱着すること等により，破過時間が破過曲線図によって推定した時間より著しく短くなる場合があるので注意すること。

(5)　使用済みの吸収缶の廃棄にあっては，吸収剤に吸着された有害物質が遊離し，又は吸収剤が吸収缶外に飛散しないように容器又は袋に詰めた状態で廃棄すること。

第２　製造者等が留意する事項

防毒マスクの製造者等は，次の事項を実施するよう努めること。

1　防毒マスクの販売に際し，事業者等に対し，防毒マスクの選択，使用等に関する情報の提供及びその具体的な指導をすること。

2　防毒マスクの選択，使用等について，不適切な状態を把握した場合には，これを是正するように，事業者等に対し，指導すること。

【参考資料 13】

防じんマスクの選択，使用等について

（平成 17 年 2 月 7 日基発第 0207006 号）
（最終改正　令和 3 年 1 月 26 日基発 0126 第 2 号）

防じんマスクは，空気中に浮遊する粒子状物質（以下「粉じん等」という。）の吸入により生じるじん肺等の疾病を予防するために使用されるものであり，その規格については，防じんマスクの規格（昭和 63 年労働省告示第 19 号）において定められているが，その適正な使用等を図るため，平成 8 年 8 月 6 日付け基発第 505 号「防じんマスクの選択，使用等について」により，その適正な選択，使用等について指示してきたところである。

防じんマスクの規格については，その後，平成 12 年 9 月 11 日に公示され，同年 11 月 15 日から適用された「防じんマスクの規格及び防毒マスクの規格の一部を改正する告示（平成 12 年労働省告示第 88 号）」において一部が改正されたが，改正前の防じんマスクの規格（以下「旧規格」という。）に基づく型式検定に合格した防じんマスクであって，当該型式の型式検定合格証の有効期間（5 年）が満了する日までに製造されたものについては，改正後の防じんマスクの規格（以下「新規格」という。）に基づく型式検定に合格したものとみなすこととしていたことから，改正後も引き続き，新規格に基づく防じんマスクと併せて，旧規格に基づく防じんマスクが使用されていたところである。

しかしながら，最近，新規格に基づく防じんマスクが大部分を占めることとなってきた現状にかんがみ，今般，新規格に基づく防じんマスクの選択，使用等の留意事項について下記のとおり定めたので，了知の上，今後の防じんマスクの選択，使用等の適正化を図るための指導等に当たって遺憾なきを期されたい。

なお，平成 8 年 8 月 6 日付け基発第 505 号「防じんマスクの選択，使用等について」は，本通達をもって廃止する。

記

第 1　事業者が留意する事項

1　全体的な留意事項

事業者は，防じんマスクの選択，使用等に当たって，次に掲げる事項について特に留意すること。

(1)　事業者は，衛生管理者，作業主任者等の労働衛生に関する知識及び経験を有する者のうちから，各作業場ごとに防じんマスクを管理する保護具着用管理責任者を指名し，防じんマスクの適正な選択，着用及び取扱方法について必要な指導を行わせるとともに，防じんマスクの適正な保守管理に当たらせること。

(2)　事業者は，作業に適した防じんマスクを選択し，防じんマスクを着用する労働者に対し，当該防じんマスクの取扱説明書，ガイドブック，パンフレット等（以下「取扱説明書等」という。）に基づき，防じんマスクの適正な装着方法，使用方法及び顔面と面体の密着性の確認方法について十分な教育や訓練を行うこと。

2　防じんマスクの選択に当たっての留意事項

防じんマスクの選択に当たっては，次の事項に留意すること。

(1)　防じんマスクは，機械等検定規則（昭和 47 年労働省令第 45 号）第 14 条の規定に基づき面体，ろ過材及び吸気補助具が分離できる吸気補助具付き防じんマスクの吸気補助具ごと（使い捨て式防じんマスクにあっては面体ごと）に付されて

いる型式検定合格標章により型式検定合格品であることを確認すること。なお，吸気補助具付き防じんマスクについては，機械等検定規則（昭和 47 年労働省令第 45 号）に定める型式検定合格標章に「補」が記載されていることに留意すること。

また，型式検定合格標章において，型式検定合格番号の同一のものが適切な組合せであり，当該組合せで使用して初めて型式検定に合格した防じんマスクとして有効に機能するものであることに留意すること。

(2) 労働安全衛生規則（昭和 47 年労働省令第 32 号。以下「安衛則」という。）第 592 条の 5，鉛中毒予防規則（昭和 47 年労働省令第 37 号。以下「鉛則」という。）第 58 条，特定化学物質等障害予防規則（昭和 47 年労働省令第 39 号。以下「特化則」という。）第 43 条，電離放射線障害防止規則(昭和 47 年労働省令第 41 号。以下「電離則」という。）第 38 条及び粉じん障害防止規則（昭和 54 年労働省令第 18 号。以下「粉じん則」という。）第 27 条のほか労働安全衛生法令に定める呼吸用保護具のうち防じんマスクについては，粉じん等の種類及び作業内容に応じ，別紙の表に示す防じんマスクの規格第 1 条第 3 項に定める性能を有するものであること。

(3) 次の事項について留意の上，防じんマスクの性能が記載されている取扱説明書等を参考に，それぞれの作業に適した防じんマスクを選ぶこと。

ア 粉じん等の種類及び作業内容の区分並びにオイルミスト等の混在の有無の区分のうち，複数の性能の防じんマスクを使用させることが可能な区分であっても，作業環境中の粉じん等の種類，作業内容，粉じん等の発散状況，作業時のばく露の危険性の程度等を考慮した上で，適切な区分の防じんマスクを選ぶこと。高濃度ばく露のおそれがあると認められるときは，できるだけ粉じん捕集効率が高く，かつ，排気弁の動的漏れ率が低いものを選ぶこと。さらに，顔面とマスクの面体の高い密着性が要求される有害性の高い物質を取り扱う作業については，取替え式の防じんマスクを選ぶこと。

イ 粉じん等の種類及び作業内容の区分並びにオイルミスト等の混在の有無の区分のうち，複数の性能の防じんマスクを使用させることが可能な区分については，作業内容，作業強度等を考慮し，防じんマスクの重量，吸気抵抗，排気抵抗等が当該作業に適したものを選ぶこと。具体的には，吸気抵抗及び排気抵抗が低いほど呼吸が楽にできることから，作業強度が強い場合にあっては，吸気抵抗及び排気抵抗ができるだけ低いものを選ぶこと。

ウ ろ過材を有効に使用することのできる時間は，作業環境中の粉じん等の種類，粒径，発散状況及び濃度に影響を受けるため，これらの要因を考慮して選択すること。

吸気抵抗上昇値が高いものほど目詰まりが早く，より短時間で息苦しくなることから，有効に使用することのできる時間は短くなること。

また，防じんマスクは一般に粉じん等を捕集するに従って吸気抵抗が高くなるが，RS1，RS2，RS3，DS1，DS2 又は DS3 の防じんマスクでは，オイルミスト等が堆積した場合に吸気抵抗が変化せずに急激に粒子捕集効率が低下するもの，また，RL1，RL2，RL3，DL1，DL2 又は DL3 の防じんマスクでも多量のオイルミスト等の堆積により粒子捕集効率が低下するものがあるので，吸気抵抗の上昇のみを使用限度の判断基準にしないこと。

(4)　防じんマスクの顔面への密着性の確認

粒子捕集効率の高い防じんマスクであっても，着用者の顔面と防じんマスクの面体との密着が十分でなく漏れがあると，粉じんの吸入を防ぐ効果が低下するため，防じんマスクの面体は，着用者の顔面に合った形状及び寸法の接顔部を有するものを選択すること。特に，ろ過材の粒子捕集効率が高くなるほど，粉じんの吸入を防ぐ効果を上げるためには，密着性を確保する必要があること。そのため，以下の方法又はこれと同等以上の方法により，各着用者に顔面への密着性の良否を確認させること。

なお，大気中の粉じん，塩化ナトリウムエアロゾル，サッカリンエアロゾル等を用いて密着性の良否を確認する機器もあるので，これらを可能な限り利用し，良好な密着性を確保すること。

ア　取替え式防じんマスクの場合

作業時に着用する場合と同じように，防じんマスクを着用させる。なお，保護帽，保護眼鏡等の着用が必要な作業にあっては，保護帽，保護眼鏡等も同時に着用させる。その後，いずれかの方法により密着性を確認させること。

(ア)　陰圧法

防じんマスクの面体を顔面に押しつけないように，フィットチェッカー等を用いて吸気口をふさぐ。息を吸って，防じんマスクの面体と顔面との隙間から空気が面体内に漏れ込まず，面体が顔面に吸いつけられるかどうかを確認する。

(イ)　陽圧法

防じんマスクの面体を顔面に押しつけないように，フィットチェッカー等を用いて排気口をふさぐ。息を吐いて，空気が面体内から流出せず，面体内に呼気が滞留することによって面体が膨張するかどうかを確認する。

イ　使い捨て式防じんマスクの場合

使い捨て式防じんマスクの取扱説明書等に記載されている漏れ率のデータを参考とし，個々の着用者に合った大きさ，形状のものを選択すること。

3　防じんマスクの使用に当たっての留意事項

防じんマスクの使用に当たっては，次の事項に留意すること。

(1)　防じんマスクは，酸素濃度18%未満の場所では使用してはならないこと。このような場所では給気式呼吸用保護具を使用させること。

また，防じんマスク（防臭の機能を有しているものを含む。）は，有害なガスが存在する場所においては使用させてはならないこと。このような場所では防毒マスク又は給気式呼吸用保護具を使用させること。

(2)　防じんマスクを適正に使用するため，防じんマスクを着用する前には，その都度，着用者に次の事項について点検を行わせること。

ア　吸気弁，面体，排気弁，しめひも等に破損，亀裂又は著しい変形がないこと。

イ　吸気弁，排気弁及び弁座に粉じん等が付着していないこと。

なお，排気弁に粉じん等が付着している場合には，相当の漏れ込みが考えられるので，陰圧法により密着性，排気弁の気密性等を十分に確認すること。

ウ　吸気弁及び排気弁が弁座に適切に固定され，排気弁の気密性が保たれていること。

エ　ろ過材が適切に取り付けられていること。

オ　ろ過材が破損したり，穴が開いていないこと。

カ　ろ過材から異臭が出ていないこと。

キ　予備の防じんマスク及びろ過材を用意していること。

(3)　防じんマスクを適正に使用させるため，顔面と面体の接顔部の位置，しめひもの位置及び締め方等を適切にさせること。また，しめひもについては，耳にかけることなく，後頭部において固定させること。

(4)　着用後，防じんマスクの内部への空気の漏れ込みがないことをフィットチェッカー等を用いて確認させること。

なお，取替え式防じんマスクに係る密着性の確認方法は，上記2の（4）のアに記載したいずれかの方法によること。

(5)　次のような防じんマスクの着用は，粉じん等が面体の接顔部から面体内へ漏れ込むおそれがあるため，行わせないこと。

ア　タオル等を当てた上から防じんマスクを使用すること。

イ　面体の接顔部に「接顔メリヤス」等を使用すること。ただし，防じんマスクの着用により皮膚に湿しん等を起こすおそれがある場合で，かつ，面体と顔面との密着性が良好であるときは，この限りでないこと。

ウ　着用者のひげ，もみあげ，前髪等が面体の接顔部と顔面の間に入り込んだり，排気弁の作動を妨害するような状態で防じんマスクを使用すること。

(6)　防じんマスクの使用中に息苦しさを感じた場合には，ろ過材を交換すること。

なお，使い捨て式防じんマスクにあっては，当該マスクに表示されている使用限度時間に達した場合又は使用限度時間内であっても，息苦しさを感じたり，著しい型くずれを生じた場合には廃棄すること。

4　防じんマスクの保守管理上の留意事項

防じんマスクの保守管理に当たっては，次の事項に留意すること。

(1)　予備の防じんマスク，ろ過材その他の部品を常時備え付け，適時交換して使用できるようにすること。

(2)　防じんマスクを常に有効かつ清潔に保持するため，使用後は粉じん等及び湿気の少ない場所で，吸気弁，面体，排気弁，しめひも等の破損，亀裂，変形等の状況及びろ過材の固定不良，破損等の状況を点検するとともに，防じんマスクの各部について次の方法により手入れを行うこと。ただし，取扱説明書等に特別な手入れ方法が記載されている場合は，その方法に従うこと。

ア　吸気弁，面体，排気弁，しめひも等については，乾燥した布片又は軽く水で湿らせた布片で，付着した粉じん，汗等を取り除くこと。

また，汚れの著しいときは，ろ過材を取り外した上で面体を中性洗剤等により水洗すること。

イ　ろ過材については，よく乾燥させ，ろ過材上に付着した粉じん等が飛散しない程度に軽くたたいて粉じん等を払い落すこと。

ただし，ひ素，クロム等の有害性が高い粉じん等に対して使用したろ過材については，1回使用するごとに廃棄すること。

なお，ろ過材上に付着した粉じん等を圧搾空気等で吹き飛ばしたり，ろ過材を強くたたくなどの方法によるろ過材の手入れは，ろ過材を破損させるほか，粉じん等を再飛散させることとなるので行わないこと。

また，ろ過材には水洗して再使用できるものと，水洗すると性能が低下したり破損したりするものがあるので，取扱説明書等の記載内容を確認し，水洗が可能な旨の記載のあるもの以外は水洗してはならないこと。

ウ　取扱説明書等に記載されている防じんマスクの性能は，ろ過材が新品の場合のものであり，一度使用したろ過材を手入れして再使用（水洗して再使用することを含む。）する場合は，新品時より粒子捕集効率が低下していないこと及び吸気抵抗が上昇していないことを確認して使用すること。

(3)　次のいずれかに該当する場合には，防じんマスクの部品を交換し，又は防じんマスクを廃棄すること。

ア　ろ過材について，破損した場合，穴が開いた場合又は著しい変形を生じた場合

イ　吸気弁，面体，排気弁等について，破損，亀裂若しくは著しい変形を生じた場合又は粘着性が認められた場合

ウ　しめひもについて，破損した場合又は弾性が失われ，伸縮不良の状態が認められた場合

エ　使い捨て式防じんマスクにあっては，使用限度時間に達した場合又は使用限度時間内であっても，作業に支障をきたすような息苦しさを感じたり著しい型くずれを生じた場合

(4)　点検後，直射日光の当たらない，湿気の少ない清潔な場所に専用の保管場所を設け，管理状況が容易に確認できるように保管すること。なお，保管に当たっては，積み重ね，折り曲げ等により面体，連結管，しめひも等について，亀裂，変形等の異常を生じないようにすること。

(5)　使用済みのろ過材及び使い捨て式防じんマスクは，付着した粉じん等が再飛散しないように容器又は袋に詰めた状態で廃棄すること。

第２　製造者等が留意する事項

防じんマスクの製造者等は，次の事項を実施するよう努めること。

1　防じんマスクの販売に際し，事業者等に対し，防じんマスクの選択，使用等に関する情報の提供及びその具体的な指導をすること。

2　防じんマスクの選択，使用等について，不適切な状態を把握した場合には，これを是正するように，事業者等に対し，指導すること。

別紙

粉じん等の種類及び作業内容	防じんマスクの性能の区分
○安衛則第 592 条の 5 廃棄物の焼却施設に係る作業で，ダイオキシン類の粉じんのばく露のおそれのある作業において使用する防じんマスク ・オイルミスト等が混在しない場合 ・オイルミスト等が混在する場合 ○電離則第 38 条 放射性物質がこぼれたとき等による汚染のおそれがある区域内の作業又は緊急作業において使用する防じんマスク ・オイルミスト等が混在しない場合 ・オイルミスト等が混在する場合	 RS3，RL3 RL3 RS3，RL3 RL3
○鉛則第 58 条，特化則第 43 条及び粉じん則第 27 条 金属のヒューム（溶接ヒュームを含む。）を発散する場所における作業において使用する防じんマスク ・オイルミスト等が混在しない場合 ・オイルミスト等が混在する場合 ○鉛則第 58 条及び特化則第 43 条 管理濃度が 0.1 mg/m^3 以下の物質の粉じんを発散する場所における作業において使用する防じんマスク ・オイルミスト等が混在しない場合 ・オイルミスト等が混在する場合	 RS2，RS3，DS2，DS3，RL2，RL3，DL2，DL3 RL2，RL3，DL2，DL3 RS2，RS3，DS2，DS3，RL2，RL3，DL2，DL3 RL2，RL3，DL2，DL3
○上記以外の粉じん作業 ・オイルミスト等が混在しない場合 ・オイルミスト等が混在する場合	RS1，RS2，RS3，DS1，DS2，DS3 RL1，RL2，RL3，DL1，DL2，DL3 RL1，RL2，RL3，DL1，DL2，DL3

【参考資料 14】

送気マスクの適正な使用等について

（平成 25 年 10 月 29 日基安化発 1029 第 1 号）

送気マスクは，空気中の有害物質の吸入による健康障害を予防する等のため，ろ過式呼吸用保護具（防じんマスク，防毒マスク等）が使用できない環境下においても使用することができるものとして，有機溶剤中毒予防規則（昭和 47 年労働省令第 36 号），特定化学物質障害予防規則（昭和 47 年労働省令第 39 号），酸素欠乏症等防止規則（昭和 47 年労働省令第 42 号）等においてその使用が規定されている。

しかしながら，清浄な空気が供給される送気マスクにおいても，顔面と面体との間に隙間が生じたこと，空気供給量が少なかったことなどが原因と思われる災害が発生したところである。

このため，送気マスクの使用等に関する注意事項を下記のとおり示すので，送気マスクを使用する事業者への指導等に当たって，万全を期されるようお願いする。

なお，関係団体に対しては別紙（略）のとおり要請を行ったので了知されたい。

記

1　送気マスクの防護性能（防護係数）に応じた適切な選択

送気マスクの選定に当たっては，日本工業規格（JIS T 8150：2006「呼吸用保護具の選択，使用及び保守管理方法」及び JIS T 8153：2002「送気マスク」）を参考に，作業者の顔面・頭部に合った寸法の面体等を有する送気マスクを選択すること。

なお，送気マスクの防護係数は，労働者ごとに実測したものを用いることを原則とし，使用する送気マスクの防護係数が作業場の濃度倍率（有害物質の濃度と許容濃度との比）と比べ，十分大きなものであることを確認すること。

別添のとおり JIS T 8150 に記載されている指定防護係数は，防護係数を実測できない場合に限って用いるものであること。

2　面体等に供給する空気量の確保

送気マスクは，面体等に十分な量の空気が供給されることで所定の防護性能が発揮されるため，その空気供給量に適した空気源，ホースなどを備えること。

なお，空気供給量を最小に絞った場合は，平均呼吸量としては十分でも，ピーク吸気時には不足する空気が面体内に漏れこむ可能性があるので，作業に応じて呼吸しやすい空気供給量に調節することに加え，十分な防護性能を得るために空気供給量を多めに調節すること。

また，送気マスクを使用する際は，有害な空気を吸入しないために，ろ過フィルターの定期的な交換のほか，清浄空気供給装置等を使用することが望ましい。

3　ホースの閉塞などへの対処

送気マスクに使われるホース（純正品でないものを含む。）については，手で簡単に折り曲げることができるものがあり，タイヤで踏まれたり，障害物に引っ掛かるなどのほか，同心円状に束ねられたホースを伸ばしていく過程でラセン状になったホースがねじれ，一時的に給気が止まることがある。このため，十分な強度を持つホースを選択すること，ホースの監視者（流量の確認，ホースの折れ曲がり等を監視することとともに，ホースがねじれないよう引き回しの介助等を行う者）を配置すること，ホースがその他の作業者の動線と重ならないようにすること，タイヤで踏まれないようにすること等の対策を講じること。

また，監視者を配置するに当たり，1人の監視者が複数の作業者を監視する場合には，適切に各作業者の状況が把握できるような体制とすること。

なお，給気が停止した際に，そのことを作業者に知らせる警報装置の設置，面体を持つ送気マスクでは，面体内圧が低下したことを作業者に知らせる個人用警報装置付きのものは，作業者の速やかな退避に有効であること。

さらに，IDLH環境（Immediately Dangerous to Life or Health：生命及び健康に直ちに危険を及ぼす環境）など非常に危険な環境では，給気が停止した際に対応するために小型空気ボンベを備えた複合式エアラインマスク，空気源に異常が生じた際にそのことを警報するとともに空気源が自動的に切り替わる緊急時給気切換警報装置に接続したエアラインマスクの使用が望ましいこと。

4　作業時間の管理及び巡視

送気マスクを使用している場合においても一定の有害物質の吸入ばく露があり得ることから，長時間の連続作業を行わないよう連続作業時間に上限を定め，適宜休憩時間を設けること。

また，法令に定める作業主任者に，その職務，特に作業計画及び作業場の巡視を行わせること。

さらに，夏季における船体の塗装区画内部等では，高温になることで有害物質の蒸発量が増し，その結果ばく露濃度が増大することがあり，熱中症とも相まって中毒を起こしやすいことに留意すること。

5　緊急時の連絡方法の確保

送気マスクを使用して塗装作業等の長時間の連続作業を単独で行う場合には，異常が発生した時に救助を求めるブザーや連絡用のトランシーバ等を備えるなど，緊急時の連絡方法の確保を行うこと。

6　送気マスクの使用方法に関する教育の実施

雇入れ時又は配置転換時に，送気マスクの正しい装着方法及び顔面への密着性の確認方法について，作業者に教育を行うこと。

【参考資料 15】

化学防護手袋の選択，使用等について

（平成 29 年 1 月 12 日基発 0112 第 6 号）

有害な化学物質が直接皮膚に接触することによって生じる，皮膚の損傷等の皮膚障害や，体内への経皮による吸収によって生じる健康障害を防止するためには，化学物質を製造し，又は取り扱う設備の自動化や密閉化，適切な治具の使用等により，有害な化学物質への接触の機会をできるだけ少なくすることが必要であるが，作業の性質上本質的なばく露防止対策を取れない場合には，化学防護手袋を使用することが重要である。化学防護手袋は，使用されている材料によって，防護性能，作業性，機械的強度等が変わるため，対象とする有害な化学物質を考慮して作業に適した手袋を選択する必要がある。

今般，特定化学物質障害予防規則及び労働安全衛生規則の一部を改正する省令（平成 28 年厚生労働省令第 172 号）による特定化学物質障害予防規則（昭和 47 年労働省令第 39 号）の改正により，経皮吸収対策に係る規制を強化したことに伴い，化学防護手袋の選択，使用等の留意事項について下記のとおり定め，別添 1（略）により日本防護手袋研究会会長あて及び別添 2（略）により別紙関係事業者等団体の長あて通知したので，了知されたい。また，今後，有害な化学物質を取り扱う事業場を指導する際には，下記の内容を周知されたい。

記

第 1　事業者が留意する事項

1　全体的な留意事項

化学物質へのばく露防止対策を講じるに当たっては，有害性が極力低い化学物質への代替や発散源を密閉する設備等の工学的対策等による根本的なレベルでのリスク低減を行うことが望ましく，化学防護手袋の使用はより根本的なレベルでのばく露防止対策を講じることができない場合にやむを得ず講じる対策であることを前提として，事業者は，化学防護手袋の選択，使用等に当たって，次に掲げる事項について特に留意すること。

(1)　事業者は，衛生管理者，作業主任者等の労働衛生に関する知識及び経験を有する者のうちから，作業場ごとに化学防護手袋を管理する保護具着用管理責任者を指名し，化学防護手袋の適正な選択，着用及び取扱方法について労働者に対し必要な指導を行わせるとともに，化学防護手袋の適正な保守管理に当たらせること。なお，特定化学物質障害予防規則等により，保護具の使用状況の監視は，作業主任者の職務とされているので，上記と併せてこれを徹底すること。

(2)　事業者は，作業に適した化学防護手袋を選択し，化学防護手袋を着用する労働者に対し，当該化学防護手袋の取扱説明書，ガイドブック，パンフレット等（以下「取扱説明書等」という。）に基づき，化学防護手袋の適正な装着方法及び使用方法について十分な教育や訓練を行うこと。

2　化学防護手袋の選択に当たっての留意事項

労働安全衛生関係法令において使用されている「不浸透性」は，有害物等と直接接触することがないような性能を有することを指しており，日本工業規格（以下「JIS」という。）T8116（化学防護手袋）で定義する「透過」しないこと及び「浸透」しないことのいずれの要素も含んでいること。（「透過」及び「浸透」の定義については後

述）

化学防護手袋の選択に当たっては，取扱説明書等に記載された試験化学物質に対する耐透過性クラスを参考として，作業で使用する化学物質の種類及び当該化学物質の使用時間に応じた耐透過性を有し，作業性の良いものを選ぶこと。

なお，JIS T 8116（化学防護手袋）では，「透過」を「材料の表面に接触した化学物質が，吸収され，内部に分子レベルで拡散を起こし，裏面から離脱する現象。」と定義し，試験化学物質に対する平均標準破過点検出時間を指標として，耐透過性を，クラス1（平均標準破過点検出時間10分以上）からクラス6（平均標準破過点検出時間480分以上）の6つのクラスに区分している（表1参照）。この試験方法は，ASTM F739と整合しているので，ASTM規格適合品も，JIS適合品と同等に取り扱って差し支えない。

また，事業場で使用されている化学物質が取扱説明書等に記載されていないものであるなどの場合は，製造者等に事業場で使用されている化学物質の組成，作業内容，作業時間等を伝え，適切な化学防護手袋の選択に関する助言を得て選ぶこと。

表1　耐透過性の分類

クラス	平均標準破過点検出時間（分）
6	＞480
5	＞240
4	＞120
3	＞60
2	＞30
1	＞10

3　化学防護手袋の使用に当たっての留意事項

化学防護手袋の使用に当たっては，次の事項に留意すること。

(1)　化学防護手袋を着用する前には，その都度，着用者に傷，孔あき，亀裂等の外観上の問題がないことを確認させるとともに，化学防護手袋の内側に空気を吹き込むなどにより，孔あきがないことを確認させること。

(2)　化学防護手袋は，当該化学防護手袋の取扱説明書等に掲載されている耐透過性クラス，その他の科学的根拠を参考として，作業に対して余裕のある使用可能時間をあらかじめ設定し，その設定時間を限度に化学防護手袋を使用させること。なお，化学防護手袋に付着した化学物質は透過が進行し続けるので，作業を中断しても使用可能時間は延長しないことに留意すること。また，乾燥，洗浄等を行っても化学防護手袋の内部に侵入している化学物質は除去できないため，使用可能時間を超えた化学防護手袋は再使用させないこと。

(3)　強度の向上等の目的で，化学防護手袋とその他の手袋を二重装着した場合でも，化学防護手袋は使用可能時間の範囲で使用させること。

(4)　化学防護手袋を脱ぐときは，付着している化学物質が，身体に付着しないよう，できるだけ化学物質の付着面が内側になるように外し，取り扱った化学物質の安全データシート（SDS），法令等に従って適切に廃棄させること。

4　化学防護手袋の保守管理上の留意事項

化学防護手袋は，有効かつ清潔に保持すること。また，その保守管理に当たっては，製造者の取扱説明書等に従うほか，次の事項に留意すること。

(1)　予備の化学防護手袋を常時備え付け，適時交換して使用できるようにすること。

(2)　化学防護手袋を保管する際は，次に留意すること。

ア　直射日光を避けること。

イ　高温多湿を避け，冷暗所に保管すること。

ウ　オゾンを発生する機器（モーター類，殺菌灯等）の近くに保管しないこと。

第２　製造者等が留意する事項

化学防護手袋の製造者等は，次の事項を実施するよう努めること。

1　化学防護手袋の販売に際しては，事業者等が適切な化学防護手袋を選択できるよう，JIS T 8116 に基づく耐透過性試験の結果など，その性能に係る情報の提供を行うこと。

2　化学防護手袋の不適切な選択，使用等を把握した場合には，使用者に対し是正を促すとともに，必要に応じ不適切な選択，使用等の事例をホームページで公表する等により水平展開するなどにより，合理的に予見される誤使用の防止を図ること。

第３　その他の参考事項

JIS T8116 に定められている「耐浸透性」及び「耐劣化性」の定義及び指標は，以下のとおりである。

1　耐浸透性

JIS T8116 では，「浸透」を「化学防護手袋の開閉部，縫合部，多孔質材料及びその他の不完全な部分などを透過する化学物質の流れ。」と定義し，品質検査における抜き取り検査にて許容し得ると決められた不良率の上限の値である品質許容基準［AQL：検査そのものの信頼性を示す指標であり，数値が小さいほど多くの抜き取り数で検査されたことを示す。］を指標として，耐浸透性を，クラス 1（品質許容水準［AQL］0.65）からクラス 4（品質許容水準［AQL］4.0）の 4 つのクラスに区分することとしている（表 2 参照）。

発がん物質等，有害性が高い物質を取り扱う際には，クラス 1 など AQL が小さい化学防護手袋を選ぶことが望ましい。

表２　耐浸透性の分類

クラス	品質許容水準（AQL）
4	4.0
3	2.5
2	1.5
1	0.65

2　耐劣化性

JIS T8116 では，「劣化」を「化学物質との接触によって，化学防護手袋材料の 1 種類以上の物理的特性が悪化する現象。」と定義し，耐劣化性試験を実施したとき，試験した各化学物質に対する物理性能の変化率から，耐劣化性をクラス 1（変化率 80％以下）からクラス 4（変化率 20％以下）の 4 つのクラスに区分することとしている（表 3 参照）。なお，耐劣化性については JIS T8116 において任意項目とされているとともに，JIS T8116 解説に，「耐劣化性は，耐透過性，耐浸透性に比べ，短時間使用する場合の性能としての有用性は低い」と記載されている。

表３　耐劣化性の分類

クラス	変化率
4	≦ 20
3	≦ 40
2	≦ 60
1	≦ 80

【参考資料 16】

化学物質関係作業主任者技能講習規程

（平成 6 年 6 月 30 日労働省告示第 65 号）
（最終改正　平成 18 年 2 月 16 日厚生労働省告示第 56 号）

有機溶剤中毒予防規則（昭和 47 年労働省令第 36 号）第 36 条の 2 第 3 項〈現行＝第 37 条第 3 項〉，鉛中毒予防規則（昭和 47 年労働省令第 37 号）第 60 条第 3 項，四アルキル鉛中毒予防規則（昭和 47 年労働省令第 38 号）第 27 条第 3 項及び特定化学物質等障害予防規則（昭和 47 年労働省令第 39 号）第 51 条第 3 項の規定に基づき，化学物質関係作業主任者技能講習規程を次のように定め，平成 6 年 7 月 1 日から適用する。

有機溶剤作業主任者技能講習規程（昭和 53 年労働省告示第 90 号），鉛作業主任者技能講習規程(昭和 47 年労働省告示第 124 号)，四アルキル鉛等作業主任者技能講習規程（昭和 47 年労働省告示第 126 号）及び特定化学物質等作業主任者技能講習規程（昭和 47 年労働省告示第 128 号）は，平成 6 年 6 月 30 日限り廃止する。

（講師）

第 1 条　有機溶剤作業主任者技能講習，鉛作業主任者技能講習及び特定化学物質及び四アルキル鉛等作業主任者技能講習(以下「技能講習」と総称する。）の講師は，労働安全衛生法（昭和 47 年法律第 57 号）別表第 20 第 11 号の表（編注：略）の講習科目の欄に掲げる講習科目に応じ，それぞれ同表の条件の欄に掲げる条件のいずれかに適合する知識経験を有する者とする。

（講習科目の範囲及び時間）

第 2 条　技能講習は，次の表（編注：特定化学物質及び四アルキル鉛等作業主任者技能講習の部分のみ抄録）の上欄（編注:左欄）に掲げる講習科目に応じ，それぞれ，同表の中欄に掲げる範囲について同表の下欄（編注：右欄）に掲げる講習時間により，教本等必要な教材を用いて行うものとする。

講習科目	範　　囲	講習時間
健康障害及びその予防措置に関する知識	特定化学物質による健康障害及び四アルキル鉛中毒の病理，症状，予防方法及び応急措置	4 時間
作業環境の改善方法に関する知識	特定化学物質及び四アルキル鉛の性質　特定化学物質の製造又は取扱い及び四アルキル鉛等業務に係る器具その他の設備の管理　作業環境の評価及び改善の方法	4 時間
保護具に関する知識	特定化学物質の製造又は取扱い及び四アルキル鉛等業務に係る保護具の種類，性能，使用方法及び管理	2 時間
関係法令	労働安全衛生法，労働安全衛生法施行令及び労働安全衛生規則中の関係条項　特定化学物質障害予防規則　四アルキル鉛中毒予防規則	2 時間

②　前項の技能講習は，おおむね 100 人以内の受講者を一単位として行うものとする。

（修了試験）

第 3 条　技能講習においては，修了試験を行うものとする。

②　前項の修了試験は，講習科目について，筆記試験又は口述試験によって行う。

③　前項に定めるもののほか，修了試験の実施について必要な事項は，厚生労働省労働基準局長の定めるところによる。

【参考資料 17】

金属アーク溶接等作業について

1　溶接ヒューム

金属アーク溶接等作業において加熱により発生する粒子状物質である「溶接ヒューム」について，労働者に神経障害等の健康障害を及ぼすおそれがあることが明らかになったことから，令和3年4月施行（一部経過措置あり）の政令改正で特定化学物質に追加され，管理第2類物質に指定された。

溶接ヒュームは，溶接により生じた金属蒸気が空気中で凝固した固体の粒子（粒径0.1～1 μm 程度）で，国際がん研究機関（IARC）でグループ1とされるなど，ヒトに対する発がん性が認められている。また，溶接ヒュームに含まれる酸化マンガンや三酸化二マンガンは，深刻な神経機能障害や呼吸器系障害を引き起こすとされている。

そこで，溶接ヒュームによる健康障害を防止するため，金属アーク溶接等作業を行う作業場では，以下に述べるばく露防止措置を行うことが求められる。

なお,「金属アーク溶接等作業」には，アークを熱源とする溶接，溶断，ガウジング作業等の全てが含まれ，燃焼ガス，レーザービーム等を熱源とする溶接，溶断，ガウジング作業等は含まれない。また，自動溶接機による溶接中に溶接機のトーチ等に近づく等，溶接ヒュームにばく露するおそれのある作業は，「金属アーク溶接等作業」に含まれ，溶接機のトーチ等から離れた操作盤の作業，溶接作業に付帯する材料の搬入・搬出作業，片付け作業等は含まれない。

2　特定化学物質としての規制

(1)　屋外・屋内作業場で金属アーク溶接等作業を行う場合

屋外・屋内にかかわらず金属アーク溶接等作業を行う場合には，以下の措置が求められる。

(ア)　有効な呼吸用保護具の使用（特化則第38条の21第5項）

金属アーク溶接等作業に労働者を従事させるときは，当該労働者に電動ファン付き呼吸用保護具（PAPR），防じんマスク，送気マスクなど，有効な呼吸用保護具を使用させなければならない。

(イ)　特定化学物質作業主任者の選任（特化則第27条，第28条関係）

「特定化学物質及び四アルキル鉛等作業主任者技能講習」を修了した者のうちから作業主任者を選任し，次の職務を行わせなければならない。

①　金属アーク溶接等作業に従事する労働者が溶接ヒュームに汚染され，吸入しないように，作業の方法を決定し，労働者を指揮すること。

②　全体換気装置その他労働者が健康障害を受けることを予防するための装置を，1カ月を超えない期間ごとに点検すること。

③　保護具の使用状況を監視すること

また，作業主任者を選任したら，作業主任者の氏名とその職務を作業場の見やすい箇所に掲示する等により関係労働者に周知させなければならない(安衛則第18条)。

(ウ)　特殊健康診断の実施等（特化則第39条～第42条）

金属アーク溶接等作業に常時従事する労働者に対して，以下のとおり特殊健康診断（特定化学物質健康診断）を実施しなければならない。

① 雇入れまたは当該業務への配置換えの際およびその後6カ月以内ごとに1回，定期に，規定の事項（449頁参照）について健康診断を実施する（1次健診）。

② 上記健康診断の結果，他覚症状が認められる者等で，医師が必要と認めるものに対し，規定の事項（462頁参照）について健康診断を実施する（2次健診）。

③ 健康診断の結果を労働者に通知する。

④ 健康診断の結果（個人票）は，5年間の保存が必要。

⑤ 特定化学物質健康診断結果報告書（特化則様式第3号）を労働基準監督署長に提出する。

⑥ 健康診断の結果異常と診断された場合は，医師の意見を勘案し，必要に応じて労働者の健康を保持するために必要な措置を講じる。

なお，金属アーク溶接等作業に常時従事する場合は，上記とは別にじん肺法の規定による「じん肺健康診断」の実施も必要となる。

㈤ その他の必要な措置

① ぼろ等の処理(特化則第12条の2)

溶接ヒュームに汚染されたぼろ（ウエス等），紙くず等は，蓋付きの不浸透性容器に納めておく。

② 不浸透性の床の設置（特化則第21条）

金属アーク溶接等の作業が，作業主任者の選任を要する作業および特殊健康診断を行うべき業務とされていることから，金属アーク溶接等を行う作業場は，「溶接ヒューム」（管理第2類物質）に関し，特化則第21条の規定が適用され，床を不浸透性の材料で造らなければならないことになる。屋外で行われる金属アーク溶接等作業でも，本条の目的としている作業場の床に堆積した溶接ヒュームの発じん防止に留意する必要がある。

③ 立入禁止措置（特化則第24条）

金属アーク溶接等の作業場は，関係者以外立入禁止とし，その旨の表示を行う。

④ 運搬貯蔵時の容器等の使用等（特化則第25条）

溶接ヒュームを運搬し，または貯蔵するとき（実際には溶接ヒュームを重量の1%を超えて含有するぼろ（ウエス等），紙くず等であろうが）は，堅固な容器等を使用し，貯蔵場所は一定の場所にし，関係者以外を立入禁止にする。

⑤ 休憩室の設置（特化則第37条）

金属アーク溶接等作業に労働者を常時従事させるときは，作業場以外の場所に休憩室を設ける。

⑥ 洗浄設備の設置（特化則第38条）

洗顔，洗身またはうがいの設備，更衣設備，洗濯のための設備などの洗浄設備を設置する。

⑦ 喫煙または飲食の禁止（特化則第38条の2）

金属アーク溶接等の作業場での喫煙・飲食は禁止し，その旨の表示を行う。

⑧ 有効な呼吸用保護具の備え付け等（特化則第43条，第45条）

必要な呼吸用保護具を作業場に備え付ける。

⑵ 屋内作業場で金属アーク溶接等作業を行う場合

屋内作業場で金属アーク溶接等作業を

行う場合には，(1)の措置に加えて以下の措置が必要となる。

なお，ここでいう「屋内作業場」とは，以下のいずれかに該当する作業場をいう。

- ●作業場の建屋の側面の半分以上にわたって壁，羽目板その他のしゃへい物が設けられている場所
- ●ガス，蒸気または粉じんがその内部に滞留するおそれがある場所

(ア) 全体換気装置による換気等（特化則第38条の21第1項）

屋内作業場で金属アーク溶接等作業を行う場合は，溶接ヒュームを減少させるため，全体換気装置による換気の実施（173頁参照）またはこれと同等以上の措置を講じなければならない。なお，「同等以上の措置」には，プッシュプル換気（170頁参照），局所排気（159頁参照）が含まれる。

(イ) 不浸透性の床の設置（特化則第21条）

金属アーク溶接等の屋内作業場の床は，不浸透性のもの（コンクリート，鉄板等）とする。

(3) 継続して屋内作業場で金属アーク溶接等作業を行う場合

同じ屋内作業場で継続して金属アーク溶接等作業を行う場合には，(1)(2)の措置に加えて，以下の措置が必要となる。

(ア) 溶接ヒュームの濃度測定と，全体換気量の調節，呼吸用保護具の選択

金属アーク溶接等作業の方法を新たに採用し，または変更しようとするときは，個人ばく露測定により，空気中の溶接ヒュームの濃度を測定し，その結果に応じて全体換気の風量増加等の措置を行わなければならない。その後，再度濃度測定を行い，措置の効果を確認したうえで，再度の測定結果に基づき呼吸用保護具を選択する。

① 個人ばく露測定による溶接ヒュームの濃度測定（特化則第38条の21第2項）

- ●試料空気の採取は，金属アーク溶接等作業に従事する労働者の身体に装着する試料採取機器を用いる方法により行う。
- ●試料採取機器の装着は，労働者にばく露される溶接ヒュームの量がほぼ均一であると見込まれる作業ごとに，それぞれ，適切な数（2人以上に限る）の労働者に対して行う。
- ●試料空気の採取の時間は，当該採取を行う作業日ごとに，労働者が金属アーク溶接等作業に従事する全時間とし，採取時間を短縮することはできない。
- ●試料採取方法は，ろ過捕集方法またはこれと同等以上の性能を有する試料採取方法，分析方法は，吸光光度分析方法，原子吸光分析方法，左記と同等以上の性能を有する分析方法により，溶接ヒュームの濃度（マンガンとして）の測定を行う。
- ●個人ばく露測定による溶接ヒュームの濃度の測定等を行ったときは，その都度，必要な事項を記録し，当該アーク溶接を行わなくなった日から3年間保存する。

② 換気装置の風量の増加その他の措置（特化則第38条の21第3項）

溶接ヒュームの濃度測定の結果に応じ，換気装置の風量の増加のほか，以下のような必要な措置を講じる。

- ●溶接方法や母材，溶接材料等の変

更による溶接ヒューム量の低減
●集じん装置による集じん
●移動式送風機による送風の実施

なお，溶接ヒュームの濃度がマンガンとして0.05mg/m^{3}を下回る場合や，同一事業場の類似の溶接作業場において，濃度測定の結果に応じて十分に措置内容を検討し，当該対象作業場においてその措置をあらかじめ実施している場合は，上記の措置は要しない。

③ 再度の溶接ヒュームの濃度測定（特化則第38条の21第4項）

②の措置の効果を確認するため，再度，個人ばく露測定により空気中の溶接ヒュームの濃度を測定する。

④ 呼吸用保護具の選択と使用（特化則第38条の21第5項，第7項，第12項）

事業者は，①および③の測定結果に応じ，以下の方法により有効な呼吸用保護具を選択し労働者に使用させなければならず，労働者はこれを使用しなければならない。

●溶接ヒュームの濃度の測定の結果得られたマンガン濃度の最大の値（C）を使用し，以下の計算式により「要求防護係数」を算定する。

$$\text{要求防護係数}\ PF_r = \frac{C}{0.05}$$

●算出した要求防護係数を上回る指定防護係数を有する呼吸用保護具を，一覧表（508～510頁参照）より選択し，金属アーク溶接等作業を行う際は，選択した呼吸用保護具を必ず使用する。

(イ) フィットテストの実施（特化則第38条の21第9項）

選択した呼吸用保護具（面体を有するものに限る）を使用させるときは，1年以内ごとに1回，定期に，以下のようにフィットテストを行って面体と顔面の密着性を定量的に測定し，適切に装着されていることを確認しなければならない。

●JIS T8150（呼吸用保護具の選択，使用および保守管理方法）に定める方法またはこれと同等の方法により，呼吸用保護具の外側，内側それぞれの測定対象物質の濃度を測定し，以下の計算式により「フィットファクタ」を求める。

$$\text{フィットファクタ} = \frac{\text{呼吸用保護具の外側の測定対象物質の濃度}}{\text{呼吸用保護具の内側の測定対象物質の濃度}}$$

●「フィットファクタ」が，以下の「要求フィットファクタ」を上回っているかどうかを確認する。

呼吸用保護具の種類	要求フィットファクタ
全面形面体を有するもの	500
半面形面体を有するもの	100

●確認を受けた者の氏名，確認の日時，装着の良否，上記の確認を外部に委託して行った場合の受託者の名称を記録し，3年間保存する。

【参考資料 18】

リフラクトリーセラミックファイバー取扱い作業について

シリカとアルミナを主成分とした非晶質の人造鉱物繊維である「リフラクトリーセラミックファイバー」(以下「RCF」という)は，国際がん研究機関（IARC）で発がん性分類が2Bとされており，これを製造し，または取り扱う業務に従事する労働者について健康障害のリスクが高いことから，平成27年11月施行の政令改正で，RCFおよびこれを重量の１％を超えて含有する製剤その他の物（以下「RCF等」という）が特定化学物質に追加され，管理第２類物質，特別管理物質に指定された。

1　特化則の適用（特化則第２条の２関係）

RCF等を製造し，または取り扱う業務のうち，バインダー（発じん防止に用いられる接合剤等）により固形化された物その他のRCF等の粉じんの発散を防止する処理が講じられた物を取り扱う業務については，労働者のRCFへのばく露の程度が低く，健康障害のおそれが低いと判断されたため，作業主任者の選任等の規定および特化則の規定の適用から除外されている（ヒトに対する発がんのおそれがあり，自主的な管理は必要)。ただし，粉じんの発散を防止する処理が講じられた物の切断，穿孔，研磨等の，RCF等の粉じんが発散するおそれのある業務およびRCF等にRCF以外の特定化学物質が含まれている場合には，作業主任者の選任等の規定および当該特定化学物質に係る特化則の規定の適用は除外されない。

なお，「RCF等の粉じんの発散を防止する処理が講じられた物」とは，バインダーの使用または熱処理加工により発じん防止処理がされた成形品およびペースト状の湿潤化されたRCF等の製剤をいう。

2　特別管理物質への追加（特化則第38条の3関係）

RCF等は特別管理物質に追加され，作業場内掲示（特化則第38条の３)，作業記録の作成及び記録の30年間保存(同第38条の４)，特殊健康診断の結果の記録の30年間保存(同第40条第２項)，記録の提出（同第53条）の対象となる。

3　発散抑制措置(特化則第5条～第8条関係)

RCF等の粉じんが発散する屋内作業場では，発散源を密閉する設備，局所排気装置またはプッシュプル型換気装置を設けなければならない。ただし，これらの措置が著しく困難な時，または臨時の作業を行うときは，全体換気装置を設ける等の必要な措置を講じる。

なお，局所排気装置およびプッシュプル型換気装置については，性能告示（494頁参照)，要件告示（497頁参照）等に定める性能，要件を満たす必要がある。粉じん障害防止規則（以下「粉じん則」という）の規定が適用される作業については，制御風速は粉じん則に定める制御風速以上とし，当該制御風速においてRCFの濃度が抑制濃度を上回った場合は，抑制濃度以下になるまで性能を高めなければならない。

また，特化則に定める定期自主検査・点検，設置計画の届出も必要である（第３編参照)。

4　作業環境測定の実施及びその結果の評価並びにこれらの結果の記録の保存（特化則第36条，第36条の２関係）

RCF等を製造し，または取り扱う屋内作業場については，６か月以内ごとに１回，定期に，作業環境測定およびその結果の評価を行わなければならない。また，これらの結果の記録を作成し，30年間保存しなければならない。

なお，当該業務のうち，粉じん則に定める特定粉じん作業に該当する業務については，従来の粉じんとしての作業環境測定および評価も必要なことに留意しなければならない。

5 RCF等を貼り付けた窯，炉等に係る作業等（特化則第38条の20関係）

RCF等の取扱い作業のうち，特に発じんのおそれが高い，

① RCF等を窯，炉等に張り付けること等の断熱または耐火の措置を講ずる作業

② 上記の措置を講じた窯，炉等の補修の作業

③ 上記の措置を講じた窯，炉等の解体，破砕等の作業

に労働者を従事させるときは，以下の措置が必要となる（**表1**）。なお，①の作業には例えばブランケット状のRCFを含有する耐熱材を窯または炉等の内側に貼りつける作業等がある。また，②および③にはRCF等にばく露するおそれのない窯，炉等における作業は含まれない。

(1) 当該労働者に有効な呼吸用保護具および作業衣または保護衣を使用させる

詳細は，第4編を参照。作業衣は粉じんの付着しにくいものとし，保護衣には，JIS T 8115に定める規格に適合する浮遊固体粉じん防護用密閉服を含む。なお，①の作業等においては，支持金物等に接触し作業衣等が破れるおそれがあるため，支持金物等に保護キャップやテープを巻くなどの対策を行うことが望ましい。

(2) 毎日1回以上，床，窓枠，棚などを清掃する

水洗や超高性能（HEPA）フィルター付きの真空掃除機による清掃など，粉じんが飛散しない方法で行う。なお，当該真空掃除機を用いる際には，フィルターの交換作業等による粉じんの再飛散に注意する。

表1　作業ごとの措置事項（第38条の20関係）

<table>
<tr><th rowspan="2">第38条の20</th><th rowspan="2">規制内容</th><th colspan="4">作業の種類</th></tr>
<tr><th>①</th><th>②</th><th>③</th><th>④</th></tr>
<tr><td rowspan="2">第1項</td><td>作業場の床等は，水洗等によって容易に掃除できる構造とする</td><td>○</td><td>○</td><td>○</td><td>○</td></tr>
<tr><td>粉じんの飛散しない方法で，毎日1回以上清掃する</td><td>○</td><td>○</td><td>○</td><td>○</td></tr>
<tr><td>第3項
第1号</td><td>作業場所をそれ以外の作業場所から隔離する。
(著しく困難な場合は㋐適切な保護具の使用，㋑湿潤化措置)</td><td>○</td><td>○</td><td>○</td><td>—</td></tr>
<tr><td>第3項
第2号</td><td>労働者に有効な呼吸用保護具および作業衣または保護衣を使用させる</td><td colspan="3">○　○　○
(防護係数100以上)</td><td>—</td></tr>
<tr><td>第4項
第1号</td><td>RCF等の粉じんを湿潤な状態にする等の措置</td><td>—</td><td>—</td><td>○</td><td>—</td></tr>
<tr><td>第4項
第2号</td><td>作業場所にRCF等の切りくず等を入れるための蓋のある容器の配備</td><td>—</td><td>—</td><td>○</td><td>—</td></tr>
</table>

④は，①〜③以外の製造・取扱い作業

(3) 作業場所を隔離する

①〜③を行う作業場所をビニールシート等で覆うこと等により，RCF 等の粉じんが他の作業場所に漏れないように隔離しなければならない。配管等の構造上の理由など隔離が著しく困難な場合には，①〜③以外の作業を付近で行う労働者に有効な呼吸用保護具および作業衣または保護衣を使用させるか，可能な場合は湿潤化措置等（集じん機による粉じんの吸引等により作業場所の粉じんの濃度を湿潤化した場合と同等程度に低減させることを含む）を施さなければならない。

6 RCF 等を製造し，または取り扱う業務に係る特殊健康診断（特化則第 39 条関係）

事業者は，RCF 等を製造し，または取り扱う業務に常時従事する労働者（以下「業務従事労働者」という）およびこれらの業務に常時従事させたことのある労働者で，現に使用しているもの（以下「配置転換後労働者」という）に対し，特化則第 39 条の特殊健康診断を実施しなければならない。健診結果については，労働者に通知するとともに 30 年間保存する。また，特定化学物質健康診断結果報告書を労働基準監督署長に提出しなければならない。

なお，後述するように，じん肺法に基づくじん肺健康診断を受診しなければならない場合があるので留意する。

7 粉じん則等の適用

RCF は鉱物（人工物を含む。）の一種であること，また耐火物として使用される場合があることから，RCF 等を製造し，または取り扱う業務のうち一部の業務については，粉じん則別表第 1 に規定する「粉じん作業」およびじん肺法施行規則（以下「じん肺則」という）別表に規定する「粉じん作業」に該当する場合がある。このため，このような業務については，粉じん則並びにじん肺法およびじん肺則の規定が適用される（**表 2**）。

(1) 健康診断についての留意事項

上記の場合，健康診断については，特化則に基づく健康診断の規定およびじん肺法に基づくじん肺健康診断（以下単に「じん肺健康診断」という。）の規定の両方が適用され，それぞれの健康診断を実施しなければならない。ただし，これらの健康診断の検査項目のうち，胸部のエックス線直接撮影については，両健診を同時期に行う場合には，エックス線直接撮影を重ねて実施する必要はなく，これら 2 つの健康診断でエックス線写真を共用することができる。

なお，特化則に基づく健康診断とじん肺健康診断では実施頻度が異なり，前者は 6 か月以内ごとに 1 回であるのに対し，後者はじん肺管理区分等に応じて 3 年以内ごとに 1 回または 1 年以内ごとに 1 回であることに留意する。

(2) 作業主任者の選任および特別教育についての留意事項

上記の場合には，特化則に基づく作業主任者を選任するとともに，当該作業を行う労働者に対して粉じん則に基づく特別教育を実施する必要があることに留意する。

表２　粉じん則との適用整理表

粉じん則条文	規制内容	別表第１（粉じん作業） リフラクトリーセラミックファイバー製造・取扱作業に関連するもの ○６号，８号，19号　など 別表第２（特定粉じん発生源，特定粉じん作業） リフラクトリーセラミックファイバー製造・取扱作業に関連するもの ○５号，６号，８号　など	特定粉じん作業以外の粉じん作業 別表第３（呼吸用保護具を使用すべき作業） リフラクトリーセラミックファイバー製造・取扱作業に関連するもの ○４号，５号，７号，14号　など		特定粉じん作業以外の粉じん作業 それ以外の作業	
		屋内	屋内	屋外	屋内	屋外
4	いずれかの措置：湿潤な状態に保つための措置	△／(特)	(特)		(特)	
4	いずれかの措置：密閉する設備	△／特	特		特	
4	いずれかの措置：局所排気装置	○／特	特		特	
4	いずれかの措置：プッシュプル型換気装置	△／特	特		特	
5	全体換気装置		○／(特５)		○／(特５)	
10	除じん装置	△／特	特		特	
22	特別の教育	○				
23	休憩設備	○／特	○／特	○／特	○／特	○／特
24	清掃	○／特	○／特	特	○／特	特
26 26の２	作業環境測定および評価	○／特	特		特	
27	呼吸用保護具の使用	特(※)	○／特(※※)	○／特(※※)	特（※）	特（※）
【安衛則】	計画の届出	△／特	特		特	
【特化則】	健康診断	特	特	特	特	特
【じん肺法】	健康管理（じん肺健康診断等）	○	○	○	○	○

【注】１　○は適用あり，△は一部の作業・設備について適用あり
２「特」は，特化則の適用を受ける場合あり
３「(特５)」は，特化則第５条第１項ただし書を適用して同条第２項の対応を行う場合に限り適用あり
４「(特)」は，一部の作業（特化則第38条の20第２項各号の作業）について適用あり
５（※）は，呼吸用保護具の備え付けの義務
６（※※）は，呼吸用保護具の備え付けの義務及び一部の作業について使用の義務

【参考資料 19】

化学物質等の表示制度とリスクアセスメント・リスク低減措置

第1　化学物質等に関する表示および文書交付制度

1　名称等の表示（法第57条）

エチレンオキシドやアセトアルデヒドなど爆発・発火・引火する性質を有する化学物質やトルエンやエタノールなど接触・体内吸収などにより労働者に健康障害を起こすおそれのある化学物質（その化学物質の混合物等も含む）については，これらの危険物または有害物を譲渡，提供する者に，危険物または有害物の入った容器や包装に危険性または有害性に関する情報や取扱い上の注意などを記載したラベルを貼るなどの方法により表示することが求められている。

(1)　表示の義務対象となる危険物または有害物

表示の義務対象となっている物質は，ジクロルベンジジンなど製造許可の対象物質（令和5年4月現在）および労働安全衛生法施行令で定める通知義務のある物質とそれを含有する混合物である。混合物については，表示対象物質ごとに裾切値（当該物質の含有量がその値未満の場合，規制の対象としないこととする場合の値）が定められている。主として一般消費者の生活の用に供されている製品については，表示対象から除外されている。

表示・通知対象物には，新たな物質が加えられてきており，今後も拡大が予想される。

(2)　表示内容

ラベルに記載する事項は，①名称，②人体に及ぼす作用，③貯蔵または取扱い上の注意，④表示する者の氏名（法人の場合は法人名）・住所・電話番号，⑤注意喚起語，⑥安定性および反応性，さらに注意喚起のための標章である。また，混合物については原則として混合物全体としての危険性または有害性に関する事項を表示することになっている。

(3)　表示方法

上記(2)の事項を印刷したラベル（票箋）を物質の入った容器や包装に貼り付け，これが困難なときはそのラベルを容器等に結びつける。

(4)　その他

タンクローリー車からのポンプ吸入など，容器を用いる以外の方法による危険物または有害物の譲渡および提供の場合には，上記(2)の事項を記載した文書を交付することにより表示に代えることができる。なお，この方法による譲渡および提供が継続･反復して行われる場合には，最初に文書交付すれば足りる。

2　名称等の通知（法第57条の2）

アクリルアミドや硝酸アンモニウムなど労働者に危険もしくは健康障害を起こすおそれのある化学物質（その化学物質の混合物等も含む）を譲渡または提供する者は，その相手方に対し危険性または有害性に関する情報や取扱い上の注意などを記載した文書を交付するなどにより通知しなければならない。

(1)　通知対象となる有害物

文書交付による通知対象とされている物質（通知対象物）は，製造許可が必要な物質および次亜塩素酸カルシウムなど労働安全衛生法施行令で定める物質とそれを含有する混合物である。混合物については，通知対象物ごとに裾切値が定められている。

なお，主として一般消費者の生活の用に供されている製品については，通知対象物から除外されている。

(2)　通知内容・方法

この文書に記載する事項は，①名称（化学品等または製品の名称），②成分および含有量，③物理的および化学的性質（外観・pH・融点・凝固点・沸点・初留点・引火点等の情報），④人体に及ぼす作用（急性毒性・皮膚腐食性・刺激性等の情報），⑤貯蔵または取扱い上の注意，⑥流出その他の事故が発生した場合において講ずべき応急の措置（緊急時の応急措置・火災時の措置・漏出時の措置），⑦通知を行う者の氏名（法人の場合は法人名），住所および電話番号，⑧危険性または有害性の要約（重要もしくは特有の危険性または有害性に関する簡潔な情報），⑨安定性および反応性（避けるべき条件・混触危険物質・予想される危険有害な分解生成物），⑩適用される法令（適用法令の名称および規制に関する情報），⑪その他参考となる事項である。

なお，化学物質の取扱い上の注意事項等を記載した文書（安全データシート「SDS」）の作成については，日本産業規格 Z7253：2019 に準拠した記載を行えばよいこととされている。

3　危険性又は有害性の表示等（安衛則第24条の14～第24条の15）

化学物質，化学物質を含有する製剤その他の物で，労働者の安全と健康を損なうおそれのあるものとして，厚生労働大臣が定めるもの（上記1または2に該当するものを除く。以下それぞれ「危険有害化学物質等」「特定危険有害化学物質等」という）を譲渡し，または提供する者（化学物質譲渡者等）は，危険性又は有害性の表示および文書の交付等を行うよう努めなければならない。

具体的には，以下の①～④に掲げる事項を行うよう努めなければならない。

① 危険有害化学物質等を容器に入れ，または包装して譲渡し，または提供する際に，名称，人体に及ぼす作用，貯蔵または取扱い上の注意，表示する者の氏名，注意喚起語，安定性及び反応性等必要な事項を容器等に表示。容器に表示できない場合は，同様の記載をした文書を交付する必要がある。

② 特定危険有害化学物質等を譲渡し，または提供する際に，名称，成分及び含有率，人体に及ぼす作用，貯蔵または取扱い上の注意，流出その他の事故が発生した場合に講ずべき応急の措置，通知を行う者の氏名，住所および電話番号，危険性または有害性の要約，安定性および反応性，適用される法令等必要な事項（①に該当する場合は①で記載された事項を除く）が記載された文書の交付。

③ その他（②について譲渡し，または提供した後，記載された事項に変更があった場合の速やかな相手方への通知等）

※「化学物質等の危険性又は有害性等の表示又は通知等の促進に関する指針」（平成24年厚生労働省告示第133号）において，譲渡提供者および事業者による危険性又は有害性等の表示及び通知と安全データシートの掲示等，必要な事項を定めている。事業者は，容器に入れ，または包装した化学物質を労働者に取り扱わせる場合に，容器や包装に名称等の表示を行う。製造・輸入した化学物質を労働者に取り扱わせる場合は，上記の表示事項を記載した文書を作成する。また，事業者は化学物質を労働者に取り扱わせる場合，危険有害性を記した文書（安全データシート）に記載された事項

を，常時，作業場の見やすい場所に掲示しなくてはならない。

第2　化学物質等による危険性または有害性等の調査等(安衛法第28条の2, 第57条の3)

近年，生産工程の多様化，複雑化が進展するとともに，新たな機械設備や化学物質が導入されており，それに伴い多様化した事業場内の危険・有害要因の把握が困難になっていることから，事業者は設備や原材料，作業行動など業務に起因する危険性または有害性等の調査を実施し，その結果に基づいて労働者の危険または健康障害を防止するため必要な措置を講ずるよう努めなければならないことになっている（第28条の2関係)。

また，表示対象物質および通知対象物については，この危険性または有害性等の調査の実施が義務づけられている（第57条の3関係)。

1　危険性または有害性等の調査

事業者は，化学物質等により発生するおそれのある負傷または疾病の重篤度とその発生の可能性の度合いを考慮してリスクを見積もり（これを「リスクアセスメント」という)，その結果に基づいてリスクを低減するための対策を検討しなければならず，その結果に基づいて必要な措置を講ずるよう努める必要がある。

リスクアセスメントの実施とその結果に基づく措置は，事業場内に当該措置の実施を統括管理する者の配置，実施を管理する者の配置，技術的業務を担当する化学物質管理者の配置など実施体制を整える必要がある。

また，リスクアセスメントは，化学物質等の関係する建設物や設備を新たに設けるとき，変更するとき等や化学物質である原材料を新規に採用するときなどには，必ず実施する必要がある。

さらに，リスクアセスメントの調査対象は，事業場におけるすべての化学物質等による危険性または有害性が該当し，過去に化学物質等による労働災害が発生した作業や危険または健康障害のおそれがある事象が発生した作業なども調査対象とする。

2　危険性または有害性の特定

リスクアセスメントの実施にあたり，化学物質等の安全データシート（SDS)，仕様書等，化学物質等に関する取扱い手順書や機械設備等のレイアウト，作業環境測定

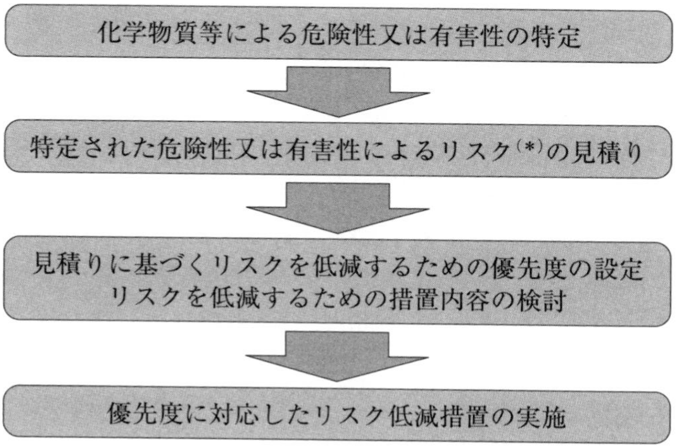

化学物質等による危険性又は有害性の特定

↓

特定された危険性又は有害性によるリスク(*)の見積り

↓

見積りに基づくリスクを低減するための優先度の設定
リスクを低減するための措置内容の検討

↓

優先度に対応したリスク低減措置の実施

(*) リスクとは……
特定された危険性または有害性によって生ずるおそれのある負傷または疾病の重篤度（ひどさ）と，発生する可能性の度合いを組み合わせたもの

リスクアセスメント・リスク低減措置実施の流れ

結果などの資料を入手し，その情報を活用する必要がある。

化学物質等による危険性または有害性の特定に当たっては，「化学品の分類及び表示に関する世界調和システム（GHS）」で示されている分類・区分に則して，各作業ごとに特定を行う。たとえば，危険性については，①爆発物，②可燃性ガス，③エアゾール，④酸化性ガス，⑤高圧ガス，⑥引火性液体，⑦可燃性固体，⑧自己反応性化学品，⑨自然発火性液体，⑩自然発火性固体，⑪自己発熱性化学品，⑫水反応可燃性化学品，⑬酸化性液体，⑭酸化性固体，⑮有機過酸化物，⑯金属腐食性化学品，⑰鈍性化爆発物の17分類による特定，また，有害性については，①急性毒性，②皮膚腐食性／刺激性，③眼に対する重篤な損傷性／眼刺激性，④呼吸器感作性または皮膚感作性，⑤生殖細胞変異原性，⑥発がん性，⑦生殖毒性，⑧特定標的臓器毒性（単回ばく露），⑨特定標的臓器毒性（反復ばく露），⑩誤えん有害性の10分類による特定を行う。

3　リスクの見積り

続いて，リスク低減の優先度を決定するため，化学物質等による危険性または有害性により発生するおそれのある負傷または疾病の重篤度とそれらの発生の可能性の度合いの両者を考慮してリスクの見積りを行う。数値化して行う見積り方法の例を次頁の図に示す。

ただし，化学物質等による疾病については，化学物質等の有害性の度合いおよびばく露の量のそれぞれを考慮して見積もることができる。

4　リスク低減措置の検討および実施

実施の優先度については，法令事項に該当する措置事項は必ず実施し，続いて①危険性または有害性の高い化学物質等の使用の中止・代替化，化学反応のプロセス等の運転条件の変更，化学物質等の形状の変更等，②設備の防爆構造化等の工学的対策や局所排気装置などの衛生工学的対策，③マニュアルの整備などの管理的対策，④個人用保護具の使用，という順位付けを設けてリスク低減措置に取り組む。

また，実施した措置内容と結果については，たとえば調査対象とした化学物質等，洗い出した作業工程等，特定した危険性または有害性，見積もったリスク，リスク低減措置の優先度，実施したリスク低減措置の内容などの項目別に実施日と実施者を明記したうえで記録を残しておく。

以上のようにリスクアセスメントおよびリスク低減措置を実施する。なお，化学物質等による労働災害が発生した場合であって，過去の調査等の内容に問題がある場合，化学物質等の危険性または有害性等に関する新たな知見を得たとき，前回の調査等から一定の期間が経過し，化学物質等に関する機械設備等の経年による劣化，労働者の入れ替わり等に伴う労働者の安全衛生に関する知識経験の変化などがあった場合，過去に調査等を行ったことがない場合には，改めてリスクアセスメント等を実施する必要がある。

5　簡易なリスクアセスメント手法

化学物質のリスクアセスメントにおいて，ばく露濃度が測定できない場合などに用いる簡易なリスクアセスメント手法として，コントロール・バンディングが開発されている。これは，ばく露限界のかわりに化学物質の持つ有害性の重篤度に応じた管理目標濃度（有害性のバンド）を用い，使用量や飛散性（沸点，粒子の大きさ）を根拠にばく露濃度（ばく露濃度のバンド）を推定して置き換え，有害性のバンドとばく露のバンドをマトリックス表で比較してリ

数値化した「重篤度」と「発生の可能性」を数値演算する方法の例

「重篤度」の数値

死亡・休業3月以上	休業1週間以上	休業1週間未満
20点	10点	5点

「発生の可能性」の度合いの評価（業務頻度）

毎日	週に1回程度	月1回以下
10点	5点	2点

「リスク低減の優先度」=「重篤度」の数値+「発生の可能性」の数値

点数	リスク	優先度
20点以上	直ちに措置を講じなければならないリスク	3
11〜19点	計画的にリスク低減措置を講じなければならないリスク	2
10点以下	適切なリスク低減措置を講ずべきリスク	1

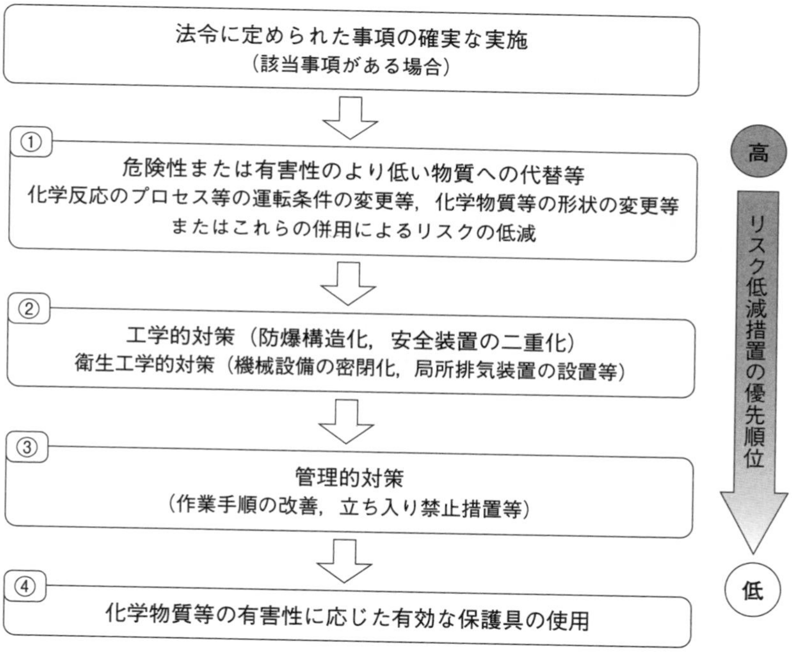

リスク低減措置の検討および実施

スクを判定する方法である。一般的な労働環境においても専門家の介在なしにリスクアセスメントが実施できるように，英国HSE（安全衛生庁）やILO（国際労働機関）がその手法を開発し，公表している。

日本では，このILOコントロール・バンディング手法を取り入れ，対策シートを日本向きに翻訳修正した厚生労働省方式のコントロール・バンディングが，ホームページ『職場のあんぜんサイト』に「リスクアセスメント実施支援システム」として公開されている（http://anzeninfo.mhlw.go.jp/user/anzen/kag/ankgc07.htm/）。そのほか爆発・火災のリスクアセスメントのためのスクリーニング支援ツールや，少量の化学物質取扱い事業者向けのリスクアセスメントツール「CREATE-SIMPLE」なども公開されている。

このリスクアセスメント実施支援システムは，リスクアセスメントを実施する場所の条件を選択し，取扱い物質の使用状況や物性，GHS分類・区分などの必要な情報を入力すると，リスクレベルとそれに応じた必要な管理対策の区分（バンド）が示され，参考となる対策管理シートが提供されるもので，中小規模の事業場でも簡易に化学物質リスクアセスメントによる化学物質管理ができる内容となっている。ぜひ，活用を検討されたい。

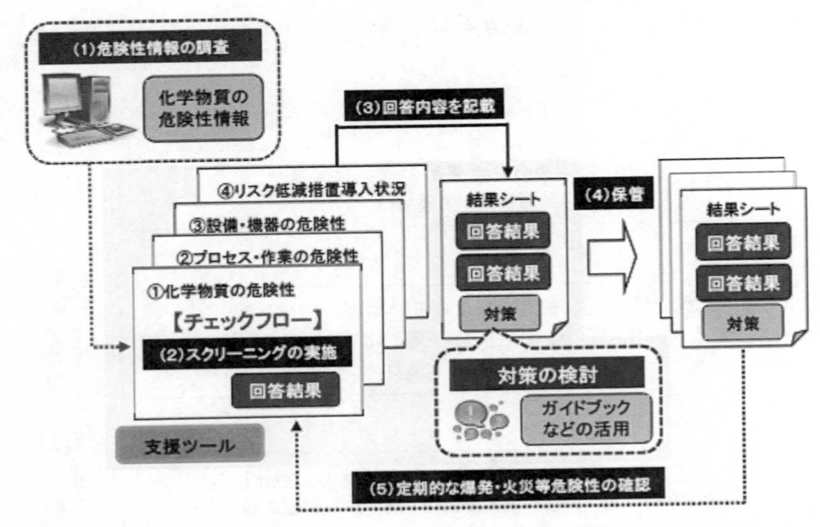

「爆発・火災のリスクアセスメントのためのスクリーニング支援ツール」の使い方の流れ

CREATE-SIMPLE ver 2.4.2

- サービス業など幅広い職場にむけた簡単な化学物質リスクアセスメントツール -

- 説明 -

- リスクアセスメントとは、労働者の安全や健康への影響について評価をすることです。
- CREATE-SIMPLEは、労働者の健康（吸入・経皮）への影響と物質の危険性について評価し、対策の検討を支援します。
- SDSを確認して対象物質を決定し、以下のSTEP1から順番に入力してください。

No： 2
実施日：
実施者：
結果呼出　入力内容クリア

【STEP 1】対象物質の基本情報を入力しましょう。

タイトル			
実施場所			
製品名等			
作業内容等			
CAS番号			CAS番号から入力
物質名			物質一覧から選択
リスクアセスメント対象	☑吸入　□経皮吸収　□危険性（爆発・火災等）	性状	◉液体　○粉体　○気体

※気体の場合には危険性（爆発・火災等）のみ対応しています。

【STEP 2】取扱い物質に関する情報を入力してください。　非表示にする

○ばく露限界値

日本産業衛生学会 許容濃度		ppm	ACGIH TLV TWA		ppm
日本産業衛生学会 最大許容濃度		ppm	ACGIH TLV STEL		ppm
「皮」または「Skin」の表示			ACGIH TLV C		ppm

○GHS分類情報

「CREATE-SIMPLE」の画面

特定化学物質・四アルキル鉛等作業主任者テキスト

平成21年11月20日　第１版第１刷発行
平成22年10月25日　第２版第１刷発行
平成23年６月22日　第３版第１刷発行
平成24年４月27日　第４版第１刷発行
平成25年２月28日　第５版第１刷発行
平成26年３月18日　第６版第１刷発行
平成26年12月１日　第７版第１刷発行
平成27年６月22日　第８版第１刷発行
平成27年12月25日　第９版第１刷発行
平成29年６月15日　第10版第１刷発行
平成31年３月29日　第11版第１刷発行
令和２年７月31日　第12版第１刷発行
令和３年１月29日　第13版第１刷発行
令和５年４月17日　第14版第１刷発行
令和６年９月10日　　　　第８刷発行

編　　者　中央労働災害防止協会
発 行 者　平山　剛
発 行 所　中央労働災害防止協会
〒108-0023
東京都港区芝浦３丁目17番12号
吾妻ビル９階
電話　販売　03(3452)6401
　　　編集　03(3452)6209
印刷・製本　新日本印刷株式会社
表　　紙　デザイン・コンドウ

ISBN978-4-8059-2099-2 C3043
中災防ホームページ　https://www.jisha.or.jp/

MEMO

MEMO

MEMO

『特定化学物質・四アルキル鉛等作業主任者テキスト』（第 14 版）正誤表

『特定化学物質・四アルキル鉛等作業主任者テキスト』（第 14 版）に下記のとおり誤りがありました。お詫びして訂正いたします。

中央労働災害防止協会

該当頁・行	誤	正
123 頁(33 の 2)「性質」の欄の 2 行目	支燃性。	可燃性。
227 頁 表 4-2、 262 頁 表 4-19 右欄「備考」の一番下 （注を追記）		注：呼吸用保護具の製造業者による作業場所防護係数または模擬作業場所防護係数の測定結果が、表中の指定防護係数値以上であることを示す技術資料が提供されている製品だけに適応する。
257 頁下から 4 行目	541 頁	543 頁
263 頁上から 9 行目	適切な装着の確認として定量的フィットテストを行う。	適切な装着の確認として定量的フィットテストまたはこれと同等以上の方法（定性的フィットテスト）を行う。
307 頁上から 7 行目	安衛法第 57 条の 2 の通知対象物	安衛法第 57 条第 1 項および第 57 条の 2 の通知対象物
324 頁上から 2 行目	所轄労働基準監督署長が	所轄都道府県労働局長が
356 頁下から 1 行目	作業環境測定の評価結果について	削除
488 頁解説内左列の下から 3 行目	作業環境測定の評価結果等について	削除

（切り取り）